INTRODUÇÃO
À QUÍMICA GERAL

Dados Internacionais de Catalogação na Publicação (CIP)
(Câmara Brasileira do Livro, SP, Brasil)

Introdução à química geral / Frederick Bettelheim... [et al.] ; tradução Mauro de Campos Silva, Gianluca Camillo Azzellini; revisão técnica Gianluca Camillo Azzellini. -- São Paulo : Cengage Learning, 2023.

Outros autores: William H. Brown, Mary K. Campbell, Shawn O. Farrell
Título original: Introduction to general, organic and biochemistry. 9. ed. norte-americana.
1. reimpr. da 1. edição brasileira de 2012.
Bibliografia.
ISBN 978-85-221-1148-0

1. Química - Estudo e ensino I. Brown, William H.
II. Campbell, Mary K. III. Farrell, Shawn O.

11-03636 CDD-540.7

Índices para catálogo sistemático:

1. Química : Estudo e ensino 540.7

INTRODUÇÃO

À QUÍMICA GERAL

Tradução da 9ª edição norte-americana

Frederick A. Bettelheim

William H. Brown
Beloit College

Mary K. Campbell
Mount Holyoke College

Shawn O. Farrell
Olympic Training Center

Tradução
Mauro de Campos Silva
Gianluca Camillo Azzellini

Revisão técnica
Gianluca Camillo Azzellini
Bacharelado e licenciatura em Química na Faculdade de
Filosofia Ciências e Letras, USP-Ribeirão Preto;
Doutorado em Química pelo Instituto de Química-USP;
Pós-Doutorado pelo Dipartimento di Chimica G.
Ciamician – Universidade de Bolonha.
Professor do Instituto de Química – USP

Austrália • Brasil • Japão • Coreia • México • Cingapura • Espanha • Reino Unido • Estados Unidos

Introdução à química geral
Bettelheim, Brown, Campbell, Farrell

Gerente Editorial: Patricia La Rosa

Editor de Desenvolvimento: Fábio Gonçalves

Supervisora de Produção Editorial: Fabiana Alencar Albuquerque

Pesquisa Iconográfica: Edison Rizzato

Título Original: Introduction to General, Organic,
and Biochemistry – 9th edition
ISBN 13: 978-0-495-39121-0
ISBN 10: 0-495-39121-2

Tradução: Mauro de Campos Silva (Prefaciais, caps. 1 ao 15 e cap. 32, Apêndices e Respostas) e Gianluca Camillo Azzellini (Caps. 16 ao 31)

Revisão Técnica: Gianluca Camillo Azzellini

Copidesque: Carlos Villarruel

Revisão: Luicy Caetano de Oliveira e Cristiane M. Morinaga

Diagramação: Cia. Editorial

Capa: Absoluta Propaganda e Design

© 2010 Brooks/Cole, parte da Cengage Learning.

© 2012 Cengage Learning.

Todos os direitos reservados. Nenhuma parte deste livro poderá ser reproduzida, sejam quais forem os meios empregados, sem a permissão, por escrito, da Editora. Aos infratores aplicam-se as sanções previstas nos artigos 102, 104, 106 e 107 da Lei nº 9.610, de 19 de fevereiro de 1998.

Esta editora empenhou-se em contatar os responsáveis pelos direitos autorais de todas as imagens e de outros materiais utilizados neste livro. Se porventura for constatada a omissão involuntária na identificação de algum deles, dispomo-nos a efetuar, futuramente, os possíveis acertos.

A Editora não se responsabiliza pelo funcionamento dos links contidos neste livro que possam estar suspensos.

Para permissão de uso de material desta obra,
envie seu pedido
para **direitosautorais@cengage.com**

© 2012 Cengage Learning. Todos os direitos reservados.

ISBN-13: 978-85-221-1148-0
ISBN-10: 85-221-1148-0

Cengage
WeWork
Rua Cerro Corá, 2175 — Alta da Lapa
São Paulo – SP - 0561-350
Tel.: (11) 3665-9900

Para suas soluções de curso e aprendizado, visite
www.cengage.com.br

Impresso no Brasil.
Printed in Brazil.
1ª reimpressão de 2023

À minha bela esposa, Courtney – entre revisões,
o emprego e a escola, tenho sido pouco mais que um fantasma
pela casa, absorto em meu trabalho. Courtney manteve
a família unida, cuidou de nossos filhos e do lar,
ao mesmo tempo que tratava de seus próprios textos. Nada disso
seria possível sem seu amor, apoio e esforço. SF

Aos meus netos, pelo amor e pela alegria que
trazem à minha vida: Emily, Sophia e Oscar; Amanda e Laura;
Rachel; Gabrielle e Max. WB

Para Andrew, Christian e Sasha – obrigada pelas recompensas
de ser sua mãe. E para Bill, Mary e Shawn – é sempre
um prazer trabalhar com vocês. MK

A edição brasileira está dividida em três livros,* além da edição completa (combo), sendo:

Introdução à química geral

Capítulo 1 Matéria, energia e medidas

Capítulo 2 Átomos

Capítulo 3 Ligações químicas

Capítulo 4 Reações químicas

Capítulo 5 Gases, líquidos e sólidos

Capítulo 6 Soluções e coloides

Capítulo 7 Velocidade de reação e equilíbrio químico

Capítulo 8 Ácidos e bases

Capítulo 9 Química nuclear

Introdução à química orgânica

Capítulo 10 Química orgânica

Capítulo 11 Alcanos

Capítulo 12 Alquenos e alquinos

Capítulo 13 Benzeno e seus derivados

Capítulo 14 Alcoóis, éteres e tióis

Capítulo 15 Quiralidade: a lateralidade das moléculas

Capítulo 16 Aminas

Capítulo 17 Aldeídos e cetonas

Capítulo 18 Ácidos carboxílicos

Capítulo 19 Anidridos carboxílicos, ésteres e amidas

Introdução à bioquímica

Capítulo 20 Carboidratos

Capítulo 21 Lipídeos

Capítulo 22 Proteínas

Capítulo 23 Enzimas

Capítulo 24 Comunicação química: neurotransmissores e hormônios

Capítulo 25 Nucleotídeos, ácidos nucleicos e hereditariedade

Capítulo 26 Expressão gênica e síntese de proteínas

Capítulo 27 Bioenergética: como o corpo converte alimento em energia

Capítulo 28 Vias catabólicas específicas: metabolismo de carboidratos, lipídeos e proteínas

Capítulo 29 Vias biossintéticas

Capítulo 30 Nutrição

Capítulo 31 Imunoquímica

Capítulo 32 Fluidos do corpo**

Introdução à química geral, orgânica e bioquímica (combo)

---

* Em cada um dos livros há remissões a capítulos, seções, quadros, figuras e tabelas que fazem parte dos outros livros. Para consultá-los será necessário ter acesso às outras obras ou ao combo.

** Capítulo on-line, na página do livro, no site www.cengage.com.br.

Sumário

Capítulo 1 Matéria, energia e medidas, 1

1.1 Por que a química é o estudo da matéria?, 1
1.2 O que é método científico?, 2
1.3 Como os cientistas registram números?, 4

Como... Determinar os algarismos significativos em um número, 5

1.4 Como se fazem medidas?, 6
1.5 Qual é a melhor maneira de converter uma unidade em outra?, 10

Como... Fazer conversões de unidades pelo Método de Conversão de Unidades, 11

1.6 Quais são os estados da matéria?, 14
1.7 O que são densidade e gravidade específica?, 15
1.8 Como se descrevem as várias formas de energia?, 17
1.9 Como se descreve o calor e como ele é transferido?, 18

Resumo das questões-chave, 21
Problemas, 22

Conexões químicas

1A Dosagem de fármacos e massa corporal, 9
1B Hipotermia e hipertermia, 18
1C Compressas frias, colchões d'água e lagos, 19

Capítulo 2 Átomos, 27

2.1 Do que é feita a matéria?, 27
2.2 Como se classifica a matéria?, 28
2.3 Quais são os postulados da teoria atômica de Dalton?, 31
2.4 De que são feitos os átomos?, 33
2.5 O que é tabela periódica?, 38
2.6 Como os elétrons se distribuem no átomo?, 43
2.7 Como estão relacionadas a configuração eletrônica e a posição na tabela periódica?, 49
2.8 O que são propriedades periódicas?, 50

Resumo das questões-chave, 53
Problemas, 54

Conexões químicas

2A Elementos necessários à vida humana, 29
2B Quantidade de elementos presentes no corpo humano e na crosta terrestre, 33
2C Abundância isotópica e astroquímica, 38
2D Estrôncio-90, 40
2E O uso de metais como marcos históricos, 42

Capítulo 3 Ligações químicas, 61

3.1 O que é preciso saber antes de começar?, 61
3.2 O que é a regra do octeto?, 61
3.3 Qual é a nomenclatura dos cátions e ânions?, 63
3.4 Quais são os dois principais tipos de ligação química?, 65
3.5 O que é uma ligação iônica?, 67
3.6 Qual é a nomenclatura dos compostos iônicos?, 69
3.7 O que é uma ligação covalente?, 70

Como... Desenhar estruturas de Lewis?, 73

3.8 Qual é a nomenclatura dos compostos covalentes binários?, 77

3.9 O que é ressonância?, 78

Como... Desenhar setas curvadas e elétrons deslocalizados, 79

3.10 Como prever ângulos de ligação em moléculas covalentes?, 81
3.11 Como determinar se a molécula é polar?, 85
Resumo das questões-chave, 87
Problemas, 88

Conexões químicas

- 3A Corais e ossos quebrados, 65
- 3B Compostos iônicos na medicina, 71
- 3C Óxido nítrico: poluente atmosférico e mensageiro biológico, 78

Capítulo 4 Reações químicas, 97

4.1 O que é reação química?, 97
4.2 O que é massa molecular?, 98
4.3 O que é mol e como usá-lo para calcular relações de massa?, 98
4.4 Como se balanceiam equações químicas?, 102

Como... Balancear uma equação química, 102

4.5 Como se calculam relações de massa em reações químicas?, 105
4.6 Como prever se íons em soluções aquosas reagirão entre si?, 111
4.7 O que são oxidação e redução?, 114
4.8 O que é calor de reação?, 118
Resumo das questões-chave, 118
Problemas, 119

Conexões químicas

- 4A Solubilidade e cárie, 113
- 4B Células voltaicas, 116
- 4C Antissépticos oxidantes, 117

Capítulo 5 Gases, líquidos e sólidos, 125

5.1 Quais são os três estados da matéria?, 125
5.2 O que é pressão do gás e como medi-la?, 126
5.3 Quais são as leis que regem o comportamento dos gases?, 127
5.4 O que é lei de Avogadro e lei dos gases ideais?, 131
5.5 O que é a lei das pressões parciais de Dalton?, 133
5.6 O que é teoria cinética molecular?, 134
5.7 Quais são os tipos de forças de atração que existem entre as moléculas?, 135
5.8 Como se descreve o comportamento dos líquidos em nível molecular?, 138
5.9 Quais são as características dos vários tipos de sólidos?, 144
5.10 O que é uma mudança de fase e quais são as energias envolvidas?, 146
Resumo das questões-chave, 150
Problemas, 151

Conexões químicas

- 5A Entropia: uma medida de dispersão de energia, 127
- 5B Respiração e lei de Boyle, 129
- 5C Medicina hiperbárica, 133
- 5D Medida de pressão sanguínea, 140
- 5E As densidades do gelo e da água, 143
- 5F Dióxido de carbono supercrítico, 149

Capítulo 6 Soluções e coloides, 157

6.1 O que é necessário saber por enquanto?, 157
6.2 Quais são os tipos mais comuns de soluções?, 158
6.3 Quais são as características que distinguem as soluções?, 158
6.4 Quais são os fatores que afetam a solubilidade?, 159
6.5 Quais são as unidades mais comuns para concentração?, 161
6.6 Por que a água é um solvente tão bom?, 168
6.7 O que são coloides?, 172

6.8 O que é uma propriedade coligativa?, 174
Resumo das questões-chave, 180
Problemas, 181

Conexões químicas

6A Chuva ácida, 159
6B *Bends*, 162
6C Compostos hidratados e poluição do ar: a deterioração de prédios e monumentos, 172
6D Emulsões e agentes emulsificantes, 174
6E Osmose reversa e dessalinização, 178
6F Hemodiálise, 179

Capítulo 7 Velocidades de reação e equilíbrio químico, 187

7.1 Como se medem velocidades de reação?, 187
7.2 Por que algumas colisões moleculares resultam em reações e outras não?, 189
7.3 Qual é a relação entre energia de ativação e velocidade de reação?, 190
7.4 Como se pode mudar a velocidade da reação química?, 193
7.5 O que significa dizer que a reação alcançou o equilíbrio?, 197
7.6 O que é constante de equilíbrio e o que ela significa?, 199

Como... Interpretar o valor da constante de equilíbrio, *K*?, 201

7.7 O que é o princípio de Le Chatelier?, 203
Resumo das questões-chave, 208
Problemas, 208

Conexões químicas

7A Por que a febre alta é perigosa?, 195
7B Baixando a temperatura do corpo, 196
7C Medicamentos de liberação controlada, 197
7D Os óculos de sol e o princípio de Le Chatelier, 206
7E O processo de Haber, 207

Capítulo 8 Ácidos e bases, 213

8.1 O que são ácidos e bases?, 213
8.2 Como se define a força de ácidos e bases?, 215
8.3 O que são pares conjugados ácido-base?, 216

Como... Denominar ácidos comuns, 218

8.4 Como determinar a posição de equilíbrio em uma reação ácido-base?, 219
8.5 Que informações podem ser obtidas das constantes de ionização ácida?, 221
8.6 Quais são as propriedades de ácidos e bases?, 223
8.7 Quais são as propriedades ácidas e básicas da água pura?, 225

Como... Usar logs e antilogs, 226

8.8 O que são pH e pOH?, 227
8.9 Como se usa a titulação para calcular a concentração?, 229
8.10 O que são tampões?, 232
8.11 Como se calcula o pH de um tampão?, 235
8.12 O que são TRIS, HEPES e esses tampões com nomes estranhos?, 237
Resumo das questões-chave, 239
Problemas, 240

Conexões químicas

8A Alguns ácidos e bases importantes, 216
8B Antiácidos, 225
8C Acidose respiratória e metabólica, 238
8D Alcalose e o truque do corredor, 239

Capítulo 9 Química nuclear, 245

9.1 Como foi a descoberta da radioatividade?, 245
9.2 O que é radioatividade?, 246
9.3 O que acontece quando um núcleo emite radioatividade?, 248

Como... Balancear uma equação nuclear, 249

9.4 O que é a meia-vida do núcleo? 252
9.5 Como se detecta e mede a radiação nuclear?, 254
9.6 Como a dosimetria da radiação está relacionada à saúde humana?, 256
9.7 O que é medicina nuclear?, 259
9.8 O que é fusão nuclear?, 262
9.9 O que é fissão nuclear e como está relacionada à energia atômica?, 264

Resumo das questões-chave, 266
Resumo das reações principais, 267
Problemas, 267

Conexões químicas

9A Datação radioativa, 253
9B O problema do radônio doméstico, 259
9C Como a radiação danifica os tecidos: radicais livres, 260
9D A precipitação radioativa em acidentes nucleares, 266

Apêndice I Notação exponencial, A1

Apêndice II Algarismos significativos, A4

Respostas aos problemas do texto e aos problemas ímpares de final de capítulos, R1

Glossário, G1

Índice remissivo, IR1

Grupos funcionais orgânicos importantes
Código genético padrão
Nomes e abreviações dos aminoácidos mais comuns
Massas atômicas padrão dos elementos 2007
Tabela periódica
Tópicos relacionados à saúde (Encontra-se na página do livro, no site www.cengage.com.br)

Prefácio

> "Ver o mundo num grão de areia
> E o céu numa flor silvestre
> Reter o infinito na palma das mãos
> E a eternidade em um momento."
> William Blake ("Augúrios da inocência")

> "A cura para o tédio é a curiosidade
> Não há cura para a curiosidade."
> Dorothy Parker

Perceber a ordem na natureza do mundo é uma necessidade humana profundamente arraigada. Nossa meta principal é transmitir a relação entre os fatos e assim apresentar a totalidade do edifício científico construído ao longo dos séculos. Nesse processo, encantamo-nos com a unidade das leis que tudo governam: dos fótons aos prótons, do hidrogênio à água, do carbono ao DNA, do genoma à inteligência, do nosso planeta à galáxia e ao universo conhecido. Unidade em toda a diversidade.

Enquanto preparávamos a nona edição deste livro, não pudemos deixar de sentir o impacto das mudanças que ocorreram nos últimos 30 anos. Do *slogan* dos anos 1970, "Uma vida melhor com a química", para a frase atual, "Vida pela química", dá para ter uma ideia da mudança de foco. A química ajuda a prover as comodidades de uma vida agradável, mas encontra-se no âmago do nosso próprio conceito de vida e de nossas preocupações em relação a ela. Essa mudança de ênfase exige que o nosso texto, destinado principalmente para a educação de futuros profissionais das ciências da saúde, procure oferecer tanto as informações básicas quanto as fronteiras do horizonte que circunda a química.

O uso cada vez mais frequente de nosso texto tornou possível esta nova edição. Agradecemos àqueles que adotaram as edições anteriores para seus cursos. Testemunhos de colegas e estudantes indicam que conseguimos transmitir nosso entusiasmo pelo assunto aos alunos, que consideram este livro muito útil para estudar conceitos difíceis.

Assim, nesta nova edição, esforçamo-nos em apresentar um texto de fácil leitura e fácil compreensão. Ao mesmo tempo, enfatizamos a inclusão de novos conceitos e exemplos nessa disciplina em tão rápida evolução, especialmente nos capítulos de bioquímica. Sustentamos uma visão integrada da química. Desde o começo na química geral, incluímos compostos orgânicos e susbtâncias bioquímicas para ilustrar os princípios. O progresso é a ascensão do simples ao complexo. Insistimos com nossos colegas para que avancem até os capítulos de bioquímica o mais rápido possível, pois neles é que se encontra o material pertinente às futuras profissões de nossos alunos.

Lidar com um campo tão amplo em um só curso, e possivelmente o único curso em que os alunos têm contato com a química, faz da seleção do material um empreendimento bastante abrangente. Temos consciência de que, embora tentássemos manter o livro em tamanho e proporções razoáveis, incluímos mais tópicos do que se poderia cobrir num curso de dois semestres. Nosso objetivo é oferecer material suficiente para que o professor possa escolher os tópicos que considerar importante. Organizamos as seções de modo que cada uma delas seja independente; portanto, deixar de lado seções ou mesmo capítulos não causará rachaduras no edifício.

Ampliamos a quantidade de tópicos e acrescentamos novos problemas, muitos dos quais desafiadores e instigantes.

Público-alvo

Assim como nas edições anteriores, este livro não se destina a estudantes do curso de química, e sim àqueles matriculados nos cursos de ciências da saúde e áreas afins, como enfermagem, tecnologia médica, fisioterapia e nutrição. Também pode ser usado por alunos de estudos ambientais. Integralmente, pode ser usado para um curso de um ano (dois semestres) de química, ou partes do livro num curso de um semestre.

Pressupomos que os alunos que utilizam este livro têm pouco ou nenhum conhecimento prévio de química. Sendo assim, introduzimos lentamente os conceitos básicos no início e aumentamos o ritmo e o nível de sofisticação à medida que avançamos. Progredimos dos princípios básicos da química geral, passando pela química orgânica e chegando finalmente à bioquímica. Consideramos esse progresso como uma ascensão tanto em termos de importância prática quanto de sofisticação. Ao longo do texto, integramos as três partes, mantendo uma visão unificada da química. Não consideramos as seções de química geral como de domínio exclusivo de compostos inorgânicos, frequentemente usamos substâncias orgânicas e biológicas para ilustrar os princípios gerais.

Embora ensinar a química do corpo humano seja nossa meta final, tentamos mostrar que cada subárea da química é importante em si mesma, além de ser necessária para futuros conhecimentos.

Conexões químicas (aplicações medicinais e gerais dos princípios químicos)

Os quadros "Conexões químicas" contêm aplicações dos princípios abordados no texto. Comentários de usuários das edições anteriores indicam que esses quadros têm sido bem recebidos, dando ao texto a devida pertinência. Por exemplo, no Capítulo 1, os alunos podem ver como as compressas frias estão relacionadas aos colchões d'água e às temperaturas de um lago ("Conexões químicas 1C"). Indicam-se também tópicos atualizados, incluindo fármacos anti-inflamatórios como o Vioxx e Celebrex ("Conexões químicas 21H"). Outro exemplo são as novas bandagens para feridas baseadas em polissacarídeos obtidos da casca do camarão ("Conexões químicas 20E"). No Capítulo 30, que trata de nutrição, os alunos poderão ter uma nova visão da pirâmide alimentar ("Conexões químicas 30A"). As questões sempre atuais relativas à dieta são descritas em "Conexões químicas 30B". No Capítulo 31, o aluno aprenderá sobre importantes implicações no uso de antibióticos ("Conexões químicas 31D") e terá uma explicação detalhada sobre o tema, tão polêmico, da pesquisa com células-tronco ("Conexões químicas 31E").

A presença de "Conexões químicas" permite um considerável grau de flexibilidade. Se o professor quiser trabalhar apenas com o texto principal, esses quadros não interrompem a continuidade, e o essencial será devidamente abordado. No entanto, como essas "Conexões" ampliam o material principal, a maioria dos professores provavelmente desejará utilizar pelo menos algumas delas. Em nossa experiência, os alunos ficam ansiosos para ler as "Conexões químicas" pertinentes, não como tarefa, e o fazem com discernimento. Há um grande número de quadros, e o professor pode escolher aqueles que são mais adequados às necessidades específicas do curso. Depois, os alunos poderão testar seus conhecimentos em relação a eles com os problemas no final de cada capítulo.

Metabolismo: o código de cores

As funções biológicas dos compostos químicos são explicadas em cada um dos capítulos de bioquímica e em muitos dos capítulos de química orgânica. A ênfase é na química e não na fisiologia. Como tivemos um retorno muito positivo a respeito do modo como organizamos o tópico sobre metabolismo (capítulos 27, 28 e 29), resolvemos manter essa organização.

Primeiramente, apresentamos a via metabólica comum através da qual todo o alimento será utilizado (o ciclo do ácido cítrico e a fosforilação oxidativa) e só depois discutimos as vias específicas que conduzem à via comum. Consideramos isso um recurso pedagógico útil que nos permite somar os valores calóricos de cada tipo de alimento porque sua utilização na via comum já foi ensinada. Finalmente, separamos as vias catabólicas das vias anabólicas em diferentes capítulos, enfatizando as diferentes maneiras como o corpo rompe e constrói diferentes moléculas.

O tema metabolismo costuma ser difícil para a maioria dos estudantes, e, por isso, tentamos explicá-lo do modo mais claro possível. Como fizemos na edição anterior, melhoramos a apresentação com o uso de um código de cores para os compostos biológicos mais importantes discutidos nos capítulos 27, 28 e 29. Cada tipo de composto aparece em uma cor específica, que permanece a mesma nos três capítulos. As cores são as seguintes:

- ATP e outros trifosfatos de nucleosídeo
- ADP e outros difosfatos de nucleosídeos
- As coenzimas oxidadas NAD^+ e FAD
- As coenzimas reduzidas NADH e $FADH_2$
- Acetil coenzima A

Nas figuras que mostram os caminhos metabólicos, os números das várias etapas aparecem em amarelo. Além desse uso do código de cores, outras figuras, em várias partes do livro, são coloridas de tal modo que a mesma cor sempre é usada para a mesma entidade. Por exemplo, em todas as figuras do Capítulo 23 que mostram as interações enzima-substrato, as enzimas sempre aparecem em azul, e os substratos, na cor laranja.

Destaques

- **[NOVO] Estratégias de resolução de problemas** Os exemplos do texto agora incluem uma descrição da estratégia utilizada para chegar a uma solução. Isso ajudará o aluno a organizar a informação para resolver um problema.
- **[NOVO] Impacto visual** Introduzimos ilustrações de grande impacto pedagógico. Entre elas, as que mostram os aspectos microscópico e macroscópico de um tópico em discussão, como as figuras 6.4 (lei de Henry) e 6.11 (condutância por um eletrólito).
- **Questões-chave** Utilizamos um enquadramento nas "Questões-chave" para enfatizar os principais conceitos químicos. Essa abordagem direciona o aluno, em todos os capítulos, nas questões relativas a cada segmento.
- **[ATUALIZADO] Conexões químicas** Mais de 150 ensaios descrevem as aplicações dos conceitos químicos apresentados no texto, vinculando a química à sua utilização real. Muitos quadros novos de aplicação sobre diversos tópicos foram acrescentados, tais como bandagens de carboidrato, alimentos orgânicos e anticorpos monoclonais.
- **Resumo das reações fundamentais** Nos capítulos de química orgânica (10-19), um resumo comentado apresenta as reações introduzidas no capítulo, identifica a seção onde cada uma foi introduzida e dá um exemplo de cada reação.
- **[ATUALIZADO] Resumos dos capítulos** Os resumos refletem as "Questões-chave". No final de cada capítulo, elas são novamente enunciadas, e os parágrafos do resumo destacam os conceitos associados às questões. Nesta edição estabelecemos "links" entre os resumos e problemas no final dos capítulos.
- **[ATUALIZADO] Antecipando** No final da maior parte dos capítulos incluímos problemas-desafio destinados a mostrar a aplicação, ao material dos capítulos seguintes, de princípios que aparecem no capítulo.
- **[ATUALIZADO] Ligando os pontos e desafios** Ao final da maior parte dos capítulos, incluímos problemas que se baseiam na matéria já vista, bem como em problemas que testam o conhecimento do aluno sobre ela. A quantidade desses problemas aumentou nesta edição.
- **[ATUALIZADO] Os quadros Como...** Nesta edição, aumentamos o número de quadros que enfatizam as habilidades de que o aluno necessita para dominar a matéria. Incluem tó-

picos do tipo "*Como*... Determinar os algarismos significativos em um número" (Capítulo 1) e "*Como*... Interpretar o valor da constante de equilíbrio, *K*" (Capítulo 7).

- Modelos moleculares Modelos de esferas e bastões, de preenchimento de espaço e mapas de densidade eletrônica são usados ao longo de todo o texto como auxiliares na visualização de propriedades e interações moleculares.
- Definições na margem Muitos termos também são definidos na margem para ajudar o aluno a assimilar a terminologia. Buscando essas definições no capítulo, o estudante terá um breve resumo de seu conteúdo.
- Notas na margem Informações adicionais, tais como notas históricas, lembretes e outras complementam o texto.
- Respostas a todos os problemas do texto e aos problemas ímpares no final dos capítulos Respostas a problemas selecionados são fornecidas no final do livro.
- Glossário O glossário no final do livro oferece uma definição para cada novo termo e também o número da seção em que o termo é introduzido.

Organização e atualizações

Química geral (capítulos 1-9)

- O Capítulo 1, Matéria energia e medidas, serve como uma introdução geral ao texto e introduz os elementos pedagógicos que aparecem pela primeira vez nesta edição. Foi adicionado um novo quadro "*Como*... Determinar os algarismos significativos em um número".
- No Capítulo 2, Átomos, introduzimos quatro dos cinco modos de representação das moléculas que usamos ao longo do texto: mostramos a água em sua fórmula molecular, estrutural e nos modelos de esferas e bastões e de preenchimento de espaço. Introduzimos os mapas de densidade eletrônica, uma quinta forma de representação, no Capítulo 3.
- O Capítulo 3, Ligações químicas, começa com os compostos iônicos, seguidos de uma discussão sobre compostos moleculares.
- O Capítulo 4, Reações químicas, inclui o quadro "*Como*... Balancear uma equação química" que ilustra um método gradual para balancear uma equação.
- No Capítulo 5, Gases, líquidos e sólidos, apresentamos as forças intermoleculares de atração para aumentar a energia, ou seja, as forças de dispersão de London, interações dipolo-dipolo e ligações de hidrogênio.
- O Capítulo 6, Soluções e coloides, abre com uma listagem dos tipos mais comuns de soluções, com discussões sobre os fatores que afetam a solubilidade, as unidades de concentração mais usadas e as propriedades coligativas.
- O Capítulo 7, Velocidades de reação e equilíbrio químico, mostra como esses dois importantes tópicos estão relacionados entre si. Adicionamos um novo quadro "*Como*... Interpretar o valor da constante de equilíbrio, *K*".
- O Capítulo 8, Ácidos e bases, introduz o uso das setas curvadas para mostrar o fluxo de elétrons em reações orgânicas. Utilizamos especificamente essas setas para indicar o fluxo de elétrons em reações de transferência de próton. O principal tema desse capítulo é a aplicação dos tampões ácido-base e da equação de Henderson-Hasselbach.
- A seção de química geral termina com o Capítulo 9, Química nuclear, destacando as aplicações medicinais.

Química orgânica (capítulos 10-19)

- O Capítulo 10, Química orgânica, introduz as características dos compostos orgânicos e os grupos funcionais orgânicos mais importantes.
- No Capítulo 11, Alcanos, introduzimos o conceito de fórmula linha-ângulo e seguimos usando essas fórmulas em todos os capítulos de química orgânica. Essas estruturas são mais fáceis de desenhar que as fórmulas estruturais condensadas usuais e também mais fáceis de visualizar.

- No Capítulo 12, Alcenos e alcinos, introduzimos o conceito de mecanismo de reação com a hidro-halogenação e a hidratação por catálise ácida dos alcenos. Apresentamos também um mecanismo para a hidrogenação catalítica dos alcenos e, mais adiante, no Capítulo 18, mostramos como a reversibilidade da hidrogenação catalítica resulta na formação de gorduras *trans*. O objetivo dessa introdução aos mecanismos de reação é demonstrar ao aluno que os químicos estão interessados não apenas no que acontece numa reação química, mas também como ela ocorre.

- O Capítulo 13, Benzeno e seus derivados, segue imediatamente após a apresentação dos alcenos e alcinos. Nossa discussão sobre os fenóis inclui fenóis e antioxidantes.

- O Capítulo 14, Alcoóis, éteres e tióis, discute primeiramente a estrutura, nomenclatura e propriedades dos alcoóis, e depois aborda, do mesmo modo, os éteres e finalmente os tióis.

- No Capítulo 15, Quiralidade: a lateralidade das moléculas, os conceitos de estereocentro e enantiomeria são lentamente introduzidos com o 2-butanol como protótipo. Depois tratamos de moléculas com dois ou mais estereocentros e mostramos como prever o número de estereoisômeros possível para uma determinada molécula. Também explicamos a convenção *R, S* para designar uma configuração absoluta a um estereocentro tetraédrico.

- No Capítulo 16, Aminas, seguimos o desenvolvimento de novas medicações para asma, da epinefrina, como fármaco principal, ao albuterol (Proventil).

- O Capítulo 17, Aldeídos e cetonas, apresenta o $NaBH_4$ como agente redutor da carbonila, com ênfase em sua função de agente de transferência de hidreto. Depois comparamos à NADH como agente redutor da carbonila e agente de transferência de hidreto.

A química dos ácidos carboxílicos e seus derivados é dividida em dois capítulos.

- O Capítulo 18, Ácidos carboxílicos, concentra-se na química e nas propriedades físicas dos próprios ácidos carboxílicos. Discutimos brevemente sobre os ácidos graxos *trans* e os ácidos graxos ômega-3, e a importância de sua presença em nossas dietas.

- O Capítulo 19, Anidridos carboxílicos, ésteres e amidas, descreve a química desses três importantes grupos funcionais, com ênfase em sua hidrólise por catálise ácida e promovida por bases, e as reações com as aminas e os álcoois.

Bioquímica (capítulos 20-32)

- O Capítulo 20, Carboidratos, começa com a estrutura e a nomenclatura dos monossacarídeos, sua oxidação e redução, e a formação de glicosídeos, concluindo com uma discussão sobre a estrutura dos dissacarídeos, polissacarídeos e polissacarídeos ácidos. Um novo quadro de "Conexões químicas" trata das *Bandagens de carboidrato que salvam vidas*.

- O Capítulo 21, Lipídeos, trata dos aspectos mais importantes da bioquímica dos lipídeos, incluindo estrutura da membrana e estruturas e funções dos esteroides. Foram adicionadas novas informações sobre o uso de esteroides e sobre a ex-velocista olímpica Marion Jones.

- O Capítulo 22, Proteínas, abrange muitas facetas da estrutura e função das proteínas. Dá uma visão geral de como elas são organizadas, começando com a natureza de cada aminoácido e descrevendo como essa organização resulta em suas muitas funções. O aluno receberá as informações básicas necessárias para seguir até as seções sobre enzimas e metabolismo. Um novo quadro de "Conexões químicas" trata do *Aspartame, o peptídeo doce*.

- O Capítulo 23, Enzimas, aborda o importante tópico da catálise e regulação enzimática. O foco está em como a estrutura de uma enzima aumenta tanto a velocidade de reações catalisadas por enzimas. Foram incluídas aplicações específicas da inibição por enzimas em medicina, bem como uma introdução ao fascinante tópico dos análogos ao estado de transição e seu uso como potentes inibidores. Um novo quadro de "Conexões químicas" trata de *Enzimas e memória*.

- No Capítulo 24, Comunicação química, veremos a bioquímica dos hormônios e dos neurotransmissores. As implicações da ação dessas substâncias na saúde são o principal foco deste capítulo. Novas informações sobre possíveis causas da doença de Alzheimer são exploradas.

- O Capítulo 25, Nucleotídeos, ácidos nucleicos e hereditareidade, introduz o DNA e os processos que envolvem sua replicação e reparo. Enfatiza-se como os nucleotídeos se ligam uns aos outros e o fluxo da informação genética que ocorre por causa das propriedades singulares dessas moléculas. As seções sobre tipos de RNA foram bastante ampliadas, uma vez que nosso conhecimento sobre esses ácidos nucleicos avança diariamente. O caráter único do DNA de um indivíduo é descrito em um quadro de "Conexões químicas" que introduz *Obtendo as impressões digitais do DNA* e mostra como a ciência forense depende do DNA para fazer identificações positivas.

- O Capítulo 26, Expressão gênica e síntese da proteína, mostra como a informação contida no DNA da célula é usada para produzir RNA e finalmente proteína. Aqui o foco é como os organismos controlam a expressão dos genes através da transcrição e da tradução. O capítulo termina com o atual e importante tópico da terapia gênica, uma tentativa de curar doenças genéticas dando ao indivíduo o gene que lhe faltava. Os novos quadros de "Conexões químicas" descrevem a *Diversidade humana e fatores de transcrição* e as *Mutações silenciosas*.

- O Capítulo 27, Bioenergética, é uma introdução ao metabolismo que enfatiza as vias centrais, isto é, o ciclo do ácido cítrico, o transporte de elétrons e a fosforilação oxidativa.

- No Capítulo 28, Vias catabólicas específicas, tratamos dos detalhes da decomposição de carboidratos, lipídeos e proteínas, enfatizando o rendimento energético.

- O Capítulo 29, Vias catabólicas biossintéticas, começa com algumas considerações gerais sobre anabolismo e segue para a biossíntese do carboidrato nas plantas e nos animais. A biossíntese dos lipídeos é vinculada à produção de membranas, e o capítulo termina com uma descrição da biossíntese dos aminoácidos.

- No Capítulo 30, Nutrição, fazemos uma abordagem bioquímica aos conceitos de nutrição. Ao longo do caminho, veremos uma versão revisada da pirâmide alimentar e derrubaremos alguns mitos sobre carboidratos e gorduras. Os quadros de "Conexões químicas" expandiram-se em dois tópicos geralmente importantes para o aluno – dieta e melhoramento do desempenho nos esportes através de uma nutrição apropriada. Foram adicionados novos quadros que discutem o *Ferro: um exemplo de necessidade dietética* e *Alimentos orgânicos – esperança ou modismo?*.

- O Capítulo 31, Imunoquímica, abrange o básico de nosso sistema imunológico e como nos protegemos dos organismos invasores. Um espaço considerável é dedicado ao sistema de imunidade adquirida. Nenhum capítulo sobre imunologia estaria completo sem uma descrição do vírus da imunodeficiência humana. O capítulo termina com uma descrição do tópico polêmico da pesquisa com células-tronco – nossas esperanças e preocupações pelos possíveis aspectos negativos. Foi adicionado um novo quadro de "Conexões químicas", *Anticorpos monoclonais travam guerra contra o câncer de mama*.

- O Capítulo 32, Fluidos corporais, encontra-se na página do livro, no site www.cengage.com.br.

EM INGLÊS

OWN (Online Web-based Learning)

A Cengage Learning, alinhada com as mais atuais tecnologias educacionais, apresenta o LMS (learning management system) OWL, desenvolvido na Massachutts University. Testado em sala por milhares de alunos e usado por mais de 50 mil estudantes, OWL (Online Web-based Learning) oferece conteúdo digital em um formato de fácil utilização, fornecendo aos alunos análise instantânea de seus exercícios e feedback sobre as tarefas realizadas. OWL possui mais de 6 mil questões, bem como aplicativos Java para visualizar e desenhar estruturas químicas.

Este poderoso sistema maximiza a experiência da aprendizagem dos alunos e, ao mesmo tempo, reduz a carga de trabalho do corpo docente. OWL também utiliza o aplicativo Chime, da MDL, para auxiliar os estudantes a visualizar as estruturas dos compostos orgânicos. Todo o conteúdo, bem como a plataforma, encontra-se em língua inglesa.

O acesso à plataforma é gratuito para professores que comprovadamente adotam a obra. Os alunos somente poderão utilizá-la com o código de acesso que pode ser adquirido em http://www.cengage.com/owl.

Para mais informações sobre este produto, envie e-mail para brasil.solucoesdigitais@cengage.com.

Instructor Solutions Manual

Encontra-se na página do livro, no site www.cengage.com.br o Instructor Solutions Manual em PDF, gratuito para professores que comprovadamente adotam a obra.

Agradecimentos

A publicação de um livro como este requer os esforços de muitas outras pessoas, além dos autores. Gostaríamos de agradecer a todos os professores que nos deram valiosas sugestões para esta nova edição.

Somos especialmente gratos a Garon Smith (University of Montana), Paul Sampson (Kent State University) e Francis Jenney (Philadelphia College of Osteopathic Medicine) que leram o texto com um olhar crítico. Como revisores, também confirmaram a precisão das seções de respostas.

Nossos especiais agradecimentos a Sandi Kiselica, editora sênior de desenvolvimento, que nos deu todo o apoio durante o processo de revisão. Agradecemos seu constante encorajamento enquanto trabalhávamos para cumprir os prazos; ela também foi muito valiosa em dirimir dúvidas. Agradecemos a ajuda de nossos outros colegas em Brooks/Cole: editora executiva, Lisa Lockwood; gerente de produção, Teresa Trego; editor associado, Brandi Kirksey; editora de mídia, Lisa Weber; e Patrick Franzen, da Pre-Press PMG.

Também agradecemos pelo tempo e conhecimento dos avaliadores que leram o original e fizeram comentários úteis: Allison J. Dobson (Georgia Southern University), Sara M. Hein (Winona State University), Peter Jurs (The Pennsylvania State University), Delores B. Lamb (Greenville Technical College), James W. Long (University of Oregon), Richard L. Nafshun (Oregon State University), David Reinhold (Western Michigan University), Paul Sampson (Kent State University), Garon C. Smith (University of Montana) e Steven M. Socol (McHenry County College).

Matéria, energia e medidas

Homem escalando uma cachoeira congelada.

1.1 Por que a química é o estudo da matéria?

O mundo ao nosso redor é feito de substâncias químicas. Nossos alimentos, nosso vestuário, as construções em que vivemos, tudo é feito de substâncias químicas. Nosso corpo também. Para entender o corpo humano, suas doenças e suas curas, devemos saber tudo que pudermos sobre essas substâncias. Houve uma época – apenas alguns séculos atrás – em que os médicos eram impotentes para tratar muitas doenças. Câncer, tuberculose, varíola, tifo, peste e muitas outras enfermidades atacavam as pessoas aparentemente de forma aleatória. Os médicos não conheciam as causas dessas doenças e, por isso, pouco ou nada podiam fazer. Eles as tratavam com magia e também por meio de sangrias, laxativos, emplastros e pílulas feitas de chifre de veado, açafrão ou mesmo de ouro. Nenhum desses tratamentos era eficaz, e os médicos, pelo contato direto que tinham com doenças altamente contagiosas, morriam em proporção muito maior que a da população em geral.

A medicina fez grandes avanços desde então. Vivemos muito mais, e doenças que outrora eram temidas foram praticamente eliminadas ou são curáveis. A varíola foi erradicada, e outras enfermidades que, naquele tempo, matavam milhões de pessoas, como poliomielite, tifo, peste bubônica e difteria, hoje não são mais problemas, pelo menos nos países desenvolvidos.

Como aconteceu esse progresso na medicina? As doenças só puderam ser curadas depois que todo o processo que as envolvia foi compreendido. Esse entendimento surgiu por meio do conhecimento sobre o funcionamento do corpo. O progresso na biologia, química e física permitiu os avanços na medicina. Como a medicina moderna depende tanto da química, é fundamental, para aqueles que atuarem na área da saúde, entender a química básica. Este li-

Questões-chave

1.1 Por que a química é o estudo da matéria?
1.2 O que é método científico?
1.3 Como os cientistas registram números?
  Como... Determinar os algarismos significativos em um número
1.4 Como se fazem medidas?
1.5 Qual é a melhor maneira de converter uma unidade em outra?
  Como... Fazer conversões de unidades pelo Método de Conversão de Unidades
1.6 Quais são os estados da matéria?
1.7 O que são densidade e gravidade específica?
1.8 Como se descrevem as várias formas de energia?
1.9 Como se descreve o calor e como ele é transferido?

A prática da medicina ao longo do tempo. (a) Mulher sendo sangrada por sanguessuga no antebraço esquerdo; sobre a mesa, um frasco com sanguessugas. De uma xilogravura de 1639. (b) Cirurgia moderna numa bem-equipada sala de operações.

(a)

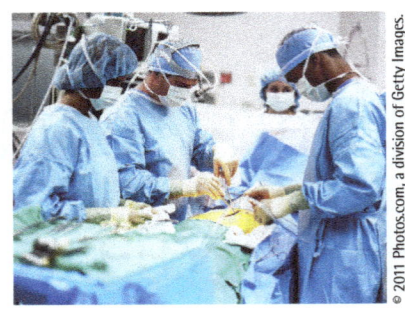
(b)

[1] "Gás engarrafado" é o que conhecemos como GLP (Gás Liquefeito de Petróleo), encontrado nos botijões de gás de cozinha. (NRT)

Galeno não fez experimentos para testar suas hipóteses.

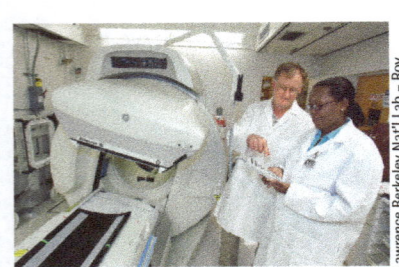

O PET *scanner* é um exemplo de como os cientistas modernos fazem experimentos para testar uma hipótese.

Hipótese Enunciado proposto, sem prova real, para explicar um conjunto de fatos e suas relações.

vro foi escrito para ajudá-los a alcançar esse objetivo. Mesmo que você escolha uma profissão diferente, verá que a química aprendida neste curso é de grande importância em sua vida.

O universo consiste em matéria, energia e espaço vazio. **Matéria** é qualquer coisa que tem massa e ocupa espaço. **Química** é a ciência que trata da matéria: a estrutura e as propriedades da matéria e as transformações de uma forma de matéria em outra. Energia é assunto da Seção 1.8.

Há muito se sabe que a matéria pode mudar ou ser alterada de uma forma para outra. Numa transformação química, mais conhecida como reação química, substâncias são consumidas (desaparecem) e são formadas novas substâncias. Um exemplo é a queima da mistura de hidrocarbonetos usualmente chamada "gás engarrafado".[1] Nessa mistura de hidrocarbonetos, o principal componente é o propano. Quando ocorre essa mudança química, propano e oxigênio do ar são convertidos em dióxido de carbono e água. A Figura 1.1 mostra outra transformação química.

A matéria também passa por várias mudanças, as quais são denominadas **transformações físicas**. Essas mudanças diferem das reações químicas, pois nelas não há mudança nas identidades das substâncias. A maior parte das transformações envolve mudanças de estado – por exemplo, o derretimento de sólidos e a ebulição de líquidos. A água continua sendo água, esteja ela no estado líquido ou na forma de gelo ou vapor. A conversão de um estado em outro é uma transformação física, e não química. Outro importante tipo de transformação física envolve a formação ou separação de misturas. Dissolver açúcar em água é uma transformação física.

Quando falamos das propriedades químicas de uma substância, referimo-nos às reações químicas que ela sofre. **Propriedades físicas** são, todas elas, propriedades que não envolvem reações químicas. Por exemplo, densidade, cor, ponto de fusão e estado físico (líquido, sólido, gasoso) são propriedades físicas.

1.2 O que é método científico?

Os cientistas aprendem por meio do **método científico**, cuja essência é o teste de teorias. No entanto, nem sempre foi assim. Antes de 1.600, os filósofos geralmente acreditavam em enunciados apenas porque estes lhes pareciam corretos. Por exemplo, o grande filósofo Aristóteles (384-322 a.C.) acreditava que, se o ouro fosse extraído de uma mina, ele voltaria a surgir. Acreditava nessa ideia porque ela se ajustava a um quadro mais geral sobre o funcionamento da natureza. Na Antiguidade, a maioria dos pensadores tinha esse comportamento. Se um enunciado parecesse verdadeiro, eles acreditavam nele sem testá-lo.

O método científico começou a ser usado por volta de 1.600 d.C. Tomemos um exemplo para ver como funciona o método científico. O médico grego Galeno (200-130 a.C.) reconhecia que o sangue do lado esquerdo do coração passa, de algum modo, para o lado direito. Isso é um fato. **Fato** é um enunciado baseado na experiência direta. Trata-se de uma observação consistente e reprodutível. Tendo observado esse fato, Galeno propôs uma hipótese para explicá-lo. **Hipótese** é um enunciado proposto, mas sem prova real, para explicar os fatos e suas relações. Como Galeno não podia ver o sangue passando do lado esquerdo do coração para o direito, ele considerou a hipótese de que pequenos orifícios estivessem presentes na parede muscular que separa as duas metades.

FIGURA 1.1 Reação química. (a) Bromo, um líquido castanho-alaranjado, e alumínio metálico. (b) Essas duas substâncias reagem com tanto vigor que o alumínio é derretido e exibe um brilho incandescente esbranquiçado no fundo do béquer. O vapor amarelo é bromo vaporizado e um pouco do produto da reação, brometo de alumínio branco. (c) Uma vez concluída a reação, o béquer fica coberto de brometo de alumínio e dos produtos de sua reação com o gás atmosférico. (Nota: Essa reação é perigosa! Não deve ser realizada em nenhuma circunstância, salvo sob supervisão apropriada.)

Até aqui um cientista moderno e um filósofo antigo teriam o mesmo comportamento. Ambos oferecem uma hipótese para explicar os fatos. Desse ponto em diante, porém, seus métodos diferem. Para Galeno, sua explicação parece estar certa, e isso foi o suficiente para acreditar nela, mesmo que não pudesse ver nenhum orifício. Sua hipótese foi, de fato, aceita praticamente por todos os médicos por mais de mil anos. Quando usamos o método científico, no entanto, não acreditamos em uma hipótese apenas porque parece correta. Nós a testamos utilizando os testes mais rigorosos que pudermos imaginar.

William Harvey (1578-1657) testou a hipótese de Galeno dissecando corações e vasos sanguíneos humanos e animais. Ele descobriu que válvulas que funcionam em sentido único separam as câmaras superiores do coração das inferiores. Também descobriu que o coração é uma bomba que, ao contrair e expandir, empurra o sangue para fora. O professor de Harvey, Fabricius (1537-1619), havia observado anteriormente a existência de válvulas de sentido único nas veias, de modo que ali o sangue corre em direção ao coração e não no sentido contrário.

Harvey junta esses fatos e apresenta uma nova hipótese: o sangue é bombeado pelo coração e circula em todo o corpo. Essa hipótese era mais satisfatória do que a de Galeno, pois se adequava melhor aos fatos. Mesmo assim, ainda era uma hipótese e, de acordo com o método científico, tinha de ser testada ainda mais. Um teste importante ocorreu em 1661, quatro anos após a morte de Harvey. Ele havia previsto que deveria haver pequeninos vasos sanguíneos que pudessem levar o sangue das artérias para as veias. Em 1661, o anatomista italiano Malpighi (1628-1694), usando o recém-inventado microscópio, localizou esses vasos, que agora chamamos capilares.

A descoberta de Malpighi deu sustentação à hipótese da circulação sanguínea ao confirmar a previsão de Harvey. Quando uma hipótese passa no teste, temos mais confiança nela e passamos a chamá-la de teoria. Uma **teoria** é a formulação de uma relação aparente entre certos fenômenos observados, que foi até certo ponto verificada. Nesse sentido, teoria é o mesmo que hipótese, exceto pelo fato de que nossa crença nela é mais forte, pois há mais evidências que a sustentam. Não importa, porém, o quanto confiamos numa teoria; se descobrirmos novos fatos que se oponham a ela ou se ela não passar em novos testes, a teoria deve ser alterada ou rejeitada. Na história da ciência, muitas teorias solidamente estabelecidas tiveram que ser descartadas porque não puderam passar em novos testes.

Um dos métodos mais importantes de testar uma hipótese é aquele que utiliza um experimento controlado. Não é suficiente dizer que uma mudança causa um efeito, devemos assegurar que a ausência desta não irá causá-lo. Se, por exemplo, um pesquisador propõe que adicionar uma mistura de vitaminas à dieta de uma criança melhora o seu crescimento, é fundamental verificar, antes de qualquer outro aspecto, se as crianças de um grupo de controle, que não receberam a mistura de vitaminas, não crescem tão rapidamente. A comparação de um experimento com um controle é essencial para o método científico.

Teoria Formulação de uma aparente relação, já verificada, entre certos fenômenos observados. Uma teoria explica muitos fatos inter-relacionados e pode ser aplicada para realizar previsões sobre fenômenos naturais. Exemplos são a teoria gravitacional de Newton e a teoria molecular cinética dos gases, que encontraremos na Seção 6.6. Esse tipo de teoria também está sujeito a teste e será descartado ou modificado se estiver em contradição com os fatos.

O método científico é muito simples. Não aceitamos uma hipótese ou teoria somente porque parece ser correta. Elaboramos testes. Uma hipótese ou teoria é aceita apenas depois de passar nos testes. O enorme progresso ocorrido desde 1600 na química, biologia e em outras ciências comprova o valor do método científico.

Talvez tenha ficado a impressão de que a ciência progride em uma direção: primeiro o fato, depois a hipótese, por último a teoria. A vida real não é tão simples. Hipóteses e teorias chamam a atenção dos cientistas para a descoberta de novos fatos. Um exemplo desse roteiro é a descoberta do elemento germânio. Em 1871, a tabela periódica de Mendeleev – uma descrição gráfica de elementos organizados por propriedades – previa a existência de um novo elemento cujas propriedades seriam semelhantes às do silício. Mendeleev chamou esse elemento de ecassilício, que foi descoberto em 1886, na Alemanha (daí o nome).

As propriedades desse elemento eram, de fato, semelhantes àquelas previstas pela teoria. Muitas descobertas científicas, entretanto, são frutos do **acaso** ou resultado de observação aleatória. Um exemplo de acaso ocorreu em 1926, quando James Sumner, da Universidade Cornell, deixou um preparado de enzimas com urease de feijão-de-porco num refrigerador durante o fim de semana. Ao retornar, Sumner constatou que a solução continha cristais e depois verificou tratar-se de uma proteína. Essa descoberta acidental levou à hipótese de que todas as enzimas são proteínas. É claro que o acaso não é suficiente para fazer avançar a ciência. Os cientistas devem ter criatividade e discernimento para reconhecer o significado de suas observações. Sumner lutou por mais de 15 anos para que sua hipótese fosse aceita, pois as pessoas acreditavam que somente moléculas pequenas podem formar cristais. Finalmente, sua visão triunfou, e ele recebeu o Prêmio Nobel de Química em 1946.

1.3 Como os cientistas registram números?

Geralmente, cientistas lidam com números muito pequenos ou muito grandes. Por exemplo, uma moeda comum de cobre contém aproximadamente

$$29.500.000.000.000.000.000.000 \text{ de átomos de cobre}$$

e um único átomo de cobre pesa

$$0,00000000000000000000000104 \text{ grama}$$

Há muitos anos, foi inventada uma maneira fácil de lidar com números tão grandes e tão pequenos. Esse método, conhecido como **notação exponencial**, baseia-se em potências de 10. Em notação exponencial, o número de átomos de cobre em uma moeda é escrito como

$$2,95 \times 10^{22}$$

e o peso de um único átomo de cobre é escrito como

$$1,04 \times 10^{-22} \text{ gramas}$$

A origem dessa forma reduzida pode ser vista nos seguintes exemplos:

$$100 = 1 \times 10 \times 10 = 1 \times 10^2$$
$$1.000 = 1 \times 10 \times 10 \times 10 \times 1 \times 10^3$$

Na forma de uma equação, temos o seguinte: "100 é 1 com dois zeros depois do 1, e 1.000 é 1 com três zeros depois do 1". Também podemos escrever:

$$1/100 = 1/10 \times 1/10 = 1 \times 10^{-2}$$
$$1/1.000 = 1/10 \times 1/10 \times 1/10 = 1 \times 10^{-3}$$

onde os expoentes negativos indicam números menores que 1. O expoente em um número muito grande ou muito pequeno nos permite contar o número de zeros. Em quantidades muito grandes ou muito pequenas, esse número pode tornar-se intratável, sendo fácil perder um zero. A notação exponencial nos ajuda a lidar com essa possível fonte de erro matemático.

Quando se trata de medidas, nem todos os números que você pode gerar em sua calculadora ou computador são de igual importância. Somente o número de dígitos conhecidos com certeza é significativo. Suponha que você tenha medido o peso de um objeto como

Fotos mostrando diferentes ordens de magnitude.
1. Grupo de jogadores em campo (*c*. 10 metros)
2. Campo de futebol americano (*c*. 100 metros)
3. Arredores de um estádio (*c*. 1.000 metros)

sendo 3,4 g numa balança em que se pode ler até 0,1 g. Você poderá registrar o peso como 3,4 g, mas não como 3,40 ou 3,400 g, pois não terá certeza dos zeros adicionados. Isso é mais importante ainda quando os cálculos são feitos por calculadora. Por exemplo, você poderia medir um cubo com uma régua e constatar que cada lado tem 2,9 cm. Se lhe pedirem para calcular o volume, você multiplica 2,9 × 2,9 × 2,9. A calculadora lhe dará como resposta 24,389 cm3. Suas medidas iniciais, todavia, só eram boas para uma casa decimal, logo, sua resposta final não pode ser boa até três casas decimais. Como cientista, é importante registrar dados que tenham o número correto de algarismos significativos. Uma explicação detalhada sobre o uso de algarismos significativos é dada no Apêndice II. A seguir, o quadro *Como* ensina de que maneira determinar os algarismos significativos em um número. Você encontrará quadros como esse ao longo do texto nos quais explicações mais detalhadas de conceitos serão úteis. Uma discussão sobre acurácia, precisão e algarismos significativos pode ser encontrada em manuais de laboratório.

Como...

Determinar os algarismos significativos em um número

1. **Dígitos diferentes de zero são sempre significativos.**
   Por exemplo, 233,1 m tem quatro algarismos significativos; 2,3 g tem dois algarismos significativos.
2. **Zeros no começo de um número nunca são significativos.**
   Por exemplo, 0,0055 L tem dois algarismos significativos; 0,3456 g tem quatro algarismos significativos.
3. **Zeros entre dígitos diferentes de zero são sempre significativos.**
   Por exemplo, 2,045 kcal tem quatro algarismos significativos; 8,0506 g tem cinco algarismos significativos.
4. **Zeros no final de um número que contém uma vírgula decimal sempre são significativos.**
   Por exemplo, 3,00 L tem três algarismos significativos; 0,0450 mm tem três algarismos significativos.
5. **Zeros no final de um número que não contém vírgula decimal podem ou não ser significativos.**

Não podemos dizer se são significativos sem saber algo sobre o número. Trata-se de um caso ambíguo. Se você sabe que um certo pequeno negócio teve um lucro de $ 36.000 no ano passado, poderá ter certeza de que 3 e 6 são significativos, mas e o resto? O lucro pode ter sido de $ 36.126 ou $ 35.786,53, ou talvez exatamente $ 36.000. Simplesmente não sabemos porque é comum arredondar números assim. Entretanto, se o lucro foi registrado como $ 36.000,00 então todos os sete dígitos serão significativos.

Em ciência, para contornar o caso ambíguo, usamos a notação exponencial. Suponha que uma medida resulte em 2.500 g. Se fizemos a medida, então sabemos que os dois zeros são significativos, mas precisamos dizer aos outros. Se esses dígitos não forem significativos, escreveremos nosso número como $2,5 \times 10^3$. Se um zero for significativo, escreveremos $2,50 \times 10^3$. Se ambos os zeros forem significativos, escreveremos $2,500 \times 10^3$. Já que agora temos uma vírgula decimal, todos os dígitos mostrados são significativos. Neste livro consideraremos que nos números terminados em zero todos os algarismos são significativos. Por exemplo, 1.000 mL têm quatro algarismos significativos, e 20 m, têm dois algarismos significativos.

Exemplo 1.1 Notação exponencial e algarismos significativos

Multiplique

(a) $(4,73 \times 10^5)(1,37 \times 10^2)$ (b) $(2,7 \times 10^{-4})(5,9 \times 10^8)$

Divida

(c) $\dfrac{7,08 \times 10^{-8}}{300}$ (d) $\dfrac{5,8 \times 10^{-6}}{6,6 \times 10^{-8}}$ (e) $\dfrac{7,05 \times 10^{-3}}{4,51 \times 10^5}$

Neste exemplo, use a calculadora.

Estratégia e solução

Cálculos desse tipo são feitos automaticamente em calculadoras científicas. Geralmente, é a tecla marcada como "E". (Em algumas calculadoras, aparece como "EE". Em alguns casos, o acesso é pela tecla de segunda função.)

(a) Digite 4,73E5, pressione a tecla de multiplicação, digite 1,37E2 e pressione a tecla "=". A resposta é 6,48 × 10^7. A calculadora mostrará esse número como 6,48E7. Essa resposta faz sentido. Adicionamos expoentes quando multiplicamos, e a soma desses dois expoentes é correta (5 + 2 = 7). Também multiplicamos os números 4,73 × 1,37, que, aproximadamente, é 4 × 1,5 = 6, portanto 6,48 é também razoável.

(b) Aqui temos que lidar com um expoente negativo, portanto usamos a tecla "+/−". Digite 2,7E/4, pressione a tecla de multiplicação, digite 5,9E8 e pressione a tecla "=". A calculadora mostrará a resposta como 1,593E5. Para obtermos o número correto de algarismos significativos, devemos registrar nossa resposta como 1,6E5. Essa resposta faz sentido porque 2,7 é um pouco menor que 3, e 5,9 é um pouco menor que 6, portanto prevemos um número pouco menor que 18; também a soma algébrica dos expoentes (−4 + 8) é igual a 4. Isso dá 16 × 10^4. Em notação exponencial, normalmente preferimos registrar números entre 1 e 10, assim reescrevemos nossa resposta como 1,6 × 10^5. Fizemos o primeiro número 10 vezes menor, então aumentamos o expoente em 1 para refletir essa mudança.

(c) Digite 7,08E+/−8, pressione a tecla de divisão, digite 300 e pressione a tecla "=". A resposta é 2,36 × 10^{-10}. A calculadora mostrará esse número como 2,36E − 10. Subtraímos os expoentes quando dividimos e também podemos escrever 300 como 3,00 × 10^2.

(d) Digite 5,8E+/−6, pressione a tecla de divisão, digite 6,6E+/−8 e pressione a tecla "=". A calculadora mostrará a resposta como 87,878787878788. Registramos essa resposta como 88 para termos o número certo de algarismos significativos. Essa resposta faz sentido. Quando dividimos 5,8 por 6,6, temos um número pouco menor que 1. Quando subtraímos os expoentes algebricamente (−6 − [−8]), o resultado é 2. Isso significa que a resposta é pouco menor que 1 × 10^2 ou pouco menor que 100.

(e) Digite 7,05E+/−3, pressione a tecla de divisão, digite 4,51E5 e pressione a tecla "=". A calculadora mostra a resposta como 1,5632E-8, que, para o número correto de algarismos significativos, é 1,56 × 10^{-8}. A subtração algébrica do expoente é −3 − 5 = − 8.

Problema 1.1

Multiplique

(a) $(6{,}49 \times 10^7)(7{,}22 \times 10^{-3})$

(b) $(3{,}4 \times 10^{-5})(8{,}2 \times 10^{-11})$

Divida

(a) $\dfrac{6{,}02 \times 10^{23}}{3{,}10 \times 10^5}$

(b) $\dfrac{3{,}14}{2{,}30 \times 10^{-5}}$

1.4 Como se fazem medidas?

No dia a dia, estamos sempre medindo. Medimos ingredientes para receitas, distâncias percorridas, galões de gasolina, pesos de frutas e legumes, e o horário dos programas de TV. Médicos e enfermeiras medem pulsações, pressão sanguínea, temperaturas e dosagens de fármacos. A química, como outras ciências, baseia-se em medidas.

Uma medida consiste em duas partes: um número e uma unidade. Número sem unidade geralmente não tem significado. Se lhe dissessem que o peso de uma pessoa é 57, a informação seria de pouca utilidade. São 57 libras (26 quilos), o que indicaria que a pessoa deve ser uma criança ou um anão, ou 57 quilos, que é o peso médio de uma mulher, ou de um homem de baixa estatura? Ou talvez seja alguma outra unidade? Como existem muitas unidades, um número em si mesmo não é suficiente; a unidade também deve ser declarada.

Nos Estados Unidos, a maior parte das medidas é feita com o sistema inglês de unidades: libras, milhas, galões e assim por diante. Em muitas outras partes do mundo, porém, poucas pessoas saberiam dizer o que é libra ou polegada. A maioria dos países usa o **sistema métrico**, originado na França por volta de 1800 e que desde então se espalhou por todo o mundo. Mesmo nos Estados Unidos, as mensurações métricas estão sendo introduzidas lentamente (Figura 1.2). Por exemplo, muitos refrigerantes e a maior parte das bebidas alcoólicas agora são apresentados em volumes métricos. Nos Estados Unidos, os cientistas sempre usaram o sistema métrico.

Sistema métrico Sistema de unidades de medida em que as divisões em subunidades são feitas por uma potência de 10.

FIGURA 1.2 Placa de sinalização mostrando equivalentes métricos de milhagem.

Por volta de 1960, as organizações científicas internacionais adotaram outro sistema, chamado **Sistema Internacional de Unidades (SI)**. O SI é baseado no sistema métrico e utiliza algumas unidades métricas. A principal diferença é que o SI é mais restritivo: desencoraja o uso de certas unidades métricas e favorece outras. Embora o SI tenha vantagens sobre o sistema métrico mais antigo, também tem desvantagens significativas. Por essa razão, os químicos norte-americanos têm resistido em adotá-lo. Hoje, aproximadamente 40 anos após sua introdução, não são muitos os químicos norte-americanos que usam o SI integralmente, embora algumas de suas unidades preferidas estejam ganhando terreno.

Neste livro, usaremos o sistema métrico (Tabela 1.1). Às vezes, mencionaremos a unidade SI preferida.

A. Comprimento

O fundamento do sistema métrico (e do SI) é a existência de uma unidade básica para cada tipo de medida, e as outras unidades estão relacionadas à unidade básica por potências de 10. Como exemplo, vejamos as medidas de comprimento. No sistema inglês, temos a polegada, o pé, a jarda e a milha (sem mencionar unidades mais antigas como légua, *furlong*, *ell* e *rod*). Se você quiser converter uma unidade em outra, deverá memorizar ou consultar estes fatores de conversão:

$$5.280 \text{ pés} = 1 \text{ milha}$$
$$1.760 \text{ jardas} = 1 \text{ milha}$$
$$3 \text{ pés} = 1 \text{ jarda}$$
$$12 \text{ polegadas} = 1 \text{ pé}$$

Tudo isso é desnecessário no sistema métrico (e no SI). Em ambos os sistemas, a unidade básica de comprimento é o metro (m). Para convertê-lo em unidades maiores ou menores, não utilizamos números arbitrários como 12, 3 e 1.760, mas apenas 10, 100, 1/100, 1/10, ou outras potências de 10. Isso significa que, *para converter uma unidade métrica ou o SI em outra, basta deslocar a vírgula decimal*. Além disso, as outras unidades são denominadas adicionando-se prefixos na frente de "metro", e *esses prefixos são os mesmos em todo o sistema métrico e no SI*. A Tabela 1.2 mostra os prefixos mais importantes. Se colocarmos alguns desses prefixos na frente de "metro", teremos:

$$1 \text{ quilômetro (km)} = 1.000 \text{ metros (m)}$$
$$1 \text{ centímetro (cm)} = 0,01 \text{ metro}$$
$$1 \text{ nanômetro (nm)} = 10^9 \text{ metro}$$

Para pessoas que cresceram utilizando as unidades inglesas, é útil ter alguma ideia do tamanho das unidades métricas. A Tabela 1.3 mostra alguns fatores de conversão.

Algumas dessas conversões são difíceis e provavelmente você não se lembrará delas. Assim, consulte-as quando precisar. Outras são mais fáceis. Por exemplo, 1 metro é quase o mesmo que 1 jarda. E 1 quilograma é pouco mais que 2 libras. Em 1 galão há quase 4 litros. Essas conversões poderão ser importantes para você algum dia. Por exemplo, se você alugar um carro na Europa, o preço da gasolina no posto será em euros por litro. Quando você perceber que está gastando dois dólares por litro, o que equivale a quase quatro litros por galão, entenderá por que tanta gente prefere utilizar ônibus ou trem.

Tabela 1.1 Unidades básicas no sistema métrico

Comprimento	metro (m)
Volume	litro (L)
Massa	grama (g)
Tempo	segundo (s)
Temperatura	°Celsius (°C)
Energia	caloria (cal)
Quantidade de substância	mol (mol)

Fatores de conversão são definidos. Podemos usá-los para termos quantos algarismos significativos forem necessários. Não é o caso com os números medidos.

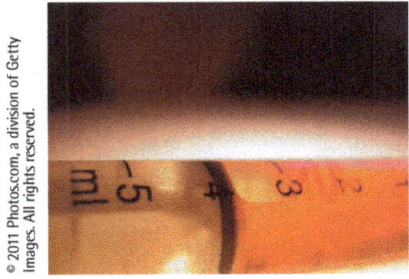

Seringa hipodérmica. Observe que os volumes são indicados em mililitros.

B. Volume

Volume é espaço. O volume de um líquido, sólido ou gás é o espaço ocupado por essa substância. A unidade básica de volume no sistema métrico é o **litro** (L). Essa unidade é um pouco maior que um quarto (Tabela 1.3). A outra única unidade comum do sistema métrico para volume é o mililitro (mL), que é igual a 10^{-3} L.

$$1 \text{ mL} = 0{,}001 \text{ L } (1 \times 10^{-3} \text{ L})$$
$$(1 \times 10^3 \text{ mL}) \; 1.000 \text{ mL} = 1 \text{ L}$$

Notação exponencial para quantidades com múltiplos zeros é mostrada entre parênteses.

TABELA 1.2 Prefixos métricos mais comuns

Prefixo	Símbolo	Valor
giga	G	$10^9 = 1.000.000.000$ (1 bilhão)
mega	M	$10^6 = 1.000.000$ (1 milhão)
quilo	k	$10^3 = 1.000$ (mil)
deci	d	$10^{-1} = 0{,}1$ (um décimo)
centi	c	$10^{-2} = 0{,}01$ (um centésimo)
mili	m	$10^{-3} = 0{,}001$ (um milésimo)
micro	μ	$10^{-6} = 0{,}000001$ (um milionésimo)
nano	n	$10^{-9} = 0{,}000000001$ (um bilionésimo)
pico	p	$10^{-12} = 0{,}000000000001$ (um trilionésimo)

TABELA 1.3 Alguns fatores de conversão entre os sistemas inglês e métrico

Comprimento	Massa	Volume
1 pol. = 2,54 cm	1 oz = 28,35 g	1 qt = 0,946 L
1 m = 39,37 in.	1 lb = 453,6 g	1 gal = 3,785 L
1 milha = 1,609 km	1 kg = 2,205 lb	1 L = 33,81 fl oz
	1 g = 15,43 grãos	1 fl oz = 29,57 mL
		1 L = 1,057 qt

Um mililitro é exatamente igual a um centímetro cúbico (cc ou cm^3):

$$1 \text{ mL} = 1 \text{ cc}$$

Assim, há 1.000 (1×10^3) cc em 1 L.

C. Massa

Massa é quantidade de matéria num objeto. A unidade básica de massa no sistema métrico é o grama (g). Como sempre no sistema métrico, unidades maiores e menores são indicadas por prefixos. Os mais comuns são:

$$1 \text{ quilograma (kg)} = 1.000 \text{ g}$$
$$1 \text{ miligrama (mg)} = 0{,}001 \text{ g}$$

O grama é uma unidade pequena; há 453,6 g em 1 libra (Tabela 1.3).

Usamos um instrumento chamado balança para medir massa. A Figura 1.3 mostra dois tipos de balanças de laboratório.

Há uma diferença fundamental entre massa e peso. Massa independe da localização. A massa de uma pedra, por exemplo, é a mesma quer seja medida ao nível do mar, no topo de uma montanha ou nas profundezas de uma mina. Ao contrário, o peso depende da localização. Peso é a força experimentada por uma massa sob a atração da gravidade. Essa questão foi demonstrada de maneira significativa quando os astronautas caminharam na superfície da Lua. Como a Lua é um corpo menor que a Terra, ela exerce uma atração gravitacional mais fraca. Consequentemente, mesmo os astronautas usando trajes espaciais e equipamentos que

FIGURA 1.3 Duas balanças de laboratório para medir massa.

Conexões químicas 1A

Dosagem de fármacos e massa corporal

Em muitos casos, as dosagens de fármacos são prescritas com base na massa corporal. Por exemplo, a dosagem recomendada de um remédio pode ser 3 mg para cada quilograma de peso corporal. Nesse caso, uma mulher de 50 kg receberia 150 mg, e um homem de 82 kg, 246 mg. Esse ajuste é especialmente importante para crianças, porque uma dose adequada para um adulto geralmente será demais para uma criança, cuja massa corporal é bem menor. Por essa razão, os fabricantes vendem caixas com doses menores de certos remédios, como a aspirina, para crianças.

As dosagens de fármacos também podem variar com a idade. Às vezes, quando um paciente idoso tem uma deficiência renal ou hepática, a eliminação do fármaco é mais lenta, e a droga pode ficar no corpo por mais tempo que o normal. A permanência pode causar tontura, vertigem e dor de cabeça semelhante à enxaqueca, resultando em quedas e ossos quebrados. Essa demora na eliminação deve ser monitorada, e a dosagem do fármaco, ajustada adequadamente.

seriam pesados na Terra, eles se sentiram mais leves na Lua e puderam executar grandes saltos durante o passeio.

Embora massa e peso sejam conceitos diferentes, estão relacionados entre si pela força da gravidade. Costumamos usar as duas palavras indiferentemente porque pesamos objetos comparando suas massas a massas-padrão de referência (pesos) numa balança, e a atração gravitacional é a mesma no objeto desconhecido e nas massas padronizadas. Como a força de gravidade é essencialmente constante, a massa sempre é diretamente proporcional ao peso.

D. Tempo

O tempo é a única quantidade em que as unidades são as mesmas em todos os sistemas: inglês, métrico e SI. A unidade básica é o **segundo** (s):

$$60 \text{ s} = 1 \text{ min}$$
$$60 \text{ min} = 1 \text{ h}$$

E. Temperatura

Nos Estados Unidos, a maioria das pessoas está familiarizada com a escala Fahrenheit de temperatura. O sistema métrico usa a escala centígrado ou Celsius. Nessa escala, o ponto de ebulição da água está fixado em 100 °C, e o ponto de congelamento, em 0 °C. Podemos converter uma escala em outra usando as seguintes fórmulas:

$$°F = \frac{9}{5} °C + 32$$

Nessas equações, 32 é um número definido e, portanto, é tratado como se tivesse um número infinito de zeros após a vírgula decimal. (Ver Apêndice 2.)

$$°C = \frac{5}{9}(°F - 32)$$

Exemplo 1.2 Conversão de temperatura

A temperatura normal do corpo é 98,6 °F. Converter essa temperatura em Celsius.

Estratégia

Usamos a fórmula de conversão que leva em conta o fato de que o ponto de congelamento da água é igual a 32 °F.

Solução

$$°C = \frac{5}{9}(98,6 - 32) = \frac{5}{9}(66,6) = 37,0 °C$$

Problema 1.2

Converta:
(a) 64,0 °C em Fahrenheit (b) 47 °F em Celsius

A Figura 1.4 mostra a relação entre as escalas Fahrenheit e Celsius.

Uma terceira escala de temperatura é a escala **Kelvin** (**K**), também chamada escala absoluta. O tamanho de 1 grau Kelvin é o mesmo do grau Celsius; a única diferença é o ponto zero. A temperatura −273 °C é tomada como o ponto zero na escala Kelvin, o que torna a conversão entre Kelvin e Celsius muito fácil. Para ir de Celsius a Kelvin, apenas *adicione* 273; para ir de Kelvin a Celsius, *subtraia* 273:

$$K = °C + 273$$
$$°C = K - 273$$

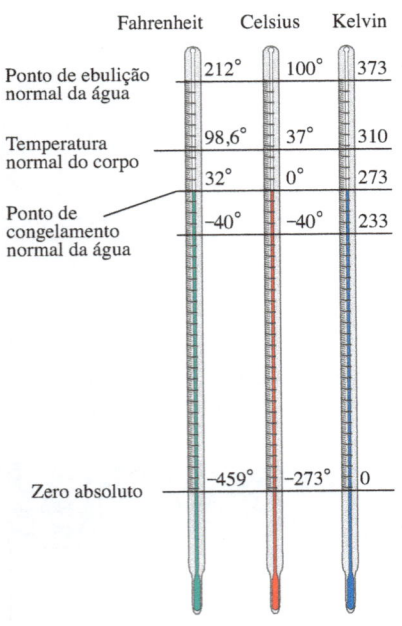

FIGURA 1.4 Três escalas de temperatura.

A Figura 1.4 também mostra a relação entre as escalas Kelvin e Celsius. Observe que não usamos o símbolo de grau na escala Kelvin: 100 °C é igual a 373 K, e não a 373 °K.

Por que −273 °C foi escolhido como o ponto zero na escala Kelvin? Porque *−273 °C ou 0 K é a temperatura mais baixa possível*. Por causa disso, 0 K é chamado de zero absoluto. A temperatura reflete o movimento das moléculas. Quanto mais lentamente elas se movem, mais frio. No zero absoluto, as moléculas param completamente de se movimentar. Assim, a temperatura não pode descer ainda mais. Dependendo do objetivo, é conveniente ter uma escala que começa na temperatura mais baixa possível, e a escala Kelvin satisfaz essa necessidade. Kelvin é uma unidade do SI.

É muito importante ter uma ideia dos tamanhos relativos das unidades no sistema métrico. Geralmente, enquanto fazemos cálculos, a única coisa que poderia nos dar uma pista de que cometemos algum erro é a compreensão dos tamanhos das unidades. Por exemplo, se você está calculando a quantidade de uma substância química dissolvida em água e chega a 254 kg/mL como resposta, será que faz sentido? Se você não tiver nenhuma ideia sobre o tamanho de 1 quilograma ou de 1 mililitro, não saberá. Se perceber que 1 mililitro é aproximadamente o volume de um dedal e que um pacote padrão de açúcar deve pesar 2 kg, então perceberá que não há como colocar 254 kg num dedal de água e saberá que cometeu um erro.

Método de Conversão de Unidades
Procedimento em que as equações são montadas de modo que as unidades não desejadas são canceladas e somente as desejadas permanecem.

1.5 Qual é a melhor maneira de converter uma unidade em outra?

Frequentemente precisamos converter a medida de uma unidade em outra. A melhor e mais segura forma de fazer isso é pelo Método de Conversão de Unidades, no qual se adota a seguinte regra: *quando multiplicamos números, também multiplicamos unidades, e quando dividimos números, também dividimos unidades*.

Para conversões entre uma unidade e outra, sempre é possível estabelecer duas frações denominadas fatores de conversão. Suponha que queiramos converter o peso de um objeto de 381 gramas em libras. Podemos converter as unidades, mas não alterar o objeto em si. Precisamos de uma razão que reflita a mudança de unidades. Na Tabela 1.3, vemos que 1 libra tem 453,6 gramas, isto é, a quantidade de matéria em 453,6 gramas é a mesma em 1 libra. Nesse sentido, trata-se de uma razão de 1 para 1, mesmo que as unidades não sejam numericamente as mesmas. Os fatores de conversão entre gramas e libras são, portanto:

$$\frac{1 \text{ lb}}{453,6 \text{ g}} \quad e \quad \frac{453,6 \text{ g}}{1 \text{ lb}}$$

Para converter 381 gramas em libras, devemos multiplicar pelo fator de conversão adequado – mas qual deles? Tentemos ambos para ver o que acontece.

Primeiro multipliquemos por 1lb/453,6 g:

$$381 \text{ g} = \frac{1 \text{ lb}}{453,6 \text{ g}} = 0,840 \text{ lb}$$

Seguindo o procedimento de multiplicar e dividir unidades quando multiplicamos e dividimos números, vemos que a divisão de gramas por gramas cancela gramas. Ficamos com libras, que é a resposta que queremos. Assim, 1lb/453,6 g é o fator de conversão correto porque converte gramas em libras.

Suponha que tivéssemos feito da outra maneira, multiplicando 453,6 g/1 lb:

$$381 \text{ g} \times \frac{453,6 \text{ g}}{1 \text{ lb}} = 173.000 \frac{g^2}{lb} \left(1,73 \times 10^5 \frac{g^2}{lb} \right)$$

Quando multiplicamos gramas por gramas, temos g^2 (gramas ao quadrado). Dividindo por libras, dá g^2/lb. Esta não é a unidade que queremos, portanto usamos o fator de conversão incorreto.

Fator de conversão Razão entre duas unidades diferentes.

Nessas conversões, estamos lidando com medidas de números. Podem surgir ambiguidades sobre o número de algarismos significativos. O número 173.000 não tem seis algarismos significativos. Escrevemos $1,73 \times 10^5$ para mostrar que são três os algarismos significativos.

Como...
Fazer conversões de unidades pelo Método de Conversão de Unidades

Uma das maneiras mais úteis de tratar as conversões é fazer três perguntas:

- Que informação me foi dada? Este é o ponto de partida.
- O que quero saber? Você tem de encontrar uma resposta a esta questão.
- Qual é a relação entre as duas primeiras? Este é o fator de conversão. É claro que, em alguns problemas, talvez seja necessário mais de um fator de conversão.

Vejamos como aplicar esses princípios a uma conversão de libras em quilogramas. Suponha que queiramos saber o peso em quilogramas de uma mulher que pesa 125 lb. Vimos na Tabela 1.3 que 1 kg tem 2,205 lb. Observe que estamos começando com libras e queremos uma resposta em quilogramas.

$$125 \text{ lb} \times \frac{1 \text{ kg}}{2,205 \text{ lb}} = 56,7 \text{ kg}$$

- O peso em libras é o ponto de partida. Essa informação nos foi dada.
- Queríamos saber o peso em quilogramas. Essa era a resposta desejada, e nós achamos o número de quilogramas.
- A relação entre os dois é o fator de conversão em que a unidade da resposta desejada está no numerador da fração, e não no denominador. Não se trata simplesmente de um procedimento mecânico para montar a equação de modo que as unidades se cancelem; é um primeiro passo para entender o raciocínio que está por trás do Método de Conversão de Unidades. Se você monta a equação para dar a unidade desejada como resposta, então fez a relação da maneira apropriada.

Se você aplicar esse tipo de raciocínio, sempre poderá escolher o fator de conversão correto. Entre as alternativas

$$\frac{2,205 \text{ lb}}{1 \text{ kg}} \quad e \quad \frac{1 \text{ kg}}{2,205 \text{ lb}}$$

você sabe que o segundo fator de conversão dará uma resposta em quilogramas, portanto é o que usará. Quando você confere a resposta, vê que é razoável. Você espera um número que seja aproximadamente metade de 125, que é 62,5. A resposta verdadeira, 56,7, está próxima desse valor. Os número de libras e quilogramas não são os mesmos, mas representam o mesmo peso. Esse fato torna logicamente válido o uso dos fatores de conversão. O Método de Conversão de Unidades usa a relação para obter uma resposta numérica.

A vantagem do Método de Conversão de Unidades é que nos permite saber quando fizemos um cálculo errado. *Se as unidades da resposta não são aquelas que estamos procurando, os cálculos devem estar errados.* Eventualmente, esse princípio funciona não apenas em conversões de unidades, mas também em todos os problemas em que fazemos cálculos usando medida de números. Acompanhar as unidades é uma maneira segura de fazer conversões. É impossível exagerar a importância desse método de conferir os cálculos.

Esse método dá a solução matemática correta para um problema. No entanto, é uma técnica mecânica e não requer que você pense durante o problema. Por isso, pode não proporcionar uma compreensão mais profunda. Por essa razão, e também para conferir sua resposta (porque é fácil cometer erros em aritmética – por exemplo, digitando os números errados na calculadora), você sempre deve se perguntar se a resposta obtida é razoável. Por exemplo, a questão pode pedir a massa de um único átomo de oxigênio. Se a sua resposta for $8,5 \times 10^6$ g, não será razoável. Um único átomo não pode pesar mais do que você! Nesse caso, obviamente você errou e deve rever os cálculos para encontrar o erro. É claro que qualquer um comete enganos às vezes, mas, se você conferir, poderá pelo menos determinar se a sua resposta é razoável. Se não for, saberá imediatamente que errou e poderá então corrigir.

Conferir se uma resposta é razoável lhe dá um entendimento mais profundo do problema porque o força a pensar a relação entre pergunta e resposta. Nesses problemas, os conceitos e as relações matemáticas caminham lado a lado. O domínio das habilidades matemáticas torna os conceitos mais claros, e insights sobre os conceitos sugerem modos de abordar a matemática. Agora daremos alguns exemplos de conversões de unidade e depois testaremos as respostas para ver se são razoáveis. Para economizar espaço, praticaremos essa técnica principalmente neste capítulo, mas você deve fazer uma abordagem semelhante nos demais.

Em problemas de conversão de unidade, você deve sempre conferir duas coisas. Primeiro, o fator numérico pelo qual você multiplica indica se a resposta será maior ou menor que o número sendo convertido. Segundo, o fator indica quanto maior ou menor que o número inicial sua resposta deve ser. Por exemplo, se 100 kg são convertidos em libras e 1 kg tem 2,205 lb, então uma resposta em torno de 200 é razoável – mas uma resposta de 0,2 ou 2.000 (2,00 103) não é.

> Este é um bom momento para recordar a definição de gênio, segundo Thomas Edison: 99% de transpiração e 1% de inspiração.

Exemplo 1.3 Conversão de unidade: comprimento

A distância entre Roma e Milão (as maiores cidades da Itália) é de 358 milhas. Quantos quilômetros separam as duas?

Estratégia

Usamos o fator de conversão que nos permite cancelar unidades, nesse caso quilômetros e milhas.

Solução

Queremos converter milhas em quilômetros. De acordo com a Tabela 1.3, 1 mi 1,609 km. Assim, temos dois fatores de conversão:

$$\frac{1 \text{ mi}}{1,609 \text{ km}} \quad e \quad \frac{1,609 \text{ km}}{1 \text{ mi}}$$

Qual devemos usar? Aquele que dá a resposta em quilômetros:

$$358 \text{ mi} \times \text{fator de conversão} = ? \text{ km}$$

Isso significa que as milhas devem ser canceladas, portanto o fator de conversão 1,609 km/1 mi é apropriado.

$$358 \text{ mi} = \frac{1,609 \text{ km}}{1 \text{ mi}} = 576 \text{ km}$$

Essa resposta é razoável? Queremos converter uma dada distância em milhas na mesma distância em quilômetros. O fator de conversão da Tabela 1.3 nos diz que, numa dada distância, o número de quilômetros é maior que o número de milhas. Quanto maior? O número verdadeiro é 1,609, que é aproximadamente 1,5 vez maior. Assim, esperamos que a resposta em quilômetros seja cerca de 1,5 vez maior que o número dado em milhas. O número dado em milhas é 358, que, *para fins de verificação se nossa resposta é razoável*, podemos arredondar para, digamos, 400. Multiplicar esse número por 1,5 dá uma resposta aproximada de 600 km. Nossa resposta verdadeira, 576 km, era da mesma ordem de magnitude da resposta estimada, portanto podemos dizer que é razoável. Se a resposta estimada tivesse sido 6 km, 60 km ou 6.000 km, suspeitaríamos de um erro de cálculo.

Problema 1.3

Quantos quilogramas há em 241 lb? Confira sua resposta para ver se é razoável.

Exemplo 1.4 Conversão de unidade: volume

No rótulo de uma lata de azeite de oliva está escrito o seguinte: 1,844 gal. Quantos mililitros há na lata?

Estratégia

Aqui usamos dois fatores de conversão, e não apenas um. Ainda precisamos acompanhar as unidades.

Solução

A Tabela 1.3 não mostra nenhum fator para converter galões em mililitros, mas consta que gal = 3,785 L. Como sabemos que 1.000 mL = 1 L, podemos resolver esse problema multiplicando por dois fatores de conversão, o que assegura que todas as unidades se cancelem, exceto mililitros:

$$1,844 \text{ gal} \times \frac{3,785 \text{ L}}{1 \text{ gal}} \times \frac{1.000 \text{ mL}}{1 \text{ L}} = 6.980 \text{ mL}$$

Essa resposta é razoável? O fator de conversão na Tabela 1.3 nos diz que há mais litros num dado volume que galões. Quanto mais? Aproximadamente quatro vezes mais. Também sabemos que qualquer volume em mililitros é 1.000 vezes maior que o mesmo volume em litros. Assim, esperamos que o volume expresso em mililitros seja 4×1.000 ou 4.000 vezes maior que o volume em galões. O volume estimado em mililitros será aproximadamente de $1,8 \times 4.000$ ou 7.000 mL. Mas também esperamos que a resposta verdadeira seja um pouco menos que a cifra estimada, pois o fator de conversão foi superestimado (4 e não 3,785). Assim, a resposta 6.980 mL é bastante razoável. Observe que a resposta é dada para quatro algarismos significativos.

Problema 1.4

Calcule o número de quilômetros em 8,55 milhas. Confira sua resposta para ver se é razoável.

Exemplo 1.5 Conversão de unidade: unidades múltiplas

O limite máximo de velocidade em muitas estradas nos Estados Unidos é de 65 mi/h. A quantos metros por segundo (m/s) corresponde essa velocidade?

Estratégia

Usamos quatro fatores de conversão sucessivamente. Acompanhar as unidades é ainda mais importante.

Solução

Aqui temos basicamente um problema de dupla conversão: devemos converter milhas em metros e horas em segundos. Usamos quantos fatores de conversão forem necessários, sempre assegurando que serão utilizados de modo que as unidades apropriadas sejam canceladas:

$$65 \frac{\text{mi}}{\text{h}} \times \frac{1,609 \text{ km}}{1 \text{ mi}} \times \frac{1.000 \text{ m}}{1 \text{ km}} \times \frac{1 \text{ h}}{60 \text{ min}} \times \frac{1 \text{ min}}{60 \text{ s}} = 29 \frac{\text{m}}{\text{s}}$$

> Fazer uma estimativa da resposta é uma boa ideia quando se trabalha com problemas matemáticos, e não apenas com conversões de unidade. Não estamos usando vírgulas depois dos zeros na aproximação.

Essa resposta é razoável? Para fazer uma estimativa de 65 mi/h em metros por segundo, primeiro devemos estabelecer a relação entre milhas e metros. Como no exemplo 1.3, sabemos que há mais quilômetros que milhas numa dada distância. Quanto mais? Como são aproximadamente 1,5 km em 1 mi, deve haver aproximadamente 1.500 vezes mais metros. Também sabemos que 1 hora tem 60 × 60 = 3.600 segundos. A razão entre metros e segundos será aproximadamente de 1.500/3.600, que é mais ou menos a metade. Portanto, estimamos que a velocidade em metros por segundo seja por volta de metade daquela em milhas por hora ou 32 m/s. Mais uma vez, a resposta verdadeira, 29 m/s, não está longe da estimativa de 32 m/s. Sendo assim, a resposta é razoável.

Conforme mostramos nesses exemplos, quando cancelamos unidades, não cancelamos os números. Os números são multiplicados e divididos normalmente.

Problema 1.5

Converta a velocidade do som, 332 m/s em mi/h. Confira sua resposta para ver se é razoável.

1.6 Quais são os estados da matéria?

A *matéria pode existir em três estados: gasoso, líquido e sólido*. Os **gases** não têm formato ou volume definidos. Expandem-se para preencher o recipiente onde são colocados. No entanto, são altamente comprimíveis e podem ser introduzidos em recipientes pequenos. Os líquidos também carecem de forma definida, mas têm um volume definido que permanece o mesmo quando despejado de um recipiente em outro. **Líquidos** são apenas ligeiramente comprimíveis. **Sólidos** têm formato e volume definidos, e são basicamente não comprimíveis.

Se determinada substância é um gás, líquido ou sólido, depende da temperatura e da pressão na qual se encontra. Num dia frio de inverno, uma poça de água líquida se transforma em gelo e torna-se sólida. Se aquecermos água em uma vasilha aberta ao nível do mar, o líquido entrará em ebulição a 100 °C e se tornará gás – nós o chamamos de vapor. Se aquecêssemos a mesma vasilha com água no topo do Monte Everest, a ebulição ocorreria por volta de 70 °C por causa da reduzida pressão atmosférica. A maior parte das substâncias pode existir nos três estados: gasosos em altas temperaturas, líquidos em temperaturas mais baixas e sólidos quando a temperatura torna-se suficientemente baixa. A Figura 1.5 mostra uma única substância nos três estados diferentes.

A identidade química de uma substância não muda quando é convertida de um estado em outro. A água continuará sendo água se estiver na forma de gelo, vapor ou líquida. Abordaremos detalhadamente os três estados da matéria e as mudanças de um estado para outro no Capítulo 5.

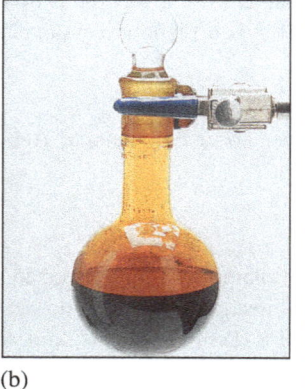

(a) (b) (c)

FIGURA 1.5 Os três estados da matéria para o bromo: (a) sólido, (b) líquido e (c) gasoso.

1.7 O que são densidade e gravidade específica?

A. Densidade

Um dos maiores problemas que o mundo enfrenta é o vazamento, nos oceanos, de petróleo de navios-tanques ou de plataformas *offshore*. Quando o óleo vaza no oceano, ele flutua sobre a água. O óleo não afunda porque não é solúvel em água, e esta é mais densa que aquele. Quando dois líquidos se misturam (supondo que um não se dissolve no outro), aquele de menor densidade flutua na superfície (Figura 1.6).

A **densidade** de qualquer substância é definida como sua massa por unidade de volume. Não só os líquidos têm densidade, mas também os sólidos e gases. A densidade é calculada dividindo a massa de uma substância por seu volume:

$$d = \frac{m}{V} \quad d = \text{densidade}, \, m = \text{massa}, \, V = \text{volume}$$

Exemplo 1.6 Cálculos de densidade

Se 73,2 mL de um líquido tem uma massa de 61,5 g, qual é a densidade em g/mL?

Estratégia

Usamos a fórmula da densidade e substituímos os valores dados para massa e volume.

Solução

$$d = \frac{m}{V} = \frac{61{,}5 \text{ g}}{73{,}2 \text{ mL}} = 0{,}840 \, \frac{\text{g}}{\text{mL}}$$

Problema 1.6

A densidade do titânio é 4,54 g/mL. Qual é a massa, em gramas, de 17,3 mL de titânio? Confira sua resposta para ver se é razoável.

Exemplo 1.7 Usando a densidade para encontrar o volume

A densidade do ferro é 7,86 g/cm3. Qual é o volume em mililitros de um pedaço de ferro de formato irregular e com massa de 524 g?

Estratégia

Temos a densidade e a massa. O volume é a quantidade desconhecida na equação. Substituímos as quantidades conhecidas na fórmula pela densidade e resolvemos para o volume.

Solução

Aqui temos a massa e a densidade. Nesse tipo de problema, é útil derivar um fator de conversão da densidade. Uma vez que 1 cm3 é exatamente 1 mL, sabemos que a densidade é 7,86 g/mL. Isso significa que 1 mL de ferro tem uma massa de 7,86 g. Assim, podemos ter dois fatores de conversão:

$$\frac{1 \text{ mL}}{7{,}86 \text{ g}} \quad \text{e} \quad \frac{7{,}86 \text{ g}}{1 \text{ mL}}$$

Como sempre, multiplicamos a massa pelo fator de conversão que resultar do cancelamento de todas as unidades, menos a correta:

$$524 \text{ g} \times \frac{1 \text{ mL}}{7{,}86 \text{ g}} = 66{,}7 \text{ mL}$$

Essa resposta é razoável? A densidade de 7,86 g/mL nos diz que o volume em mililitros de qualquer pedaço de ferro é sempre menor que sua massa em gramas. Menor quanto? Aproximadamente oito vezes menos. Assim, esperamos que o volume seja cerca de 500/8 = 63 mL. Como a resposta certa é 66,7 mL, é razoável.

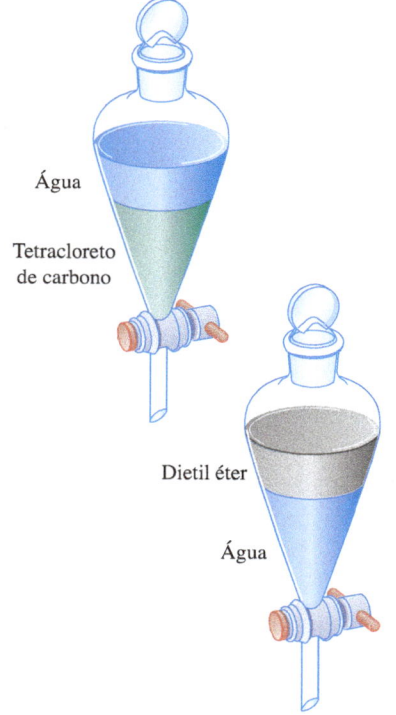

FIGURA 1.6 Dois funis de separação contendo água e outro líquido. As densidades são: tetracloreto de carbono = 2,961 g/mL, água = 1,00 g/mL e dietil éter = 0,713 g/mL. Em cada caso, o líquido de menor densidade fica na superfície.

Problema 1.7

Uma substância desconhecida tem massa de 56,8 g e ocupa um volume de 23,4 mL. Qual é a densidade em g/mL? Confira sua resposta para ver se é razoável.

A densidade de qualquer líquido ou sólido é uma propriedade física constante, o que significa que sempre apresenta o mesmo valor em uma dada temperatura. Empregamos propriedades físicas para ajudar a identificar uma substância. Por exemplo, a densidade do clorofórmio (um líquido antes usado como anestésico por inalação) é 1,483 g/mL a 20 °C. Se a densidade for, digamos, 1,355 g/mL, saberemos que o líquido não é clorofórmio. Se a densidade for 1,483 g/mL, não teremos certeza se o líquido é o clorofórmio, porque outros líquidos também poderiam ter essa densidade, mas poderemos então medir outras propriedades físicas (o ponto de ebulição, por exemplo). Se todas as propriedades físicas medidas equivalerem àquelas do clorofórmio, poderemos estar razoavelmente seguros de que o líquido é clorofórmio.

Dissemos que a densidade de um líquido ou sólido puro é uma constante a uma dada temperatura. A densidade muda quando a temperatura não se altera. Quase sempre a densidade diminui com o aumento da temperatura. Isso é verdade porque a massa não muda quando uma substância é aquecida, mas o volume quase sempre aumenta, pois átomos e moléculas tendem a se distanciar quando a temperatura aumenta. Como $d = m/V$, se m permanecer a mesma e V aumentar, d ficará menor.

O líquido mais comum, a água, é em parte uma exceção a essa regra. À medida que a temperatura aumenta de 4 °C para 100 °C, a densidade da água diminui; mas de 0 °C para 4 °C, a densidade aumenta. Isto é, a água tem seu máximo de densidade em 4 °C. Essa anomalia e suas consequências devem-se à estrutura singular da água, que será abordada em "Conexões químicas 5E".

B. Gravidade específica

Como a densidade é igual à massa dividida pelo volume, ela sempre tem unidades, e as mais comuns são: g/mL ou g/cc ou (g/L para gases). A **gravidade específica** é numericamente igual à densidade, mas não tem unidades (é adimensional). Isso ocorre porque a gravidade específica é definida como uma comparação entre a densidade de uma substância e a densidade da água, que é tomada como padrão. Por exemplo, a densidade do cobre a 20 °C é 8,92 g/mL. A densidade da água na mesma temperatura é 1,00 g/mL. Portanto, o cobre é 8,92 vezes mais denso que a água, e sua gravidade específica a 20 °C é 8,92. Como a água é tomada como padrão e sua densidade é 1,00 g/mL a 20 °C, a gravidade específica de qualquer substância é sempre numericamente igual à sua densidade, contanto que a densidade seja medida em g/mL ou g/cc.

A gravidade específica geralmente é medida por um hidrômetro. Esse dispositivo simples consiste num bulbo de vidro, de peso conhecido, que é inserido num líquido para neste flutuar. A haste do hidrômetro é graduada, e a gravidade específica é lida onde o menisco (a superfície curva do líquido) atinge a marcação. A gravidade específica do ácido na bateria do seu carro e a de uma amostra de urina num laboratório clínico são medidas por hidrômetros. Um hidrômetro que mede uma amostra de urina também é chamado urinômetro (Figura 1.7). A urina normal pode variar em gravidade específica de aproximadamente 1,010 a 1,030. As amostras de urina de pacientes portadores de diabetes melito apresentam uma gravidade específica muito alta, enquanto, naqueles que sofrem de outras doenças, a gravidade específica é muito baixa.

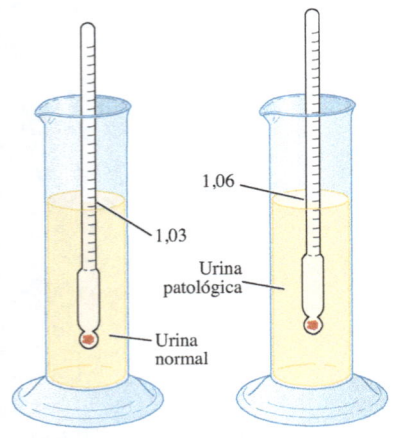

FIGURA 1.7 Urinômetro.

Exemplo 1.8 Gravidade específica

A densidade do etanol a 20 °C é 0,789 g/mL. Qual é a gravidade específica?

Estratégia

Usamos a definição de gravidade específica.

Solução

$$\text{Gravidade específica} = \frac{0,789 \text{ g/mL}}{1,00 \text{ g/mL}} = 0,789$$

Problema 1.8

A gravidade específica de uma amostra de urina é 1,016. Qual é a densidade em g/mL?

1.8 Como se descrevem as várias formas de energia?

Energia é definida como capacidade de realizar trabalho e pode ser descrita como energia cinética ou potencial.

Energia cinética (EC) é a energia do movimento. Qualquer objeto em movimento possui energia cinética. Podemos calcular a quantidade de energia pela fórmula EC = $1/2mv^2$, onde m é a massa do objeto e v, sua velocidade. Isso significa que a energia cinética aumenta (1) quando um objeto se movimenta mais rápido e (2) quando um objeto mais pesado está em movimento. Quando um caminhão e uma bicicleta estão em movimento na mesma velocidade, o caminhão tem mais energia cinética.

Energia potencial é energia armazenada. A energia potencial de um objeto aumenta com sua capacidade de se movimentar ou causar movimento. Por exemplo, o peso de um corpo na parte de cima de uma gangorra contém energia potencial – ele é capaz de realizar trabalho. Se lhe for dado um pequeno empurrão, ele se moverá para baixo. A energia potencial do corpo na posição superior é convertida em energia cinética do corpo que está na posição inferior, que assim irá para a posição superior. No processo, trabalho é realizado contra a gravidade. A Figura 1.8 mostra outra maneira de converter energia potencial em cinética.

Um importante princípio natural é que as coisas tendem a procurar seu potencial de energia mais baixo. Todos sabemos que a água sempre flui de cima para baixo, e não o contrário.

Existem várias formas de energia. As mais importantes são: (1) energia mecânica, luz, calor e energia elétrica, que são exemplos de energia cinética que todos os objetos em movimento possuem, sejam elefantes, moléculas ou elétrons; e (2) energia química e energia nuclear, que são exemplos de energia potencial ou armazenada. Em química, a forma de energia mais importante é a energia química – aquela armazenada nas substâncias químicas e liberada quando estas participam de uma reação química. Por exemplo, um feixe de lenha possui energia química. Quando ela arde numa lareira, a energia química (potencial) da madeira é transformada em energia na forma de calor e luz. Especificamente, a energia potencial foi transformada em energia térmica (o calor faz as moléculas se movimentarem mais rápido) e em energia radiante da luz.

As várias formas de energia podem ser convertidas umas nas outras. De fato, fazemos essas conversões o tempo todo. Uma usina elétrica pode operar com energia química derivada da queima de combustível ou com energia nuclear. Essa energia é convertida em calor, que é convertida em eletricidade e é enviada por fios de transmissão para residências e fábricas. Aqui convertemos a eletricidade em luz, calor (num aquecedor elétrico, por exemplo) ou em energia mecânica (nos motores dos refrigeradores, aspiradores de pó e de outros aparelhos).

FIGURA 1.8 A água contida pela barragem possui energia potencial, que é convertida em energia cinética quando é liberada.

Embora uma forma de energia possa ser convertida em outra, a quantidade total de energia em qualquer sistema não se altera. A energia não pode ser nem criada nem destruída. Esse enunciado é chamado lei de conservação da energia.*

1.9 Como se descreve o calor e como ele é transferido?

A. Calor e temperatura

Uma forma de energia particularmente importante na química é o **calor**, que com frequência acompanha as reações químicas. Calor não é o mesmo que temperatura. Calor é uma forma de energia, mas temperatura não.

A diferença entre calor e temperatura pode ser vista no seguinte exemplo: se tivermos dois béqueres, um com 100 mL de água e o outro com 1 L de água na mesma temperatura, o conteúdo de calor da água do béquer maior será dez vezes o da água do béquer menor, mesmo que a temperatura seja a mesma em ambos. Se você mergulhasse, acidentalmente, a mão em um litro de água fervente, suas queimaduras seriam bem mais graves do que se apenas uma gota caísse em sua mão. Mesmo que a água esteja na mesma temperatura em ambos os casos, 1 L de água fervente tem muito mais calor.

Como vimos na Seção 1.4, a temperatura é medida em graus. Calor pode ser medido em várias unidades, e a mais comum é a **caloria**, definida como a quantidade de calor necessária para elevar a temperatura de 1 g de água líquida em 1 °C. Essa é uma unidade pequena, e os químicos utilizam com mais frequência a quilocaloria (kcal):

$$1 \text{ kcal} = 1.000 \text{ cal}$$

Conexões químicas 1B

Hipotermia e hipertermia

O corpo humano não tolera temperaturas muito baixas. Uma pessoa exposta a um clima muito frio (digamos, 29 °C [20 °F]) e que não esteja protegida com roupas pesadas fatalmente irá congelar até a morte porque o corpo perde calor. Quando a temperatura da atmosfera é moderada (de 10 °C a 25 °C), isso não ocorre porque o corpo produz mais calor do que precisa e deve perder um pouco. Em temperaturas extremamente baixas, porém, perde-se muito calor e a temperatura do corpo cai, uma condição chamada **hipotermia**. A queda de 1 °C ou 2 °C na temperatura causa tremores, que é o corpo tentando aumentar sua temperatura pelo calor gerado na ação muscular. Uma queda ainda maior resulta em inconsciência e, consequentemente, em morte.

A condição oposta é a **hipertermia**, que pode ser causada por temperaturas externas muito altas ou pelo próprio corpo quando o indivíduo apresenta febre alta. Uma temperatura corporal que se mantenha em 41,7 °C (107 °F) geralmente é fatal.

Os nutricionistas usam a palavra "Caloria" (com "C" maiúsculo) para indicar a mesma coisa que "quilocaloria", isto é, 1 Cal = 1.000 = 1 kcal. A caloria não faz parte do SI. A unidade oficial do SI para calor é o joule (J), que é cerca de um quarto da caloria:

$$1 \text{ cal} = 4,184 \text{ J}$$

B. Calor específico

Conforme observamos, é preciso 1 cal para elevar a temperatura de 1 g de água líquida em 1 °C. **Calor específico** (**CE**) é a quantidade de calor necessária para elevar a temperatura de 1 g de qualquer substância em 1 °C. Cada substância tem seu próprio calor específico, que é uma propriedade física da substância, como a densidade ou o ponto de fusão. A Tabela 1.4 mostra os calores específicos de algumas substâncias bem conhecidas. Por exem-

---

* Esse enunciado não é totalmente verdadeiro. Conforme discutido nas seções 9.8 e 9.9, é possível converter matéria em energia e vice-versa. Assim, o enunciado mais correto seria que *matéria–energia não pode ser nem criada nem destruída*. No entanto, a lei de conservação da energia é válida na maior parte das vezes e muito útil.

plo, o calor específico do ferro é 0,11 cal/g · °C. Portanto, se tivéssemos 1 g de ferro a 20 °C, seria preciso 0,11 cal para aumentar a temperatura para 21 °C. Sob as mesmas circunstâncias, o alumínio necessitaria do dobro de calor. Assim, para cozinhar numa panela de alumínio com o mesmo peso de uma panela de ferro, você precisa de mais calor do que para cozinhar numa panela de ferro. Observe na Tabela 1.4 que gelo e vapor d'água não têm o mesmo calor específico que a água líquida.

TABELA 1.4 Calores específicos de algumas substâncias comuns

Substância	Calor específico (cal/g · °C)	Substância	Calor específico (cal/g · °C)
Água	1,00	Madeira (típica)	0,42
Gelo	0,48	Vidro (típico)	0,22
Vapor	0,48	Rocha (típica)	0,20
Ferro	0,11	Etanol	0,59
Alumínio	0,22	Metanol	0,61
Cobre	0,092	Éter	0,56
Chumbo	0,038	Tetracloreto de carbono	0,21

Conexões químicas 1C

Compressas frias, colchões d'água e lagos

O elevado calor específico da água é útil em compressas de água fria, o qual permite que elas durem por longo tempo. Por exemplo, considere dois pacientes usando compressas frias: uma é feita mergulhando uma toalha na água e a outra em metanol. Ambas estão a 0 °C. Cada grama de água na compressa de água requer 25 cal para fazer a temperatura da compressa subir a 25 °C (depois deve ser trocada). Como o calor específico do etanol é 0,59 cal/g · °C (ver Tabela 1.4), cada grama de etanol requer apenas 15 cal para chegar a 25 °C. Se os dois pacientes liberarem calor na mesma velocidade, a compressa de etanol será menos eficaz porque alcançará 25 °C bem antes do que a compressa de água e precisará ser trocada antes.

O elevado calor específico da água também significa que é preciso bastante calor para aumentar sua temperatura. É por isso que uma vasilha com água demora para entrar em ebulição. Qualquer pessoa que tenha um colchão de água (1.140 L) sabe que são necessários vários dias para o aquecedor esquentar o colchão até a temperatura desejada. É particularmente irritante quando um convidado que vai passar a noite na sua casa tenta ajustar a temperatura do colchão de água, pois ele provavelmente sairá antes de a mudança ser notada, e então você terá de ajustar novamente à sua temperatura favorita. O mesmo efeito ao contrário explica por que a temperatura exterior pode ficar abaixo de zero (0 °C) durante semanas antes que um lago congele. Grandes massas de água não mudam de temperatura muito rapidamente.

É fácil fazer cálculos que envolvam calores específicos. A equação é:

Quantidade de calor × calor específico × massa × mudança de temperatura

Quantidade de calor = CE × m × ΔT

onde ΔT é a mudança de temperatura.

Também podemos escrever essa equação como:

Quantidade de calor = CE × m × $(T_2 - T_1)$

onde T_2 é a temperatura final e T_1, a temperatura inicial em °C.

Exemplo 1.9 Calor específico

Quantas calorias são necessárias para aquecer 352 g de água de 23 °C a 95 °C?

Estratégia

Usamos a equação para quantidade de calor e substituímos os valores dados para a massa da água e mudança de temperatura. Já vimos o valor para o calor específico da água.

Solução

Quantidade de calor = CE × m × ΔT

$$\text{Quantidade de calor} = CE \times m \times (T_2 - T_1)$$
$$= \frac{1,00 \text{ cal}}{g \cdot °C} \times 352 \text{ g} \times (95 - 23)°C$$
$$= 2,5 \times 10^4 \text{ cal}$$

Essa resposta é razoável? Cada grama de água requer 1 caloria para elevar sua temperatura em 1 grau. Temos aproximadamente 350 g de água. Para elevar a temperatura em 1 grau, serão necessárias aproximadamente 350 calorias. Estamos elevando a temperatura não em 1 grau, mas em aproximadamente 70 graus (de 23 a 95). Assim, o número total de calorias será aproximadamente 70 350 24.500 cal, o que está próximo da resposta calculada. (Mesmo que a resposta tivesse que ser em calorias, devemos observar que é mais conveniente convertê-la para 25 kcal. Veremos essa conversão ocasionalmente.)

Problema 1.9

Quantas calorias são necessárias para aquecer 731 g de água de 8 °C a 74 °C? Confira sua resposta para ver se é razoável.

Exemplo 1.10 Calor específico e mudança de temperatura

Se adicionarmos 450 cal de calor a 37 g de etanol a 20 °C, qual será a temperatura final?

Estratégia

A equação de que dispomos tem um termo para mudança de temperatura. Utilizamos a informação que nos foi dada para calcular essa mudança. Depois usamos o valor dado para a temperatura inicial e para a mudança, e calculamos a temperatura final.

Solução

O calor específico do etanol é 0,59 cal/g · °C (ver Tabela 1.4).

$$\text{Quantidade de calor} = CE \times m \times \Delta T$$
$$\text{Quantidade de calor} = CE \times m \times (T_2 - T_1)$$
$$450 \text{ cal} = 0,59 \text{ cal/g} \cdot °C \times 37g \times (T_2 - T_1)$$

Podemos mostrar as unidades na forma de fração reescrevendo essa equação.

$$450 \text{ cal} = 0,59 \frac{\text{cal}}{g \cdot °C} \cdot °C \times 37g \times (T_2 - T_1)$$

$$(T_2 - T_1) = \frac{\text{quantidade de calor}}{CE \times m}$$

$$(T_2 - T_1) = \frac{450 \text{ cal}}{\left[\frac{0,59 \text{ cal} \times 37 \text{ g}}{g \cdot °C}\right]} = \frac{21}{1/°C} = 21 \text{ °C}$$

(Observe que temos a temperatura recíproca no denominador, o que nos dá a temperatura no numerador. A resposta tem unidades de graus Celsius.) Uma vez que a temperatura inicial é 20 °C, a temperatura final é 41 °C.

Essa resposta é razoável? O calor específico do etanol é 0,59 cal/g · °C. O valor está próximo de 0,5, significando que aproximadamente metade de 1 caloria elevará a temperatura de 1 g em 1 °C. No entanto, 37 g de etanol necessitam de aproximadamente 40 vezes mais calorias para haver uma elevação, e $40 \times \frac{1}{2} = 20$ calorias. Estamos adicionando 450 calorias, o que é cerca de 20 vezes mais. Assim, esperamos que a temperatura aumente em aproximadamente 20 °C, de 20 °C para 40 °C. A resposta correta 41 °C é bem razoável.

Problema 1.10

Uma peça de ferro de 100 g a 25 °C é aquecida com 230 cal. Qual será a temperatura final? Confira sua resposta para ver se é razoável.

Exemplo 1.11 Calculando o calor específico

Aquecemos 50,0 g de uma substância desconhecida adicionando 205 cal, e sua temperatura aumenta em 7,0 °C. Qual é o calor específico? Utilizando a Tabela 1.4, identifique a substância.

Estratégia

Resolvemos a equação para calor específico substituindo os valores para massa, quantidade de calor e mudança de temperatura. Comparamos o número obtido com os valores da Tabela 1.4 para identificar a substância.

Solução

$$CE = \frac{\text{Quantidade de calor}}{m \times (\Delta T)}$$

$$CE = \frac{\text{Quantidade de calor}}{m \times (T_2 - T_1)}$$

$$CE = \frac{205 \text{ cal}}{50,0 \text{ g} \times 7,0 \text{ °C}} = 0,59 \text{ cal/g} \cdot \text{°C}$$

A substância da Tabela 1.4 cujo calor específico é 0,59 cal/g · °C é o etanol.

Essa resposta é razoável? Se tivéssemos água em vez de uma substância desconhecida com CE = 1 cal/g · °C, elevar a temperatura de 50,0 g em 7,0 °C exigiria 50 × 7,0 = 350 cal. Mas adicionamos apenas cerca de 200 cal. Portanto, o CE da substância desconhecida deve ser menor que 1,0. Quanto menor? Aproximadamente 200/350 = 0,6. A resposta correta 0,59 cal/g · °C é bem razoável.

Problema 1.11

Foram necessárias 88,2 cal para aquecer 13,4 g de uma substância desconhecida de 23 °C para 176 °C. Qual é o calor específico da substância desconhecida? Confira sua resposta para ver se é razoável.

Resumo das questões-chave

Seção 1.1 Por que a química é o estudo da matéria?

- **Química** é a ciência que lida com a estrutura da matéria e as transformações que esta pode sofrer. Em uma **transformação química** ou **reação química**, consomem-se substâncias e outras são formadas.
- A química também é o estudo das mudanças de energia durante as reações químicas. Nas transformações físicas, as substâncias não mudam sua identidade.

Seção 1.2 O que é método científico?

- O método científico é uma ferramenta utilizada na ciência e medicina. A essência do método científico é o teste de **hipóteses** e **teorias** pela coleta de fatos.

Seção 1.3 Como os cientistas registram números?

- Como usamos frequentemente números muito grandes ou muito pequenos, é comum a utilização de potências de 10 para expressar esses números de modo mais conveniente. Esse método é chamado **notação exponencial**.
- Com a notação exponencial, não precisamos mais adicionar tantos zeros, além da conveniência de sermos capazes de ver quais dígitos transmitem informação (**algarismos significativos**) e quais apenas indicam a posição da vírgula decimal.

Seção 1.4 Como se fazem medidas?

- Em química usamos, para medidas, o **sistema métrico**.
- As unidades básicas são: metro (para comprimento), litro (volume), grama (massa), segundo (tempo) e caloria (calor). Outras unidades são indicadas por prefixos que representam potências de 10. A temperatura é medida em graus Celsius ou em Kelvins.

Seção 1.5 Qual é a melhor maneira de converter uma unidade em outra?

- A melhor maneira de fazer conversões de uma unidade para outra é com o **Método de Conversão de Unidades**, em que as unidades são multiplicadas e divididas.

Seção 1.6 Quais são os estados da matéria?

- São três os estados da matéria: **sólido**, **líquido** e **gasoso**.

Seção 1.7 O que são densidade e gravidade específica?

- **Densidade** é massa por unidade de volume. **Gravidade específica** é a densidade em relação à água e, portanto, não tem unidade. A densidade geralmente diminui com o aumento da temperatura.

Seção 1.8 Como se descrevem as várias formas de energia?

- **Energia cinética** é a energia do movimento; energia potencial é energia armazenada. A energia não pode ser nem criada nem destruída, mas pode ser convertida de uma forma em outra.

Seção 1.9 Como se descreve o calor e como ele é transferido?

- **Calor** é uma forma de energia medida em calorias. Uma caloria é a quantidade de calor necessária para elevar a temperatura de 1 g de água líquida em 1 °C.
- Cada substância tem um calor específico, que é uma constante física. O calor específico é o número de calorias necessário para elevar a temperatura de 1 g de uma substância em 1 °C.

Problemas

Seção 1.1 Por que a química é o estudo da matéria?

1.12 A expectativa de vida de um cidadão nos Estados Unidos é de 76 anos. Oitenta anos atrás era de 56 anos. Na sua opinião, qual foi o principal fator que contribuiu para esse extraordinário aumento? Explique a resposta.

1.13 Defina os seguintes termos:
 (a) Matéria (b) Química

Seção 1.2 O que é método científico?

1.14 Na Tabela 1.4, você tem quatro metais (ferro, alumínio, cobre e chumbo) e três compostos orgânicos (etanol, metanol e éter). Que tipo de hipótese você sugere sobre o calor específico dessas substâncias químicas?

1.15 Em um jornal, você lê que o Dr. X afirma ter descoberto um novo remédio para curar o diabetes. O remédio é um extrato de cenoura. Como você classificaria essa afirmação: (a) fato, (b) teoria, (c) hipótese ou (d) embuste? Explique a sua resposta.

1.16 Classifique cada um dos itens seguintes como transformação química ou física:
 (a) Gasolina em combustão
 (b) Fazer cubos de gelo
 (c) Óleo fervente
 (d) Chumbo derretido
 (e) Ferro enferrujado
 (f) Fazer amônia a partir de nitrogênio e hidrogênio
 (g) Digestão do alimento

Seção 1.3 Como os cientistas registram números?

Notação exponencial

1.17 Escreva em notação exponencial:
 (a) 0,351 (b) 602,1 (c) 0,000128 (d) 628122

1.18 Escreva na íntegra
 (a) $4,03 \times 10^5$ (b) $3,2 \times 10^3$
 (c) $7,13 \times 10^{25}$ (d) $5,55 \times 10^{-10}$

1.19 Multiplique:
 (a) $(2,16 \times 10^5)(3,08 \times 10^{12})$
 (b) $(1,6 \times 10^{-8})(7,2 \times 10^8)$
 (c) $(5,87 \times 10^{10})(6,6 \times 10^{-27})$
 (d) $(5,2 \times 10^{-9})(6,8 \times 10^{-15})$

1.20 Divida:
 (a) $\dfrac{6,02 \times 10^{23}}{2,87 \times 10^{10}}$ (b) $\dfrac{3,14}{2,93 \times 10^{-4}}$
 (c) $\dfrac{5,86 \times 10^{-9}}{2,00 \times 10^3}$ (d) $\dfrac{7,8 \times 10^{-12}}{9,3 \times 10^{-14}}$
 (e) $\dfrac{6,83 \times 10^{-12}}{5,02 \times 10^{14}}$

1.21 Some:
 (a) $(7,9 \times 10^4) + (5,2 \times 10^4)$
 (b) $(8,73 \times 10^4) + (6,7 \times 10^3)$
 (c) $(3,63 \times 10^{-4}) + (4,776 \times 10^{-3})$

1.22 Subtraia:
 (a) $(8,50 \times 10^3) - (7,61 \times 10^2)$
 (b) $(9,120 \times 10^{-2}) - (3,12 \times 10^{-3})$
 (c) $(1,3045 \times 10^2) - (2,3 \times 10^{-1})$

1.23 Resolva:
$$\dfrac{(3,14 \times 10^3) \times (7,80 \times 10^5)}{(5,50 \times 10^2)}$$

1.24 Resolva:
$$\dfrac{(9,52 \times 10^4) \times (2,77 \times 10^{-5})}{(1,39 \times 10^7) \times (5,83 \times 10^2)}$$

Algarismos significativos

1.25 Quantos algarismos significativos há em cada número?
 (a) 0,012 (b) 0,10203
 (c) 36,042 (d) 8401,0
 (e) 32.100 (f) 0,0402
 (g) 0,000012

1.26 Quantos algarismos significativos há em cada número?
 (a) $5,71 \times 10^{13}$ (b) $4,4 \times 10^5$
 (c) 3×10^{-6} (d) $4,000 \times 10^{-11}$
 (e) $5,5550 \times 10^{-3}$

1.27 Arredonde para dois algarismos significativos:
 (a) 91,621 (b) 7,329
 (c) 0,677 (d) 0,003249
 (e) 5,88

1.28 Multiplique estes números usando o número correto de algarismos significativos em sua resposta:
 (a) 3630,15 3 6,8
 (b) 512 3 0,0081
 (c) 5,79 3 1,85825 3 1,4381

1.29 Divida estes números usando o número correto de algarismos significativos em sua resposta:
 (a) $\dfrac{3,185}{2,08}$ (b) $\dfrac{6,5}{3,0012}$ (c) $\dfrac{0,0035}{7,348}$

1.30 Some estes grupos de números usando o número correto de algarismos significativos em sua resposta:

(a)
```
    37,4083
     5,404
 10916,3
     3,94
     0,0006
```

(b)
```
    84
     8,215
     0,01
   151,7
```

(c)
```
    51,51
   100,27
    16,878
     3,6817
```

Seção 1.4 Como se fazem medidas?

1.31 No SI, segundo é a unidade básica de tempo. Falamos em eventos atômicos que ocorrem em picossegundos (10^{-12} s) ou mesmo em femtossegundos (10^{-15} s). Mas não falamos em megassegundos ou quilossegundos; prevalecem os antigos padrões de minutos, horas e dias. Quantos minutos e horas são 20 quilossegundos?

1.32 Quantos gramas temos em:
(a) 1 kg   (b) 1 mg

1.33 Sem fazer cálculos, elabore uma estimativa e indique a distância mais curta:
(a) 20 mm ou 0,3 m
(b) 1 polegada ou 30 mm
(c) 2.000 m ou 1 milha

1.34 Para cada item, indique a resposta mais próxima:
(a) Um bastão de beisebol tem 100 mm, 100 cm ou 100 m de comprimento?
(b) Um copo de leite contém 23 cc, 230 mL ou 23 L?
(c) Um homem pesa 75 mg, 75 g ou 75 kg?
(d) Uma colher de sopa contém 15 mL, 150 mL ou 1,5 L?
(e) Um clipe de papel pesa 50 mg, 50 g ou 50 kg?
(f) A largura da sua mão é 100 mm, 100 cm ou 100 m?
(g) Um audiocassete pesa 40 mg, 40 g ou 40 kg?

1.35 Você vai fazer um passeio de helicóptero no Havaí, partindo de Kona (nível do mar) até o topo do vulcão Mauna Kea. Que propriedade do seu corpo seria alterada durante o voo?
(a) altura   (b) peso   (c) volume   (d) massa

1.36 Converta em Celsius e Kelvin:
(a) 320°F   (b) 212°F   (c) 0°F   (d) −250°F

1.37 Converta em Fahrenheit e Kelvin:
(a) 25°C   (b) 40°C   (c) 250°C   (d) −273°C

Seção 1.5 Qual é o modo prático de converter uma unidade em outra?

1.38 Faça as seguintes conversões (os fatores de conversão estão na Tabela 1.3):
(a) 42,6 kg para lb   (b) 1,62 lb para g
(c) 34 pol. para cm   (d) 37,2 km para mi
(e) 2,73 gal para L   (f) 62 g para oz
(g) 33,61 qt para L   (h) 43,7 L para gal
(i) 1,1 mi para km   (j) 34,9 mL para fl oz

1.39 Faça as seguintes conversões métricas:
(a) 96,4 mL para L   (b) 275 mm para cm
(c) 45,7 kg para g   (d) 475 cm para m
(e) 21,64 cc para mL   (f) 3,29 L para cc
(g) 0,044 L para mL   (h) 711 g para kg
(i) 63,7 mL para cc   (j) 0,073 kg para mg
(k) 83,4 m para mm   (l) 361 mg para g

1.40 Você está dirigindo no Canadá, onde as distâncias são marcadas em quilômetros. A placa diz que faltam 80 km para chegar a Ottawa. Sua velocidade é de 75 mi/h. Em quanto tempo chegará a Ottawa? Em menos de 1 hora, em 1 hora ou em mais de 1 hora?

1.41 A velocidade máxima em algumas cidades europeias é de 80 km/h. O que isso significa em milhas por hora?

1.42 Seu carro anda 25,00 milhas com 1 galão de gasolina. Qual seria o consumo do carro em km/L?

Seção 1.6 Quais são os estados da matéria?

1.43 Quais estados da matéria têm volume definido?

1.44 Em baixas temperaturas, a maior parte das substâncias será sólida, líquida ou gasosa?

1.45 A natureza química de uma substância muda quando, de sólido, ela funde para líquido?

Seção 1.7 O que são densidade e gravidade específica?

1.46 O volume de uma rocha que pesa 1,075 kg é 334,5 mL. Qual é a densidade da rocha em g/mL? Expresse o resultado em três algarismos significativos.

1.47 A densidade do manganês é 7,21 g/mL, a do cloreto de cálcio, 2,15 g/mL, e a do acetato de sódio, 1,528 g/mL. Você coloca esses três sólidos num líquido em que não são solúveis. O líquido tem uma densidade de 2,15 g/mL. Qual dos sólidos ficrá no fundo, qual ficará na superfície e qual ficará no meio do líquido?

1.48 A densidade do titânio é 4,54 g/mL. Qual é o volume, em mililitros, de 163 g de titânio?

1.49 Uma amostra de 335,0 cc de urina tem massa de 342,6 g. Qual é a densidade, em g/mL, até três casas decimais?

1.50 A densidade do metanol a 20 °C é 0,791 g/mL. Qual é a massa, em gramas, de uma amostra de 280 mL?

1.51 A densidade do diclorometano, um líquido insolúvel em água, é 1,33 g/cc. Se diclorometano e água forem colocados num funil de separação, qual deles formará a camada superior?

1.52 Uma amostra de 10,00 g de oxigênio tem um volume de 6.702 mL. O mesmo peso de dióxido de carbono ocupa 5.058 mL.
(a) Qual é a densidade de cada gás em g/L?
(b) O dióxido de carbono é usado como extintor de incêndio para interromper o suprimento de oxigênio. As densidades desses dois gases explicam a capacidade de apagar incêndio do dióxido de carbono?

1.53 Cristais de um material estão suspensos no meio de um copo d'água a 2 °C. Isso significa que as densidades do cristal e da água são as mesmas. O que fazer para os cristais subirem à superfície da água de modo que você possa coletá-los?

Seção 1.8 Como se descrevem as várias formas de energia?

1.54 Em muitas estradas do interior, podem-se ver telefones cuja energia vem de um painel solar. Nesses dispositivos, qual é o princípio em funcionamento?

1.55 Enquanto você dirige seu carro, a bateria é carregada. Como descrever esse processo em termos de energia cinética e potencial?

Seção 1.9 Como se descreve o calor e como ele é transferido?

1.56 Quantas calorias são necessárias para aquecer os seguintes materiais (o calor específico é dado na Tabela 1.4)?
(a) 52,7 g de alumínio, de 100 °C para 285 °C
(b) 93,6 g de metanol, de −35 °C para 55 °C
(c) 3,4 kg de chumbo, de −33 °C para 730 °C
(d) 71,4 g de gelo, de −77 °C para −5 °C

1.57 Se 168 g de um líquido desconhecido exigem 2.750 cal de calor para elevar sua temperatura de 26 °C para 74 °C, qual é o calor específico do líquido?

1.58 O calor específico do vapor d'água é 0,48 cal/g · °C. Quantas quilocalorias são necessárias para elevar a temperatura de 10,5 kg de vapor d'água de 120 °C para 150 °C?

Conexões químicas

1.59 (Conexões químicas 1A) Se a dose recomendada de um fármaco fosse de 445 mg para um homem de 180 lb, qual seria a dose apropriada para um homem de 135 lb?

1.60 (Conexões químicas 1A) A dose letal média de heroína é de 1,52 mg/kg de peso corporal. Faça uma estimativa de quantos gramas de heroína seriam letais para um homem de 200 lb.

1.61 (Conexões químicas 1B) Como o corpo reage à hipotermia?

1.62 (Conexões químicas 1B) Baixas temperaturas geralmente fazem as pessoas tremerem. Qual é a função desse ato involuntário do corpo?

1.63 (Conexões químicas 1C) Qual substância seria mais eficiente em compressas frias, o etanol ou o metanol? (Ver Tabela 1.4.)

Problemas adicionais

1.64 O metro é uma medida de comprimento. Indique o que mede cada uma das seguintes unidades:
(a) cm^3 (b) mL (c) kg (d) cal
(e) g/cc (f) joule (g) °C (h) cm/s

1.65 Um cérebro que pesa 1,0 lb ocupa um volume de 620 mL. Qual é a gravidade específica do cérebro?

1.66 Se a densidade do ar é $1,25 \times 10^{-3}$ g/cc, qual é a massa do ar em quilogramas numa sala que mede 5,3 m de comprimento, 4,2 m de largura e 2,0 m de altura?

1.67 Classifique as seguintes energias como cinética ou potencial:
(a) Água represada por uma barragem.
(b) Um trem em alta velocidade.
(c) Um livro que está prestes a cair.
(d) Um livro em queda.
(e) Corrente elétrica em uma lâmpada.

1.68 A energia cinética de um objeto com massa de 1 g que se desloca a uma velocidade de 1 cm/s é chamada 1 erg. Qual é a energia cinética, em ergs, de um atleta com massa de 127 lb que corre a uma velocidade de 14,7 mi/h?

1.69 De acordo com os fabricantes, um carro europeu tem uma eficiência de 22 km/L, enquanto um carro norte-americano pode render 30 mi/gal. Qual dos dois carros é mais eficiente ou mais econômico?

1.70 Em Potsdam, Nova York, você pode comprar gasolina por $ 3,93/gal. Em Montreal, Canadá, você paga $ 1,22/L. (As conversões de moeda estão fora do escopo deste livro, portanto não se preocupe com isso.) Qual é o melhor preço? Seu cálculo é razoável?

1.71 O corpo treme para aumentar a temperatura dele. Que tipo de energia é gerado pelo tremor?

1.72 Quando os astronautas andaram na Lua, puderam dar saltos gigantescos apesar do equipamento pesado que carregavam.
(a) Por que pesavam tão pouco na Lua?
(b) Na Lua e na Terra, as massas deles eram diferentes?

1.73 Dadas as seguintes massas, indique a maior e a menor.
(a) 41 g (b) 3×10^3 mg
(c) $8,2 \times 10^6$ µg (d) $4,1310 \times 10^{-8}$ kg

1.74 Em cada um dos seguintes pares, qual é a quantidade maior?
(a) 1 gigaton : 10 megatons
(b) 10 micrômetros : 1 milímetro
(c) 10 centigramas : 200 miligramas

1.75 No Japão, os "trens-bala" de alta velocidade deslocam-se a uma velocidade média de 220 km/h. Se as cidades de Dallas e Los Angeles fossem conectadas por um trem como esse, quanto tempo duraria uma viagem sem paradas entre as duas cidades (a uma distância de 1.490 milhas)?

1.76 O calor específico de alguns elementos a 25 °C é: alumínio = 0,215 cal/g · °C; carbono (grafite) = 0,170 cal/g · °C; ferro = 0,107 cal/g · °C; mercúrio = 0,0331 cal/g · °C.
(a) Que elemento exigiria a menor quantidade de calor para elevar a temperatura de 100 g do elemento em 10 °C?
(b) Se a mesma quantidade de elemento necessária para elevar a temperatura de 1 g de alumínio em 25 °C fosse aplicada a 1 g de mercúrio, em quantos graus sua temperatura seria elevada?
(c) Se uma certa quantidade de calor fosse usada para elevar a temperatura de 1,6 g de ferro em 10 °C, qual elemento teria a temperatura de 1 g elevada também em 10 °C com a mesma quantidade de calor?

1.77 A água que contém deutério em vez de hidrogênio comum (ver Seção 2.4D) é chamada de água pesada. O calor específico da água pesada a 25 °C é 4,217 J/g · °C. Qual delas requer mais energia para elevar a temperatura de 10,0 g em 10 °C, a água ou a água pesada?

1.78 Um quarto de leite custa 80 centavos, e um litro, 86 centavos. Qual é o melhor preço?

1.79 Considere a manteiga, cuja densidade é 0,860 g/mL, e a areia, com densidade de 2,28 g/mL.
(a) Se 1,00 mL de manteiga for totalmente misturado com 1,00 mL de areia, qual será a densidade da mistura?
(b) Qual seria a densidade da mistura se 1,00 g da mesma manteiga se fosse misturado com 1,00 g da mesma areia?

1.80 Qual é a maior velocidade?
(a) 70 mi/h (b) 140 km/h
(c) 4,5 km/s (d) 48 mi/min

1.81 Quando se calcula o calor específico de uma substância, são usados os seguintes dados: massa = 92,15 g; calor = 3,200 kcal; elevação da temperatura = 45 °C. Quantos algarismos significativos deverão ser registrados no cálculo do calor específico?

1.82 Uma célula solar gera 500 quilojoules de energia por hora. Para manter um refrigerador a 4 °C, são necessárias 250 kcal/h. A célula solar pode suprir energia suficiente por hora para manter a temperatura do refrigerador?

1.83 O calor específico da ureia é 1,339 J/g · °C. Se forem adicionados 60,0 J de calor a 10,0 g de ureia a 20°C, qual será a temperatura final?

1.84 Você está esperando na fila de uma cafeteria. Enquanto olha para as opções, vê que o café descafeinado traz a indicação "sem química". Comente essa indicação à luz do material da Seção 1.1.

1.85 Qual destes números tem mais algarismos significativos?
(a) 0,0000001   (b) 4,38

1.86 Você está de férias na Europa e acabou de comprar pão para levar a um piquenique. Agora precisa comprar queijo. Você comprará 200 mg, 200 g ou 200 kg?

1.87 Você acabou de deixar a cidade de Tucson, no Arizona, pela I-19 para seguir numa viagem ao México. Nessa estrada, as distâncias são indicadas em quilômetros. Uma placa sinaliza que a fronteira está a 95 km de distância. Você estima que ainda faltam umas 150 milhas. Ao chegar à fronteira, você descobre que viajou menos de 60 milhas. O que deu errado nos seus cálculos?

1.88 O composto anticongelante usado em carros não tem a mesma densidade da água. Um hidrômetro seria útil para medir a quantidade de anticongelante no sistema de refrigeração?

1.89 Na fotossíntese, a energia da luz é utilizada para produzir açúcares. Como esse processo representa uma conversão de uma energia em outra?

1.90 Qual é a diferença entre comprimidos de aspirina que contêm 81 mg de aspirina e comprimidos com 325 mg de aspirina?

1.91 No Canadá, um painel indica que a temperatura atual é de 30 °C. É mais provável que você esteja usando um casaco com capuz, meias de lã, *jeans* e uma camisa de mangas longas, ou bermuda e camiseta? Explique a sua resposta.

1.92 Quando faz muito frio, os entusiastas da pesca no gelo constroem pequenas estruturas e abrem buracos no gelo, por onde fazem passar as linhas de pesca. Como o peixe consegue sobreviver nessas condições?

1.93 A maior parte dos sólidos tem uma densidade maior que a do líquido correspondente. O gelo é menos denso que a água, que se expande quando congela. Como essa propriedade pode ser aproveitada para romper células em ciclos de congelamento e descongelamento?

1.94 Um cientista alega ter descoberto um tratamento para infecções em ouvidos de crianças. Todos os pacientes que receberam esse tratamento mostraram melhora em três dias. Quais são suas considerações sobre esse resultado?

Categorias especiais

As três categorias especiais de problemas – "Ligando os pontos", "Antecipando" e "Desafio" – aparecerão no final de cada capítulo. Nem todo capítulo apresentará esses problemas, mas eles servirão para esclarecer certos pontos.

Ligando os pontos

1.95 O calor de reação geralmente é medido monitorando-se as mudanças de temperatura no banho-maria onde está imersa a mistura. Um banho-maria usado para essa finalidade contém 2,000 L de água. No curso da reação, a temperatura da água subiu 4 °C. Quantas calorias foram liberadas por essa reação? (Você precisará usar o que sabe sobre conversões de unidade e aplicar essa informação ao que sabe sobre energia e calor.)

1.96 Você dispõe de amostras de ureia (um sólido em temperatura ambiente) e de etanol puro (um líquido em temperatura ambiente). Qual técnica, ou técnicas, você usaria para medir a quantidade dessas substâncias?

Antecipando

1.97 Você dispõe de uma amostra de material usado em medicina popular. Sugira um método para determinar se esse material contém uma substância eficaz para tratamento de doenças. Se você encontrar uma substância nova e eficaz, saberá determinar a quantidade presente na amostra? (As empresas farmacêuticas têm usado esse método para produzir vários medicamentos.)

1.98 Muitas substâncias envolvidas em reações químicas no corpo humano (e em todos os seres vivos) contêm carbono, hidrogênio, oxigênio e nitrogênio arranjados em padrões específicos. Com base nisso, novos medicamentos terão aspectos em comum com essas substâncias ou serão totalmente diferentes? Justifique sua resposta.

Desafios

1.99 Se 2 kg de um dado reagente forem consumidos na reação descrita no Problema 1.95, quantas calorias serão liberadas para cada quilograma?

1.100 Uma amostra de água contém um contaminante que deve ser removido. Você sabe que o ele é muito mais solúvel em dietil éter do que na água. Tendo um funil de separação disponível, proponha um método para remover o contaminante

Átomos

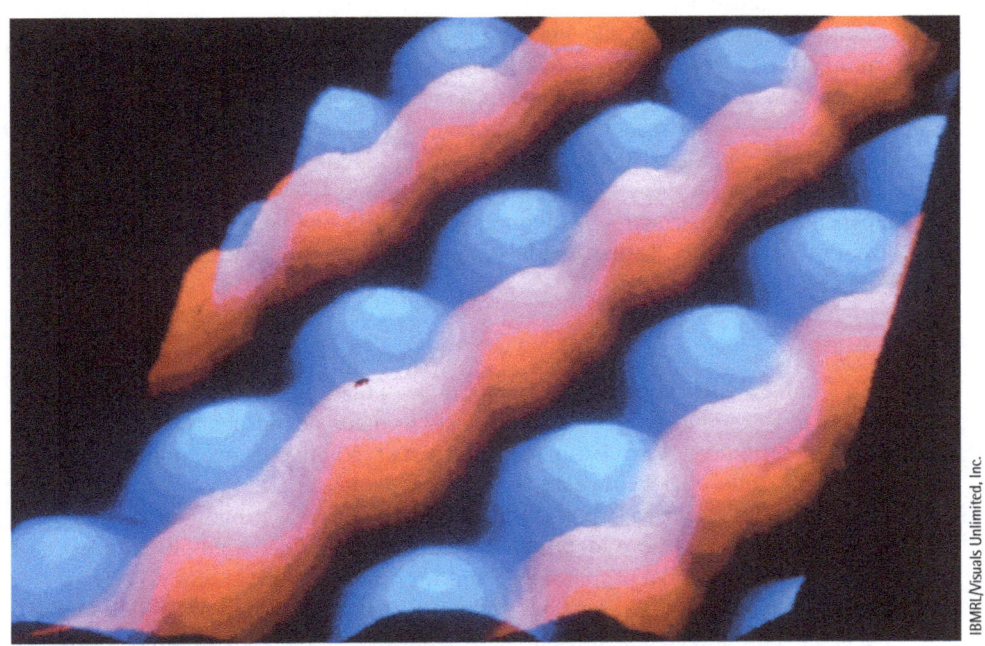

Imagem de átomos por microscópio eletrônico de varredura (SEM – scanning electron microscope).

Questões-chave

- **2.1** Do que é feita a matéria?
- **2.2** Como se classifica a matéria?
- **2.3** Quais são os postulados da teoria atômica de Dalton?
- **2.4** De que são feitos os átomos?
- **2.5** O que é tabela periódica?
- **2.6** Como os elétrons se distribuem no átomo?
- **2.7** Como estão relacionadas a configuração eletrônica e a posição na tabela periódica?
- **2.8** O que são propriedades periódicas?

2.1 Do que é feita a matéria?

Esta questão foi discutida por milhares de anos, muito antes de os humanos encontrarem uma maneira razoável de obter uma resposta. Na Grécia antiga, duas escolas de pensamento tentavam responder a essa pergunta. Um grupo, liderado por um intelectual chamado Demócrito (c. 460-370 a.C.), acreditava que toda matéria é feita de partículas muito pequenas – pequenas demais para serem vistas. Demócrito chamou essas partículas de átomos (do grego *atomos*, que significa "indivisível"). Alguns de seus seguidores desenvolveram a ideia de que havia diferentes tipos de átomos, com propriedades distintas, as quais são a causa das propriedades da matéria que todos conhecemos.

Nem todos os pensadores antigos, porém, aceitavam essa ideia. Um segundo grupo, liderado por Zenão de Eleia (nascido c. 450 a.C), não acreditava na existência dos átomos e insistia que a matéria é infinitamente divisível. Se tomamos qualquer objeto, como um pedaço de madeira ou um cristal de sal de cozinha, podemos cortá-lo ou então dividi-lo em duas partes, dividir cada uma dessas partes e continuar o processo para sempre. De acordo com Zenão e seus seguidores, nunca chegaríamos a uma partícula de matéria que não mais pudesse ser dividida.

Hoje sabemos que Demócrito estava certo. Átomos são as unidades básicas da matéria. É claro que há uma grande diferença no modo como vemos essa questão. Atualmente, nossas ideias baseiam-se em evidências. Demócrito não tinha nenhuma evidência para provar que a matéria não pode ser dividida infinitamente, assim como Zenão não tinha nenhuma evidência para sustentar sua afirmação de que a matéria pode ser dividida infinitamente. Ambas as afirmações baseavam-se não em evidências, mas na crença visionária: de um lado, crença na unidade; de outro, na diversidade. Na Seção 2.3, discutiremos as evidências para a existência dos átomos, mas primeiro precisamos conhecer as diversas formas de matéria.

2.2 Como se classifica a matéria?

A matéria pode ser dividida em duas classes: substâncias puras e misturas. Cada classe é então dividida como demonstra a Figura 2.1.

A. Elementos

Elemento é uma substância (por exemplo, carbono, hidrogênio e ferro) que consiste em átomos idênticos. No momento, são conhecidos 116 elementos. Desses, 88 ocorrem na natureza; químicos e físicos fizeram os outros em laboratório. Ao final do livro há uma lista dos elementos conhecidos, acompanhada de seus símbolos, que consistem em uma ou duas letras. Muitos símbolos correspondem diretamente ao nome em português (por exemplo, C para carbono, H para hidrogênio e Li para lítio), mas alguns são derivados de nomes latinos ou germânicos. Outros receberam o nome em homenagem a pessoas que desempenharam papéis importantes no desenvolvimento da ciência – particularmente a ciência atômica (ver Problema 2.12). Outros ainda foram batizados de acordo com a localidade geográfica (ver Problema 2.13).

B. Compostos

Composto é uma substância pura formada por dois ou mais elementos em proporções fixas de massa. Por exemplo, a água é um composto formado de hidrogênio e oxigênio, e o sal de cozinha, de sódio e cloro. Estima-se que existam 20 milhões de compostos conhecidos, alguns dos quais aparecem neste livro.

Um composto é caracterizado por sua fórmula, que nos dá as proporções dos elementos constituintes do composto e identifica cada elemento por seu símbolo atômico. Por exemplo, no sal de cozinha, a proporção de átomos de sódio para átomos de cloro é 1:1. Dado que Na é o símbolo do sódio e Cl o símbolo do cloro, a fórmula do sal de cozinha é NaCl. Na água, a proporção é de dois átomos de hidrogênio para um átomo de oxigênio. O símbolo do hidrogênio é H e do oxigênio é O, e a fórmula da água é H_2O. O número subscrito que segue os símbolos atômicos indica a proporção dos elementos que se combinam. O número 1 é sempre omitido no subscrito. Entende-se que NaCl significa uma proporção de 1:1 e que H_2O representa uma proporção de 2:1. Você encontrará mais informações sobre a natureza dos elementos combinantes em um composto e seus nomes e fórmulas no Capítulo 3.

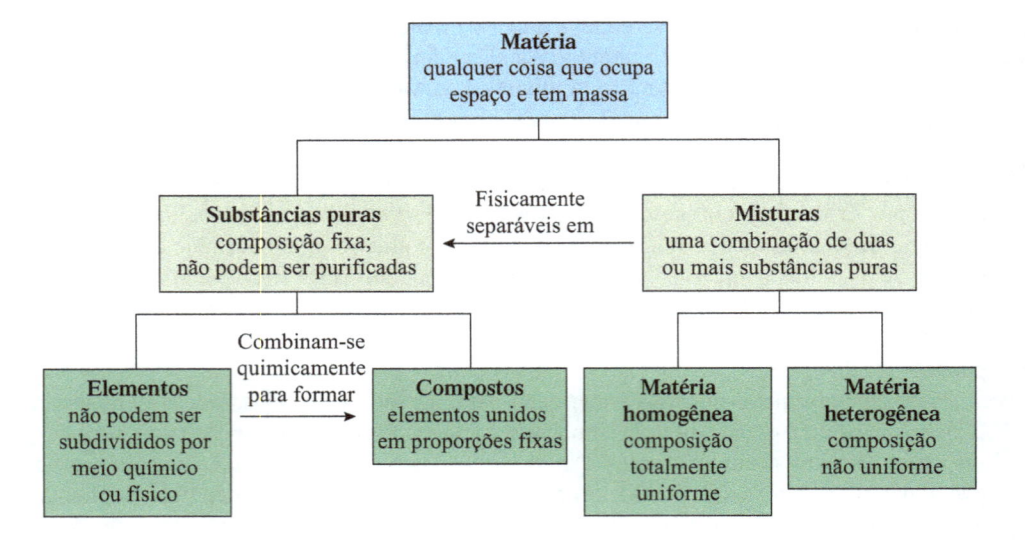

FIGURA 2.1 Classificação da matéria. A matéria é dividida em substâncias puras e misturas. Uma substância pura pode ser um elemento ou um composto. Uma mistura pode ser homogênea ou heterogênea.

Conexões químicas 2A

Elementos necessários à vida humana

Até onde sabemos, 20 dos 116 elementos conhecidos são necessários à vida humana. Os seis mais importantes – carbono, hidrogênio, nitrogênio, oxigênio, fósforo e enxofre – são estudados pela química orgânica e pela bioquímica (Capítulos 10-31). Carbono, hidrogênio, nitrogênio e oxigênio são os quatro grandes do corpo humano. Sete outros elementos também são importantes, e o nosso corpo usa pelo menos mais nove (elementos-traço) em quantidades muito pequenas. A Tabela 2A apresenta os 20 elementos principais e suas funções no corpo humano. Muitos desses elementos serão abordados com detalhes mais adiante. Para conhecer a necessidade média diária desses elementos, suas fontes nos alimentos e seus sintomas de deficiência, ver Capítulo 30.

TABELA 2A Os elementos e suas funções no corpo humano

Elemento	Função
Os quatro grandes	
Carbono (C)	Tema dos Capítulos 10-19 (química orgânica) e 20-31.
Hidrogênio (H)	(bioquímica).
Nitrogênio (N)	
Oxigênio (O)	
Os outros sete	
Cálcio (Ca)	Fortalece ossos e dente e auxilia na coagulação do sangue.
Cloro (Cl)	Necessário para o crescimento e desenvolvimento normais.
Magnésio (Mg)	Contribui para a ação de nervos e músculos e está presente nos ossos.
Fósforo (P)	Presente como fosfato nos ossos, nos ácidos nucleicos (DNA e RNA) e envolvido na armazenagem e transferência de energia.
Potássio (K)	Ajuda a regular o equilíbrio elétrico nos fluidos do corpo e é essencial para a condução nervosa.
Enxofre (S)	Componente essencial das proteínas.
Sódio (Na)	Ajuda a regular o equilíbrio elétrico nos fluidos do corpo.
Elementos-traço	
Cromo (Cr)	Aumenta a eficácia da insulina.
Cobalto (Co)	Faz parte da vitamina B12.
Cobre (Cu)	Fortalece os ossos e ajuda na atividade enzimática.
Flúor (F)	Reduz a incidência de cárie dental.
Iodo (I)	Parte essencial dos hormônios da tiroide.
Ferro (Fe)	Parte essencial de algumas proteínas, como hemoglobina, mioglobina, citocromos e proteínas FeS.
Manganês (Mn)	Está presente em enzimas formadoras de ossos e auxilia no metabolismo das gorduras e carboidratos.
Molibdênio (Mo)	Ajuda a regular o equilíbrio elétrico em fluidos do corpo.
Zinco (Zn)	Necessário para a ação de certas enzimas.

A Figura 2.2 mostra quatro representações para a molécula de água. Teremos mais a dizer sobre modelos moleculares ao longo deste livro.

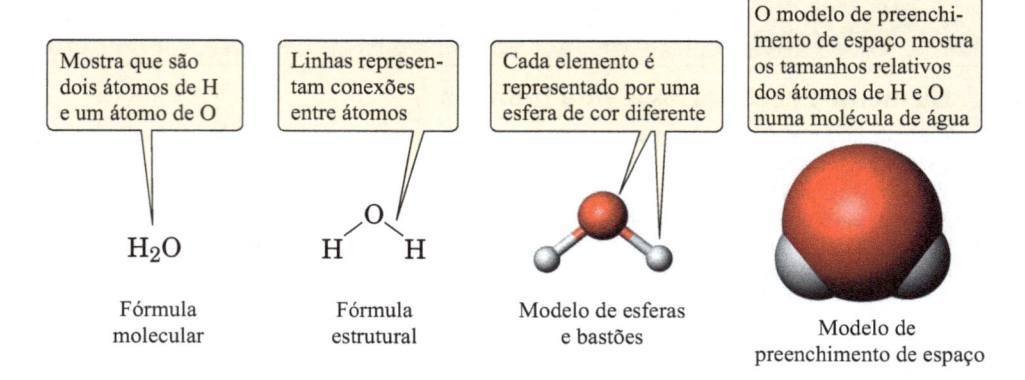

FIGURA 2.2 Quatro representações da molécula de água.

Mostra que são dois átomos de H e um átomo de O

H_2O

Fórmula molecular

Linhas representam conexões entre átomos

H—O—H

Fórmula estrutural

Cada elemento é representado por uma esfera de cor diferente

Modelo de esferas e bastões

O modelo de preenchimento de espaço mostra os tamanhos relativos dos átomos de H e O numa molécula de água

Modelo de preenchimento de espaço

Exemplo 2.1 Fórmula de um composto

(a) No composto fluoreto de magnésio, o magnésio (símbolo atômico Mg) e o flúor (símbolo atômico F) combinam-se na proporção de 1:2. Qual é a fórmula do fluoreto de magnésio?
(b) A fórmula do ácido perclórico é $HClO_4$. Quais são as proporções em que se combinam os elementos nesse ácido?

Estratégia

A fórmula apresenta o símbolo atômico de cada elemento combinado no composto, e os subscritos dão a proporção de seus elementos constituintes.

Solução

(a) A fórmula é MgF_2. Não escrevemos o subscrito 1 após Mg.
(b) Nem o H nem o Cl têm subscritos, o que significa que hidrogênio e cloro combinam na proporção de 1:1. O subscrito no oxigênio é 4. Portanto, as proporções no $HClO_4$ são 1:1:4.

Problema 2.1

Escreva as fórmulas dos compostos cujas proporções são as seguintes:
(a) Sódio: cloro: oxigênio, 1:1:3
(b) Alumínio (símbolo atômico Al): flúor (símbolo atômico F), 1:3

C. Misturas

Mistura é uma combinação de duas ou mais substâncias puras. A maior parte da matéria que encontramos no dia a dia (incluindo nosso próprio corpo) consiste em misturas e não substâncias puras. Por exemplo, sangue, manteiga, gasolina, sabão, o metal de um anel, o ar que respiramos e a terra onde andamos são misturas de substâncias puras. Uma importante diferença entre composto e mistura é que as proporções em massa dos elementos de um composto são fixas, enquanto, na mistura, as substâncias puras podem estar presentes em qualquer proporção de massa.

Para algumas misturas – sangue, por exemplo (Figura 2.3) –, a textura é totalmente uniforme. Se você examinar uma mistura com ampliação, poderá ver, no entanto, que ela é composta de diferentes substâncias.

Outras misturas são totalmente homogêneas, e nenhum grau de amplificação revelará a presença de diferentes substâncias. O ar que respiramos, por exemplo, é uma mistura de gases, principalmente nitrogênio (78%) e oxigênio (21%).

Uma importante característica da mistura é que ela consiste em duas ou mais substâncias puras, cada uma delas com diferentes propriedades físicas. Se conhecermos as propriedades físicas das substâncias separadamente, poderemos usar meios físicos apropriados para separar a mistura em suas partes componentes. A Figura 2.4 mostra como uma mistura pode ser separada.

(a) (b) (c)

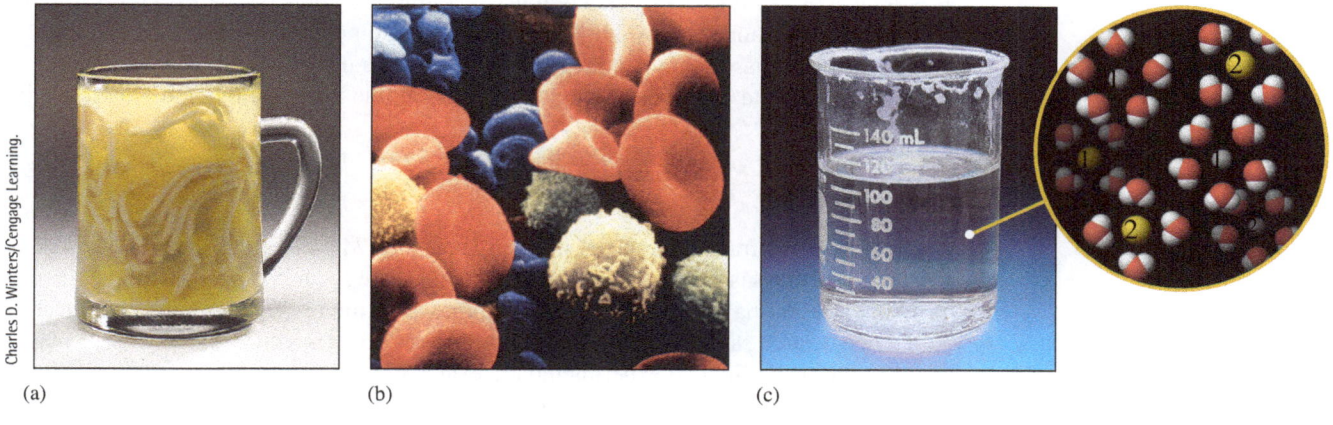

FIGURA 2.3 Misturas. (a) A sopa de macarrão é uma mistura heterogênea. (b) Uma amostra de sangue pode parecer homogênea, mas, ao examinarmos com um microscópio óptico, veremos que, de fato, é uma mistura heterogênea de líquido e partículas suspensas (células sanguíneas). (c) Uma solução homogênea de sal, NaCl, em água. Os modelos mostram que a solução de sal contém íons Na⁺ e Cl⁻ como partículas separadas em água, cada íon rodeado por uma esfera de seis ou mais moléculas de água. As partículas dessa solução não podem ser vistas com um microscópio óptico.

Ferro e enxofre podem ser separados por agitação com um ímã.

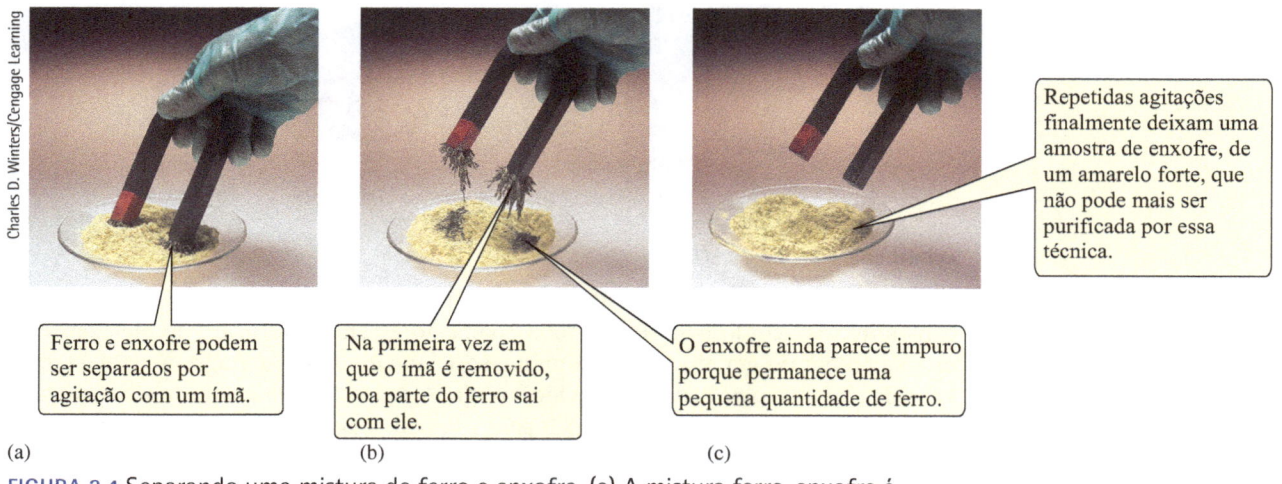

Na primeira vez em que o ímã é removido, boa parte do ferro sai com ele.

O enxofre ainda parece impuro porque permanece uma pequena quantidade de ferro.

Repetidas agitações finalmente deixam uma amostra de enxofre, de um amarelo forte, que não pode mais ser purificada por essa técnica.

(a) (b) (c)

FIGURA 2.4 Separando uma mistura de ferro e enxofre. (a) A mistura ferro-enxofre é agitada com um ímã, que atrai as limalhas de ferro. (b) Boa parte do ferro é removida após a primeira agitação. (c) A agitação continua até que não se possam mais remover limalhas de ferro.

2.3 Quais são os postulados da teoria atômica de Dalton?

Em 1808, o químico inglês John Dalton (1766-1844) apresentou um modelo de matéria que é a base da moderna teoria atômica científica. A principal diferença entre a teoria de Dalton e a de Demócrito (Seção 2.1) é que Dalton baseou sua teoria em evidências, e não numa crença. Primeiramente, enunciemos sua teoria. Veremos então que tipo de evidência a sustentou.

1. Toda matéria é formada de partículas muito pequenas e indivisíveis, que Dalton chamou de **átomos**.
2. Todos os átomos de um dado elemento têm as mesmas propriedades químicas. Inversamente, átomos de diferentes elementos têm diferentes propriedades químicas.
3. Em reações químicas comuns, nenhum átomo de qualquer elemento desaparece ou se transforma em um átomo de outro elemento.

Átomo A menor partícula de um elemento que retém suas propriedades químicas. A interação entre átomos é responsável pelas propriedades da matéria.

4. Compostos são formados pela combinação química de dois ou mais tipos de átomos. Em um dado composto, os números relativos de átomos de cada tipo de elemento são constantes e quase sempre expressos como números inteiros.
5. **Molécula** é uma combinação de dois ou mais átomos que agem como uma unidade.

A. Evidências para a teoria atômica de Dalton

Lei da conservação das massas

O grande químico francês Antoine Laurent Lavoisier (1743-1794) descobriu a **lei da conservação das massas**, segundo a qual a matéria não pode ser criada nem destruída. Em outras palavras, não há mudança detectável na massa de uma reação química comum. Lavoisier demonstrou essa lei conduzindo muitos experimentos nos quais mostrou que a massa total de matéria no final do experimento era exatamente a mesma do começo. A teoria de Dalton explicou o fato da seguinte maneira: se toda a matéria consiste em átomos indestrutíveis (postulado 1) e se nenhum átomo de qualquer elemento desaparece ou se transforma em um átomo de elemento diferente (postulado 3), então toda reação química simplesmente altera as ligações entre os átomos, mas não destrói os próprios átomos. Assim, numa reação química, a massa é conservada.

Na seguinte ilustração, uma molécula de monóxido de carbono reage com uma molécula de óxido de zinco, resultando numa molécula de dióxido de carbono e num átomo de chumbo. Todos os átomos originais continuam presentes no final, apenas mudaram de parceiros. Assim, a massa total após a reação química permanece a mesma, do jeito que estava antes de ocorrer a reação.

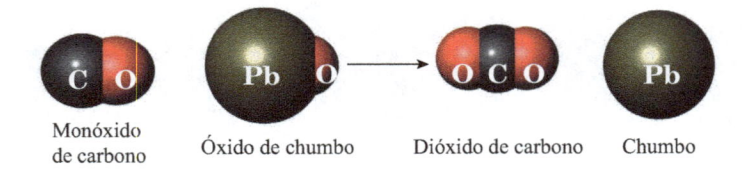

Monóxido de carbono   Óxido de chumbo   Dióxido de carbono   Chumbo

Lei da composição constante

Outro químico francês, Joseph Proust (1754-1826), demonstrou a **lei da composição constante**, de acordo com a qual todo composto é sempre formado de elementos na mesma proporção em massa. Por exemplo, se a água for decomposta, sempre obteremos 8,0 g de oxigênio para cada 1,0 g de hidrogênio. A proporção em massa de oxigênio para hidrogênio em água pura é sempre 8,0 para 1,0, quer a água venha do oceano Atlântico, do rio Missouri ou seja coletada da chuva, extraída de uma melancia ou destilada da urina.

Esse fato sempre foi uma evidência a favor da teoria de Dalton. Se uma molécula de água consiste em um átomo de oxigênio e dois de hidrogênio, e se um átomo de oxigênio tem massa 16 vezes maior que a do átomo de hidrogênio, então a proporção em massa desses dois elementos na água deve sempre ser de 8,0 para 1,0. Os dois elementos nunca podem ser encontrados na água em qualquer outra proporção em massa.

Assim, se a proporção dos átomos dos elementos em um composto é fixa (postulado 4), então suas proporções em massa também devem ser fixas.

B. Elementos monoatômicos, diatômicos e poliatômicos

Alguns elementos – por exemplo, o hélio e o neônio – consistem em átomos simples que não estão ligados entre si, isto é, são **elementos monoatômicos**. Diferentemente, o oxigênio, em sua forma mais comum, contém dois átomos em cada molécula, conectados entre si por uma ligação química. Escrevemos a fórmula da molécula de oxigênio como O_2, com o subscrito mostrando o número de átomos na molécula. Seis outros elementos também ocorrem como moléculas diatômicas (isto é, contêm dois átomos do mesmo elemento por molécula): hidrogênio (H_2), nitrogênio (N_2), flúor (F_2), cloro (Cl_2), bromo (Br_2) e iodo (I_2). É importante entender que, sob condições normais, átomos livres de O, H, N, F, Cl, Br e I não existem. Esses sete elementos ocorrem somente como **elementos diatômicos** (Figura 2.5).

Conexões químicas 2B

Quantidade de elementos presentes no corpo humano e na crosta terrestre

A Tabela 2B mostra a quantidade dos elementos presentes no corpo humano. Como se pode ver, o oxigênio é o mais abundante elemento em massa, seguido do carbono, hidrogênio e nitrogênio. Se considerarmos, porém, o número de átomos, o hidrogênio é ainda mais abundante no corpo humano que o oxigênio.

A tabela também mostra a quantidade de elementos na crosta terrestre. Embora 88 elementos sejam encontrados na crosta da Terra (sabemos muito pouco sobre o interior da Terra porque não somos capazes de penetrar muito fundo), eles estão presentes em quantidades bem diferentes. Na crosta terrestre, bem como no corpo humano, o elemento mais abundante em massa é o oxigênio. Mas a semelhança termina aí. Silício, alumínio e ferro, que são, respectivamente, o segundo, terceiro e quarto elementos mais abundantes na crosta da Terra, não são elementos importantes no corpo, enquanto o carbono, o segundo elemento mais abundante em massa no corpo humano, está presente apenas em 0,08% na crosta da Terra.

TABELA 2B Quantidade relativa de elementos presentes no corpo humano e na crosta da Terra, incluindo a atmosfera e os oceanos

Elemento	Porcentagem no corpo humano		Porcentagem na crosta da Terra em massa
	Por número de átomos	Por massa	
H	63,0	10,0	0,9
O	25,4	64,8	49,3
C	9,4	18,0	0,08
N	1,4	3,1	0,03
Ca	0,31	1,8	3,4
P	0,22	1,4	0,12
K	0,06	0,4	2,4
S	0,05	0,3	0,06
Cl	0,03	0,2	0,2
Na	0,03	0,1	2,7
Mg	0,01	0,04	1,9
Si	—	—	25,8
Al	—	—	7,6
Fe	—	—	4,7
Outros	0,01	—	—

Alguns elementos têm ainda mais átomos em cada molécula. O ozônio, O_3, tem três átomos em cada molécula. Em uma das formas do fósforo, P_4, cada molécula tem quatro átomos. Uma das formas do enxofre, S_8, tem oito átomos por molécula. Alguns elementos têm moléculas muito maiores. O diamante, por exemplo, tem milhões de átomos de carbono, todos ligados entre si num agrupamento gigantesco. O diamante e o S_8 são chamados **elementos poliatômicos**.

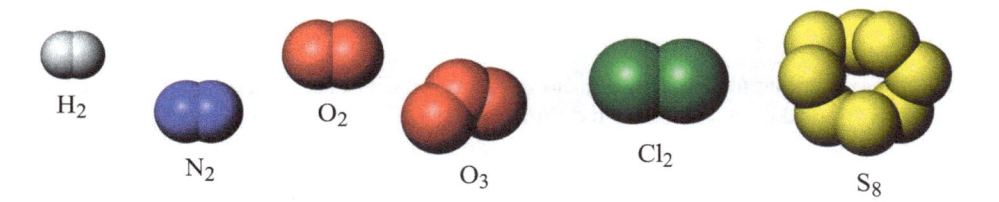

FIGURA 2.5 Alguns elementos diatômicos, triatômicos e poliatômicos. Hidrogênio, nitrogênio, oxigênio e cloro são elementos diatômicos. O ozônio, O_3, é um elemento triatômico. Uma das formas do enxofre, S_8, é um elemento poliatômico.

2.4 De que são feitos os átomos?

A. Três partículas subatômicas

Hoje sabemos que a matéria é mais complexa do que Dalton imaginava. Várias evidências experimentais obtidas nos últimos cem anos nos convenceram de que os átomos não são indivisíveis, mas consistem em partículas ainda menores chamadas partículas subatômicas. Três partículas subatômicas formam todos os átomos: prótons, elétrons e nêutrons. A Tabela 2.1 mostra a carga, massa e localização dessas partículas no átomo.

O **próton** tem carga positiva. Por convenção, dizemos que a magnitude das cargas é +1. Assim, um próton tem carga +1, dois prótons têm carga +2 e assim por diante. A massa de um próton é $1,6726 \times 10^{-24}$ g, mas esse número é tão pequeno que é mais conveniente

Existem muitas outras partículas subatômicas, mas não trataremos delas neste livro.

Próton Partícula subatômica com carga +1 e massa de aproximadamente 1 u. É encontrado no núcleo.

Unidade de massa atômica
Unidade da escala de massa relativa dos átomos:
1 u = 1,6605 × 10^{-24} g. Por definição, 1 u é 1/12 da massa de um átomo de carbono contendo 6 prótons e 6 nêutrons.

Elétron Partícula subatômica com carga −1 e massa de aproximadamente 0,0005 u. É encontrado no espaço ao redor do núcleo.

usar outra unidade, denominada **unidade de massa atômica (u)**, para descrever sua massa.

$$1 \text{ u} = 1,6605 \times 10^{-24} \text{ g}$$

Assim, um próton tem massa de 1,0073 u. Para os propósitos deste livro, é suficiente arredondar esse número até 1 algarismo significativo e, portanto, dizemos que a massa do próton é 1 u.

O **elétron** tem carga −1, igual em magnitude à carga do próton, mas de sinal oposto. A massa do elétron é aproximadamente 5,4858 × 10^{-24} u ou 1/1.837 a do próton. Dizemos que 1.837 elétrons equivalem à massa de um próton.

Cargas iguais se repelem e cargas opostas se atraem. Dois prótons se repelem, assim como dois elétrons também se repelem. Próton e elétron, no entanto, se atraem.

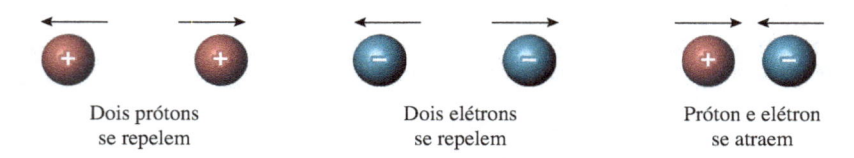

Dois prótons se repelem   Dois elétrons se repelem   Próton e elétron se atraem

Nêutron Partícula subatômica com massa de aproximadamente 1 u e carga zero. É encontrado no núcleo.

O **nêutron** não tem carga. Assim, nêutrons nunca se atraem ou se repelem, nem atraem ou repelem outra partícula. A massa do nêutron é ligeiramente maior que a do próton: 1,6749 × 10^{-24} g ou 1,0087 u. Mais uma vez, para nossos propósitos, arredondamos esse número para 1 u.

Essas três partículas compõem os átomos, mas onde são encontradas? Prótons e nêutrons estão agrupados no centro do átomo (Figura 2.6), que é conhecido como **núcleo**. No Capítulo 9, abordaremos com mais detalhes aspectos relacionados ao núcleo. Elétrons são encontrados como uma nuvem difusa fora do núcleo.

TABELA 2.1 Propriedades dos prótons, nêutrons e elétrons e localização no átomo

Partícula subatômica	Carga	Massa (g)	Massa (u)	Massa (u); arredondada até um algarismo significativo	Localização
Próton	+1	1,6726 × 10^{-24}	1,0073	1	No núcleo
Elétron	−1	9,1094 × 10^{-28}	5,4858 × 10^{-4}	0,0005	Fora do núcleo
Nêutron	0	1,6749 × 10^{-24}	1,0087	1	No núcleo

B. Número de massa

Cada átomo tem um número fixo de prótons, elétrons e nêutrons. Uma das maneiras de descrever um átomo é com seu **número de massa** (A), que é a soma do número de prótons e nêutrons em seu núcleo. Observe que o átomo também contém elétrons, mas, como a massa do elétron é muito pequena se comparada às dos prótons e nêutrons (Tabela 2.1), os elétrons não são computados na determinação do número de massa.

Número de massa (A) = número de prótons e nêutrons no núcleo do átomo

Por exemplo, um átomo com 5 prótons, 5 elétrons e 6 nêutrons tem um número de massa igual a 11.

Exemplo 2.2 Número de massa

Qual é o número de massa do átomo que contém:
(a) 58 prótons, 58 elétrons e 78 nêutrons?
(b) 17 prótons, 17 elétrons e 20 nêutrons?

Estratégia

O número de massa de um átomo é a soma do número de prótons e nêutrons em seu núcleo.

FIGURA 2.6 Tamanhos relativos do núcleo atômico e de um átomo (não está em escala). O diâmetro da região ocupada pelos elétrons é aproximadamente 10.000 vezes maior que o diâmetro do núcleo.

Solução

(a) O número de massa é 58 + 78 = 136.
(b) O número de massa é 17 + 20 = 37.

Problema 2.2

Qual é o número de massa de um átomo que contém:
(a) 15 prótons, 15 elétrons e 16 nêutrons?
(b) 86 prótons, 86 elétrons e 136 nêutrons?

C. Número atômico

O **número atômico** (Z) de um elemento é o número de prótons em seu núcleo.

Número atômico (Z) = número de prótons no núcleo de um átomo

Observe que, em um átomo neutro, o número de elétrons é igual ao número de prótons.

Atualmente, são conhecidos 116 elementos que têm números atômicos entre 1 e 116. O menor número atômico pertence ao elemento hidrogênio, que tem apenas um próton; e o maior (até agora), ao elemento mais pesado conhecido, que contém 116 prótons e ainda não tem nome.

Sabendo o número atômico e o número de massa de um elemento, você pode identificá-lo. Por exemplo, o elemento com 6 prótons, 6 elétrons e 6 nêutrons tem número atômico 6 e número de massa 12. O elemento de número atômico 6 é o carbono, C. Como sua massa é 12, chamamos esse núcleo atômico de carbono-12. Alternativamente, podemos escrever o símbolo desse núcleo atômico como $^{12}_{6}C$. Nesse símbolo, o número de massa do elemento é sempre escrito no canto superior esquerdo (como sobrescrito) do símbolo do elemento, e o número atômico, no canto inferior esquerdo (como subscrito).

Número de massa (número de prótons + nêutrons) $^{12}_{6}C$ ← Símbolo do elemento
Número atômico (número de prótons)

> Números atômicos para todos os elementos conhecidos são fornecidos na tabela de massa atômica e também na tabela periódica, ao final do livro.

> Se você souber o nome do elemento, poderá procurar seu número e massa atômica na tabela de massa atômica, ao final do livro. Inversamente, se souber o número atômico do elemento, poderá procurar seu símbolo na tabela periódica, também ao final do livro.

Exemplo 2.3 Número atômico.

Dar o nome dos elementos do Exemplo 2.2 e escrever os símbolos de seus núcleos atômicos

Estratégia

Determine o número atômico (número de prótons no núcleo) e depois localize o elemento na tabela periódica, ao final do livro.

Solução

(a) Esse elemento tem 58 prótons. Na tabela periódica, vemos que o elemento de número atômico 58 é o cério, e seu símbolo é Ce. O átomo desse elemento tem 58 prótons e 78 nêutrons e, portanto, o número de massa é 136. Nós o chamamos de cério-136. Seu símbolo é $^{136}_{58}Ce$.
(b) Esse átomo tem 17 prótons, portanto é o átomo de cloro (Cl). Como seu número de massa é 37, nós o chamamos de cloro-37. Seu símbolo é $^{37}_{17}Cl$.

Problema 2.3

Dê o nome dos elementos do Problema 2.2. Escrever os símbolos de seus núcleos atômicos.

Exemplo 2.4 Núcleos atômicos

Vários elementos têm igual número de prótons e nêutrons em seus núcleos. Entre eles, estão o oxigênio, o nitrogênio e o neônio. Qual é o número atômico desses elementos? Quantos prótons e nêutrons tem cada um de seus átomos? Escreva o nome e o símbolo de cada um desses núcleos atômicos.

Estratégia

Procure na tabela periódica o número atômico de cada elemento. O número de massa é o número de prótons mais o número de nêutrons.

Solução

Os números atômicos desses elementos são encontrados na lista de elementos ao final do livro. Essa tabela mostra que o oxigênio (O) tem número atômico 8, o nitrogênio (N) tem número atômico 7, e o neônio (Ne), número atômico 10. Isso significa que o oxigênio tem 8 prótons e 8 nêutrons. Seu nome é oxigênio-16 e o símbolo é $^{16}_{8}O$. O nitrogênio tem 7 prótons e 7 nêutrons, seu nome é nitrogênio-14 e o símbolo é $^{14}_{7}N$. O neônio tem 10 prótons e 10 nêutrons, seu nome é neônio-20, e seu símbolo é $^{20}_{10}Ne$.

Problema 2.4

(a) Quais são os números atômicos do mercúrio (Hg) e do chumbo (Pb)?
(b) Quantos prótons tem o átomo de cada um deles?
(c) Se tanto o Hg quanto o Pb têm 120 nêutrons em seus núcleos, qual é o número de massa de cada isótopo?
(d) Escreva o nome e o símbolo de cada um deles.

D. Isótopos

Embora possamos dizer que um átomo de carbono sempre tem 6 prótons e 6 elétrons, não podemos dizer que um átomo de carbono deve ter qualquer número específico de nêutrons. Alguns átomos de carbono encontrados na natureza têm 6 nêutrons. O número de massa desses átomos é 12, que são escritos como carbono-12 e o símbolo é $^{12}_{6}C$. Outros átomos de carbono têm 6 prótons e 7 nêutrons e, portanto, número de massa 13, que são escritos como carbono-13 e seu símbolo é $^{13}_{6}C$. Outros têm 6 prótons e 8 nêutrons, e são escritos como carbono-14 ou $^{14}_{6}C$. Átomos com o mesmo número de prótons, mas diferentes números de nêutrons, são chamados **isótopos**. Todos os isótopos do carbono contêm 6 prótons e 6 elétrons (ou não seriam carbonos). Cada isótopo, todavia, contém um número diferente de nêutrons e, portanto, diferente número de massa.

As propriedades dos isótopos do mesmo elemento são quase idênticas e, para quase todos os fins, consideradas idênticas. Diferem, porém, nas propriedades radioativas, tema do Capítulo 9.

> O fato de os isótopos existirem significa que o segundo enunciado da teoria atômica de Dalton (Seção 2.3) não está correto.

Exemplo 2.5 Isótopos

Quantos nêutrons existem em cada isótopo de oxigênio? Escreva o símbolo de cada isótopo.
(a) Oxigênio-16   (b) Oxigênio-17   (c) Oxigênio-18

Estratégia

Cada átomo de oxigênio tem 8 prótons. A diferença entre o número de massa e o número de prótons é o número de nêutrons.

Solução

(a) Oxigênio-16 tem $16 - 8 = 8$ nêutrons. Seu símbolo é $^{16}_{8}O$.
(b) Oxigênio-17 tem $17 - 8 = 9$ nêutrons. Seu símbolo é $^{17}_{8}O$.
(c) Oxigênio-18 tem $18 - 8 = 10$ nêutrons. Seu símbolo é $^{18}_{8}O$.

Problema 2.5

Dois isótopos de iodo são usados em tratamentos clínicos: iodo-125 e iodo-131. Quantos nêutrons existem em cada isótopo? Escreva o símbolo de cada isótopo.

A maior parte dos elementos é encontrada na Terra como misturas de isótopos, em proporção mais ou menos constante. Por exemplo, todas as amostras de ocorrência natural do elemento cloro contêm 75,77% de cloro-35 (18 nêutrons) e 24,23% de cloro-37 (20 nêutrons). O silício existe na natureza em proporção fixa de três isótopos, com 14, 15 e 16 nêutrons, respectivamente. Para alguns elementos, a proporção de isótopos pode variar ligeiramente de um lugar para outro, mas quase sempre podemos ignorar essas pequenas variações. As massas atômicas e as abundâncias isotópicas são determinadas com o uso de um instrumento denominado espectrômetro de massa.

E. Massa atômica

A **massa atômica** (em textos mais antigos chamada de peso atômico) de um elemento dado na tabela periódica é a média ponderada das massas (em u) de seus isótopos encontrados na Terra. Adotemos o cloro como exemplo do cálculo de massa atômica. Como já vimos, existem dois isótopos de cloro na natureza: cloro-35 e cloro-37, cuja massa do átomo é 34,97 u e 36,97 u, respectivamente. Observe que a massa atômica de cada isótopo de cloro (sua massa em u) está muito próximo de seu número de massa (o número de prótons e nêutrons em seu núcleo). Essa afirmação é verdadeira para os isótopos de cloro e de todos os elementos, porque prótons e nêutrons têm massa de aproximadamente (mas não exatamente) 1 u.[1]

Massa atômica A média ponderada das massas dos isótopos de ocorrência natural corresponde a massa atômica (u).

A massa atômica do cloro é uma média ponderada das massas dos dois isótopos de cloro de ocorrência natural:

$$\left(\frac{75,77}{100} \times 34,97\ u\right) + \left(\frac{24,23}{100} \times 36,97\ u\right) = 35,45\ u$$

Cloro-35, Cloro-37

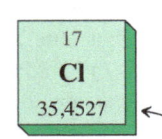

17 Cl 35,4527

Na tabela periódica, a massa atômica é dada até a quarta casa decimal, utilizando-se dados mais precisos do que temos aqui

Alguns elementos – por exemplo, ouro, flúor e alumínio – ocorrem naturalmente apenas como um único isótopo. As massas atômicas desses elementos estão próximas de números inteiros (ouro, 196,97 u; flúor, 18,998 u; alumínio, 26,98 u). Ao final do livro, há uma tabela com as massas atômicas.

Exemplo 2.6 Massa atômica

As quantidades naturais (abundância isotópica) dos três isótopos estáveis de magnésio são 78,99% para o magnésio-24 (23,98504 u), 10,00% para o magnésio-25 (24,9858 u) e 11,01% para o magnésio-26 (25,9829 u). Calcule a massa atômica do magnésio e compare o valor com aquele que aparece na tabela periódica.

Estratégia

Para calcular a média ponderada das massas dos isótopos, multiplique cada massa atômica por sua quantidade e depois faça a soma.

Solução

$$\left(\frac{78,99}{100} \times 23,99\ u\right) + \left(\frac{10,00}{100} \times 24,99\ u\right) + \left(\frac{11,01}{100} \times 25,98\ u\right) =$$

$$18,95\ +\ 2,499\ +\ 2,860\ =\ 24,31\ u$$

Magnésio-24, Magnésio-25, Magnésio-26

A massa atômica do magnésio dado na tabela periódica até a quarta casa decimal é 24,3050.

Problema 2.6

A massa atômica do lítio é 6,941 u. O lítio tem apenas dois isótopos de ocorrência natural: lítio-6 e lítio-7. Faça uma estimativa de qual dos isótopos de lítio é o mais abundante.

F. A massa e o tamanho de um átomo

Um átomo tipicamente pesado (embora não o mais pesado) é o chumbo-208, um átomo com 82 prótons, 82 elétrons e 208 − 82 = 126 nêutrons. Sua massa é de $3,5 \times 10^{-22}$ g. É pre-

---

[1] Devemos notar que para a determinação da massa atômica de um determinado átomo não podemos simplesmente somar a massa em unidades de massa atômica dos prótons e nêutrons deste átomo. Exemplificando, o isótopo cloro-35 apresenta 17 prótons e 18 nêutrons. Utilizando os dados da página 34, cada próton e cada nêutron tem massa de 1,0073 u e 1,0087 u respectivamente. A massa esperada do cloro-35 seria [(17 x 1,0073 u) + (18 x 1,0087 u)]= 35,2807 u. Como pode ser observado no texto, a massa atômica do cloro-35 determinada experimentalmente é de 34,97 u, ou seja, um valor inferior ao calculado. Este fenômeno é conhecido como "Defeito de Massa". A diferença de massa entre o calculado e o observado se deve à conversão da massa nuclear em energia de estabilização entre prótons e nêutrons no núcleo. Esta energia pode ser calculada pela equação de Einstein $\Delta E = (\Delta m)c^2$ onde ΔE é a energia de estabilização, m é a variação de massa e c é a velocidade da luz. Portanto, a massa de um átomo será sempre menor que a soma das massas das suas partículas nucleares devido ao defeito de massa que resulta na estabilização do núcleo.

ciso $1,3 \times 10^{24}$ átomos de chumbo-208 para fazer 1 lb (453,6 g) de chumbo. Neste momento, são aproximadamente 6 bilhões de pessoas vivendo na Terra. Se você dividisse 1 lb desses átomos entre todas as pessoas do planeta, cada uma receberia cerca de $2,2 \times 10^{14}$ átomos.

O átomo de chumbo-208 tem um diâmetro de aproximadamente $3,1 \times 10^{-10}$ m. Se pudéssemos alinhá-los, um encostado ao outro, seriam necessários 82 milhões de átomos de chumbo para fazer uma linha de 2,5 cm (1 polegada) de comprimento. Apesar de seu tamanho reduzido, na verdade podemos ver os átomos, em certos casos, com um instrumento especial chamado microscópio de tunelamento eletrônico (Figura 2.7).

Praticamente toda a massa de um átomo está concentrada em seu núcleo (porque o núcleo contém os prótons e nêutrons). O núcleo de um átomo de chumbo-208, por exemplo, tem um diâmetro de cerca de $1,6 \times 10^{-14}$ m. Ao compará-lo com o diâmetro de um átomo de chumbo-208, que é de aproximadamente $3,1 \times 10^{-10}$ m, vemos que o núcleo ocupa apenas uma pequenina fração do volume total do átomo. Se o núcleo do átomo de chumbo-208 fosse do tamanho de uma bola de beisebol, o átomo inteiro seria maior que um estádio de beisebol. De fato, seria uma esfera de cerca de 1,5 km de diâmetro. Como o núcleo tem uma massa relativamente grande concentrada num volume relativamente tão pequeno, sua densidade é bastante alta. A densidade de um núcleo de chumbo-208, por exemplo, é $1,6 \times 10^{14}$ g/cm³. Nada em nosso dia a dia tem uma densidade tão alta. Se um clipe de papel tivesse essa densidade, pesaria mais ou menos 10 milhões (10^7) de toneladas.

FIGURA 2.7 A superfície da grafite é revelada com um microscópio eletrônico de varredura. Os contornos representam a disposição de cada átomo de carbono na superfície de um cristal.

Conexões químicas 2C

Abundância isotópica e astroquímica

A expressão **abundância isotópica** refere-se às quantidades relativas dos isótopos de um elemento presente em uma amostra. Quando falamos de abundâncias isotópicas e de suas massas atômicas derivadas, referimo-nos às abundâncias isotópicas na Terra. Por exemplo, existem 11 isótopos conhecidos do cloro, Cl, variando do cloro-31 ao cloro-41. Somente dois desses isótopos ocorrem na Terra: cloro-35, com abundância de 75,77%, e cloro-37, com abundância de 24,23%.

Com o avanço da exploração espacial, tornou-se evidente que outras partes do sistema solar – Sol, Lua, planetas, asteroides, cometas e estrelas, bem como gases intergalácticos – podem ter diferentes abundâncias isotópicas. Por exemplo, a proporção deutério/hidrogênio (^{2}H/^{1}H) em Marte é cinco vezes maior que a da Terra. A proporção ^{17}O/^{18}O também é maior em Marte que na Terra. Essas diferenças em abundâncias isotópicas são usadas para estabelecer teorias sobre as origens e a história do sistema solar.

Além disso, uma comparação de abundâncias isotópicas em certos meteoritos encontrados na Terra permite-nos conjecturar sobre sua origem. Por exemplo, agora se acredita que certos meteoritos que atingiram a Terra vieram de Marte. Cientistas especulam que eles foram ejetados de sua superfície quando o planeta vermelho colidiu com algum outro corpo celeste – talvez um asteroide.

2.5 O que é tabela periódica?

A. A origem da tabela periódica

Na década de 1860, o cientista russo Dmitri Mendeleev (1834-1907), depois professor de química da Universidade de São Petersburgo, produziu uma das primeiras tabelas periódicas, cuja forma ainda utilizamos até hoje. Mendeleev começou dispondo os elementos conhecidos em ordem crescente de massa atômica, iniciando com o hidrogênio. Logo descobriu que, quando os elementos são arranjados na ordem crescente de massa atômica, certos conjuntos de propriedades recorrem periodicamente. Mendeleev então dispôs aqueles elementos com propriedades recorrentes em **períodos** (fileiras horizontais), começando uma nova fileira toda vez que descobria um elemento com propriedades semelhantes às do hidrogênio. Assim, ele descobriu que cada um deles, com lítio, sódio, potássio e assim por diante, começava uma fileira nova. Todos são sólidos metálicos à temperatura ambiente, todos formam íons com carga +1 (Li^+, Na^+, K^+ e assim por diante) e todos reagem com a água para formar hidróxidos metálicos (LiOH, NaOH, KOH e assim por diante). Mendeleev também descobriu que os elementos das colunas verticais (famílias) têm propriedades semelhantes.

Dmitri Mendeleev.

Por exemplo, os elementos flúor (número atômico 9), cloro (17), bromo (35) e iodo (53) estão na mesma coluna da tabela. Esses elementos, chamados **halogênios**, são todos substâncias coloridas, as cores tornando-se mais escuras de cima para baixo na tabela (Figura 2.8). Todos formam compostos com o sódio de fórmula geral NaX (por exemplo, NaCl e

NaBr), mas não NaX$_2$, Na$_2$X, Na$_3$X ou qualquer outra coisa. Somente os elementos dessa coluna têm essa propriedade.

Trataremos agora da numeração das colunas (famílias ou grupos) da tabela periódica. Mendeleev atribui-lhes numerais e adicionou a letra A para algumas colunas e B para outras. Esse padrão de numeração continua sendo usado até hoje nos Estados Unidos. Em 1985, um padrão alternativo foi recomendado pela União Internacional de Química Pura e Aplicada (Iupac, na sigla em inglês). Nesse sistema, os grupos são numerados de 1 a 18, sem letras adicionais, começando pela esquerda. Assim, no sistema de numeração de Mendeleev, os halogênios formam o grupo 7A, e o grupo 17 no novo sistema internacional. Embora este livro use o sistema de numeração de Mendeleev, ambos os padrões são mostrados na tabela periódica ao final do livro. Os elementos do grupo A (grupos 1A e 2A, no lado esquerdo da tabela, e os grupos 3A a 8A, no lado direito) são conhecidos coletivamente como **elementos do grupo principal**.

Os elementos das colunas B (grupos de 3 a 12 no novo sistema de numeração) são chamados **elementos de transição**. Observe que os elementos 58 a 71 e 90 a 103 não estão incluídos no corpo principal da tabela, mas aparecem separadamente embaixo. Esses elementos, chamados **elementos de transição interna**, na verdade pertencem ao corpo principal da tabela periódica, entre as colunas 3 e 4 (entre La e Hf e Ac e Rf). Como de costume, colocamos esses elementos fora do corpo principal apenas para fazer uma apresentação mais compacta. Se preferir, você poderá mentalmente pegar uma tesoura, cortar na linha entre as colunas 3B e 4B, separá-las e inserir os elementos de transição interna. Você agora terá uma tabela com 32 colunas.

B. Classificação dos elementos

Existem três classes de elementos: metais, não metais e metaloides. A maior parte dos elementos é **metal** – somente 24 não são. Metais são sólidos em temperatura ambiente (exceto o mercúrio, que é líquido), brilhantes, condutores de eletricidade, dúcteis (podem ser estirados em fios) e maleáveis (podem ser malhados e transformados em lâminas). Em suas reações, os metais tendem a doar elétrons. Também formam ligas, que são soluções de um ou mais metais dissolvidos em outro metal. O latão, por exemplo, é uma liga de cobre e zinco. O bronze é uma liga de cobre e estanho, e o peltre é uma liga de estanho, antimônio e chumbo. Em suas reações químicas, os metais tendem a doar elétrons (Seção 3.2). A Figura 2.9 mostra um modelo da tabela periódica em que os elementos são classificados por tipo.

Período da tabela periódica Fileira horizontal da tabela periódica.

Família da tabela periódica Elementos de uma coluna vertical da tabela periódica.

"X" é um símbolo muito usado para halogênio.

Elemento do grupo principal Elemento dos grupos A (grupos 1A, 2A e 3A-8A) da tabela periódica.

Metal Elemento sólido em temperatura ambiente (exceto o mercúrio, que é líquido), brilhante, condutor de eletricidade, dúctil e maleável, e que forma ligas. Em suas reações, os metais tendem a doar elétrons.

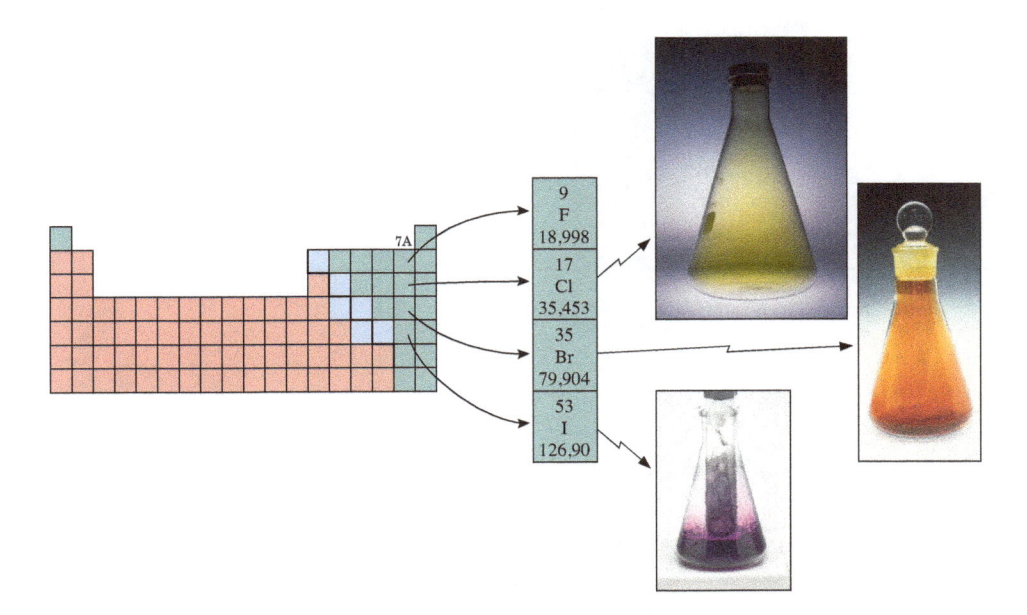

FIGURA 2.8 Quatro halogênios. Flúor e cloro são gases, bromo é líquido e iodo é sólido.

Conexões químicas 2D

Estrôncio-90

Elementos da mesma coluna da tabela periódica apresentam propriedades semelhantes. Um exemplo importante é a semelhança entre o estrôncio (Sr) e o cálcio (o estrôncio está logo abaixo do cálcio no grupo 2A). O cálcio é um elemento importante para os humanos, pois nossos ossos e dentes consistem em grande parte de compostos de cálcio. Precisamos desse mineral em nossa dieta diária e o obtemos principalmente do leite, queijo e de outros laticínios.

Um dos produtos liberados em testes de explosões nucleares nas décadas de 1950 e 1960 foi o isótopo de estrôncio-90. Esse isótopo é radioativo, com meia-vida de 28,1 anos. (A meia-vida é discutida na seção 9.4.) O estrôncio-90 estava presente nas precipitações de explosões de testes nucleares realizados acima do solo. Foi carregado por ventos por toda a Terra e lentamente depositou-se no solo, onde foi ingerido por vacas e outros animais. O estrôncio-90 introduziu-se no leite e finalmente no organismo humano. Se não fosse tão semelhante ao cálcio, nosso corpo o eliminaria em alguns dias. Como é semelhante, porém, parte do estrôncio-90 depositou-se nos ossos e dentes (especialmente nas crianças), submetendo-nos a todos a uma pequena quantidade de radioatividade por longos períodos.

Em 1958, o patologista Walter Bauer ajudou a dar início à Inspeção Dentária Infantil de St. Louis para estudar os efeitos da precipitação nuclear em crianças. O estudo ajudou a estabelecer, no começo dos anos 1960, uma proibição para os testes de bomba A acima do solo e resultou em inspeções similares em outras partes dos Estados Unidos e no restante do mundo. Até 1970, a equipe havia coletado 300 mil dentes da primeira dentição, que, conforme descobriram, tinham absorvido resíduos nucleares do leite das vacas que haviam comido grama contaminada.

Um tratado de 1963 entre os Estados Unidos e a antiga União Soviética proibiu testes nucleares acima do solo. Embora alguns países ainda conduzam testes ocasionais acima do solo, há motivos para se crer que esses testes serão completamente abandonados num futuro próximo.

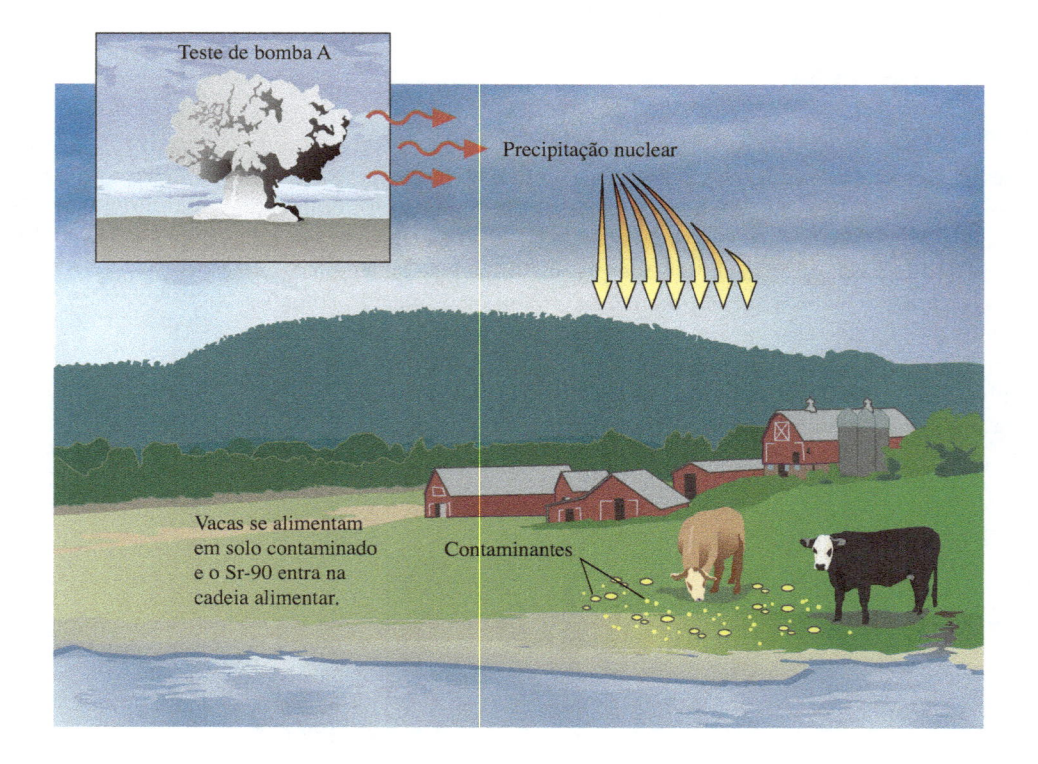

FIGURA 2.9 Classificação dos elementos.

Não metais são a segunda classe de elementos. Com exceção do hidrogênio, os 18 não metais aparecem no lado direito da tabela periódica. Com exceção da grafite, que é uma das formas do carbono, os não metais não conduzem eletricidade. Em temperatura ambiente, não metais como fósforo e iodo são sólidos. O bromo é um líquido e os elementos do grupo 8A (os gases nobres) – do hélio ao radônio – são gases. Em suas reações químicas, os não metais tendem a receber elétrons (Seção 3.2). Praticamente todos os compostos que encontramos em nosso estudo de química orgânica e bioquímica são construídos de seis não metais: H, C, N, O, P e S.

Seis elementos são classificados como **metaloides**: boro, silício, germânio, arsênio, antimônio e telúrio.

B	Si	Ge	As	Sb	Te
Boro	Silício	Germânio	Arsênio	Antimônio	Telúrio

Esses elementos têm algumas propriedades dos metais e algumas dos não metais. Por exemplo, alguns metaloides são brilhantes como metais, mas não conduzem eletricidade. Um desses metaloides, o silício, é um semicondutor, isto é, não conduz eletricidade sob certas voltagens aplicadas, mas torna-se um condutor em voltagens mais altas. Essa propriedade de semicondução do silício torna-o um elemento vital para as companhias do Vale do Silício e de toda a indústria eletrônica (Figura 2.10).

Não metal Elemento que não tem as propriedades características do metal e, em suas reações, tende a receber elétrons. Dezoito elementos são classificados como não metais.

Metaloide Elemento que apresenta algumas das propriedades dos metais e não metais. Seis elementos são classificados como metaloides.

Embora o hidrogênio (H) apareça no grupo 1A, ele não é um metal alcalino, mas um não metal. O hidrogênio está no grupo 1A por causa de sua configuração eletrônica (Seção 2.7)

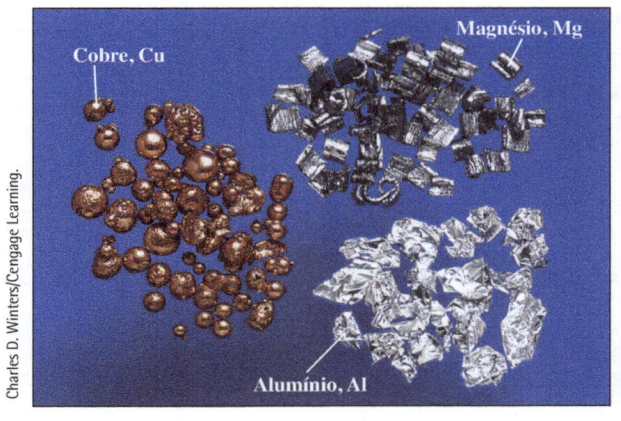

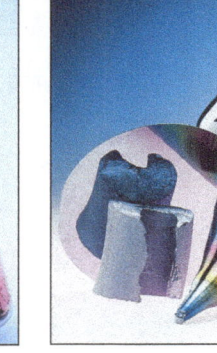

(a) Metais (b) Não metais (c) Metaloides

FIGURA 2.10 Elementos representativos. (a) Magnésio, alumínio e cobre são metais. Todos podem ser estirados em fios e conduzir eletricidade. (b) Somente 18 elementos são classificados como não metais. Aqui são mostrados o bromo líquido e o iodo sólido. (c) Somente seis elementos são geralmente classificados como metaloides. Essa fotografia é do silício sólido em várias formas, incluindo uma lâmina onde são impressos os circuitos eletrônicos.

C. Exemplos de periodicidade na tabela periódica

Não só os elementos de qualquer coluna (grupo ou família) da tabela periódica apresentam propriedades semelhantes, mas as propriedades também variam de modo razoavelmente regular de cima para baixo ou de baixo para cima na coluna (família). Por exemplo, a Tabela 2.2 mostra que os pontos de fusão e ebulição dos **halogênios** aumenta regularmente de cima para baixo numa coluna.

Outro exemplo envolve os elementos do grupo 1A, também denominados **metais alcalinos**. Todos os metais alcalinos são suficientemente moles para serem cortados com uma faca, e quanto mais descemos na coluna, mais mole é o metal. Apresentam pontos de fusão e ebulição relativamente baixos que diminuem de cima para baixo nas colunas (Tabela 2.3).

Todos os metais alcalinos reagem com a água para formar gás hidrogênio, H_2, e um hidróxido de metal de fórmula MOH, em que "M" representa o metal alcalino. A violência de sua reação com a água aumenta de cima para baixo na coluna.

Halogênio Elemento do grupo 7A da tabela periódica.

Metal alcalino Elemento do grupo 1A da tabela periódica (com exceção do hidrogênio).

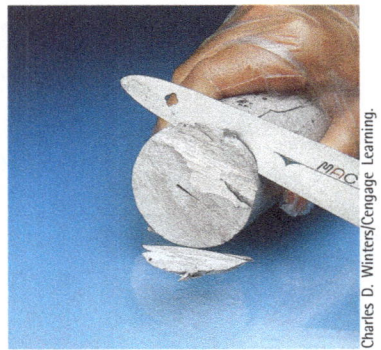

$$2Na + 2H_2O \longrightarrow 2NaOH + H_2$$
Sódio Água Hidróxido de sódio Gás hidrogênio

O metal sódio pode ser cortado com uma faca.

Conexões químicas 2E

O uso de metais como marcos históricos

A maleabilidade dos metais desempenhou um importante papel no desenvolvimento da sociedade humana. Na Idade da Pedra, as ferramentas eram feitas de pedra, material que não tem nenhuma maleabilidade. Depois, por volta de 11.000 a.C., descobriu-se que o cobre puro encontrado na superfície da Terra podia ser transformado em lâminas, que o tornavam adequado para vasos, utensílios e objetos religiosos e artísticos. Esse período é conhecido como Idade do Cobre. O cobre puro na superfície da Terra, porém, é escasso. Por volta de 5.000 a.C., os humanos decobriram que o cobre podia ser obtido colocando-se malaquita, $Cu_2CO_3(OH)_2$, uma rocha verde que contém cobre, no fogo. A malaquita produzia cobre puro a uma temperatura relativamente baixa de 200 °C.

O cobre é um metal mole formado de camadas de cristais grandes. Ele é facilmente estirado em fios porque as camadas de cristais podem deslizar umas pelas outras. Quando malhados, os cristais grandes se quebram em cristais menores, de bordas ásperas, e as camadas não mais deslizam umas nas outras. Assim, as lâminas de cobre malhado são mais duras que o cobre estirado. Foi usando esse conhecimento que nasceu a antiga profissão de caldeireiro, e belas baixelas, potes e ornamentos foram produzidos.

Por volta de 4.000 a.C., descobriu-se que era possível obter um material ainda mais duro misturando cobre derretido com estanho. A liga resultante é chamada bronze. A Idade do Bronze nasceu em algum lugar do Oriente Médio e rapidamente se espalhou até a China e por todo o mundo. Como o bronze malhado apresenta gumes, facas e espadas puderam ser manufaturadas.

Um metal mais duro ainda estava por vir. O primeiro ferro bruto foi encontrado em meteoritos. (O nome do ferro entre os antigos sumérios era "metal do céu".) Aproximadamente em 2.500 a.C., descobriu-se que o ferro poderia ser extraído de seu minério por fundição, processo em que se extrai o metal do minério por aquecimento. Assim começou a Idade do Ferro. Foi necessária uma tecnologia mais avançada para fundir o minério de ferro, pois o ferro só derrete em altas temperaturas (cerca de 1.500 °C). Por essa razão, o homem demorou mais tempo para aperfeiçoar o processo de fundição e aprender como manufaturar o aço, que é cerca de 90%-95% de ferro e 5%-10% de carbono. Objetos de aço apareceram pela primeira vez na Índia por volta de 100 a.C.

Antropólogos e historiadores modernos estudam as culturas antigas e usam a descoberta de um novo metal como marco para aquele período.

TABELA 2.2 Pontos de fusão e ebulição dos halogênios (Elementos do Grupo 7A)

Elemento	Ponto de fusão (°C)	Ponto de ebulição (°C)
Flúor	−220	−188
Cloro	−101	−35
Bromo	−7	59
Iodo	114	184
Ástato	302	337

Também formam compostos com os halogênios, com a fórmula MX, em que "X" representa o halogênio.

$$2Na + Cl_2 \longrightarrow 2NaCl$$
Sódio   Cloro   Cloreto de sódio

Os elementos do grupo 8A, geralmente chamados **gases nobres**, são mais um exemplo de como as propriedades dos elementos mudam gradualmente ao longo de uma coluna. Os elementos do grupo 8A são gases nobres em temperatura e pressão normais, e formam poucos compostos, ou nenhum. Observe como os pontos de fusão e ebulição dos elementos dessa série estão próximos um do outro (Tabela 2.4).

A tabela periódica é tão útil que está afixada em quase todas as salas de aula e laboratórios químicos do mundo inteiro. O que a torna tão útil é o fato de correlacionar uma grande quantidade de dados sobre os elementos e seus compostos e de permitir prognósticos sobre propriedades químicas e físicas. Por exemplo, se lhe dissessem que o ponto de ebulição do germano (GeH_4) é −88 °C e o do metano (CH_4) −164 °C, você poderia prever o ponto de ebulição do silano (SiH_4)? A posição do silício na tabela, entre o germânio e o carbono, poderia levá-lo a uma previsão de cerca de −125 °C. O ponto de ebulição real do silano é −112°C, não muito diferente da previsão.

TABELA 2.3 Pontos de fusão e ebulição dos metais alcalinos (Elementos do Grupo 1A)

Elemento	Ponto de fusão (°C)	Ponto de ebulição (°C)
Lítio	180	1.342
Sódio	98	883
Potássio	63	760
Rubídio	39	686
Césio	28	669

TABELA 2.4 Pontos de fusão e ebulição dos gases nobres (Elementos do Grupo 8A)

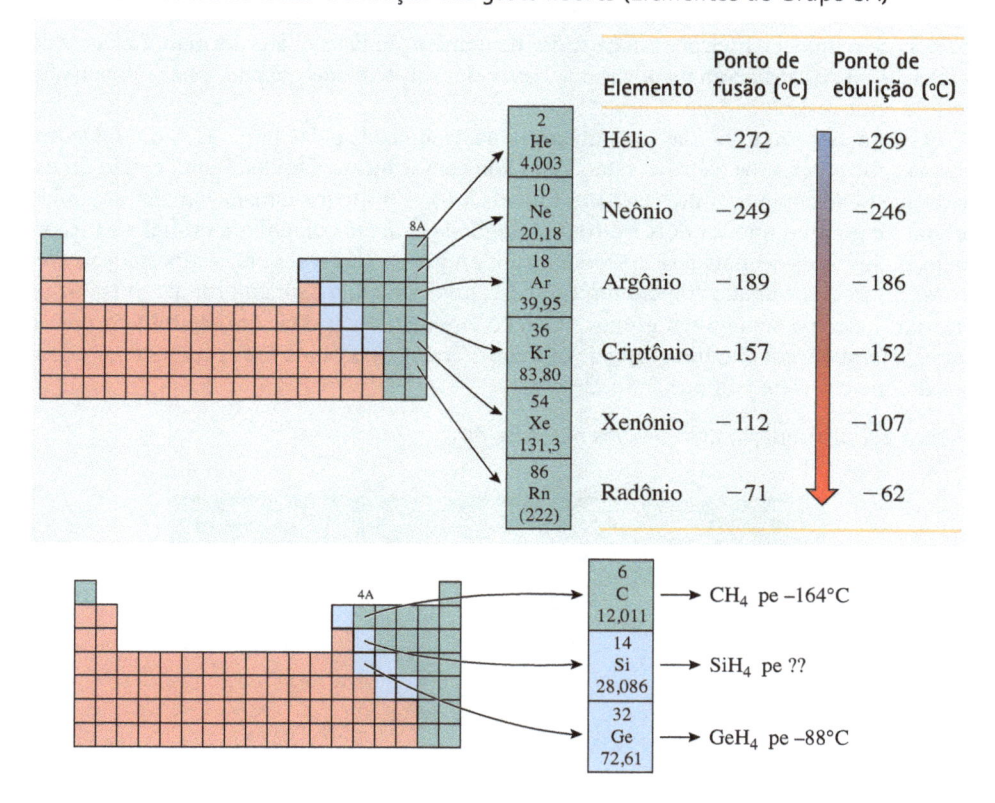

Elemento	Ponto de fusão (°C)	Ponto de ebulição (°C)
Hélio	−272	−269
Neônio	−249	−246
Argônio	−189	−186
Criptônio	−157	−152
Xenônio	−112	−107
Radônio	−71	−62

CH_4 pe −164°C

SiH_4 pe ??

GeH_4 pe −88°C

2.6 Como os elétrons se distribuem no átomo?

Vimos que os prótons e nêutrons de um átomo concentram-se no pequeno espaço do núcleo e que os elétrons localizam-se no espaço maior fora do núcleo. Agora podemos perguntar como os elétrons de um átomo se distribuem no espaço extranuclear. Distribuem-se aleatoriamente como as sementes de uma melancia ou se organizam em camadas como as de uma cebola?

Comecemos com o hidrogênio, pois ele tem apenas um elétron e é o átomo mais simples. Antes, porém, é preciso descrever uma descoberta feita em 1913 pelo físico dinamarquês Niels Bohr (1885-1962). Na época, sabia-se que o elétron sempre se movimenta em torno do núcleo e, portanto, possui energia cinética. Bohr descobriu que apenas certos valores são possíveis para essa energia. Foi uma descoberta surpreendente. Se lhe dissessem que você pode dirigir seu carro a 37,4 km/h, 46,2 km/h ou 54,7 km/h, mas nunca em uma velocidade intermediária entre esses valores, você não acreditaria. No entanto, foi isso

Em 1922, Niels Bohr recebeu o Prêmio Nobel de Física. Além disso, o elemento 107 passou a se chamar bóhrio em sua homenagem.

Configuração eletrônica do estado fundamental
Configuração eletrônica do estado de energia mais baixo de um átomo.

FIGURA 2.11 Uma escada de energia. (a) Uma rampa (não quantizada) e (b) degraus (quantizados).

Nível de energia principal Nível de energia que contém orbitais do mesmo número (1, 2, 3, 4 e assim por diante).

Camada Todos os orbitais de um nível de energia principal do átomo.

Subcamada Todos os orbitais de um átomo que têm o mesmo nível de energia principal e a mesma letra designativa (s, p, d ou f).

Orbital Região do espaço em torno de um núcleo que pode acomodar no máximo dois elétrons.

---

[2] Pode causar confusão o fato de se dizer que um elétron com energia "mais baixa" (menor) é mais difícil de remover que um elétron de energia "mais alta" (maior). O que acontece é que elétrons em camadas mais próximas do núcleo apresentam uma energia total (potencial elétrica + cinética) mais "negativa" do que elétrons que se encontram em camadas mais afastadas do núcleo. Portanto, em relação à origem esta energia é mais baixa (mais negativa), porém em módulo ela é maior que a energia de um elétron em uma camada mais afastada do núcleo. Exemplificando, a energia de um elétron no átomo de hidrogênio na primeira camada (nível 1 ou camada 1) é de $-2,18 \times 10^{-18}$ J (E1) e na segunda camada (nível 2 ou camada 2) é de $-0,545 \times 10^{-18}$ J (E2). Vemos que a energia do elétron na primeira camada é 4 vezes maior que na camada dois, fazendo a razão E1/E2. Portanto, é mais fácil retirar um elétron do átomo de hidrogênio quando este se encontra na camada dois do que na camada 1. Isso também explica por que o estado fundamental deste único elétron no átomo de hidrogênio é o nível de energia 1 e não o nível 2, uma vez que neste caso ele se encontra mais fortemente atraído pelo núcleo e assim tornando-se mais estabilizado. Entretanto, se fornecermos uma quantidade de energia adequada, o elétron no átomo de hidrogênio (assim como para os elétrons nos demais átomos) pode "passear" pelas outras camadas possíveis no átomo; este processo é conhecido como "transição eletrônica". No caso em que a energia fornecida é suficientemente grande, o elétron é abstraído do átomo, e esta energia é chamada de energia de ionização (vide tópico neste capítulo). (NRT)

---

que Bohr descobriu sobre os elétrons nos átomos. A energia mais baixa possível é o **estado fundamental**.

Se um elétron tiver mais energia que no estado fundamental, somente certos valores serão permitidos, jamais valores intermediários. Bohr foi incapaz de explicar por que existem esses níveis de energias dos elétrons, mas as evidências acumuladas o forçaram a essa conclusão. Dizemos que a energia dos elétrons é quantizada. Podemos comparar a quantização a subir um lance de escadas e não uma rampa (Figura 2.11). Você pode colocar o pé em qualquer degrau da escada, mas não pode apoiar-se em nenhum lugar entre os degraus. Você só pode pisar nos degraus.

A. Os elétrons se distribuem em camadas, subcamadas e orbitais

Uma das conclusões a que Bohr chegou é que os elétrons não se movimentam livremente no espaço em torno do núcleo, mas permanecem confinados a regiões específicas do espaço denominadas **níveis de energia principal** ou simplesmente **camadas**. Essas camadas são numeradas, 1, 2, 3, 4 e assim por diante, de dentro para fora. A Tabela 2.5 apresenta o número de elétrons que cada uma das quatro primeiras camadas pode conter.

Os elétrons da primeira camada são os mais próximos do núcleo e da sua carga positiva. O núcleo os atrai com mais força. Esses elétrons são os de energia mais baixa (mais difíceis de remover). Elétrons em camadas de numeração mais alta estão mais distantes do núcleo, e este os atrai com menos força. Esses elétrons têm energia mais alta (são mais fáceis de remover).[2]

As camadas são divididas em **subcamadas** designadas pelas letras s, p, d e f. Dentro dessas subcamadas, os elétrons estão agrupados em **orbitais**. Orbital é uma região do espaço que pode comportar dois elétrons (Tabela 2.6). A primeira camada contém um único orbital s e pode comportar dois elétrons. A segunda camada contém um orbital s e três orbitais p. Todos os orbitais p se apresentam em grupos de três e podem comportar seis elétrons. A terceira camada contém um orbital s, três orbitais p e cinco orbitais d. Todos os orbitais d se apresentam em grupos de cinco e podem comportar dez elétrons. A quarta camada também contém um grupo de orbitais f. Todos os orbitais f se apresentam em grupos de sete e podem comportar 14 elétrons.

TABELA 2.5 Distribuição dos elétrons nas camadas

Camada	Número de elétrons que a camada pode conter	Energias relativas dos elétrons em cada camada
4	32	Mais alta
3	18	↑
2	8	
1	2	Mais baixa

TABELA 2.6 Distribuição dos orbitais nas camadas

Camada	Orbitais contidos em cada camada	Número máximo de elétrons que a camada pode conter
4	Um 4s, três 4p, cinco 4d e sete 4f	2 + 6 + 10 + 14 = 32
3	Um 3s, três 3p e cinco 3d	2 + 6 + 10 = 18
2	Um 2s e três 2p	2 + 6 = 8
1	Um 1s	2

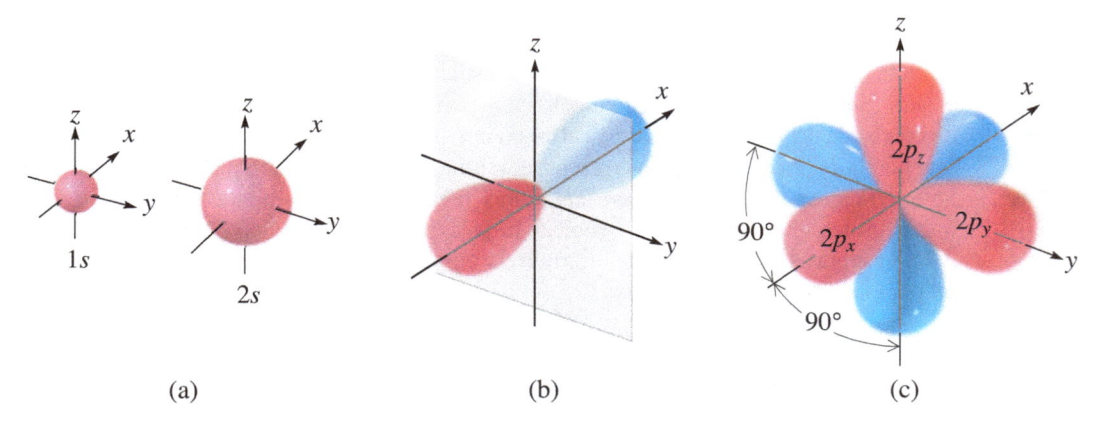

FIGURA 2.12 Os orbitais 1s, 2s e 2p. (a) O orbital 1s tem o formato de uma esfera, com o núcleo no centro da esfera. O orbital 2s é uma esfera maior que o orbital 1s, e o orbital 3s (não aparece) é ainda maior. (b) O orbital 2p tem o formato de um haltere, com o núcleo no ponto médio do haltere. (c) Cada orbital 2p é perpendicular aos outros dois. Os orbitais 3p são semelhantes em formato, porém maiores. Para facilitar a visualização dos dois lóbulos de cada orbital 2p, um dos lóbulos é mostrado em vermelho e o outro em azul.

B. Orbitais têm formas e orientações definidas no espaço

Todos os orbitais s têm o formato de uma esfera com o núcleo no centro. A Figura 2.12 mostra os formatos dos orbitais 1s e 2s. Entre os orbitais s, o 1s é a esfera menor, o 2s é uma esfera maior, e o 3s (não aparece), uma esfera ainda maior. A Figura 2.12 também mostra as formas tridimensionais dos três orbitais 2p. Cada orbital 2p tem o formato de um haltere, com o núcleo no ponto médio do haltere. Os três orbitais 2p formam ângulos retos entre si, com um orbital no eixo x, o segundo no eixo y e o terceiro no eixo z. Os formatos dos orbitais 3p são semelhantes, porém maiores.

Como a vasta maioria dos compostos orgânicos e das biomoléculas consiste nos elementos H, C, N, O, P e S, que usam somente os orbitais 1s, 2s, 2p, 3s e 3p para ligação, focalizaremos apenas esses e outros elementos do primeiro, segundo e terceiro períodos da tabela periódica.

Os orbitais d e f são menos importantes para nós, por isso não trataremos de seus formatos.

Configuração eletrônica
Descrição dos orbitais de um átomo ou íon ocupado por elétrons.

C. As configurações eletrônicas dos átomos são determinadas por três regras

A **configuração eletrônica** de um átomo é a descrição dos orbitais que seus elétrons ocupam. Os orbitais disponíveis a todos os átomos são os mesmos: 1s, 2s, 2p, 3s, 3p e assim por diante. No estado fundamental de um átomo, apenas os orbitais de energia mais baixa são ocupados. Todos os outros estão vazios. Determinamos a configuração eletrônica do estado fundamental de um átomo usando as seguintes regras:

1. Os orbitais são preenchidos na ordem crescente de energia, da mais baixa para a mais alta.

Exemplo: Neste livro, ocupamo-nos principalmente dos elementos do primeiro, segundo e terceiro períodos da tabela periódica. Os orbitais desses elementos são preenchidos na ordem 1s, 2s, 2p, 3s e 3p. A Figura 2.13 mostra a ordem de preenchimento até o terceiro período.

2. Cada orbital pode comportar até dois elétrons com spins emparelhados.

Exemplo: Com quatro elétrons, os orbitais 1s e 2s são preenchidos e representados como $1s^2 2s^2$. Com seis elétrons adicionais, os três orbitais 2p são preenchidos e representados como $2p_x^2$, $2p_y^2$, $2p_z^2$, na forma expandida, ou como $2p^6$, na forma condensada. O pareamento de *spin* significa que os elétrons giram em direções opostas (Figura 2.14).

3. Quando há um grupo de orbitais de mesma energia, cada orbital é ocupado pela metade antes que qualquer um deles seja completamente preenchido.

Exemplo: Depois de preenchidos os orbitais 1s e 2s, um quinto elétron vai para o orbital $2p_x$, um sexto para o orbital $2p_y$ e um sétimo para o orbital $2p_z$. Só depois que cada orbital 2p tiver um elétron, um segundo é adicionado a qualquer orbital 2p.

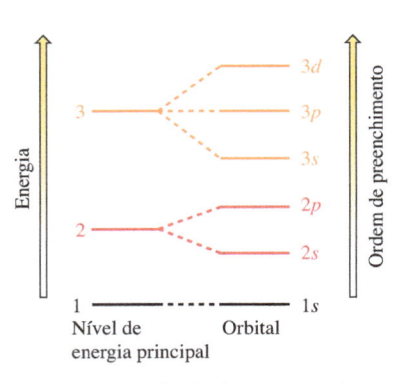

FIGURA 2.13 Níveis de energia dos orbitais até a terceira camada.

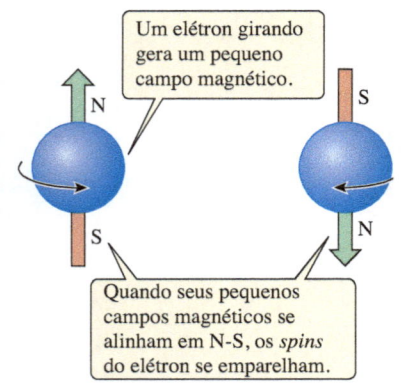

FIGURA 2.14 O emparelhamento dos *spins* do elétron.

D. Mostrando as configurações eletrônicas: diagramas de caixas de orbitais

Para ilustrar como essas regras são usadas, escreveremos as configurações eletrônicas do estado fundamental de vários elementos dos períodos 1, 2 e 3. Nos seguintes **diagramas de caixas de orbitais**, usamos uma caixa, ou um quadrado, para representar um orbital, uma seta com a ponta para cima para representar um único elétron e um par de setas com pontas em direções opostas para representar dois elétrons de *spins* emparelhados. Além disso, mostramos as configurações eletrônicas tanto expandidas quanto condensadas. A Tabela 2.7 apresenta as configurações eletrônicas completas e condensadas do estado fundamental para os elementos de 1 a 18.

Hidrogênio (H) O número atômico do hidrogênio é 1, o que significa que seus átomos neutros têm um único elétron. No estado fundamental, esse elétron ocupa o orbital $1s$. Primeiro mostramos o diagrama de caixa de orbital e depois a configuração eletrônica. O átomo de hidrogênio tem um elétron não emparelhado.

H (1) [↑]   Configuração eletrônica: $1s^1$
     $1s$

Este orbital tem um elétron

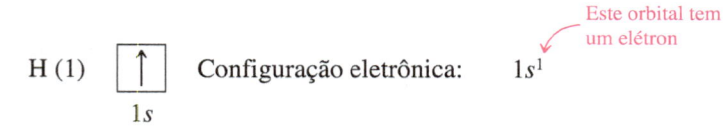

Hélio (He) O número atômico do hélio é 2, o que significa que seus átomos neutros têm dois elétrons. No estado fundamental, ambos os elétrons ocupam o orbital $1s$, com os *spins* emparelhados, preenchendo o orbital $1s$. Todos os elétrons do hélio estão emparelhados.

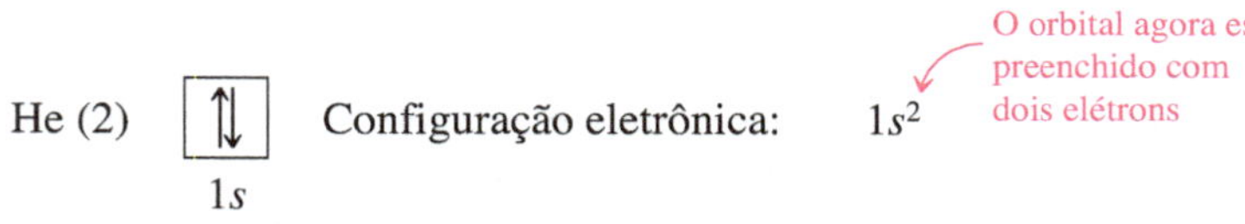

He (2) [↑↓]   Configuração eletrônica: $1s^2$
       $1s$

O orbital agora está preenchido com dois elétrons

Lítio (Li) O lítio tem número atômico 3, o que significa que seus átomos neutros têm três elétrons diferentes. No estado fundamental, dois elétrons ocupam o orbital $1s$, com *spins* emparelhados, e o terceiro ocupa o orbital $2s$. O átomo de lítio tem um elétron não emparelhado.

Li (3) [↑↓] [↑]   Configuração eletrônica: $1s^2 2s^1$
       $1s$ $2s$

O Li tem um elétron emparelhado

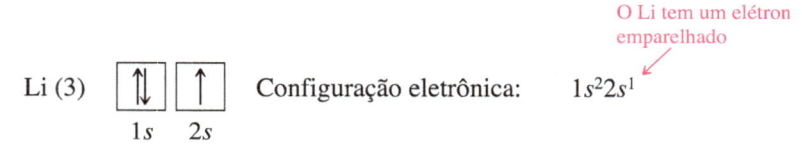

Carbono (C) O carbono, número atômico 6, tem seis elétrons em seus átomos neutros. Dois elétrons ocupam o orbital $1s$, com *spins* emparelhados, e dois ocupam o orbital $2s$, com *spins* emparelhados. O quinto e o sexto elétrons ocupam os orbitais $2p_x$ e $2p_y$. O estado fundamental de um átomo de carbono tem dois elétrons não emparelhados.

C (6) [↑↓] [↑↓] [↑] [↑] [ ]   Configuração eletrônica
      $1s$ $2s$ $2p_x$ $2p_y$ $2p_z$ Expandida: $1s^2 2s^2 2p_x^1 2p_y^1$
                                          Condensada: $1s^2 2s^2 2p^2$

Todos os orbitais de mesma energia têm pelo menos um elétron antes que qualquer um deles seja preenchido

Numa configuração eletrônica condensada, orbitais de mesma energia são agrupados

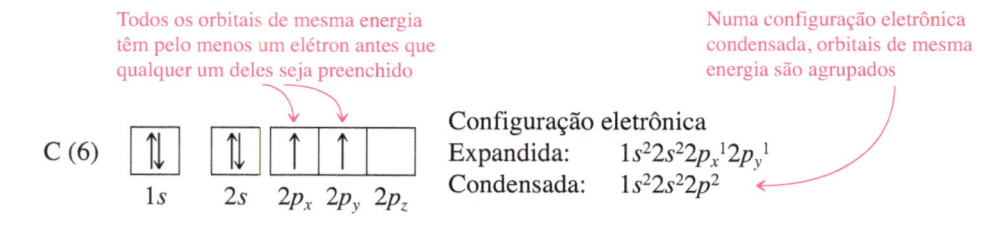

Oxigênio (O) O oxigênio, número atômico 8, tem oito elétrons em seus átomos neutros. Os primeiros quatro elétrons preenchem os orbitais $1s$ e $2s$. Os próximos três elétrons ocupam os orbitais $2p_x$, $2p_y$ e $2p_z$, de modo que cada orbital $2p$ tenha um elétron. O elétron restante agora preenche o orbital $2p_x$. O estado fundamental do átomo de oxigênio tem dois elétrons não emparelhados.

O oxigênio tem dois elétrons desemparelhados

O (8) [↑↓] [↑↓] [↑↓] [↑] [↑]   Configuração eletrônica
      $1s$ $2s$ $2p_x$ $2p_y$ $2p_z$ Expandida: $1s^2 2s^2 2p_x^2 2p_y^1 2p_z^1$
                                          Condensada: $1s^2 2s^2 2p^4$

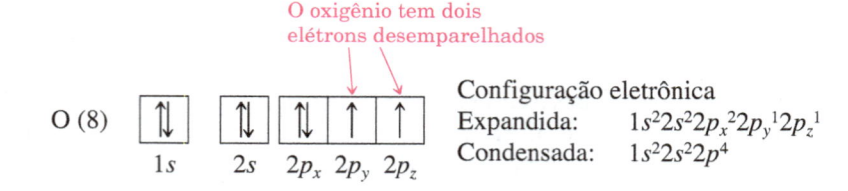

TABELA 2.7 Configurações eletrônicas do estado fundamental dos primeiros 18 elementos

	Diagrama de caixa de orbital 1s 2s 2px 2py 2pz 3s 3px 3py 3pz	Configuração eletrônica (condensada)	Notação dos gases nobres
H (1)	↑	$1s^1$	
He (2)	↑↓	$1s^2$	
Li (3)	↑↓ ↑	$1s^2\,2s^1$	[He] $2s^1$
Be (4)	↑↓ ↑↓	$1s^2\,2s^2$	[He] $2s^2$
B (5)	↑↓ ↑↓ ↑	$1s^2\,2s^2\,2p^1$	[He] $2s^2\,2p^1$
C (6)	↑↓ ↑↓ ↑ ↑	$1s^2\,2s^2\,2p^2$	[He] $2s^2\,2p^2$
N (7)	↑↓ ↑↓ ↑ ↑ ↑	$1s^2\,2s^2\,2p^3$	[He] $2s^2\,2p^3$
O (8)	↑↓ ↑↓ ↑↓ ↑ ↑	$1s^2\,2s^2\,2p^4$	[He] $2s^2\,2p^4$
F (9)	↑↓ ↑↓ ↑↓ ↑↓ ↑	$1s^2\,2s^2\,2p^5$	[He] $2s^2\,2p^5$
Ne (10)	↑↓ ↑↓ ↑↓ ↑↓ ↑↓	$1s^2\,2s^2\,2p^6$	[He] $2s^2\,2p^6$
Na (11)	↑↓ ↑↓ ↑↓ ↑↓ ↑↓ ↑	$1s^2\,2s^2\,2p^6\,3s^1$	[Ne] $3s^1$
Mg (12)	↑↓ ↑↓ ↑↓ ↑↓ ↑↓ ↑↓	$1s^2\,2s^2\,2p^6\,3s^2$	[Ne] $3s^2$
Al (13)	↑↓ ↑↓ ↑↓ ↑↓ ↑↓ ↑↓ ↑	$1s^2\,2s^2\,2p^6\,3s^2\,3p^1$	[Ne] $3s^2\,3p^1$
Si (14)	↑↓ ↑↓ ↑↓ ↑↓ ↑↓ ↑↓ ↑ ↑	$1s^2\,2s^2\,2p^6\,3s^2\,3p^2$	[Ne] $3s^2\,3p^2$
P (15)	↑↓ ↑↓ ↑↓ ↑↓ ↑↓ ↑↓ ↑ ↑ ↑	$1s^2\,2s^2\,2p^6\,3s^2\,3p^3$	[Ne] $3s^2\,3p^3$
S (16)	↑↓ ↑↓ ↑↓ ↑↓ ↑↓ ↑↓ ↑↓ ↑ ↑	$1s^2\,2s^2\,2p^6\,3s^2\,3p^4$	[Ne] $3s^2\,3p^4$
Cl (17)	↑↓ ↑↓ ↑↓ ↑↓ ↑↓ ↑↓ ↑↓ ↑↓ ↑	$1s^2\,2s^2\,2p^6\,3s^2\,3p^5$	[Ne] $3s^2\,3p^5$
Ar (18)	↑↓ ↑↓ ↑↓ ↑↓ ↑↓ ↑↓ ↑↓ ↑↓ ↑↓	$1s^2\,2s^2\,2p^6\,3s^2\,3p^6$	[Ne] $3s^2\,3p^6$

Neônio (Ne) O neônio, número atômico 10, tem dez elétrons em seus átomos neutros, que preenchem completamente todos os orbitais da primeira e segunda camadas. O estado fundamental do átomo de neônio não tem elétrons não emparelhados.

Ne (10)   ↑↓   ↑↓ ↑↓ ↑↓ ↑↓
          1s   2s $2p_x$ $2p_y$ $2p_z$

Configuração eletrônica
Expandida: $1s^2 2s^2 2p_x^2 2p_y^2 2p_z^2$
Condensada: $1s^2 2s^2 2p^6$

Sódio (Na) O sódio, número atômico 11, tem 11 elétrons em seus átomos neutros. Os dez primeiros preenchem os orbitais 1s, 2s e 2p. O 11º elétron ocupa o orbital 3s. O estado fundamental do átomo de sódio tem um elétron não emparelhado.

Na (11)   ↑↓   ↑↓ ↑↓ ↑↓ ↑↓   ↑
          1s   2s $2p_x$ $2p_y$ $2p_z$ 3s

Configuração eletrônica
Expandida: $1s^2 2s^2 2p_x^2 2p_y^2 2p_z^2 3s^1$
Condensada: $1s^2 2s^2 2p^6 3s^1$

Fósforo (P) O fósforo, número atômico 15, tem 15 elétrons em seus átomos neutros. Os doze primeiros preenchem os orbitais 1s, 2s, 2p e 3s. Os elétrons 13, 14 e 15 ocupam, cada um, os orbitais $3p_x$, $3p_y$ e $3p_z$. O estado fundamental do átomo de fósforo tem três elétrons não emparelhados.

P (15) | ↑↓ | ↑↓ | ↑↓ ↑↓ ↑↓ | ↑↓ | ↑ ↑ ↑ |
           1s   2s $2p_x$ $2p_y$ $2p_z$ 3s $3p_x$ $3p_y$ $3p_z$

Configuração eletrônica
Expandida: $1s^2 2s^2 2p_x^2 2p_y^2 2p_z^2 3s^2 3p_x^1 3p_y^1 3p_z^1$
Condensada: $1s^2 2s^2 2p^6 3s^2 3p^3$

E. Mostrando as configurações eletrônicas: notação dos gases nobres

Numa forma alternativa de escrever as configurações eletrônicas do estado fundamental, usamos o símbolo do gás nobre que imediatamente precede o átomo em questão para indicar a configuração eletrônica de todas as camadas preenchidas. A primeira camada do lítio, por exemplo, é abreviada [He], e o único elétron de sua camada 2s é indicado como $2s^1$. Assim, a configuração eletrônica do átomo de lítio é $[He]2s^1$.

TABELA 2.8 Estruturas de Lewis para os elementos 1-18 da tabela periódica

1A	2A	3A	4A	5A	6A	7A	8A
H·							He:
Li·	Be:	B:	·C:	·N:	:O:	:F:	:Ne:
Na·	Mg:	Al:	·Si:	·P:	:S:	:Cl:	:Ar:

Cada ponto representa um elétron de valência.

F. Mostrando as configurações eletrônicas: as estruturas de Lewis

Quando discutem as propriedades físicas e químicas de um elemento, os químicos geralmente focalizam a camada mais externa de elétrons, os quais estão envolvidos na formação das ligações químicas (Capítulo 3) e nas reações químicas (Capítulo 4). Elétrons da camada mais externa são chamados **elétrons de valência**, e seu nível de energia é denominado **camada de valência**. O carbono, por exemplo, cuja configuração eletrônica do estado fundamental é $1s^2 2s^2 2p^2$, tem quatro elétrons de valência (camada mais externa).

Para mostrar os elétrons mais externos de um átomo, geralmente usamos uma representação conhecida como **estrutura de Lewis**, em homenagem ao químico norte-americano Gilbert N. Lewis (1875-1946), que elaborou essa notação. A estrutura de Lewis mostra o símbolo do elemento circundado por um número de pontos igual ao número de elétrons da camada mais externa (camada de valência) do átomo desse elemento. Na estrutura de Lewis, o símbolo atômico representa o núcleo e todas as camadas internas preenchidas. A Tabela 2.8 mostra as estruturas de Lewis dos primeiros 18 elementos da tabela periódica.

Os gases nobre hélio e neônio possuem camadas de valência preenchidas. A camada de valência do hélio está preenchida com dois elétrons ($1s^2$) e a do neônio com oito elétrons ($2s^2 2p^6$). Neônio e argônio têm em comum uma configuração eletrônica onde os orbitais s e p das camadas de valências estão preenchidos com oito elétrons. As camadas de valência de todos os outros elementos mostrados na Tabela 2.8 contêm menos de oito elétrons.

Agora comparemos as estruturas de Lewis dadas na Tabela 2.8 com as configurações eletrônicas do estado fundamental mostradas na Tabela 2.7. A estrutura de Lewis do boro (B), por exemplo, aparece na Tabela 2.8 com três elétrons de valência, que são os elétrons 2s emparelhados e o elétron $2p_x$ mostrado na Tabela 2.7. A estrutura de Lewis do carbono (C) aparece na Tabela 2.8 com quatro elétrons de valência, que são os dois elétrons 2s emparelhados e os elétrons $2p_x$ e $2p_y$ não emparelhados mostrados na Tabela 2.7.

Elétron de valência Elétron da camada mais externa de um átomo.
Camada de valência A camada mais externa de um átomo.
Estrutura de Lewis O símbolo do elemento circundado por um número de pontos igual ao número de elétrons da camada de valência do átomo desse elemento.

Exemplo 2.7 Configuração eletrônica

A estrutura de Lewis para o nitrogênio mostra cinco elétrons de valência. Escreva a configuração eletrônica expandida do nitrogênio e mostre quais são os orbitais ocupados pelos cinco elétrons de valência.

Estratégia

Localize o nitrogênio na tabela periódica e determine seu número atômico. Num átomo eletricamente neutro, o número de elétrons extranucleares de carga negativa é o mesmo dos prótons de carga positiva no núcleo. A ordem de preenchimento dos orbitais é $1s\ 2s\ 2p_x\ 2p_y\ 2p_z\ 3s$ etc.

Solução

O nitrogênio, número atômico 7, tem a seguinte configuração eletrônica no estado fundamental:

$$1s^2 2s^2 2p_x^1 2p_y^1 2p_z^1$$

Os cinco elétrons de valência da estrutura de Lewis são os dois elétrons emparelhados do orbital $2s$ e os três elétrons não emparelhados dos orbitais $2p_x$, $2p_y$ e $2p_z$.

Problema 2.7

Escreva a estrutura de Lewis para o elemento que tem a seguinte configuração eletrônica no estado fundamental. Qual é o nome do elemento?

$$1s^2 2s^2 2p_x^2 2p_y^2 2p_z^2 3s^2 3p_x^1$$

2.7 Como estão relacionadas a configuração eletrônica e a posição na tabela periódica?

Quando Mendeleev publicou sua primeira tabela periódica em 1869, não pôde explicar por que ela funcionava, isto é, por que os elementos de propriedades semelhantes se alinhavam na mesma coluna. De fato, ninguém tinha uma boa explicação para esse fenômeno. Só depois da descoberta das configurações eletrônicas é que os químicos finalmente entenderam por que a tabela periódica funciona. A resposta, descobriram, é muito simples: elementos da mesma coluna têm a mesma configuração eletrônica nas suas camadas mais externas. A Figura 2.15 mostra a relação entre as camadas (níveis de energia principal) e os orbitais sendo preenchidos.

Todos os elementos do grupo principal (aqueles das colunas A) têm em comum o fato de seus orbitais s ou p serem parcial ou totalmente preenchidos. Observe que a camada $1s$ é preenchida com dois elétrons, e há somente dois elementos no primeiro período. Os orbitais $2s$ e $2p$ são preenchidos com oito elétrons, e há oito elementos no período 2. Igualmente, os orbitais $3s$ e $3p$ são preenchidos com oito elétrons, e há oito elementos no período 3.

Para criar os elementos do período 4, estão disponíveis um orbital $4s$, três $4p$ e cinco $3d$. Esses orbitais podem comportar um total de 18 elétrons, e há 18 elementos no período 4. Igualmente, há 18 elementos no período 5. Os elementos de transição interna são criados com o preenchimento dos orbitais f, que se apresentam em grupos de sete e podem comportar um total de 14 elétrons, e há 14 elementos de transição interna na série dos lantanídeos e 14 na série dos actinídeos.

Para verificar semelhanças nas configurações eletrônicas da tabela periódica, vejamos os elementos da coluna 1A. Já conhecemos as configurações do lítio, sódio e potássio (Tabela 2.7). A essa lista podemos adicionar o rubídio e o césio. Todos os elementos da coluna 1A têm um elétron na camada de valência (Tabela 2.9).

Todos os elementos do grupo 1A são metais, com exceção do hidrogênio, que é um não metal. As propriedades dos elementos dependem muito da configuração eletrônica da camada mais externa. Consequentemente, não causa surpresa que os elementos do grupo 1A, todos com a mesma configuração na camada mais externa, sejam metais (exceto o hidrogênio) e tenham propriedades físicas e químicas semelhantes.

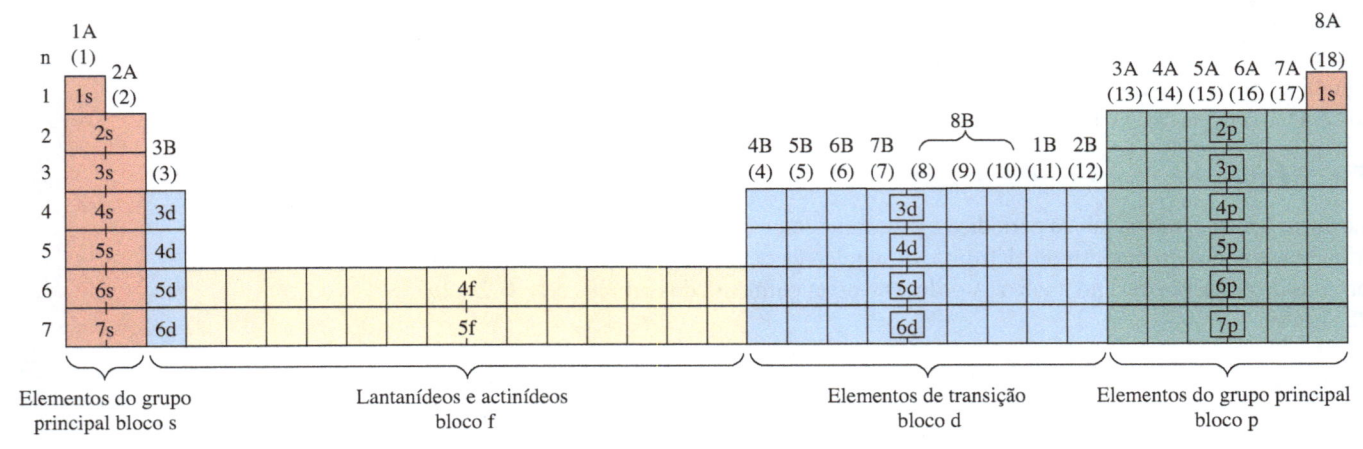

FIGURA 2.15 Configuração eletrônica e tabela periódica.

TABELA 2.9 Notação dos gases nobres e estruturas de Lewis para os metais alcalinos (Elementos do Grupo A)

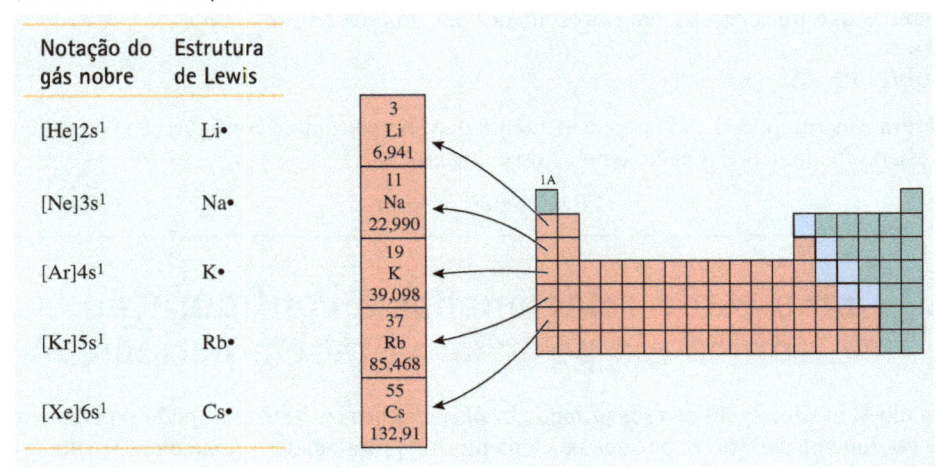

Notação do gás nobre	Estrutura de Lewis
[He]$2s^1$	Li•
[Ne]$3s^1$	Na•
[Ar]$4s^1$	K•
[Kr]$5s^1$	Rb•
[Xe]$6s^1$	Cs•

2.8 O que são propriedades periódicas?

Como já vimos, a tabela periódica originalmente foi construída com base nas tendências (periodicidade) das propriedades físicas e químicas. Ao entenderem as configurações eletrônicas, os químicos perceberam que a periodicidade das propriedades químicas poderia ser compreendida em termos da periodicidade da configuração eletrônica do estado fundamental. Como observamos na abertura da Seção 2.7, a tabela periódica funciona porque "elementos da mesma coluna têm a mesma configuração eletrônica em suas camadas mais externas". Assim, os químicos agora podiam explicar por que certas propriedades químicas e físicas dos elementos mudavam de modo previsível ao longo de uma coluna ou fileira da tabela periódica. Nesta seção, examinaremos a periodicidade de uma propriedade física (tamanho do átomo) e de uma propriedade química (energia de ionização) para ilustrar como a periodicidade está relacionada à posição na tabela periódica.

A. Tamanho do átomo

O tamanho de um átomo é determinado pelo tamanho de seu orbital ocupado mais externo. O tamanho de um átomo de sódio, por exemplo, é o tamanho de seu orbital $3s$ ocupado por um único elétron. O tamanho de um átomo de cloro é determinado pelo tamanho de seus três orbitais $3p$ ($3s^2 3p^5$). A maneira mais simples de determinar o tamanho de um átomo é determinar a distância entre átomos numa amostra do elemento. Um átomo de cloro, por exemplo, tem um diâmetro de 198 pm (pm = picômetro; 1 pm = 10^{-12} m). O raio de um átomo de cloro tem, portanto, 99 pm, que é a metade da distância entre os dois átomos de cloro no Cl_2.

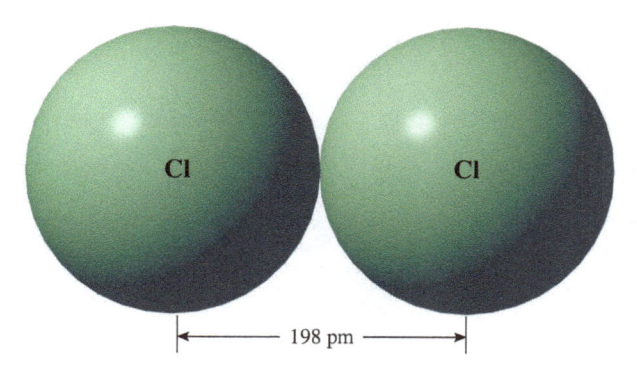

Igualmente, a distância entre átomos de carbono no diamante é de 154 pm e, portanto, o raio de um átomo de carbono é de 77 pm.

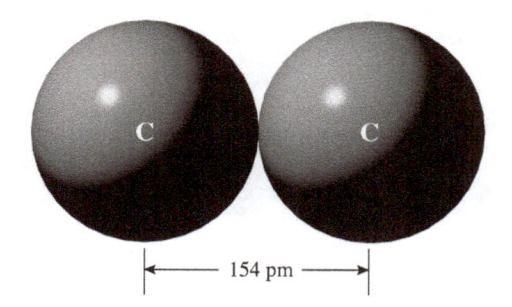

Com base nessas medidas, podemos montar um conjunto de raios atômicos (Figura 2.16).

Das informações contidas nesta figura, podemos concluir que, para os elementos do grupo principal, (1) os raios atômicos aumentam de cima para baixo em um grupo e (2) diminuem da esquerda para a direita ao longo de um período. Examinemos a correlação entre cada uma dessas tendências e a configuração eletrônica do estado fundamental.

1. O tamanho de um átomo é determinado pelo tamanho de seus elétrons mais externos. Seguindo de cima para baixo numa coluna, os elétrons mais externos ocupam níveis de energia principal cada vez maiores. Os elétrons de níveis de energia principal mais baixos (aqueles que estão abaixo da camada de valência) devem ocupar algum espaço, portanto os elétrons da camada mais externa devem estar cada vez mais longe do núcleo, o que explica o aumento de tamanho de cima para baixo em uma coluna.

2. Para elementos do mesmo período, o nível de energia principal permanece o mesmo (por exemplo, os elétrons de valência de todos os elementos do segundo período ocupam o segundo nível de energia principal). Mas, seguindo de um elemento para o próximo ao longo do período, mais um próton é adicionado ao núcleo, aumentando assim a carga nuclear em uma unidade para cada passo da esquerda para a direita. O resultado é que o núcleo exerce uma atração cada vez mais forte nos elétrons de valência, enquanto há uma redução do raio atômico.

B. Energia de ionização

Os átomos são eletricamente neutros – o número de elétrons fora do núcleo é igual ao número de prótons dentro do núcleo. Normalmente, átomos não perdem nem ganham prótons ou nêutrons, mas podem perder ou ganhar elétrons. Quando um átomo de lítio, por exemplo, perde um elétron, torna-se um **íon** de lítio. O átomo de lítio tem três prótons em seu núcleo e três elétrons fora do núcleo. Quando um átomo de lítio perde um desses elétrons, ainda continua com três prótons no núcleo (e, portanto, ainda é lítio), mas agora tem apenas dois elétrons fora do núcleo. Os dois elétrons restantes cancelam a carga de dois prótons, mas não há um terceiro elétron para cancelar a carga do terceiro próton. Assim, o íon de lítio tem carga +1, que escrevemos como Li^+. A energia de ionização para um íon de lítio na fase gasosa é de 0,52 kJ/mol.

Íon Átomo com número desigual de prótons e elétrons.

$$Li + energia \longrightarrow Li^+ + e^-$$

Átomo   Energia de   Íon   Elétron
de lítio   ionização   de lítio

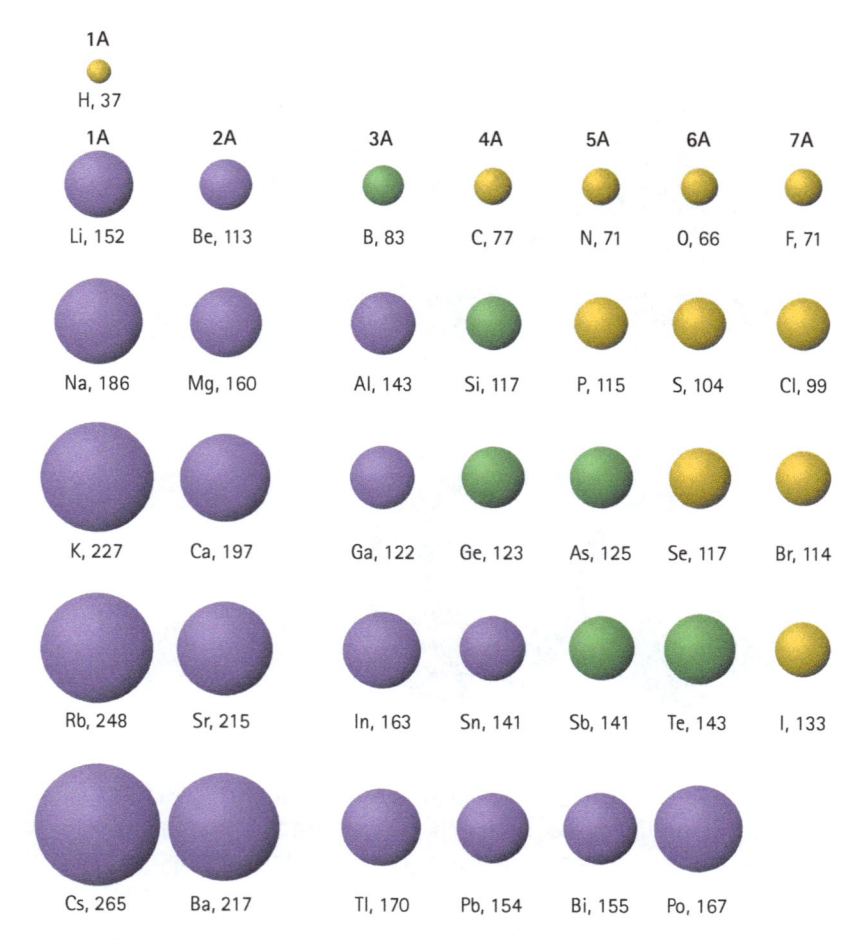

FIGURA 2.16 Raios atômicos dos elementos do grupo principal (em picômetros, 1 pm = 10^{-12} m).

Valores na figura:
- H, 37
- Li, 152; Be, 113; B, 83; C, 77; N, 71; O, 66; F, 71
- Na, 186; Mg, 160; Al, 143; Si, 117; P, 115; S, 104; Cl, 99
- K, 227; Ca, 197; Ga, 122; Ge, 123; As, 125; Se, 117; Br, 114
- Rb, 248; Sr, 215; In, 163; Sn, 141; Sb, 141; Te, 143; I, 133
- Cs, 265; Ba, 217; Tl, 170; Pb, 154; Bi, 155; Po, 167

Legenda: METAIS DO GRUPO PRINCIPAL; METALOIDES; METAIS DE TRANSIÇÃO; NÃO METAIS

Energia de ionização Energia necessária para remover de um átomo em fase gasosa o elétron mais externo.

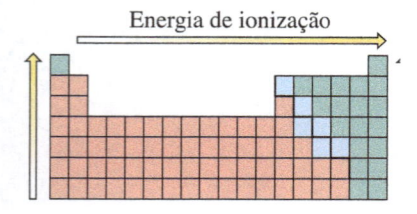

Energia de ionização é a medida da dificuldade de remover de um átomo no estado gasoso seu elétron mais externo. Quanto mais difícil a remoção do elétron, maior a energia de ionização necessária para tirá-lo do átomo. As energias de ionização são sempre positivas porque a energia deve ser fornecida para superar a força de atração entre o elétron e a carga positiva do núcleo. A Figura 2.17 mostra as energias de ionização para os átomos dos elementos do grupo principal, de 1 a 37 (do hidrogênio ao rubídio).

Como podemos ver nessa figura, a energia de ionização geralmente aumenta de baixo para cima numa coluna da tabela periódica e, com algumas exceções, geralmente aumenta da esquerda para a direita ao longo de uma fileira. Por exemplo, nos metais do grupo 1A, o rubídio doa seu elétron 5s com mais facilidade do que o lítio doa seu elétron 2s.

Explicamos essa tendência dizendo que o elétron 5s do rubídio está mais distante da carga positiva do núcleo que o elétron 4s do potássio, que, por sua vez, está mais distante da carga positiva do núcleo que o elétron 3s do sódio, e assim por diante. Além disso, o elétron 5s do rubídio está mais "blindado", pelos elétrons da camada interior, em relação à força atrativa do núcleo positivo que o elétron 4s do potássio, e assim por diante. Quanto maior a blindagem, menor a energia de ionização. Assim, de cima para baixo em uma coluna da tabela periódica, a blindagem dos elétrons mais externos de um átomo aumenta e as energias de ionização do elemento diminuem.

Explicamos o aumento na energia de ionização ao longo de uma fileira pelo fato de os elétrons de valência ao longo de uma fileira estarem na mesma camada (nível de energia principal). Como o número de prótons no núcleo aumenta regularmente ao longo de uma fileira, os elétrons de valência experimentam uma atração cada vez mais forte por parte do núcleo, o que torna mais difícil removê-los. Assim, a energia de ionização aumenta da esquerda para a direita ao longo de uma fileira na tabela periódica.

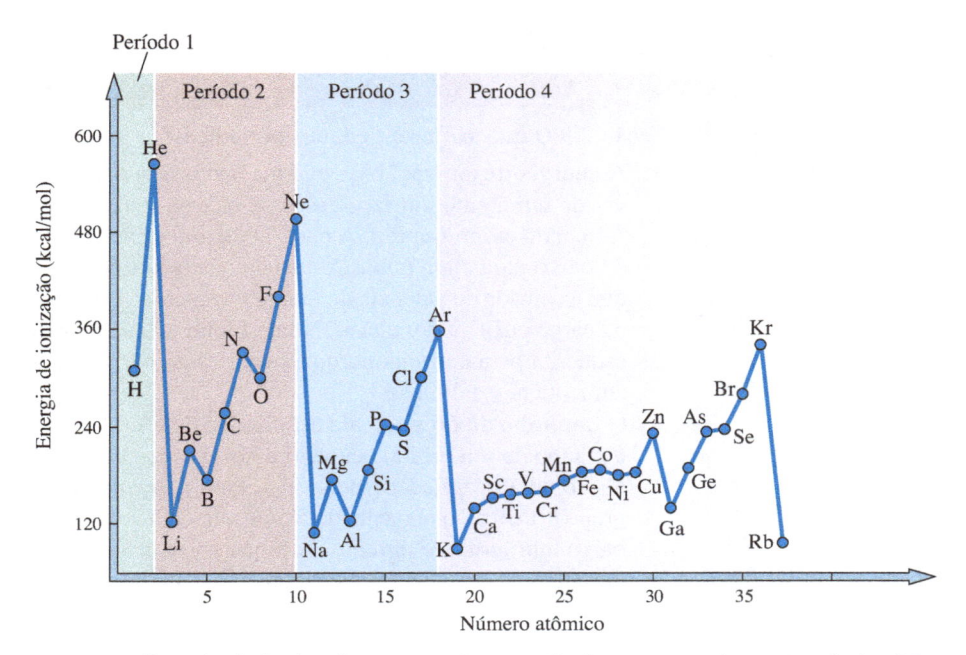

FIGURA 2.17 Energia de ionização *versus* número atômico para os elementos de 1 a 37.

Resumo das questões-chave

Seção 2.1 Do que é feita a matéria?

- O filósofo grego Demócrito (*c*. 460-370 a.C.) foi a primeira pessoa a propor uma teoria atômica da matéria. Segundo Demócrito, toda matéria é feita de partículas muito pequenas, que ele chamou de átomos.

Seção 2.2 Como se classifica a matéria?

- Classificamos a matéria em **elementos**, **compostos** ou **misturas**.

Seção 2.3 Quais são os postulados da teoria atômica de Dalton?

- (1) Toda matéria é feita de átomos; (2) todos os átomos de um dado elemento são idênticos, e os átomos de um elemento são diferentes dos átomos de outro elemento; (3) os compostos são formados pela combinação química de átomos; e (4) uma molécula é um agrupamento de dois ou mais átomos que age como uma unidade.
- A teoria de Dalton baseia-se na **lei da conservação das massas** (a matéria não pode ser nem criada nem destruída) e na **lei da composição constante** (qualquer composto é sempre feito de elementos na mesma proporção em massa).

Seção 2.4 De que são feitos os átomos?

- Átomos consistem em prótons e nêutrons dentro de um núcleo e elétrons localizados fora dele. O **elétron** tem massa de aproximadamente 0,0005 u e carga −1. O **próton** tem massa aproximada de 1 u e carga +1. O **nêutron** tem massa aproximada de 1 u e nenhuma carga.
- O **número de massa** do átomo é a soma do número de prótons e nêutrons.
- O **número atômico** de um elemento é o número de prótons existentes no núcleo de um átomo daquele elemento.
- **Isótopos** são átomos com o mesmo número atômico, mas diferentes números de massa, isto é, têm o mesmo número de prótons, mas diferentes números de nêutrons em seu núcleo.
- A **massa atômica** de um elemento é a média ponderada das massas (em u) de seus isótopos conforme ocorrem na natureza.
- Os átomos são muito pequenos, com massa muito reduzida, quase toda concentrada no núcleo. O núcleo é muito pequeno e tem densidade extremamente alta.

Seção 2.5 O que é tabela periódica?

- A **tabela periódica** é um arranjo, em colunas, de elementos com propriedades químicas semelhantes. As propriedades mudam gradualmente de cima para baixo na coluna.
- Os **metais** são sólidos (exceto o mercúrio, que é líquido), brilhantes, condutores de eletricidade, dúcteis, maleáveis e formam ligas, que são soluções de um ou mais metais dissolvidos em outro metal. Em suas reações químicas, os metais tendem a doar elétrons.
- Com exceção do hidrogênio, os **não metais** aparecem do lado direito da tabela periódica. Com exceção da grafite, não conduzem eletricidade. Em suas reações químicas, os não metais tendem a receber elétrons.
- Seis elementos são classificados como **metaloides**: boro, silício, germânio, arsênio, antimônio e telúrio. Esses elementos têm algumas propriedades dos metais e algumas dos não metais.

Seção 2.6 Como os elétrons se distribuem no átomo?

- Os elétrons se distribuem em **níveis de energia principal** ou **camadas**.
- Todos os níveis de energia principal, exceto o primeiro, são divididos em **subcamadas** designadas pelas letras *s*, *p*, *d* e *f*. Dentro de cada subcamada, os elétrons se agrupam em

Resumo das questões-chave (continuação)

orbitais. O orbital é a região do espaço que pode conter dois elétrons com *spins* emparelhados. Todos os orbitais *s* são esféricos e podem conter dois elétrons. Todos os orbitais *p* se apresentam em grupos de três, e cada um tem o formato de um haltere, com o núcleo no centro do haltere. Um grupo de três orbitais *p* pode conter seis elétrons. Um grupo de cinco orbitais *d* pode conter dez elétrons, um grupo de sete orbitais *f* pode conter 14 elétrons.

- Os elétrons se distribuem em orbitais de acordo com as seguintes regras.
- (1) Os orbitais são preenchidos em ordem crescente de energia; (2) cada orbital pode comportar, no máximo, dois elétrons com *spins* emparelhados; (3) ao serem preenchidos os orbitais de energia equivalente, cada orbital adiciona um elétron antes que qualquer orbital adicione um segundo elétron.
- A configuração eletrônica de um átomo pode ser representada por notação de orbitais, diagrama da caixa de orbitais ou notação do gás nobre.
- Os elétrons da camada mais externa ou **camada de valência** do átomo são chamados **elétrons de valência**. Na **estrutura de Lewis**, o símbolo do elemento é circundado por um número de pontos igual ao número de seus elétrons de valência.

Seção 2.7 Como estão relacionadas a configuração eletrônica e a posição na tabela periódica?

- A tabela periódica funciona porque os elementos da mesma coluna têm a mesma configuração eletrônica na camada mais externa.

Seção 2.8 O que são propriedades periódicas?

- A **energia de ionização** é a energia necessária para remover de um átomo em fase gasosa o elétron mais externo, formando assim um **íon**. A energia de ionização aumenta de baixo para cima numa coluna da tabela periódica porque a camada de valência do átomo torna-se mais próxima da carga positiva do núcleo. Numa fileira, ela aumenta da esquerda para a direita porque a carga positiva do núcleo aumenta nessa direção.
- O **tamanho do átomo** (**raio atômico**) é determinado pelo tamanho de seu orbital ocupado mais externo. Esse tamanho é uma propriedade periódica. Para os elementos do grupo principal, o tamanho do átomo aumenta de cima para baixo num grupo e diminui da esquerda para a direita ao longo de um período. De cima para baixo, numa coluna, os elétrons mais externos ocupam níveis de energia principal cada vez mais altos. Para elementos do mesmo período, o nível de energia principal permanece o mesmo de um elemento para o próximo, mas a carga nuclear aumenta em uma unidade (mais um próton). Consequentemente, desse aumento da carga nuclear ao longo de um período, o núcleo exerce uma atração cada vez maior nos elétrons de valência e o tamanho do átomo diminui.

Problemas

Seção 2.1 Do que é feita a matéria?

2.8 Em que aspecto(s) a teoria atômica de Demócrito era semelhante à teoria atômica de Dalton?

Seção 2.2 Como se classifica a matéria?

2.9 Indique se a afirmação é verdadeira ou falsa.
(a) A matéria é dividida em elementos e substâncias puras.
(b) A matéria é qualquer coisa que tem massa e volume (ocupa espaço).
(c) Uma mistura é composta de duas ou mais substâncias puras.
(d) Um elemento é uma substância pura.
(e) Uma mistura heterogênea pode ser separada em substâncias puras, mas uma mistura homogênea não pode.
(f) Um composto consiste em elementos combinados numa proporção fixa.
(g) Um composto é uma substância pura.
(h) Toda matéria tem massa.
(i) Todos os 116 elementos conhecidos ocorrem naturalmente na Terra.
(j) Os seis primeiros elementos da tabela periódica são os mais importantes para a vida humana.
(k) A proporção de combinação de um composto indica quantos átomos de cada elemento se combinam no composto.
(l) A proporção de 1:2 no composto CO_2 indica que esse composto é formado pela combinação de um grama de carbono com dois gramas de oxigênio.

2.10 Classifique as seguintes espécies como elemento, composto ou mistura:
(a) Oxigênio   (b) Sal de cozinha
(c) Água do mar   (d) Vinho
(e) Ar   (f) Prata
(g) Diamante   (h) Seixo
(i) Gasolina   (j) Leite
(k) Dióxido de carbono (l) Bronze

2.11 Dê nome a estes elementos (tente não consultar a tabela periódica):
(a) O   (b) Pb   (c) Ca   (d) Na
(e) C   (f) Ti   (g) S   (h) Fe
(i) H   (j) K   (k) Ag   (l) Au

2.12 O jogo dos elementos, Parte I. Indique o nome e o símbolo do elemento cujo nome é uma homenagem a uma pessoa.

(a) Niels Bohr (1885-1962), Prêmio Nobel de Física em 1922.
(b) Pierre e Marie Curie, Prêmio Nobel de Química em 1903.
(c) Albert Einstein (1879-1955), Prêmio Nobel de Física em 1921.
(d) Enrico Fermi (1901-1954), Prêmio Nobel de Física em 1938.
(e) Ernest Lawrence (1901-1958), Prêmio Nobel de Física em 1939.
(f) Lisa Meitner (1858-1968), codescobridora da fissão nuclear.
(g) Dmitri Mendeleev (1834-1907), primeira pessoa a formular uma tabela periódica funcional.
(h) Alfred Nobel (1833-1896), descobridor da dinamite.
(i) Ernest Rutherford (1871-1937), Prêmio Nobel de Química em 1908.
(j) Glen Seaborg (1912-1999), Prêmio Nobel de Química em 1951.

2.13 O jogo dos elementos, Parte II. Dê o nome e o símbolo do elemento cujo nome tem origem numa localidade geográfica.
(a) As Américas
(b) Berkeley, Califórnia
(c) O Estado e a Universidade da Califórnia
(d) Dubna, onde fica a sede do Instituto Associado de Pesquisa Nuclear
(e) Europa
(f) França
(g) Gália, nome latino da França antiga
(h) Alemanha
(i) Hafnia, nome latino da Copenhague antiga
(j) Hesse, um Estado da Alemanha
(k) Holmia, nome latino da Estocolmo antiga
(l) Lutetia, nome latino da Paris antiga
(m) Magnesia, um bairro de Tessália
(n) Polônia, país de origem de Marie Curie
(o) Rhenus, nome latino do Rio Reno
(p) Rutênia, nome latino da Rússia antiga
(q) Escândia, nome latino da Escandinávia antiga
(r) Strontian, cidade da Escócia
(s) Ytterby, uma vila na Suécia (três elementos)
(t) Thule, o primeiro nome da Escandinávia

2.14 O jogo dos elementos, Parte III. Indique os nomes e símbolos para os dois elementos com nomes de planetas. Observe que o elemento plutônio recebeu seu nome por causa de Plutão, que não é mais classificado como planeta.

2.15 Escreva as fórmulas dos compostos em que as proporções são as seguintes:
(a) Potássio: oxigênio, 2:1
(b) Sódio: fósforo: oxigênio, 3:1:4
(c) Lítio: nitrogênio: oxigênio, 1:1:3

2.16 Escreva as fórmulas dos compostos em que as proporções são as seguintes:
(a) Sódio: hidrogênio: carbono: oxigênio, 1:1:1:3
(b) Carbono: hidrogênio: oxigênio, 2:6:1
(c) Potássio: manganês: oxigênio, 1:1:4

Seção 2.3 Quais são os postulados da teoria atômica de Dalton?

2.17 Como a teoria atômica de Dalton explica
(a) a lei da conservação das massas?
(b) a lei da composição constante?

2.18 Quando 2,16 g de óxido de mercúrio são aquecidos, há uma decomposição que produz 2,00 g de mercúrio e 0,16 g de oxigênio. Qual lei é sustentada por esse experimento?

2.19 O composto monóxido de carbono contém 42,9% de carbono e 57,1% de oxigênio. O composto dióxido de carbono contém 27,3% de carbono e 72,7% de oxigênio. Isso invalida a lei de Proust das composições constantes?

2.20 Calcule a porcentagem de hidrogênio e oxigênio na água, H_2O, e no peróxido de hidrogênio, H_2O_2.

Seção 2.4 De que são feitos os átomos?

2.21 Indique se a afirmação é verdadeira ou falsa.
(a) O próton e o elétron têm a mesma massa, mas cargas opostas.
(b) A massa do elétron é consideravelmente menor que a do nêutron.
(c) A unidade de massa atômica (u) é uma unidade de massa.
(d) 1 u é igual a 1 grama.
(e) Os prótons e nêutrons do átomo são encontrados no núcleo.
(f) Os elétrons de um átomo são encontrados no espaço ao redor do núcleo.
(g) Todos os átomos do mesmo elemento têm o mesmo número de prótons.
(h) Todos os átomos do mesmo elemento têm o mesmo número de elétrons.
(i) Elétrons e prótons se repelem.
(j) O tamanho de um átomo é aproximadamente o tamanho de seu núcleo.
(k) O número de massa de um átomo é a soma do número de prótons e do número de nêutrons em seu núcleo.
(l) Para a maioria dos átomos, seu número de massa é o mesmo que seu número atômico.
(m) Os três isótopos do hidrogênio (hidrogênio-1, hidrogênio-2 e hidrogênio-3) diferem somente no número de nêutrons no núcleo.
(n) O hidrogênio-1 tem um nêutron em seu núcleo, o hidrogênio-2 tem dois nêutrons em seu núcleo, e o hidrogênio-3, três nêutrons.
(o) Todos os isótopos de um elemento têm o mesmo número de elétrons.
(p) A maioria dos elementos encontrados na Terra é uma mistura de isótopos.
(q) A massa atômica de um elemento dado na tabela periódica é a média ponderada das massas de seus isótopos encontrados na Terra.
(r) A massa atômica da maioria dos elementos é um número inteiro.
(s) A maior parte da massa de um átomo é encontrada no núcleo.

(t) A densidade de um núcleo é seu número de massa expresso em gramas.

2.22 Onde estão localizadas, no átomo, as partículas subatômicas?
(a) Prótons   (b) Elétrons   (c) Nêutrons

2.23 Já foi dito que "o número de prótons determina a identidade do elemento". Você concorda com essa afirmação ou discorda dela? Explique.

2.24 Qual é o número de massa de um átomo com
(a) 22 prótons, 22 elétrons e 26 nêutrons?
(b) 76 prótons, 76 elétrons e 114 nêutrons?
(c) 34 prótons, 34 elétrons e 45 nêutrons?
(d) 94 prótons, 94 elétrons e 150 nêutrons?

2.25 Indique o nome e o símbolo para cada elemento do Problema 2.24.

2.26 Dados os números de massa e o número de nêutrons, quais são o nome e o símbolo de cada elemento?
(a) Número de massa 45; 24 nêutrons
(b) Número de massa 48; 26 nêutrons
(c) Número de massa 107; 60 nêutrons
(d) Número de massa 246; 156 nêutrons
(e) Número de massa 36; 18 nêutrons

2.27 Se cada átomo do Problema 2.26 adquirisse mais dois nêutrons, qual elemento cada um deles seria?

2.28 Quantos nêutrons são encontrados nos seguintes átomos?
(a) Carbono, número de massa 13.
(b) Germânio, número de massa 73.
(c) Ósmio, número de massa 188.
(d) Platina, número de massa 195.

2.29 Quantos prótons e nêutrons cada um destes isótopos de radônio contém?
(a) Rn-210   (b) Rn-218   (c) Rn-222

2.30 Quantos nêutrons e prótons há em cada isótopo?
(a) ^{22}Ne (b) ^{104}Pd
(c) ^{35}Cl (d) Telúrio-128
(e) Lítio-7   (f) Urânio-238

2.31 Estanho-118 é um dos isótopos do estanho. Dê o nome dos isótopos de estanho que contêm dois, três e seis nêutrons a mais que o estanho-118.

2.32 Qual é a diferença entre número atômico e número de massa?

2.33 Definir:
(a) Íon   (b) Isótopo

2.34 Existem apenas dois isótopos de antimônio de ocorrência natural: ^{121}Sb (120,90 u) e ^{123}Sb (122,90 u). A massa atômica do antimônio dada na tabela periódica é 121,75. Qual dos dois isótopos apresenta maior abundância natural?

2.35 Os dois isótopos de carbono de ocorrência natural mais abundante são o carbono-12 (98,90%, 12,000 u) e o carbono-13 (1,10%, 13,003 u). Com base nessas quantidades, calcule a massa atômica do carbono e compare o valor calculado com o que aparece na tabela periódica.

2.36 Outro isótopo de carbono, o carbono-14, ocorre na natureza, mas em quantidades tão pequenas quando comparadas às do carbono-12 e carbono-13, que não contribui para a massa atômica do carbono registrado na tabela periódica. O carbono-14, porém, é valioso na ciência da datação por radiocarbono (ver "Conexões químicas 9A"). Dê o número de prótons, nêutrons e elétrons do átomo de carbono-14.

2.37 O isótopo de carbono-11 não ocorre na natureza, mas tem sido feito em laboratório. Esse isótopo é usado numa técnica de imageamento clínico chamada tomografia de emissão de pósitron (PET, na sigla em inglês; ver Seção 9.7A). Dê o número de prótons, nêutrons e elétrons do carbono-11.

2.38 Outros isótopos usados em imageamento PET são flúor-18, nitrogênio-13 e oxigênio-15. Nenhum desses isótopos ocorre na natureza, são todos produzidos em laboratório. Dê o número de prótons, nêutrons e elétrons desses isótopos artificiais.

2.39 O amerício-241 é usado em detectores de fumaça domésticos. Esse elemento tem 11 isótopos conhecidos, nenhum dos quais ocorre na natureza, mas devem ser preparados em laboratório. Dê o número de prótons, nêutrons e elétrons do átomo de amerício-241.

2.40 Ao fazerem datação de amostras geológicas, os cientistas comparam a proporção de rubídio-87 com a do estrôncio-87. Dê o número de prótons, nêutrons e elétrons do átomo de cada elemento.

Seção 2.5 O que é tabela periódica?

2.41 Indique se a afirmação é verdadeira ou falsa.
(a) Mendeleev descobriu que, quando os elementos são organizados em ordem crescente de massa atômica, certas propriedades recorrem periodicamente.
(b) Os elementos do grupo principal são aqueles das colunas 3A a 8A da tabela periódica.
(c) Os não metais são encontrados na parte de cima da tabela periódica, os metaloides, no meio, e os metais, na parte de baixo.
(d) Entre os 116 elementos, metais e não metais existem aproximadamente em igual número.
(e) Na tabela periódica, a fileira horizontal é chamada grupo.
(f) Os elementos do grupo 1A são chamados "metais alcalinos".
(g) Os metais alcalinos reagem com água e produzem gás hidrogênio e um hidróxido de metal, MOH, em que "M" é o metal.
(h) Os halogênios são elementos do grupo 7A.
(i) Os pontos de ebulição dos gases nobres (elementos do grupo 8A) aumentam de cima para baixo na coluna.

2.42 Quantos metais, metaloides e não metais existem no terceiro período da tabela periódica?

2.43 Indique que grupo, ou grupos, da tabela periódica contém:
(a) Somente metais   (b) Somente metaloides
(c) Somente não metais

2.44 Qual período, ou períodos, na tabela periódica contém mais não metais que metais? Qual, ou quais, contém mais metais que não metais?

2.45 Agrupe os seguintes elementos de acordo com as propriedades semelhantes (consulte a tabela periódica): As, I, Ne, F, Mg, K, Ca, Ba, Li, He, N, P.

2.46 Quais são os elementos de transição?
(a) Pd (b) K (c) Co
(d) Ce (e) Br (f) Cr

2.47 Qual elemento de cada par é mais metálico?
(a) Silício ou alumínio (b) Arsênio ou fósforo
(c) Gálio ou germânio (d) Gálio ou alumínio

2.48 Classifique estes elementos como metais, não metais ou metaloides:
(a) Argônio (b) Boro (c) Chumbo
(d) Arsênio (e) Potássio (f) Silício
(g) Iodo (h) Antimônio (i) Vanádio
(j) Enxofre (k) Nitrogênio

Seção 2.6 Como os elétrons se distribuem no átomo?

2.49 Indique se a afirmação é verdadeira ou falsa.
(a) Dizer que "a energia é quantizada" significa que somente certos valores de energia são permitidos.
(b) Bohr descobriu que a energia do elétron no átomo é quantizada.
(c) Nos átomos, os elétrons estão confinados a regiões do espaço chamadas "níveis de energia principal".
(d) Cada nível de energia principal pode conter no máximo dois elétrons.
(e) Um elétron no orbital 1s está mais próximo do núcleo que um elétron no orbital 2s.
(f) Um elétron no orbital 2s é mais difícil de remover que um elétron no orbital 1s.
(g) O orbital s tem o formato de uma esfera, com o núcleo no centro da esfera.
(h) Cada orbital 2p tem o formato de um haltere, com o núcleo no ponto médio do haltere.
(i) Os três orbitais 2p de um átomo estão alinhados em paralelo.
(j) Orbital é a região do espaço que pode conter dois elétrons.
(k) A segunda camada contém um orbital s e três orbitais p.
(l) Na configuração eletrônica do estado fundamental de um átomo, somente os orbitais de energia mais baixa são ocupados.
(m) Um elétron girando comporta-se como um pequeno ímã, com um Polo Norte e um Polo Sul.
(n) Um orbital pode comportar no máximo dois elétrons com spins emparelhados.
(o) Quando há elétrons com spins emparelhados, isso significa que os dois elétrons estão alinhados: Polo Norte com Polo Norte e Polo Sul com Polo Sul.
(p) O diagrama de caixa de orbital coloca todos os elétrons de um átomo em uma caixa com seus spins alinhados.
(q) O diagrama de caixa de orbital do carbono mostra dois elétrons não emparelhados.
(r) A estrutura de Lewis mostra apenas os elétrons da camada de valência do átomo.
(s) Uma das características dos elementos do grupo 1A é que cada um tem um elétron não emparelhado em sua camada mais externa (de valência) ocupada.
(t) Uma das características dos elementos do grupo 6A é que cada um tem seis elétrons não emparelhados em sua camada de valência.

2.50 Quantos períodos da tabela periódica têm dois elementos? Quantos têm oito elementos? Quantos têm 18? Quantos têm 32?

2.51 Qual é a correlação entre o número de grupo dos elementos do grupo principal (aqueles das colunas A no sistema de Mendeleev) e o número de elétrons de valência em um elemento do grupo?

2.52 Dada a sua resposta ao Problema 2.51, escreva a estrutura de Lewis para cada um dos seguintes elementos usando como informação apenas o número do grupo na tabela periódica ao qual o elemento pertence.
(a) Carbono (4A) (b) Silício (4A)
(c) Oxigênio (6A) (d) Enxofre (6A)
(e) Alumínio (3A) (f) Bromo (7A)

2.53 Escreva a configuração eletrônica condensada do estado fundamental para cada um dos seguintes elementos. O número atômico dos elementos é dado entre parênteses.
(a) Li (3) (b) Ne (10) (c) Be (4)
(d) C (6) (e) Mg (12)

2.54 Escreva a estrutura de Lewis para cada elemento do Problema 2.53.

2.55 Escreva a configuração eletrônica condensada do estado fundamental para cada um dos seguintes elementos. O número atômico do elemento é dado entre parênteses.
(a) He (2) (b) Na (11) (c) Cl (17)
(d) P (15) (e) H (1)

2.56 Escreva a estrutura de Lewis para cada um dos elementos do Problema 2.55.

2.57 O que é igual e diferente nas configurações eletrônicas dos seguintes elementos?
(a) Na e Cs (b) O e Te (c) C e Ge

2.58 O silício, número atômico 14, está no grupo 4A. Quantos orbitais são ocupados pelos elétrons de valência do Si em seu estado fundamental?

2.59 Você tem a estrutura de Lewis do elemento X como X:. A quais dois grupos da tabela periódica esse elemento poderia pertencer?

2.60 As configurações eletrônicas dos elementos com número atômico maior que 36 seguem as mesmas regras dadas no texto para os primeiros 36 elementos. De fato, pode-se chegar à ordem correta de preenchimento de orbitais da Figura 2.15 começando com H e lendo os orbitais da esquerda para a direita, ao longo da primeira fileira, depois a segunda fileira, e assim por diante. Escreva a configuração eletrônica do estado fundamental para:
(a) Rb (b) Sr (c) Br

Seção 2.7 Como estão relacionadas a configuração eletrônica e a posição na tabela periódica?

2.61 Indique se a afirmação é verdadeira ou falsa.
(a) Elementos da mesma coluna da tabela periódica têm a mesma configuração eletrônica na camada mais externa.

(b) Todos os elementos do grupo 1A têm um elétron em sua camada de valência.
(c) Todos os elementos do grupo 6A têm seis elétrons em sua camada de valência.
(d) Os elementos do grupo 8A têm oito elétrons em sua camada de valência.
(e) O período 1 da tabela periódica tem um elemento, o período 2 tem dois elementos, o período 3 tem três elementos e assim por diante.
(f) O período 2 resulta do preenchimento dos orbitais $2s$ e $2p$, e, portanto, o período 2 tem oito elementos.
(g) O período 3 resulta do preenchimento dos orbitais $3s$, $3p$ e $3d$, e, portanto, o período 3 tem nove elementos.
(h) Os elementos do grupo principal são os elementos dos blocos s e p.

2.62 Por que os elementos da coluna 1A da tabela periódica (metais alcalinos) têm propriedades semelhantes mas não idênticas?

Seção 2.8 O que são propriedades periódicas?

2.63 Indique se a afirmação é verdadeira ou falsa.
(a) A energia de ionização é a energia necessária para remover de um átomo em fase gasosa o elétron mais externo.
(b) Quando um átomo perde um elétron, torna-se um íon de carga positiva.
(c) A energia de ionização é uma propriedade periódica porque a configuração eletrônica do estado fundamental é uma propriedade periódica.
(d) A energia de ionização geralmente aumenta da esquerda para a direita ao longo de um período da tabela periódica.
(e) A energia de ionização geralmente aumenta de cima para baixo dentro de uma coluna na tabela periódica.
(f) O sinal de uma energia de ionização é sempre positiva, e o processo é sempre endotérmico.

2.64 Considere os elementos B, C e N. Usando apenas a tabela periódica, tente prever qual desses três elementos tem
(a) o maior raio atômico.
(b) o menor raio atômico.
(c) a maior energia de ionização.
(d) a menor energia de ionização.

2.65 Explique as seguintes observações.
(a) O raio atômico de um ânion é sempre maior do que o do átomo que o originou.
Exemplos: Cl 99 pm e Cl$^-$ 181 pm; O 73 pm e O^{2-} 140 pm.
(b) O raio atômico de um cátion é sempre menor que o do átomo que o originou.
Exemplos: Li 152 pm e Li$^+$ 76 pm; Na 156 pm e Na$^+$ 98 pm.

2.66 Usando apenas a tabela periódica, distribua os elementos de cada conjunto em ordem crescente de energia de ionização:
(a) Li, Na, K   (b) C, N, Ne
(c) O, C, F   (d) Br, Cl, F

2.67 Explique por que a primeira energia de ionização do oxigênio é menor que a do nitrogênio.

2.68 Todos os átomos, exceto o hidrogênio, têm uma série de energias de ionização (EI) porque possuem mais de um elétron que pode ser removido. Seguem as três primeiras energias de ionização do magnésio:

Mg (g) $\longrightarrow$ Mg$^+$ (g) + e$^-$ (g)   EI$_1$ = 738 kJ/mol
Mg$^+$ (g) $\longrightarrow$ Mg^{2+} (g) + e$^-$ (g)   EI$_2$ = 1.450 kJ/mol
Mg^{2+} (g) $\longrightarrow$ Mg^{3+} (g) + e$^-$ (g)   EI$_3$ = 7.734 kJ/mol

(a) Escreva a configuração eletrônica do estado fundamental para Mg, Mg$^+$, Mg^{2+}, Mg^{3+}.
(b) Explique o grande aumento na energia de ionização para remover o terceiro elétron em comparação com as energias de ionização para remover o primeiro e segundo elétrons.

Conexões químicas

2.69 (Conexões químicas 2A) Por que o corpo necessita de enxofre, cálcio e ferro?

2.70 (Conexões químicas 2B) Quais são os dois elementos mais abundantes, em massa,
(a) na crosta da Terra?   (b) no corpo humano?

2.71 (Conexões químicas 2C) Considere a abundância isotópica do hidrogênio em Marte. A massa atômica do hidrogênio nesse planeta seria maior, igual ou menor que na Terra?

2.72 (Conexões químicas 2D) Por que o estrôncio-90 é mais perigoso para os humanos do que a maioria dos isótopos radioativos presentes no acidente de Chernobyl?

2.73 (Conexões químicas 2E) O bronze é uma liga de quais metais?

2.74 (Conexões químicas 2E) O cobre é um metal mole. Como se pode endurecê-lo?

Problemas adicionais

2.75 Forneça as designações de todas as subcamadas na
(a) camada 1   (b) camada 2
(c) camada 3   (d) camada 4

2.76 Indique se metais ou não metais têm maior probabilidade de apresentar as seguintes características:
(a) Conduzir eletricidade e calor.
(b) Receber elétrons.
(c) Ser maleável.
(d) Ser um gás em temperatura ambiente.
(e) Ser um elemento de transição.
(f) Doar elétrons.

2.77 (a) Explique por que o raio atômico diminui ao longo de um período na tabela periódica.
(b) Explique por que é necessário fornecer energia para remover um elétron de um átomo.

2.78 Indique o nome e o símbolo do elemento com as seguintes características:
(a) Maior raio atômico do grupo 2A.
(b) Menor raio atômico do grupo 2A.
(c) Maior raio atômico do segundo período.
(d) Menor raio atômico do segundo período.
(e) Maior energia de ionização do grupo 7A.
(f) Menor energia de ionização do grupo 7A.

2.79 Indique a configuração eletrônica da camada mais externa dos elementos nos seguintes grupos:
(a) 3A (b) 7A
(c) 5A

2.80 Determine o número de prótons, elétrons e nêutrons presentes em:
(a) ^{32}P (b) ^{98}Mo (c) ^{44}Ca
(d) ^{3}H (e) ^{158}Gd (f) ^{212}Bi

2.81 A que porcentagem da massa de cada elemento correspondem os nêutrons?
(a) Carbono-12 (b) Cálcio-40
(c) Ferro-55 (d) Bromo-79
(e) Platina-195 (f) Urânio-238

2.82 Os isótopos dos elementos pesados (por exemplo, aqueles de número atômico entre 37 e 53) contêm mais nêutrons do que prótons, menos nêutrons do que prótons ou a quantidade é igual?

2.83 Qual é o símbolo de cada um destes elementos? (Tente não consultar a tabela periódica.)
(a) Fósforo (b) Potássio
(c) Sódio (d) Nitrogênio
(e) Bromo (f) Prata
(g) Cálcio (h) Carbono
(i) Estanho (j) Zinco

2.84 A abundância natural dos isótopos de boro é a seguinte: 19,9% de boro-10 (10,013 u) e 80,1% de boro-11 (11,009 u). Calcule a massa atômica do boro (observe os algarismos significativos) e compare o valor calculado com o que é dado na tabela periódica.

2.85 Quantos elétrons há na camada mais externa de cada um dos seguintes elementos?
(a) Si (b) Br
(c) P (d) K
(e) He (f) Ca
(g) Kr (h) Pb
(i) Se (j) O

2.86 A massa do próton é $1,67 \times 10^{-24}$ g. A massa de um grão de sal é $1,0 \times 10^{-2}$ g. Quantos prótons seriam necessários para se ter a mesma massa de um grão de sal?

2.87 (a) Quais são as cargas do elétron, próton e nêutron?
(b) Quais são as massas (em u, para um algarismo significativo) do elétron, próton e nêutron?

2.88 O rubídio tem dois isótopos naturais: rubídio-85 (massa 84,912 u) e rubídio-87 (massa 86,909 u). Qual será a abundância natural de cada isótopo se a massa atômica do rubídio for 85,47?

2.89 Qual é o nome deste elemento e quantos prótons e nêutrons este isótopo tem em seu núcleo: $^{131}_{54}$X?

2.90 Com base nos dados apresentados na Figura 2.16, qual destes átomos teria a energia de ionização mais alta: I, Cs, Sn ou Xe?

2.91 Suponha que um novo elemento tenha sido descoberto com número atômico 117. Suas propriedades químicas deveriam ser semelhantes às do ástato (At). Preveja se a energia de ionização do novo elemento será maior, igual ou menor que a do:
(a) At (b) Ra

Antecipando

2.92 Suponha que você enfrente um problema semelhante ao de Mendeleev: precisa prever as propriedades de um elemento ainda não descoberto. Como será o elemento 118 se e quando uma quantidade suficiente for produzida para os químicos estudarem suas propriedades físicas e químicas?

2.93 Compare a proporção entre nêutron e próton para os elementos mais pesados e mais leves. O valor dessa proporção geralmente aumenta, diminui ou permanece o mesmo à medida que aumenta o número atômico?

Ligações químicas

Cristal de cloreto de sódio.

3.1 O que é preciso saber antes de começar?

Como mencionado no Capítulo 2, compostos são grupos de átomos ligados entre si. Neste capítulo, veremos que os átomos nos compostos se mantêm unidos graças a poderosas forças de atração chamadas ligações químicas. Há dois tipos principais: ligações iônicas e covalentes. Começaremos examinando as ligações iônicas. Para falar sobre ligações iônicas, porém, devemos primeiro saber por que os átomos formam determinados íons.

3.2 O que é a regra do octeto?

Em 1916, Gilbert N. Lewis (Seção 2.6) elaborou um belo e simples modelo que unificou muitas das observações sobre ligações e reações químicas. Ele mostrou que a falta de reatividade química dos gases nobres (grupo 8A) indica um alto grau de estabilidade em suas configurações eletrônicas: o hélio com uma camada de valência preenchida com dois elétrons ($1s^2$), o neônio com uma camada de valência preenchida com oito elétrons ($2s^2 2p^6$), o argônio com uma camada de valência com oito elétrons ($3s^2 3p^6$) e assim por diante.

A tendência de os átomos reagirem de modo a formar uma camada externa com oito elétrons de valência é particularmente comum entre elementos dos grupos 1A-7A[1] e recebe o nome especial de **regra do octeto**. Um átomo com quase oito elétrons de valência tende a ganhar os elétrons necessários para chegar a oito elétrons em sua camada de valência e atingir uma configuração como aquela do gás nobre mais próximo de seu número atômico. Ao

Questões-chave

3.1 O que é preciso saber antes de começar?

3.2 O que é a regra do octeto?

3.3 Qual é a nomenclatura dos cátions e ânions?

3.4 Quais são os dois principais tipos de ligação química?

3.5 O que é uma ligação iônica?

3.6 Qual é a nomenclatura dos compostos iônicos?

3.7 O que é uma ligação covalente?

Como... Desenhar estruturas de Lewis

3.8 Qual é a nomenclatura dos compostos covalentes binários?

3.9 O que é ressonância?

Como... Desenhar setas curvadas e elétrons deslocalizados

3.10 Como prever ângulos de ligação em moléculas covalentes?

3.11 Como determinar se a molécula é polar?

[1] De maneira mais precisa podemos afirmar que a regra do octeto é especialmente obedecida pelos elementos das famílias 1A (metais alcalinos), 2A (metais alcalino-terrosos) e 7A (halogênios) na formação de compostos iônicos e os elementos C, N, e O. Repare que C, N e O e alguns dos elementos das famílias 1A, 2A, e 7A estão entre os mais importantes elementos presentes nos sistemas biológicos (Conexões químicas 2A e 3A). Apesar de muitos elementos das famílias 4A–7A formarem compostos que obedecem à regra do octeto, em muitos casos formam compostos com mais de oito elétrons de valência. O hidrogênio, apesar de não formar o octeto, ao compartilhar mais um elétron assume a configuração eletrônica do gás nobre mais próximo, o hélio. O hidrogênio é o elemento mais abundante nos sistemas biológicos e no Universo. (NRT)

Gás Nobre	Configuração eletrônica
He	$1s^2$
Ne	$[He]2s^2\,2p^6$
Ar	$[Ne]3s^2\,3p^6$
Kr	$[Ar]4s^2\,4p^6\,3d^{10}$
Xe	$[Kr]5s^2\,5p^6\,4d^{10}$

Regra do octeto Numa reação química, os átomos dos elementos dos grupos 1A-7A tendem a ganhar, perder ou compartilhar elétrons em quantidade suficiente para atingir a configuração eletrônica com oito elétrons de valência.

Ânion Íon de carga elétrica negativa.

Cátion Íon de carga elétrica positiva.

ganhar elétrons, o átomo torna-se um íon de carga negativa, denominado **ânion**. Um átomo com apenas um ou dois elétrons de valência tende a perder o número de elétrons necessário para uma configuração eletrônica como a do gás nobre mais próximo em número atômico. Ao perder elétrons, o átomo torna-se um íon de carga positiva, denominado **cátion**. Quando se forma um íon, o número de prótons e nêutrons no núcleo do átomo permanece inalterado, muda somente o número de elétrons na camada de valência do átomo.

Exemplo 3.1 A regra do octeto

Mostre como as seguintes transformações químicas obedecem à lei do octeto:
(a) Um átomo de sódio perde um elétron para formar um íon de sódio, Na^+.

$$Na \longrightarrow Na^+ + e^-$$
Átomo de sódio — Íon de sódio — Elétron

(b) Um átomo de cloro ganha um elétron para formar um íon cloreto, Cl^-

$$Cl + e^- \longrightarrow Cl^-$$
Átomo de cloro — Elétron — Íon cloreto

Estratégia

Para ver como cada transformação química segue a regra do octeto, primeiro escreva a configuração eletrônica condensada do estado fundamental (Seção 2.6C) do átomo envolvido e do íon formado, e depois compare.

Solução

(a) As configurações eletrônicas condensadas do estado fundamental para Na e Na^+ são:

$$Na\ (11\ elétrons):\ 1s^2 2s^2 2p^6 3s^1$$
$$Na^+\ (10\ elétrons):\ 1s^2 2s^2 2p^6$$

Um átomo de Na tem um elétron ($3s^1$) em sua camada de valência. A perda desse elétron de valência transforma o átomo Na no íon Na^+, que tem um octeto completo de elétrons em sua camada de valência ($2s^2 2p^6$) e a mesma configuração eletrônica que o Ne, o gás nobre mais próximo em número atômico. Podemos escrever essa transformação química usando as estruturas de Lewis (Seção 2.6F):

$$Na\cdot \longrightarrow Na^+ + e^-$$
Átomo de sódio — Íon de sódio — Elétron

(b) As configurações eletrônicas condensadas do estado fundamental para Cl e Cl^- são:

$$Cl\ (17\ elétrons):\ 1s^2 2s^2 2p^6 3s^2 3p^5$$
$$Cl^-\ (18\ elétrons):\ 1s^2 2s^2 2p^6 3s^2 3p^6$$

Um átomo de Cl tem sete elétrons em sua camada de valência ($3s^2 3p^5$). O ganho de um elétron transforma o átomo de Cl no íon Cl^-, que apresenta um octeto completo de elétrons em sua camada de valência ($3s^2 3p^6$) e a mesma configuração eletrônica do Ar, o gás nobre mais próximo em número atômico. Podemos escrever essa transformação química usando as estruturas de Lewis:

$$:\!\ddot{C}\!l\cdot\ +\ e^-\ \longrightarrow\ :\!\ddot{\underset{..}{C}}\!l\!:^-$$
Átomo de cloro — Elétron — Íon cloreto

Problema 3.1

Mostre como as seguintes transformações químicas obedecem à regra do octeto:
(a) Um átomo de magnésio forma um íon magnésio, Mg^{2+}.
(b) Um átomo de enxofre forma um íon sulfeto, S^{2-}.

A regra do octeto nos dá uma boa direção para entender por que os elementos dos grupos 1A-7A formam seus respectivos íons. Entretanto, essa regra não é perfeita por duas razões:

1. Íons dos elementos dos períodos 1A e 2A com cargas maiores que +2 são instáveis. O boro, por exemplo, tem três elétrons de valência. Se o boro perdesse esses três elétrons, ele se transformaria em B^{3+} e teria uma camada externa completa, como a do hélio. Parece, no entanto, que essa é uma carga muito grande para um íon desse elemento do segundo período; consequentemente, esse íon não é encontrado em compostos iônicos estáveis. Pelo mesmo raciocínio, o carbono não perde seus quatro elétrons de valência para se tornar C^{4+}, nem ganha quatro elétrons de valência para se tornar C^{4-}. Qualquer uma dessas transformações causaria uma alteração muito grande nesse elemento do segundo período.

2. A regra do octeto não se aplica aos elementos dos grupos 1B-7B (elementos de transição), cuja maioria forma íons com duas ou mais cargas positivas diferentes. O cobre, por exemplo, pode perder um elétron de valência para formar Cu^+, entretanto, pode perder dois elétrons de valência para formar Cu^{2+}.

É importante entender as enormes diferenças entre as propriedades de um átomo e as de seu(s) íon(s). Átomos e seus íons são espécies químicas completamente diferentes e com propriedades químicas e físicas completamente diferentes. Considere, por exemplo, o sódio e o cloro. O sódio, um metal mole formado por átomos de sódio, reage violentamente com a água. Os átomos de cloro são muito instáveis e ainda mais reativos que os átomos de sódio. Tanto o sódio como o cloro são venenosos. O NaCl, o sal de cozinha, é formado por íons sódio e íons cloreto. Esses dois íons são bastante estáveis e não reativos. Nem os íons sódio nem os íons cloreto reagem com a água.

Como os átomos e seus íons são espécies químicas diferentes, devemos ser cuidadosos em distinguir um do outro. Considere o fármaco conhecido como "lítio", usado para tratar o transtorno bipolar. O elemento lítio, assim como o sódio, é um metal mole que reage violentamente com a água. A droga usada para tratar o transtorno bipolar não é composta de átomos de lítio, mas de íons lítio, Li^+, geralmente administrados na forma de carbonato de lítio, Li_2CO_3. Outro exemplo vem da fluoretação da água potável, da pasta de dente e do gel dental. O elemento flúor, F_2, é um gás venenoso e extremamente corrosivo: não é usado para fluoretação. Entretanto, esse processo utiliza íons fluoreto, F^-, na forma de fluoreto de sódio, NaF, um composto não reativo e não venenoso nas concentrações usadas.

3.3 Qual é a nomenclatura dos cátions e ânions?

Os nomes para ânions e cátions são formados de acordo com um sistema desenvolvido pela União Internacional de Química Pura e Aplicada. Esses nomes são conhecidos como nomes "sistemáticos". Muitos íons têm nomes "comuns" que já eram usados bem antes de

(a) Cloreto de sódio (b) Sódio (c) Cloro
(a) O composto químico cloreto de sódio (sal de cozinha) é formado pelos elementos sódio (b) e cloro (c) em combinação química. O sal é muito diferente dos elementos que o constituem.

os químicos criarem uma nomenclatura sistemática. Neste capítulo e nos seguintes, usaremos nomes sistemáticos para os íons, mas, quando houver um nome tradicional, também será citado.

A. Nomenclatura de cátions monoatômicos

Um cátion monoatômico (que contém apenas um átomo) é formado quando um metal perde um ou mais elétrons de valência. Os elementos dos grupos 1A, 2A e 3A formam apenas um tipo de cátion. Para íons desses metais, o nome do cátion é a palavra íon seguida do nome do metal (Tabela 3.1). Não há necessidade de especificar a carga desses cátions, porque somente uma carga é possível. Por exemplo, Na^+ é o íon sódio, e Ca^{2+}, íon cálcio.

TABELA 3.1 Nomes de cátions de alguns metais que formam apenas um íon positivo

Grupo 1A		Grupo 2A		Grupo 3A	
Íon	Nome	Íon	Nome	Íon	Nome
H^+	Íon hidrogênio	Mg^{2+}	Íon magnésio	Al^{3+}	Íon alumínio
Li^+	Íon lítio	Ca^{2+}	Íon cálcio		
Na^+	Íon sódio	Sr^{2+}	Íon estrôncio		
K^+	Íon potássio	Ba^{2+}	Íon bário		

A maior parte dos elementos de transição e de transição interna forma mais de um tipo de cátion e, portanto, o nome do cátion deve indicar sua carga. Para indicar a carga em um nome sistemático, escrevemos um numeral romano após o nome do metal (Tabela 3.2). Por exemplo, Cu^+ é o íon cobre (I), e Cu^{2+}, o íon cobre (II). Observe que, embora a prata seja um metal de transição, ela forma apenas Ag^+, portanto não há necessidade de usar um numeral romano para indicar a carga do íon.

No sistema mais antigo de nomenclatura para cátions metálicos com duas cargas diferentes, o sufixo *-oso* é usado para indicar a carga menor, e *-ico*, para a carga maior (Tabela 3.2).

TABELA 3.2 Nomes de cátions de quatro metais que formam dois íons positivos diferentes

Íon	Nome sistemático	Nome comum	Origem do símbolo do elemento ou do nome comum do íon
Cu^+	Íon cobre (I)	Íon cuproso	*Cupr-* de *cuprum*, nome latino do cobre
Cu^{2+}	Íon cobre (II)	Íon cúprico	
Fe^{2+}	Íon ferro (II)	Íon ferroso	*Ferr-* de *ferrum*, nome latino do ferro
Fe^{3+}	Íon ferro (III)	Íon férrico	
Hg^+	Íon mercúrio (I)	Íon mercuroso	*Hg* de *hydrargyrum*, nome latino do mercúrio
Hg^{2+}	Íon mercúrio (II)	Íon mercúrico	
Sn^{2+}	Íon estanho (II)	Íon estanoso	*Sn* de *stannum*, nome latino do estanho
Sn^{4+}	Íon estanho (IV)	Íon estânico	

Óxido de cobre (I) e óxido de cobre (II). As diferentes cargas do íon cobre resultam em cores diferentes.

B. Nomenclatura dos ânions monoatômicos

Em um ânion monoatômico, adiciona-se *-eto* ao radical do nome (*óxido* é uma exceção). A Tabela 3.3 apresenta os nomes dos ânions monoatômicos mais comuns.

C. Nomenclatura dos íons poliatômicos

Um **íon poliatômico** contém mais de um átomo, como íon hidróxido, OH^-, e íon fosfato, PO_4^{3-}. Neste capítulo, não nos interessa saber como esses íons são formados, mas apenas que eles existem e estão presentes em materiais que usamos. Na Tabela 3.4, há vários íons poliatômicos importantes.

O sistema preferido para dar nome a íons poliatômicos que diferem no número de átomos de hidrogênio é o que utiliza os prefixos *di-*, *tri-* e assim por diante, para indicar a presença de mais de um hidrogênio. Por exemplo, HPO_4^{2-} é o íon hidrogenofosfato, e $H_2PO_4^-$,

TABELA 3.3 Nomes dos ânions monoatômicos mais comuns

Ânion	Radical	Nome do ânion
F^-	*fluor*	Fluoreto
Cl^-	*clor*	Cloreto
Br^-	*brom*	Brometo
I^-	*iod*	Iodeto
O^{2-}	*ox*	Óxido
S^{2-}	*sulf*	Sulfeto

o íon di-hidrogenofostato. Como vários ânions poliatômicos que contêm hidrogênio têm nomes comuns ainda muito utilizados, você também precisa memorizá-los. Nesses nomes comuns, o prefixo *bi-* é usado para indicar a presença de um hidrogênio.

Conexões químicas 3A

Corais e ossos quebrados

O osso é uma matriz altamente estruturada, que consiste em material inorgânico e orgânico. O material inorgânico é, principalmente, a hidroxiapatita, $Ca_5(PO_4)_3OH$, que compõe cerca de 70% do peso seco do osso. Por comparação, o esmalte dos dentes é quase inteiramente hidroxiapatita. Entre os principais componentes orgânicos do osso, estão as fibras de colágeno (proteínas, ver Capítulo 22), embrenhadas na matriz inorgânica, fortalecendo-a e permitindo flexibilidade quando sob tensão. Também se entrelaçando na estrutura de hidroxiapatita--colágeno, correm os vasos sanguíneos que fornecem nutrientes.

Um problema enfrentado pelos cirurgiões ortopédicos é como reparar danos nos ossos. No caso de uma pequena fratura, bastam, em geral, algumas semanas de engessamento para que o processo normal de crescimento do osso repare a área danificada. Em fraturas mais graves, especialmente aquelas que envolvem perda de tecido ósseo, talvez seja necessário um enxerto ósseo. Uma alternativa ao enxerto é o implante de material ósseo sintético. Um desses materiais, chamado Pro Osteon, é derivado do aquecimento de coral (carbonato de cálcio) com hidrogenofosfato de amônio para formar uma hidroxiapatita semelhante à do osso. Ao longo do processo de aquecimento, a estrutura porosa do coral, similar à do osso, é retida.

$$5CaCO_3 \text{ (Coral)} + 3(NH_4)_2HPO_4 \xrightarrow[24-60 \text{ horas}]{200°C}$$

$$Ca_5(PO_4)_3OH \text{ (Hidroxiapatita)} + 3(NH_4)_2CO_3 + 2H_2CO_3$$

O cirurgião pode moldar um pedaço desse material para corresponder à lacuna óssea, implantá-lo, estabilizar a área inserindo placas de metal e/ou parafusos, e deixar que um novo tecido ósseo se desenvolva nos poros do implante.

Em um processo alternativo, prepara-se uma mistura seca de di-hidrogenofosfato de cálcio mono-hidratado, $Ca(H_2PO_4)_2 \cdot H_2O$, fosfato de cálcio, $Ca_3(PO_4)_2$, e carbonato de cálcio, $CaCO_3$. Pouco antes de ocorrer o implante cirúrgico, essas substâncias químicas são misturadas com uma solução de fosfato de sódio para formar uma pasta que então é injetada na área óssea a ser reparada. Assim, a área óssea fraturada é mantida na posição desejada pelo material sintético, enquanto o processo natural de reconstrução do osso substitui o implante com tecido ósseo vivo.

TABELA 3.4 Nomes de íons poliatômicos comuns (nomes comuns, quando ainda muito utilizados, são indicados entre parênteses)

Íon poliatômico	Nome	Íon poliatômico	Nome sistemático
NH_4^+	Amônio	HCO_3^-	Hidrogenocarbonato (bicarbonato)
OH^-	Hidróxido	SO_3^-	Sulfeto
NO_2^-	Nitrito	HSO_3^-	Hidrogenossulfito (bissulfito)
NO_3^-	Nitrato	SO_4^{2-}	Sulfato
CH_3COO^-	Acetato	HSO_4^-	Hidrogenossulfato (bissulfato)
CN^-	Cianeto	PO_4^{3-}	Fosfato
MnO_4^-	Permanganato	HPO_4^{2-}	Hidrogenofosfato
CrO_4^{2-}	Cromato	$H_2PO_4^-$	Di-hidrogenofosfato
$Cr_2O_7^{2-}$	Dicromato		

3.4 Quais são os dois principais tipos de ligação química?

A. Ligações iônicas e covalentes

De acordo com o modelo de Lewis de ligação química, os átomos se ligam de tal modo que cada um adquire uma configuração eletrônica na camada de valência igual à do gás

Ligação iônica Ligação química resultante da atração entre íons positivos e negativos.

Ligação covalente Ligação química resultante do compartilhamento de elétrons entre dois átomos.

nobre mais próximo em número atômico. Há duas maneiras de os átomos adquirirem camadas de valência completas:

1. Um átomo pode perder ou ganhar elétrons em quantidade suficiente para adquirir uma camada de valência preenchida, tornando-se um íon (Seção 3.2). A **ligação iônica** resulta da força de atração eletrostática entre um cátion e um ânion.

2. Um átomo pode compartilhar elétrons com um ou mais átomos para adquirir uma camada de valência preenchida. A **ligação covalente** resulta da força de atração entre dois átomos que compartilham um ou mais pares de elétrons. Forma-se uma molécula de íon poliatômico.

Agora podemos saber se dois átomos num composto estão ligados por uma ligação iônica ou covalente. Uma das maneiras é considerar as posições relativas dos dois átomos na tabela periódica. Ligações iônicas geralmente se formam entre um metal e um não metal. Um exemplo de ligação iônica é aquela formada entre o metal sódio e o não metal cloro no composto cloreto de sódio, Na^+Cl^-. Quando dois não metais ou um metaloide e um não metal se combinam, a ligação entre eles é, em geral, covalente. Exemplos de compostos que contêm ligações covalentes entre não metais incluem Cl_2, H_2O, CH_4 e NH_3. Exemplos de compostos com ligações covalentes entre um metaloide e um não metal incluem BF_3, $SiCl_4$ e AsH_3.

Outra maneira de determinar o tipo de ligação é comparar as eletronegatividades dos átomos envolvidos, tema da próxima subseção.

B. Eletronegatividade e ligações químicas

A **eletronegatividade** é uma medida da atração de um átomo pelos elétrons que ele compartilha em uma ligação química com outro átomo. A escala de eletronegatividades mais usada (Tabela 3.5) foi elaborada na década de 1930 por Linus Pauling. Na escala de Pauling, ao flúor, elemento mais eletronegativo, é atribuída a eletronegatividade 4,0, e a todos os outros elementos são atribuídos valores relativos ao do flúor.

Quando se consideram os valores de eletronegatividade da Tabela 3.5, observa-se que geralmente eles aumentam da esquerda para a direita ao longo de uma fileira da tabela periódica e de baixo para cima numa coluna. Os valores aumentam da esquerda para a direita por causa da carga positiva crescente do núcleo, resultando em uma atração mais forte para elétrons na camada de valência. Em uma coluna, os valores aumentam de baixo para cima porque a distância cada vez menor entre os elétrons de valência e o núcleo resulta em atração mais forte entre o núcleo e os elétrons de valência.

Pode-se comparar essas tendências em eletronegatividade às tendências na energia de ionização (Seção 2.8B). Cada uma ilustra a natureza periódica dos elementos na tabela periódica.

TABELA 3.5 Valores de eletronegatividade dos elementos (Escala de Pauling)

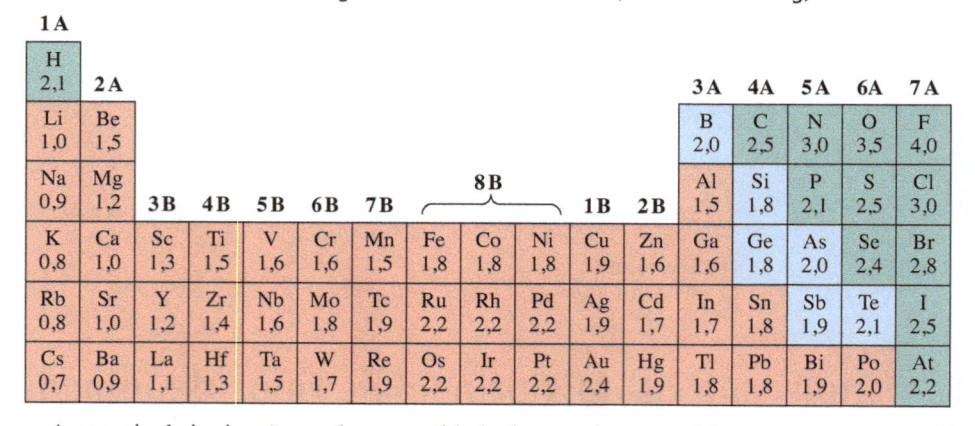

1A	2A	3B	4B	5B	6B	7B	8B			1B	2B	3A	4A	5A	6A	7A
H 2,1																
Li 1,0	Be 1,5											B 2,0	C 2,5	N 3,0	O 3,5	F 4,0
Na 0,9	Mg 1,2											Al 1,5	Si 1,8	P 2,1	S 2,5	Cl 3,0
K 0,8	Ca 1,0	Sc 1,3	Ti 1,5	V 1,6	Cr 1,6	Mn 1,5	Fe 1,8	Co 1,8	Ni 1,8	Cu 1,9	Zn 1,6	Ga 1,6	Ge 1,8	As 2,0	Se 2,4	Br 2,8
Rb 0,8	Sr 1,0	Y 1,2	Zr 1,4	Nb 1,6	Mo 1,8	Tc 1,9	Ru 2,2	Rh 2,2	Pd 2,2	Ag 1,9	Cd 1,7	In 1,7	Sn 1,8	Sb 1,9	Te 2,1	I 2,5
Cs 0,7	Ba 0,9	La 1,1	Hf 1,3	Ta 1,5	W 1,7	Re 1,9	Os 2,2	Ir 2,2	Pt 2,2	Au 2,4	Hg 1,9	Tl 1,8	Pb 1,8	Bi 1,9	Po 2,0	At 2,2

Eletronegatividade aumenta

A energia de ionização mede a quantidade de energia necessária para remover um elétron de um átomo. A eletronegatividade mede a força utilizada por um átomo para reter os elétrons que compartilha com outro átomo. Observe que tanto a eletronegatividade como o potencial de ionização geralmente aumentam da esquerda para a direita ao longo de uma fileira da tabela periódica, das colunas 1A a 7A. Além disso, tanto a eletronegatividade quanto o potencial de ionização aumentam de baixo para cima em uma coluna.

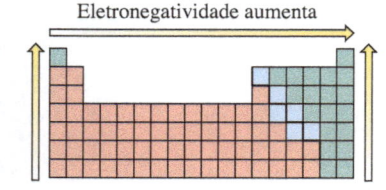

Exemplo 3.2 Eletronegatividade

Considerando as posições relativas na tabela periódica, qual elemento de cada par tem maior eletronegatividade?
(a) Lítio ou carbono   (b) Nitrogênio ou oxigênio   (c) Carbono ou oxigênio

Estratégia

Os elementos de cada par pertencem ao segundo período da tabela periódica. Dentro de um período, a eletronegatividade aumenta da esquerda para a direita.

Solução

(a) C > Li   (b) O > N   (c) O > C

Problema 3.2

Considerando as posições relativas na tabela periódica, qual elemento de cada par tem maior eletronegatividade?
(a) Lítio ou potássio   (b) Nitrogênio ou fósforo   (c) Carbono ou silício

3.5 O que é uma ligação iônica?

A. Formação de ligações iônicas

De acordo com o modelo de ligação de Lewis, uma ligação iônica é formada pela transferência de um ou mais elétrons da camada de valência de um átomo de menor eletronegatividade para a camada de valência de outro de maior eletronegatividade. O átomo mais eletronegativo ganha um ou mais elétrons de valência e torna-se um ânion; o átomo menos eletronegativo perde um ou mais elétrons de valência e torna-se um cátion. O composto formado pela atração eletrostática entre íons positivos e negativos é chamado **composto iônico**.

Como diretriz, dizemos que esse tipo de transferência eletrônica para formar um composto iônico será mais provável se a diferença de eletronegatividade entre dois átomos for aproximadamente 1,9 ou mais. Se essa diferença for menor que 1,9, provavelmente a ligação será covalente. É preciso ter em mente que o valor 1,9 para a formação da ligação iônica é um tanto arbitrário. Alguns químicos preferem um valor um pouco maior, outros, um valor um pouco menor. O essencial é que o valor 1,9 nos dá um indicador em relação ao qual se pode decidir se é mais provável que uma ligação seja iônica ou covalente. Na Seção 3.7, abordaremos a ligação covalente.

Um exemplo de composto iônico é aquele formado entre o metal sódio (eletronegatividade 0,9) e o não metal cloro (3,0). A diferença em eletronegatividade entre esses dois elementos é 2,1. Ao formar o composto iônico NaCl, o único elétron de valência $3s$ do átomo de sódio é transferido para a camada de valência parcialmente preenchida do átomo de cloro.

$$\text{Na } (1s^22s^22p^63s^1) + \text{Cl } (1s^22s^22p^63s^23p^5) \longrightarrow \text{Na}^+ (1s^22s^22p^6) + \text{Cl}^- (1s^22s^22p^63s^23p^6)$$

    Átomo de sódio   Átomo de cloro   Íon de sódio   Íon cloreto

Na seguinte equação, usamos uma seta curvada de somente uma ponta para indicar a transferência de um elétron do sódio para o cloro.

$$\text{Na} \cdot + \cdot \ddot{\underset{..}{\text{Cl}}}: \longrightarrow \text{Na}^+ \ :\ddot{\underset{..}{\text{Cl}}}:^-$$

A ligação iônica no cloreto de sódio sólido resulta da força de atração eletrostática entre íons sódio positivos e íons cloro negativos. Na forma sólida (cristalina), o cloreto de sódio consiste em uma sequência tridimensional de íons Na^+ e Cl^- arranjados conforme mostra a Figura 3.1.

Embora compostos iônicos não sejam moléculas, apresentam uma proporção definida de um tipo de íon para outro, e suas fórmulas nos dão essa proporção. Por exemplo, NaCl representa a proporção mais simples de íons sódio para íons cloreto, ou seja, 1:1.

As linhas entre os íons no modelo de esferas e bastões simplesmente são linhas de referência para indicar as posições relativas de Na⁺ e Cl⁻.

O modelo de preenchimento de espaço indica mais corretamente como os íons estão empacotados.

Seis íons de sódio circundam cada íon de cloreto e vice-versa.

Na⁺

Cl⁻

(a)

(b)

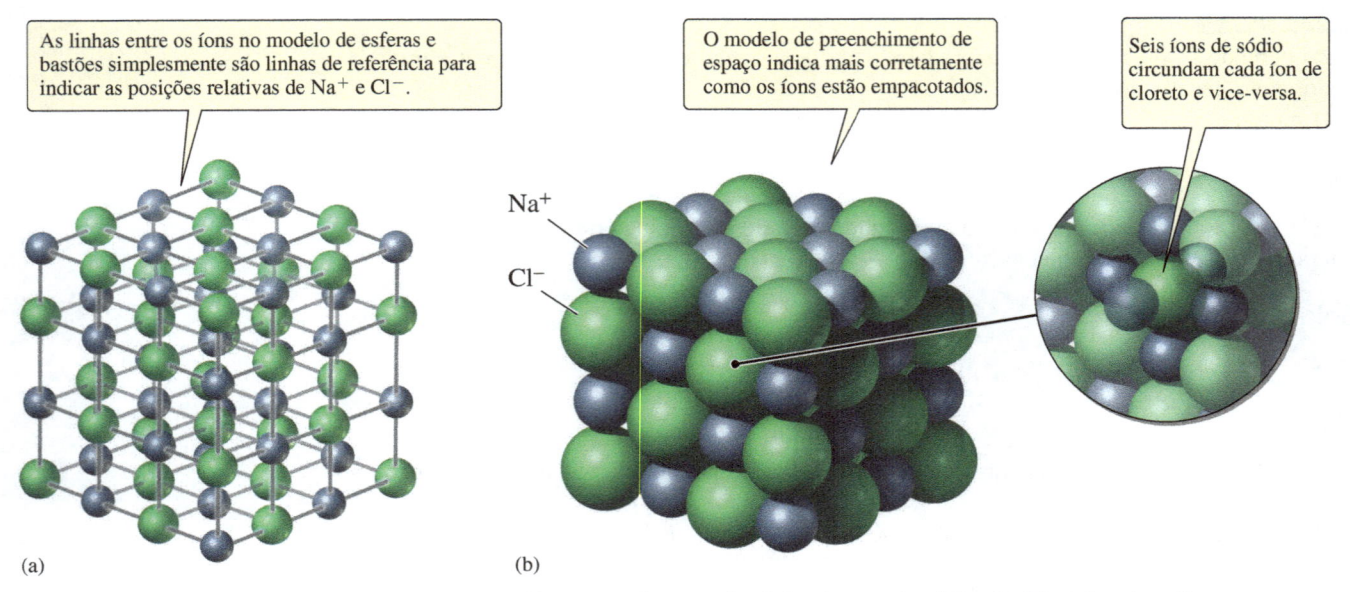

FIGURA 3.1 Estrutura de um cristal de cloreto de sódio. (a) Modelos de esferas e bastões mostram as posições relativas dos íons. (b) Modelos de preenchimento de espaço mostram os tamanhos relativos dos íons.

B. Previsão das fórmulas de compostos iônicos

Íons são partículas carregadas, mas a matéria que vemos ao nosso redor e com a qual lidamos todos os dias é eletricamente neutra (não tem carga). Se houver íons presentes em qualquer amostra de matéria, o número total de cargas positivas deve ser igual ao número total de cargas negativas. Assim, não podemos ter uma amostra apenas com íons Na⁺. Qualquer amostra que contenha íons Na⁺ deve também conter íons negativos, tais como Cl⁻, Br⁻ ou S²⁻, e a soma das cargas positivas será igual à soma das cargas negativas.

Exemplo 3.3 Fórmulas de compostos iônicos

Escreva as fórmulas para os compostos iônicos formados a partir dos seguintes íons:
(a) Íon lítio e íon brometo   (b) Íon bário e íon iodeto   (c) Íon alumínio e íon sulfeto

Estratégia

A fórmula de um composto iônico mostra a proporção mais simples de número inteiro entre cátions e ânions. Em um composto iônico, o número total de cargas positivas dos cátions e o número total de cargas negativas dos ânions deve ser igual. Portanto, para prever a fórmula de um composto iônico, é preciso conhecer as cargas dos íons envolvidos.

Solução

(a) A Tabela 3.1 mostra que a carga do íon lítio é +1, e a Tabela 3.3 mostra que a carga do íon brometo é −1. Portanto, a fórmula do brometo de lítio é LiBr.
(b) A carga do íon bário é +2, e a carga do íon iodeto é −1. São necessários dois íons I⁻ para balancear a carga de um íon Ba²⁺. Portanto, a fórmula do iodeto de bário é BaI₂.
(c) A carga do íon alumínio é +3, e a carga do íon sulfeto é −2. Para o composto ter uma carga total igual a zero, os íons devem combinar-se na proporção de dois íons alumínio para três íons enxofre. A fórmula do sulfeto de alumínio é Al₂S₃.

Problema 3.3

Escreva as fórmulas para os compostos iônicos formados a partir dos seguintes íons:
(a) Íon potássio e íon cloreto   (b) Íon cálcio e íon fluoreto
(c) Íon ferro (III) e íon óxido

Lembre-se de que os subscritos nas fórmulas para compostos iônicos representam a proporção dos íons. Assim, um cristal de BaI₂ tem duas vezes mais íons iodeto que íons bário. Para compostos iônicos, quando ambas as cargas são 2, como no composto formado de Ba^{2+} e O^{2-}, devemos "reduzir aos termos mais baixos". Ou seja, o óxido de bário é BaO, e não Ba_2O_2. Nesse caso, vemos apenas proporções, e a proporção de íons no óxido de bário é de 1:1.

3.6 Qual é a nomenclatura dos compostos iônicos?

Para nomear um composto iônico, primeiro damos o nome do ânion seguido do nome do cátion.

A. Compostos iônicos binários de metais que formam apenas um íon positivo

Um **composto binário** contém dois elementos. Em um **composto iônico binário**, ambos os elementos estão presentes como íons. O nome do composto é o nome do ânion (íon negativo) seguido do nome do metal do cátion (íon positivo). Geralmente, ignoramos subscritos na nomenclatura de compostos iônicos binários. Por exemplo, $AlCl_3$ é cloreto de alumínio. Sabemos que esse composto contém três íons cloro porque as cargas positivas e negativas no composto devem ser iguais – isto é, um íon Al^{3+} deve combinar-se com três íons Cl^- para equilibrar as cargas.

Exemplo 3.4 Compostos iônicos binários

Dê o nome destes compostos iônicos binários:
(a) LiBr (b) Ag_2S (c) NaBr

Estratégia

O nome de um composto iônico consiste em duas palavras: nome do ânion seguido do nome do cátion.

Solução

(a) Brometo de lítio (b) Sulfeto de prata (c) Brometo de sódio

Problema 3.4

Dê o nome dos seguintes compostos iônicos binários:
(a) MgO (b) BaI_2 (c) KCl

Exemplo 3.5 Compostos iônicos binários

Escreva as fórmulas dos seguintes compostos iônicos binários:
(a) Hidreto de bário (b) Fluoreto de sódio (c) Óxido de cálcio

Estratégia

Escreva a fórmula do íon positivo e depois a fórmula do íon negativo. Lembre-se de que o número de cargas positivas e negativas deve ser igual. Indique a proporção de cada íon na fórmula do composto com subscritos. Quando somente houver um de cada, deve-se omitir o subscrito.

Solução

(a) BaH_2 (b) NaF (c) CaO

Problema 3.5

Escreva as fórmulas dos seguintes compostos iônicos binários:
(a) Cloreto de magnésio (b) Óxido de alumínio (c) Iodeto de lítio

B. Compostos iônicos binários de metais que formam mais de um íon positivo

A Tabela 3.2 mostra que muitos metais de transição formam mais de um íon positivo. Por exemplo, o cobre forma tanto íons Cu^+ como íons Cu^{2+}. Para a nomenclatura sistemática, usamos os numerais romanos no nome indicando a carga. Para a nomenclatura comum, usamos o sistema *-oso, -ico*.

Exemplo 3.6 Compostos iônicos binários

Dê o nome sistemático e o nome comum de cada composto iônico binário.
(a) CuO (b) Cu_2O

Estratégia

O nome de um composto iônico binário consiste em duas palavras: primeiro vem o nome do ânion seguido do nome do cátion. Como os metais de transição tipicamente formam mais de um cátion, a carga do cátion deve ser indicada, seja por um numeral romano entre parênteses, seguido do nome do metal de transição, seja pelos sufixos -*ico*, para indicar a carga maior, ou -*oso*, para indicar a carga menor.

Solução

(a) Nome sistemático: óxido de cobre (II). Nome comum: óxido cúprico.

(b) Nome sistemático: óxido de cobre (I). Nome comum: óxido cuproso.

Lembre-se, ao responder à parte (b), de que omitimos subscritos em nomes de compostos iônicos binários. Portanto, o 2 em Cu_2O não é indicado no nome. Sabemos que são dois íons cobre (I) porque são necessárias duas cargas positivas para equilibrar as duas cargas negativas do íon O^{2-}.

Problema 3.6

Dê o nome sistemático e o nome comum de cada composto iônico binário.
(a) FeO (b) Fe_2O_3

C. Compostos iônicos que contêm íons poliatômicos

Em compostos iônicos que contêm íons poliatômicos, primeiro vem o nome do íon negativo, depois o do íon positivo.

Exemplo 3.7 Íons poliatômicos

Dê o nome destes compostos iônicos, todos contendo um íon poliatômico:
(a) $NaNO_3$ (b) $CaCO_3$ (c) $(NH_4)_2SO_3$ (d) NaH_2PO_4

Estratégia

Em compostos iônicos que contêm íons poliatômicos, primeiro vem o nome do íon negativo, depois o do íon positivo.

Solução

(a) Nitrato de sódio (b) Carbonato de cálcio
(c) Sulfeto de amônio (d) Di-hidrogenofosfato de sódio

Problema 3.7

Dê o nome dos seguintes compostos iônicos, todos contendo um íon poliatômico:
(a) K_2HPO_4 (b) $Al_2(SO_4)_3$ (c) $FeCO_3$

3.7 O que é uma ligação covalente?

A. Formação da ligação covalente

A ligação covalente é formada quando pares de elétrons são compartilhados entre dois átomos cuja diferença de eletronegatividade é menor que 1,9. Como já mencionamos, as ligações covalentes mais comuns ocorrem entre dois não metais ou entre um não metal e um metaloide.

De acordo com o modelo de Lewis, um par de elétrons em uma ligação covalente funciona de duas maneiras simultaneamente: os dois átomos compartilham e ele preenche a camada de valência de cada átomo. O exemplo mais simples de ligação covalente é o da molécula de hidrogênio, H_2. Quando dois átomos de hidrogênio se ligam, os elétrons de cada um dos átomos se combinam para formar um par eletrônico. A ligação que se forma ao se compartilhar um par de elétrons chama-se **ligação simples**, que é representada por uma única linha entre dois átomos. O par de elétrons compartilhado entre os dois átomos de hidrogênio no H_2 completa a camada de valência de cada hidrogênio. Assim, no H_2, cada hidrogênio tem dois elétrons em sua camada de valência e uma configuração eletrônica como a do hélio, o gás nobre mais próximo em número atômico.

$$H\cdot + \cdot H \longrightarrow H - H$$

A linha representa um par de elétrons compartilhado

Conexões químicas 3B

Compostos iônicos na medicina

Muitos compostos iônicos têm utilidade medicinal, alguns dos quais aparecem na tabela.

Fórmula	Nome	Uso medicinal
$AgNO_3$	Nitrato de prata	Adstringente (externo)
$BaSO_4$	Sulfato de bário	Meio radiopaco para raios X
$CaSO_4$	Sulfato de cálcio	Engessamento
$FeSO_4$	Sulfato de ferro (II)	Tratamento de deficiência de ferro
$KMnO_4$	Permanganato de potássio	Anti-infectivo (externo)
KNO_3	Nitrato de potássio (salitre)	Diurético
Li_2CO_3	Carbonato de lítio	Tratamento do transtorno bipolar
$MgSO_4$	Sulfato de magnésio (sais de Epson)	Catártico
$NaHCO_3$	Bicarbonato de sódio	Antiácido
NaI	Iodeto de sódio	Iodo para hormônios da tiroide
NH_4Cl	Cloreto de amônio	Acidificação do sistema digestivo
$(NH_4)_2CO_3$	Carbonato de amônio	Expectorante
SnF_2	Fluoreto de estanho (II)	Fortalece os dentes (externo)
ZnO	Óxido de zinco	Adstringente (externo)

B. Ligações covalentes apolares e polares

Embora todas as ligações covalentes envolvam o compartilhamento de elétrons, elas diferem no grau desse compartilhamento. As ligações covalentes são classificadas em duas categorias, **apolares** e **polares**, dependendo da diferença de eletronegatividade entre os átomos ligados. Em uma ligação covalente apolar, os elétrons são igualmente compartilhados. Na ligação covalente polar, são compartilhados de modo desigual. É importante perceber que não há uma linha divisória rígida entre essas duas categorias, assim como não há uma divisão estrita entre ligações covalentes polares e ligações iônicas. No entanto, as orientações práticas dadas na Tabela 3.6 ajudarão a decidir se é mais provável que uma ligação seja covalente apolar, covalente polar ou iônica.

Ligação covalente apolar Ligação covalente entre dois átomos cuja diferença de eletronegatividade é menor que 0,5.

Ligação covalente polar Ligação covalente entre dois átomos cuja diferença de eletronegatividade está entre 0,5 e 1,9.

TABELA 3.6 Classificação das ligações químicas

Diferença de eletronegatividade entre átomos ligados	Tipo de ligação	Mais provavelmente formado entre
Menos de 0,5	Covalente apolar	Dois não metais ou um não metal e um metaloide
De 0,5 a 1,9	Covalente polar	
Mais que 1,9	Iônica	Metal e não metal

Um exemplo de ligação covalente polar é a do H—Cl, onde a diferença de eletronegatividade entre os átomos ligados é 3,0 − 2,1 = 0,9. Uma ligação covalente entre carbono e hidrogênio, por exemplo, é classificada como covalente apolar porque a diferença em eletronegatividade entre esses dois átomos é somente 2,5 − 2,1 = 0,4. É preciso saber, porém, que há uma ligeira polaridade na ligação C—H, mas, por ser muito pequena, dizemos arbitrariamente que a ligação C—H é apolar.

Exemplo 3.8 Classificação das ligações químicas

Classifique cada ligação como covalente apolar, covalente polar ou iônica.
(a) O—H (b) N—H (c) Na—F (d) C—Mg (e) C—S

Estratégia

Usando a Tabela 3.5, determine a diferença de eletronegatividade entre átomos ligados. Depois use os valores dados na Tabela 3.6 para classificar o tipo de ligação formado.

Solução

Ligação	Diferença de eletronegatividade	Tipo de ligação
(a) O—H	3,5 − 2,1 = 1,4	Covalente polar
(b) N—H	3,0 − 2,1 = 0,9	Covalente polar
(c) Na—F	4,0 − 0,9 = 3,1	Iônica
(d) C—Mg	2,5 − 1,2 = 1,3	Covalente polar
(e) C—S	2,5 − 2,5 = 0,0	Covalente apolar

Problema 3.8

Classifique cada ligação como covalente apolar, covalente polar ou iônica.
(a) S—H (b) P—H (c) C—F (d) C—Cl

Uma importante consequência do compartilhamento desigual de elétrons numa ligação covalente polar é que o átomo mais eletronegativo ganha uma fração maior dos elétrons compartilhados e adquire uma carga negativa parcial, indicada pelo símbolo $\delta-$ (leia-se "delta menos"). O átomo menos eletronegativo tem uma fração menor dos elétrons compartilhados e adquire uma carga positiva parcial, indicada pelo símbolo $\delta+$ (leia-se "delta mais"). Essa separação de carga produz um **dipolo** (dois polos). Costumamos mostrar a presença de uma ligação dipolo com uma seta, cuja ponta fica próxima à extremidade negativa do dipolo e uma cruz na cauda da seta, próxima à extremidade positiva (Figura 3.2).

Dipolo Espécie química em que há separação de carga. Em uma parte da espécie, há um polo positivo, e, em outra parte, existe um polo negativo.

Também podemos indicar a polaridade de uma ligação covalente com um mapa de densidade eletrônica. Nesse tipo de modelo molecular, a cor azul indica a presença de uma carga $\delta+$, e a cor vermelha, a presença de uma carga $\delta-$. A Figura 3.2 também mostra um mapa de densidade eletrônica do HCl. O modelo de esferas e bastões no centro do mapa de densidade eletrônica indica a orientação dos átomos no espaço. A superfície transparente em torno do modelo de esferas e bastões mostra os tamanhos relativos dos átomos (equivalente ao tamanho mostrado por um modelo de preenchimento de espaço). Cores na superfície mostram a distribuição da densidade eletrônica. Vemos pela cor azul que o hidrogênio tem carga $\delta+$ e pela cor vermelha que o cloro tem carga $\delta-$.

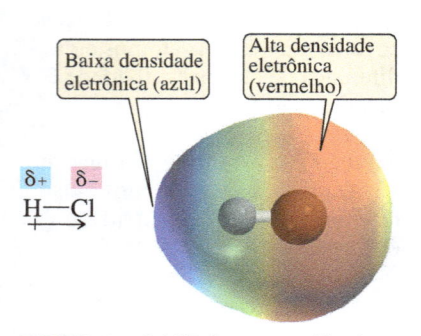

FIGURA 3.2 O HCl é uma molécula covalente polar. No mapa de densidade eletrônica do HCl, vermelho indica uma região de alta densidade eletrônica, e azul, uma região de baixa densidade eletrônica.

Exemplo 3.9 Polaridade de uma ligação covalente

Usando os símbolos $\delta-$ e $\delta+$, indique a polaridade de cada ligação covalente polar.
(a) C—O (b) N—H (c) C—Mg

Estratégia

O átomo mais eletronegativo de uma ligação covalente tem uma carga negativa parcial, e o átomo menos eletronegativo, uma carga positiva parcial.

Solução

Para (a), C e O são ambos do segundo período da tabela periódica. Como O está mais à direita que C, ele é mais eletronegativo que C. Para (c), Mg é um metal localizado no lado esquerdo da tabela periódica, e C é um não metal localizado à direita. Todos os não metais, incluindo o H, são mais eletronegativos que os metais das colunas 1A e 2A. A eletronegatividade de cada elemento é dada abaixo do símbolo do elemento.

(a) $\overset{\delta+}{C} — \overset{\delta-}{O}$ (b) $\overset{\delta-}{N} — \overset{\delta+}{H}$ (c) $\overset{\delta-}{C} — \overset{\delta+}{Mg}$
    2,5   3,5   3,0   2,1   2,5   1,2

Problema 3.9

Usando os símbolos $\delta-$ e $\delta+$, indique a polaridade em cada ligação covalente polar.
(a) C—N (b) N—O (c) C—Cl

C. Desenhando as estruturas de Lewis dos compostos covalentes

Saber desenhar estruturas de Lewis para moléculas covalentes é fundamental para o estudo da química. O quadro a seguir vai ajudar o aluno nessa tarefa.

Elétrons ligantes Elétrons de valência envolvidos na formação de ligação covalente, isto é, elétrons compartilhados.

Elétrons não ligantes Elétrons de valência não envolvidos na formação de ligações covalentes, isto é, elétrons não compartilhados.

Ligação simples Ligação formada pelo compartilhamento de um par de elétrons e representada por uma única linha entre dois átomos.

Estrutura de Lewis Fórmula para moléculas ou íons que mostra todos os pares de elétrons ligantes como ligações simples, duplas ou triplas, e todos os elétrons não ligantes como pares de pontos.

Fórmula estrutural Fórmula que mostra como os átomos de uma molécula ou íons estão ligados entre si. Essa fórmula é semelhante à estrutura de Lewis, no entanto mostra apenas pares de elétrons ligantes.

Como...
Desenhar estruturas de Lewis

1. **Determine o número de valência de elétrons na molécula.**
   Calcule o número de elétrons de valência de cada átomo.
   Para determinar o número de elétrons de valência, é preciso saber a quantidade de cada tipo de átomo na molécula. Não é preciso saber nada sobre como os átomos estão ligados entre si.
   Exemplo: A estrutura de Lewis para o formaldeído, CH_2O, deve mostrar 12 elétrons de valência:

   4 (do C) + 2 (dos dois H) + 6 (do O) = 12

2. **Determine a conectividade dos átomos (que átomos estão ligados entre si) e conecte os átomos ligados por ligações simples.**
   Determinar a conectividade dos átomos geralmente é a parte mais difícil quando se desenha uma estrutura de Lewis.[2] No caso de algumas moléculas, pedimos a você que proponha a conectividade. Para a maioria delas, porém, damos a conectividade determinada experimentalmente e pedimos que você complete a estrutura de Lewis.
   Exemplo: Os átomos no formaldeído estão ligados na seguinte ordem. Observe que não tentamos neste ponto mostrar ângulos de ligação ou a forma tridimensional da molécula, mostramos apenas o que está ligado a quê.

   $$H-\underset{|}{\overset{O}{C}}-H$$

   Essa estrutura parcial mostra seis elétrons de valência nas três ligações simples. Nela já temos seis dos 12 elétrons de valência.

3. **Arranje os elétrons restantes de modo que cada átomo tenha uma camada externa completa.**
   Cada átomo de hidrogênio deve estar circundado por dois elétrons. Cada átomo de carbono, nitrogênio, oxigênio e halogênio deve estar circundado por oito elétrons de valência. Os elétrons de valência restantes podem ser compartilhados entre átomos em ligações ou ser pares não compartilhados em um único átomo. Um par de elétrons envolvido numa ligação covalente (**elétrons ligantes**) é mostrado como uma linha única, e um par não compartilhado de elétrons (**elétrons não ligantes**) é mostrado como um par de pontos de Lewis.

---

[2] Há uma maneira relativamente simples de se determinar a conectividade dos átomos em uma molécula observando as seguintes regras: a) os hidrogênios são sempre átomos terminais (periféricos) na estrutura, nunca se encontram ligados entre dois outros átomos; b) o átomo central é o que se encontra em menor número na fórmula molecular, ou normalmente o átomo menos eletronegativo. Frequentemente temos como átomos centrais C, N, P, S; c) os halogênios são normalmente átomos terminais (por exemplo, PCl_3), com exceção dos oxiácidos (como $HClO_4$), nos quais são os átomos centrais; d) nos oxiácidos (entre eles $HClO_4$, HNO_3, H_2CO_3) os hidrogênios estão sempre ligados aos oxigênios.

Exemplificando essas regras para o formaldeído (CH_2O), que está sendo estudado neste quadro, temos que o átomo central só pode ser o oxigênio ou o carbono, uma vez que eles se encontram em igual número na fórmula molecular, e os demais átomos são hidrogênios. Como o carbono é menos eletronegativo que o oxigênio, ele é o átomo central. Definido o átomo central, unimos este átomo aos demais através de uma linha, como mostrado neste quadro.

No caso do HNO_3 teríamos como átomo central N, pois é o que se encontra em menor número na fórmula molecular e, adicionalmente, é menos eletronegativo que o oxigênio. A conectividade é feita pela ligação do N central a cada um dos oxigênios utilizando uma linha. Como se trata de um oxiácido, não ocorre conexão direta entre o hidrogênio e o nitrogênio central – o hidrogênio se encontra conectado por uma linha a um dos oxigênios da estrutura.

Desta forma temos a conectividade básica definida. A formação de ligações adicionais é descrita neste quadro. (NRT)

Ligação dupla Ligação formada por compartilhamento de dois pares de elétrons e representada por duas linhas entre os dois átomos ligados.

Ligação tripla Ligação formada por compartilhamento de três pares de elétrons e representada por três linhas entre os dois átomos ligados.

Estrutura de Lewis

Pares de elétrons não compartilhados não aparecem nos modelos de esferas e bastões

Modelos de esferas e bastões

Quando se colocam dois pares de elétrons ligantes entre C e O, damos ao carbono um octeto completo. Quando se colocam os quatro elétrons restantes no oxigênio como dois pares de Lewis, damos ao oxigênio oito elétrons de valência e um octeto completo (regra do octeto). Observe que colocamos os dois pares de elétrons ligantes entre C e O antes de distribuirmos os pares não compartilhados de elétrons para o oxigênio.

Para conferir essa estrutura, verifique se (1) cada átomo tem uma camada de valência completa (sim, confere) e se (2) a estrutura de Lewis apresenta o número correto de elétrons de valência (12, confere).

4. Em uma **ligação dupla**, dois átomos compartilham dois pares de elétrons. Representamos a ligação dupla com duas linhas entre os átomos ligados. Duplas ligações são mais comuns entre átomos de C, N, O e S. Nos capítulos sobre química orgânica e bioquímica, veremos muitos exemplos de ligações duplas C=C, C=N e C=O.

5. Em uma **ligação tripla**, dois átomos compartilham três pares de elétrons. Indicamos uma tripla ligação com três linhas entre os átomos ligados. Ligações triplas são mais comuns entre átomos de C e N, como —C≡C— e —C≡N: ligações triplas.

TABELA 3.7 Estrutura de Lewis para várias moléculas pequenas

H_2O (8) Água	NH_3 (8) Amônia	CH_4 (8) Metano	HCl (8) Cloreto de hidrogênio
C_2H_4 (12) Etileno	C_2H_2 (10) Acetileno	CH_2O (12) Formaldeído	H_2CO_3 (24) Ácido carbônico

(O número de elétrons de valência em cada molécula é dado entre parênteses depois da fórmula molecular do composto.)

A Tabela 3.7 apresenta as estruturas de Lewis e os nomes de várias moléculas pequenas. Observe que cada hidrogênio é circundado por dois elétrons de valência, e cada carbono, nitrogênio, oxigênio e cloro é circundado por oito elétrons de valência. Além disso, cada carbono tem quatro ligações, cada nitrogênio tem três ligações e um par de elétrons não compartilhados, cada oxigênio tem duas ligações e dois pares de elétrons não compartilhados, e o cloro (bem como os outros halogênios) tem uma ligação e três pares de elétrons não compartilhados.

Exemplo 3.10 Estruturas de Lewis para compostos covalentes

Determine o número de elétrons de valência em cada molécula e desenhe a estrutura de Lewis:

(a) Peróxido de hidrogênio, H_2O_2 (b) Metanol, CH_3OH
(c) Ácido acético, CH_3COOH

Estratégia

Para determinar o número de elétrons de valência em uma molécula, adicione o número de elétrons de valência fornecido para cada tipo de átomo na molécula. Para desenhar uma estrutura de Lewis, determine a conectividade dos átomos e conecte átomos ligados por ligações simples. Depois arranje os elétrons de valência restantes de modo que cada átomo tenha uma camada externa completa.

Solução

(a) A estrutura de Lewis para o peróxido de hidrogênio, H_2O_2, deve mostrar os 14 elétrons de valência: seis de cada oxigênio e um de cada hidrogênio, para um total de 12 + 2 = 14 elétrons de valência. Sabemos que o hidrogênio forma apenas uma ligação covalente, portanto a conectividade dos átomos deve ser assim:

$$H—O—O—H$$

As três ligações simples são responsáveis pelos seis elétrons de valência. Os oito elétrons de valência restantes devem ser colocados nos átomos de oxigênio para dar a cada átomo um octeto completo:

H—Ö—Ö—H

Modelos de esferas e bastões mostram núcleos e ligações covalentes, mas não mostram pares de elétrons não compartilhados

(b) A estrutura de Lewis para o metano, CH_3OH, deve mostrar os quatro elétrons de valência do carbono, um de cada hidrogênio, e os seis do oxigênio, em um total de 4 + 4 + 6 = 14 elétrons de valência. A conectividade dos átomos no metanol é dada à esquerda. As cinco ligações simples nessa estrutura parcial são responsáveis pelos dez elétrons de valência. Os quatro elétrons de valência restantes devem ser colocados no oxigênio como dois pares de pontos (pares de elétrons não compartilhados) para lhe dar um octeto completo:

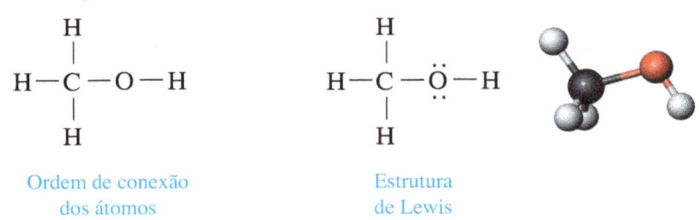

Ordem de conexão dos átomos

Estrutura de Lewis

(c) Uma molécula de ácido acético, CH_3COOH, deve conter os quatro elétrons de valência de cada carbono, os seis de cada oxigênio, e um de cada hidrogênio, para um total de 8 + 12 + 4 = 24 elétrons de valência. A conectividade dos átomos, mostrada à esquerda, contém sete ligações simples, responsáveis por 14 elétrons de valência. Os dez elétrons restantes devem ser adicionados de modo que cada átomo de carbono e oxigênio tenha uma camada externa completa de oito elétrons. Isso pode ser feito de uma maneira apenas, o que cria uma dupla ligação entre o carbono e um de seus oxigênios.

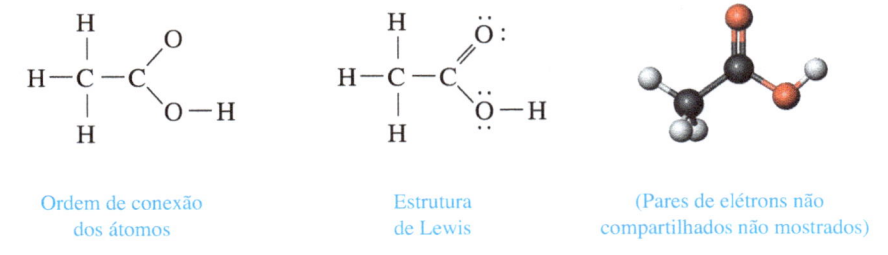

Ordem de conexão dos átomos

Estrutura de Lewis

(Pares de elétrons não compartilhados não mostrados)

Nessa estrutura de Lewis, cada carbono tem quatro ligações: um carbono tem quatro ligações simples, e o outro carbono, duas ligações simples e uma ligação dupla. Cada oxigênio tem duas ligações e dois pares de elétrons não compartilhados: um oxigênio tem uma ligação dupla e dois pares de elétrons não compartilhados, e o outro oxigênio, duas ligações simples e dois pares de elétrons não compartilhados.

Problema 3.10

Desenhe a estrutura de Lewis para cada molécula. Cada uma delas tem apenas uma ordem possível de conexão para seus átomos, que você deve determinar.

(a) Etano, C_2H_6
(b) Clorometano, CH_3Cl
(c) Cianeto de hidrogênio, HCN

Exemplo 3.11 Ligação covalente do carbono

Por que o carbono tem quatro ligações e nenhum par de elétrons não compartilhado em alguns compostos covalentes?

Estratégia

Ao responder a essa pergunta, você precisa considerar a configuração eletrônica do carbono, o número de elétrons que sua camada de valência pode conter e os orbitais disponíveis para compartilhar elétrons e formar ligações covalentes.

Solução

Ao formar compostos covalentes, o carbono reage de modo a ter uma camada de valência preenchida, isto é, um octeto completo em sua camada de valência e uma configuração eletrônica semelhante à do neônio, o gás nobre mais próximo em número atômico.

O carbono é um elemento do segundo período e pode conter não mais que oito elétrons em sua camada de valência, isto é, no orbital $2s$ e nos três orbitais $2p$. Quando o carbono tem quatro ligações, possui uma camada de valência completa e um octeto completo. Com oito elétrons, seus orbitais $2s$ e $2p$ agora estão completamente ocupados e não podem comportar mais elétrons. Um par de elétrons adicional traria dez elétrons para a camada de valência do carbono e violaria a regra do octeto.

Problema 3.11

Desenhe a estrutura de Lewis para um composto covalente em que o carbono tenha:
(a) Quatro ligações simples
(b) Duas ligações simples e uma ligação dupla
(c) Duas ligações duplas
(d) Uma ligação simples e uma ligação tripla

D. Exceções à regra do octeto

O modelo de Lewis da ligação covalente focaliza os elétrons de valência e a necessidade de cada átomo, que não seja o hidrogênio, ter uma camada de valência completa com oito elétrons. Embora a maior parte das moléculas formadas pelos elementos do grupo principal (grupos 1A-7A) tenha estruturas que satisfazem a regra do octeto, existem algumas exceções importantes.

Uma das exceções envolve moléculas que contêm um átomo com mais de oito elétrons na camada de valência. Átomos de elementos do segundo período utilizam um orbital $2s$ e três orbitais $2p$ para ligação; esses quatro orbitais podem conter apenas oito elétrons de valência – daí a regra do octeto. Átomos de elementos do terceiro período, no entanto, têm um orbital $3s$, três orbitais $3p$ e cinco orbitais $3d$; eles podem acomodar mais de oito elétrons em suas camadas de valência (Seção 2.6A). Na fosfina, PH_3, o fósforo tem oito elétrons na camada de valência e obedece à regra do octeto. Os átomos de fósforo no pentacloreto de fósforo, PCl_5, e no ácido fosfórico, H_3PO_4, têm dez elétrons em suas camadas de valência e, portanto, são exceções à regra do octeto.

O enxofre, outro elemento do terceiro período, forma compostos com 8, 10 e mesmo 12 elétrons na camada de valência. O átomo de enxofre no H_2S tem 8 elétrons em sua camada de valência e obedece à regra do octeto. Os átomos de enxofre no SO_2 e no H_2SO_4 têm 10 e 12 elétrons, respectivamente, em suas camadas de valência e são exceções à regra do octeto.

8 elétrons na camada de valência do enxofre

10 elétrons na camada de valência do enxofre

12 elétrons na camada de valência do enxofre

H—S̈—H

:Ö=S̈=Ö:

H—Ö—S—Ö—H (com =O em cima e O em baixo)

Sulfeto de hidrogênio

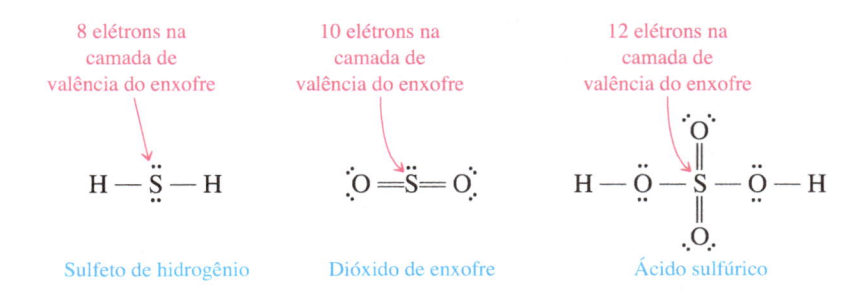

Dióxido de enxofre

Ácido sulfúrico

3.8 Qual é a nomenclatura dos compostos covalentes binários?

Um **composto covalente binário** é um composto binário (dois elementos) em que todas as ligações são covalentes. Ao dar nome a um composto covalente binário:

1. Primeiro vem o nome do elemento mais eletronegativo, que é formado adicionando-se *-eto* ao nome do radical do elemento. Cloro, por exemplo, torna-se cloreto, mas oxigênio torna-se óxido, que é uma exceção.

2. Depois vem o nome do elemento menos eletronegativo (ver Tabela 3.5). Observe que o elemento menos eletronegativo geralmente também é escrito em primeiro lugar na fórmula.

3. Use os prefixos *di-*, *tri-*, *tetra-* e assim por diante para mostrar o número de átomos de cada elemento. O prefixo *mono-* é omitido quando se refere ao primeiro átomo e raramente é usado para o segundo átomo. Uma exceção à regra é o CO, cujo nome é monóxido de carbono.

> Dê o nome do segundo elemento; use os prefixos *di-* e assim por diante, se necessário.

> Dê o nome do primeiro elemento da fórmula; O nome do composto é então escrito com duas palavras; use o prefixo *di-* e assim por diante, se necessário.

Exemplo 3.12 Compostos covalentes binários

Dê o nome dos seguintes compostos covalentes binários:
(a) NO   (b) SF_2 (c) N_2O

Estratégia

O nome sistemático de um composto covalente binário consiste de duas palavras. A primeira palavra refere-se ao nome do segundo elemento que aparece na fórmula e esta palavra é assim construída: (1) use um prefixo (*di-*, *tri-*, *tetra-*, e assim por diante) designando o número de átomos do segundo elemento, (2) o nome do radical do elemento, (3) o sufixo *-eto*.

A segunda palavra é o nome do primeiro elemento que aparece na fórmula. Use um prefixo (*di-*, *tri-*, *tetra-*, e assim por diante) para mostrar o número de átomos do primeiro elemento na fórmula.

Lembre que, quando só existe um átomo tanto do primeiro como do segundo elemento que aparecem na fórmula, não é necessário usar o prefixo *mono-*.

Solução

(a) Óxido de nitrogênio (mais conhecido como óxido nítrico)
(b) Difluoreto de enxofre
(c) Óxido de dinitrogênio (mais conhecido como óxido nitroso ou gás do riso)

Problema 3.12

Dê os nomes dos compostos covalentes binários:
(a) NO_2 (b) PBr_3 (c) SCl_2 (d) BF_3

Conexões químicas 3C

Óxido nítrico: poluente atmosférico e mensageiro biológico

O óxido nítrico, NO, é um gás incolor cuja importância no ambiente é conhecida há décadas, mas cuja importância biológica somente agora está sendo reconhecida. Essa molécula tem 11 elétrons de valência. Como seu número de elétrons é ímpar, não é possível desenhar uma estrutura para o NO que obedeça à regra do octeto; deve haver um elétron não emparelhado, que aqui aparece no átomo de nitrogênio, menos eletronegativo.

Elétron não emparelhado → $:\ddot{N}=\ddot{O}:$
Óxido nítrico

A importância do NO no ambiente surge do fato de ser formado como subproduto durante a combustão de combustíveis fósseis. Nas condições de temperatura de motores de combustão interna e de outras fontes de combustão, o nitrogênio e o oxigênio do ar reagem para formar pequenas quantidades de NO:

$$N_2 + O_2 \xrightarrow{calor} 2NO$$
Óxido nítrico

Quando inalado, o NO passa dos pulmões para a corrente sanguínea. Ali interage com o ferro da hemoglobina, diminuindo sua capacidade de carregar oxigênio. O que faz o óxido nítrico tão perigoso para o ambiente é o fato de reagir quase imediatamente com o oxigênio para formar NO_2. Ao se dissolver na água, o NO_2 reage para formar ácido nítrico e ácido nitroso, importantes componentes da chuva ácida.

$$2NO + O_2 \longrightarrow 2NO_2$$
Óxido nítrico — Dióxido de nitrogênio

$$2NO_2 + H_2O \longrightarrow HNO_3 + HNO_2$$
Dióxido de nitrogênio — Ácido nítrico — Ácido nitroso

Imagine a surpresa quando se descobriu, nas últimas duas décadas, que esse composto altamente reativo e aparentemente perigoso é sintetizado pelo organismo humano e desempenha um papel vital como molécula sinalizadora no sistema cardiovascular (ver "Conexões químicas 24F").

3.9 O que é ressonância?

À medida que os químicos passavam a entender melhor a ligação covalente em compostos orgânicos e inorgânicos, tornou-se óbvio que, para muitas moléculas e ânions, nenhuma estrutura de Lewis pode fornecer uma representação verdadeiramente acurada. Por exemplo, a Figura 3.3 mostra três estruturas de Lewis para o íon carbonato, CO_3^{2-}. Em cada estrutura, o carbono está ligado a três átomos de oxigênio pela combinação de uma ligação dupla e duas ligações simples. Cada estrutura de Lewis implica que uma ligação carbono-oxigênio é diferente da outra. No entanto, esse não é o caso. Foi demonstrado experimentalmente que as três ligações carbono-oxigênio são idênticas.

FIGURA 3.3 (a-c) Três estruturas de Lewis para o íon carbonato.

Para o químico, o problema é como descrever a estrutura de moléculas e íons para a qual nenhuma estrutura de Lewis é adequada e, no entanto, ainda manter as estruturas de Lewis. Em resposta a esse problema, Linus Pauling propôs a teoria da ressonância.

A. Teoria da ressonância

Ressonância Teoria em que muitas moléculas e íons são descritos como híbridos de duas ou mais estruturas contribuintes de Lewis.

Estrutura contribuinte Representações de uma molécula ou íon que diferem apenas na distribuição dos elétrons de valência.

De acordo com a teoria da **ressonância**, muitas moléculas e íons são mais apropriadamente descritos por duas ou mais estruturas de Lewis, considerando a molécula ou o íon real um híbrido dessas estruturas. Uma estrutura de Lewis individual é chamada **estrutura contribuinte**. Às vezes, essas estruturas são também denominadas **estruturas de ressonância** ou **contribuidores de ressonância**. Mostramos que a molécula ou o íon real é um **híbrido de ressonância** das várias estruturas contribuintes, interconectando-os com **setas de dupla ponta**. Não confundir a seta de dupla ponta com a seta dupla usada para indicar equilíbrio químico. Como explicaremos mais adiante, as estruturas de ressonância não estão em equilíbrio umas com as outras.

A Figura 3.4 mostra três estruturas contribuintes para o íon carbonato. Essas estruturas contribuintes são ditas equivalentes. Todas as três possuem padrões idênticos de ligação covalente.

O uso do termo "ressonância" para essa teoria de ligação covalente parece sugerir que ligações e pares de elétrons mudam constantemente de uma posição para outra com o tempo. Essa não é uma noção correta. O íon carbonato, por exemplo, tem uma – e somente uma – estrutura real. O problema é nosso. Como representar essa estrutura real? O método da ressonância apresenta uma forma de representar a estrutura real ao mesmo tempo que mantém as estruturas de Lewis de ligações com pares de elétrons e mostra todos os pares de elétrons não ligantes. Assim, embora se perceba que o íon carbonato não é representado com precisão por nenhuma das estruturas contribuintes que aparecem na Figura 3.4, continuamos a representá-la por uma delas por conveniência. Entendemos, é claro, que estamos nos referindo ao híbrido de ressonância.

Híbrido de ressonância Moléculas ou íons descritos como compósitos ou híbridos de várias estruturas contribuintes.

Seta de dupla ponta Símbolo empregado para indicar que as estruturas de ambos os lados são estruturas contribuintes de ressonância.

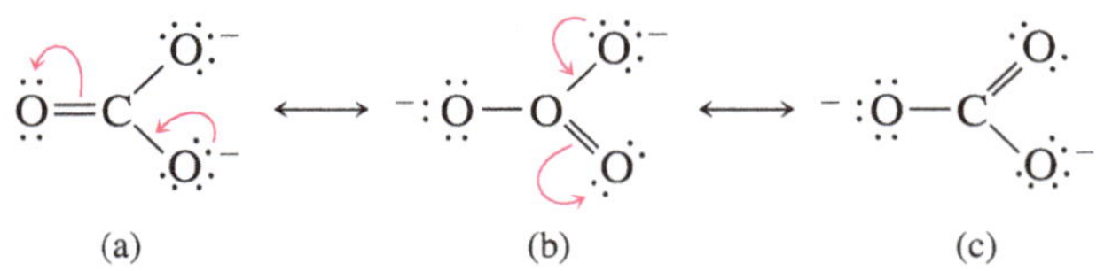

FIGURA 3.4 (a-c) O íon carbonato representado como um híbrido de três estruturas contribuintes equivalentes. Setas curvadas (em vermelho) mostram como os pares de elétrons são redistribuídos de uma estrutura contribuinte para a próxima.

Como...
Desenhar setas curvadas e elétrons deslocalizados

Na Figura 3.4, observe que a única diferença entre as estruturas contribuintes (a), (b) e (c) é a posição dos elétrons de valência. Para gerar uma estrutura de ressonância partindo de outra estrutura de ressonância, os químicos usam a seta curvada, que indica a origem (a cauda da seta) de um par de elétrons e onde ele é reposicionado em uma estrutura contribuinte alternativa (a ponta da seta).

Uma seta curvada não é nada mais que um símbolo contábil para registrar os pares de elétrons ou, como dizem alguns, deslocalização eletrônica. Não se deixe enganar por sua simplicidade. A deslocalização eletrônica ajuda a ver a relação entre as estruturas contribuintes. A seguir, apresentam-se algumas estruturas contribuintes para os íons nitrito e acetato. Setas curvadas mostram como as estruturas contribuintes são interconvertidas. Para cada íon, as estruturas contribuintes são equivalentes. Elas apresentam os mesmos padrões de ligação.

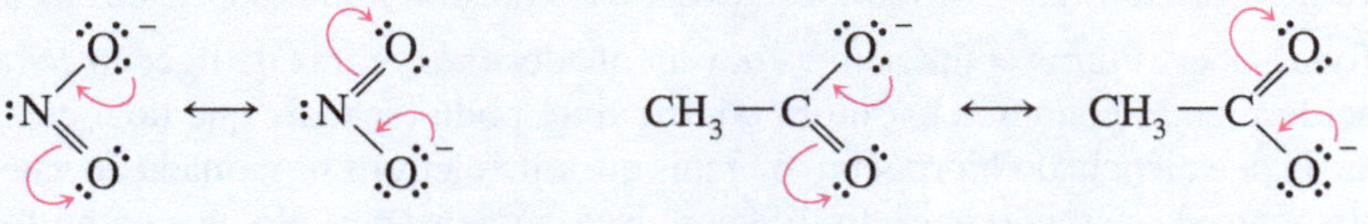

Íon nitrito
(estruturas contribuintes equivalentes)

Íon acetato
(estruturas contribuintes equivalentes)

Um erro muito comum é usar setas curvadas para indicar o movimento dos átomos ou das cargas positivas. Isso nunca é correto. Setas curvadas são utilizadas somente para mostrar o reposicionamento de pares de elétrons quando uma nova estrutura contribuinte é gerada.

A ressonância, quando existe, é um fator estabilizante, isto é, um híbrido de ressonância é mais estável que qualquer uma de suas estruturas contribuintes hipotéticas. Veremos três ilustrações particularmente notáveis da estabilidade dos híbridos de ressonância quando considerarmos as propriedades químicas incomuns do benzeno e dos hidrocarbonetos aromáticos no Capítulo 13, a acidez dos ácidos carboxílicos no Capítulo 18 e a geometria das ligações amida em proteínas no Capítulo 19.

Exemplo 3.13 Ressonância

Desenhe a estrutura contribuinte indicada pelas setas curvadas. Mostre todos os elétrons de valência e todas as cargas.

Estratégia

Setas curvadas mostram o reposicionamento de um par de elétrons, seja de uma ligação para um átomo adjacente, como nas partes (a) e (b), seja de um átomo para uma ligação adjacente, como nas partes (b) e (c).

Solução

Problema 3.13

Desenhe a estrutura contribuinte indicada pelas setas curvadas. Mostre todos os elétrons de valência e todas as cargas.

B. Escrevendo estruturas contribuintes aceitáveis

Certas regras devem ser seguidas para escrever estruturas contribuintes aceitáveis:

1. Todas as estruturas contribuintes devem ter o mesmo número de elétrons de valência.
2. Todas as estruturas contribuintes devem obedecer às regras da ligação covalente. Particularmente, nenhuma estrutura contribuinte pode ter mais que dois elétrons na camada de valência do hidrogênio ou mais que oito elétrons na camada de valência de um elemento do segundo período. Elementos do terceiro período, tais como fósforo e enxofre, podem ter mais que oito elétrons em suas camadas de valência.
3. As posições de todos os núcleos devem ser as mesmas em todas as estruturas de ressonância, isto é, estruturas contribuintes diferem apenas na distribuição dos elétrons de valência.

Exemplo 3.14 Estruturas contribuintes de ressonância

Quais destes pares são válidos como estruturas contribuintes?

Estratégia

A diretriz testada neste exemplo é que as estruturas contribuintes envolvem apenas a redistribuição dos elétrons de valência. A posição de todos os átomos permanece a mesma.

Solução

(a) Trata-se de estruturas contribuintes válidas. Diferem apenas na distribuição (locação) dos elétrons de valência.

(b) Não são estruturas contribuintes válidas. Diferem no arranjo de seus átomos.

Problema 3.14

Quais destes pares são válidos como estruturas contribuintes?

$$\underset{(a)}{CH_3-\overset{\overset{\cdot\cdot}{\underset{\cdot\cdot}{O}}}{\underset{\underset{\cdot\cdot}{\overset{\cdot\cdot}{O:^-}}}{C}} \quad e \quad CH_3-\overset{\overset{\cdot\cdot}{\underset{\cdot\cdot}{O:^-}}}{\underset{\underset{\cdot\cdot}{\overset{\cdot\cdot}{O:^-}}}{C^+}}} \qquad \underset{(b)}{CH_3-\overset{\overset{\cdot\cdot}{\underset{\cdot\cdot}{O}}}{\underset{\underset{\cdot\cdot}{\overset{\cdot\cdot}{O:^-}}}{C}} \quad e \quad CH_3-\overset{\overset{\cdot\cdot}{\underset{\cdot\cdot}{O}}}{\underset{\underset{\cdot\cdot}{\overset{\cdot\cdot}{O}}}{\overset{-}{C}}}}$$

Observação final: Não confundir estruturas contribuintes de ressonância com equilíbrio entre diferentes espécies. Uma molécula descrita como híbrido de ressonância não está em equilíbrio entre as configurações eletrônicas individuais das estruturas contribuintes. Em vez disso, a molécula tem apenas uma estrutura, que é descrita mais apropriadamente como um híbrido de suas várias estruturas contribuintes. As cores do círculo cromático podem servir de analogia. Púrpura não é uma cor primária, é uma mistura das cores primárias azul e vermelho. Imagine as moléculas representadas pelos híbridos de ressonância como sendo a cor púrpura. E púrpura não é às vezes azul, às vezes vermelho: púrpura é púrpura. De modo análogo, uma molécula descrita como híbrido de ressonância não é ora uma estrutura contribuinte, ora outra: é uma estrutura única o tempo todo.

3.10 Como prever ângulos de ligação em moléculas covalentes?

Na Seção 3.7, usamos um par de elétrons compartilhados como a unidade fundamental das ligações covalentes e desenhamos estruturas de Lewis para várias moléculas pequenas contendo diversas combinações de ligações simples, duplas e triplas (ver, por exemplo, a Tabela 3.7). Podemos prever **ângulos de ligação** nessas e em outras moléculas utilizando o **modelo de repulsão dos pares eletrônicos da camada de valência** (VSEPR – *valence-shell electron-pair repulsion*).

De acordo com esse modelo, os elétrons de valência de um átomo podem estar envolvidos na formação de ligações simples, duplas e triplas ou ser não compartilhados. Cada combinação cria, em torno do núcleo, uma região de densidade eletrônica com carga negativa. Já que as cargas iguais se repelem, as várias regiões de densidade eletrônica em torno do núcleo se distribuem para que possam ficar o mais longe possível umas das outras.

Podem-se demonstrar os ângulos de ligação previstos por esse modelo de uma maneira muito simples. Imagine que um balão inflado represente uma região de densidade eletrônica. Dois balões inflados unidos por suas extremidades assumem o formato mostrado na Figura 3.5(a). O ponto onde eles se unem representa o átomo sobre o qual se quer prever um ângulo de ligação, e os balões representam as regiões de densidade eletrônica em torno desse átomo.

Usamos o modelo VSEPR e a analogia do modelo do balão da seguinte maneira para prever o formato de uma molécula de metano, CH_4. A estrutura de Lewis para o CH_4 mostra um átomo de carbono circundado por quatro regiões de densidade eletrônica. Cada região contém um par de elétrons formando uma ligação covalente simples para um átomo de hidrogênio. De acordo com o modelo VSEPR, as quatro regiões apontam na direção oposta à do carbono, de modo que possam ficar o mais afastado possível umas das outras.

Ângulo de ligação Ângulo entre dois átomos ligados a um átomo central.

O gás amônia é injetado no solo de um campo agrícola. A maior parte da amônia produzida no mundo é usada como fertilizante porque essa molécula fornece o nitrogênio necessário para as plantas verdes.

A separação máxima ocorrerá quando o ângulo entre duas regiões quaisquer de densidade eletrônica for de 109,5°. Portanto, prevemos que todos os ângulos de ligação H—C—H serão de 109,5°, e o formato da molécula será **tetraédrica** (Figura 3.6). Os ângulos de ligação H—C—H no metano foram medidos experimentalmente e o valor encontrado foi 109,5°. Assim, os ângulos de ligação e o formato do metano previsto pelo modelo VSEPR são idênticos àqueles observados experimentalmente.

Do mesmo modo, podemos prever o formato da molécula de amônia, NH_3. A estrutura de Lewis de NH_3 mostra o nitrogênio circundado por quatro regiões de densidade eletrônica. Três regiões contêm pares simples de elétrons que formam ligações covalentes com átomos de hidrogênio. A quarta região contém um par de elétrons não emparelhados (Figura 3.7(a)). Pelo modelo VSEPR, prevemos que as quatro regiões são arranjadas como um tetraedro e que os três ângulos de ligação H—N—H nessa molécula são de 109,5°. Os ângulos de ligação observados são de 107,5°. Podemos explicar essa pequena diferença entre os ângulos previstos e os ângulos observados propondo que o par de elétrons não compartilhados do nitrogênio repele os pares de elétrons ligantes adjacentes com mais força que o par de ligantes repele um ao outro.

A geometria da molécula de amônia é descrita como piramidal, isto é, a molécula tem a forma de uma pirâmide de base triangular, com os três hidrogênios localizados na base e o nitrogênio no ápice.

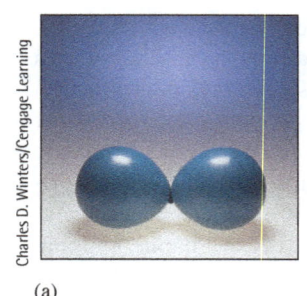

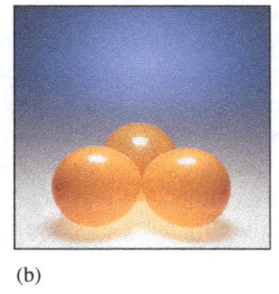

FIGURA 3.5 Modelo de balões inflados para prever ângulos de ligação. (a) Dois balões assumem um formato linear com um ângulo de ligação de 180° em torno do ponto de junção. (b) Três balões assumem um formato planar trigonal com ângulos de ligação de 120° em torno do ponto de junção. (c) Quatro balões assumem um formato tetraédrico com ângulos de ligação de 109,5° em torno do ponto de junção.

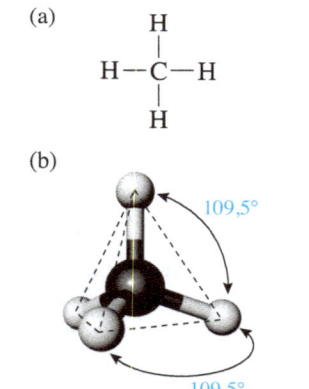

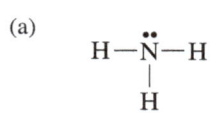

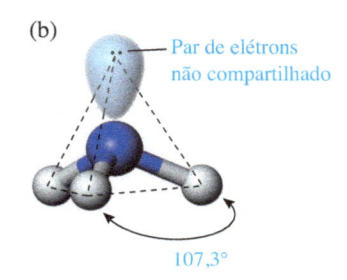

FIGURA 3.6 Formato de uma molécula de metano, CH_4. (a) Estrutura de Lewis e (b) modelo de esferas e bastões. Os hidrogênios ocupam os quatro vértices de um tetraedro regular, e todos os ângulos da ligação H—C—H são de 109,5°.

FIGURA 3.7 Formato de uma molécula de amônia, NH_3. (a) Estrutura de Lewis e (b) modelo de esferas e bastões. Os ângulos da ligação H—N—H são de 107,3°, pouco menores que os ângulos da ligação H—C—H do metano.

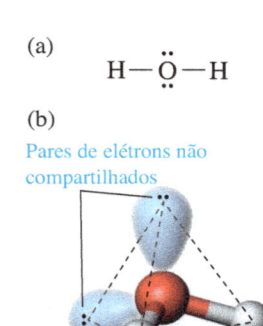

FIGURA 3.8 Formato de uma molécula de água, H_2O. (a) Estrutura de Lewis e (b) modelo de esferas e bastões.

A Figura 3.8 mostra uma estrutura de Lewis e um modelo de esferas e bastões de uma molécula de água. Em H_2O, o oxigênio é circundado por quatro regiões de densidade eletrônica. Duas dessas regiões contêm pares de elétrons usados para formar ligações covalentes simples com os hidrogênios, e as duas regiões restantes contêm pares de elétrons não compartilhados. Utilizando o modelo VSEPR, prevemos que as quatro regiões de densidade eletrônica em torno do oxigênio apresentam um arranjo tetraédrico e que o ângulo da ligação H—O—H é de 109,5°. Medidas experimentais mostram que o ângulo real da ligação H—O—H é de 104,5°, um valor menor que o previsto. Podemos explicar essa diferença entre o ângulo de ligação previsto e o observado propondo, como fizemos para NH_3, que pares de elétrons não emparelhados repelem pares adjacentes com mais força que os pares ligantes. Observe que a distorção de 109,5° é maior em H_2O, com dois pares de elétrons não emparelhados, que em NH_3, que tem somente um par não compartilhado.

Uma previsão geral emerge dessa discussão. Se uma estrutura de Lewis mostra quatro regiões de densidade eletrônica em torno do átomo, o modelo VSEPR prevê uma distribuição tetraédrica de densidade eletrônica e ângulos de ligação de aproximadamente 109,5°.

Em muitas das moléculas que encontraremos, três regiões de densidade eletrônica circundam o átomo. A Figura 3.9 mostra as estruturas de Lewis e os modelos de esferas e bastões para as moléculas de formaldeído, CH_2O, e etileno, C_2H_4.

No modelo VSEPR, tratamos uma ligação dupla como uma única região de densidade eletrônica. No formaldeído, três regiões de densidade eletrônica circundam o carbono. Duas regiões contêm pares de elétrons simples, cada um formando uma ligação simples com o hidrogênio. A terceira região contém dois pares de elétrons, que formam uma ligação dupla com o oxigênio. No etileno, três regiões de densidade eletrônica também circundam cada átomo de carbono: duas contêm pares de elétrons simples, e a terceira, dois pares.

A máxima distância de separação entre três regiões de densidade eletrônica em torno de um átomo ocorre quando elas estão no mesmo plano e formam ângulos de 120° umas com as outras. Assim, os ângulos de ligação previstos de H—C—H e H—C—O no formaldeído e H—C—H e H—C—C no etileno são todos de 120°. Além disso, todos os átomos de cada molécula estão no mesmo plano. Assim, tanto o formaldeído como o etileno são moléculas planares. A geometria em torno de um átomo circundado por três regiões de densidade eletrônica, como no formaldeído e etileno, é descrita como **planar trigonal**.

Em outros tipos de moléculas, duas regiões de densidade eletrônica circundam um átomo central. A Figura 3.10 mostra as estruturas de Lewis e os modelos de esferas e bastões de moléculas de dióxido de carbono, CO_2, e acetileno, C_2H_2.

No dióxido de carbono, duas regiões de densidade eletrônica circundam o carbono, e cada uma contém dois pares de elétrons e forma uma ligação dupla com o átomo de oxigênio.

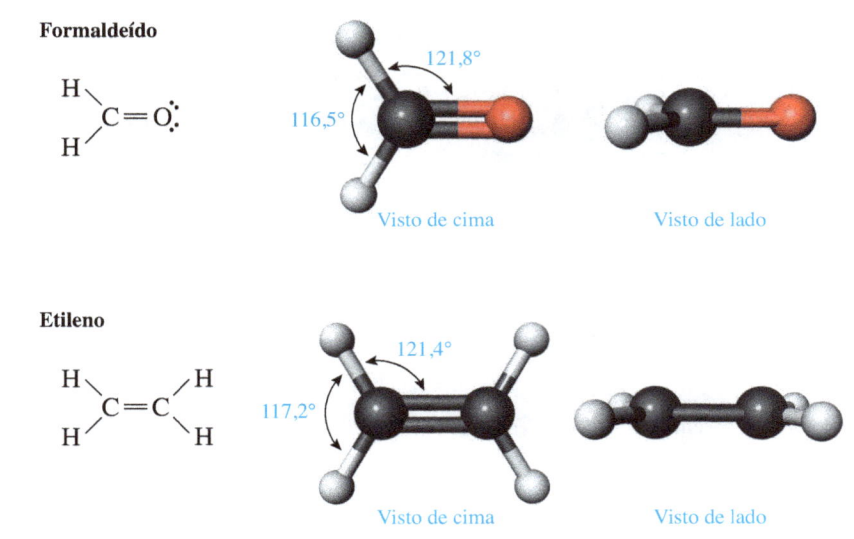

FIGURA 3.9 Formatos das moléculas de formaldeído, CH_2O, e etileno, C_2H_4.

No acetileno, duas regiões de densidade eletrônica também circundam cada carbono: uma contém um único par de elétrons e forma uma ligação simples com um átomo de hidrogênio, e a outra contém três pares de elétrons e forma uma ligação tripla com um átomo de carbono. Em cada caso, o máximo afastamento entre as duas regiões de densidade eletrônica ocorre quando formam uma linha reta que passa pelo átomo central e cria um ângulo de 180°. Tanto o dióxido de carbono como o acetileno são moléculas lineares.

Dióxido de carbono

$:\ddot{O}=C=\ddot{O}:$

Visto de lado   Visto das extremidades

Acetileno

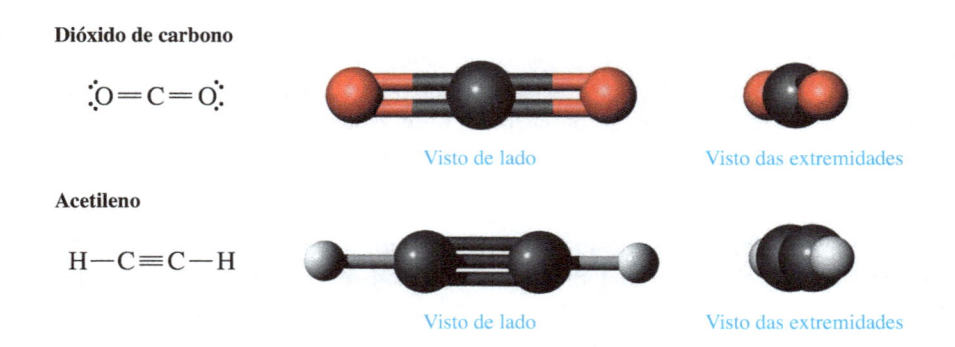

$H-C\equiv C-H$

Visto de lado   Visto das extremidades

FIGURA 3.10 Formatos das moléculas de dióxido de carbono, CO_2, e acetileno, C_2H_2.

A Tabela 3.8 resume as previsões do modelo VSEPR. Nessa tabela, as formas tridimensionais são mostradas utilizando-se um traço em forma de cunha para representar uma ligação na direção do leitor, fora do plano do papel. Uma cunha tracejada representa uma ligação na direção oposta à do leitor, atrás do plano do papel. Uma linha sólida representa uma ligação no plano do papel.

Estas ligações estão atrás do papel

Estas ligações estão no plano do papel

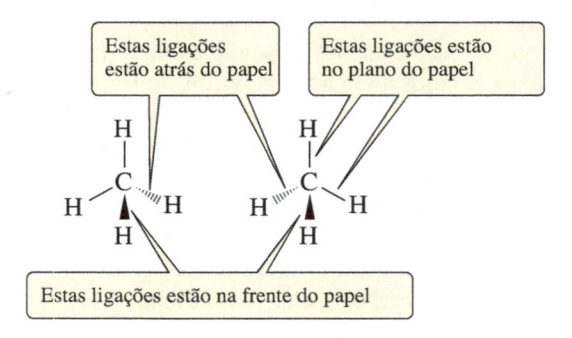

Estas ligações estão na frente do papel

TABELA 3.8 Formatos moleculares previstos (modelo VSEPR)

Região de densidade eletrônica em torno do átomo central	Distribuição prevista da densidade eletrônica	Ângulos de ligação previstos	Exemplos (Formato da molécula)
4	Tetraédrica	109,5°	Metano (tetraédrico), Amônia (piramidal), Água (dobrado)
3	Planar trigonal	120°	Etileno (planar), Formaldeído (planar)
2	Linear	180°	Dióxido de carbono (linear), Acetileno (linear)

Exemplo 3.15 Previsão de ângulos de ligação em compostos covalentes

Preveja todos os ângulos de ligação e o formato de cada molécula:
(a) CH_3Cl (b) $CH_2=CHCl$

Estratégia

Para prever ângulos de ligação, primeiro desenhe uma estrutura de Lewis correta para o composto. Certifique-se de que todos os elétrons não emparelhados sejam mostrados. Depois determine o número de regiões de densidade eletrônica (2, 3 ou 4) em torno de cada átomo e use esse número para prever os ângulos de ligação (109,5°, 120° ou 180°).

Solução

(a) A estrutura de Lewis para o CH_3Cl mostra quatro regiões de densidade eletrônica circundando o carbono. Portanto, prevemos que a distribuição dos pares de elétrons em torno do carbono é tetraédrica, todos os ângulos de ligação são de 109,5° e o formato do CH_3Cl é tetraédrico.

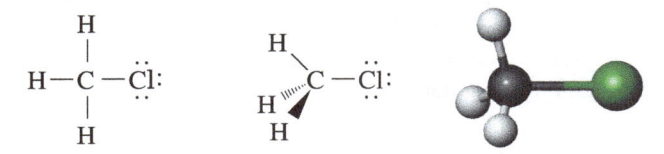

(b) Na estrutura de Lewis para o $CH_2=CHCl$, três regiões de densidade eletrônica circundam cada carbono. Portanto, prevemos que todos os ângulos de ligação são de 120° e que a molécula é planar. A ligação em torno de cada carbono é planar trigonal.

(Visto de lado)   (Visto ao longo da ligação C═C)

Problema 3.15

Preveja todos os ângulos de ligação para estas moléculas:
(a) CH_3OH (b) CH_2Cl_2 (c) H_2CO_3 (ácido carbônico)

3.11 Como determinar se a molécula é polar?

Na Seção 3.7B, usamos os termos "polar" e "dipolo" para descrever uma ligação covalente em que um átomo apresenta carga positiva parcial, e o outro, carga negativa parcial. Também vimos que podemos usar a diferença de eletronegatividade entre átomos ligados para determinar a polaridade de uma ligação covalente e a direção de seu dipolo. Podemos agora combinar nosso conhecimento da polaridade da ligação com a geometria molecular (Seção 3.10) para prever a polaridade das moléculas. Para entender as propriedades físicas e químicas de uma molécula, é essencial compreender a polaridade. Muitas reações químicas, por exemplo, são direcionadas pela interação da parte positiva de uma molécula com a parte negativa de outra molécula.

Uma molécula será polar se (1) tiver ligações polares e (2) seus centros de carga positiva parcial e carga negativa parcial estiverem em lugares diferentes dentro da molécula. Considere primeiramente o dióxido de carbono, CO_2, uma molécula com duas duplas ligações polares carbono-oxigênio. O oxigênio à esquerda puxa os elétrons da ligação O═C na sua direção, dando-lhe uma carga negativa parcial. Do mesmo modo, o oxigênio à direita puxa os elétrons da ligação C═O na sua direção, com a mesma força, dando-lhe a mesma carga negativa parcial do oxigênio da esquerda. O carbono apresenta uma carga positiva parcial. Podemos mostrar a polaridade dessas ligações usando os símbolos $\delta+$ e $\delta-$. Alternativamente, podemos mostrar que cada ligação carbono-oxigênio tem um dipolo usando uma seta: a ponta da seta aponta para a extremidade negativa do dipolo e a cauda cruzada está posicionada na extremidade positiva do dipolo. Como o dióxido de carbono é uma molécula linear, seus centros de carga parcial negativa e positiva coincidem. Portanto, o CO_2 é uma molécula apolar, isto é, não tem dipolo.

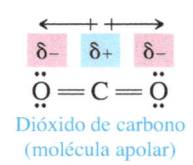

$$\overset{\delta-}{\ddot{O}} = \overset{\delta+}{C} = \overset{\delta-}{\ddot{O}}$$

Dióxido de carbono
(molécula apolar)

Numa molécula de água, cada ligação O—H é polar. O oxigênio, o átomo mais eletronegativo, apresenta uma carga negativa parcial, e cada hidrogênio, carga positiva parcial. Em uma molécula de água, o centro de carga positiva parcial está localizado no ponto médio entre os dois átomos de hidrogênio, e o centro de carga negativa parcial está no átomo de oxigênio. Assim, uma molécula de água tem ligações polares e, por causa de sua geometria, é uma molécula polar.

Água
(molécula polar)

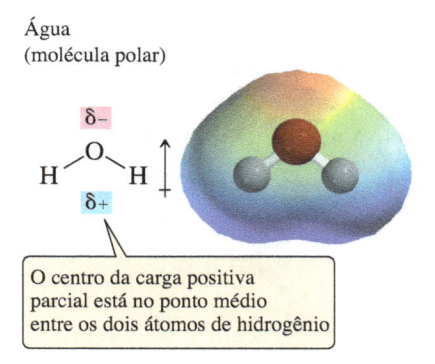

O centro da carga positiva parcial está no ponto médio entre os dois átomos de hidrogênio

A amônia tem três ligações N—H. Por causa de sua geometria, os centros das cargas parciais positiva e negativa encontram-se em lugares diferentes dentro da molécula. Assim, a amônia tem ligações polares e, por causa de sua geometria, é uma molécula polar.

Amônia
(molécula polar)

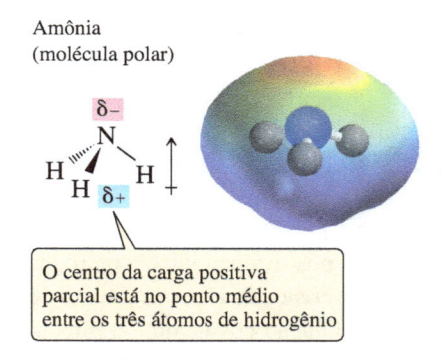

O centro da carga positiva parcial está no ponto médio entre os três átomos de hidrogênio

Exemplo 3.16 Polaridade das moléculas covalentes

Quais destas moléculas são polares? Mostre a direção do dipolo molecular usando uma seta com cauda cruzada.

(a) CH_2Cl_2 (b) CH_2O (c) C_2H_2

Estratégia

Para determinar se uma molécula é polar, primeiro determine se ela apresenta ligações polares. Se tiver, determine se os centros de carga positiva e negativa estão no mesmo lugar ou em lugares diferentes dentro da molécula. Se estiverem no mesmo lugar, a molécula será apolar; se estiverem em lugares diferentes, a molécula será polar.

Solução

Tanto o diclorometano, CH_2Cl_2, como o formaldeído, CH_2O, têm ligações polares e, por causa de sua geometria, são moléculas polares. Como o acetileno, C_2H_2, não contém ligações polares, não é uma molécula polar.

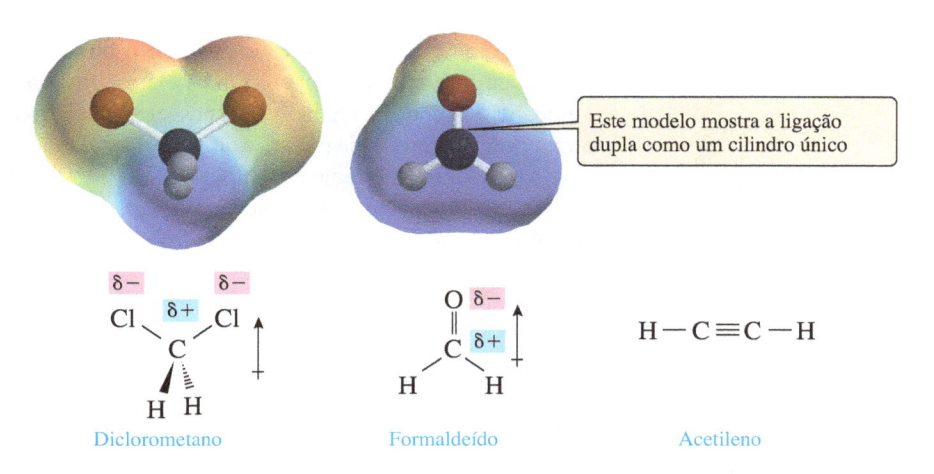

Diclorometano   Formaldeído   Acetileno

Problema 3.16

Quais destas moléculas são polares? Mostre a direção do dipolo molecular usando uma seta de cauda cruzada.
(a) H_2S (b) HCN   (c) C_2H_6

Resumo das questões-chave

Seção 3.2 O que é a regra do octeto?

- A **regra do octeto** diz que elementos dos grupos 1A-7A tendem a ganhar ou perder elétrons de modo que a camada externa possa ter oito elétrons de valência e a mesma configuração eletrônica do gás nobre mais próximo em número atômico.
- Um átomo com quase oito elétrons de valência tende a ganhar os elétrons necessários para completar oito elétrons em sua camada de valência, isto é, chegar à mesma configuração eletrônica do gás nobre mais próximo em número atômico. Ao ganhar elétrons, o átomo torna-se um íon de carga negativa ou **ânion**.
- Um átomo com apenas um ou dois elétrons de valência tende a perder o número de elétrons necessário para ficar com oito elétrons de valência em sua próxima camada mais baixa, isto é, ter a mesma configuração eletrônica do gás nobre mais próximo em número atômico. Ao perder elétrons, o átomo torna-se um íon de carga positiva ou **cátion**.

Seção 3.3 Qual é a nomenclatura dos cátions e ânions?

- Para metais que formam apenas um tipo de cátion, o nome do cátion é o nome do metal precedido pela palavra "íon".
- Para metais que formam mais de um tipo de cátion, indicamos a carga do íon adicionando o numeral romano entre parênteses imediatamente após o nome do metal. Alternativamente, usamos o sufixo -*oso* para indicar a carga positiva menor e o sufixo -*ico* para indicar a carga positiva maior.

- Para um **ânion monoatômico**, adiciona-se o sufixo -*eto* ao radical do nome.
- Um **ânion poliatômico** contém mais de um tipo de átomo.

Seção 3.4 Quais são os dois principais tipos de ligação química?

- Os dois principais tipos de ligação química são as ligações iônicas e as covalentes.
- De acordo com o modelo de Lewis, átomos se ligam de tal modo que cada átomo adquire uma configuração eletrônica na camada de valência equivalente à do gás nobre mais próximo em número atômico.
- **Eletronegatividade** é a medida da força de atração que um átomo exerce nos elétrons que compartilha em uma ligação química. Aumenta da esquerda para a direita ao longo de uma fileira e de baixo para cima numa coluna da tabela periódica.
- Forma-se uma **ligação iônica** entre dois átomos se a diferença de eletronegatividade entre eles for maior que 1,9.
- Forma-se uma **ligação covalente** se a diferença de eletronegatividade entre os átomos ligados for de 1,9 ou menos.

Seção 3.5 O que é uma ligação iônica?

- A **ligação iônica** forma-se pela transferência de elétrons da camada de valência de um átomo de menor eletronegatividade para a camada de valência de outro de maior eletronegatividade.

Resumo das questões-chave (continuação)

- Em um composto iônico, o número total de cargas positivas deve ser igual ao número total de cargas negativas.

Seção 3.6 Qual é a nomenclatura dos compostos iônicos?

- Para um **composto iônico binário**, o nome do ânion vem primeiro, seguido do nome do cátion. Quando um íon metálico forma diferentes cátions, use um numeral romano para indicar sua carga positiva. Para dar nome a um composto iônico que contém um ou mais íons poliatômicos, primeiro dê nome ao ânion, seguido pelo nome do cátion.

Seção 3.7 O que é uma ligação covalente?

- De acordo com o modelo de Lewis, forma-se uma **ligação covalente** quando pares de elétrons são compartilhados entre dois átomos cujas diferenças de eletronegatividade sejam de 1,9 ou menos.
- Um par de elétrons em uma ligação covalente é compartilhado por dois átomos e ao mesmo tempo preenche a camada de valência de cada átomo.
- **Ligação covalente apolar** é uma ligação covalente em que a diferença de eletronegatividade entre átomos ligados é menor que 0,5. **Ligação covalente polar** é uma ligação covalente em que a diferença de eletronegatividade entre átomos ligados está entre 0,5 e 1,9. Numa ligação covalente polar, o átomo mais eletronegativo apresenta uma carga negativa parcial ($\delta-$), e o átomo menos eletronegativo apresenta uma carga positiva parcial ($\delta+$). Essa separação de carga produz um **dipolo**.
- A **estrutura de Lewis** para um composto covalente deve mostrar (1) o arranjo correto de átomos, (2) o número correto de elétrons de valência, (3) não mais que dois elétrons na camada externa do hidrogênio e (4) não mais que oito elétrons na camada externa de qualquer elemento do segundo período.
- Exceções à regra do octeto incluem compostos de elementos do terceiro período, tais como fósforo e enxofre, que podem chegar a 10 e 12 elétrons, respectivamente, em suas camadas de valência.

Seção 3.8 Qual é a nomenclatura dos compostos covalentes binários?

- Para dar nome a um **composto covalente binário**, primeiro vem o nome do elemento mais eletronegativo, seguido pelo nome do elemento menos eletronegativo. O nome do elemento mais eletronegativo é formado adicionando-se ao nome do radical o sufixo *-eto*. Use os prefixos *di-*, *tri-*, *tetra-* e assim por diante para indicar presença de dois ou mais átomos do mesmo tipo.

Seção 3.9 O que é ressonância?

- De acordo com a teoria da ressonância, uma molécula ou um íon para os quais nenhuma estrutura de Lewis é adequada serão descritos mais apropriadamente com duas ou mais **estruturas contribuintes de ressonância** e considerando a molécula ou o íon reais como um híbrido dessas estruturas contribuintes. Para mostrar como pares de elétrons de valência são distribuídos de uma estrutura contribuinte para a próxima, usamos setas curvadas. Uma seta curvada estende-se de onde um par de elétrons é inicialmente mostrado (em um átomo ou em uma ligação covalente) até sua nova posição (em um átomo adjacente ou em uma ligação covalente adjacente).

Seção 3.10 Como prever ângulos de ligação em moléculas covalentes?

- O **modelo de repulsão de pares de elétrons da camada de valência** prevê ângulos de ligação de 109,5° em torno de átomos circundados por quatro regiões de densidade eletrônica, ângulos de 120° em torno de átomos circundados por três regiões de densidade eletrônica e ângulos de 180° em torno de átomos circundados por duas regiões de densidade eletrônica.

Seção 3.11 Como determinar se a molécula é polar?

- Uma molécula será polar (terá um dipolo) se tiver ligações polares e se os centros de suas cargas parciais positiva e negativa não coincidirem.
- Se uma molécula apresenta ligações polares, mas o centros de suas cargas parciais positiva e negativa coincidem, a molécula é apolar (não tem dipolo).

Problemas

Seção 3.2 O que é a regra do octeto?

3.17 Indique se a afirmação é verdadeira ou falsa.
(a) A regra do octeto refere-se a padrões de ligação química dos oito primeiros elementos da tabela periódica.
(b) A regra do octeto refere-se à tendência de certos elementos de reagir de tal modo a completar sua camada externa com oito elétrons de valência.
(c) Ao ganhar elétrons, um átomo torna-se um íon de carga positiva ou cátion.
(d) Quando um átomo forma um íon, muda apenas o número de elétrons de valência; o número de prótons e nêutrons não muda.
(e) Ao formar íons, os elementos do grupo 2A perdem dois elétrons e tornam-se cátions com carga +2.
(f) Ao formar um ânion, o átomo de sódio ($1s^2 2s^2 2p^6 3s^1$) completa sua camada de valência adicionando um elétron para preencher a camada $3s$ ($1s^2 2s^2 2p^6 3s^2$).
(g) Os elementos do grupo 6A reagem recebendo dois elétrons e tornando-se ânions com carga −2.

(h) Com exceção do hidrogênio, a regra do octeto aplica-se a todos os elementos dos períodos 1, 2 e 3.

(i) Os átomos e seus íons derivados apresentam propriedades físicas e químicas semelhantes.

3.18 Quantos elétrons cada átomo deve ganhar ou perder para adquirir uma configuração eletrônica idêntica à do gás nobre mais próximo em número atômico?

(a) Li   (b) Cl   (c) P   (d) Al
(e) Sr   (f) S   (g) Si (h) O

3.19 Mostre como cada transformação química obedece à regra do octeto.

(a) Lítio formando Li^+
(b) Oxigênio formando O^{2-}

3.20 Mostre como cada transformação química obedece à regra do octeto.

(a) Hidrogênio formando H^- (íon hidreto)
(b) Alumínio formando Al^{3+}

3.21 Escreva a fórmula para o íon mais estável formado de cada elemento.

(a) Mg   (b) F   (c) Al
(d) S   (e) K   (f) Br

3.22 Por que Li^- não é um íon estável?

3.23 Preveja quais são os íons estáveis:

(a) I^- (b) Se^{2+} (c) Na^+
(d) S^{2-} (e) Li^{2+} (f) Ba^{3+}

3.24 Preveja quais são os íons estáveis:

(a) Br^{2-} (b) C^{4-} (c) Ca^+
(d) Ar^+ (e) Na^+ (f) Cs^+

3.25 Por que o carbono e o silício são relutantes em formar ligações iônicas?

3.26 A Tabela 3.2 mostra os seguintes átomos de cobre: Cu^+ e Cu^{2+}. Esses íons violam a regra do octeto? Explique.

Seção 3.3 Qual é a nomenclatura dos cátions e ânions?

3.27 Indique se a afirmação é verdadeira ou falsa.

(a) Para elementos dos grupos 1A e 2A, o nome dos íons formados é simplesmente a palavra íon seguida do nome do elemento; por exemplo, Mg^{2+} é íon magnésio.

(b) O H^+ é o íon hidrônio, e H^-, o íon hidreto.

(c) O núcleo do H^+ consiste em um próton e um nêutron.

(d) Muitos elementos de transição e de transição interna formam mais de um íon de carga positiva.

(e) Na denominação de cátions metálicos com duas cargas diferentes, o sufixo -*oso* refere-se ao íon de carga +1, e -*ico*, ao íon de carga +2.

(f) O Fe^{3+} é o íon de ferro (III) ou íon férrico.

(g) O ânion derivado de um átomo de bromo chama-se íon bromo.

(h) O ânion derivado de um átomo de oxigênio chama-se íon óxido.

(i) O HCO_3^- é o íon hidrogenocarbonato.

(j) O prefixo *bi-* no nome do íon "bicarbonato" indica que esse íon tem carga −2.

(k) O íon hidrogenofosfato tem carga +1, e o íon di-hidrogenofosfato, carga +2.

(l) O íon fosfato é PO_4^{4-}.

(m) O íon nitrito é NO_2^-, e o íon nitrato, NO_3^-.

(n) O íon carbonato é CO_3^{2-}, e o íon hidrogenocarbonato, HCO_3^-.

3.28 Dê o nome de cada íon poliatômico

(a) HCO_3^- (b) NO_2^- (c) SO_4^{2-}
(d) HSO_4^- (e) $H_2PO_4^-$

Seção 3.4 Quais são os dois principais tipos de ligação química?

3.29 Indique se a afirmação é verdadeira ou falsa.

(a) De acordo com o modelo de ligação de Lewis, os átomos se unem de tal modo que cada átomo adquire uma configuração eletrônica na camada externa equivalente à do gás nobre mais próximo em número atômico.

(b) Átomos que perdem elétrons para preencher uma camada de valência tornam-se cátions e formam ligações iônicas com ânions.

(c) Átomos que ganham elétrons para preencher camadas de valência tornam-se ânions e formam ligações iônicas com cátions.

(d) Átomos que compartilham elétrons para preencher camadas de valência formam ligações covalentes.

(e) Ligações iônicas tendem a se formar entre elementos do lado esquerdo da tabela periódica, e ligações covalentes tendem a se formar entre elementos do lado direito da tabela periódica.

(f) Ligações iônicas tendem a se formar entre um metal e um não metal.

(g) Quando dois não metais se combinam, a ligação entre eles geralmente é covalente.

(h) Eletronegatividade é uma medida da atração de um átomo pelos elétrons que ele compartilha em uma ligação química com outro átomo.

(i) A eletronegatividade geralmente aumenta com o número atômico.

(j) A eletronegatividade geralmente aumenta com a massa atômica.

(k) A eletronegatividade é uma propriedade periódica.

(l) O flúor, situado no canto superior direito da tabela periódica, é o elemento mais eletronegativo; o hidrogênio, no canto superior esquerdo, é o elemento menos eletronegativo.

(m) A eletronegatividade depende tanto da carga nuclear quanto da distância dos elétrons de valência em relação ao núcleo.

(n) A eletronegatividade geralmente aumenta da esquerda para a direita ao longo de um período da tabela periódica.

(o) A eletronegatividade geralmente aumenta de cima para baixo em uma coluna da tabela periódica.

3.30 Por que a eletronegatividade geralmente aumenta de baixo para cima em uma coluna (grupo) da tabela periódica?

3.31 Por que a eletronegatividade geralmente aumenta da esquerda para a direita ao longo de uma fileira da tabela periódica?

3.32 Considerando suas posições relativas na tabela periódica, qual o elemento de maior eletronegatividade em cada par?

(a) F ou Cl   (b) O ou S
(c) C ou N   (d) C ou F

3.33 Na direção de que átomo os elétrons ligantes se deslocam em uma ligação covalente entre cada um dos seguintes pares:
(a) H e Cl   (b) N e O
(c) C e O   (d) Cl e Br
(e) C e S   (f) P e S   (g) H e O

3.34 Qual destas ligações é a mais polar?
(a) C—N   (b) C—C   (c) C—O

3.35 Classifique cada ligação como covalente apolar, covalente polar ou iônica.
(a) C—Cl   (b) C—Li   (c) C—N

3.36 Classifique cada ligação como covalente apolar, covalente polar ou iônica.
(a) C—Br   (b) S—Cl   (c) C—P

Seção 3.5 O que é uma ligação iônica?

3.37 Indique se a afirmação é verdadeira ou falsa.
(a) Uma ligação iônica é formada pela combinação de íons com carga positiva e negativa.
(b) Uma ligação iônica entre dois átomos é formada pela transferência de um ou mais elétrons de valência do átomo de maior eletronegatividade para o átomo de menor eletronegatividade.
(c) Como regra aproximada, dizemos que uma ligação iônica será formada se a diferença de eletronegatividade entre dois átomos for de aproximadamente 1,9 ou maior.
(d) Ao se formar o NaCl a partir dos átomos de sódio e cloro, um elétron é transferido da camada de valência do sódio para a camada de valência do cloro.
(e) A fórmula do sulfeto de sódio é Na_2S.
(f) A fórmula do hidróxido de cálcio é CaOH.
(g) A fórmula do sulfeto de alumínio é AlS.
(h) A fórmula do óxido de ferro (III) é Fe_3O_2.
(i) O íon bário é Ba^{2+} e o íon óxido é O^{2-} e, portanto, a fórmula do óxido de bário é Ba_2O_2.

3.38 Complete a tabela escrevendo as fórmulas dos compostos formados:

	Br^-	MnO_4^-	O^{2-}	NO_3^-	SO_4^{2-}	PO_4^{3-}	OH^-
Li^+							
Ca^{2+}							
Co^{3+}							
K^+							
Cu^{2+}							

3.39 Escreva a fórmula do composto iônico formado em cada par de elementos.
(a) Sódio e bromo   (b) Sódio e oxigênio
(c) Alumínio e cloro   (d) Bário e cloro
(e) Magnésio e oxigênio

3.40 Embora não seja um metal de transição, o chumbo pode formar íons Pb^{2+} e Pb^{4+}. Escreva a fórmula do composto formado entre cada um desses íons de chumbo e os seguintes ânions:
(a) Íon cloreto   (b) Íon hidróxido
(c) Íon óxido

3.41 Descreva a estrutura do cloreto de sódio no estado sólido.

3.42 Qual é a carga de cada íon nestes compostos?
(a) CaS   (b) MgF_2 (c) Cs_2O
(d) $ScCl_3$ (e) Al_2S_3

3.43 Escreva a fórmula do composto formado a partir dos seguintes pares de íons:
(a) Íon ferro (III) e íon hidróxido
(b) Íon bário e íon cloreto
(c) Íon cálcio e íon fosfato
(d) Íon sódio e íon permanganato

3.44 Escreva a fórmula do composto iônico formado a partir dos seguintes pares de íons:
(a) Íon ferro (II) e íon cloreto
(b) Íon cálcio e íon hidróxido
(c) Íon amônio e íon fosfato
(d) Íon estanho (II) e íon fluoreto

3.45 Quais fórmulas não são corretas? Para cada uma que não for correta, escreva a fórmula correta.
(a) Fosfato de amônio: $(NH_4)_2PO_4$
(b) Carbonato de bário: Ba_2CO_3
(c) Sulfeto de alumínio: Al_2S_3
(d) Sulfeto de magnésio: MgS

3.46 Quais fórmulas não são corretas? Para cada uma que não for correta, escreva a fórmula correta.
(a) Óxido de cálcio: CaO_2
(b) Óxido de lítio: LiO
(c) Hidrogenofosfato de sódio: $NaHPO_4$
(d) Nitrato de amônio: NH_4NO_3

Seção 3.6 Qual é a nomenclatura dos compostos iônicos?

3.47 Indique se afirmação é verdadeira ou falsa.
(a) O nome de um composto iônico binário consiste no nome do íon negativo seguido do nome do íon positivo.
(b) Ao dar nome a compostos iônicos binários, é necessário declarar o número de cada íon presente no composto.
(c) A fórmula do óxido de alumínio é Al_2O_3.
(d) Tanto o óxido de cobre (II) como o óxido cúprico são nomes aceitáveis para o CuO.
(e) O nome sistemático para o Fe_2O_3 é óxido de ferro (II).
(f) O nome sistemático para o $FeCO_3$ é carbonato de ferro.
(g) O nome sistemático para o NaH_2PO_4 é di-hidrogenofosfato de sódio.
(h) O nome sistemático para o K_2HPO_4 é hidrogenofosfato de dipotássio.
(i) O nome sistemático para o Na_2O é óxido de sódio.
(j) O nome sistemático para o PCl_3 é cloreto de potássio.
(k) A fórmula do carbonato de amônio é NH_4CO_3.

3.48 O cloreto de potássio e o bicarbonato de potássio são usados como suplementos dietéticos. Escreva a fórmula de cada composto.

3.49 O nitrito de potássio tem sido usado como vasodilatador e antídoto para envenenamento por cianeto. Escreva a fórmula desse composto.

3.50 Dê o nome do íon poliatômico em cada composto.
(a) Na_2SO_3 (b) KNO_3 (c) Cs_2CO_3
(d) NH_4OH (e) K_2HPO_4

3.51 Escreva as fórmulas para os íons presentes em cada composto.
(a) NaBr (b) $FeSO_3$ (c) $Mg_3(PO_4)_2$
(d) KH_2PO_4 (e) $NaHCO_3$ (f) $Ba(NO_3)_2$

3.52 Dê nome aos seguintes compostos iônicos:
(a) NaF (b) MgS (c) Al_2O_3
(d) $BaCl_2$ (e) $Ca(HSO_3)_2$ (f) KI
(g) $Sr_3(PO_4)_2$ (h) $Fe(OH)_2$ (i) NaH_2PO_4
(j) $Pb(CH_3COO)_2$ (k) BaH_2 (l) $(NH_4)_2HPO_4$

3.53 Escreva as fórmulas para os seguintes compostos iônicos:
(a) Brometo de potássio (b) Óxido de cálcio
(c) Óxido de mercúrio (II) (d) Fosfato de cobre (II)
(e) Sulfato de lítio (f) Sulfeto de ferro (III)

3.54 Escreva as fórmulas para os seguintes compostos iônicos:
(a) Hidrogenossulfeto de amônio
(b) Acetato de magnésio
(c) Di-hidrogenofosfato de estrôncio
(d) Carbonato de prata
(e) Cloreto de estrôncio
(f) Permanganato de bário

Seção 3.7 O que é uma ligação covalente?

3.55 Indique se a afirmação é verdadeira ou falsa.
(a) Uma ligação covalente é formada entre dois átomos cuja diferença de eletronegatividade é menor que 1,9.
(b) Se a diferença de eletronegatividade entre dois átomos for zero (eletronegatividades idênticas), então eles não formarão uma ligação covalente.
(c) Uma ligação covalente formada pelo compartilhamento de dois elétrons é chamada ligação dupla.
(d) Na molécula de hidrogênio (H_2), o par de elétrons compartilhados completa a camada de valência de cada hidrogênio.
(e) Na molécula de CH_4, cada hidrogênio tem uma configuração eletrônica como a do hélio, e o carbono tem uma configuração eletrônica como a do neônio.
(f) Em uma ligação covalente polar, o átomo mais eletronegativo tem uma carga negativa parcial ($\delta-$), e o átomo menos eletronegativo, uma carga positiva parcial ($\delta+$).
(g) Estas ligações estão arranjadas em ordem *crescente* de polaridade: C—H < N—H < O—H.
(h) Estas ligações estão arranjadas em ordem *decrescente* de polaridade: H—F < H—Cl < H—Br.
(i) Uma ligação polar tem um dipolo com a extremidade negativa no átomo mais eletronegativo.
(j) Em uma ligação simples, dois átomos compartilham um par de elétrons; em uma ligação dupla, eles compartilham dois pares de elétrons; e em uma ligação tripla, três pares de elétrons.
(k) A estrutura de Lewis para o etano, C_2H_6, deve mostrar oito elétrons de valência.
(l) A estrutura de Lewis para o formaldeído, CH_2O, deve mostrar 12 elétrons de valência.
(m) A estrutura de Lewis para o íon amônio, NH_4^+, deve mostrar nove elétrons de valência.
(n) Átomos de elementos do terceiro período podem conter mais que oito elétrons em suas camadas de valência.

3.56 Quantas ligações covalentes normalmente são formadas por estes elementos?
(a) N (b) F (c) C (d) Br (e) O

3.57 Defina:
(a) Ligação simples (b) Ligação dupla
(c) Ligação tripla

3.58 Na Seção 2.3B, vimos que existem sete elementos diatômicos.
(a) Desenhe as estruturas de Lewis para cada um desses elementos diatômicos.
(b) Quais elementos diatômicos são gases em temperatura ambiente? Quais são líquidos? Quais são sólidos?

3.59 Desenhe uma estrutura de Lewis para cada composto covalente.
(a) CH_4 (b) C_2H_2 (c) C_2H_4
(d) BF_3 (e) CH_2O (f) C_2Cl_6

3.60 Qual é a diferença entre uma fórmula molecular, uma fórmula estrutural e uma estrutura de Lewis?

3.61 Determine o número total de elétrons de valência em cada molécula.
(a) NH_3 (b) C_3H_6 (c) $C_2H_4O_2$ (d) C_2H_6O
(e) CCl_4 (f) HNO_2 (g) CCl_2F_2 (h) O_2

3.62 Desenhe uma estrutura de Lewis para cada uma das seguintes moléculas e íons. Em cada caso, os átomos podem ser conectados apenas de um modo.
(a) Br_2 (b) H_2S (c) N_2H_4 (d) N_2H_2
(e) CN^- (f) NH_4^+ (g) N_2 (h) O_2

3.63 Qual é a diferença entre (a) um átomo de bromo, (b) uma molécula de bromo e (c) um íon brometo? Desenhe a estrutura de Lewis para cada um.

3.64 Acetileno (C_2H_2), cianeto de hidrogênio (HCN) e nitrogênio (N_2), cada um deles contém uma ligação tripla. Desenhe uma estrutura de Lewis para cada molécula. Quais dessas moléculas são polares e quais são apolares?

3.65 Por que o hidrogênio não pode ter mais que dois elétrons na camada de valência?

3.66 Por que os elementos da segunda fileira não podem ter mais do que oito elétrons na camada de valência? Isto é, por que a regra do octeto funciona para elementos da segunda fileira?

3.67 Por que o nitrogênio tem três ligações e um par de elétrons não compartilhados em compostos covalentes?

3.68 Desenhe uma estrutura de Lewis para um composto covalente em que o nitrogênio tenha:
(a) Três ligações simples e um par de elétrons não compartilhados.
(b) Uma ligação simples, uma ligação dupla e um par de elétrons não compartilhados.

(c) Uma ligação tripla e um par de elétrons não compartilhados.

3.69 Por que o oxigênio tem duas ligações e dois pares de elétrons não compartilhados em compostos covalentes?

3.70 Desenhe uma estrutura de Lewis para um composto covalente em que o oxigênio tenha:
(a) Duas ligações simples e dois pares de elétrons não emparelhados.
(b) Uma ligação dupla e dois pares de elétrons não emparelhados.

3.71 O íon O^{6+} tem uma camada externa completa. Por que esse íon não é estável?

3.72 Desenhe uma estrutura de Lewis para uma molécula em que um átomo de carbono esteja ligado por uma ligação dupla (a) a outro átomo de carbono, (b) a um átomo de oxigênio e (c) a um átomo de nitrogênio.

3.73 Quais das seguintes moléculas têm um átomo que não obedece à regra do octeto (nem todas são estáveis)?
(a) BF_3 (b) CF_2 (c) BeF_2 (d) C_2H_4
(e) CH_3 (f) N_2 (g) NO

Seção 3.8 Qual é a nomenclatura dos compostos covalentes binários?

3.74 Indique se a afirmação é verdadeira ou falsa.
(a) Um composto covalente binário contém dois tipos de átomos.
(b) Os dois átomos de um composto covalente binário são denominados na seguinte ordem: primeiro o elemento mais eletronegativo e depois o menos eletronegativo.
(c) O nome do SF_2 é difluoreto de enxofre.
(d) O nome do CO_2 é dióxido de carbono.
(e) O nome do CO é óxido de carbono.
(f) O nome do HBr é brometo de hidrogênio.
(g) O nome de CCl_4 é tetracloreto de carbono.

3.75 Dê nome aos seguintes compostos covalentes binários.
(a) SO_2 (b) SO_3 (c) PCl_3 (d) CS_2

Seção 3.9 O que é ressonância?

3.76 Escreva duas estruturas contribuintes aceitáveis para o íon bicarbonato, HCO_3^-, e mostre, com o uso de setas curvadas, como a primeira estrutura contribuinte é convertida na segunda.

3.77 O ozônio, O_3, é um gás azul instável com um odor pungente característico. Numa molécula de ozônio, a conectividade dos átomos é O—O—O, e as duas ligações O—O são equivalentes.
(a) Quantos elétrons de valência devem estar presentes numa estrutura de Lewis aceitável para uma molécula de ozônio?
(b) Escreva duas estruturas contribuintes de ressonância para o ozônio que sejam equivalentes. Mostre quaisquer cargas positiva ou negativa que possam estar presentes em suas estruturas contribuintes. Por *estruturas contribuintes equivalentes*, queremos dizer que cada uma tem o mesmo padrão de ligação.
(c) Mostre, com o uso de setas curvadas, como a primeira das estruturas contribuintes pode ser convertida na segunda.
(d) Com base em suas estruturas contribuintes, preveja o ângulo da ligação O—O—O para a molécula de ozônio.
(e) Explique por que a seguinte estrutura contribuinte não é aceitável para a molécula de ozônio:

$$\ddot{O}=\ddot{O}=\ddot{O}$$

3.78 Óxido nitroso, N_2O, o gás do riso, é um gás incolor, não tóxico, insípido e inodoro. É usado como anestésico, por inalação, em cirurgias odontológicas e outras. Por ser solúvel em óleos vegetais (gorduras), o óxido nitroso é utilizado comercialmente como propelente para *chantilly*.
(a) Quantos elétrons de valência estão presentes numa molécula de N_2O?
(b) Escreva duas estruturas contribuintes equivalentes para essa molécula. A conectividade no óxido nitroso é N—N—O.
(c) Explique por que a seguinte estrutura contribuinte não é aceitável:

$$:N\equiv N=\ddot{O}$$

Seção 3.10 Como prever ângulos de ligação em moléculas covalentes?

3.79 Indique se a afirmação é verdadeira ou falsa.
(a) A sigla VSEPR significa repulsão dos pares de elétrons da camada de valência.
(b) Ao prever ângulos de ligação em torno de um átomo central numa molécula covalente, o modelo VSEPR considera apenas pares de elétrons compartilhados (pares de elétrons envolvidos na formação de ligações covalentes).
(c) O modelo VSEPR trata os dois pares de elétrons de uma ligação dupla como uma região de densidade eletrônica e os três pares de elétrons de uma ligação tripla também como uma região de densidade eletrônica.
(d) No dióxido de carbono, O=C=O, o carbono é circundado por quatro pares de elétrons, e o modelo VSEPR prevê um ângulo de 109,5° para a ligação O—C—O.
(e) Para um átomo central circundado por três regiões de densidade eletrônica, o modelo VSEPR prevê ângulos de ligação de 120°.
(f) A geometria em torno de um átomo de carbono circundado por três regiões de densidade eletrônica é descrita como planar trigonal.
(g) Para um átomo central circundado por quatro regiões de densidade eletrônica, o modelo VSEPR prevê ângulos de ligação de 360°/4 = 90°.
(h) Para a molécula de amônia, NH_3, o modelo VSEPR prevê ângulos de ligação H—N—H de 109,5°.
(i) Para o íon amônio, NH_4^+, o modelo VSEPR prevê ângulos de ligação H—N—H de 109,5°.
(j) O modelo VSEPR aplica-se com o mesmo sucesso a compostos de carbono, nitrogênio e oxigênio.

(k) Na água, H—O—H, o átomo de oxigênio forma ligações covalentes com dois outros átomos e, portanto, o modelo VSEPR prevê um ângulo de ligação H—O—H de 180°.

(l) Se você não levar em conta pares não compartilhados de elétrons de valência quando usar o modelo VSEPR, fará uma previsão incorreta.

(m) Dadas as suposições do modelo VSEPR, os únicos ângulos de ligação para compostos de carbono, nitrogênio e oxigênio são os de 109,5°, 120° e 180°.

3.80 Indique qual o formato de uma molécula cujo átomo central é circundado por:
(a) Duas regiões de densidade eletrônica.
(b) Três regiões de densidade eletrônica.
(c) Quatro regiões de densidade eletrônica.

3.81 Hidrogênio e oxigênio combinam em diferentes proporções para formar H_2O (água) e H_2O_2 (peróxido de hidrogênio).
(a) Quantos elétrons de valência são encontrados em H_2O e H_2O_2?
(b) Desenhe as estruturas de Lewis para cada molécula de (a). Mostre todos os elétrons de valência.
(c) Usando o modelo VSEPR, preveja os ângulos de ligação em torno do átomo de oxigênio na água e em torno de cada átomo de oxigênio no peróxido de hidrogênio.

3.82 Hidrogênio e nitrogênio combinam em diferentes proporções para formar três compostos: NH_3 (amônia), N_2H_4 (hidrazina) e N_2H_2 (di-imida).
(a) Quantos elétrons de valência a estrutura de Lewis de cada molécula deve mostrar?
(b) Desenhe uma estrutura de Lewis para cada molécula.
(c) Preveja os ângulos de ligação em torno do(s) átomo(s) de nitrogênio em cada molécula.

3.83 Preveja o formato de cada molécula.
(a) CH_4 (b) PH_3 (c) CHF_3 (d) SO_2
(e) SO_3 (f) CCl_2F_2 (g) NH_3 (h) PCl_3

3.84 Preveja o formato de cada íon.
(a) NO_2^- (b) NH_4^+ (c) CO_3^{2-}

Seção 3.11 Como determinar se a molécula é polar?

3.85 Indique se a afirmação é verdadeira ou falsa.
(a) Para prever se uma molécula covalente é polar ou apolar, é preciso saber qual é a polaridade de cada ligação e a geometria (formato) da molécula.
(b) Uma molécula pode ter duas ou mais ligações polares e mesmo assim ser apolar.
(c) Todas as moléculas com ligações polares são polares.
(d) Se a água fosse uma molécula linear com um ângulo de ligação H—O—H de 180°, ela seria uma molécula apolar.
(e) H_2O e NH_3 são moléculas polares, mas CH_4 é apolar.
(f) No metanol, CH_3OH, a ligação O—H é mais polar que a ligação C—O.
(g) O diclorometano, CH_2Cl_2, é polar, mas o tetraclorometano, CCl_4, é apolar.

(h) O etanol, CH_3CH_2OH, o álcool das bebidas alcoólicas, tem ligações polares, um dipolo resultante e é uma molécula polar.

3.86 Tanto o CO_2 como o SO_2 têm ligações polares. Explique por que o CO_2 é apolar, e o SO_2, polar.

3.87 Considere a molécula de trifluoreto de boro, BF_3.
(a) Escreva a estrutura de Lewis para o BF_3.
(b) Preveja os ângulos de ligação F—B—F usando o modelo VSEPR.
(c) O BF_3 tem ligações polares? É uma molécula polar?

3.88 É possível para uma molécula ter ligações polares e não ter dipolo? Explique.

3.89 É possível para uma molécula não ter ligações polares e ter dipolo? Explique.

3.90 Em cada caso, indique se a ligação é iônica, covalente polar ou covalente apolar.
(a) Br_2 (b) BrCl   (c) HCl   (d) SrF_2
(e) SiH_4 (f) CO   (g) N_2 (h) CsCl

3.91 Explique por que o clorometano, CH_3Cl, que tem apenas uma ligação polar C—Cl, é uma molécula polar, mas o tetracloreto de carbono, CCl_4, que tem quatro ligações polares C—Cl, é apolar.

Conexões químicas

3.92 (Conexões químicas 3A) Quais são os três principais componentes inorgânicos da mistura seca atualmente utilizada para criar osso sintético?

3.93 (Conexões químicas 3B) Por que o iodeto de sódio geralmente está presente no sal de cozinha que compramos no mercado?

3.94 (Conexões químicas 3B) Qual é o uso medicinal do sulfato de bário?

3.95 (Conexões químicas 3B) Qual é o uso medicinal do permanganato de potássio?

3.96 (Conexões químicas 3A) Qual é o íon metálico predominante nos ossos e no esmalte dos dentes?

3.97 (Conexões químicas 3C) De que maneira o gás óxido nitroso, NO, contribui para a acidez da chuva ácida?

Problemas adicionais

3.98 Explique por que o argônio não forma nem (a) ligações iônicas nem (b) ligações covalentes.

3.99 Com base naquilo que você sabe sobre ligação covalente em compostos de carbono, nitrogênio e oxigênio, e dado o fato de que o silício está logo abaixo do carbono na tabela periódica, o fósforo logo abaixo do nitrogênio e o enxofre logo abaixo do oxigênio, preveja a fórmula molecular para o composto formado por (a) silício e cloro, (b) fósforo e hidrogênio e (c) enxofre e hidrogênio.

3.100 Use o modelo de repulsão de pares de elétrons da camada de valência para prever o formato de uma molécula em que um átomo central é circundado por cinco regiões de densidade eletrônica – como no pentafluoreto de fósforo, PF_5. (Dica: Use modelos moleculares ou, se não os tiver à mão, use *marshmallow* ou bala de goma e palitos.)

3.101 Use o modelo de repulsão de pares de elétrons da camada de valência para prever o formato de uma molécula em que um átomo central é circundado por seis regiões de densidade eletrônica, como no hexafluoreto de enxofre, SF_6.

3.102 Dióxido de cloro, ClO_2, é um gás de coloração amarela ou amarelo-avermelhada em temperatura ambiente. Esse forte agente oxidante é usado para branquear celulose, polpa de papel, tecidos e para a purificação de água. Foi o gás utilizado para matar esporos de antraz no prédio do Senado norte-americano.
   (a) Quantos elétrons de valência estão presentes no ClO_2?
   (b) Desenhe uma estrutura de Lewis para essa molécula. (Dica: A ordem de ligação dos átomos nessa molécula é O—Cl—O. O cloro é um elemento do terceiro período e sua camada de valência deve conter mais que oito elétrons.)

Lendo rótulos

3.103 Dê o nome e escreva a fórmula para o composto que contém flúor e está presente nas pastas de dente fluoretadas e nos géis dentais.

3.104 Se você ler os rótulos dos bloqueadores solares, verá que um agente bloqueador de UV é um composto de zinco. Dê o nome e escreva a fórmula desse composto que contém zinco.

3.105 Nos pacotes de sal de cozinha, é comum ver no rótulo que o sal "contém iodo, um nutriente necessário". Dê o nome e escreva a fórmula do composto nutriente que contém iodo e que é encontrado no sal iodado.

3.106 Somos constantemente prevenidos dos perigos de tintas "à base de chumbo". Dê o nome e escreva a fórmula para um composto que contém chumbo e é encontrado em tintas.

3.107 Se você ler os rótulos de vários antiácidos líquidos e em tabletes, verá que, em muitos deles, os ingredientes ativos são compostos que contêm íons hidróxido. Dê o nome e escreva as fórmulas desses compostos.

3.108 O ferro forma íons Fe^{2+} e Fe^{3+}. Qual é o íon encontrado em preparações vendidas sem prescrição médica e usadas para tratar "sangue com insuficiência de ferro"?

3.109 Leia os rótulos de várias formulações de multivitaminas/multiminerais. Entre os componentes, você encontrará um grande número dos assim chamados minerais-traço – minerais necessários na dieta de um adulto saudável em quantidades menores que 100 mg por dia ou presentes no corpo em quantidades menores que 0,01% do peso total do corpo. Segue uma lista de 18 minerais-traço. Dê o nome de pelo menos uma forma de cada mineral-traço presente nas formulações de multivitaminas.
   (a) Fósforo
   (b) Magnésio
   (c) Potássio
   (d) Ferro
   (e) Cálcio
   (f) Zinco
   (g) Manganês
   (h) Titânio
   (i) Silício
   (j) Cobre
   (k) Boro
   (l) Molibdênio
   (m) Cromo
   (n) Iodo
   (o) Selênio
   (p) Vanádio
   (q) Níquel
   (r) Estanho

3.110 Escreva as fórmulas para os seguintes compostos.
   (a) Sulfeto de cálcio, usado na preservação da cidra e de outros sucos de frutas.
   (b) Hidrogenossulfito de cálcio, usado em soluções aquosas diluídas para lavar cascos onde bebidas são fermentadas e impedir que a cerveja torne-se azeda e apresente nódoas, e também evitar a fermentação secundária.
   (c) Hidróxido de cálcio, usado em argamassa, reboco, cimento e outros materiais de construção e pavimentação.
   (d) Hidrogenofosfato de cálcio, usado em alimentos para animais e como suplemento mineral em cereais e outros alimentos.

3.111 Muitos pigmentos para tintas contêm compostos de metais de transição. Dê o nome dos compostos nesses pigmentos usando um numeral romano para indicar a carga do íon de metal de transição.
   (a) Amarelo, CdS
   (b) Verde, Cr_2O_3
   (c) Branco, TiO_2
   (d) Púrpura, $Mn_3(PO_4)_2$
   (e) Azul, Co_2O_3
   (f) Ocre, Fe_2O_3

Antecipando

3.112 Percloroetileno, um líquido em temperatura ambiente, é um dos solventes mais utilizados para lavagem a seco comercial. É vendido para esse fim sob vários nomes comerciais, incluindo Perclene. Essa molécula tem ligações polares? É uma molécula polar? Tem dipolo?

$$\begin{array}{c} Cl \quad\quad Cl \\ \diagdown \quad\quad \diagup \\ C = C \\ \diagup \quad\quad \diagdown \\ Cl \quad\quad Cl \end{array}$$

Percloroetileno

3.113 Cloreto de vinila é o material de partida para a produção de poli(cloreto de vinila), cuja abreviação é PVC (do inglês *poly(vinyl) chloride*). Seu código de reciclagem é "V". A principal utilidade do PVC é para tubos em construções residenciais e comerciais (Seção 12.7).

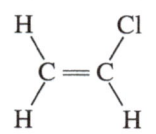

$$\begin{array}{c} H \quad\quad Cl \\ \diagdown \quad\quad \diagup \\ C = C \\ \diagup \quad\quad \diagdown \\ H \quad\quad H \end{array}$$

Cloreto de vinila

   (a) Complete a estrutura de Lewis para o cloreto de vinila mostrando todos os pares de elétrons não compartilhados.
   (b) Preveja os ângulos de ligação H—C—H, H—C—C e Cl—C—H para essa molécula.
   (c) O cloreto de vinila tem ligações polares? É uma molécula polar? Tem dipolo?

3.114 Tetrafluoretileno é o material de partida para a produção de poli(tetrafluoretileno), PTFE, um polímero muito usado na preparação de revestimentos não aderentes para utensílios de cozinha (Seção 12.7). A marca mais conhecida desse produto é o Teflon.

$$F_2C=CF_2$$
Tetrafluoretileno

(a) Complete a estrutura de Lewis para o tetrafluoretileno mostrando todos os pares de elétrons não compartilhados.
(b) Preveja os ângulos de ligação F—C—F e F—C—C nessa molécula.
(c) O tetrafluoretileno tem ligações polares? É uma molécula polar? Tem dipolo?

3.115 Algumas das seguintes fórmulas estruturais são incorretas porque contêm um ou mais átomos que não apresentam seu número normal de ligações covalentes. Quais são as fórmulas estruturais incorretas e qual o átomo ou átomos em cada uma delas que tem o número incorreto de ligações?

(a) Cl—C(H)=C(H)—H com um H adicional no primeiro C

(b) H—O—C(H)(H)—C(H)(H)—N(H)—C(H)(H)—H

(c) H—C(H)(H)—N(H)—C(H)(H)—C(H)—O

(d) F=C(H)(—OH)—C(H)(H)—O—C(H)(H)—H

(e) H—C(Br)=C=C(H)—O—C(H)(H)—H

(f) H—C≡C—C(H)=C(H)—H

3.116 O boroidreto de sódio, NaBH$_4$, tem sido muito utilizado como agente redutor em química orgânica. É um composto iônico com um íon sódio, Na$^+$, e um íon boroidreto, BH$_4^-$.

(a) Quantos elétrons de valência estão presentes no íon boroidreto?
(b) Desenhe uma estrutura de Lewis para esse íon.
(c) Preveja os ângulos de ligação H—B—H no íon.

3.117 De acordo com a sua resposta ao Problema 3.115 e sabendo que o alumínio está logo abaixo do boro na coluna 3A da tabela periódica, proponha uma estrutura para o hidreto de lítio e alumínio, outro agente redutor muito utilizado em química orgânica.

Reações químicas

Fogos de artifício são um exemplo espetacular de reações químicas.

4.1 O que é reação química?

No Capítulo 1, aprendemos que a química preocupa-se principalmente com duas coisas: a estrutura da matéria e as transformações de uma forma de matéria em outra. Nos capítulos 2 e 3, abordamos o primeiro tópico e agora estamos preparados para voltar nossa atenção para o segundo. Em uma transformação química, também conhecida como **reação química**, um ou mais **reagentes** (materiais de partida) são convertidos em um ou mais **produtos**. Reações químicas ocorrem o tempo todo ao nosso redor. Elas abastecem e mantêm vivas as células dos tecidos vivos. Ocorrem quando acendemos um fósforo, cozinhamos o jantar, damos a partida no carro, ouvimos um rádio portátil ou vemos televisão. A maior parte dos processos industriais envolve reações químicas, como refinamento do petróleo, processamento de alimentos e produção de fármacos, plásticos, fibras sintéticas, fertilizantes, explosivos e muitos outros materiais.

Neste capítulo, abordaremos quatro aspectos das reações químicas: (1) a escrita e o balanceamento de equações químicas, (2) as relações de massa nas reações químicas, (3) os tipos de reação química e (4) ganhos e perdas de calor.

Questões-chave

4.1 O que é reação química?

4.2 O que é massa molecular?

4.3 O que é mol e como usá-lo para calcular relações de massa?

4.4 Como se balanceiam equações químicas?

Como... Balancear uma equação química

4.5 Como se calculam relações de massa em reações químicas?

4.6 Como prever se íons em soluções aquosas reagirão entre si?

4.7 O que são oxidação e redução?

4.8 O que é calor de reação?

Uma tabela de massas moleculares é dada no final deste livro.

TABELA 4.1 Massa molecular para dois compostos iônicos e dois covalentes

Compostos iônicos	
Cloreto de sódio (NaCl)	23,0 u Na + 35,5 u Cl = 58,5 u
Cloreto de níquel (II) hidratado (NiCl$_2$ · 6H$_2$O)*	58,7 u Ni + 2(35,5 u Cl) + 12(1,0 u H) + 6(16,0 u O) = 237,7 u
Compostos covalentes	
Água (H$_2$O)	2(1,0 u H) + 16,0 u O = 18,0 u
Aspirina (C$_9$H$_8$O$_4$)	9(12,0 u C) + 8(1,0 u H) + 4(16,0 u O) = 180,0 u

*O cloreto de níquel (II) se cristaliza a partir de uma solução aquosa com seis moléculas de água por unidade--fórmula de NiCl$_2$. A presença de moléculas de água no cristal é indicada pelo termo "hidratado".

4.2 O que é massa molecular?

Começaremos nosso estudo das relações de massa com a discussão sobre a massa molecular. A massa molecular (MM) de um composto é a soma das massas atômicas em unidades de massa atômica (u) de todos os átomos da fórmula do composto. O termo "massa molecular" é usado tanto para compostos moleculares como para compostos iônicos. A massa molecular às vezes é chamada de peso molecular, porém não é uma designação correta, porque peso é o produto da massa pela gravidade, logo não deve ser empregado.

Massa molecular (MM) A soma das massas atômicas de todos os átomos de uma substância expressas em unidades de massa atômica (u).

Em alguns textos encontramos peso-fórmula (do inglês *formula weight*) em vez de "massa molecular". Este termo, entretanto, não é usado no Brasil.

A Tabela 4.1 nos dá as massas moleculares para dois compostos iônicos e dois compostos moleculares.

Exemplo 4.1 Massa molecular

Qual é o massa molecular da (a) glicose, C$_6$H$_{12}$O$_6$, e da (b) ureia, (NH$_2$)$_2$CO?

Estratégia

Massa molecular é a soma das massas atômicas de todos os átomos da fórmula molecular expressa em unidades de massa atômica (u).

Solução

(a) Glicose, C$_6$H$_{12}$O$_6$

C 6 × 12,0 = 72,0
H 12 × 1,0 = 12,0
O 6 × 16,0 = 96,0
C$_6$H$_{12}$O$_6$ = 180,0 u

(b) Ureia, (NH$_2$)$_2$CO

N 2 × 14,0 = 28,0
H 4 × 1,0 = 4,0
C 1 × 12,0 = 12,0
O 1 × 16,0 = 16,0
(NH$_2$)$_2$CO = 60,0 u

Problema 4.1

Qual é (a) a massa molecular do ibuprofeno, C$_{13}$H$_{18}$O$_2$, e (b) a massa molecular do fosfato de bário, Ba$_3$(PO$_4$)$_2$?

4.3 O que é mol e como usá-lo para calcular relações de massa?

Mol A massa molecular de uma substância expressa em gramas.

Átomos e moléculas são tão pequenos (Seção 2.4F) que os químicos raramente são capazes de lidar com cada um deles de cada vez. Mesmo quando pesamos uma quantidade muito pequena de um composto, quantidades enormes de unidades-fórmula (talvez 10^{19}) estão presentes. A unidade-fórmula pode ser átomos, moléculas ou íons. Para superar esse problema, tempos atrás os químicos definiram uma unidade chamada **mol**. Um mol é uma quantidade de substância que contém tantos átomos, moléculas ou íons quantos átomos houver em exatamente 12 g de carbono-12. O importante é que, independentemente de ser um mol de átomos de ferro, de moléculas de metano ou de íons sódio, um mol sempre contém o mesmo número de unidades-fórmula. Estamos acostumados a aumentar a escala de fatores em situações em que há grandes quantidades de unidades envolvidas na contagem. Contamos ovos em dúzias e lápis em grosas. Assim como a dúzia (12 unidades) é uma escala útil para ovos, e a grosa (144 unidades), útil para contar lápis, o mol é um fator de aumento de escala para átomos e moléculas. Logo veremos que o número de unidades é muito maior para um mol que para uma dúzia ou uma grosa.

O número de unidades-fórmula em um mol é o chamado **número de Avogadro**, em homenagem ao italiano Amadeo Avogadro (1776-1856), o primeiro físico a propor o conceito de mol. Entretanto, ele não foi capaz de determinar experimentalmente o número de unidades a ser representado. Observe que o número de Avogadro não é um valor definido, mas um valor que deve ser determinado experimentalmente. Seu valor agora é conhecido até o nono algarismo significativo.

Número de Avogadro = $6,02214199 \times 10^{23}$ unidades-fórmula por mol

Para a maioria dos cálculos deste capítulo, arredondamos esse número para três algarismos significativos: $6,02 \times 10^{23}$ unidades-fórmula por mol.

Um mol de átomos de hidrogênio são $6,02 \times 10^{23}$ átomos de hidrogênio, um mol de moléculas de sacarose (açúcar de cozinha) são $6,02 \times 10^{23}$ moléculas de açúcar, um mol de maçãs são $6,02 \times 10^{23}$ maçãs, e um mol de íons sódio são $6,02 \times 10^{23}$ íons sódio. Assim como chamamos 12 unidades de qualquer coisa uma dúzia, 20, uma vintena e 144, uma grosa, dizemos que $6,02 \times 10^{23}$ unidades de qualquer coisa é um mol.

A **massa molar** de qualquer substância (a massa de um mol da substância) é a massa molecular da substância expressa em gramas. Por exemplo, a massa molecular da glicose, $C_6H_{12}O_6$ (Exemplo 4.1), é 180 u, portanto 180 g de glicose equivalem a um mol de glicose. Do mesmo modo, a massa molecular da ureia, $(NH_2)_2CO$, é 60,0 u e, portanto, um mol de ureia equivale a 60,0 gramas de ureia. Para átomos, um mol é a massa atômica expressa em gramas; 12,0 g de carbono equivalem a um mol de átomos de carbono, 32,1 g de enxofre, a um mol de átomos de enxofre e assim por diante. Como se pode ver, o importante é que, para falar sobre a massa de um mol, precisamos conhecer a fórmula química da substância que estamos considerando. A Figura 4.1 mostra quantidades de um mol de vários compostos.

Número de Avogadro
$6,02 \times 10^{23}$ unidades-fórmula por mol é a quantidade de qualquer substância que contém tantas unidades-fórmula quanto for o número de átomos em 12 g de carbono-12.

Um mol de moedas de um centavo colocadas lado a lado se estenderia por mais de um milhão de anos-luz, uma distância muito além do nosso sistema solar e mesmo além de nossa galáxia. Seis mols deste texto pesariam mais que a Terra.

Massa molar A massa de um mol de uma substância expressa em gramas; a massa molecular de um composto expressa em gramas.

(a)   (b)

FIGURA 4.1 Quantidades de um mol de (a) seis metais e (b) quatro compostos. (a) Fileira de cima (da esquerda para a direita): contas de Cu (63,5 g), lâmina de Al (27,0 g) e grãos de Pb (207,2 g). Fileira de baixo (da esquerda para a direita): pó de S (32,1 g), pedaços de Cr (52,0 g) e aparas de Mg (24,4 g). (b) H_2O (18,0 g); pequeno béquer com NaCl (58,4 g); béquer grande com aspirina, $C_9H_8O_4$ (180,2 g); verde ($NiCl_2 \cdot 6H_2O$) (237,7 g).

Agora que conhecemos a relação entre mol e massa molar (g/mol), podemos usar a massa molar como fator de conversão para converter grama em mol e vice-versa. Para esse cálculo, usamos massa molecular como fator de conversão.

Observe que este tipo de cálculo pode ser executado para compostos iônicos, tais como NaF, e também para compostos moleculares, como CO_2 e ureia.

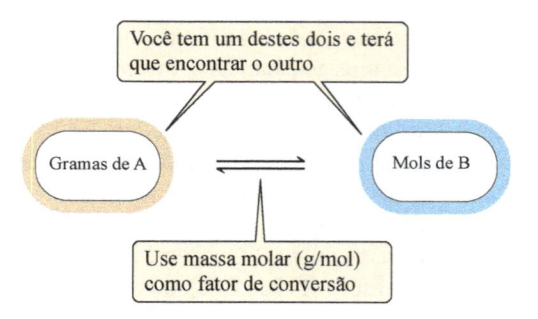

[Diagrama: Gramas de A ⇌ Mols de B. "Você tem um destes dois e terá que encontrar o outro". "Use massa molar (g/mol) como fator de conversão"]

Suponha que queiramos saber o número de mols da água em um cilindro graduado que contém 36,0 g de água. Sabemos que a massa molar da água é 18,0 g/mols. Se 18,0 g de água equivalem a um mol de água, então 36,0 g devem ser dois mols de água.

$$36{,}0 \text{ g H}_2\text{O} \times \frac{1 \text{ mol H}_2\text{O}}{18{,}0 \text{ g H}_2\text{O}} = 2{,}00 \text{ mols H}_2\text{O}$$

A massa molar também pode ser usada para converter mol em grama. Suponha que você tenha um béquer com 0,753 mol de cloreto de sódio e deseja calcular o número de gramas do cloreto de sódio. Como fator de conversão, considere o fato de que a massa molar do NaCl é 58,5 g/mols.

$$0{,}753 \text{ mol NaCl} \times \frac{58{,}5 \text{ g NaCl}}{1 \text{ mol NaCl}} = 44{,}1 \text{ g NaCl}$$

Exemplo 4.2 Mols

Temos 27,5 g de fluoreto de sódio, NaF, a forma de íons fluoreto mais usada em pastas de dente e géis dentais. Como converter em mols?

Estratégia

A massa molecular do NaF = 23,0 + 19,0 = 42,0 u. Assim, cada mol de NaF tem massa de 42,0 g, o que nos permite usar o fator de conversão 1 mol NaF = 42,0 g de NaF.

Solução

$$27{,}5 \text{ g NaF} \times \frac{1 \text{ mol NaF}}{42{,}0 \text{ g NaF}} = 0{,}655 \text{ mol NaF}$$

Problema 4.2

Uma pessoa bebe 1.500 g de água por dia. O que isso representa em termos de mols?

Exemplo 4.3 Mols

Queremos pesar 3,41 mols de etanol, C_2H_6O. O que isso representa em termos de gramas?

Estratégia

A massa molecular do C_2H_6O é 2(12,0) + 6(1,0) + 16,0 = 46,0 u, portanto o fator de conversão é 1 mol C_2H_6O = 46,0 g C_2H_6O.

Solução

$$3{,}41 \text{ mol } C_2H_6O \times \frac{46{,}0 \text{ g } C_2H_6O}{1{,}00 \text{ mol } C_2H_6O} = 157 \text{ g } C_2H_6O$$

Problema 4.3

Queremos pesar 2,84 mols de sulfeto de sódio, Na_2S. O que isso representa em termos de gramas?

Exemplo 4.4 — Mols

Quantos mols de átomos de nitrogênio e oxigênio há em 21,4 mols do explosivo trinitro-tolueno (TNT), $C_7H_5N_3O_6$?

Estratégia

A fórmula molecular $C_7H_5N_3O_6$ nos diz que cada molécula de TNT contém três átomos de nitrogênio e seis átomos de oxigênio. Também nos diz que cada mol de TNT contém três mols de átomos de N e seis mols de átomos de O. Portanto, temos os seguintes fatores de conversão: 1 mol TNT = 3 mols de átomos de N, e 1 mol TNT = 6 mols de átomos de O.

Solução

O número de mols de átomos de N em 21,4 mols de TNT é

$$21,4 \text{ mols TNT} \times \frac{3 \text{ mols de átomos de N}}{1 \text{ mol TNT}} = 62,4 \text{ mols de átomos de N}$$

O número de mols de átomos de O em 21,4 mols de TNT é

$$21,4 \text{ mols TNT} \times \frac{6 \text{ mols de átomos de O}}{1 \text{ mol TNT}} = 128 \text{ mols de átomos de O}$$

Observe que a resposta é com três algarismos significativos porque o número de mols é para três algarismos significativos. A proporção de mols de átomos de O para mols de TNT é um número exato.

Problema 4.4

Quantos mols de átomos de C, H e O estão presentes em 2,5 mols de glicose, $C_6H_{12}O_6$?

Exemplo 4.5 — Mols

Quantos mols de íons sódio, Na^+, estão presentes em 5,63 g de sulfato de sódio, Na_2SO_4?

Estratégia

A massa molecular do Na_2SO_4 é $2(23,0) + 32,1 + 4(16,0) = 142,1$ u. Na conversão de gramas de Na_2SO_4 em mols, usamos os fatores de conversão 1 mol Na_2SO_4 = 142,1 g de Na_2SO_4 = 2 mols Na^+.

Solução

Primeiro, precisamos descobrir quantos mols de Na_2SO_4 estão presentes na amostra.

$$5,63 \text{ mols Na}_2\text{SO}_4 \times \frac{1 \text{ mol Na}_2\text{SO}_4}{142,1 \text{ g Na}_2\text{SO}_4} = 0,0396 \text{ g Na}_2\text{SO}_4$$

O número de mols de íons Na^+ em 0,0396 mol de Na_2SO_4 é

$$0,0396 \text{ mol Na}_2\text{SO}_4 \times \frac{2 \text{ mols Na}^+}{1 \text{ mol g Na}_2\text{SO}_4} = 0,0792 \text{ mol Na}^+$$

Problema 4.5

Quantos mols de íons cobre (I), Cu^+, estão presentes em 0,062 g de nitrato de cobre (I), $CuNO_3$?

Exemplo 4.6 — Moléculas por grama

Um comprimido de aspirina, $C_9H_8O_4$, contém 0,360 g de aspirina. (O resto do comprimido é composto de amido ou outras substâncias.) Quantas moléculas de aspirina estão presentes nesse comprimido?

Estratégia

A massa molecular da aspirina é $9(12,0) + 8(1,0) + 4(16,0) = 180,0$ u, o que nos dá o fator de conversão 1 mol = 180,0 g aspirina. Para converter mols de aspirina em moléculas de aspirina, usamos o fator de conversão 1 mol aspirina = $6,02 \times 10^{23}$ moléculas de aspirina.

Solução

Primeiro precisamos descobrir quantos mols de aspirina estão presentes em 0,360 g:

$$0{,}360 \text{ g aspirina} \times \frac{1 \text{ mol aspirina}}{180{,}0 \text{ g aspirina}} = 0{,}00200 \text{ mol aspirina}$$

O número de moléculas de aspirina em um comprimido é

$$0{,}00200 \text{ mol} \times 6{,}02 \times 10^{23} \frac{\text{moléculas}}{\text{mol}} = 1{,}20 \times 10^{21} \text{ moléculas}$$

Problema 4.6

Quantas moléculas de água, H_2O, estão presentes em um copo d'água (235 g)?

Combustão Queima que ocorre no ar.

Equação química Representação, com o uso de fórmulas químicas, do processo em que reagentes são convertidos em produtos.

4.4 Como se balanceiam equações químicas?

Quando o propano, que é o principal componente do gás engarrafado ou GLP (gás liquefeito de petróleo), queima no ar, está reagindo com o oxigênio. Esses dois reagentes são convertidos nos produtos dióxido de carbono e água, em uma reação química chamada **combustão**. Podemos escrever essa reação química na forma de uma **equação química** usando fórmulas químicas para os reagentes e produtos, e uma seta para indicar a direção em que ocorre a reação. Além disso, é importante mostrar o estado de cada reagente e produto, isto é, se é um gás, líquido ou sólido. Usamos o símbolo (g) para gás, (ℓ) para líquido, (s) para sólido e (aq) para uma substância dissolvida em água (aquosa). O símbolo apropriado é colocado imediatamente após cada reagente e produto. Em nossa equação de combustão, propano, oxigênio e dióxido de carbono são gases, e a chama produzida na queima do propano é suficientemente quente para transformar a água em gás (vapor).

$$C_3H_8(g) + O_2(g) \longrightarrow CO_2(g) + H_2O(g)$$
Propano   Oxigênio   Dióxido   Água
                           de carbono

A equação que escrevemos está incompleta. Embora ela forneça as fórmulas dos materiais de partida e produtos (o que toda equação química deve fazer) e o estado físico de cada reagente e produto, não informa corretamente as quantidades. Não está balanceada, o que significa que o número de átomos do lado esquerdo da equação não é o mesmo que do lado direito. De acordo com a lei da conservação das massas (Seção 2.3A), sabemos que átomos não são destruídos nem criados em reações químicas, simplesmente passam de uma substância para outra. Assim, todos os átomos presentes no começo da reação (no lado esquerdo da equação) devem ainda estar presentes no final (no lado direito da equação). Na equação apresentada, três átomos de carbono estão do lado esquerdo, mas somente um está do lado direito.

Queima do propano no ar.

> ### Como...
> #### Balancear uma equação química
> Para balancear uma equação, colocamos números na frente das fórmulas, até que o número de cada tipo de átomo nos produtos seja o mesmo que nos materiais de partida. Esses números são chamados **coeficientes**. Como exemplo, faremos o balanceamento de nossa equação do propano:
>
> $$C_3H_8(g) + O_2(g) \longrightarrow CO_2(g) + H_2O(g)$$
> Propano   Oxigênio   Dióxido   Água
>   de carbono
>
> Para balancear uma equação:
> 1. Comece com os átomos que aparecem em apenas um dos compostos à esquerda e somente um dos compostos à direita. Na equação para a reação do propano e oxigênio, comece com o carbono ou o hidrogênio.
> 2. Se um átomo ocorre como elemento livre – como o O_2 na reação de propano com oxigênio –, faça o balanceamento desse elemento por último.

3. Você pode mudar apenas coeficientes ao balancear uma equação; não pode mudar fórmulas químicas. Por exemplo, se tiver H_2O no lado esquerdo de uma equação, mas precisar de dois oxigênios, você poderá adicionar o coeficiente "2" para ficar $2H_2O$. Não poderá, porém, ter dois oxigênios, alterando a fórmula para H_2O_2, porque o produto é água, H_2O, e não peróxido de hidrogênio, H_2O_2.

Na equação de combustão (queima) do propano com oxigênio, podemos começar com o carbono. Três átomos de carbono aparecem à esquerda e um à direita. Se colocarmos um 3 na frente do CO_2 (indicando que são formadas três moléculas de CO_2), três carbonos aparecerão em cada lado, e os carbonos estarão balanceados:

Três C em cada lado

$$C_3H_8(g) + O_2(g) \longrightarrow 3CO_2(g) + H_2O(g)$$

Em seguida, considere os hidrogênios. São oito do lado esquerdo e dois do lado direito. Se colocarmos um 4 na frente do H_2O, serão oito hidrogênios de cada lado, e os hidrogênios estarão balanceados:

Oito H em cada lado

$$C_3H_8(g) + O_2(g) \longrightarrow 3CO_2(g) + 4H_2O(g)$$

O único átomo não balanceado é o oxigênio. Observe que deixamos esse reagente por último (regra 2). São dois átomos de oxigênio à esquerda e dez à direita. Se colocarmos 5 na frente do O_2 à esquerda, balancearemos os átomos de oxigênio e também chegaremos a uma equação balanceada:

Dez O em cada lado

$$C_3H_8(g) + 5O_2(g) \longrightarrow 3CO_2(g) + 4H_2O(g)$$

Agora a equação deverá estar balanceada, mas é preciso conferir, só para ter certeza. Numa equação balanceada, deve haver o mesmo número de átomos de cada elemento em ambos os lados. Verificando o nosso trabalho, temos três átomos de C, dez de O e oito de H em cada lado. A equação de fato está balanceada.

Exemplo 4.7 Balanceando uma equação química

Faça o balanceamento da seguinte equação:

$$Ca(OH)_2(s) + HCl(g) \longrightarrow CaCl_2(s) + H_2O(\ell)$$
Hidróxido de cálcio   Cloreto de hidrogênio   Cloreto de cálcio

Solução

O cálcio já está balanceado – é um Ca em cada lado. Temos um Cl à esquerda e dois à direita. Para balancear o cloro, adicionamos o coeficiente 2 na frente do HCl:

$$Ca(OH)_2(s) + 2HCl(g) \longrightarrow CaCl_2(s) + H_2O(\ell)$$

Considerando os hidrogênios, vemos que são quatro hidrogênios à esquerda, mas apenas dois à direita. Colocando o coeficiente 2 na frente de H_2O, completamos o balanceamento dos hidrogênios. Os oxigênios também ficam balanceados, concluindo o balanceamento da equação:

$$Ca(OH)_2(s) + 2HCl(g) \longrightarrow CaCl_2(s) + 2H_2O(\ell)$$

Problema 4.7

Segue uma equação não balanceada da fotossíntese, o processo pelo qual as plantas verdes convertem dióxido de carbono e água em glicose e oxigênio. Faça o balanceamento da equação:

$$CO_2(g) + H_2O(\ell) \xrightarrow{\text{Fotossíntese}} C_6H_{12}O_6(aq) + O_2(g)$$
Glicose

Exemplo 4.8 Balanceando uma equação química

Faça o balanceamento da seguinte equação da combustão do butano, o fluido mais usado em isqueiros:

$$C_4H_{10}(g) + O_2(g) \longrightarrow CO_2(g) + H_2O(g)$$
Butano

Estratégia

A equação da combustão do butano é muito semelhante àquela que examinamos no começo desta seção para a combustão do propano. Para balancear uma equação, colocamos números na frente das fórmulas até que haja números idênticos de átomos em cada lado da equação.

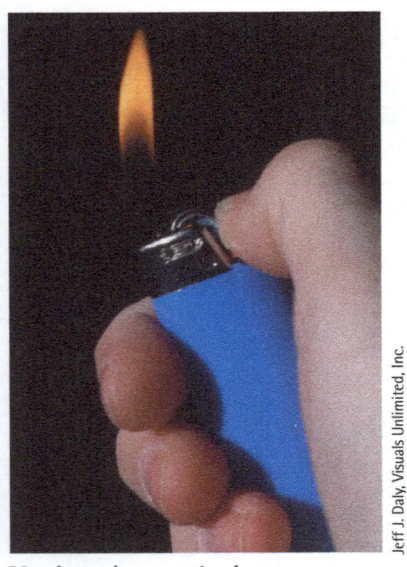

Solução

Para balancear carbonos, coloque 4 na frente do CO_2 (porque são quatro carbonos do lado esquerdo). Em seguida, para balancear hidrogênios, coloque 5 na frente do H_2O para completar dez hidrogênios de cada lado da equação.

$$C_4H_{10}(g) + O_2(g) \longrightarrow 4CO_2(g) + 5H_2O(g)$$

Quando contamos os oxigênios, encontramos 2 do lado esquerdo e 13 do lado direito. Podemos balancear seus números colocando 13/2 na frente do O_2

$$C_4H_{10}(g) + \frac{13}{2}O_2(g) \longrightarrow 4CO_2(g) + 5H_2O(g)$$

Embora às vezes os químicos tenham boas razões para escrever equações com coeficientes fracionais, é prática comum usar apenas números inteiros. Isso pode ser feito multiplicando tudo por 2, o que nos dá a seguinte equação balanceada:

$$2C_4H_{10}(g) + 13O_2(g) \longrightarrow 8CO_2(g) + 10H_2O(g)$$

Um isqueiro contém butano em estado líquido e gasoso.

Problema 4.8

Faça o balanceamento da seguinte equação:

$$C_6H_{14}(g) + O_2(g) \longrightarrow CO_2(g) + H_2O(g)$$

Exemplo 4.9 Balanceando uma equação química

Faça o balanceamento da seguinte equação:

$$Na_2SO_3(aq) + H_3PO_4(aq) \longrightarrow H_2SO_3(aq) + Na_3PO_4(aq)$$
Sulfito de sódio   Ácido fosfórico   Ácido sulfuroso   Fosfato de sódio

Estratégia

O mais importante no balanceamento de equações como esta é perceber que íons poliatômicos como SO_3^{2-} e PO_4^{3-} permanecem intactos em ambos os lados da equação.

Solução

Podemos começar balanceando os íons Na^+. Colocamos 3 na frente do Na_2SO_3 e 2 na frente do Na_3PO_4, o que nos dá seis íons Na^+ em cada lado:

Seis Na em cada lado

$$3Na_2SO_3(aq) + H_3PO_4(aq) \longrightarrow H_2SO_3(aq) + 2Na_3PO_4(aq)$$

Agora são três unidades de SO_3^{2-} do lado esquerdo e somente uma do lado direito, portanto colocamos 3 na frente do H_2SO_3:

Três unidades de SO_3^{2-} em cada lado

$$3Na_2SO_3(aq) + H_3PO_4(aq) \longrightarrow 3H_2SO_3(aq) + 2Na_3PO_4(aq)$$

Vejamos agora as unidades de PO_4^{3-}. São duas unidades de PO_4^{3-} do lado direito, mas somente um do lado esquerdo. Para balanceá-las, colocamos 2 na frente do H_3PO_4. Ao fazer isso, balanceamos não apenas as unidades de PO_4^{3-}, mas também os hidrogênios, e chegamos à equação balanceada:

Duas unidades PO_4^{3-} em cada lado

$$3Na_2SO_3(aq) + 2H_3PO_4(aq) \longrightarrow 3H_2SO_3(aq) + 2Na_3PO_4(aq)$$

Problema 4.9

Faça o balanceamento da seguinte equação:

$$K_2C_2O_4(aq) + Ca_3(AsO_4)_2(s) \longrightarrow K_3AsO_4(aq) + CaC_2O_4(s)$$
Oxalato de potássio   Arsenato de cálcio   Arsenato de potássio   Oxalato de cálcio

Uma última questão sobre balanceamento de equações químicas. A seguinte equação da combustão do propano está corretamente balanceada.

$$C_3H_8(g) + 5O_2(g) \longrightarrow 3CO_2(g) + 4H_2O(g)$$
Propano

Ela estaria correta se dobrássemos todos os coeficientes?

$$2C_3H_8(g) + 10O_2(g) \longrightarrow 6CO_2(g) + 8H_2O(g)$$
Propano

Essa equação revisada está matemática e cientificamente correta, mas os químicos, em geral, não escrevem equações com coeficientes que sejam todos divisíveis por um número comum. Uma equação corretamente balanceada quase sempre é escrita com os coeficientes expressos pelo menor conjunto de números inteiros.

4.5 Como se calculam relações de massa em reações químicas?

A. Estequiometria

Como vimos na Seção 4.4, uma equação química balanceada nos mostra não apenas quais são as substâncias que reagem e quais são formadas, mas também as proporções molares em que reagem. Por exemplo, usando as proporções molares em uma equação química balanceada, podemos calcular a massa dos materiais de partida necessária para produzir determinada massa de um produto. O estudo das relações de massa nas reações químicas é conhecido como **estequiometria**.

Vejamos mais uma vez a equação balanceada da combustão do propano:

$$C_3H_8(g) + 5O_2(g) \longrightarrow 3CO_2(g) + 4H_2O(g)$$
Propano

Essa equação nos mostra não apenas que o propano e o oxigênio são convertidos em dióxido de carbono e água, mas também que 1 mol de propano combina-se com 5 mols de oxigênio para produzir 3 mols de dióxido de carbono e 4 mol de água, isto é, conhecemos as proporções em mol envolvidas. O mesmo é válido para qualquer outra equação balanceada. Esse fato nos permite responder às seguintes questões:

1. Quantos mols de qualquer produto serão formados se começarmos com uma certa massa de um material de partida?
2. Quantos gramas (ou mols) de um material de partida são necessários para reagir completamente com um certo número de gramas (ou mols) de outro material de partida?

Estequiometria As relações de massa em uma reação química.

"Estequiometria" vem do grego *stoicheion* (elemento) e *metron* (medida).

Na Seção 4.4, vimos que os coeficientes de uma equação representam o número de moléculas. Como o mol é proporcional à molécula (Seção 4.3), os coeficientes de uma equação também representam o número de mols.

3. Quantos gramas (ou mols) de um material de partida serão necessários se quisermos formar um certo número de gramas (ou mols) de um determinado produto?
4. Quantos gramas (ou mols) de outro produto são obtidos quando uma certa quantidade de um produto principal é produzida?

Pode parecer que temos aqui quatro tipos diferentes de problemas. De fato, podemos resolvê-los todos com o mesmo procedimento simples resumido no seguinte diagrama:

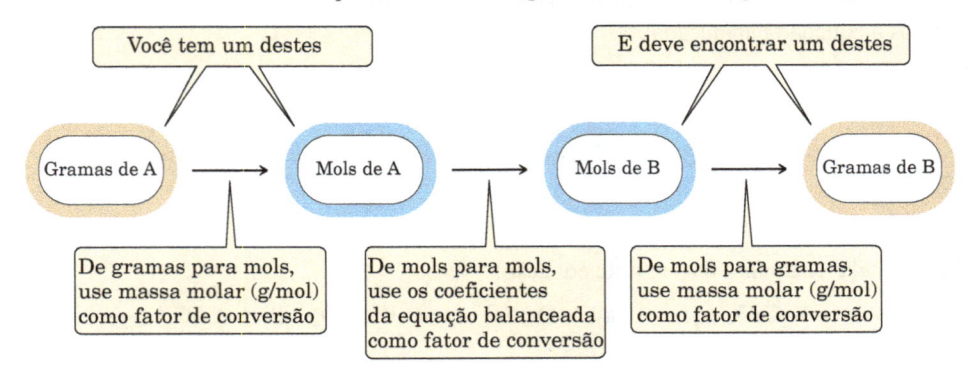

```
Você tem um destes                          E deve encontrar um destes

Gramas de A  →  Mols de A  →  Mols de B  →  Gramas de B

De gramas para mols,     De mols para mols,      De mols para gramas,
use massa molar (g/mol)  use os coeficientes     use massa molar (g/mol)
como fator de conversão  da equação balanceada   como fator de conversão
                         como fator de conversão
```

Você sempre vai precisar de um fator de conversão que relacione mols com mols. Também vai necessitar dos fatores de conversão de gramas para mols e de mols para gramas, de acordo com a formulação do problema. Em alguns problemas, talvez precise de ambos, em outros não. É fácil pesar um certo número de gramas, mas a proporção molar determina a quantidade de substância envolvida em uma reação.

Exemplo 4.10 Estequiometria

A amônia é produzida em escala industrial pela reação de gás nitrogênio com gás hidrogênio (processo de Haber) de acordo com a seguinte equação balanceada:

$$N_2(g) + 3H_2(g) \longrightarrow 2NH_3(g)$$
Amônia

Quantos gramas de N_2 são necessários para produzir 7,50 g de NH_3?

Estratégia

Os coeficientes de uma equação referem-se a números relativos de mols. Portanto, devemos primeiro descobrir quantos mols de NH_3 estão presentes em 7,50 g de NH_3. Para converter gramas de NH_3 em mols de NH_3, usamos o fator de conversão 17,0 g NH_3 = 1 mol NH_3. Vemos na equação química balanceada que 2 mols de NH_3 são produzidos a partir de 1 mol de N_2, o que nos dá o fator de conversão 2 mols NH_3 = 1 mol N_2. Finalmente, convertemos mols de N_2 em gramas de N_2 usando o fator de conversão 1 mol N_2 = 28,0 g N_2. A resolução desse exemplo, portanto, requer três etapas e três fatores de conversão.

Solução

1ª etapa: Converter 7,50 gramas de NH_3 em mols de NH_3.

$$7{,}50 \text{ g NH}_3 \times \frac{1 \text{ mol NH}_3}{17{,}0 \text{ g NH}_3} = \text{mol NH}_3$$

2ª etapa: Converter mols de NH_3 em mols de N_2.

$$7{,}50 \text{ g NH}_3 \times \frac{1 \text{ mol NH}_3}{17{,}0 \text{ g NH}_3} \times \frac{1 \text{ mol N}_2}{2 \text{ mols NH}_3} = \text{mol N}_2$$

3ª etapa: Converter mols de N_2 em gramas de N_2, e agora fazer os cálculos.

$$7{,}50 \text{ g NH}_3 \times \frac{1 \text{ mol NH}_3}{17{,}0 \text{ g NH}_3} \times \frac{1 \text{ mol N}_2}{2 \text{ mols NH}_3} \times \frac{28{,}0 \text{ g N}_2}{1 \text{ mol N}_2} = 6{,}18 \text{ g N}_2$$

Em todos esses problemas, temos a massa (ou números de mols) de um composto e devemos encontrar a massa (ou o números de mols) de outro composto. Os dois compostos podem estar do mesmo lado da equação ou em lados opostos. Podemos resolver todos esses problemas com as três etapas que acabamos de utilizar.

Problema 4.10

Alumínio puro é preparado pela eletrólise de óxido de alumínio, conforme a equação:

$$Al_2O_3(s) \xrightarrow{\text{Eletrólise}} Al(s) + O_2(g)$$
$$\text{Óxido de alumínio}$$

(a) Faça o balanceamento dessa equação.
(b) Qual é a massa de óxido de alumínio necessária para preparar 27 g (1 mol) de alumínio?

Exemplo 4.11 Estequiometria

O silício usado em *chips* de computador é manufaturado por um processo representado pela seguinte reação:

$$SiCl_4(s) + 2Mg(s) \longrightarrow Si(s) + 2MgCl_2(s)$$
$$\text{Tetracloreto de silício} \qquad\qquad \text{Cloreto de magnésio}$$

Uma amostra de 225 g de tetracloreto de silício, $SiCl_4$, reage com excesso (mais que o necessário) de Mg. Quantos mols de Si são produzidos?

Estratégia

Para resolver esse exemplo, primeiro convertemos gramas de $SiCl_4$ em mols de $SiCl_4$, depois mols de $SiCl_4$ em mols de Si.

Solução

1ª etapa: Primeiro, convertemos gramas de $SiCl_4$ em mols de $SiCl_4$. Para esse cálculo, usamos o fator de conversão 1 mol $SiCl_4$ = 170 g $SiCl_4$:

$$225 \text{ g } SiCl_4 \times \frac{1 \text{ mol } SiCl_4}{170 \text{ g } SiCl_4} = \text{mol } SiCl_4$$

2ª etapa: Para converter mols de $SiCl_4$ em mols de Si, use o fator de conversão 1 mol $SiCl_4$ = 1 mol Si, que obtemos da equação química balanceada. Agora fazemos os cálculos e obtemos como resposta 1,32 mol Si:

$$225 \text{ g } SiCl_4 \times \frac{1 \text{ mol } SiCl_4}{170 \text{ g } SiCl_4} \times \frac{1 \text{ mol Si}}{1 \text{ mol } SiCl_4} = 1,32 \text{ mol Si}$$

Problema 4.11

Na síntese industrial do ácido acético, o metanol reage com monóxido de carbono. Quantos mols de CO são necessários para produzir 16,6 mols de ácido acético?

$$CH_3OH(g) + CO(g) \longrightarrow CH_3COOH(\ell)$$
$$\text{Metanol} \quad \text{Monóxido de carbono} \qquad \text{Ácido acético}$$

Exemplo 4.12 Estequiometria

Quando a enzima urease age sobre a ureia, $(NH_2)_2CO$, na presença de água, produzem-se amônia e dióxido de carbono. A urease, o catalisador, é colocada sobre a seta de reação.

$$(NH_2)_2CO(aq) + H_2O(\ell) \xrightarrow{\text{Urease}} 2NH_3(aq) + CO_2(g)$$
$$\text{Ureia} \qquad\qquad\qquad\qquad \text{Amônia}$$

Se houver excesso de água (mais que o necessário para a reação), quantos gramas de CO_2 e NH_3 são produzidos a partir de 0,83 mol de ureia?

Estratégia

Temos mols de ureia e devemos chegar a gramas de CO_2. Primeiro, usamos o fator de conversão 1 mol ureia = 1 mol CO_2 para encontrar o número de mols de CO_2 que será produzido e depois convertido de mols de CO_2 em gramas de CO_2. Utilizamos a mesma estratégia para encontrar o número de gramas de NH_3 produzido.

À medida que os chips de microprocessadores foram se tornando cada vez menores, a pureza do silício passará a ser mais importante, pois impurezas podem prejudicar o funcionamento do circuito.

Solução

Para gramas de CO_2:

1ª etapa: Primeiro convertemos mols de ureia em mols de dióxido de carbono usando o fator de conversão derivado da equação química balanceada, 1 mol ureia = 1 mol dióxido de carbono.

$$0,83 \text{ mol ureia} \times \frac{1 \text{ mol } CO_2}{17,0 \text{ mol ureia}} = \text{mol } CO_2$$

2ª etapa: Use o fator de conversão 1 mol CO_2 = 44 g CO_2 e depois faça os cálculos para obter a resposta:

$$0,83 \text{ mol ureia} \times \frac{1 \text{ mol } CO_2}{1 \text{ mol ureia}} \times \frac{44 \text{ g } CO_2}{1 \text{ mol } CO_2} = 37 \text{ g } CO_2$$

Para gramas de NH_3:

1ª e 2ª etapas combinadas em uma só equação.
Seguimos o mesmo procedimento do CO_2, mas usamos diferentes fatores de conversão:

$$0,83 \text{ mol ureia} \times \frac{2 \text{ mols } NH_3}{1 \text{ mol ureia}} \times \frac{17 \text{ g } NH_3}{1 \text{ mol } NH_3} = 28 \text{ g } NH_3$$

Problema 4.12

O etanol é produzido industrialmente pela reação do etileno com a água na presença de um catalisador ácido. Quantos gramas de etanol são produzidos a partir de 7,24 mols de etileno? Suponha que haja excesso de água.

$$\underset{\text{Etileno}}{C_2H_2(g)} + H_2O(\ell) \xrightarrow{\text{Ácido catalisador}} \underset{\text{Etanol}}{C_2H_6O(\ell)}$$

B. Reagentes limitantes

É frequente misturar reagentes em proporções molares que diferem daquelas que aparecem na equação balanceada. Geralmente acontece de um dos reagentes ser totalmente consumido, enquanto outros não são. Às vezes, deliberadamente, preferimos ter um dos reagentes em excesso em relação a outro. Como exemplo, considere um experimento em que NO é preparado misturando-se cinco mols de N_2 com um mol de O_2. Somente um mol de N_2 irá reagir, consumindo um mol de O_2. O oxigênio é totalmente consumido, restando quatro mols de nitrogênio. Essas relações molares são resumidas na equação balanceada:

	$N_2(g)$	+ $O_2(g)$	$\longrightarrow$	$2NO(g)$
Antes da reação (mols)	5,0	1,0		0
Após a reação (mols)	4,0	0		2,0

Reagente limitante Reagente que é consumido, deixando sem reagir o excesso de outro(s) reagente(s).

O **reagente limitante** é aquele consumido em primeiro lugar. Nesse exemplo, O_2 é o reagente limitante porque determina quanto de NO será formado. O outro reagente, N_2, está em excesso.

Exemplo 4.13 Reagente limitante

Suponha que 12 g de C sejam misturados com 64 g de O_2, ocorrendo a seguinte reação:

$$C(s) + O_2(g) \longrightarrow CO_2(g)$$

(a) Qual é o reagente limitante e qual é o reagente em excesso?
(b) Quantos gramas de CO_2 serão formados?

Estratégia

Determine quantos mols de cada reagente estão presentes inicialmente. Como C e O_2 reagem na proporção molar de 1:1, o reagente presente em menor quantidade molar é o reagente limitante e determina quantos mols e, portanto, quantos gramas de CO_2 podem ser formados.

Solução

(a) Usamos a massa molar de cada reagente para calcular o número de mols de cada composto presente antes da reação.

$$12 \text{ g C} \times \frac{1 \text{ mol C}}{12 \text{ g C}} = 1 \text{ mol C}$$

$$64 \text{ g O}_2 \times \frac{1 \text{ mol O}_2}{32 \text{ g O}_2} = 2 \text{ mols O}_2$$

De acordo com a equação balanceada, a reação de um mol de C requer um mol de O_2. Mas dois mols de O_2 estão presentes no começo da reação. Portanto, C é o reagente limitante e O_2 está em excesso.

(b) Para calcular o número de gramas de CO_2 formado, usamos o fator de conversão 1 mol CO_2 = 44 g CO_2.

$$12 \text{ g C} \times \frac{1 \text{ mol C}}{12 \text{ g C}} \times \frac{1 \text{ mol CO}_2}{1 \text{ mol C}} \times \frac{44 \text{ g CO}_2}{1 \text{ mol CO}_2} = 44 \text{ g CO}_2$$

Podemos resumir esses números na seguinte tabela. Observe que, de acordo com a lei da conservação das massas, a soma das massas do material presente após a reação é a mesma do material presente antes de ocorrer qualquer reação, a saber, 76 g de material.

	C	+	O_2	⟶	CO_2
Antes da reação	12 g		64 g		0
Antes da reação	1,0 mol		2,0 mols		0
Após a reação	0		1,0 mol		1,0 mol
Após a reação	0		32,0 g		44,0 g

Problema 4.13

Suponha que 6,0 g de C e 2,1 g de H_2 sejam misturados e reajam para formar metano de acordo com a seguinte equação balanceada:

$$C(s) + 2H_2(g) \longrightarrow CH_4(g)$$
Metano

(a) Qual é o reagente limitante e qual é o reagente em excesso?
(b) Quantos gramas de CH_4 são produzidos na reação?

C. Rendimento percentual

Ao levar adiante uma reação química, geralmente obtemos uma quantidade menor de um produto do que se poderia esperar do tipo de cálculo que discutimos na Seção 4.5. Por exemplo, suponha que 32,0 g (1 mol) de CH_3OH reajam com excesso de CO para formar ácido acético:

$$CH_3OH + CO \longrightarrow CH_3COOH$$
Metanol   Monóxido   Ácido acético
de carbono

Se calcularmos o rendimento esperado com base na estequiometria da equação balanceada, veremos que deveríamos obter 1 mol (60,0 g) de ácido acético. Suponha, no entanto, que obtenhamos apenas 57,8 g de ácido acético. Esse resultado significa que a lei da conservação das massas está sendo violada? Não. Obtivemos menos de 60,0 g de ácido acético porque uma parte do CH_3OH não reage, porque uma parte reage de outra forma ou ainda porque nossa técnica de laboratório não é perfeita e perdemos um pouco ao transferir de um recipiente para outro.

Agora precisamos definir três termos, todos relacionados ao rendimento do produto numa reação química:

Rendimento real: A massa do produto formada numa reação química.
Rendimento teórico: A massa do produto que deveria ser formada numa reação química de acordo com a estequiometria da equação balanceada.
Rendimento percentual: O rendimento real dividido pelo rendimento teórico multiplicado por 100%.

Uma reação que não gera o produto principal é chamada reação secundária.

Ocasionalmente, o rendimento percentual pode ser maior que 100%. Por exemplo, se um químico não consegue secar totalmente um produto antes de pesá-lo, o produto pesará mais do que deveria porque também contém água. Nesses casos, o rendimento real pode ser maior que o esperado, e o rendimento percentual, maior que 100%.

$$\text{Rendimento percentual} = \frac{\text{rendimento real}}{\text{rendimento teórico}} \times 100\%$$

Resumimos os dados da preparação anterior de ácido acético na seguinte tabela:

	CH_3OH	+	CO	$\longrightarrow$	CH_3COOH
Antes da reação	32,0 g		Excesso		0
Antes da reação	1,00 mol		Excesso		0
Rendimento teórico					1,00 mol
Rendimento teórico					60,0 g
Rendimento real					57,8 g

Calculamos o rendimento percentual no seguinte experimento:

$$\text{Rendimento percentual} = \frac{57,8 \text{ g ácido acético}}{60,0 \text{ g ácido acético}} \times 100\% = 96,3\%$$

Por que é importante conhecer o rendimento percentual de uma reação química ou de uma série de reações? A razão mais importante geralmente está relacionada ao custo. Se o rendimento de um produto comercial for, digamos, 10%, os químicos muito provavelmente voltarão ao laboratório para variar as condições experimentais em uma tentativa de melhorar o rendimento. Como exemplo, considere uma reação em que o material de partida A é convertido primeiro no composto B, depois no composto C e finalmente no composto D.

$$A \longrightarrow B \longrightarrow C \longrightarrow D$$

Suponha que o rendimento seja de 50% em cada etapa. Nesse caso, o rendimento do composto D é de 13% com base na massa do composto A. Se, no entanto, o rendimento em cada etapa for de 90%, o rendimento do composto D vai aumentar para 73%; e se o rendimento em cada etapa for de 99%, o rendimento do composto D vai ser de 97%. Esses números estão resumidos na seguinte tabela.

Se o rendimento percentual por etapa for	O rendimento percentual do composto D será
50%	$0,50 \times 0,50 \times 0,50 \times 100 = 13\%$
90%	$0,90 \times 0,90 \times 0,90 \times 100 = 73\%$
99%	$0,99 \times 0,99 \times 0,99 \times 100 = 97\%$

Exemplo 4.14 Rendimento percentual

Em um experimento para produzir etanol, o rendimento teórico é de 50,5 g. O rendimento real é de 46,8 g. Qual é o rendimento percentual?

Estratégia

Rendimento percentual é o rendimento real dividido pelo rendimento teórico vezes 100.

Solução

$$\% \text{ Rendimento} = \frac{46,8 \text{ g}}{50,5 \text{ g}} \times 100\% = 92,7\%$$

Problema 4.14

Em um experimento para preparar aspirina, o rendimento teórico é de 153,7 g. Se o rendimento real for de 124,3 g, qual será o rendimento percentual?

4.6 Como prever se íons em soluções aquosas reagirão entre si?

Muitos compostos iônicos são solúveis em água. Como vimos na Seção 4.5, os compostos iônicos sempre consistem em íons positivos e negativos. Quando eles se dissolvem em água, as moléculas da água separam os íons positivos dos negativos. Chamamos essa separação de **dissociação**. Por exemplo,

$$NaCl(s) \xrightarrow{H_2O} Na^+(aq) + Cl^-(aq)$$

O que acontece quando misturamos **soluções aquosas** de dois diferentes compostos iônicos? Ocorre uma reação entre os íons? A resposta depende dos íons. Se íons negativos e positivos se juntarem para formar um composto insolúvel em água, então ocorrerá uma reação e será formado um precipitado; de outro modo, não ocorrerá reação.

Como exemplo, suponha que preparemos uma solução dissolvendo cloreto de sódio, NaCl, em água, e uma segunda solução dissolvendo nitrato de prata, $AgNO_3$, em água.

Solução 1 $\quad NaCl(s) \xrightarrow{H_2O} Na^+(aq) + Cl^-(aq)$

Solução 2 $\quad AgNO_3(s) \xrightarrow{H_2O} Ag^+(aq) + NO_3^-(aq)$

Se agora misturarmos as duas soluções, quatro íons estarão presentes na solução: Ag^+, Na^+, Cl^- e NO_3^-. Dois desses íons, Ag^+ e Cl^-, reagem para formar o composto AgCl (cloreto de prata), que é insolúvel em água. Ocorre, portanto, uma reação, formando um precipitado branco de AgCl que lentamente desce até o fundo do recipiente (Figura 4.2). Escrevemos essa reação da seguinte maneira:

$Ag^+(aq) + NO_3^-(aq) + Na^+(aq) + Cl^-(aq) \longrightarrow AgCl(s) + Na^+(aq) + NO_3^-(aq)$
Íon prata $\quad$ Íon nitrato $\quad$ Íon sódio $\quad$ Íon cloreto $\quad$ Cloreto de prata

Observe que os íons Na^+ e NO_3^- não participam da reação, mas simplesmente permanecem dissolvidos na água. Íons que não participam da reação são chamados **íons espectadores**, certamente um nome apropriado.

Podemos simplificar a equação da formação de cloreto de prata omitindo todos os íons espectadores:

Equação iônica simplificada: $\quad Ag^+(aq) + Cl^-(aq) \longrightarrow AgCl(s)$
$\qquad\qquad\qquad\qquad$ Íon prata $\quad$ Íon cloreto $\quad$ Cloreto de prata

Esse tipo de equação que escrevemos para íons em solução é chamado **equação iônica simplificada**. Como todas as outras equações químicas, as equações iônicas simplificadas devem ser balanceadas. O balanceamento é feito do mesmo modo que para as outras equações, exceto que agora devemos balancear as cargas, e não só os átomos.

Equações iônicas simplificadas mostram apenas os íons que reagem – não mostram íons espectadores. Por exemplo, a equação iônica simplificada para a precipitação do sulfeto de arsênio (III) em uma solução aquosa é

Equação iônica simplificada: $2As^{3+}(aq) + 3S^{2-}(aq) \longrightarrow As_2S_3(s)$

Não só há dois átomos de arsênio e três átomos de enxofre em cada lado, mas a carga total do lado esquerdo é igual à carga total do lado direito; ambas são zero.

Em geral, íons em solução reagem entre si apenas quando uma destas quatro situações acontece:

1. Dois íons formam um sólido insolúvel em água. Um exemplo é AgCl, conforme mostra a Figura 4.2.
2. Dois íons formam um gás que escapa da mistura da reação como bolhas. Um exemplo é a reação de bicarbonato de sódio, $NaHCO_3$, com HCl para formar o gás dióxido de carbono, CO_2 (Figura 4.3). A equação iônica simplificada para essa reação é:

Quando H_2O está acima da seta, isso significa que a reação ocorre em presença de água.

Solução aquosa Uma solução em que o solvente é a água.

Íon espectador Íon que aparece inalterado em ambos os lados de uma equação química.

Equação iônica simplificada Equação química que não contém íons espectadores.

FIGURA 4.2 A adição de íons Cl^- a uma solução de íons Ag^+ produz um precipitado branco de cloreto de prata, AgCl.

FIGURA 4.3 Quando soluções aquosas de $NaHCO_3$ e HCl são misturadas, uma reação entre íons HCO_3^- e H_3O^+ produz gás CO_2, que pode ser visto como bolhas.

Equação iônica simplificada: $HCO_3^-(aq) + H_3O^+(aq) \longrightarrow CO_2(g) + 2H_2O(\ell)$

Íon bicarbonato — Dióxido de carbono

3. Um ácido neutraliza uma base. Reações ácido-base são tão importantes que dedicamos a elas o Capítulo 8.
4. Um dos íons pode oxidar o outro. Discutiremos esse tipo de reação na Seção 4.7.

Em muitos casos, nenhuma reação ocorre quando misturamos soluções de compostos iônicos, porque nenhuma dessas situações se aplica. Por exemplo, se misturarmos soluções de nitrato de cobre (II), $Cu(NO_3)_2$, e sulfato de potássio, K_2SO_4, teremos apenas uma mistura contendo íons Cu^{2+}, K^+, NO_3^- e SO_4^{2-} dissolvidos em água. Nenhum desses íons reage com outro, portanto não vemos nada acontecer (Figura 4.4).

FIGURA 4.4 (a) O béquer da esquerda contém uma solução de sulfato de potássio (incolor) e o da direita contém uma solução de nitrato de cobre (II) (azul). (b) Quando as duas soluções são misturadas, a cor azul torna-se mais clara porque o nitrato de cobre (II) é menos concentrado, mas nenhuma outra reação química ocorre.

A mistura de soluções de cloreto de bário, $BaCl_2$, e sulfato de sódio, Na_2SO_4, forma um precipitado branco de sulfato de bário, $BaSO_4$.

Exemplo 4.15 Equação iônica simplificada

Quando uma solução de cloreto de bário, $BaCl_2$, é adicionada a uma solução de sulfato de sódio, Na_2SO_4, forma-se um precipitado branco de sulfato de bário, $BaSO_4$. Escreva a equação iônica simplificada dessa reação.

Estratégia

A equação iônica simplificada mostra apenas aqueles íons que se combinam para formar um precipitado.

Solução

Como tanto o cloreto de bário quanto o sulfato de sódio são compostos iônicos, cada um deles está presente na água na forma de íons dissociados:

$$Ba^{2+}(aq) + 2Cl^-(aq) + 2Na^+(aq) + SO_4^{2-}(s)$$

Sabemos que se forma um precipitado de sulfato de bário:

$$Ba^{2+}(aq) + 2Cl^-(aq) + 2Na^+(aq) + SO_4^{2-}(aq) \longrightarrow BaSO_4(s) + 2Na^+(aq) + 2Cl^-(aq)$$

Sulfato de bário

Como os íons Na^+ e Cl^- aparecem em ambos os lados da equação (são íons espectadores), eles são cancelados e a equação iônica simplificada é a seguinte:

Equação iônica simplificada: $Ba^{2+}(aq) + SO_4^{2-}(aq) \longrightarrow BaSO_4(s)$

Problema 4.15

Quando uma solução de cloreto de cobre (II), $CuCl_2$, é adicionada a uma solução de sulfeto de potássio, K_2S, forma-se um precipitado negro de sulfeto de cobre (II), CuS. Escreva a equação iônica simplificada para essa reação.

Das quatro maneiras de os íons reagirem com a água, uma das mais comuns é a formação de um composto insolúvel. Poderemos prever esse resultado se conhecermos as solubilidades dos compostos iônicos. Algumas diretrizes úteis para a solubilidade de compostos iônicos em água são dadas na Tabela 4.2.

TABELA 4.2 Regras de solubilidade para compostos iônicos

Geralmente solúveis	
Li^+, Na^+, K^+, Rb^+, Cs^+, NH_4^+	Todo o grupo 1A (metais alcalinos) e os sais de amônio são solúveis.
Nitratos, NO_3^-	Todos os nitratos são solúveis.
Cloretos, brometos, iodetos, Cl^-, Br^-, I^-	Todos os cloretos, brometos e iodetos comuns são solúveis, exceto $AgCl$, Hg_2Cl_2, $PbCl_2$, $AgBr$, Hg_2Br_2, $PbBr_2$, AgI, Hg_2I_2, PbI_2.
Sulfatos, SO_4^{2-}	A maioria dos sulfatos é solúvel, exceto $CaSO_4$, $SrSO_4$, $BaSO_4$, $PbSO_4$.
Acetatos, CH_3COO^-	Todos os acetatos são solúveis.
Geralmente insolúveis	
Fosfatos, PO_4^{3-}	Todos os fosfatos são insolúveis, exceto os de NH_4^+ e de cátions do grupo 1A (metais alcalinos).
Carbonatos, CO_3^{2-}	Todos os carbonatos são insolúveis, exceto os NH_4^+ e os cátions do grupo 1A (metais alcalinos).
Hidróxidos, OH^-	Todos os hidróxidos são insolúveis, exceto os de NH_4^+ e os cátions do grupo 1A (metais alcalinos). São apenas ligeiramente solúveis: $Sr(OH)_2$, $Ba(OH)_2$ e $Ca(OH)_2$.
Sulfetos, S^{2-}	Todos os sulfetos são insolúveis, exceto os de NH_4^+ e os cátions dos grupos 1A (metais alcalinos) e 2A. São apenas ligeiramente solúveis: MgS, CaS e BaS.

Conexões químicas 4A

Solubilidade e cárie

A camada protetora mais externa do dente é o esmalte, que é composto de aproximadamente 95% de hidroxiapatita, $Ca_{10}(PO_4)_6(OH)_2$, e 5% de colágeno (Figura 22.13). Assim como a maioria dos outros fosfatos e hidróxidos, a hidroxiapatita é insolúvel em água. Em meio ácido, porém, ela se dissolve um pouco, produzindo íons Ca^{2+}, PO_4^{3-} e OH^-. Essa perda de esmalte cria buracos e cavidades no dente.

A acidez na boca é produzida pela fermentação bacteriana de restos de alimentos, especialmente carboidratos. Uma vez formados buracos e cavidades no esmalte, as bactérias podem ali se alojar e causar ainda mais danos no material subjacente mais mole, a dentina. A fluoretação da água traz íons F^- para a hidroxiapatita. Lá, íons F^- substituem íons OH^-, formando o composto fluoroapatita, $Ca_{10}(PO_4)_6F_2$, bem menos solúvel em meio ácido. Pastas de dente que contêm flúor intensificam esse processo de troca e proporcionam proteção contra a cárie.

Animais marinhos da família dos moluscos geralmente usam $CaSO_4$ insolúvel para construir suas conchas.

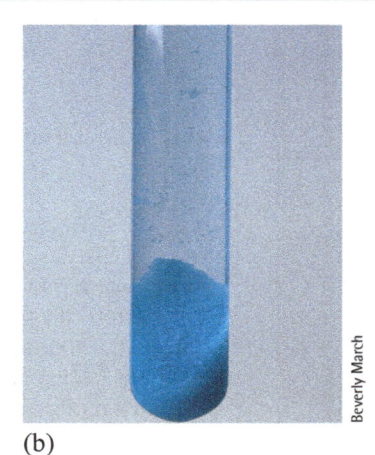

(a) Tanto o hidróxido de ferro (III), $Fe(OH)_3$, como (b) o carbonato de cobre (II), $CuCO_3$, são insolúveis em água.

4.7 O que são oxidação e redução?

Oxidação Perda de elétrons; ganho de átomos de oxigênio ou perda de átomos de hidrogênio.

Redução Ganho de elétrons; perda de átomos de oxigênio ou ganho de átomos de hidrogênio.

Reação redox Uma reação de oxirredução.

A oxirredução é um dos tipos mais importantes e comuns de reação química. **Oxidação** é a perda de elétrons. **Redução** é o ganho de elétrons. Uma **reação de oxirredução** (geralmente chamada **reação redox**) envolve a transferência de elétrons de uma espécie para outra. Um exemplo é a oxidação do zinco pelos íons cobre, cuja equação iônica simplificada é:

$$Zn(s) + Cu^{2+}(aq) \longrightarrow Zn^{2+}(aq) + Cu(s)$$

Quando colocamos um pedaço de zinco metálico em um béquer contendo íons cobre (II) em solução aquosa, três coisas acontecem (Figura 4.5):

1. Parte do zinco metálico se dissolve e fica na solução como Zn^{2+}.
2. Cobre metálico se deposita na superfície do zinco metálico.
3. A cor azul dos íons Cu^{2+} aos poucos desaparece.

Os átomos de zinco perdem elétrons para os íons cobre e tornam-se íons zinco:

$$Zn(s) \longrightarrow Zn^{2+}(aq) + 2e^{-} \qquad \text{O zinco é oxidado}$$

Ao mesmo tempo, íons Cu^{2+} ganham elétrons do zinco. Os íons cobre são reduzidos:

$$Cu^{2+}(aq) + 2e^{-} \longrightarrow Cu(s) \qquad \text{O } Cu^{2+} \text{ é reduzido}$$

Íons negativos como Cl^{-} ou NO_{3}^{-} estão presentes para balancear cargas, mas não são mostrados porque são íons espectadores.

Agente oxidante Entidade química que recebe elétrons em uma reação de oxirredução.

Agente redutor Entidade química que doa elétrons em uma reação de oxirredução.

Oxidação e redução não são reações independentes. Isto é, uma espécie não pode ganhar elétrons do nada, nem perder elétrons para o nada. Em outras palavras, não ocorre oxidação sem ao mesmo tempo haver redução e vice-versa. Na reação anterior, Cu^{2+} oxida Zn. Chamamos Cu^{2+} de **agente oxidante**. Igualmente, Zn reduz Cu^{2+}, e chamamos Zn de **agente redutor**.

Resumimos essas relações de oxirredução para a reação de zinco metálico com o íon Cu (II) da seguinte maneira:

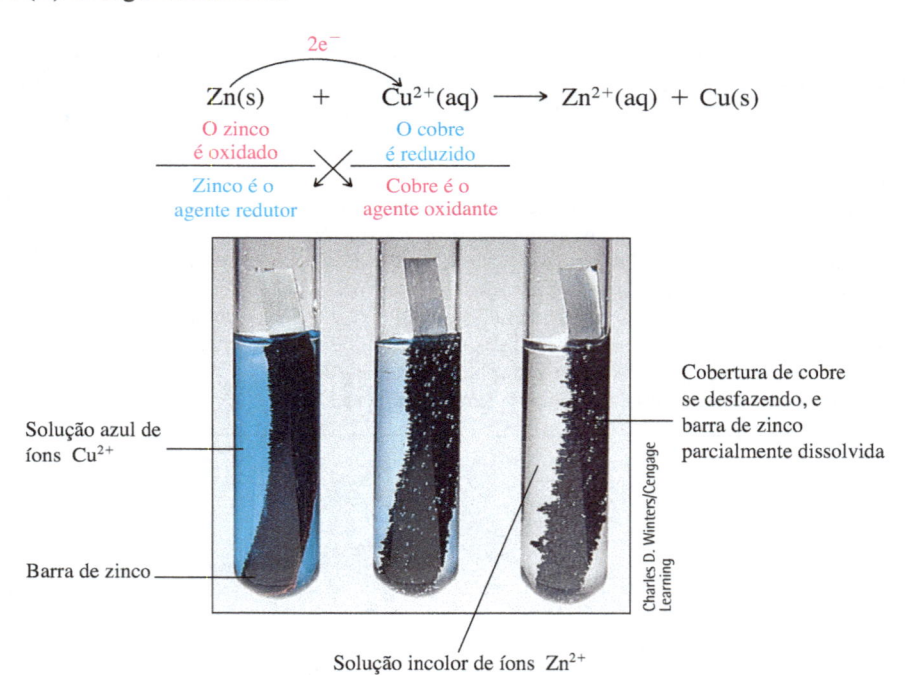

$$Zn(s) + Cu^{2+}(aq) \longrightarrow Zn^{2+}(aq) + Cu(s)$$

O zinco é oxidado — O cobre é reduzido
Zinco é o agente redutor — Cobre é o agente oxidante

FIGURA 4.5 Quando um pedaço de zinco é adicionado a uma solução contendo íons Cu^{2+}, o Zn é oxidado pelos íons Cu^{2+}, e os íons Cu^{2+} são reduzidos pelo Zn.

- Solução azul de íons Cu^{2+}
- Barra de zinco
- Cobertura de cobre se desfazendo, e barra de zinco parcialmente dissolvida
- Solução incolor de íons Zn^{2+}

Observe que uma seta curvada que vai do Zn(s) para Cu^{2+} mostra a transferência de dois elétrons do zinco para o íon cobre.

Embora as definições que demos para oxidação (perda de elétrons) e redução (ganho de elétrons) sejam fáceis de aplicar em muitas reações redox, não são tão fáceis de aplicar em outros casos. Por exemplo, uma outra reação redox é a combustão (queima) do metano, CH_4, em que CH_4 é oxidado a CO_2, enquanto O_2 é reduzido a CO_2 e H_2O.

$$CH_4(g) + 2O_2(g) \longrightarrow CO_2(g) + 2H_2O(g)$$

Metano

Não é fácil ver a perda e o ganho de elétron nessa reação, portanto os químicos desenvolveram outra definição de oxidação e redução, mais fácil de aplicar a muitos casos, especialmente quando estão envolvidos compostos orgânicos (contendo carbono):

Oxidação: Ganho de átomos de oxigênio e/ou perda de átomos de hidrogênio.
Redução: Perda de átomos de oxigênio e/ou ganho de átomos de hidrogênio.

Aplicando essas definições alternativas à reação de metano com oxigênio, chegamos a:

$$CH_4(g) + 2O_2(g) \longrightarrow CO_2(g) + 2H_2O(g)$$

- CH_4: Ganha O e perde H; é oxidado — Agente redutor
- O_2: Ganha H; é reduzido — Agente oxidante

De fato, essa segunda definição é muito mais antiga do que a que envolve transferência de elétrons; é a definição dada por Lavoisier quando descobriu a oxidação e a redução há mais de 200 anos. Observe que não podíamos aplicar essa definição ao nosso exemplo do zinco-cobre.

Exemplo 4.16 Oxirredução

Em cada equação, identifique a substância que é oxidada, a substância reduzida, o agente oxidante e o agente redutor.

(a) $Al(s) + Fe^{3+}(aq) \longrightarrow Al^{3+}(aq) + Fe(s)$

(b) $CH_3OH(g) + O_2(g) \longrightarrow HCOOH(g) + H_2O(g)$
    Metanol   Ácido fórmico

Estratégia

A substância oxidada perde elétrons e é um agente redutor. A substância que ganha elétrons é o agente oxidante e é reduzida.

Solução

(a) $Al(s)$ perde três elétrons e torna-se Al^{3+}, portanto o alumínio é oxidado. No processo de oxidação, $Al(s)$ doa seus elétrons para Fe^{3+}, sendo assim o agente redutor. O Fe^{3+} ganha três elétrons e torna-se $Fe(s)$, e é reduzido. No processo da redução, Fe^{3+} recebe três elétrons do $Al(s)$, sendo assim o agente oxidante. Resumindo:

$$Al(s) + Fe^{3+}(aq) \longrightarrow Al^{3+}(aq) + Fe(s)$$

Elétrons fluem de Al para Fe^{3+} ($3e^-$)

- $Al(s)$: Perde elétrons; alumínio é oxidado. Doa elétrons para Fe^{3+}; Al é o agente redutor.
- $Fe^{3+}(aq)$: Ganha elétrons; ferro é reduzido. Tira elétrons do Al; Fe^{3+} é o agente oxidante.

(b) Como não é fácil ver a perda ou o ganho de elétrons nesse exemplo, aplicamos o segundo conjunto de definições. Na conversão de CH_3OH em $HCOOH$, o CH_3OH tanto ganha oxigênios como perde hidrogênios; ele é oxidado. Ao ser convertido em H_2O, o O_2 ganha hidrogênios; ele é reduzido. O composto oxidado é o agente redutor; CH_3OH é o agente redutor. O composto reduzido é o agente oxidante; O_2 é o agente oxidante. Resumindo:

$$CH_3OH(g) + O_2(g) \longrightarrow HCOOH(g) + H_2O(g)$$

- CH_3OH: É oxidado; metanol é o agente redutor
- O_2: É reduzido; oxigênio é o agente oxidante

A poluição do ar é causada pela combustão incompleta de combustível.

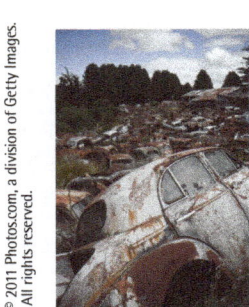

A ferrugem do ferro e do aço pode tornar-se um sério problema em uma sociedade industrial.

Problema 4.16

Em cada equação, identifique a substância oxidada, a substância reduzida, o agente oxidante e o agente redutor:

(a) $Ni^{2+}(aq) + Cr(s) \longrightarrow Ni(s) + Cr^{2+}(aq)$

(b) $\underset{\text{Formaldeído}}{CH_2O(g)} + H_2(g) \longrightarrow \underset{\text{Metanol}}{CH_3OH(g)}$

Dissemos que reações redox são extremamente comuns. Apresentamos, a seguir, algumas categorias importantes:

1. **Combustão** Todas a reações de combustão (queima) são reações redox em que os compostos ou as misturas queimados são oxidados pelo oxigênio, O_2. Incluem a queima de gasolina, óleo diesel, óleo combustível, gás natural, carvão, madeira e papel. Todos esses materiais contêm carbono, e todos, exceto o carvão, também contêm hidrogênio. Se a combustão for completa, o carbono será oxidado a CO_2 e o hidrogênio será oxidado a H_2O. Em uma combustão incompleta, esses elementos são oxidados a outros compostos, muitos dos quais causam poluição do ar.

   Infelizmente, boa parte da combustão atual que ocorre em motores a gasolina e óleo diesel e em fornalhas é incompleta e, portanto, contribui para a poluição do ar. Na combustão incompleta do metano, por exemplo, o carbono é oxidado a monóxido de carbono, CO, porque não há oxigênio suficiente para completar a oxidação a CO_2:

$$\underset{\text{Metano}}{2CH_4(g)} + 3O_2(g) \longrightarrow 2CO(g) + 4H_2O(g)$$

Conexões químicas 4B

Células voltaicas

Na Figura 4.5, vimos que, quando um pedaço de zinco metálico é colocado em uma solução contendo íons Cu^{2+}, os átomos de zinco doam elétrons aos íons Cu^{2+}. Podemos mudar o experimento colocando o zinco metálico em um béquer e os íons Cu^{2+} em outro, e depois conectar os dois béqueres com um fio e uma ponte salina (ver figura correspondente). Ainda ocorre uma reação, isto é, átomos de zinco ainda doam elétrons aos íons de Cu^{2+}, mas agora os elétrons devem fluir através do fio para chegar do Zn ao Cu^{2+}. Esse fluxo de elétrons produz uma corrente eletrônica, e os elétrons continuam fluindo até que o Zn ou o Cu^{2+} sejam consumidos. Assim, a aparelhagem gera uma corrente elétrica a partir de uma reação redox. Esse dispositivo é conhecido como **célula voltaica** ou, simplesmente, bateria.

Os elétrons produzidos na parte do zinco carregam cargas negativas. Essa extremidade da bateria é um eletrodo negativo (ou **ânodo**). Os elétrons liberados no ânodo, à medida que o zinco é oxidado, atravessam um circuito externo e, ao fazê-lo, produzem a corrente elétrica da bateria. Na outra extremidade da bateria, no eletrodo de carga positiva (ou **cátodo**), os elétrons são consumidos à medida que os íons Cu^{2+} são reduzidos a cobre metálico.

Para perceber por que é necessária a ponte salina, devemos olhar para a solução de Cu^{2+}. Como não podemos ter cargas positivas sem um número equivalente de cargas negativas, os íons negativos devem estar no béquer também – talvez sulfato, nitrato ou algum outro ânion. Quando os elétrons percorrem o fio, o Cu^{2+} é convertido em Cu:

$$Cu^{2+}(aq) + 2e^- \longrightarrow Cu(s)$$

Essa reação diminui o número de íons Cu^{2+}, mas o número de íons negativos permanece inalterado. A ponte salina é necessária para carregar alguns desses íons negativos para o outro béquer, onde são necessários para balancear os íons Zn^{2+} que estão sendo produzidos pela seguinte reação:

$$Zn(s) \longrightarrow Zn^{2+}(aq) + 2e^-$$

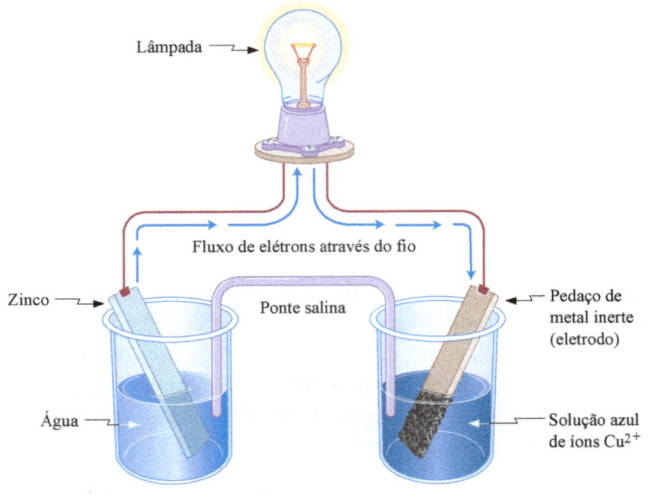

Figura Célula voltaica. O fluxo de elétrons que percorre o fio do zinco para Cu^{2+} é uma corrente elétrica que faz acender a lâmpada.

Conexões químicas 4C

Antissépticos oxidantes

Um antisséptico é um composto que mata bactérias. Antissépticos são usados para tratar ferimentos – e não para curá-los mais rápido, mas para impedir que se tornem infectados por bactérias. Alguns antissépticos operam oxidando (e portanto destruindo) compostos essenciais ao funcionamento normal das bactérias. Um exemplo é o iodo, I_2, que por muitos anos foi utilizado como antisséptico doméstico para pequenos cortes e contusões. Não era usado na forma pura, mas como uma solução diluída em etanol ou tintura. O I_2 puro é um sólido cinza-metálico que libera um vapor púrpura quando aquecido. A tintura, por sua vez, é um líquido marrom. Outro exemplo de antisséptico oxidante é uma solução diluída (geralmente 3%) de peróxido de hidrogênio, H_2O_2, que é usada para enxaguar a boca no tratamento de infecções na gengiva. Antissépticos oxidantes, no entanto, geralmente são considerados muito severos. Não apenas matam as bactérias, mas também prejudicam a pele e outros tecidos normais. Por essa razão, os antissépticos oxidantes em grande parte têm sido substituídos por antissépticos fenólicos (Seção 13.5).

Desinfetantes são empregados para matar bactérias, mas são utilizados em objetos inanimados e não em tecidos vivos. Muitos desinfetantes são agentes oxidantes. Dois exemplos importantes são o cloro, Cl_2, um gás verde-claro, e o ozônio, O_3, um gás incolor. Ambos os gases são adicionados em pequenas quantidades aos sistemas municipais de abastecimento de água para matar quaisquer bactérias nocivas que possam estar presentes. Esses gases devem ser manipulados com cuidado, pois são muito venenosos.

---

2. **Respiração** Humanos e animais obtêm energia pela respiração. O oxigênio do ar que respiramos oxida compostos contendo carbono em nossas células para produzir CO_2 e H_2O. Observe que a respiração é equivalente à combustão, exceto que ocorre mais lentamente e em uma temperatura bem mais baixa. Discutiremos a respiração com mais detalhes no Capítulo 27. O produto importante da respiração não é o CO_2 (que o corpo elimina) nem H_2O, mas a energia.

3. **Ferrugem** Todos nós sabemos que objetos de ferro ou aço, quando são deixados expostos ao ar, enferrujam (o aço é na maior parte ferro, mas contém alguns outros elementos também). Ao enferrujar, o ferro é oxidado a uma mistura de óxidos de ferro. Podemos representar a reação principal pela seguinte equação

$$4Fe(s) + 3O_2(g) \longrightarrow 2Fe_2O_3(s)$$

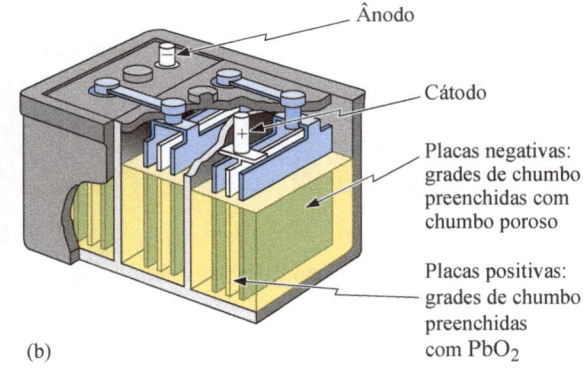

FIGURA 4.6 (a) Baterias secas. (b) Bateria de chumbo.

4. **Branqueamento** A maioria dos branqueamentos envolve oxidação, e alvejantes comuns são agentes oxidantes. Os compostos coloridos a serem branqueados geralmente são compostos orgânicos; a oxidação os converte em compostos incolores.

5. **Baterias** A célula voltaica (Conexões químicas 4B) é um dispositivo onde a eletricidade é gerada a partir de uma reação química. Essas células geralmente são chamadas de bateriais (Figura 4.6). Estamos familiarizados com baterias em nossos carros e em dispositivos portáteis como rádios, lanternas, telefones celulares e computadores. Em todos os casos, a reação que ocorre na bateria é uma reação redox.

Calor de reação O calor liberado ou absorvido em uma reação química.

Reação exotérmica Reação química que libera calor.

Reação endotérmica Reação química que absorve calor.

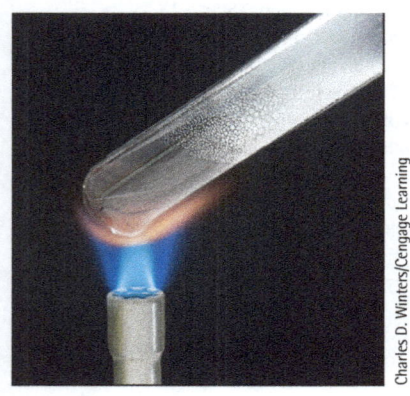

Óxido de mercúrio (II), um composto vermelho, decompõe-se em dois elementos quando aquecido: mercúrio (um metal) e oxigênio (um não metal). O vapor de mercúrio se condensa na parte superior mais fria do tubo de ensaio.

4.8 O que é calor de reação?

Em quase todas as reações químicas, não só os materiais de partida são convertidos em produtos, mas calor também é liberado ou absorvido. Por exemplo, quando um mol de carbono é oxidado pelo oxigênio para produzir um mol de CO_2, 94,0 kcal de calor são liberadas por mol de carbono:

$$C(s) + O_2(g) \longrightarrow CO_2(g) + 94,0 \text{ kcal}$$

O calor liberado ou absorvido em uma reação é chamado **calor de reação**. Uma reação que libera calor é **exotérmica**; uma reação que absorve calor é **endotérmica**. A quantidade de calor liberada ou absorvida é proporcional à quantidade do material. Por exemplo, quando 2 mols de carbono são oxidados pelo oxigênio, produzindo dióxido de carbono, $2 \times 94,0 = 188$ kcal de calor são liberadas.

As mudanças de energia que acompanham uma reação química não se limitam ao calor. Em algumas reações, como nas células voltaicas (Conexões químicas 4B), a energia liberada assume a forma de eletricidade. Em outras reações, como na fotossíntese (a reação pela qual as plantas convertem água e dióxido de carbono em carboidratos e oxigênio), a energia absorvida está na forma de luz.

Um exemplo de reação endotérmica é a decomposição do dióxido de mercúrio (II):

$$2HgO(s) + 43,4 \text{ kcal} \longrightarrow 2Hg(\ell) + O_2(g)$$

Óxido de mercúrio (II)
(óxido mercúrico)

Essa equação nos diz que, se quisermos decompor 2 mols de óxido de mercúrio (II) nos elementos $Hg(\ell)$ e $O_2(g)$, deveremos adicionar 43,4 kcal de energia ao HgO. Além disso, a lei da conservação de energia nos garante que a reação inversa, a oxidação do mercúrio, deve liberar exatamente a mesma quantidade de calor:

$$2Hg(\ell) + O_2(g) \longrightarrow 2HgO(s) + 43,4 \text{ kcal}$$

Especialmente importantes são os calores de reação para reações de combustão. Como vimos na Seção 4.7, as reações de combustão são as mais importantes reações que produzem calor, visto que a maior parte da energia necessária para a sociedade moderna provém delas. Todas as combustões são exotérmicas. O calor liberado em uma reação de combustão é chamado **calor de combustão**.

Resumo das questões-chave

Seção 4.2 O que é massa molecular?

- A **massa molecular (MM)** de um composto é a soma das massas atômicas de todos os átomos do composto expressa em unidades de massa atômica (u). A massa molecular aplica-se tanto a compostos iônicos como a compostos moleculares.

Seção 4.3 O que é mol e como usá-lo para calcular relações de massa?

- Um **mol** de qualquer substância é definido como o número de Avogadro ($6,02 \times 10^{23}$) de unidades-fórmula da substância.
- A **massa molar** de uma substância é sua massa molecular expressa em gramas.

Seção 4.4 Como se balanceiam equações químicas?

- **Equação química** é uma expressão que mostra quais reagentes são convertidos em quais produtos. Uma reação química balanceada mostra quantos mols de cada material de partida são convertidos em quantos mols de cada produto.

Seção 4.5 Como se calculam relações de massa em reações químicas?

- **Estequiometria** é o estudo das relações de massa em reações químicas.
- O reagente que é consumido em primeiro lugar em uma reação recebe o nome de **reagente limitante**.
- O **rendimento percentual** para uma reação é igual ao **rendimento real** dividido pelo **rendimento teórico**, multiplicado por 100%.

Seção 4.6 Como prever se íons em soluções aquosas reagirão entre si?

- Quando íons são misturados em solução aquosa, eles reagem entre si somente se (1) formarem um precipitado, (2) formarem um gás, (3) um ácido neutralizar uma base ou (4) ocorrer uma oxirredução.
  Íons que não reagem são chamados **íons espectadores**.
- Uma **equação iônica simplificada** mostra apenas aqueles íons que reagem. Numa equação iônica simplificada,

tanto as cargas como o número (massa) de átomos devem ser balanceados.

Seção 4.7 O que são oxidação e redução?

- **Oxidação** é a perda de elétrons, e **redução**, o ganho de elétrons. Esses dois processos devem ocorrer juntos; não se pode ter um sem o outro. O processo conjunto geralmente é chamado reação redox.
- A oxidação também pode ser definida como ganho de oxigênios e/ou perda de hidrogênios, e a redução também pode ser definida como perda de oxigênios e/ou ganho de hidrogênios.

Seção 4.8 O que é calor de reação? Problemas 4.77 e 4.79

- Quase todas as reações químicas são acompanhadas de ganho ou perda de calor. Esse calor é chamado **calor de reação**.
- Reações que liberam calor são **exotérmicas**, e aquelas que absorvem calor são **endotérmicas**.
- O calor liberado em uma reação de combustão é chamado **calor de combustão**.

Problemas

Seção 4.2 O que é massa molecular?

4.17 Indique se a afirmação é verdadeira ou falsa.
(a) Massa molecular é a massa de um composto expressa em gramas.
(b) Uma unidade de massa atômica (u) é igual a 1 grama (g).
(c) O peso-fórmula de H_2O é 18 u.
(d) A massa molecular de H_2O é 18 u.
(e) A massa molecular de um composto covalente é a mesma de seu peso-fórmula.

4.18 Calcule a massa molecular de:
(a) KCl (b) Na_3PO_4 (c) $Fe(OH)_2$
(d) $NaAl(SO_3)_2$ (e) $Al_2(SO_4)_3$ (f) $(NH_4)_2CO_3$

4.19 Calcule a massa molecular de:
(a) Sacarose, $C_{12}H_{22}O_{11}$ (b) Glicina, $C_2H_5NO_2$
(c) DDT, $C_{14}H_9Cl_5$

Seção 4.3 O que é mol e como usá-lo para calcular relações de massa?

4.20 Indique se a afirmação é verdadeira ou falsa.
(a) O mol é uma unidade de contagem, assim como a dúzia.
(b) O número de Avogadro é o número de unidades-fórmula em um mol.
(c) O numero de Avogadro, até três algarismos significativos, é $6,02 \times 10^{23}$ unidades-fórmula por mol.
(d) Um mol de H_2O contém $3 \times 6,02 \times 10^{23}$ unidades-fórmula.
(e) Um mol de H_2O tem o mesmo número de moléculas que 1 mol de H_2O_2.
(f) A massa molar de um composto é sua massa molecular expressa em u.
(g) A massa molar de H_2O é 18 g/mol.
(h) Um mol de H_2O tem a mesma massa molar que 1 mol de H_2O_2.
(i) Um mol de ibuprofeno, $C_{13}H_{18}O_2$, contém 33 mols de átomos.
(j) Para converter mols em gramas, o número de mols deve ser multiplicado pelo número de Avogadro.
(k) Para converter gramas em mols, o número de gramas deve ser dividido pela massa molar.
(l) Um mol de H_2O contém 1 mol de átomos de hidrogênio e 1 mol de átomos de oxigênio.
(m) Um mol de H_2O contém 2 g de átomos de hidrogênio e 1 g de átomos de oxigênio.
(n) Um mol de H_2O contém $18,06 \times 10^{23}$ átomos.

4.21 Calcule o número de mols em:
(a) 32 g de metano, CH_4.
(b) 345,6 g de óxido nítrico, NO.
(c) 184,4 g de dióxido de cloro, ClO_2.
(d) 720 g de glicerina, $C_3H_8O_3$.

4.22 Calcule o número de gramas em:
(a) 1,77 mol de dióxido de nitrogênio, NO_2.
(b) 0,84 mol de 2-propanol, C_3H_8O (álcool de polimento)
(c) 3,69 mols de hexafluoreto de urânio, UF_6.
(d) 0,348 mol de galactose, $C_6H_{12}O_6$.
(e) $4,9 \times 10^{-2}$ mol de vitamina C, $C_6H_8O_6$.

4.23 Calcule o número de mols de:
(a) Átomos de O em 18,1 mols de formaldeído, CH_2O.
(b) Átomos de Br em 0,41 mol de bromofórmio, $CHBr_3$.
(c) Átomos de O em $3,5 \times 10^3$ mols de $Al_2(SO_4)_3$.
(d) Átomos de Hg em 87 g de HgO.

4.24 Calcule o número de mols de:
(a) Íons S^{2-} em 6,56 mols de Na_2S.
(b) Íons Mg^{2+} em 8,320 mols de $Mg_3(PO_4)_2$.
(c) Íon acetato, CH_3COO^-, em 0,43 mol de $Ca(CH_3COO)_2$.

4.25 Calcule o número de:
(a) Átomos de nitrogênio em 25,0 g de TNT, $C_7H_5N_3O_6$.
(b) Átomos de carbono em 40,0 g de etanol, C_2H_6O.
(c) Átomos de oxigênio em 500 mg de aspirina, $C_9H_8O_4$.
(d) Átomos de sódio em 2,40 g de di-hidrogenofosfato de sódio, NaH_2PO_4.

4.26 Um único átomo de cério tem cerca de duas vezes a massa de um único átomo de gálio. Qual é a proporção em massa de 25 átomos de cério para 25 átomos de gálio?

4.27 Qual é a massa em gramas de cada um dos seguintes números de molécula de formaldeído, CH_2O?
(a) 100 moléculas
(b) 3.000 moléculas
(c) $5,0 \times 10^6$ moléculas
(d) $2,0 \times 10^{24}$ moléculas

4.28 Quantas moléculas estão presentes em:
(a) 2,9 mols de TNT, $C_7H_5N_3O_6$.
(b) Uma gota (0,0500 g) de água.
(c) $3,1 \times 10^{-1}$ g de aspirina, $C_9H_8O_4$.

4.29 Um típico depósito de colesterol, $C_{27}H_{46}O$, em uma artéria pode ter massa de 3,9 mg. Quantas moléculas de colesterol estão presentes nessa massa?

4.30 A massa molecular da hemoglobina é de aproximadamente 68.000 u. Qual é a massa em gramas de uma única molécula de hemoglobina?

4.31 Se você tiver uma amostra com 10 g de cobre e outra com 10 g de cromo, quantos átomos estarão presentes em cada amostra?

Seção 4.4 Como se balanceiam equações químicas?

4.32 Indique se a afirmação é verdadeira ou falsa.
(a) Uma equação química balanceada mostra o número de mols do material de partida reagindo e o número de mols do produto formado.
(b) Em uma reação química, o número de mols do produto sempre é igual ao número de mols do material de partida.
(c) Em uma reação química, a massa dos produtos sempre é igual à massa dos materiais de partida que reagiram.
(d) Em uma reação química, o número de átomos do(s) produto(s) é sempre igual ao número de átomos do material de partida.
(e) Em uma reação química balanceada, os gramas de produto sempre são iguais aos gramas do material de partida.
(f) Em uma equação química balanceada, os coeficientes mostram as proporções dos mols de cada produto para os mols de cada material de partida.

4.33 Determine o balanceamento de cada equação.
(a) $HI + NaOH \longrightarrow NaI + H_2O$
(b) $Ba(NO_3)_2 + H_2S \longrightarrow BaS + HNO_3$
(c) $CH_4 + O_2 \longrightarrow CO_2 + H_2O$
(d) $C_4H_{10} + O_2 \longrightarrow CO_2 + H_2O$
(e) $Fe + CO_2 \longrightarrow Fe_2O_3 + CO$

4.34 Determine o balanceamento de cada equação.
(a) $H_2 + I_2 \longrightarrow HI$
(b) $Al + O_2 \longrightarrow Al_2O_3$
(c) $Na + Cl_2 \longrightarrow NaCl$
(d) $Al + HBr \longrightarrow AlBr_3 + H_2$
(e) $P + O_2 \longrightarrow P_2O_5$

4.35 Se você borbulhar gás dióxido de carbono em uma solução de hidróxido de cálcio, forma-se um precipitado leitoso de carbonato de cálcio. Escreva uma equação balanceada para a formação de carbonato de cálcio nessa reação.

4.36 O óxido de cálcio é preparado aquecendo-se calcário (carbonato de cálcio, $CaCO_3$) a uma alta temperatura, quando então ele se decompõe em óxido de cálcio e dióxido de cálcio. Escreva uma equação balanceada para essa preparação de dióxido de cálcio.

4.37 Em alguns espetáculos com fogos de artifício, a luz branca brilhante é produzida pela queima de magnésio no ar. O magnésio reage com o oxigênio no ar formando óxido de magnésio. Escreva a equação balanceada para essa reação.

4.38 A ferrugem no ferro é uma reação química do ferro com o oxigênio do ar, formando óxido de ferro (III). Escreva uma equação balanceada para essa reação.

4.39 Quando o carbono sólido queima em uma quantidade limitada de gás oxigênio, forma-se o gás monóxido de carbono, CO. Esse gás é letal para os humanos, pois combina-se com a hemoglobina do sangue, impossibilitando o transporte de oxigênio. Escreva uma equação balanceada para a formação de monóxido de carbono.

4.40 Carbonato de amônio sólido, $(NH_4)_2CO_3$, decompõe-se em temperatura ambiente, formando dióxido de carbono e água. Pela facilidade de decomposição e pelo odor penetrante da amônia, o carbonato de amônio pode ser usado como sais aromáticos. Escreva uma equação balanceada para essa decomposição.

4.41 No teste químico para o arsênio, é preparado o gás arsino, AsH_3. Quando o arsino é decomposto por aquecimento, o metal arsênio se deposita como uma cobertura espelhada na superfície de um recipiente de vidro, liberando gás hidrogênio, H_2. Escreva uma equação balanceada para a decomposição do arsino.

4.42 Quando um pedaço de alumínio metálico é colocado em ácido clorídrico, HCl, o hidrogênio é liberado como gás, formando uma solução de cloreto de alumínio. Escreva uma equação balanceada para a reação.

4.43 Na preparação química industrial do cloro, Cl_2, a corrente elétrica atravessa uma solução aquosa de cloreto de sódio, gerando $Cl_2(g)$ e $H_2(g)$. O outro produto dessa reação é hidróxido de sódio. Escreva uma equação balanceada para essa reação.

Seção 4.5 Como se calculam relações de massa em reações químicas?

4.44 Indique se a afirmação é verdadeira ou falsa.
(a) Estequiometria é o estudo das relações de massa em reações químicas.
(b) Para determinar relações de massa em uma reação química, é preciso primeiro conhecer a equação química balanceada da reação.
(c) Para converter gramas em mols e vice-versa, usamos o número de Avogadro como fator de conversão.
(d) Para converter gramas em mols e vice-versa, usamos a massa molar como fator de conversão.
(e) Um reagente limitante é o reagente consumido em primeiro lugar.
(f) Suponha que uma reação química entre A e B exija 1 mol de A e 2 mols de B. Se 1 mol de cada estiver presente, então B será o reagente limitante.
(g) Rendimento teórico é o rendimento do produto que deveria ser obtido de acordo com a equação química balanceada.
(h) Rendimento teórico é o rendimento do produto que deveria ser obtido se todo o reagente limitante fosse convertido no produto.
(i) Rendimento percentual é o número de gramas do produto dividido pelo número de gramas do reagente limitante, multiplicado por 100%.
(j) Para calcular o rendimento percentual, dividimos a massa do produto formado pelo rendimento teórico e multiplicamos por 100%.

4.45 Para a reação

$$2N_2(g) + 3O_2(g) \longrightarrow 2N_2O_3(g)$$

(a) Quantos mols de N_2 são necessários para reagir completamente com 1 mol de O_2?
(b) Quantos mols de N_2O_3 são produzidos a partir da reação completa de 1 mol de O_2?
(c) Quantos mols de O_2 são necessários para produzir 8 mols de N_2O_3?

4.46 O magnésio reage com o ácido sulfúrico de acordo com a seguinte equação. Quantos mols de H_2 são produzidos pela reação completa de 230 mg de Mg com ácido sulfúrico?

$$Mg(s) + H_2SO_4(aq) \longrightarrow MgSO_4(aq) + H_2(g)$$

4.47 O clorofórmio, $CHCl_3$, é preparado industrialmente pela reação de metano com cloro. Quantos gramas de Cl_2 são necessários para produzir 1,50 mol de clorofórmio?

$$\underset{\text{Metano}}{CH_4(g)} + 3Cl_2(g) \longrightarrow \underset{\text{Clorofórmio}}{CHCl_3(\ell)} + 3HCl(g)$$

4.48 Em certa ocasião, o acetaldeído foi preparado industrialmente pela reação de etileno com ar na presença de um catalisador de cobre. Quantos gramas de acetaldeído podem ser preparados a partir de 81,7 g de etileno?

$$\underset{\text{Etileno}}{2C_2H_4(g)} + O_2(g) \xrightarrow{\text{Catalisador}} \underset{\text{Acetaldeído}}{2C_2H_4O(g)}$$

4.49 O dióxido de cloro, ClO_2, é usado para branquear papel. Foi também o gás usado para matar os esporos de antraz que contaminaram o prédio do Senado norte-americano. O dióxido de cloro é preparado tratando-se o cloreto de sódio com gás cloro.

$$\underset{\text{Cloreto de sódio}}{NaClO_2(aq)} + Cl_2(g) \longrightarrow \underset{\text{Dióxido de cloro}}{ClO_2(g)} + NaCl(aq)$$

(a) Faça o balanceamento da equação para a preparação de dióxido de cloro.
(b) Calcule a massa do dióxido de cloro que pode ser preparado a partir de 5,50 kg de cloreto de sódio.

4.50 O etanol, C_2H_6O, é adicionado à gasolina para produzir E85, um combustível para motores de automóvel. Quantos gramas de O_2 são necessários para a combustão completa de 421 g de etanol?

$$\underset{\text{Etanol}}{C_2H_5OH(\ell)} + 3O_2(g) \longrightarrow 2CO_2(g) + 3H_2O$$

4.51 Na fotossíntese, as plantas verdes convertem CO_2 e H_2O em glicose, $C_6H_{12}O_6$. Quantos gramas de CO_2 são necessários para produzir 5,1 g de glicose?

$$6CO_2(g) + 6H_2O(\ell) \xrightarrow{\text{Fotossíntese}} \underset{\text{Glicose}}{C_6H_{12}O_6(aq)} + 6O_2(g)$$

4.52 O minério de ferro é convertido em ferro quando aquecido com carvão, C, e oxigênio, de acordo com a seguinte equação:

$$2Fe_2O_3(s) + 6C(s) + 3O_2(g) \longrightarrow 4Fe(s) + 6CO_2(g)$$

Se o processo se desenvolve até que 3.940 g de Fe sejam produzidos, quantos gramas de CO_2 serão produzidos?

4.53 Dada a reação do Problema 4.52, quantos gramas de C são necessários para reagir completamente com 0,58 g de Fe_2O_3?

4.54 A aspirina é produzida pela reação do ácido salicílico com anidrido acético. Quantos gramas de aspirina serão produzidos se 85,0 g de ácido salicílico forem tratados com excesso de anidrido acético?

$$\underset{\substack{(C_7H_6O_3)\\\text{Ácido salicílico (s)}}}{} + \underset{\substack{(C_4H_6O_3)\\\text{Anidrido acético }(\ell)}}{CH_3-C(=O)-O-C(=O)-CH_3} \longrightarrow$$

$$\underset{\substack{(C_9H_8O_4)\\\text{Aspirina (s)}}}{} + \underset{\substack{(C_2H_4O_2)\\\text{Ácido acético }(\ell)}}{CH_3COOH}$$

4.55 Suponha que a preparação de aspirina a partir de ácido salicílico e anidrido acético (Problema 4.54) dê um rendimento de 75% de aspirina. Quantos gramas de ácido salicílico devem ser usados para preparar 50,0 g de aspirina?

4.56 O benzeno reage com o bromo produzindo bromobenzeno, de acordo com a seguinte equação:

$$\underset{\text{Benzeno}}{C_6H_6(\ell)} + \underset{\text{Bromo}}{Br_2(\ell)} \longrightarrow \underset{\text{Bromobenzeno}}{C_6H_5Br(\ell)} + \underset{\substack{\text{Brometo de}\\\text{hidrogênio}}}{HBr(g)}$$

Se 60 g de benzeno forem misturados com 135 g de bromo,
(a) Qual será o agente limitante?
(b) Quantos gramas de bromobenzeno serão formados na reação?

4.57 O cloreto de etila é preparado pela reação de cloro com etano, de acordo com a seguinte equação balanceada. Quando 5,6 g de etano reagem com excesso de cloro, formam-se 8,2 g de cloreto de etila. Calcule o rendimento percentual do cloreto de etila.

$$\underset{\text{Etano}}{C_2H_6(g)} + Cl_2(g) \longrightarrow \underset{\text{Cloreto de etila}}{C_2H_5Cl(\ell)} + HCl(g)$$

4.58 O éter dietílico é preparado a partir do etanol, de acordo com a seguinte equação:

$$\underset{\text{Etanol}}{2C_2H_5OH(\ell)} \longrightarrow \underset{\text{Éter dietílico}}{(C_2H_5)_2O(\ell)} + H_2O(\ell)$$

Em um experimento, 517 g de etanol produziram 391 g de éter dietílico. Qual foi o rendimento percentual nesse experimento?

Seção 4.6 Como prever se íons em soluções aquosas reagirão entre si?

4.59 Indique se a afirmação é verdadeira ou falsa.
(a) Uma equação iônica simplificada mostra somente aqueles íons que sofrem reação química.

(b) Em uma equação iônica simplificada, o número de mols do material de partida deve ser igual ao número de mols do produto.
(c) Uma equação iônica simplificada deve ser balanceada tanto pela massa como pela carga.
(d) Generalizando, todos os sais de lítio, sódio e potássio são solúveis em água.
(e) Generalizando, todos os sais de nitrato (NO_3^-) são solúveis em água.
(f) Generalizando, a maioria dos sais de carbonato (CO_3^{2-}) é insolúvel em água.
(g) O carbonato de sódio, Na_2CO_3, é insolúvel em água.
(h) O carbonato de amônio, $(NH_4)_2CO_3$, é insolúvel em água.
(i) O carbonato de cálcio, $CaCO_3$, é insolúvel em água.
(j) O di-hidrogenofosfato de sódio, NaH_2PO_4, é insolúvel em água.
(k) O hidróxido de sódio, NaOH, é solúvel em água.
(l) O hidróxido de bário, $Ba(OH)_2$, é solúvel em água.

4.60 Defina (a) íon espectador, (b) equação iônica simplificada e (c) solução aquosa.

4.61 Determine o balanceamento das seguintes equações iônicas simplificadas:
(a) $Ag^+(aq) + Br^-(aq) \longrightarrow AgBr(s)$
(b) $Cd^{2+}(aq) + S^{2-}(aq) \longrightarrow CdS(s)$
(c) $Sc^{3+}(aq) + SO_4^{2-}(aq) \longrightarrow Sc_2(SO_4)_3(s)$
(d) $Sn^{2+}(aq) + Fe^{2+}(aq) \longrightarrow Sn(s) + Fe^{3+}(aq)$
(e) $K(s) + H_2O(\ell) \longrightarrow K^+(aq) + OH^-(aq) + H_2(g)$

4.62 Na equação
$$2Na^+(aq) + CO_3^{2-}(aq) + Sr^{2+}(aq) + 2Cl^-(aq) \longrightarrow SrCO_3(s) + 2Na^+(aq) + 2Cl^-(aq)$$
(a) Identifique os íons espectadores.
(b) Escreva a equação iônica simplificada balanceada.

4.63 Preveja se um precipitado irá se formar quando soluções aquosas dos seguintes compostos forem misturadas. Se formar um precipitado, escreva a fórmula e uma equação iônica simplificada para sua formação. Para fazer previsões, use as generalizações de solubilidade da Seção 4.6.
(a) $CaCl_2(aq) + K_3PO_4(aq) \longrightarrow$
(b) $KCl(aq) + Na_2SO_4(aq) \longrightarrow$
(c) $(NH_4)_2CO_3(aq) + Ba(NO_3)_2(aq) \longrightarrow$
(d) $FeCl_2(aq) + KOH(aq) \longrightarrow$
(e) $Ba(NO_3)_2(aq) + NaOH(aq) \longrightarrow$
(f) $Na_2S(aq) + SbCl_3(aq) \longrightarrow$
(g) $Pb(NO_3)_2(aq) + K_2SO_4(aq) \longrightarrow$

4.64 Quando uma solução de cloreto de amônio é adicionada a uma solução de nitrato de chumbo (II), $Pb(NO_3)_2$, forma-se um precipitado branco de cloreto de chumbo (II). Escreva uma equação iônica simplificada para essa reação. Tanto o cloreto de amônio quanto o nitrato de chumbo existem como íons dissociados em solução aquosa.

4.65 Quando uma solução de ácido clorídrico, HCl, é adicionada a uma solução de sulfeto de sódio, Na_2SO_3, é liberado o gás dióxido de enxofre. Escreva uma equação iônica simplificada para essa reação. Uma solução aquosa de HCl contém íons H^+ e Cl^-, e o Na_2SO_3 existe em solução aquosa como íons dissociados.

4.66 Quando uma solução de hidróxido de sódio é adicionada a uma solução de carbonato de amônio, forma-se H_2O, e gás amônia, NH_3, é liberado quando a solução é aquecida. Escreva uma equação iônica simplificada para essa reação. Tanto o NaOH quanto o $(NH_4)_2CO_3$ existem em solução aquosa como íons dissociados.

4.67 Usando as generalizações de solubilidade dadas na Seção 4.6, preveja quais destes compostos iônicos são solúveis em água.
(a) KCl (b) NaOH (c) $BaSO_4$
(d) Na_2SO_4 (e) Na_2CO_3 (f) $Fe(OH)_2$

4.68 Usando as generalizações de solubilidade dadas na Seção 4.6, preveja quais destes compostos iônicos são solúveis em água.
(a) $MgCl_2$ (b) $CaCO_3$ (c) Na_2SO_3
(d) NH_4NO_3 (e) $Pb(OH)_2$

Seção 4.7 O que são oxidação e redução?

4.69 Indique se a afirmação é verdadeira ou falsa.
(a) Quando uma substância é oxidada, ela perde elétrons.
(b) Quando uma substância ganha elétrons, ela é reduzida.
(c) Em uma reação redox, o agente oxidante é reduzido.
(d) Em uma reação redox, o agente redutor é oxidado.
(e) Quando Zn é convertido em íon Zn^{2+}, o zinco é oxidado.
(f) A oxidação também pode ser definida como perda de átomos de oxigênio e/ou ganho de átomos de hidrogênio.
(g) A redução também pode ser definida como ganho de átomos de oxigênio e/ou perda de átomos de hidrogênio.
(h) Quando o oxigênio, O_2, é convertido em peróxido de hidrogênio, H_2O_2, dizemos que o O_2 é reduzido.
(i) O peróxido de hidrogênio, H_2O_2, é um agente oxidante.
(j) Todas as reações de combustão são reações redox.
(k) Os produtos da combustão completa (oxidação) de combustíveis de hidrocarbonetos são dióxido de carbono, água e calor.
(l) Na combustão de combustíveis de hidrocarboneto, o oxigênio é o agente oxidante, e o combustível de hidrocarboneto, o agente redutor.
(m) A combustão incompleta de combustíveis de hidrocarboneto pode produzir quantidades significativas de monóxido de carbono.
(n) A maioria dos alvejantes comuns é agente oxidante.

4.70 Apresente duas definições de oxidação e duas definições de redução.

4.71 Pode ocorrer redução sem oxidação? Explique.

4.72 Na reação
$$Pb(s) + 2Ag^+(aq) \longrightarrow Pb^{2+}(aq) + 2Ag(s)$$
(a) Qual das espécies é oxidada e qual é reduzida?
(b) Qual das espécies é o agente oxidante e qual é o agente redutor?

4.73 Na reação

$$C_7H_{12}(\ell) + 10O_2(g) \longrightarrow 7CO_2(g) + 6H_2O(\ell)$$

(a) Qual das espécies é oxidada e qual é reduzida?

(b) Qual das espécies é o agente oxidante e qual é o agente redutor?

4.74 Quando um pedaço de sódio metálico é adicionado à água, é liberado gás hidrogênio e forma-se uma solução de hidróxido de sódio.

(a) Escreva uma equação balanceada para essa reação.

(b) O que é oxidado e reduzido nessa reação?

Seção 4.8 O que é calor de reação?

4.75 Indique se a afirmação é verdadeira ou falsa.

(a) Calor de reação é o calor liberado ou absorvido em uma reação química.

(b) Reação endotérmica é aquela que libera calor.

(c) Se uma reação química é endotérmica, a reação inversa é exotérmica.

(d) Todas as reações de combustão são exotérmicas.

(e) Se a reação de glicose ($C_6H_{12}O_6$) e O_2 no corpo, produzindo CO_2 e H_2O, é uma reação exotérmica, então a fotossíntese nas plantas verdes (a reação de CO_2 e H_2O, produzindo glicose e O_2) é um processo endotérmico.

(f) A energia necessária para acionar a fotossíntese vem do sol na forma de radiação eletromagnética.

4.76 Qual é a diferença entre exotérmico e endotérmico?

4.77 Quais destas reações são exotérmicas e quais são endotérmicas?

(a) $2NH_3(g) + 22,0$ kcal $\longrightarrow N_2(g) + 3H_2(g)$

(b) $H_2(g) + F_2(g) \longrightarrow 2HF(g) + 124$ kcal

(c) $C(s) + O_2(g) \longrightarrow CO_2(g) + 94,0$ kcal

(d) $H_2(g) + CO_2(g) + 9,80$ kcal $\longrightarrow H_2O(g) + CO(g)$

(e) $C_3H_8(g) + 5O_2(g) \longrightarrow 3CO_2(g) + 4H_2O(g) + 531$ kcal

4.78 Na seguinte reação, 9,80 kcal são absorvidas por mol de CO_2 como reagente. Quanto calor será liberado se dois mols de água reagirem com dois mols de monóxido de carbono?

$$H_2(g) + CO_2(g) + 9,80 \text{ kcal} \longrightarrow H_2O(g) + CO(g)$$

4.79 A seguir, apresentamos a equação da combustão da acetona:

$$2C_3H_6O(\ell) + 8O_2(g) \longrightarrow 6CO_2(g) + 6H_2O(g) + 853,6 \text{ kcal}$$
Acetona

Quanto calor será liberado se 0,37 mol de acetona for queimado por completo?

4.80 A oxidação da glicose, $C_6H_{12}O_6$, em dióxido de carbono e água é exotérmica. O calor liberado é o mesmo, seja a glicose metabolizada no corpo, seja na queima no ar.

$$C_6H_{12}O_6 + 6O_2 \longrightarrow 6CO_2 + 6H_2O + 670 \text{ kcal/mol}$$
Glicose

Calcule o calor liberado quando 15,0 g de glicose são metabolizados em dióxido de carbono e água, no corpo.

4.81 O calor de combustão da glicose, $C_6H_{12}O_6$, é de 670 kcal/mol. O calor de combustão do etano, C_2H_6O, é de 327 kcal/mol. O calor liberado pela oxidação de cada composto é o mesmo, seja pela queima no ar, seja pela metabolização no corpo. Com base em kcal/g, o metabolismo de qual composto libera mais calor?

4.82 Uma planta requer aproximadamente 4.178 kcal para a produção de 1,00 kg de amido (Capítulo 20) a partir de dióxido de carbono e água.

(a) A produção de amido em uma planta é um processo exotérmico ou endotérmico?

(b) Calcule, em quilocalorias, a energia necessária para uma planta produzir 6,32 g de amido.

4.83 Para converter 1 mol de óxido de ferro (III) em seus elementos, são necessárias 196,5 kcal:

$$Fe_2O_3(s) + 196,5 \text{ kcal} \longrightarrow 2Fe(s) + \frac{3}{2}O_2(g)$$

Quantos gramas de ferro podem ser produzidos se 156,0 kcal de calor forem absorvidas por uma amostra suficientemente grande de óxido de ferro (III)?

Conexões químicas

4.84 (Conexões químicas 4A) Como o íon fluoreto protege o esmalte do dente contra a cárie?

4.85 (Conexões químicas 4A) Que tipos de íon formam a hidroxiapatita?

4.86 (Conexões químicas 4B) Uma célula voltaica é representada pela seguinte equação:

$$Fe(s) + Zn^{2+}(aq) \longrightarrow Fe^{2+}(aq) + Zn(s)$$

Qual dos eletrodos é o ânodo e qual é o cátodo?

4.87 (Conexões químicas 4C) O peróxido de hidrogênio não é apenas um antisséptico, mas também um agente oxidante. A seguinte equação mostra a reação do peróxido de hidrogênio com acetaldeído, produzindo ácido acético:

$$C_2H_4O(\ell) + H_2O_2(\ell) \longrightarrow C_2H_4O_2(\ell) + H_2O(\ell)$$
Acetaldeído   Peróxido de   Ácido   Água
              hidrogênio   acético

Nessa reação, qual é a espécie oxidada e qual é a espécie reduzida? Qual é o agente oxidante e qual é o agente redutor?

Problemas adicionais

4.88 Quando o pentóxido de dinitrogênio gasoso, N_2O_5, é borbulhado em água, forma-se ácido nítrico, HNO_3. Escreva uma equação balanceada para essa reação.

4.89 Em certa reação, Cu^+ é convertido em Cu^{2+}. O íon Cu^+ é oxidado ou reduzido nessa reação? O íon Cu^+ é um agente oxidante ou um agente redutor nessa reação?

4.90 Usando a equação

$$Fe_2O_3(s) + 3CO(g) \longrightarrow 2Fe(s) + 3CO_2(g)$$

(a) Mostre que se trata de uma reação redox. Qual é a espécie oxidada e qual é a reduzida?

(b) Quantos mols de Fe_2O_3 são necessários para produzir 38,4 mols de Fe?

(c) Quantos gramas de CO são necessários para produzir 38,4 mols de Fe?

4.91 Explique esta afirmação: Nossa civilização moderna depende do calor obtido de reações químicas.

4.92 Quando uma solução aquosa de Na_3PO_4 é adicionada a uma solução aquosa de $Cd(NO_3)_2$, forma-se um precipitado. Escreva uma equação iônica simplificada para essa reação e identifique os íons espectadores.

4.93 O ingrediente ativo em um comprimido de analgésico são 488 mg de aspirina, $C_9H_8O_5$. Quantos mols de aspirina um comprimido contém?

4.94 A clorofila, composto responsável pela cor verde nas folhas das plantas e nas gramíneas, contém um átomo de magnésio em cada molécula. Se a porcentagem em massa do magnésio na clorofila for de 2,72%, qual será a massa molecular da clorofila?

4.95 Se 7,0 kg de N_2 forem adicionados a 11,0 kg de H_2 para formar NH_3, qual dos reagentes estará em excesso?

$$N_2(g) + 3H_2(g) \longrightarrow 2NH_3(g)$$

4.96 De acordo com a seguinte equação, nitrato de chumbo (II) e cloreto de alumínio reagem:

$$3Pb(NO_3)_2 + 2AlCl_3 \longrightarrow 3PbCl_2 + 2Al(NO_3)_3$$

Em um experimento, 8,00 g de nitrato de chumbo reagem com 2,67 g de cloreto de alumínio, produzindo 5,55 g de cloreto de chumbo.
(a) Qual foi o reagente limitante?
(b) Qual foi o rendimento percentual?

4.97 Suponha que a massa de uma célula de glóbulo vermelho seja de 2×10^{-8} g e que 20% de sua massa seja a hemoglobina (proteína cuja massa molar é 68.000). Quantas moléculas de hemoglobina estarão presentes em um glóbulo vermelho?

4.98 A reação de pentano, C_5H_{12}, com oxigênio, O_2, produz dióxido de carbono e água.
(a) Escreva uma equação balanceada para essa reação.
(b) Nessa reação, o que é oxidado e o que é reduzido?
(c) Qual é o agente oxidante e qual é o agente redutor?

4.99 A amônia é preparada industrialmente pela reação de nitrogênio e hidrogênio, de acordo com a seguinte equação:

$$N_2(g) + 3H_2(g) \longrightarrow 2NH_3(g)$$
Amônia

Se 29,7 kg de N_2 forem adicionados a 3,31 g de H_2:
(a) Qual será o reagente limitante?
(b) Quantos gramas do outro reagente sobrarão?
(c) Quantos gramas de NH_3 serão formados se a reação for completa?

Antecipando

4.100 O calor de combustão do metano, CH_4, o principal componente do gás natural, é 213 kcal/mol. O calor de combustão do propano, C_3H_8, o principal componente do GLP ou gás engarrafado, é 530 kcal/mol.
(a) Escreva uma equação balanceada para a **combustão completa** de cada um deles.
(b) Com base em kcal/mol, qual desses dois combustíveis é a melhor fonte de calor?
(c) Com base em kcal/g, qual desses dois combustíveis é a melhor fonte de calor?

4.101 Em nossa dieta, as duas principais fontes de energia são as gorduras e os carboidratos. O ácido palmítico, um dos principais componentes tanto das gorduras animais como dos óleos vegetais, pertence a um grupo de compostos chamados ácidos graxos. O metabolismo dos ácidos graxos é responsável pela energia das gorduras. Os principais carboidratos de nossa dieta são a sacarose (açúcar de cozinha; Seção 20.4A) e o amido (Seção 20.5A). No corpo, ambos são primeiramente convertidos em glicose, e depois a glicose é metabolizada para produzir energia. O calor de combustão do ácido palmítico é 2.385 kcal/mol, e o da glicose, 670 kcal/mol. Em seguida, apresentamos as equações não balanceadas para o metabolismo de cada combustível orgânico:

$$C_{16}H_{32}O_2(aq) + O_2(g) \longrightarrow CO_2(g) + H_2O(\ell)$$
Ácido palmítico
(256 g/mol) $\qquad$ + 2.385 kcal/mol

$$C_6H_{12}O_6(aq) + O_2(g) \longrightarrow CO_2(g) + H_2O(\ell)$$
Glicose
(180 g/mol) $\qquad$ + 670 kcal/mol

(a) Determine o balanceamento da equação para o metabolismo de cada combustível.
(b) Calcule o calor de combustão de cada um deles em kcal/g.
(c) Em termos de kcal/mol, qual dos dois é a melhor fonte de energia para o corpo?
(d) Em termos de kcal/g, qual dos dois é a melhor fonte de energia para o corpo?

Gases, líquidos e sólidos

Balões de ar quente.

5.1 Quais são os três estados da matéria?

Várias forças mantêm a matéria coesa, fazendo-a assumir diferentes formas. No núcleo atômico, poderosas forças de atração mantêm juntos prótons e nêutrons (Capítulo 2). No próprio átomo, há atração entre o núcleo positivo e os elétrons negativos que o circundam. Nas moléculas, os átomos se mantêm unidos entre si através de ligações covalentes, cujo arranjo faz com que as moléculas assumam uma forma característica. Dentro de cristais iônicos, surgem formas tridimensionais por causa da atração eletrostática entre íons.

Além dessas forças, há forças de atração entre moléculas, que serão o tema deste capítulo. São forças mais fracas que qualquer uma das já mencionadas, no entanto ajudam a determinar se um dado composto é sólido, líquido ou gás na temperatura considerada.

Essas forças de atração mantêm a coesão da matéria; de fato, contrapõem-se a uma outra forma de energia – a energia cinética –, que tende a formar diferentes arranjos moleculares. Na ausência das forças de atração, a energia cinética das partículas é que as mantém em movimento constante, em sua maior parte aleatório e desorganizado. A energia cinética aumenta com a elevação da temperatura. Assim, quanto mais alta a temperatura, maior a tendência de as partículas apresentarem mais arranjos possíveis. A energia total permanece a mesma, porém mais dispersa. Como veremos mais adiante, essa dispersão de energia terá importantes consequências.

O estado físico da matéria depende de um equilíbrio entre a energia cinética das partículas, que tendem a se manter separadas, e as forças de atração entre elas, que tendem a aproximá-las (Figura 5.1).

Questões-chave

5.1 Quais são os três estados da matéria?

5.2 O que é pressão do gás e como medi-la?

5.3 Quais são as leis que regem o comportamento dos gases?

5.4 O que é lei de Avogadro e lei dos gases ideais?

5.5 O que é a lei das pressões parciais de Dalton?

5.6 O que é teoria cinética molecular?

5.7 Quais são os tipos de forças de atração que existem entre as moléculas?

5.8 Como se descreve o comportamento dos líquidos em nível molecular?

5.9 Quais são as características dos vários tipos de sólidos?

5.10 O que é uma mudança de fase e quais são as energias envolvidas?

Em altas temperaturas, as moléculas possuem alta energia cinética e se movimentam tão rápido que as forças de atração entre elas são muito fracas para mantê-las unidas. Essa situação é chamada **estado gasoso**. Em temperaturas mais baixas, as moléculas se movimentam tão lentamente que as forças de atração entre elas tornam-se importantes. Quando a temperatura é suficientemente baixa, um gás se condensa e forma um **estado líquido**. Moléculas no estado líquido ainda passam umas pelas outras, mas se deslocam bem mais lentamente que no estado gasoso. Quando a temperatura é ainda mais baixa, a velocidade das moléculas não mais permite que elas passem umas pelas outras. No **estado sólido**, cada molécula tem um certo número de vizinhas mais próximas, as quais são sempre as mesmas.

As forças de atração entre moléculas são as mesmas em todos os três estados. A diferença é que, no estado gasoso (e em menor grau no estado líquido), a energia cinética das moléculas é suficientemente grande para superar as forças de atração entre elas.

A maior parte das substâncias pode existir em qualquer um dos três estados. De modo típico, um sólido, ao ser aquecido a uma temperatura suficientemente alta, se funde e torna-se um líquido. A temperatura em que essa transformação ocorre é chamada ponto de fusão. Aumentando o aquecimento, a temperatura sobe ao ponto em que o líquido ferve e torna-se um gás. Essa temperatura é chamada ponto de ebulição. Nem todas as substâncias, porém, podem existir nos três estados. A madeira e o papel, por exemplo, não podem ser fundidos. Quando aquecidos, ou se decompõem ou queimam (dependendo se estiverem na presença de ar), mas não se fundem. Outro exemplo é o açúcar, que não se funde quando aquecido, mas forma uma substância escura chamada caramelo.

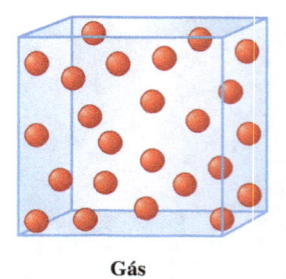

Gás
- Moléculas bem separadas e desordenadas
- Interações entre as moléculas são negligenciáveis

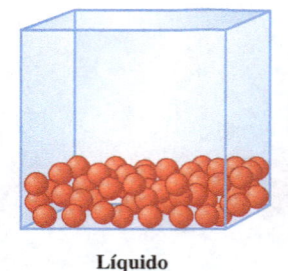

Líquido
- Situação intermediária

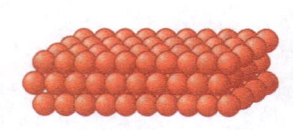

Sólido
- Moléculas bem próximas e ordenadas
- Fortes interações entre as moléculas

FIGURA 5.1 Os três estados da matéria. O gás não apresenta forma definida, e seu volume é o volume do recipiente. O líquido tem volume definido, mas não forma definida. O sólido tem forma e volume definidos.

5.2 O que é pressão do gás e como medi-la?

Pressão Força por unidade de área exercida contra uma superfície.

Vivemos na Terra sob um cobertor de ar que faz pressão sobre nós e sobre tudo mais a nosso redor. Como sabemos dos boletins meteorológicos, a **pressão** da atmosfera varia de um dia para o outro.

Um gás consiste em moléculas movimentando-se rapidamente e de modo aleatório. A pressão que um gás exerce sobre uma superfície resulta do contínuo bombardeamento sobre as paredes do recipiente por parte de moléculas de gás em rápido movimento. Para medir a pressão atmosférica, usamos um instrumento chamado **barômetro** (Figura 5.2). O barômetro consiste em um longo tubo de vidro, totalmente preenchido com mercúrio, emborcado em um prato com mercúrio. Como não há ar no topo da coluna de mercúrio dentro do tubo (não tem como o ar entrar), nenhuma pressão é exercida sobre a coluna. Toda a atmosfera, no entanto, exerce pressão no mercúrio do prato. A diferença de altura dos dois níveis de mercúrio é a medida da pressão atmosférica.

A pressão costuma ser medida em **milímetros de mercúrio** (**mm Hg**). Também pode ser medida em **torr**, unidade cujo nome é uma homenagem ao físico e matemático italiano Evangelista Torricelli (1608-1647), inventor do barômetro. No nível do mar, a pressão

Conexões químicas 5A

Entropia: uma medida de dispersão de energia

As moléculas de um gás se movimentam aleatoriamente no espaço. Quanto mais alta for a temperatura, mais rápido elas se moverão. Em geral, o movimento aleatório significa que muito mais arranjos de moléculas são possíveis. Quando todas as moléculas de um sistema tornam-se imóveis e se alinham perfeitamente, obtemos o maior grau de ordenação possível. Nessa condição, a substância é um sólido. A medida dessa ordem é denominada **entropia**. Quando a ordem é perfeita, a entropia do sistema é zero. Quando há rotação ou as moléculas se movimentam de um lugar para outro, há aumento da desordem e também da entropia. Assim, quando um cristal se funde, a entropia aumenta ainda mais; quando um líquido vaporiza, ela também aumenta. Quando a temperatura de um gás, um líquido ou um sólido, ou de uma mistura desses estados aumenta, a entropia do sistema aumenta porque uma elevação de temperatura sempre faz acelerar os movimentos moleculares. Ao combinarmos duas substâncias puras e elas se misturarem, haverá aumento da desordem e também da entropia.

Na Seção 1.4E, estudamos a escala de temperatura absoluta ou Kelvin. O zero absoluto (0 K ou −273 °C) é a temperatura mais baixa possível. Embora os cientistas ainda não tenham conseguido alcançar o zero absoluto, já foram capazes de produzir temperaturas que estão a alguns bilionésimos de atingi-la. Nessa temperatura, praticamente cessa todo movimento molecular, reina uma ordem quase perfeita, e a entropia da substância é quase zero. De fato, um sólido cristalino completamente ordenado a 0 K tem entropia zero.

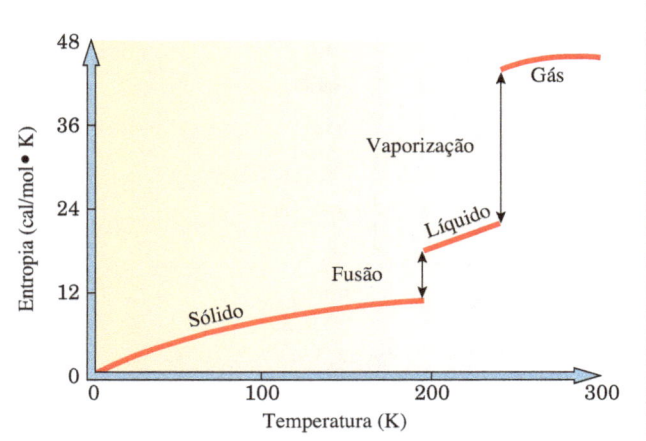

A entropia da amônia, NH_3, como função da temperatura absoluta. Observe o grande aumento de entropia na fusão (mudança de sólido para líquido) e na vaporização (mudança de líquido para gás)

---

média da atmosfera é de 760 mm Hg. Usamos esse número também para definir outra unidade de pressão, a **atmosfera (atm)**.

Há várias outras unidades para medir pressão. A unidade do SI é o pascal, e os meteorologistas registram a pressão em polegadas de mercúrio. Neste livro, usaremos apenas mm Hg e atm.

O barômetro é adequado para medir a pressão da atmosfera, entretanto, para medir a pressão de certo gás num recipiente, empregamos um instrumento mais simples, o **manômetro**. Um tipo de manômetro consiste num tubo em forma de U contendo mercúrio (Figura 5.3). A haste A foi evacuada e vedada e apresenta pressão zero. A haste B está conectada ao recipiente no qual se encontra a amostra de gás. A pressão do gás faz baixar o nível do mercúrio na haste B. A diferença entre os dois níveis de mercúrio é a pressão diretamente em mm Hg. Se for adicionado mais gás ao recipiente da amostra, o nível de mercúrio em B será empurrado para baixo, e o nível em A subirá à medida que aumentar a pressão no bulbo.

5.3 Quais são as leis que regem o comportamento dos gases?

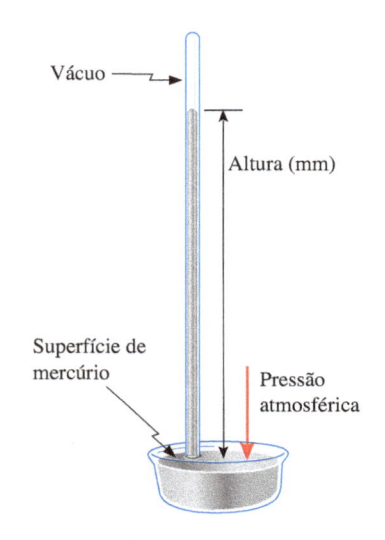

FIGURA 5.2 Barômetro de mercúrio.

Ao observar o comportamento dos gases em diferentes temperaturas e pressões, os cientistas estabeleceram várias relações. Nesta seção, vamos estudar as três relações mais importantes.

A. A lei de Boyle e a relação pressão-volume

A lei de Boyle diz que, para uma massa fixa de um gás ideal, em temperatura constante, o volume do gás é inversamente proporcional à pressão aplicada. Caso a pressão dobre, por exemplo, o volume vai diminuir pela metade. Essa lei pode ser enunciada matematicamente na seguinte equação, em que P_1 e V_1 são a pressão e o volume iniciais, e P_2 e V_2, a pressão e o volume finais:

1 atm = 760 mm Hg
= 760 torr
= 101.325 pascals
= 29,92 polegadas Hg

$$PV = \text{constante} \quad \text{ou} \quad P_1V_1 = P_2V_2$$

Essa relação entre pressão e volume é ilustrada na Figura 5.4.

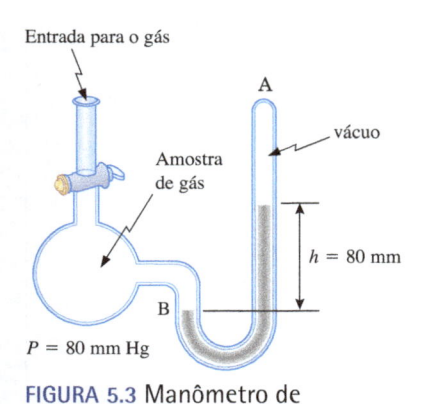

FIGURA 5.3 Manômetro de mercúrio.

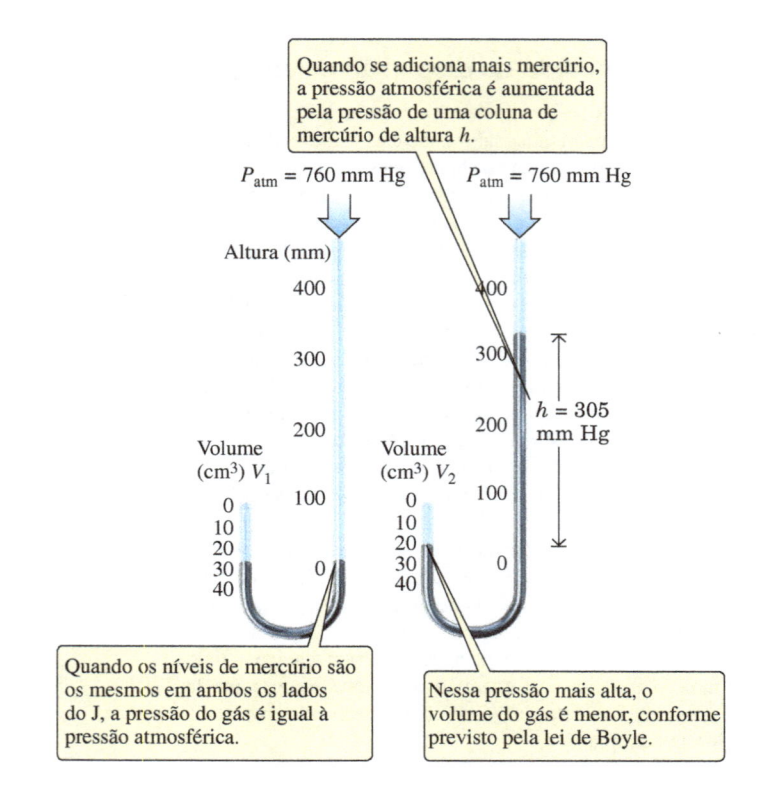

Essas leis dos gases que descrevemos servem não só para gases puros, mas também para misturas de gases.

FIGURA 5.4 Experimento com a lei de Boyle mostrando a compressibilidade dos gases.

B. Lei de Charles e a relação temperatura-volume

Ao usarmos as leis dos gases, a temperatura deve ser expressa em kelvins (K). Nessa escala, o zero é a temperatura mais baixa possível.

De acordo com a lei de Charles, o volume de uma massa fixa de um gás ideal em temperatura constante é diretamente proporcional à temperatura em kelvins (K). Em outras palavras, enquanto a pressão sobre o gás permanecer constante, elevar a temperatura do gás aumentará o volume ocupado pelo gás. A lei de Charles pode ser enunciada matematicamente da seguinte forma:

$$\frac{V}{T} = \text{uma constante} \quad \text{ou} \quad \frac{V_1}{T_1} = \frac{V_2}{T_2}$$

Essa relação entre volume e temperatura é a base do funcionamento do balão de ar quente (Figura 5.5).

C. Lei de Gay-Lussac e a relação temperatura-pressão

Conforme a lei de Gay-Lussac, para uma massa fixa de um gás a volume constante, a pressão é diretamente proporcional à temperatura em kelvins (K):

$$\frac{P}{T} = \text{uma constante} \quad \text{ou} \quad \frac{P_1}{T_1} = \frac{P_2}{T_2}$$

Figura 5.5 A Lei de Charles é ilustrada em um balão de ar quente. Como o balão pode dilatar, a pressão em seu interior permanece constante. Quando o ar no balão é aquecido, seu volume aumenta, expandindo o balão. À medida que o ar dentro do balão se expande, torna-se menos denso que o ar do lado de fora, o que faz o balão subir. (Charles foi um dos primeiros balonistas.)

À medida que a temperatura do gás se eleva, a pressão aumenta proporcionalmente. Considere, por exemplo, o que acontece dentro de uma autoclave. O vapor gerado na autoclave a 1 atm tem uma temperatura de 100 °C. À medida que aumenta o calor do vapor, aumenta a pressão no interior da autoclave. Uma válvula controla a pressão no interior do equipamento; se a pressão exceder um máximo predeterminado, a válvula se abre, liberando o vapor. Na pressão máxima, a temperatura pode variar de 120 °C a 150 °C. Em tais temperaturas, todos os micro-organismos na autoclave são destruídos. A Tabela 5.1 mostra as expressões matemáticas dessas três leis dos gases.

As três leis dos gases podem ser combinadas e expressas por uma equação matemática chamada **lei da combinação dos gases**:

Conexões químicas 5B

Respiração e lei de Boyle

Sob condições normais de repouso, respiramos cerca de 12 vezes por minuto, inspirando e expirando a cada vez aproximadamente 500 mL de ar. Quando inspiramos, baixamos o difragma ou levantamos a caixa torácica, aumentando o volume da cavidade torácica. De acordo com a lei de Boyle, à medida que aumenta o volume da cavidade torácica, a pressão dentro dela diminui, tornando-se menor que a pressão externa. Consequentemente, o ar flui da área de maior pressão, fora do corpo, para os pulmões. Embora a diferença entre essas duas pressões seja de apenas 3 mm Hg, é suficiente para que o ar flua para dentro dos pulmões. Ao expirarmos, revertemos o processo. Elevamos o diafragma ou baixamos a caixa torácica. A resultante diminuição de volume aumenta a pressão dentro da cavidade torácica, fazendo o ar fluir para fora dos pulmões.

Em certas doenças, o peito fica paralisado, e a pessoa não consegue movimentar nem o diafragma nem a caixa torácica. Nesse caso, um respirador é utilizado para ajudar o indivíduo a respirar. O respirador primeiro empurra a cavidade torácica para baixo, forçando o ar para fora dos pulmões. A pressão do respirador é, então, diminuída abaixo da pressão atmosférica, o que faz a caixa torácica expandir-se, puxando assim o ar para dentro dos pulmões.

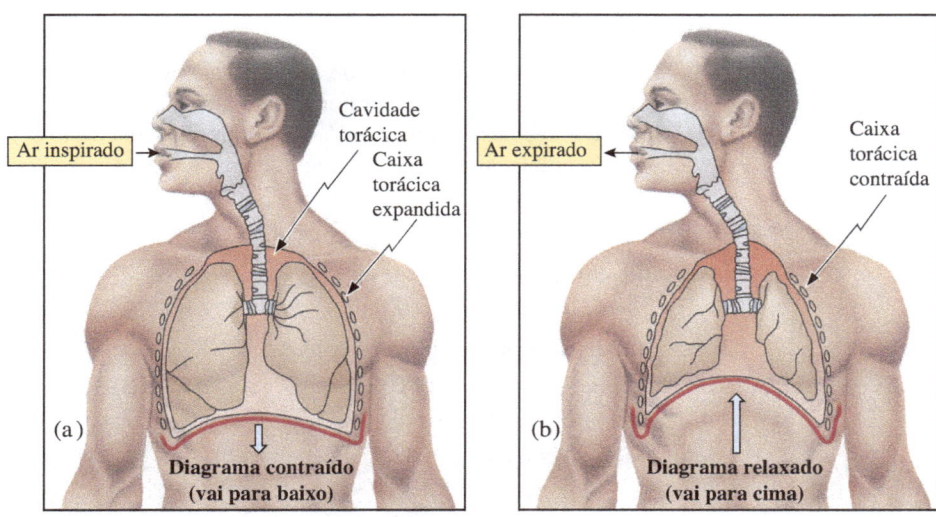

Desenho esquemático da cavidade torácica. (a) Os pulmões se enchem de ar. (b) O ar sai dos pulmões.

$$\frac{PV}{T} = \text{uma constante} \quad \text{ou} \quad \frac{P_1 V_1}{T_1} = \frac{P_2 V_2}{T_2}$$

TABELA 5.1 Expressões matemáticas das três leis dos gases para uma massa fixa de gás

Nome	Expressão	Constante
Lei de Boyle	$P_1 V_1 = P_2 V_2$	T
Lei de Charles	$\dfrac{V_1}{T_1} = \dfrac{V_2}{T_2}$	P
Lei de Gay-Lussac	$\dfrac{P_1}{T_1} = \dfrac{P_2}{T_2}$	V

Lei da combinação dos gases
Pressão, volume e temperatura em kelvins de duas amostras do mesmo gás estão relacionados pela equação $P_1 V_1 / T_1 = P_2 V_2 / T_2$.

Exemplo 5.1 Lei da combinação dos gases

Um gás ocupa 3,00 L a uma pressão de 2,00 atm. Calcule seu volume quando aumentamos a pressão para 10,15 atm, na mesma temperatura.

Estratégia

Primeiro identificamos as quantidades conhecidas. Como T_1 e T_2 são iguais neste exemplo e consequentemente se cancelam, não precisamos conhecer a temperatura. Utilizamos a relação $P_1 V_1 = P_2 V_2$ e resolvemos a lei da combinação dos gases para V_2.

Solução

Inicial: $P_1 = 2{,}00$ atm $V_1 = 3{,}00$ L
Final: $P_2 = 10{,}15$ atm $V_2 = ?$

$$V_2 = \frac{P_1 V_1 T_2}{T_1 P_2} = \frac{(2{,}00 \text{ atm})(3{,}00 \text{ L})}{10{,}15 \text{ atm}} = 0{,}591 \text{ L}$$

Problema 5.1

Um gás ocupa 3,8 L a uma pressão de 0,70 atm. Se expandirmos o volume para 6,5 L, a uma temperatura constante, qual será a pressão final?

Exemplo 5.2 Lei da combinação dos gases

Em uma autoclave, o vapor a 100 °C é gerado a 1,00 atm. Depois de fechado o equipamento, o vapor é aquecido a um volume constante até que o medidor de pressão indique 1,13 atm. Qual será a temperatura final na autoclave?

Estratégia

Todas as temperaturas em cálculos de leis dos gases devem ser em kelvins; portanto, devemos primeiro converter a temperatura de Celsius para kelvins. Depois identificamos as quantidades conhecidas. Como V_1 e V_2 são iguais neste exemplo e, consequentemente, se cancelam, não precisamos conhecer o volume da autoclave.

Solução

1ª etapa: Converter de graus C em graus K.

$$100 \text{ °C} = 100 + 273 = 373 \text{ K}$$

2ª etapa: Identificar as quantidades conhecidas.

Inicial: $P_1 = 1{,}00$ atm $T_1 = 373$ K
Final: $P_2 = 1{,}13$ atm $T_2 = ?$

3ª etapa: Resolver a equação da lei da combinação dos gases para T_2, a nova temperatura.

$$T_2 = \frac{P_2 V_2 T_1}{P_1 V_1} = \frac{(1{,}13 \text{ atm})(373 \text{ K})}{1{,}00 \text{ atm}} = 421 \text{ K}$$

A temperatura final é 421 K ou $421 - 273 = 148$ °C.

Problema 5.2

Um volume constante de gás oxigênio, O_2, é aquecido de 120 °C a 212 °C. A pressão final é de 20,3 atm. Qual é a pressão inicial?

Exemplo 5.3 Lei da combinação dos gases

Determinado gás em um recipiente flexível apresenta um volume de 0,50 L e uma pressão de 1,0 atm a 393 K. Quando o gás é aquecido a 500 K, seu volume se expande para 3,0 L. Qual é a nova pressão do gás no recipiente flexível?

Estratégia

Identificamos as quantidades conhecidas e depois resolvemos a lei da combinação dos gases para a nova pressão.

Solução

1ª etapa: As quantidades conhecidas são

Inicial: $P_1 = 1{,}0$ atm $V_1 = 0{,}50$ L $T_1 = 393$ K
Final: $P_2 = ?$ $V_2 = 3{,}0$ L $T_2 = 500$ K

2ª etapa: Resolvendo a lei da combinação dos gases para P_2, temos

$$P_2 = \frac{P_1 V_1 T_2}{T_1 V_2} = \frac{(1{,}0 \text{ atm})(0{,}50 \text{ L})(500 \text{ K})}{(3{,}0 \text{ L})(393 \text{ K})} = 0{,}21 \text{ atm}$$

Problema 5.3

Um gás é expandido de um volume inicial de 20,5 L, a 0,92 atm, temperatura ambiente (23,0 °C), para um volume final de 340,6 L. Durante a expansão, o gás esfria para 12,0 °C. Qual é a nova pressão?

5.4 O que é lei de Avogadro e lei dos gases ideais?

A relação entre a massa de um gás e seu volume é descrita pela **lei de Avogadro**, segundo a qual volumes iguais de gases em mesma temperatura e pressão contêm números iguais de moléculas. Assim, se a temperatura, a pressão e o volume de dois gases são iguais, então os dois gases contêm o mesmo número de moléculas, seja qual for sua identidade (Figura 5.6). A lei de Avogadro é válida para todos os gases, independentemente de quais sejam.

A temperatura e pressão em que comparamos dois ou mais gases não importam. É conveniente, porém, escolher uma temperatura e uma pressão como padrões, e os químicos escolheram 1 atm como pressão padrão e 0 °C (273 K) como temperatura padrão. Essas condições são conhecidas como **temperatura e pressão padrão (TPP)**.

Todos os gases em TPP ou em qualquer outra combinação de temperatura e pressão contêm o mesmo número de moléculas em um dado volume. Mas quantas moléculas são? No Capítulo 4, vimos que um mol contém $6,02 \times 10^{23}$ unidades-fórmula. Qual é o volume de um gás em TPP que contém um mol de moléculas? Essa quantidade foi medida experimentalmente e descobriu-se que são 22,4 L. Assim, um mol de qualquer gás em TPP ocupa um volume de 22,4 L.

A lei de Avogadro nos permite escrever uma lei dos gases válida não somente para qualquer pressão, volume e temperatura, mas também para qualquer quantidade de gás. Essa lei, chamada **lei dos gases ideais**, é

$$PV = nRT$$

em que P = pressão do gás em atmosferas (atm);

V = volume do gás em litros (L);
n = quantidade do gás em mols (mol);
T = temperatura do gás em kelvins (K);
R = uma constante para todos os gases, a **constante dos gases ideais**.

Podemos encontrar o valor de R considerando o fato de que um mol de qualquer gás em TPP ocupa um volume de 22,4 L:

$$R = \frac{PV}{nT} = \frac{(1,00 \text{ atm})(22,4 \text{ L})}{(1,00 \text{ mol})(273 \text{ K})} = 0,821 \frac{\text{L} \cdot \text{atm}}{\text{mol} \cdot \text{K}}$$

A lei dos gases ideais é válida para todos os gases ideais, a qualquer temperatura, pressão e volume. Mas os únicos gases que temos a nosso redor no mundo real são os gases reais. Até que ponto é válido aplicar a lei dos gases ideais a gases reais? A resposta é que, na maioria das condições experimentais, os gases reais comportam-se como gases ideais o suficiente para que possamos aplicar a lei dos gases ideais para eles sem muitos problemas. Assim, usando $PV = nRT$, poderemos calcular qualquer quantidade – P, V, T ou n – se conhecermos as outras três quantidades.

Exemplo 5.4 Lei dos gases ideais

Um mol de gás CH_4 ocupa 20,0 L a 1,00 atm de pressão. Qual é a temperatura do gás em kelvins?

Estratégia

Resolver a lei dos gases ideais para T e inserir os seguintes valores:

Solução

$$T = \frac{PV}{nR} = \frac{PV}{n} \times \frac{1}{R} = \frac{(1,00 \text{ atm})(20,0 \text{ L})}{(1,00 \text{ mol})} \times \frac{\text{mol} \cdot \text{K}}{0,0821 \text{ L} \cdot \text{atm}} = 244 \text{ K}$$

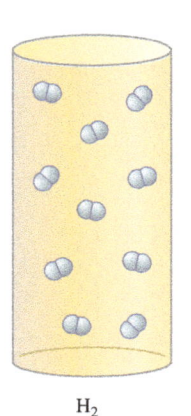

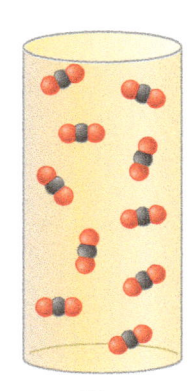

H_2 CO_2

T, P e V são iguais em ambos os recipientes.

FIGURA 5.6 Lei de Avogadro. Dois tanques de gás de igual volume, na mesma temperatura e pressão, contêm o mesmo número de moléculas.

Lei de Avogadro Volumes iguais de gases na mesma temperatura e pressão contêm o mesmo número de moléculas.

Temperatura e pressão padrão (TPP) 0° C (273 K) e pressão de 1 atmosfera.

Lei dos gases ideais $PV = nRT$

Gás ideal Gás cujas propriedades físicas são descritas acuradamente pela lei dos gases ideais.

Constante dos gases ideais (R) 0,0821 L · atm · mol⁻¹ · K⁻¹

Gases reais comportam-se de modo semelhante aos gases ideais em baixas pressões (1 atm ou menos) e altas temperaturas (300 K ou mais).

Observe que calculamos a temperatura para 1,00 mol de gás CH_4 nessas condições. A resposta seria a mesma para 1,00 mol de CO_2, N_2, NH_3 ou qualquer outro gás nessas condições. Observe também que mostramos separadamente a constante do gás para deixar claro o que está acontecendo com as unidades associadas a todas as quantidades. Vamos realizar essa operação o tempo todo.

Problema 5.4

Se 2,00 mols de gás NO ocupam 10,0 L a 295 K, qual é a pressão do gás em atmosferas?

Exemplo 5.5 Lei dos gases ideais

Se houver 5,0 g de gás CO_2 em um cilindro de 10 L a 25 °C, qual será a pressão do gás no interior do cilindro?

Estratégia

A quantidade de CO_2 é dada em gramas, mas, para aplicar a lei dos gases ideais, devemos expressar a quantidade em mols. Portanto, primeiro devemos converter gramas de CO_2 em mols de CO_2, e depois usar esse valor na lei dos gases ideais. Para converter gramas em mols, empregamos o fator de conversão 1,00 mol CO_2 = 44 g CO_2.

Solução

1ª etapa: Converter gramas de CO_2 em mols de CO_2.

$$5{,}0 \text{ g } CO_2 \times \frac{1 \text{ mol } CO_2}{44 \text{ g } CO_2} = 0{,}11 \text{ mol } CO_2$$

2ª etapa: Agora usamos esse valor na equação dos gases ideais para calcular a pressão do gás. Observe que a temperatura deve ser expressa em kelvins.

$$P = \frac{nRT}{V}$$

$$= \frac{nT}{V} \times R = \frac{(0{,}11 \text{ mol } CO_2)(298 \text{ K})}{10 \text{ L}} \times \frac{0{,}0821 \text{ L} \cdot \text{atm}}{\text{mol} \cdot \text{K}} = 0{,}27 \text{ atm}$$

Problema 5.5

Uma certa quantidade de gás neônio está sob uma pressão de 1,05 atm a 303 K, em um frasco de 10,0 L. Quantos mols de neônio estão presentes?

Exemplo 5.6 Lei dos gases ideais

Se 3,3 g de um gás a 40 °C e 1,15 atm de pressão ocupam um volume de 1,0 L, qual é a massa de um mol do gás?

Estratégia

Este problema é mais complicado do que o anterior. Temos gramas de gás e valores de P, T e V, e devemos calcular a massa de um mol do gás (g/mol). Podemos resolver o problema em duas etapas. (1) Usamos a lei dos gases ideais para calcular o número de mols do gás presente na amostra. (2) Temos a massa do gás (3,3 gramas) e usamos a proporção gramas/mol para determinar a massa de um mol do gás.

Solução

1ª etapa: Utilizamos as medidas de P, V e T e a lei dos gases ideais para calcular o número de mols do gás presente na amostra. Para usar a lei dos gases ideais, devemos primeiro converter 40 °C em kelvins: 40 + 273 = 313 K.

$$n = \frac{PV}{RT} = \frac{PV}{T} \times \frac{1}{R} = \frac{(1{,}15 \text{ atm})(1{,}0 \text{ L})}{313 \text{ K}} \times \frac{\text{mol} \cdot \text{K}}{0{,}0821 \text{ L} \cdot \text{atm}}$$

$$= 0{,}0448 \text{ mol}$$

2ª etapa: Calcular a massa de um mol do gás dividindo gramas por mols.

$$\text{Massa de um mol} = \frac{3{,}3 \text{ g}}{0{,}0448 \text{ mol}} = 74 \text{ g} \cdot \text{mol}^{-1}$$

Problema 5.6

Determinada quantidade desconhecida de gás He ocupa 30,5 L, a 2,00 atm de pressão e 300 K. Qual é a massa do gás no recipiente?

5.5 O que é a lei das pressões parciais de Dalton?

Em uma mistura de gases, cada molécula age independentemente de todas as outras, considerando-se que os gases se comportam como gases ideais e não interagem entre si. Por essa razão, a lei dos gases ideais funciona para misturas de gases tanto como para gases puros. De acordo com a **lei das pressões parciais de Dalton**, a pressão total, P_T, de uma mistura de gases é a soma das pressões parciais de cada gás:

$$P_T = P_1 + P_2 + P_3 + \cdots$$

Um corolário para a lei de Dalton é que a **pressão parcial** de um gás em uma mistura é a pressão que o gás exerceria se estivesse sozinho no recipiente. A equação é válida separadamente para cada gás na mistura, bem como para a mistura como um todo.

Considere uma mistura de nitrogênio e oxigênio ilustrada na Figura 5.7. A pressão da mistura é igual à pressão que o nitrogênio sozinho e o oxigênio sozinho exerceriam no mesmo volume e na mesma temperatura. A pressão de um gás em uma mistura de gases é a pressão parcial desse gás.

Pressão parcial A pressão que um gás, em uma mistura de gases, exerceria se estivesse sozinho no recipiente.

Conexões químicas 5C

Medicina hiperbárica

O ar normal contém 21% de oxigênio. Sob certas condições, as células dos tecidos podem apresentar insuficiência de oxigênio (hipoxia), sendo necessária uma rápida liberação de oxigênio. Aumentar a porcentagem de oxigênio no ar fornecido a um paciente é uma maneira de remediar essa situação, mas, às vezes, mesmo respirar oxigênio puro (100%) pode não ser suficiente. Por exemplo, no envenenamento por monóxido de carbono, a hemoglobina, que normalmente carrega a maior parte do O_2 dos pulmões para os tecidos, se liga ao CO e não consegue capturar O_2 nos pulmões. Sem ajuda, os tecidos logo ficariam sem oxigênio e o paciente morreria. Quando o oxigênio é administrado sob uma pressão de 2 a 3 atm, ele se dissolve no plasma a tal ponto que os tecidos recebem o suficiente para se recuperar sem a ajuda das moléculas de hemoglobina envenenadas. A medicina hiperbárica também é empregada em tratamento da gangrena gasosa, inalação de fumaça, envenenamento por cianeto, enxertos de pele, queimaduras térmicas e lesões diabéticas.

No entanto, respirar oxigênio puro por períodos prolongados é tóxico. Por exemplo, se o O_2 for administrado a uma pressão de 2 atm por mais de 6 horas, poderá danificar tanto o tecido pulmonar como o sistema nervoso central. Além disso, esse tratamento pode causar formação de catarata nuclear, sendo necessária cirurgia nos olhos. Portanto, as exposições recomendadas ao O_2 são de 2 horas a 2 atm e 90 minutos a 3 atm. Os benefícios da medicina hiperbárica devem ser cuidadosamente considerados, levando em conta essa e outras contraindicações.

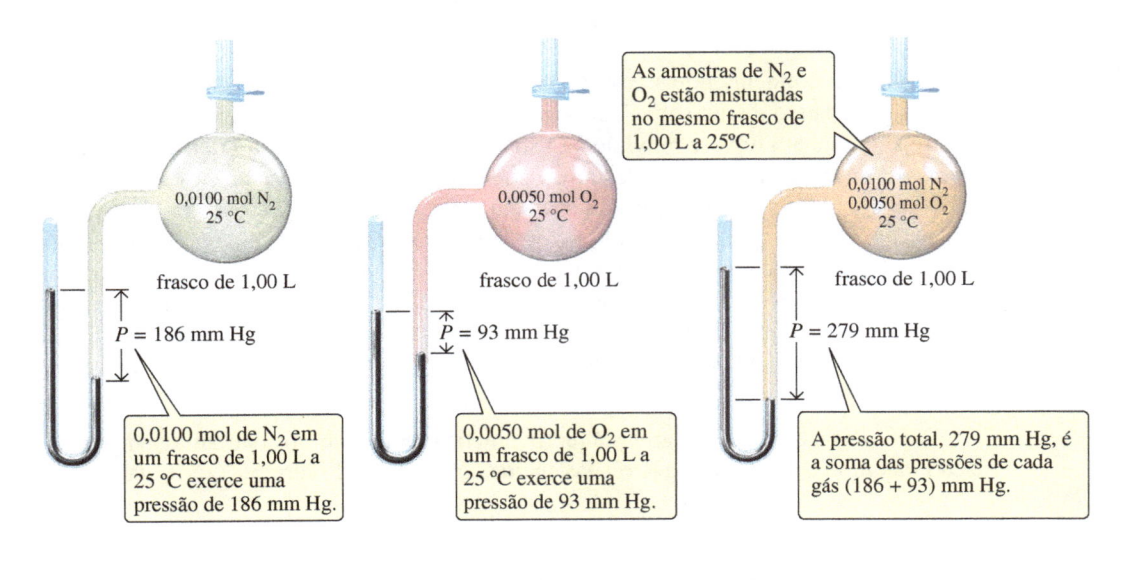

FIGURA 5.7 Lei das pressões parciais de Dalton.

- 0,0100 mol N_2, 25 °C, frasco de 1,00 L, P = 186 mm Hg. 0,0100 mol de N_2 em um frasco de 1,00 L a 25 °C exerce uma pressão de 186 mm Hg.
- 0,0050 mol O_2, 25 °C, frasco de 1,00 L, P = 93 mm Hg. 0,0050 mol de O_2 em um frasco de 1,00 L a 25 °C exerce uma pressão de 93 mm Hg.
- 0,0100 mol N_2, 0,0050 mol O_2, 25 °C, frasco de 1,00 L, P = 279 mm Hg. As amostras de N_2 e O_2 estão misturadas no mesmo frasco de 1,00 L a 25 °C. A pressão total, 279 mm Hg, é a soma das pressões de cada gás (186 + 93) mm Hg.

Exemplo 5.7 — Lei das pressões parciais de Dalton

Em um tanque contendo N_2 a 2,0 atm e O_2 a 1,0 atm, adicionamos uma quantidade desconhecida de CO_2 até que a pressão total dentro do tanque seja de 4,6 atm. Qual é a pressão parcial do CO_2?

Estratégia

De acordo com a lei de Dalton, a adição de CO_2 não afeta as pressões parciais do N_2 ou do O_2 já presentes no tanque. As pressões parciais de N_2 e O_2 continuam sendo 2,0 atm e 1,0 atm, respectivamente, e sua soma é 3,0 atm. A pressão total final dentro do tanque, que é de 4,6 atm, deve-se à pressão parcial do CO_2 adicionado.

Solução

Se a pressão final for 4,6 atm, a pressão parcial do CO_2 adicionado deverá ser 1,6 atm. Assim, quando a pressão final for 4,6 atm, a pressão parcial será

$$\underset{\text{Pressão total}}{4{,}6\ \text{atm}} = \underset{\text{Pressão parcial de } N_2}{2{,}0\ \text{atm}} + \underset{\text{Pressão parcial de } O_2}{1{,}0\ \text{atm}} + \underset{\text{Pressão parcial de } CO_2}{1{,}6\ \text{atm}}$$

Problema 5.7

Um recipiente a uma pressão de 2,015 atm contém nitrogênio, N_2, e vapor d'água, H_2O. A pressão parcial de N_2 é 1,908 atm. Qual é a pressão parcial do vapor d'água?

5.6 O que é teoria cinética molecular?

Até aqui estudamos as propriedades macroscópicas dos gases – a saber, as várias leis que tratam das relações entre temperatura, pressão, volume e número de mols de um gás em uma amostra. Agora examinaremos o comportamento dos gases em nível molecular e explicaremos o comportamento macroscópico em termos de moléculas e das interações entre elas.

A relação entre o comportamento observado dos gases e o comportamento de cada molécula dentro do gás pode ser explicada pela **teoria cinética molecular**, que faz as seguintes suposições a respeito das moléculas de um gás:

1. Gases consistem em partículas, sejam átomos ou moléculas, em movimento constante no espaço, deslocando-se em linha reta, em direções aleatórias e velocidades variáveis. Como essas partículas se movem em direções aleatórias, diferentes gases se misturam com facilidade.
2. A energia cinética média das partículas de gás é proporcional à temperatura em kelvins. Quanto maior é a temperatura, mais rápido elas se movem no espaço, e maior é sua energia cinética.
3. Moléculas colidem entre si, assim como bolas de bilhar, ricocheteando umas nas outras e mudando de direção. Cada vez que colidem, podem trocar energia cinética entre si (enquanto uma se movimenta mais rápido que antes, a outra perde velocidade), mas a energia cinética total da amostra de gás permanece a mesma.
4. As partículas de gás não têm volume. A maior parte do volume ocupado por um gás é espaço vazio, o que explica por que os gases podem ser tão facilmente comprimidos.
5. Não há forças de atração entre partículas de gás. Os gases não se unem após a colisão.
6. As moléculas colidem com as paredes do recipiente, e essas colisões constituem a pressão do gás (Figura 5.8). Quanto maior o número de colisões por unidade de tempo, maior a pressão. Quanto maior a energia cinética média das moléculas de gás, maior a pressão.

Essas seis suposições relativas à teoria cinética molecular nos dão um quadro idealizado das moléculas de um gás e suas interações mútuas (Figura 5.8). Nos gases reais,

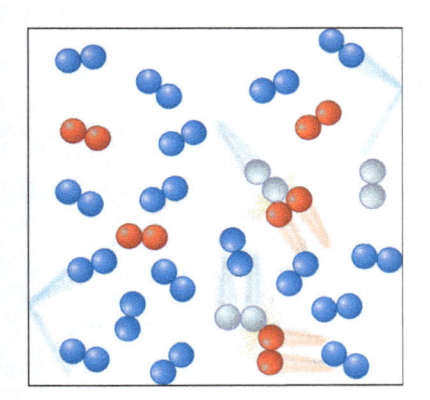

FIGURA 5.8 Modelo cinético molecular de um gás. As moléculas de nitrogênio (azul) e de oxigênio (vermelho) estão em constante movimento e colidem umas com as outras, e com as paredes do recipiente. Colisões de moléculas de gás com as paredes do recipiente causam a pressão do gás. No ar, em TPP, $6{,}02 \times 10^{23}$ moléculas sofrem aproximadamente 10 bilhões de colisões por segundo.

porém, as forças de atração entre as moléculas existem, e as moléculas ocupam algum volume. Por causa desses fatores, um gás descrito por essas seis suposições da teoria cinética molecular é chamado **gás ideal**. Na verdade, o gás ideal não existe; todos os gases são reais. Em TPP, porém, a maioria dos gases reais se comporta como o faria um gás ideal, portanto podemos seguramente aplicar essas suposições.

5.7 Quais são os tipos de forças de atração que existem entre as moléculas?

Como foi observado na Seção 5.1, a intensidade das forças intermoleculares (forças entre moléculas) em uma amostra de matéria é que determina se a amostra é gás, líquido ou sólido sob as condições dadas de temperatura e pressão. Em geral, quanto mais próximas as moléculas estiverem umas das outras, maior será o efeito das forças intermoleculares. Quando a temperatura de um gás for alta (temperatura ambiente ou mais) e a pressão for baixa (1 atm ou menos), as moléculas do gás estarão tão distantes uma das outras que podemos efetivamente ignorar as atrações entre elas e tratar o gás como ideal. Quando a temperatura diminui, ou a pressão aumenta, ou ambas, as distâncias entre as moléculas diminuem, de modo que não poderemos mais ignorar as forças intermoleculares. De fato, essas forças tornam-se tão importantes que podem causar **condensação** (mudança de gás para líquido) e **solidificação** (mudança de líquido para sólido). Sendo assim, antes de discutir as estruturas e propriedades de líquidos e sólidos, devemos ver a natureza dessas forças intermoleculares de atração.

Condensação Mudança em que uma substância passa do estado gasoso, ou de vapor, para o estado líquido.

Nesta seção, discutiremos três tipos de forças moleculares: forças de dispersão de London, interações dipolo-dipolo e ligação de hidrogênio. A Tabela 5.2 mostra a intensidade dessas três forças. A título de comparação, também são mostradas as forças das ligações iônicas e covalentes, ambas consideravelmente mais fortes que os outros três tipos de forças intermoleculares. Embora as forças intermoleculares sejam relativamente fracas se comparadas à força das ligações iônicas e covalentes, elas determinam muitas das propriedades físicas das moléculas, tais como ponto de fusão, ponto de ebulição e viscosidade. Como veremos nos Capítulos 21-31, essas forças são também extremamente importantes na determinação da forma tridimensional de biomoléculas como as proteínas e os ácidos nucleicos, e também para definir como esses tipos de biomoléculas se reconhecem e interagem uns com os outros.

TABELA 5.2 Forças de atração entre moléculas e íons

Força de atração	Exemplo	Energia típica (kcal/mol)
Ligações iônicas	$Na^+ \cdots Cl^-$, $Mg^{2+} \cdots O^{2-}$	170–970
Ligações covalentes simples, duplas e triplas	C—C C=C C≡C O—H	80–95 175 230 90–120
Ligação de hidrogênio	H–O(δ^-)⋯H(δ^+)–O–H (entre moléculas de água)	2–10
Interação dipolo-dipolo	$(H_3C)_2C=O(\delta^-) \cdots (\delta^+)C(CH_3)_2=O$	1–6
Forças de dispersão de London	Ne ⋯ Ne	0,01–2,0

Forças de dispersão de London
Forças de atração extremamente fracas entre átomos ou moléculas causadas pela atração eletrostática entre dipolos temporários induzidos.

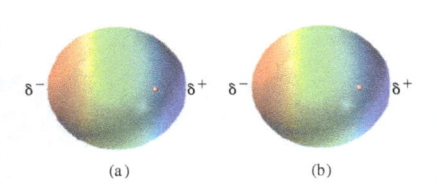

FIGURA 5.9 Forças de dispersão de London. Uma polarização temporária na densidade eletrônica de um átomo de neônio cria cargas positivas e negativas, o que, por sua vez, induz cargas positivas e negativas temporárias em um átomo adjacente. As atrações intermoleculares entre a extremidade positiva temporária induzida de um dipolo e a extremidade negativa de outro dipolo induzido são chamadas de forças de dispersão de London.

Atração dipolo–dipolo Atração entre a extremidade positiva do dipolo de uma molécula e a extremidade negativa de outro dipolo na mesma molécula ou em molécula diferente.

A. Forças de dispersão de London

Existem forças de atração entre todas as moléculas, quer sejam polares ou apolares. Se a temperatura baixar o suficiente, mesmo moléculas apolares como He, Ne, H_2 e CH_4 podem ser liquefeitas. O neônio, por exemplo, é um gás em temperatura e pressão ambiente. Pode ser liquefeito se esfriado a −246 ºC. O fato de esses e outros gases apolares poderem ser liquefeitos significa que deve ocorrer algum tipo de interação entre eles que os faz juntar-se no estado líquido. Essas forças de atração fracas são chamadas **forças de dispersão de London**, em homenagem ao químico norte-americano Fritz London (1900-1954), que foi o primeiro a explicá-las.

As forças de dispersão de London têm origem nas interações eletrostáticas. Para visualizar a origem dessas forças, é preciso pensar em termos de distribuições instantâneas de elétrons no interior de um átomo ou de uma molécula. Considere, por exemplo, uma amostra de átomos de neônio que pode ser liquefeita se esfriada a −246 ºC. Com o tempo, a distribuição da densidade eletrônica em um átomo de neônio é simétrica, e o átomo de neônio não tem dipolo, isto é, não há separação de cargas positivas e negativas. No entanto, a qualquer instante, a densidade eletrônica em um átomo de neônio pode se deslocar mais para um lado do átomo do que para outro, criando assim um dipolo temporário (Figura 5.9). Esse dipolo temporário, que dura algumas frações de segundo, induz dipolos temporários nos átomos de neônio adjacentes. As atrações entre os dipolos temporários induzidos são as chamadas forças de dispersão de London. Elas fazem as moléculas apolares se juntarem para que possam formar o estado líquido.

As forças de dispersão de London existem entre todas as moléculas, mas são as únicas forças de atração entre moléculas apolares. Variam em intensidade de 0,01 a 2,0 kcal/mol, dependendo da massa, do tamanho e formato das moléculas que interagem. Em geral, sua intensidade aumenta à medida que aumentam a massa e o número de elétrons da molécula. Mesmo sendo muito fracas, as forças de dispersão de London contribuem significativamente para as forças de atração entre moléculas grandes, pois agem sobre áreas de grande superfície.

B. Interações dipolo-dipolo

Conforme mencionado na Seção 3.7B, muitas moléculas são polares. A atração entre a extremidade positiva de um dipolo e a extremidade negativa de outro dipolo é chamada **interação dipolo-dipolo**. Essas interações podem existir entre duas moléculas polares idênticas ou entre duas moléculas polares diferentes, ou dentro da mesma molécula. Para verificar a importância das interações dipolo-dipolo, podemos observar as diferenças nos pontos de ebulição entre moléculas apolares e polares de massa molecular comparável. O butano, C_4H_{10}, com massa molecular de 58 u, é uma molécula apolar cujo ponto de ebulição é de 0,5 ºC. A acetona, C_3H_6O, com a mesma massa molecular, tem um ponto de ebulição de 58 ºC. A acetona é uma molécula polar, e suas moléculas se agregam no estado líquido graças às atrações dipolo-dipolo entre a extremidade negativa do dipolo C=O de uma molécula de acetona e a extremidade positiva do dipolo C=O de outra. Como é necessária mais energia para superar as interações entre as moléculas de acetona que para superar as forças de dispersão de London, consideravelmente mais fracas, entre moléculas de butano, a acetona tem um ponto de ebulição maior que o do butano.

$CH_3-CH_2-CH_2-CH_3$ $CH_3-\underset{\delta^+}{\overset{\overset{\displaystyle O\ \delta^-}{\|}}{C}}-CH_3$

Butano   Acetona
(p.e. 0,5 ºC)   (p.e. 58 ºC)

C. Ligação de hidrogênio

Como já vimos, a atração entre a extremidade positiva de um dipolo e a extremidade negativa de outro resulta em uma atração dipolo-dipolo. Quando a extremidade positiva de um dipolo é um átomo de hidrogênio ligado a um O ou N (átomos de alta eletronegatividade; ver Tabela 3.5) e a extremidade negativa do outro dipolo é um átomo de O ou N, a interação atrativa entre os dipolos é particularmente forte e recebe um nome especial: **ligação de hidrogênio**.

Um exemplo é a ligação de hidrogênio que ocorre entre moléculas de água tanto no estado líquido como no estado sólido (Figura 5.10).

A força da ligação de hidrogênio varia de 2 a 10 kcal/mol. A força na água líquida, por exemplo, é de aproximadamente 5 kcal/mol. Por comparação, a força da ligação covalente O—H na água é de aproximadamente 119 kcal/mol. Como se pode ver na comparação desses números, uma ligação de hidrogênio O—H é bem mais fraca que uma ligação covalente O—H. No entanto, a presença das ligações de hidrogênio em água líquida tem um efeito importante nas propriedades físicas da água. Por causa da ligação de hidrogênio, é necessária mais energia para separar cada molécula de água de suas vizinhas – daí o ponto de ebulição relativamente alto da água. Como veremos em capítulos posteriores, as ligações de hidrogênio desempenham um papel importante nas moléculas biológicas.

Ligação de hidrogênio Força de atração não covalente entre a carga parcial positiva de um átomo de hidrogênio ligado a um átomo de alta eletronegatividade, geralmente o oxigênio ou o nitrogênio, e carga parcial negativa de um oxigênio ou nitrogênio próximos.

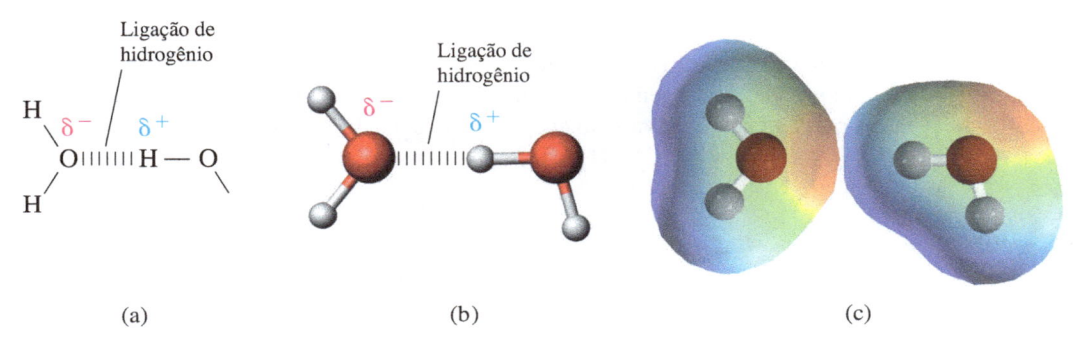

FIGURA 5.10 Duas moléculas de água unidas por uma ligação de hidrogênio. (a) Fórmulas estruturais, (b) modelos de esferas e bastões, e (c) mapas de densidade eletrônica.

Ligações de hidrogênio não se restringem à água. Formam-se entre duas moléculas sempre que uma delas tem um átomo de hidrogênio covalentemente ligado ao O ou N, e a outra, um átomo de O ou N com carga parcial negativa.

Exemplo 5.8 Ligação de hidrogênio

Pode uma ligação de hidrogênio se formar entre

(a) Duas moléculas de metanol, CH_3OH?
(b) Duas moléculas de formaldeído, CH_2O?
(c) Uma molécula de metanol, CH_3OH, e uma de formaldeído, CH_2O?

Estratégia

Examine a estrutura de Lewis de cada molécula e determine se há um átomo de hidrogênio ligado a um átomo de nitrogênio ou de oxigênio. Isto é, determine se há uma ligação O—H ou N—H na molécula em que o hidrogênio apresente carga parcial positiva. Em outras palavras, há uma ligação de hidrogênio doadora? Depois examine a estrutura de Lewis da outra molécula e determine se há uma ligação polar em que o oxigênio ou o nitrogênio apresentem uma carga parcial negativa. Em outras palavras, há um aceptor potencial de ligação de hidrogênio? Se ambas as situações estiverem presentes (um doador e um aceptor da ligação de hidrogênio), então a ligação de hidrogênio será possível.

Solução

(a) Sim. O metanol é uma molécula polar e tem um átomo de hidrogênio ligado covalentemente a um átomo de oxigênio (sítio doador da ligação de hidrogênio). O sítio aceptor da ligação de hidrogênio é o átomo de oxigênio da ligação O—H polar.

$H_3C-O^{\delta-}$
$H^{\delta+}$
${}^{\delta-}O-CH_3$
H

Ligação de hidrogênio

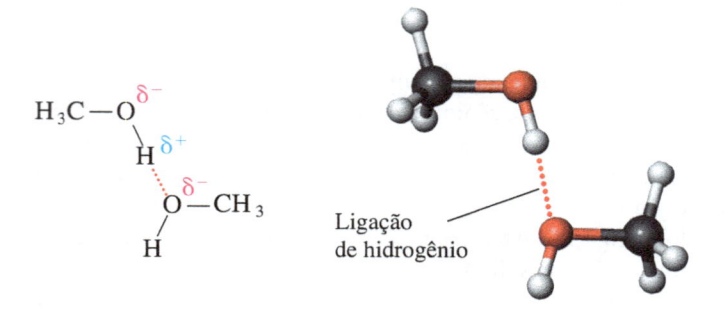

(b) Não. Embora o formaldeído seja uma molécula polar, ele não tem um hidrogênio ligado covalentemente a um átomo de oxigênio ou nitrogênio (não tem sítio doador da ligação de hidrogênio). Suas moléculas, todavia, se atraem, umas às outras, por interação dipolo-dipolo – isto é, pela atração entre a extremidade negativa do dipolo C=O de uma molécula e a extremidade positiva do dipolo C=O de outra.

$$H{}^{\delta+}C=O^{\delta-}$$
$$H$$

(c) Sim. O metanol tem um átomo de hidrogênio ligado a um átomo de oxigênio (sítio doador da ligação de hidrogênio), e o formaldeído tem um átomo de oxigênio que apresenta carga parcial negativa (um sítio aceptor da ligação de hidrogênio).

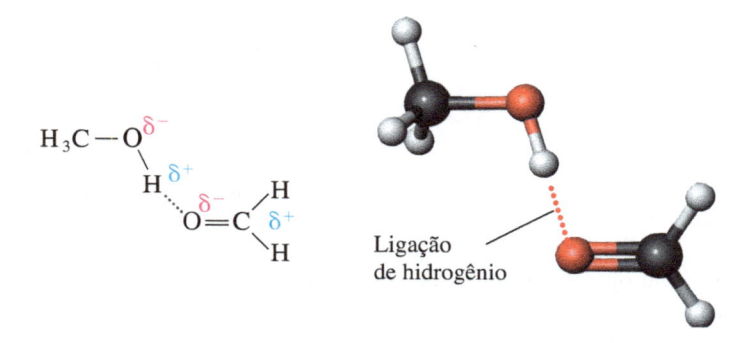

$H_3C-O^{\delta-}$
$H^{\delta+}$
${}^{\delta-}O=C^{\delta+}\begin{smallmatrix}H\\H\end{smallmatrix}$

Ligação de hidrogênio

Problema 5.8

As moléculas de cada uma destas duplas formarão uma ligação de hidrogênio entre elas?
(a) Uma molécula de água e uma molécula de metanol, CH_3OH.
(b) Duas moléculas de metano, CH_4.

5.8 Como se descreve o comportamento dos líquidos em nível molecular?

Vimos que podemos descrever o comportamento dos gases, na maioria das circunstâncias, pela lei dos gases ideais, que pressupõe que não há forças de atração entre moléculas. Entretanto, à medida que a pressão aumenta em um gás real, as moléculas do gás se comprimem em um espaço menor, e as atrações entre as moléculas tornam-se cada vez mais efetivas, o que causa sua agregação.

Se a distância entre as moléculas diminui de modo que possam se tocar, ou quase isso, o gás se condensa em líquido. Diferentemente dos gases, os líquidos não preenchem todo o espaço disponível, mas têm um volume definido, independentemente do recipiente. Como os gases apresentam muito espaço vazio entre as moléculas, é fácil comprimi-los em um volume menor. Ao contrário, há muito pouco espaço vazio nos líquidos; consequentemente, é difícil comprimir líquidos. É preciso um grande aumento de pressão para diminuir, pouco que seja, o volume de um líquido. Assim, os líquidos, para todos os efeitos práticos, são incompressíveis. Além disso, a densidade dos líquidos é muito maior que a dos gases porque a mesma massa ocupa um volume bem menor na forma líquida.

O sistema de freagem dos automóveis baseia-se na hidráulica. A força exercida no pedal do freio é transmitida ao freio por cilindros cheios de líquido. Esse sistema funciona muito bem até ocorrer um vazamento de ar. Quando entra ar na linha de freio, o acionamento do pedal comprime o ar em vez de movimentar as pastilhas.

As posições das moléculas no estado líquido são aleatórias, com disponibilidade de algum espaço vazio onde as moléculas podem deslizar. As moléculas no estado líquido estão, portanto, constantemente mudando de posição em relação às moléculas vizinhas. Essa propriedade torna os líquidos fluidos e explica por que seu volume é constante, mas a forma não.

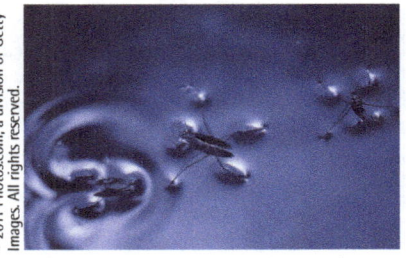

A. Tensão superficial

Diferentemente dos gases, os líquidos têm propriedades superficiais, e a **tensão superficial** (Figura 5.11) é uma delas. A tensão superficial de um líquido está diretamente relacionada à força da atração intermolecular entre suas moléculas. A água tem uma alta tensão superficial por causa da forte ligação de hidrogênio entre suas moléculas. Consequentemente, é fácil fazer uma agulha de aço flutuar sobre a superfície da água. Se, no entanto, essa agulha for empurrada para baixo da camada elástica, no interior do líquido, ela afundará. Igualmente, insetos aquáticos deslizando sobre a superfície de um lago parecem estar caminhando sobre uma película elástica de água.

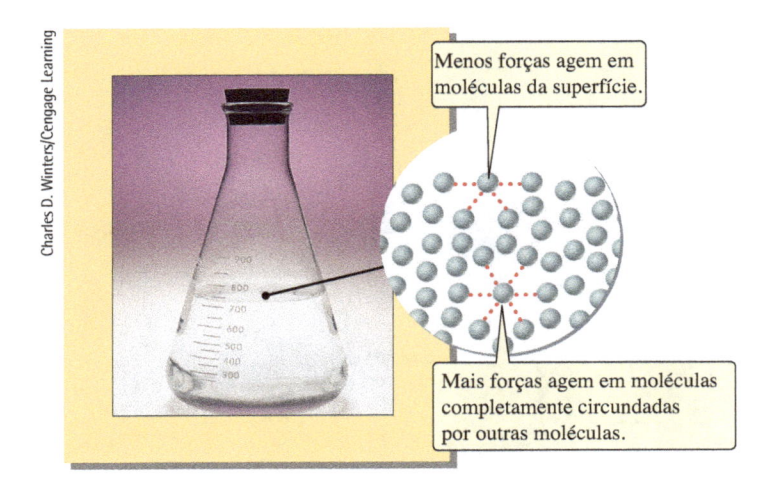

Um inseto (*water-strider*) anda sobre a água, cuja tensão superficial o suporta.

FIGURA 5.11 Tensão superficial. Nas moléculas do interior de um líquido, as atrações intermoleculares são iguais em todas as direções. As moléculas da superfície (interface líquido-gás), porém, experimentam atrações maiores na direção do interior do líquido do que na direção do estado gasoso mais acima. Assim, as moléculas da superfície são preferencialmente puxadas para o centro do líquido. Esse arrasto acumula as moléculas na superfície, criando uma camada, como uma pele elástica, difícil de penetrar.

B. Pressão de vapor

Uma importante propriedade dos líquidos é sua tendência a evaporar. Algumas horas após chuvas pesadas, por exemplo, a maioria das poças d'água já secou; a água evaporou. O mesmo ocorrerá se deixarmos aberto um recipiente com água ou qualquer outro líquido. Vejamos como essa transformação pode ocorrer.

Em todo líquido, há uma distribuição de velocidades entre suas moléculas. Algumas dessas moléculas possuem alta energia cinética e se movimentam rapidamente. Outras apresentam baixa energia cinética e se movimentam lentamente. Rápidas ou lentas, as moléculas no interior de um líquido não podem ir muito longe antes que se choquem com outra molécula e tenham sua velocidade e direção alteradas pela colisão. As moléculas da superfície, porém, estão em situação diferente (Figura 5.12). Se estiverem se movimentando lentamente (baixa energia cinética), não poderão escapar do líquido por causa das atrações das moléculas vizinhas. Se estiverem se movimentando rapidamente (alta energia cinética) e para cima, poderão, sim, escapar do líquido e entrar no espaço gasoso acima.

Em um recipiente aberto, esse processo continua até que todas as moléculas escapem. Se o líquido estiver em um recipiente fechado, como na Figura 5.13, as moléculas no estado gasoso não poderão sair (como o fariam se o recipiente estivesse aberto). Em vez disso, elas permanecem no espaço acima do líquido, onde se movimentam rapidamente em linha reta até se chocarem contra alguma coisa. Uma parte dessas moléculas de vapor movimenta-se para baixo, alcança a superfície do líquido e então é recapturada.

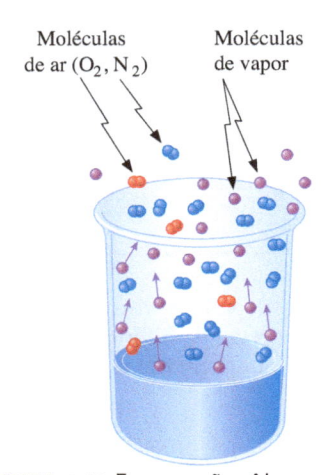

FIGURA 5.12 Evaporação. Algumas moléculas na superfície do líquido se movimentam suficientemente rápido e escapam para o espaço gasoso.

Vapor Um gás.

Equilíbrio Condição em que duas forças físicas opostas são iguais.

Conexões químicas 5D

Medida de pressão sanguínea

Os líquidos, assim como os gases, exercem pressão sobre as paredes de seus recipientes. A pressão sanguínea, por exemplo, resulta da pulsação do sangue que empurra as paredes dos vasos sanguíneos. Quando os ventrículos do coração se contraem e empurram o sangue para as artérias, a pressão sanguínea é alta (pressão sistólica); quando os ventrículos relaxam, a pressão sanguínea é mais baixa (pressão diastólica). A pressão sanguínea geralmente é expressa como uma fração que mostra a pressão sistólica sobre a diastólica – por exemplo, 120/80. A faixa normal em jovens adultos é de 100 a 120 mm Hg (sistólica) e de 60 a 80 mm Hg (diastólica). Em adultos mais velhos, as variações correspondentes normais vão de 115 a 135 e de 75 a 85 mm Hg, respectivamente.

Um esfigmomanômetro – o instrumento empregado para medir a pressão sanguínea – consiste em uma pera, uma braçadeira, um manômetro e um estetoscópio. A braçadeira é fixada em volta da parte superior do braço e é inflada quando se aperta a pera (Figura, parte a). A braçadeira inflada exerce uma pressão no braço, que pode ser lida no manômetro. Quando a braçadeira estiver suficientemente inflada, sua pressão achatará a artéria braquial, impedindo o fluxo de sangue para o antebraço (Figura, parte b). Nessa pressão, não se ouve nenhum som no estetoscópio porque a pressão aplicada na braçadeira é maior que a pressão sanguínea. Em seguida, a braçadeira é lentamente esvaziada, diminuindo a pressão no braço. O primeiro som de batimento é ouvido quando a pressão na braçadeira iguala a pressão sistólica à medida que o ventrículo se contrai – isto é, quando a pressão na braçadeira for suficientemente baixa de modo a permitir que o sangue comece a fluir no antebraço. À medida que a pressão da braçadeira continua a diminuir, o batimento primeiro torna-se mais alto e depois começa a diminuir. No momento em que o último som fraco de batimento é ouvido, a pressão da braçadeira iguala a pressão diastólica quando o ventrículo está relaxado, permitindo assim um fluxo de sangue contínuo no antebraço (Figura, parte c).

Monitores digitais para medir pressão sanguínea agora estão disponíveis para uso doméstico ou no trabalho. Nesses instrumentos, o estetoscópio e o manômetro estão combinados em um dispositivo sensorial que registra as pressões sistólica e diastólica com a pulsação. A braçadeira e a pera são usadas do mesmo modo que no esfigmomanômetro tradicional.

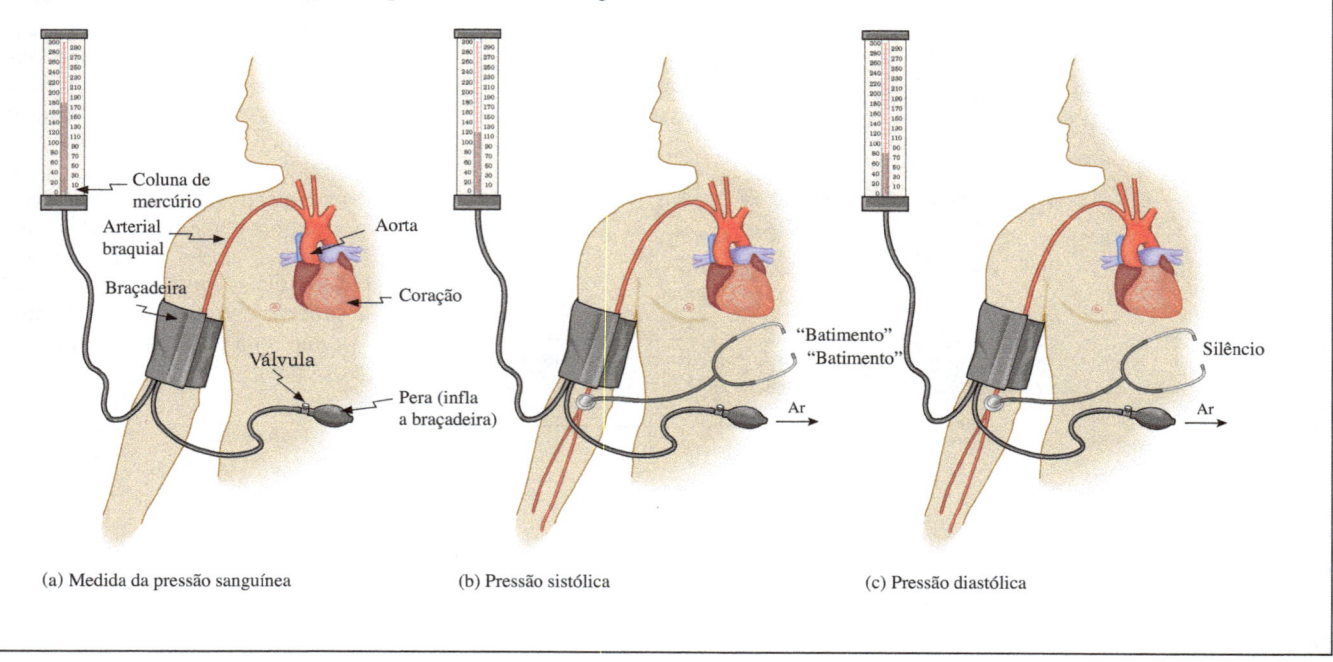

(a) Medida da pressão sanguínea (b) Pressão sistólica (c) Pressão diastólica

Pressão de vapor Pressão parcial de um gás em equilíbrio com sua forma líquida em um recipiente fechado.

Nesse ponto, atingimos o **equilíbrio**. Enquanto a temperatura não mudar, o número de moléculas de vapor que voltam para o líquido é igual ao número de moléculas que saem. No equilíbrio, o espaço acima do líquido mostrado na Figura 5.13 contém ar e moléculas de vapor, e podemos medir a pressão parcial do vapor, ou seja, a **pressão de vapor** do líquido. Observe que podemos medir a pressão parcial do gás, mas a chamamos de pressão do vapor do líquido.

A pressão de vapor de um líquido é uma propriedade física do líquido e uma função da temperatura (Figura 5.14). À medida que a temperatura do líquido aumenta, a energia cinética média de suas moléculas aumenta e fica mais fácil para as moléculas escaparem do estado líquido para o estado gasoso. À medida que a temperatura do líquido aumenta, sua pressão de vapor continua aumentando, até que se iguala à pressão atmosférica. Nesse momento, abaixo da superfície do líquido, formam-se bolhas de vapor que se projetam para cima, atravessando a superfície do líquido e causando a evaporação.

As moléculas que evaporam a partir da superfície de um líquido são aquelas de maior energia cinética. Quando entram na fase gasosa, as moléculas que ficam para trás são as

FIGURA 5.13 Evaporação e condensação. Em um recipiente fechado, as moléculas do líquido escapam para a fase de vapor e o líquido recaptura as moléculas de vapor.

de menor energia cinética. Como a temperatura da amostra é proporcional à energia cinética média de suas moléculas, a temperatura do líquido cai em decorrência da evaporação. Essa evaporação, quando ocorre na camada de água sobre a pele, produz aquele efeito de resfriamento que sentimos quando saímos de uma piscina e a água evapora de nossa pele.

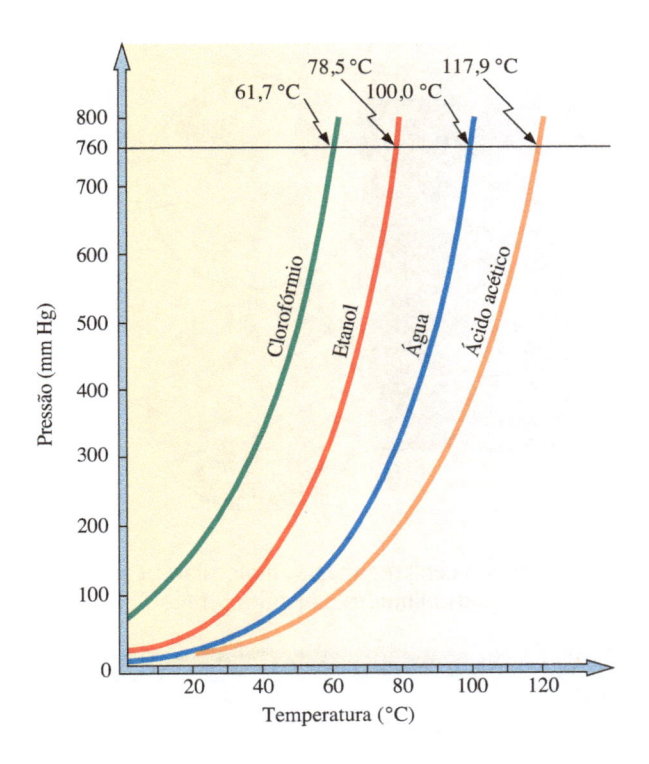

FIGURA 5.14 Mudança na pressão de vapor em função da temperatura para quatro líquidos. O ponto de ebulição normal de um líquido é definido como a temperatura em que sua pressão de vapor é igual a 760 mm Hg.

Como a água apresenta uma considerável pressão de vapor em temperaturas normais ao ar livre, o vapor d'água está presente na atmosfera o tempo todo. A pressão de vapor da água na atmosfera é expressa como **umidade relativa**, que é a razão entre a pressão parcial real do vapor d'água no ar, P_{H_2O}, e a pressão de vapor no equilíbrio na temperatura pertinente, $P°_{H_2O}$. O fator 100 altera a fração para uma porcentagem.

$$\text{Umidade relativa} = \frac{P_{H_2O}}{P°_{H_2O}} \times 100\%$$

Por exemplo, considere um dia típico com temperatura externa de 25 °C. A pressão de vapor da água no equilíbrio, nessa temperatura, é de 23,8 mm Hg. Se a pressão parcial real do vapor d'água fosse de 17,8 mm Hg, então a umidade relativa seria 75%.

$$\text{Umidade relativa} = \frac{17,8}{23,8} \times 100\% = 75\%$$

Ponto de ebulição Temperatura em que a pressão de vapor de um líquido é igual à pressão atmosférica.

Ponto de ebulição normal Temperatura em que um líquido entra em ebulição sob pressão de 1 atm.

C. Ponto de ebulição

O **ponto de ebulição** de um líquido é a temperatura em que sua pressão de vapor é igual à pressão de vapor da atmosfera em contato com sua superfície. E chama-se **ponto de ebulição normal** quando a pressão atmosférica é de 1 atm. Por exemplo, 100 °C é o ponto de ebulição normal da água porque esta é a temperatura em que a água entra em ebulição a 1 atm de pressão (Figura 5.15).

O uso da panela de pressão é um exemplo de água em ebulição a temperaturas mais altas. Nesse tipo de utensílio, a comida é cozida a, digamos, 2 atm, em cuja pressão o ponto de ebulição da água é de 121 °C. Como o alimento foi elevado a uma temperatura mais alta, seu cozimento é mais rápido do que seria em uma panela aberta, na qual a água em ebulição não passa de 100 °C. Ao contrário, em baixas pressões, a água entra em ebulição a temperaturas mais baixas. Por exemplo, em Salt Lake City, Utah, onde a pressão barométrica média é de aproximadamente 650 mm Hg, o ponto de ebulição da água é em torno de 95 °C.

D. Fatores que afetam o ponto de ebulição

Como mostra a Figura 5.14, líquidos diferentes apresentam diversos pontos de ebulição. A Tabela 5.3 fornece as fórmulas moleculares, as massas moleculares e os pontos de ebulição normais de cinco líquidos.

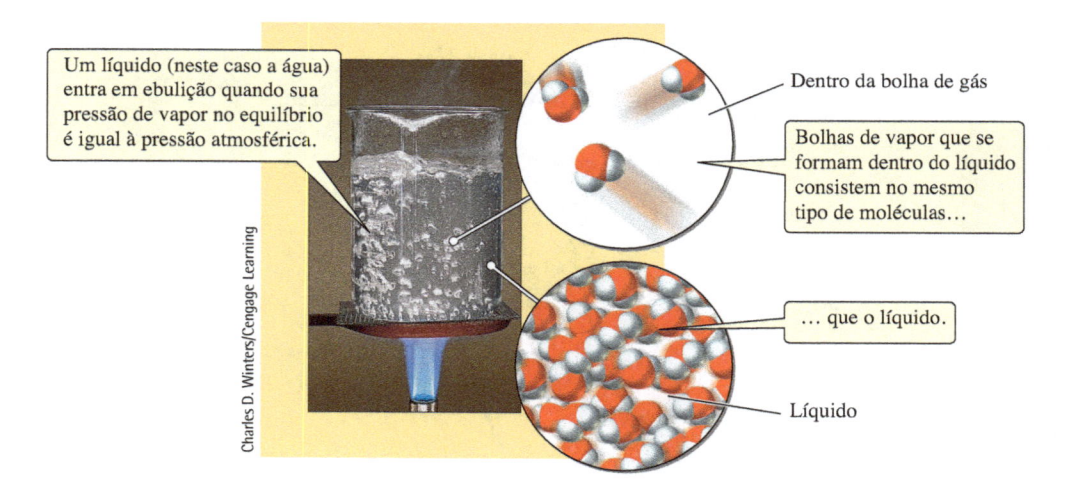

FIGURA 5.15 Ponto de ebulição.

TABELA 5.3 Nomes, fórmulas moleculares, massas moleculares e pontos de ebulição normais para o hexano e os quatro líquidos da Figura 5.14

Nome	Fórmula molecular	Massa molecular (u)	Ponto de ebulição (°C)
Clorofórmio	$CHCl_3$	120	62
Hexano	$CH_3CH_2CH_2CH_2CH_2CH_3$	86	69
Etanol	CH_3CH_2OH	46	78
Água	H_2O	18	100
Ácido acético	CH_3COOH	60	118

$CH_3-CH_2-CH_2-CH_2-CH_3$

Pentano
(p.e. 36,2°C)

$CH_3-\underset{\underset{CH_3}{|}}{\overset{\overset{CH_3}{|}}{C}}-CH_3$

2,2-Dimetilpropano
(p.e. 9,5°C)

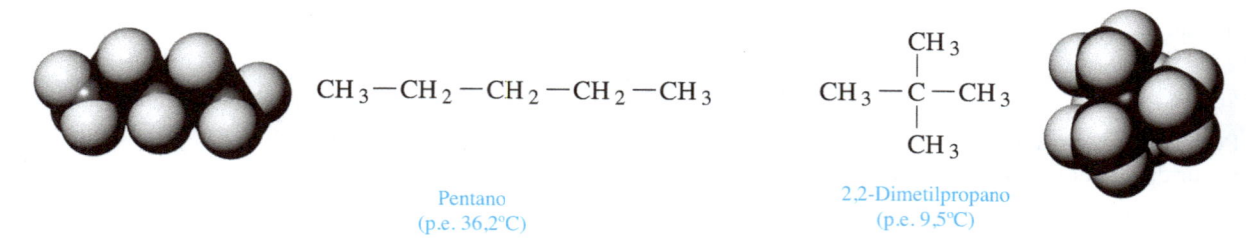

FIGURA 5.16 O pentano e o 2,2-dimetilpropano apresentam a mesma fórmula molecular, C_5H_{12}, mas formatos bem diferentes.

Conexões químicas 5E

As densidades do gelo e da água

A superestrutura do gelo, com suas ligações de hidrogênio, contém espaços vazios no meio de cada hexágono, já que as moléculas de H_2O do gelo não se encontram tão proximamente empacotadas quanto as da água líquida. Por essa razão, a densidade do gelo (0,917 g/cm³) é menor que a da água líquida (1,00 g/cm³). À medida que o gelo derrete, parte das ligações de hidrogênio se rompe e a superestrutura hexagonal do gelo colapsa na organização mais densamente empacotada da água. Essa mudança explica por que o gelo flutua sobre a água em vez de afundar. Esse comportamento é bastante incomum – a maioria das substâncias é mais densa no estado sólido que no estado líquido. A menor densidade do gelo mantém os peixes e os micro-organismos vivos em rios e lagos que congelariam a cada inverno se o gelo afundasse. A presença do gelo isola a água restante que está embaixo, impedindo que ela congele.

O fato de o gelo ter densidade menor que a água líquida significa que uma dada massa de gelo ocupa mais espaço que a mesma massa de água líquida. Esse fator explica o dano causado aos tecidos biológicos pelo congelamento. Quando partes do corpo (geralmente os dedos das mãos e dos pés, nariz e orelhas) são sujeitas ao frio extremo, desenvolvem uma condição chamada geladura. A água nas células congela apesar da tentativa do sangue de manter a temperatura em 37 °C. À medida que a água líquida congela, ela se expande e, ao fazê-lo, rompe as paredes das células que a contêm, causando danos. Em alguns casos, dedos congelados precisam ser amputados.

Temperaturas muito baixas podem danificar plantas da mesma maneira. Muitas plantas morrem quando a temperatura do ar cai abaixo do ponto de congelamento da água por várias horas. Árvores conseguem sobreviver a invernos muito frios porque possuem pouca água dentro do tronco e das folhas.

O congelamento lento geralmente é mais prejudicial aos tecidos da planta e do animal do que o congelamento rápido. No congelamento lento, formam-se apenas alguns cristais, que podem crescer e romper as células. No congelamento rápido, como aquele obtido no resfriamento em nitrogênio líquido (a uma temperatura de −196 °C), formam-se muitos cristais pequenos. Como eles não crescem muito, os danos aos tecidos podem ser mínimos.

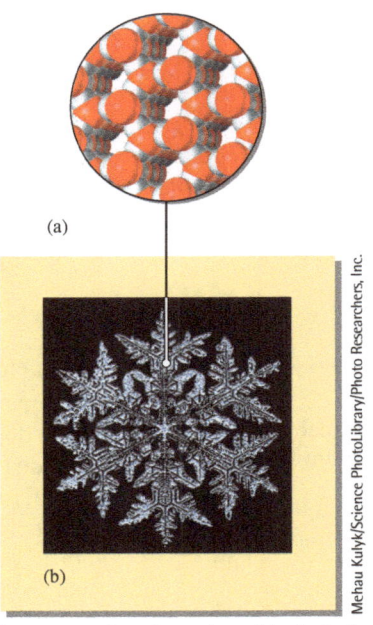

(a) Na estrutura do gelo, cada molécula de água ocupa uma posição fixa em um arranjo regular ou retículo. (b) A forma de um floco de neve reflete o arranjo hexagonal das moléculas de água dentro do retículo cristalino do gelo.

À medida que você estudar as informações desta tabela, observe que o clorofórmio, que apresenta a maior massa molecular entre os cinco compostos, tem o menor ponto de ebulição. A água, com a menor massa molecular, tem o segundo ponto de ebulição mais alto. Examinando esses e outros compostos, os químicos determinaram que o ponto de ebulição de compostos covalentes depende principalmente de três fatores:

1. **Forças intermoleculares** Água (H_2O, MM 18) e metano (CH_4, MM 16) têm aproximadamente a mesma massa molecular. O ponto de ebulição normal da água é 100 °C, enquanto o do metano é −164 °C. A diferença nos pontos de ebulição reflete o fato de que as moléculas de CH_4 no estado líquido devem superar apenas as fracas forças de dispersão de London para chegar ao estado de vapor (baixo ponto de ebulição). Diferentemente, as moléculas de água, unidas entre si por ligações de hidrogênio, precisam de mais energia cinética (e uma temperatura de ebulição mais alta) para passar à fase de vapor. Assim, a diferença nos pontos de ebulição entre esses dois compostos deve-se à maior força da ligação de hidrogênio comparada às forças de dispersão de London, que são mais fracas.

2. **Número de sítios para interação intermolecular (área superficial)** Considere os pontos de ebulição do metano, CH_4, e do hexano, C_6H_{14}. Ambos são compostos apolares sem nenhuma possibilidade para ligações de hidrogênio ou interações dipolo-dipolo entre suas moléculas. A única força de atração entre as moléculas desses compostos são as forças de dispersão de London. O ponto de ebulição normal do hexano é 69 °C, e o do metano, −164 °C. A diferença reflete o fato de que o hexano possui mais elétrons e área superficial maior que a do metano. Como a sua área superficial é maior, entre as moléculas de hexano há mais sítios para a ação das forças de dispersão de London que entre as moléculas de metano e, portanto, o hexano tem ponto de ebulição maior.

3. **Formato da molécula** Quando as moléculas são semelhantes em todos os aspectos, exceto na forma, as forças de dispersão de London determinam seus pontos de ebulição relativos. Considere o pentano, p.e. 36,1 °C, e o 2,2-dimetilpropano, p.e. 9,5 °C (Figura 5.16).

Ambos os compostos têm a mesma fórmula molecular, C_5H_{12}, e a mesma massa molecular, mas o ponto de ebulição do pentano é aproximadamente 26° maior que o do 2,2-dimetilpropano. A diferença em pontos de ebulição está relacionada ao formato da molécula da seguinte maneira. As únicas forças de atração entre essas moléculas apolares são as forças de atração de London. O pentano é uma molécula aproximadamente linear, enquanto o 2,2-dimetilpropano tem um formato esférico e uma área superficial menor que a do pentano. À medida que a área superficial diminui, o contato entre as moléculas adjacentes, a intensidade das forças de dispersão de London e o ponto de ebulição, tudo isso também diminui. Consequentemente, as forças de dispersão de London entre moléculas de 2,2-dimetilpropano são mais fracas que entre as moléculas de pentano e, portanto, o 2,2-dimetilpropano apresentam um ponto de ebulição mais baixo.

5.9 Quais são as características dos vários tipos de sólidos?

Quando líquidos são esfriados, suas moléculas se aproximam e as forças de atração entre elas tornam-se tão intensas que cessa o movimento aleatório e forma-se um sólido. A formação de um sólido a partir de um líquido chama-se solidificação ou **cristalização**.

Todos os sólidos têm um formato regular que, em muitos casos, é óbvio à visão (Figura 5.17). Esse formato regular geralmente reflete o arranjo das partículas dentro do cristal. No sal de cozinha, por exemplo, os íons Na^+ e Cl^- são ordenados em um sistema cúbico (Figura 3.1). Metais também consistem em partículas ordenadas em um retículo cristalino regular (geralmente não cúbico), mas aqui as partículas são átomos e não íons. Como as partículas de um sólido quase sempre estão mais próximas entre si que no líquido correspondente, os sólidos quase sempre apresentam maior densidade que os líquidos.

Como se pode ver na Figura 5.17, os cristais apresentam formas e simetrias características. Estamos familiarizados com a natureza cúbica do sal de cozinha e os cristais hexagonais de gelo nos flocos de neve. Um fato menos conhecido é que alguns compostos apresentam mais de um tipo de estado sólido. O exemplo mais conhecido é o do elemento carbono, que tem cinco formas cristalinas (Figura 5.18). O diamante aparece quando a solidificação ocorre sob pressão muito alta (milhares de atmosferas). Outra forma do carbono é a grafite do lápis. Os átomos de carbono estão empacotados diferentemente nos duros diamantes, de alta densidade, que na mole grafite, de baixa densidade.

Em uma terceira forma de carbono, cada molécula contém 60 átomos de carbono ordenados em uma estrutura com 12 pentágonos e 20 hexágonos como faces, que lembram uma bola de futebol (Figura 5.18c). Como o famoso arquiteto Buckminster Fuller (1895-1983) inventou domos de estrutura semelhante (ele os chamou de domos geodésicos), a substância C-60 foi chamada buckminsterfulereno ou "bola de bucky" (*buckyball*). A descoberta das bolas bucky gerou uma área totalmente nova da química do carbono. Estruturas similares contendo 72, 80 e mesmo números maiores de carbono têm sido sintetizadas. Como categoria, são chamados fulerenos.

Novas variações dos fulerenos são os nanotubos (Figura 5.18d). A parte *nano* do nome vem do fato de o corte transversal de cada tubo ter apenas alguns nanômetros (1 nm = 10^{-9} m). Os nanotubos se apresentam sob diversas formas. Nanotubos de carbono de paredes simples podem variar em diâmetro de 1 a 3 nm, com aproximadamente 20 mm de comprimento. Esses compostos têm atraído grande interesse industrial por causa de suas propriedades ópticas e eletrônicas. Podem vir a desempenhar um papel na miniaturização de instrumentos, criando uma nova geração de dispositivos em nanoescala.

A fuligem é a quinta forma do carbono sólido. Essa substância solidifica diretamente do vapor de carbono e é um **sólido amorfo**, isto é, seus átomos não têm nenhum padrão definido, apresentando um arranjo aleatório (Figura 5.18e). Outro exemplo de sólido amorfo é o vidro. Em essência, o vidro é um líquido imobilizado.

Como já vimos, alguns sólidos cristalinos consistem em arranjos ordenados de íons (sólidos iônicos; Figura 3.1), e outros consistem em moléculas (sólidos moleculares). Os íons

---

Cristalização Formação de um sólido a partir de um líquido.

Mesmo no estado sólido, moléculas e íons não param completamente de se movimentar. Eles vibram em torno de pontos fixos.

Richard E. Smalley (1943-2005), Robert F. Curl Jr. (1933-) e Harold Kroto (1939-) receberam o Prêmio Nobel de Química em 1996 pela descoberta desses compostos.

(a) Granada (b) Enxofre (c) Quartzo (d) Pirita

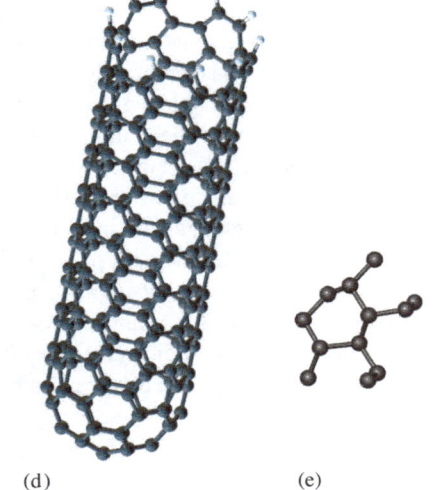

FIGURA 5.17 Alguns cristais.

FIGURA 5.18 Formas sólidas do carbono: (a) grafite, (b) diamante, (c) *buckyball*, (d) nanotubo e (e) fuligem.

são mantidos no retículo cristalino pelas ligações iônicas. Moléculas são mantidas apenas por forças intermoleculares, que são muito mais fracas que as ligações iônicas. Portanto, os sólidos moleculares geralmente apresentam pontos de fusão mais baixos que os sólidos iônicos.

Também existem outros tipos de sólidos. Alguns são moléculas extremamente grandes, cada uma delas chegando a 10^{23} átomos, todos conectados por ligações covalentes. Nesse caso, o cristal inteiro é uma grande molécula. Chamamos essas moléculas de **sólidos reticulares** ou cristais reticulares. Um bom exemplo é o diamante (Figura 5.18b). Quando seguramos um diamante na mão, o que temos é um gigantesco agregado de átomos ligados. Assim como os cristais iônicos, os sólidos reticulares apresentam pontos de fusão muito altos – isso ocorre quando se pode fundi-los. Em muitos casos não é possível. A Tabela 5.4 resume os vários tipos de sólidos.

TABELA 5.4 Tipos de sólidos

Tipo	Feito de	Características	Exemplos
Iônico	Íons em um retículo cristalino.	Ponto de fusão alto.	NaCl e K_2SO_4
Molecular	Moléculas em um retículo cristalino.	Ponto de fusão baixo.	Gelo e aspirina
Polimérico	Moléculas gigantes; podem ser cristalinas, semicristalinas ou amorfas.	Ponto de fusão baixo ou não podem ser fundidas; moles ou duras.	Borracha, plásticos e proteínas
Retículo	Grande número de átomos conectados por ligações covalentes.	Muito duros; ponto de fusão muito alto ou não podem ser fundidos.	Diamante e quartzo
Amorfo	Arranjo aleatório de átomos ou moléculas.	Maioria é mole, pode fluir, mas sem ponto de fusão.	Fuligem, alcatrão e vidro

5.10 O que é uma mudança de fase e quais são as energias envolvidas?

A. A curva de aquecimento de H_2O (s) para H_2O (g)

Imagine o seguinte experimento: aquecemos um pedaço de gelo que inicialmente está a -20 °C. A princípio, não vemos nenhuma diferença em seu estado físico. A temperatura do gelo aumenta, mas sua aparência não muda. A 0 °C, o gelo começa a derreter e aparece a água líquida. À medida que continuamos aquecendo, cada vez mais o gelo derrete, mas a temperatura permanece constante a 0 °C, até que todo o gelo derrete, ficando apenas a água líquida. Depois de derretido todo o gelo, a temperatura da água mais uma vez aumenta à medida que é adicionado calor. A 100 °C, a água entra em ebulição. Continuamos aquecendo e ela continua evaporando, mas a temperatura da água líquida restante não se altera. Somente depois que toda a água líquida passou para o estado gasoso (vapor) é que a temperatura da amostra sobe acima de 100 °C.

Essas mudanças de estado são chamadas **mudanças de fase**. Fase é qualquer parte de um sistema que parece uniforme (homogênea). A água sólida (gelo) é uma fase, água líquida é outra, e água gasosa, mais outra. A Tabela 5.5 resume as energias para cada etapa na conversão de 1,0 g de gelo para 1,0 g de vapor.

Calculemos o calor necessário para elevar a temperatura de 1,0 g de gelo a -20 °C a vapor d'água a 120 °C e comparemos nossos resultados com os dados da Tabela 5.5. Comecemos com o gelo, cujo calor específico é 0,48 cal/g · °C (Tabela 1.4). São necessárias $0,48 \times 20 = 9,6$ cal para elevar a temperatura de 1,0 g de gelo de -20 a 0 °C.

$$0,48 \frac{\text{cal}}{\text{g} \cdot °C} \times 1,0 \text{ g} \times 20 \text{ °C} = 9,6 \text{ cal}$$

Depois que o gelo chega a 0 °C, o calor adicional causa uma mudança de fase: a água sólida derrete e torna-se água líquida. O calor necessário para derreter 1,0 g de qualquer sólido é chamado **calor de fusão**. O calor de fusão do gelo é 80 cal/g. Sendo assim, são necessárias 80 cal para derreter 1,0 g de gelo – isto é, para que 1,0 g de gelo a 0 °C mude para água líquida a 0 °C.

Somente depois de o gelo derreter completamente é que a temperatura da água volta a subir. O **calor específico** da água líquida é 1 cal/g · °C (Tabela 1.4). Portanto, são necessárias 100 cal para elevar a temperatura de 1,0 g de água líquida de 0 °C para 100 °C. Compare isso com as 80 cal necessárias para derreter 1,0 g de gelo.

Quando a água líquida chega a 100 °C, o ponto de ebulição normal da água, a temperatura da amostra permanecerá constante enquanto ocorre outra mudança de fase: a água líquida vaporiza a água gasosa. A quantidade necessária de calor para vaporizar 1,0 g de um líquido em seu ponto normal de ebulição é chamada **calor de vaporização**. Para a água, esse valor é de 540 cal/g. Uma vez evaporada toda a água líquida, a temperatura sobe mais uma vez à medida que o vapor d'água é aquecido. O calor específico do vapor d'água é de 0,48 cal/g (Tabela 1.4). Assim, são necessárias 9,6 cal para aquecer 1,0 g de vapor d'água de 100 °C a 120 °C. Os dados para o aquecimento de 1,0 g de água de -20 °C para 120 °C podem ser mostrados em um gráfico denominado **curva de aquecimento** (Figura 5.19).

Mudança de fase Mudança de um estado físico (gás, líquido ou sólido) para outro.

O critério de uniformidade é o modo como aparece aos nossos olhos e não como é em nível molecular.

Nesta foto, os vapores de CO_2 gasoso estão frios o suficiente para fazer a umidade do ar condensar. A mistura de vapores de CO_2 e vapor d'água condensado é mais pesada que o ar e lentamente desliza sobre a mesa ou em outra superfície em que o gelo seco estiver.

TABELA 5.5 Energia necessária para aquecer 1,0 g de água sólida a -20 °C para 120 °C

Mudança física	Energia (cal)	Energia base para o cálculo da energia necessária
Gelo aquecendo de -20 °C a 0 °C	9,6	Calor específico do gelo = 0,48 cal/g · °C
Gelo derretendo; temperatura = 0 °C	80	Calor de fusão do gelo = 80 cal/g
Água aquecendo de 0 °C a 100 °C	100	Calor específico da água líquida = 1,0 cal/g · °C
Água evaporando; temperatura = 100 °C	540	Calor de vaporização = 540 cal/g
Vapor d'água aquecendo de 100 °C a 120 °C	9,6	Calor específico do vapor d'água = 0,48 cal/g · °C

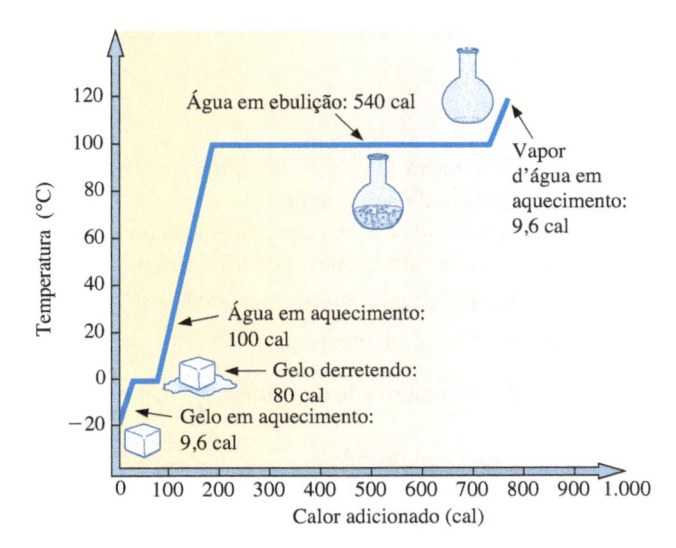

FIGURA 5.19 Curva de aquecimento do gelo. O gráfico mostra o efeito da adição de calor a 1,0 g de gelo, inicialmente a −20 ºC, e a elevação da temperatura para 120 ºC.

Um efeito importante dessas mudanças de fase é que cada uma delas é reversível. Se começarmos com água líquida em temperatura ambiente e esfriá-la emergindo o recipiente em um banho de gelo seco (−78 ºC), o processo inverso será observado. A temperatura cai até chegar em 0 ºC, e depois o gelo começa a cristalizar. Durante essa mudança de fase, a temperatura da amostra permanece constante, mas é liberado calor. A quantidade de calor liberada quando 1,0 g de água líquida congela a 0 ºC é exatamente a mesma absorvida quando 1,0 g de gelo derrete a 0 ºC.

Uma transição do estado sólido diretamente para o estado de vapor, sem passar pelo estado líquido, é chamada **sublimação**. Os sólidos geralmente sublimam sob pressões reduzidas (menos de 1 atm). Em altas altitudes, em que a pressão atmosférica é baixa, a neve sublima. O CO_2 sólido (gelo seco) sublima a −78,5 ºC sob 1 atm. A 1 atm de pressão, o CO_2 só pode existir como sólido ou como gás, nunca como líquido.

Exemplo 5.9 Calor de fusão

O calor de fusão do gelo é 80 cal/g. Quantas calorias são necessárias para fundir 1,0 mol de gelo?

Estratégia

Primeiro convertemos mols de gelo em gramas de gelo usando o fator de conversão 1 mol de gelo = 18 g de gelo. Utilizamos então o calor de fusão do gelo (80 cal/g) para calcular o número de calorias necessárias para fundir essa quantidade de gelo.

Solução

1,0 mol de H_2O tem massa de 18 g. Usamos o método rótulo fator para calcular o calor necessário para derreter 1,0 mol de gelo a 0 ºC.

$$\frac{80 \text{ cal}}{\text{g gelo}} \times 18 \text{ g gelo} = 1,4 \times 10^3 \text{ cal}$$

Estes cristais de café liofilizados foram preparados sublimando a água do café congelado.

Problema 5.9

Que massa de água a 100 ºC pode ser vaporizada pela adição de 45,0 kcal de calor?

Exemplo 5.10 Calor de fusão e mudança de fase

Qual será a temperatura final se adicionarmos 1.000 cal de calor a 10,0 g de gelo a 0 ºC?

Estratégia

A primeira coisa que o calor adicionado faz é derreter o gelo. Portanto, antes devemos determinar se 1.000 cal são suficientes para fundir o gelo completamente. Se for necessário menos de 1.000 cal para fundir o gelo em água líquida, então o calor restante servirá para elevar a temperatura da água líquida. O calor específico (CE; Seção 1.9) da água líquida é 1,00 cal/g · °C (Tabela 1.4).

Solução

1ª etapa: Essa mudança de fase usará 10,0 g × 80 cal/g = 8,0 × 10² cal, o que deixa 2,0 × 10² para elevar a temperatura da água líquida.

2ª etapa: A temperatura da água líquida é agora elevada pelo calor restante. A relação entre calor específico, massa e mudança de temperatura é dada pela seguinte equação (Seção 1.9):

$$\text{Quantidade de calor} = \text{CE} \times m \times (T_2 - T_1)$$

Resolvendo essa equação para $T_2 - T_1$, temos:

$$(T_2 - T_1) = \text{quantidade de calor} \times \frac{1}{\text{CE}} \times \frac{1}{m}$$

$$T_2 - T_1 = 200 \text{ cal} \times \frac{\text{g} \cdot {}^\circ\text{C}}{1,00 \text{ cal}} \times \frac{1}{10,0 \text{ g}} = 20\ {}^\circ\text{C}$$

Assim, a temperatura da água líquida se elevará em 20 °C de 0 °C, e agora é de 20 °C.

Problema 5.10

O calor específico do ferro é 0,11 cal/g · °C (Tabela 1.4). O calor de fusão do ferro – isto é, o calor necessário para converter o ferro de sólido para líquido no seu ponto de fusão – é 63,7 cal/g. O ferro funde a 1.530 °C. Quanto calor deve ser adicionado a 1,0 g de ferro a 25 °C para fundi-lo completamente?

Podemos mostrar as mudanças de fase para qualquer substância em um **diagrama de fase**. A Figura 5.20 é um diagrama de fase para a água. A temperatura é plotada no eixo do *x*, e a pressão, no eixo do *y*. Três áreas com diferentes cores são indicadas como sólido, líquido e vapor. Nessas áreas, a água existe ou como gelo, ou água líquida ou vapor d'água. A linha (A–B) que separa a fase sólida da fase líquida contém todos os pontos de congelamento (fusão) da água – por exemplo, 0 °C a 1 atm e 0,005 °C a 400 mm Hg.

No ponto de fusão, coexistem as fases sólida e líquida. A linha que separa a fase líquida da fase gasosa (A–C) contém todos os pontos de ebulição da água – por exemplo, 100 °C a 760 mm Hg e 84 °C a 400 mm Hg. Nos pontos de ebulição, coexistem as fases líquida e gasosa.

Finalmente, a linha que separa a fase sólida da fase gasosa (A–D) contém todos os pontos de sublimação. Nos pontos de sublimação, coexistem as fases sólida e gasosa.

Em um único ponto (A) do diagrama de fase, o chamado **ponto triplo**, coexistem todas as três fases. O ponto triplo para a água ocorre a 0,01 °C e 4,58 mm Hg.

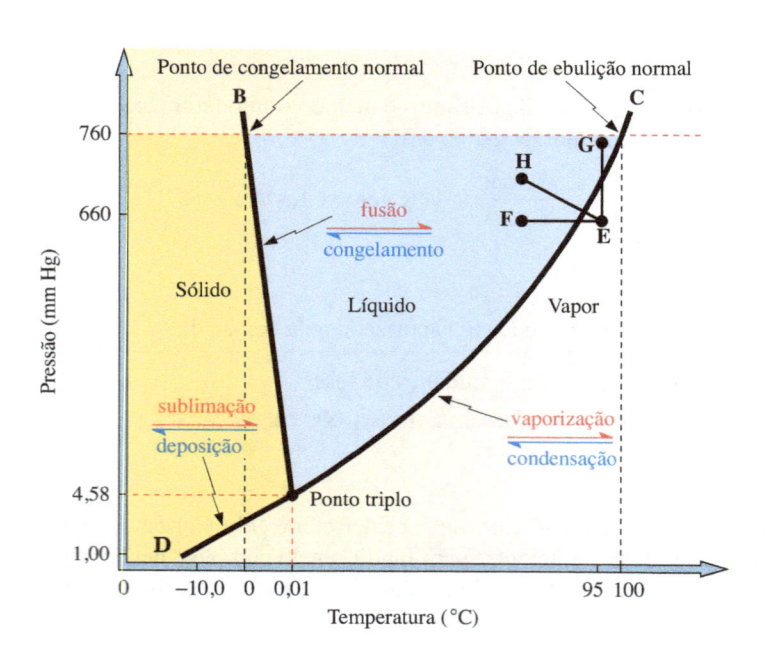

FIGURA 5.20 Diagrama de fase da água. As escalas de temperatura e pressão estão bem reduzidas.

Conexões químicas 5F

Dióxido de carbono supercrítico

Somos condicionados a pensar que um composto pode existir em três fases: sólida, líquida ou gasosa. Sob certas pressões e temperaturas, porém, podem existir menos fases. Um desses casos é a profusa substância apolar dióxido de carbono. Em temperatura ambiente e 1 atm de pressão, o CO_2 é um gás. Mesmo quando esfriado a $-78\ °C$, não se torna líquido, mas vai direto de gás para sólido, que chamamos de gelo seco. Em temperatura ambiente, é necessária uma pressão de 60 atm para que as moléculas de CO_2 se aproximem de tal forma e condensem como líquido.

Muito mais esotérica é a forma de dióxido de carbono conhecida como CO_2 supercrítico, que tem propriedades de gás e de líquido. Possui a densidade de um líquido, mas conserva sua propriedade de fluir com pequena viscosidade ou tensão superficial, como um gás. O que torna o CO_2 particularmente útil é o fato de ser um excelente solvente para muitos materiais orgânicos. Por exemplo, o CO_2 supercrítico pode extrair cafeína de grãos moídos de café e, após a extração, quando é baixada a pressão, ele simplesmente evapora, não deixando nenhum traço. Processos semelhantes podem ser executados com solventes orgânicos, mas traços do solvente podem ser deixados no café descafeinado, alterando o sabor.

Para entender o estado supercrítico, é necessário pensar nas interações de moléculas nos estados gasoso e líquido. No estado gasoso, as moléculas estão bem separadas, há pouca interação entre elas, e a maior parte do volume ocupado pelo gás é espaço vazio. No estado líquido, as moléculas são mantidas bem próximas pelas forças de atração entre suas moléculas, e há pouco espaço vazio entre elas. O estado supercrítico é algo entre esses dois estados. As moléculas encontram-se suficientemente próximas para que a amostra apresente algumas das propriedades dos líquidos, mas, ao mesmo tempo, estão distantes o bastante para apresentar algumas propriedades dos gases.

A temperatura e a pressão críticas para o dióxido de carbono são $31\ °C$ e 73 atm, respectivamente. Quando o CO_2 supercrítico é esfriado abaixo da temperatura crítica e/ou comprimido, há uma transição de fase, quando coexistem gás e líquido. Em temperatura e pressão críticas, as duas fases se juntam. Acima das condições críticas, existe o fluido supercrítico que exibe características intermediárias entre gás e líquido.

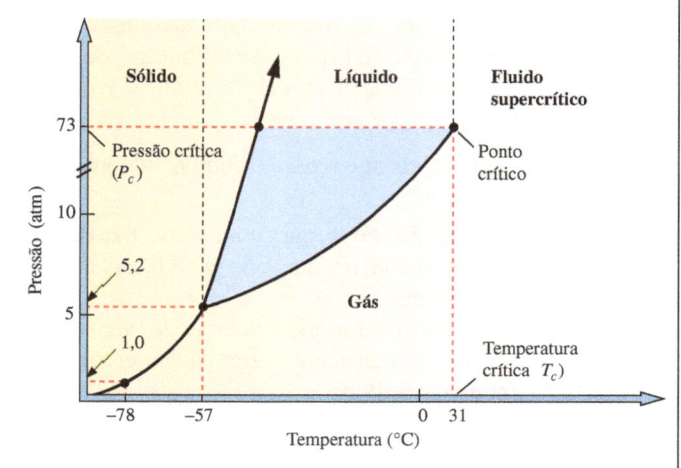

Diagrama de fase para o dióxido de carbono.

Um diagrama de fase ilustra como se pode ir de uma fase à outra. Por exemplo, suponha que temos vapor d'água a 95 °C e 660 mm Hg (E). Queremos condensá-lo em água líquida. Podemos baixar a temperatura até 70 °C sem mudar a pressão (deslocando-se horizontalmente de E a F). Ou então, podemos aumentar a pressão para 760 mm Hg sem mudar a temperatura (deslocando-se verticalmente de E para G). Ou podemos mudar tanto a temperatura como a pressão (deslocando-se de E para H). Qualquer um desses processos condensará o vapor d'água em água líquida, embora os líquidos resultantes estejam em diferentes pressões e temperaturas. O diagrama de fase nos permite visualizar o que acontecerá à fase de uma substância quando mudarmos as condições experimentais de temperatura e pressão.

Exemplo 5.11 Diagrama de fase

O que vai acontecer ao gelo a 0 °C se a pressão diminuir de 1 atm para 0,001 atm?

Estratégia

Consulte o diagrama de fase da água (Figura 5.20) e encontre o ponto que corresponde às condições de temperatura e pressão fornecidas.

Solução

De acordo com a Figura 5.20, quando a pressão diminui enquanto a temperatura permanece constante, seguimos verticalmente de 1 atm (760 mm Hg) a 0,001 atm (0,76 mm Hg). Durante o processo, cruzamos o limite que separa a fase sólida da fase de vapor. Assim, quando a pressão cai para 0,001 atm, o gelo sublima e torna-se vapor.

Problema 5.11

O que vai acontecer ao vapor d'água se for esfriado de 100 °C a −30 °C enquanto a pressão permanece em 1 atm?

Resumo das questões-chave

Seção 5.1 Quais são os três estados da matéria?
- A matéria pode existir em três diferentes estados: gasoso, líquido e sólido.
- Forças de atração entre moléculas tendem a conservar a matéria unida, enquanto a energia cinética das moléculas tende a desorganizar a matéria.

Seção 5.2 O que é pressão do gás e como medi-la?
Problema 5.12
- A pressão do gás resulta do bombardeamento de suas partículas contra as paredes do recipiente.
- A pressão da atmosfera é medida com um barômetro. Três unidades de pressão muito usadas são milímetros de mercúrio, o torr e atmosferas: 1 mm Hg = 1 torr e 760 mm Hg = 1 atm.

Seção 5.3 Quais são as leis que regem o comportamento dos gases?
- De acordo com a **lei de Boyle**, para uma massa fixa de gás em temperatura constante, o volume do gás é inversamente proporcional à pressão.
- De acordo com a **lei de Charles**, o volume de uma massa fixa de gás em pressão constante é diretamente proporcional à temperatura em kelvins.
- De acordo com a **lei de Gay-Lussac**, para uma massa fixa de gás em volume constante, a pressão é diretamente proporcional à temperatura em kelvins.
- Essas leis são combinadas e expressas como **lei da combinação dos gases**:

$$\frac{P_1 V_1}{T_1} = \frac{P_2 V_2}{T_2}$$

Seção 5.4 O que é lei de Avogadro e lei dos gases ideais?
- De acordo com a **lei de Avogadro**, iguais volumes de gases em mesma temperatura e pressão contêm o mesmo número de mols.
- A **lei dos gases ideais**, $PV = nRT$, incorpora a lei de Avogadro na lei da combinação dos gases.
- Em suma, em problemas que envolvem gases, as duas equações mais importantes são:
  1) **Lei dos gases ideais**: útil quando são dadas três das variáveis P, V, T e n, e pede-se que se calcule a quarta variável:
  $$PV = nRT$$
  2) **Lei da combinação dos gases**: útil quando é dado um conjunto de condições experimentais P_1, V_1 e T_1 para uma amostra de gás, e pede-se para calcular uma das variáveis em um novo conjunto de condições experimentais, em que são dadas duas variáveis:
  $$\frac{P_1 V_1}{T_1} = \frac{P_2 V_2}{T_2}$$
  (em que n, a quantidade de gás, é constante.)

Seção 5.5 O que é a lei das pressões parciais de Dalton?
- De acordo com a **lei das pressões parciais de Dalton**, a pressão total de uma mistura de gases é a soma das pressões parciais de cada gás individualmente.

Seção 5.6 O que é teoria cinética molecular?
- A **teoria cinética molecular** explica o comportamento dos gases. Moléculas no estado gasoso se movimentam rapidamente e de forma aleatória, o que permite que um gás preencha os espaços disponíveis de seu recipiente. As moléculas de gás não têm volume nem há atração entre elas. Em seu movimento aleatório, colidem com as paredes do recipiente e assim exercem pressão.

Seção 5.7 Quais são os tipos de forças de atração que existem entre as moléculas?
- As **forças de atração intermoleculares** são responsáveis pela condensação dos gases ao estado líquido e pela solidificação de líquidos ao estado sólido. Em ordem crescente de intensidade, são estas as forças intermoleculares de atração: **forças de dispersão de London, atrações dipolo-dipolo** e **ligações de hidrogênio**.

Seção 5.8 Como se descreve o comportamento dos líquidos em nível molecular?
- **Tensão superficial** é a energia das forças de atração intermoleculares na superfície de um líquido.
- **Pressão de vapor** é a pressão de um vapor (gás) acima de seu líquido em um recipiente fechado. A pressão de vapor de um líquido aumenta com a elevação da temperatura.
- **Ponto de ebulição** de um líquido é a temperatura em que a pressão de vapor é igual à pressão atmosférica. O ponto de ebulição de um líquido é determinado (1) pela natureza e intensidade das forças intermoleculares de suas moléculas, (2) pelo número de sítios para a interação intermolecular e (3) pelo formato das moléculas.

Seção 5.9 Quais são as características dos vários tipos de sólidos?
- Os sólidos cristalizam em formas geométricas que geralmente refletem os padrões em que os átomos estão ordenados no interior dos cristais.
- **Ponto de fusão** é a temperatura em que uma substância muda do estado sólido para o estado líquido.
- **Cristalização** é a formação de um sólido a partir de um líquido.

Seção 5.10 O que é uma mudança de fase e quais são as energias envolvidas?
- **Fase** é qualquer parte de um sistema que parece uniforme em toda sua extensão. Uma **mudança de fase** envolve mudança da matéria de um estado físico para outro – isto é, do estado sólido, líquido ou gasoso para qualquer um dos outros dois estados.

- **Sublimação** é a mudança do estado sólido diretamente para o estado gasoso.
- **Calor de fusão** é o calor necessário para converter 1,0 g de qualquer sólido em líquido.
- **Calor de vaporização** é o calor necessário para converter 1,0 g de qualquer líquido no estado gasoso.
- O diagrama de fase permite a visualização do que acontece à fase de uma substância quando se alteram temperatura ou pressão.
- O diagrama de fase contém todos os pontos de fusão, ebulição e sublimação onde coexistem duas fases.
- O diagrama de fase também contém um ponto triplo único onde coexistem todas as três fases.

Problemas

Seção 5.2 O que é pressão do gás e como medi-la?

5.11 Indique se a afirmação é verdadeira ou falsa.
(a) A pressão de um gás pode ser medida tanto com um barômetro como com um manômetro.
(b) Uma atmosfera é igual a 760 mm Hg.
(c) No nível do mar, a pressão média da atmosfera é de 29,92 polegadas de Hg.

5.12 De acordo com um boletim meteorológico, a pressão barométrica é de 29,5 polegadas de mercúrio. Qual é a pressão em atmosferas?

5.13 Use a teoria cinética molecular para explicar por que, em temperatura constante, a pressão de um gás aumenta à medida que seu volume diminui.

5.14 Use a teoria cinética molecular para explicar por que a pressão de um gás em um recipiente de volume fixo aumenta à medida que a temperatura diminui.

5.15 Cite três maneiras de diminuir o volume de um gás.

Seção 5.3 Quais são as leis que regem o comportamento dos gases?

5.16 Indique se a afirmação é verdadeira ou falsa.
(a) Para uma amostra de gás em temperatura constante, sua pressão multiplicada pelo volume é uma constante.
(b) Para uma amostra de gás em temperatura constante, quando se aumenta a pressão, aumenta-se o volume.
(c) Para uma amostra de gás em temperatura constante, $P_1/V_1 = P_2/V_2$.
(d) À medida que um gás expande em temperatura constante, seu volume aumenta.
(e) O volume de uma amostra de gás é diretamente proporcional à sua temperatura – quanto mais alta a temperatura, maior o volume.
(f) Um balão de ar quente sobe porque o ar quente é menos denso que o ar mais frio.
(g) Para uma amostra de gás num recipiente de volume fixo, um aumento de temperatura resulta em aumento de pressão.
(h) Para uma amostra de gás num recipiente de volume fixo, $P \times T$ é uma constante.
(i) Quando o vapor d'água contido numa autoclave, a 100 °C, é aquecido a 120 °C, a pressão no interior da autoclave aumenta.
(j) Quando uma amostra de gás em um recipiente flexível em pressão constante a 25 °C é aquecida até 50 °C, seu volume dobra de tamanho.
(k) O abaixamento do diafragma faz a cavidade pulmonar aumentar de volume, e a pressão do ar nos pulmões diminui.
(l) O levantamento do diafragma diminui o volume da cavidade pulmonar, forçando o ar para fora dos pulmões.

5.17 Uma amostra de gás tem volume de 6,20 L a 20 °C, a uma pressão de 1,10 atm. Qual é o volume na mesma temperatura e a uma pressão de 0,925 atm?

5.18 O gás metano é comprimido de 20 L para 2,5 L a uma temperatura constante. A pressão final é de 12,2 atm. Qual era a pressão original?

5.19 Uma seringa de gás a 20 °C contém 20,0 mL de gás CO_2. A pressão do gás na seringa é de 1,0 atm. Qual será a pressão na seringa a 20 °C se o êmbolo for empurrado até 10,0 mL?

5.20 Suponha que a pressão em um pneu de automóvel seja de 2,30 atm a uma temperatura de 20,0 °C. Qual será a pressão no pneu se, após rodar 10 milhas, a temperatura dele aumentar para 47,0 °C?

5.21 Uma amostra de 23,0 L de gás NH_3 a 10,0 °C é aquecida a uma pressão constante até preencher um volume de 50,0 L. Qual é a nova temperatura em °C?

5.22 Se uma amostra de 4,17 L de gás etano, C_2H_6, a 725 °C for esfriada a 175 °C, em pressão constante, qual será o novo volume?

5.23 Uma amostra de gás SO_2 tem um volume de 5,2 L e é aquecida, a uma pressão constante, de 30 a 90 °C. Qual será o novo volume?

5.24 Uma amostra de gás B_2H_6, em um recipiente de 35 mL, está a uma pressão de 450 mm Hg e temperatura de 625 °C. Se o gás for esfriado a volume constante até uma pressão de 375 mm Hg, qual será a nova temperatura em °C?

5.25 Um gás dentro de um recipiente, como na Figura 5.3, registra uma pressão de 833 mm Hg no manômetro, onde a haste de referência do tubo (A) em forma de U é vedada e evacuada. Qual será a diferença nos níveis de mercúrio se a haste de referência estiver aberta para a pressão atmosférica (760 mm Hg)?

5.26 Em uma autoclave, uma quantidade constante de vapor d'água é gerada a volume constante. Sob uma pressão de 1,00 atm, a temperatura do vapor é de 100 °C. Que pressão deve ser usada para se obter uma temperatura de 165 °C, a fim de que se possam esterilizar instrumentos cirúrgicos?

5.27 Uma amostra de gás halotano, $C_2HBrClF_3$, para inalação anestésica, em um cilindro de 500 mL, tem uma pressão de 2,3 atm a 0 °C. Qual será a pressão do gás se a temperatura subir para 37 °C (temperatura do corpo)?

5.28 Complete a tabela:

V_1	T_1	P_1	V_2	T_2	P_2
546 L	43 °C	6,5 atm	___	65 °C	1,9 atm
43 mL	−56 °C	865 torr	___	43 °C	1,5 atm
4,2 L	234 K	0,87 atm	3,2 L	29 °C	___
1,3 L	25 °C	740 mm Hg	___	0 °C	1,0 atm

5.29 Complete a tabela:

V_1	T_1	P_1	V_2	T_2	P_2
6,35 L	10 °C	0,75 atm	___	0 °C	1,0 atm
75,6 L	0 °C	1,0 atm	___	35 °C	735 torr
1,06 L	75 °C	0,55 atm	3,2 L	0 °C	___

5.30 Um balão com 1,2 L de hélio a 25 °C e pressão de 0,98 atm é submerso em nitrogênio líquido a −196 °C. Calcule o volume final do hélio no balão.

5.31 Um balão usado para pesquisa atmosférica tem um volume de 1×10^6 L. Considere que o balão está cheio de gás hélio em TPP e que é solto para subir até uma altitude de 10 km, onde a pressão da atmosfera é de 243 mm Hg, e a temperatura, −33 °C. Qual será o volume do balão sob essas condições atmosféricas?

5.32 Um gás ocupa 56,44 L a 2,00 atm e 310 K. Se o gás for comprimido até 23,52 L e a temperatura baixada até 281 K, qual será a nova pressão?

5.33 Uma certa quantidade de gás hélio está a uma temperatura de 27 °C e pressão de 1,00 atm. Qual será a nova temperatura se o volume for dobrado, ao mesmo tempo que se diminui pela metade a pressão do valor original?

5.34 Uma amostra de 30,0 mL de gás criptônio, Kr, está a 756 mm Hg e 25,0 °C. Qual será o novo volume se a pressão for para 325 mm Hg e a temperatura para −12,5 °C?

5.35 Uma amostra de 26,4 mL de gás etileno, C_2H_4, tem uma pressão de 2,50 atm a 2,5 °C. Se o volume for aumentado para 36,2 mL e a temperatura subir para 10 °C, qual será a nova pressão?

Seção 5.4 O que é lei de Avogadro e lei dos gases ideais?

5.36 Indique se a afirmação é verdadeira ou falsa.
 (a) De acordo com a lei de Avogadro, iguais volumes de gases na mesma temperatura e pressão contêm igual número de moléculas.
 (b) Em TPP, um mol de hexafluoreto de urânio (UF_6, MM 352 u), o gás usado em programas de enriquecimento de urânio, ocupa um volume de 352 L.
 (c) Se duas amostras de gás têm a mesma temperatura, volume e pressão, então ambas contêm o mesmo número de mols.
 (d) O valor do número de Avogadro é $6,02 \times 10^{23}$ g/mol.
 (e) O número de Avogadro é válido somente para gases em TPP.
 (f) A lei dos gases ideais é $PV = nRT$.
 (g) Quando se utiliza a lei dos gases ideais para cálculos, a temperatura deve estar em graus Celsius.
 (h) Se um mol de gás etano (CH_3CH_3) ocupa 20,0 L a 1,00 atm, a temperatura do gás é de 244 K.
 (i) Um mol de gás hélio (MM 4,0 u) em TPP ocupa duas vezes o volume de um mol de hidrogênio (MM 2,0 u).

5.37 Uma amostra de gás a 77 °C e 1,33 atm ocupa um volume de 50,3 L.
 (a) Quantos mols do gás estão presentes?
 (b) Para obter a resposta, é preciso saber qual é o gás?

5.38 Qual é o volume em litros ocupado por 1,21 g de gás Freon-12, CCl_2F_2, a 0,980 atm e 35 °C?

5.39 Uma amostra com 8,00 g de um gás ocupa 22,4 L a 2,00 atm e 273 K. Qual é a massa molecular do gás?

5.40 Qual é o volume ocupado por 5,8 g de gás propano, C_3H_8, a 23 °C e 1,15 atm de pressão?

5.41 A densidade de um gás aumenta, diminui ou permanece a mesma quando a pressão aumenta a uma temperatura constante? E quando a temperatura aumenta em pressão constante?

5.42 Qual é o volume em mililitros ocupado por 0,275 g de hexafluoreto de urânio, UF_6, em seu ponto de ebulição de 56 °C a 365 torr?

5.43 Uma câmara hiperbárica tem um volume de 200 L.
 (a) Quantos mols de oxigênio são necessários para preencher a câmara em temperatura ambiente (23 °C) e a 3,00 atm de pressão?
 (b) Quantos gramas de oxigênio são necessários?

5.44 Uma inalada de ar tem um volume de 2 L em TPP. Se o ar contém 20,9% de oxigênio, quantas moléculas de oxigênio estão presentes em uma inalada?

5.45 Pulmões de tamanho médio têm volume de 5,5 L. Se o oxigênio é 21% do ar que eles contêm, quantas moléculas de O_2 os pulmões contêm a 1,1 atm e 37 °C?

5.46 Calcule a massa molecular de um gás se 3,30 g desse gás ocuparem 660 mL a 735 mm Hg e 27 °C.

5.47 Os três principais componentes do ar seco e sua porcentagem são N_2 (78,08%), O_2 (20,95%) e Ar (0,93%).
 (a) Calcule a massa de um mol de ar.
 (b) Dada a massa de um mol de ar, calcule a densidade do ar em g/L em TPP.

5.48 A lei dos gases ideais pode ser usada para calcular a densidade (massa/volume = g/V) de um gás. Começando com a lei dos gases ideais, $PV = nRT$, e o fato de que n (número de mols de um gás) = gramas (g) ÷ massa molecular (MM), mostre que

$$\text{densidade} = \frac{g}{V} = \frac{P \times MM}{RT}$$

5.49 Calcule a densidade em g/L de cada um destes gases em TPP. Quais deles são mais densos que o ar? Quais são menos densos?
 (a) SO_2 (b) CH_4 (c) H_2
 (d) He   (e) CO_2

5.50 A densidade do Freon-12, CCl_2F_2, em TPP é 4,99 g/L, o que significa que é aproximadamente quatro vezes mais denso que o ar. Mostre como a teoria cinética molecular dos gases explica o fato de o Freon-12, apesar de ele ser mais denso que o ar, escapar para a estratosfera, onde está envolvido na destruição da camada protetora de ozônio.

5.51 A densidade do octano líquido, C_8H_{18}, é 0,7025 g/mL. Se 1,00 mL de octano líquido for vaporizado a 100 °C e 725 torr, qual será o volume ocupado pelo vapor?

5.52 Quantas moléculas de CO estão presentes em 100 L de CO em TPP?

5.53 A densidade do gás acetileno, C_2H_2, em um recipiente de 4 L a 0 °C e pressão de 2 atm é 0,02 g/mL. Qual seria a densidade do gás sob temperatura e pressão idênticas se o recipiente fosse dividido em dois compartimentos de 2 L?

5.54 Os *air bags* dos automóveis são inflados por gás nitrogênio. Quando ocorre uma colisão forte, um sensor eletrônico ativa a decomposição de azida de sódio para formar gás nitrogênio e sódio metálico. O gás nitrogênio então infla as bolsas de náilon que protegerão o motorista e o passageiro do banco da frente do impacto contra o painel e o para-brisa.

$$2NaN_3(s) \longrightarrow 2Na(s) + 3N_2(g)$$
Azida de sódio

Qual é o volume de gás nitrogênio, medido a 1 atm e 27 °C, formado pela decomposição de 100 g de azida de sódio?

Seção 5.5 O que é a lei das pressões parciais de Dalton?

5.55 Indique se a afirmação é verdadeira ou falsa.
   (a) A pressão parcial é a pressão que um gás em um recipiente exerceria se fosse o único gás presente.
   (b) As unidades de pressão parcial são gramas por litro.
   (c) Conforme a lei das pressões parciais de Dalton, a pressão total de uma mistura de gases é a soma das pressões parciais de cada gás.
   (d) Se 1 mol de gás CH_4 em TPP for adicionado a 22,4 L de N_2 em TPP, a pressão final no recipiente de 22,4 L será de 1 atm.

5.56 Os três principais componentes do ar seco e suas porcentagens são nitrogênio (78,08%), oxigênio (20,95%) e argônio (0,93%).
   (a) Calcule a pressão parcial de cada gás em uma amostra de ar seco a 760 mm Hg.
   (b) Calcule a pressão total exercida por esses três gases combinados.

5.57 O ar na traqueia contém oxigênio (19,4%), dióxido de carbono (0,4%), vapor d'água (6,2%) e nitrogênio (74,0%). Supondo que a pressão na traqueia seja de 1,0 atm, quais serão as pressões parciais desses gases nessa parte do corpo?

5.58 A pressão parcial de uma mistura de gases é a seguinte: oxigênio, 210 mm Hg; nitrogênio, 560 mm Hg; e dióxido de carbono, 15 mm Hg. A pressão total da mistura de gases é de 790 mm Hg. Há um outro gás presente na mistura?

Seção 5.6 O que é teoria cinética molecular?

5.59 Indique se a afirmação é verdadeira ou falsa.
   (a) De acordo com a teoria cinética molecular, as partículas de gás têm massa, mas não têm volume.
   (b) De acordo com a teoria cinética molecular, a energia cinética média das partículas de gás é proporcional à temperatura em graus Celsius.
   (c) De acordo com a teoria cinética molecular, quando partículas de gás colidem, elas ricocheteiam umas nas outras, sem nenhuma mudança na energia cinética total.
   (d) De acordo com a teoria cinética molecular, existem apenas forças intramoleculares fracas entre partículas de gás.
   (e) De acordo com a teoria cinética molecular, a pressão de um gás em um recipiente é o resultado de colisões das partículas de gás contra as paredes do recipiente.
   (f) O aquecimento de um gás resulta em um aumento da energia cinética média de suas partículas.
   (g) Quando um gás é comprimido, o aumento em sua pressão é o resultado de um aumento no número de colisões de suas partículas contra as paredes do recipiente.
   (h) A teoria cinética molecular descreve o comportamento dos gases ideais, que são apenas alguns poucos.
   (i) À medida que a temperatura e o volume de um gás aumentam, o comportamento do gás torna-se semelhante ao comportamento previsto pela lei dos gases ideais.
   (j) Se as suposições da teoria cinética molecular forem corretas, então não haverá nenhuma combinação de temperatura e pressão em que determinado gás se tornará um líquido.

5.60 Compare e contraste a teoria atômica de Dalton e a teoria cinética molecular.

Seção 5.7 Quais são os tipos de forças de atração que existem entre as moléculas?

5.61 Indique se a afirmação é verdadeira ou falsa.
   (a) Das forças de atração entre partículas, as forças de dispersão de London são as mais fracas, e as ligações covalentes, as mais fortes.
   (b) Todas as ligações covalentes têm aproximadamente a mesma energia.
   (c) As forças de dispersão de London surgem por causa da atração de dipolos temporários induzidos.
   (d) Em geral, as forças de dispersão aumentam à medida que aumenta o tamanho das moléculas.
   (e) As forças de dispersão de London ocorrem somente entre moléculas polares – não ocorrem entre átomos ou moléculas apolares.
   (f) A existência das forças de dispersão de London explica o fato de que mesmo partículas pequenas e apolares, tais como Ne, He e H_2, podem ser liquefeitas se a temperatura for suficientemente baixa e a pressão suficientemente alta.
   (g) Para gases apolares em TPP, a energia cinética média de suas partículas é maior que a força de atração entre partículas de gás.

(h) A interação dipolo-dipolo é a atração entre a extremidade positiva de um dipolo e a extremidade negativa de outro dipolo.
(i) Existem interações dipolo-dipolo entre moléculas de CO, mas não entre moléculas de CO_2.
(j) Se duas moléculas polares tiverem aproximadamente a mesma massa molecular, a força das interações dipolo-dipolo entre as moléculas de cada uma delas será aproximadamente a mesma.
(k) A ligação de hidrogênio refere-se à ligação covalente simples entre os dois átomos de hidrogênio em H—H.
(l) A força da ligação de hidrogênio na água líquida é aproximadamente a mesma que a de uma ligação covalente O—H na água.
(m) Ligação de hidrogênio, interações dipolo-dipolo e forças de dispersão de London têm em comum o fato de que as forças de atração entre as partículas são todas eletrostáticas (positivas para negativas e negativas para positivas).
(n) A água (H_2O, p.e. 100 °C) tem um ponto de ebulição mais alto que o do sulfeto de hidrogênio (H_2S, p.e. −61 °C) porque a ligação de hidrogênio entre as moléculas de H_2O é mais forte que a ligação de hidrogênio entre as moléculas de H_2S.
(o) A ligação de hidrogênio entre moléculas que contêm grupos N—H é mais forte que entre moléculas que contêm grupos O—H.

5.62 Quais são as forças mais fortes, as ligações covalentes intramoleculares ou as ligações de hidrogênio intermoleculares?

5.63 Sob quais condições o vapor d'água se comporta de forma mais ideal?
(a) 0,5 atm, 400 K (b) 4 atm, 500 K
(c) 0,01 atm, 500 K

5.64 Podem a água e o dimetilssulfóxido, $(CH_3)_2S=O$, formar ligações de hidrogênio entre eles?

5.65 Que tipo de interações intermoleculares ocorre em (a) CCl_4 líquido e (b) CO líquido? Qual deles terá a tensão superficial mais alta?

5.66 Etanol, C_2H_5OH, e dióxido de carbono, CO_2, têm aproximadamente a mesma massa molecular, no entanto o dióxido de carbono é um gás em TPP e o etanol é um líquido. Como você explica essa diferença de propriedade física?

5.67 Podem as interações dipolo-dipolo ser mais fracas que as forças de dispersão de London? Explique.

5.68 Qual destes compostos tem ponto de ebulição mais alto: butano, C_4H_{10}, ou hexano, C_6H_{14}?

Seção 5.8 Como se descreve o comportamento dos líquidos em nível molecular?

5.69 Indique se a afirmação é verdadeira ou falsa:
(a) A lei dos gases ideais presume que não há forças de atração entre moléculas. Se isso fosse verdade, então não haveria líquidos.
(b) Diferentemente de um gás, cujas moléculas se movimentam livremente em qualquer direção, as moléculas em um líquido ocupam posições fixas, o que dá ao líquido um formato constante.
(c) Tensão superficial é a força que impede um líquido de ser esticado.
(d) A tensão superficial cria uma camada elástica sobre a superfície de um líquido.
(e) A água tem uma alta tensão superficial porque H_2O é uma molécula pequena.
(f) A pressão de vapor é proporcional à temperatura – à medida que aumenta a temperatura de uma amostra líquida, sua pressão de vapor também aumenta.
(g) Quando as moléculas de um líquido evaporam, a temperatura do líquido cai.
(h) A evaporação é um processo de esfriamento porque deixa poucas moléculas com alta energia no estado líquido.
(i) O ponto de ebulição de um líquido é a temperatura em que sua pressão de vapor é igual à pressão atmosférica.
(j) À medida que aumenta a pressão atmosférica, aumenta o ponto de ebulição de um líquido.
(k) A temperatura da água em ebulição está relacionada à intensidade da ebulição – quanto mais intensa, maior a temperatura da água.
(l) O fator mais importante na determinação dos pontos de ebulição relativos dos líquidos é a massa molecular – quanto maior a massa molecular, maior o ponto de ebulição.
(m) O etanol (CH_3CH_2OH, p.e. 78,5 °C) tem uma pressão de vapor maior, a 25 °C, que a da água (H_2O, p.e. 100 °C).
(n) O hexano ($CH_3CH_2CH_2CH_2CH_2CH_3$, p.e. 69 °C) tem um ponto de ebulição mais alto que o do metano (CH_4, p.e. −164 °C) porque o hexano tem mais sítios para ligação de hidrogênio entre suas moléculas que o metano.
(o) Uma molécula de água pode participar de ligações de hidrogênio através de cada um de seus átomos de hidrogênio e através do átomo de oxigênio.
(p) Para moléculas apolares de massa molecular comparável, quanto mais compacto o formato da molécula, mais alto o ponto de ebulição.

5.70 O ponto de fusão do cloroetano, CH_3CH_2Cl, é −136 °C, e seu ponto de ebulição, 12 °C. O cloroetano é um gás, um líquido ou um sólido em TPP?

Seção 5.9 Quais são as características dos vários tipos de sólidos?

5.71 Indique se a afirmação é verdadeira ou falsa.
(a) A formação de um líquido a partir de um sólido chama-se fusão; a formação de um sólido a partir de um líquido chama-se cristalização.
(b) A maioria dos sólidos tem densidade maior que suas formas líquidas.
(c) As moléculas de um sólido ocupam posições fixas.
(d) Cada composto tem uma e somente uma forma sólida (cristalina).
(e) O diamante e a grafite são ambos formas cristalinas do carbono.
(f) O diamante consiste em cristais hexagonais de carbono ordenados em um padrão repetitivo.
(g) O *nano* em nanotubo refere-se às dimensões da estrutura, que está na faixa do nanômetro (10^{-9} m).

(h) Nanotubos têm extensão de até 1 nm.
(i) Uma *buckyball* (C_{60}) tem um diâmetro de 1 nm.
(j) Todos os sólidos, se aquecidos a uma temperatura suficientemente alta, podem ser fundidos.
(k) O vidro é um sólido amorfo.

5.72 Que tipos de sólido têm os pontos de fusão mais altos? Quais têm os pontos de fusão mais baixos?

Seção 5.10 O que é uma mudança de fase e quais são as energias envolvidas?

5.73 Indique se a afirmação é verdadeira ou falsa.
(a) Uma mudança de fase de sólido para líquido chama-se fusão.
(b) Uma mudança de fase de líquido para gás chama-se ebulição.
(c) Se for adicionado calor, lentamente, a uma mistura de gelo e água líquida, a temperatura da amostra aumentará gradualmente até que todo o gelo seja derretido.
(d) Calor de fusão é o calor necessário para fundir 1 g de um sólido.
(e) Calor de vaporização é o calor necessário para evaporar 1 g de líquido no ponto de ebulição normal do líquido.
(f) Queimaduras por vapor d'água são mais nocivas à pele que as queimaduras por água quente porque o calor específico do vapor d'água é muito maior que o calor específico da água quente.
(g) O calor de vaporização da água é aproximadamente o mesmo que seu calor de fusão.
(h) O calor específico da água é o calor necessário para elevar a temperatura de 1 g de água de 0 °C a 100 °C.
(i) A fusão de um sólido é um processo exotérmico; a cristalização de um líquido é um processo endotérmico.
(j) A fusão de um sólido é um processo reversível; o sólido pode ser convertido em um líquido e o líquido reverter ao sólido sem mudança na composição da amostra.
(k) Sublimação é uma mudança de fase do sólido diretamente para gás.

5.74 Calcule o calor específico (Seção 1.9) do Freon-12 gasoso, CCl_2F_2, sabendo que são necessárias 170 cal para mudar a temperatura de 36,6 g de Freon-12 de 30 °C para 50 °C.

5.75 O calor de vaporização do Freon-12, CCl_2F_2, líquido é 4,71 kcal/mol. Calcule a energia necessária para vaporizar 39,2 g desse composto. A massa molecular do Freon-12 é 120,9 u.

5.76 O calor específico (Seção 1.19) do mercúrio é 0,0332 cal/g × °C. Calcule a energia necessária para elevar a temperatura de um mol de mercúrio líquido em 36 °C.

5.77 Com base na Figura 5.14, calcule a pressão de vapor do etano a: (a) 30 °C, (b) 40 °C e (c) 60 °C.

5.78 CH_4 e H_2O têm aproximadamente a mesma massa molecular. Qual deles tem maior pressão de vapor em temperatura ambiente? Explique.

5.79 O ponto de ebulição normal de uma substância depende tanto da massa da molécula como das forças de atração entre as moléculas. Arranje os compostos de cada grupo em ordem crescente de ponto de ebulição e explique sua resposta.
(a) HCl, HBr, HI (b) O_2, HCl, H_2O_2

5.80 Considere a Figura 5.19. Quantas calorias são necessárias para trazer um mol de gelo a 0 °C ao estado líquido, em temperatura ambiente (23 °C)?

5.81 Compare o número de calorias absorvido quando 100 g de gelo a 0 °C são transformados em água líquida, a 37 °C, com o número de calorias absorvido quando 100 g de água líquida são aquecidos de 0 °C a 37 °C.

5.82 (a) Quanta energia é liberada quando 10 g de vapor d'água a 100 °C são condensados e esfriados até a temperatura do corpo (37 °C)?
(b) Quanta energia é liberada quando 100 g de água líquida são esfriados até a temperatura do corpo (37 °C)?
(c) Por que as queimaduras por vapor d'água são mais dolorosas que as queimaduras causadas por água quente?

5.83 Quando o vapor de iodo atinge uma superfície fria, formam-se cristais de iodo. Dê o nome da mudança de fase que é o inverso dessa condensação.

5.84 Se um bloco de gelo seco, CO_2, de 156 g é sublimado a 25 °C e 740 mm Hg, qual é o volume ocupado pelo gás?

5.85 O triclorofluorometano (Freon-11, CCl_3F) é usado como *spray* para entorpecer a pele em torno de pequenos arranhões e contusões. Reduzindo a temperatura da área tratada, ele entorpece as terminações nervosas que percebem a dor. Calcule o calor em quilocalorias que pode ser removido da pele por 1,00 mL de Freon-11. A densidade do Freon-11 é 1,49 g/mL, e seu calor de vaporização é 6,42 kcal/mol.

5.86 Usando o diagrama de fase da água (Figura 5.20), descreva o processo pelo qual se pode sublimar 1 g de gelo a −10 °C e a 1 atm de pressão para vapor d'água na mesma temperatura.

Conexões químicas

5.87 (Conexões químicas 5A) Qual tem entropia menor: um gás a 100 °C ou um gás a 200 °C? Explique.

5.88 (Conexões químicas 5A) Qual das formas de carbono apresentadas na Figura 5.18 tem a maior entropia?

5.89 (Conexões químicas 5B) O que acontece quando uma pessoa abaixa o diafragma da cavidade torácica?

5.90 (Conexões químicas 5C) No envenenamento por monóxido de carbono, a hemoglobina é incapaz de transportar oxigênio até os tecidos. Como o oxigênio chega às células quando um paciente é colocado em uma câmara hiperbárica?

5.91 (Conexões químicas 5D) Em um esfigmomanômetro, ouve-se o som do primeiro batimento à medida que a pressão constritiva da braçadeira é lentamente relaxada. Qual é a importância desse som de batimento?

5.92 (Conexões químicas 5E) Por que os danos feitos por uma geladura grave são irreversíveis?

5.93 (Conexões químicas 5E) Se você encher uma garrafa de vidro com água, tampá-la e esfriá-la a −10 °C, ela rachará. Explique.

5.94 (Conexões químicas 5F) De que maneira o CO_2 supercrítico apresenta algumas propriedades dos gases e algumas propriedades dos líquidos?

Problemas adicionais

5.95 Por que é difícil comprimir um líquido ou um sólido?

5.96 Explique, em termos da teoria cinética molecular, o que causa (a) a pressão de um gás e (b) a temperatura de um gás.

5.97 A unidade de pressão mais usada para calibrar pneus de automóveis e bicicletas é libras por polegada quadrada (lb/pol^2), abreviada psi (em inglês). O fator de conversão entre atm e psi é 1,00 atm = 14,7 psi. Suponha que o pneu de um automóvel seja enchido com uma pressão de 34 psi. Qual será a pressão em atm no pneu?

5.98 O gás em um tubo de aerossol encontra-se a uma pressão de 3,0 atm a 23 °C. Qual será a pressão do gás se a temperatura subir para 400 °C?

5.99 Por que os tubos de aerossol trazem a seguinte advertência: "Não incinerar"?

5.100 Sob certas condições meteorológicas (pouco antes de chover), o ar torna-se menos denso. Como essa mudança afeta a leitura da pressão barométrica?

5.101 Um gás ideal ocupa 387 mL a 275 mm Hg e 75 °C. Se a pressão mudar para 1,36 atm e a temperatura aumentar para 105 °C, qual será o novo volume?

5.102 Qual destes dois compostos apresenta interações intermoleculares mais fortes: CO ou CO_2?

5.103 Com base no que você aprendeu sobre forças intermoleculares, preveja qual destes líquidos tem o ponto de ebulição mais alto:
 (a) Pentano, C_5H_{12}
 (b) Clorofórmio, $CHCl_3$
 (c) Água, H_2O

5.104 Um cilindro de 10 L é preenchido com gás N_2 até uma pressão de 35 polegadas Hg. Quantos mols de N_2 deverão ser adicionados ao recipiente para elevar a pressão a 60 polegadas Hg? Considere uma temperatura constante de 27 °C.

5.105 Quando preenchido, um típico cilindro de gás para churrasqueira contém 20 lb de gás PL (petróleo liquefeito), cujo principal componente é o propano, C_3H_8. Para esse problema, suponha que o propano seja a única substância presente.

 (a) Como você explica o fato de que, ao ser colocado sob pressão, o propano pode ser liquefeito?
 (b) Quantos quilogramas de propano há em um cilindro cheio?
 (c) Quantos mols de propano há em um cilindro cheio?
 (d) Se o propano contido em um cilindro cheio for passado para um recipiente flexível, que o volume ocupará em TPP?

5.106 Por que os gases são transparentes?

5.107 A densidade de um gás é 0,00300 g/cm^3 a 100 °C e 1 atm. Qual é a massa de um mol de gás?

5.108 O ponto de ebulição normal do hexano, C_6H_{14}, é 69 °C, e o do pentano, C_5H_{12}, é 36 °C. Preveja qual desses compostos terá a pressão de vapor maior a 20 °C.

5.109 Se 60,0 g de NH_3 ocupam 35,1 L sob uma pressão de 77,2 pol Hg, qual será a temperatura do gás em °C?

5.110 A água é líquida em TPP. O sulfeto de hidrogênio, H_2S, uma molécula mais pesada, é um gás sob as mesmas condições. Explique.

5.111 Por que a temperatura de um líquido cai como resultado da evaporação?

5.112 Qual é o volume de ar (21% de oxigênio), medido a 25 °C e 0,975 atm, necessário para oxidar completamente 3,42 g de óxido de alumínio, Al_2O_3?

Ligando os pontos

5.113 O mergulho, especialmente Scuba (*self-contained underwater breathing apparatus* [dispositivo autossuficiente para respiração subaquática]), submete o corpo a uma pressão cada vez maior. Cada 10 m (aproximadamente 33 pés) de água exerce uma pressão adicional de 1 atm sobre o corpo.
 (a) Qual é a pressão sobre o corpo em uma profundidade de 100 pés?
 (b) A pressão parcial do gás nitrogênio no ar a 1 atm é 593 mm Hg. Supondo que um mergulhador de Scuba respira ar comprimido, qual será a pressão parcial do nitrogênio que, saindo do tanque (cilindro) de respiração, entra nos pulmões a uma profundidade de 100 pés?
 (c) A pressão parcial do gás oxigênio no ar a 2 atm é 158 mm Hg. Qual é a pressão parcial do oxigênio nos pulmões a uma profundidade de 100 pés?
 (d) Por que é absolutamente essencial exalar vigorosamente em uma subida rápida de uma profundidade de 100 pés?

Soluções e coloides

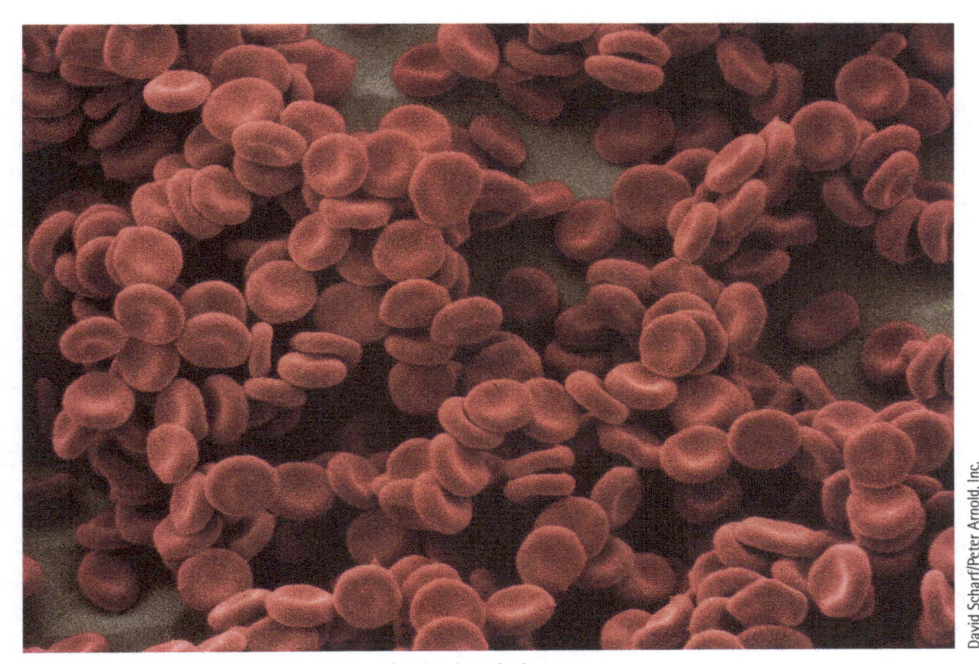

Células sanguíneas humanas em solução isotônica.

6.1 O que é necessário saber por enquanto?

Questões-chave

6.1 O que é necessário saber por enquanto?
6.2 Quais são os tipos mais comuns de soluções?
6.3 Quais são as características que distinguem as soluções?
6.4 Quais são os fatores que afetam a solubilidade?
6.5 Quais são as unidades mais comuns para concentração?
6.6 Por que a água é um solvente tão bom?
6.7 O que são coloides?
6.8 O que é uma propriedade coligativa?

No Capítulo 2, estudamos as substâncias puras – compostos feitos de dois ou mais elementos em uma proporção fixa. Esses sistemas são os mais fáceis de estudar, portanto foi conveniente começar por eles. Em nosso dia a dia, porém, é mais frequente encontrarmos misturas – sistemas que consistem em mais de um componente. Ar, fumaça, água do mar, leite, sangue e rochas, por exemplo, são misturas (Seção 2.2C).

Se uma mistura for totalmente uniforme no nível molecular, ela será denominada mistura homogênea ou, o que é mais usual, solução. Ar filtrado e água do mar, por exemplo, são, ambos, soluções transparentes. Entretanto, na maioria das rochas, podemos ver regiões distintas separadas umas das outras por limites bem definidos. Essas rochas são misturas heterogêneas. Outro exemplo é a mistura de areia e açúcar. Podemos distinguir facilmente entre os dois componentes; a mistura não ocorre no nível molecular (Figura 2.3). Assim, misturas são classificadas com base em sua aparência a olho nu.

Preparação de uma solução homogênea. Nitrato de níquel sólido, de cor verde, é misturado com a água, em que ele se dissolve para formar uma solução homogênea.

TABELA 6.1 Os tipos mais comuns de soluções

Soluto		Solvente	Aparência da solução	Exemplo
Gás	em	Líquido	Líquido	Água carbonatada
Líquido	em	Líquido	Líquido	Vinho
Sólido	em	Líquido	Líquido	Água salgada (solução salina)
Gás	em	Gás	Gás	Ar
Sólido	em	Sólido	Sólido	Ouro 14-quilates

A cerveja é uma solução em que um líquido (álcool), um sólido (malte) e um gás (CO_2) estão dissolvidos no solvente, a água.

Misturas podem ser homogêneas, como o latão, que é uma solução sólida de cobre e zinco. Também podem ser heterogêneas, como o granito, que contém discretas regiões de diferentes minerais (feldspato, mica e quartzo).

Liga Mistura homogênea de dois ou mais metais.

Muitas ligas são soluções sólidas. Um exemplo é o aço inoxidável que, em sua maior parte, é ferro, mas também contém carbono, cromo e outros elementos (ver também "Conexões químicas 2E").

Normalmente não usamos o termo "soluto" e "solvente" quando falamos de solução de gases em gases ou de sólidos em sólidos.

Alguns sistemas, no entanto, estão entre as misturas homogêneas e heterogêneas. Fumaça de cigarro, leite e plasma sanguíneo podem parecer homogêneos, mas não têm a transparência do ar ou da água do mar. Essas misturas são classificadas como dispersões coloidais (suspensões). Trataremos desses sistemas na Seção 6.7.

Embora as misturas possam conter muitos componentes, de modo geral limitaremos nossa discussão a sistemas de dois componentes, e tudo o que for mencionado aqui pode ser estendido aos sistemas de múltiplos componentes.

6.2 Quais são os tipos mais comuns de soluções?

Quando pensamos em uma solução, normalmente pensamos em um líquido. As soluções líquidas, como o açúcar e a água, são o tipo mais comum, mas há também soluções de gases ou sólidos. De fato, todas as misturas de gases são soluções. Como as moléculas de gás estão bem separadas umas das outras, e há muito espaço vazio entre elas, dois ou mais gases podem se misturar em quaisquer proporções. Como a mistura ocorre em nível molecular, sempre forma uma solução, isto é, não há misturas heterogêneas de gases.

Com os sólidos, estamos no extremo oposto. Toda vez que misturamos sólidos, quase sempre obtemos uma mistura heterogênea. Como pedaços microscópicos de sólidos ainda contêm bilhões de partículas (moléculas, íons ou átomos), não há como obter mistura em nível molecular. Misturas homogêneas de sólidos (ou **ligas**), tais como o latão, não existem, mas são feitas pela fusão dos sólidos, misturando os componentes fundidos e permitindo que a mistura solidifique.

A Tabela 6.1 mostra os cinco tipos mais comuns de soluções. Exemplos de outros tipos também são conhecidos, mas são muito menos importantes.

Quando uma solução consiste em um sólido ou um gás dissolvido em um líquido, o líquido é chamado **solvente**, e o sólido ou gás é denominado **soluto**. Um solvente pode ter vários solutos nele dissolvidos, até mesmo de diferentes tipos. Um exemplo comum é a água mineral, em que gases (dióxido de carbono e oxigênio) e sólidos (sais) são dissolvidos no solvente, a água.

Quando um líquido é dissolvido em outro, pode surgir uma dúvida sobre qual é o solvente e qual é o soluto. Aquele que aparece em maior quantidade geralmente é chamado solvente.

6.3 Quais são as características que distinguem as soluções?

A seguir, apresentamos algumas propriedades das soluções:

1. **A distribuição das partículas em uma solução é uniforme.**
   Cada parte da solução tem exatamente a mesma composição e as mesmas propriedades de todas as outras partes. Essa é, de fato, a definição de "homogêneo". Consequentemente, é comum não podermos distinguir uma solução de um solvente puro simplesmente olhando para a substância. Uma garrafa com água pura tem a mesma aparência de uma garrafa com água que contém sal ou açúcar dissolvidos. Em alguns casos, podemos distinguir olhando – por exemplo, se a solução é colorida e sabemos que o solvente é incolor.

2. **Os componentes de uma solução não se separam em repouso.**
   Uma solução de vinagre (ácido acético em água), por exemplo, nunca se separa.

3. **Uma solução não pode ser separada em seus componentes por filtração.**
   Tanto o solvente como o soluto atravessam o papel de filtro.

Conexões químicas 6A

Chuva ácida

O vapor d'água evaporado pelo sol dos oceanos, lagos e rios se condensa e forma nuvens de vapor que finalmente caem na forma de chuva. As gotas de chuva contêm pequenas quantidades de CO_2, O_2 e N_2. A tabela mostra que, desses gases, o CO_2 é o mais solúvel em água. Quando o CO_2 se dissolve na água, reage com uma molécula de água formando ácido carbônico, H_2CO_3.

$$CO_2(g) + H_2O(\ell) \longrightarrow H_2CO_3(aq)$$
Ácido carbônico

A acidez causada pelo CO_2 não é nociva, no entanto, contaminantes que resultam da poluição industrial podem criar um sério problema de chuva ácida. A queima de carvão ou de óleo que contém enxofre gera dióxido de enxofre, SO_2, altamente solúvel em água. O dióxido de enxofre no ar é oxidado a trióxido de enxofre, SO_3. A reação de dióxido de enxofre com água forma ácido sulfuroso, e a reação de trióxido de enxofre com água forma ácido sulfúrico.

$$SO_2 + H_2O \longrightarrow H_2SO_3$$
Dióxido de enxofre — Ácido sulfuroso

$$SO_3 + H_2O \longrightarrow H_2SO_4$$
Trióxido de enxofre — Ácido sulfúrico

A fundição, que é o derretimento ou a fusão de um minério como parte do processo de separação (refinamento), também produz outros gases solúveis. Em muitas partes do mundo, especialmente aquelas que estão próximas de áreas muito industrializadas, o resultado é uma chuva ácida que cai sobre florestas e lagos, prejudicando a vegetação e matando os peixes. Essa é a situação encontrada no leste dos Estados Unidos, na Carolina do Norte e nas montanhas Adirondack, no Estado de Nova York, e em partes da Nova Inglaterra, bem como no leste do Canadá, onde a chuva ácida tem sido observada cada vez com mais frequência.

Gás	Solubilidade (g/kg H_2O a 20 °C e 1 atm)
O_2	0,0434
N_2	0,0190
CO_2	1,688
H_2S	3,846
SO_2	112,80
NO_2	0,0617

---

4. **Dados quaisquer soluto e solvente, é possível preparar soluções com muitas composições diferentes.**
   Por exemplo, podemos facilmente preparar uma solução de 1 g de glicose em 100 g de água, ou 2 g, ou 6 g, ou 8,7 g, ou qualquer outra quantidade de glicose até o limite da solubilidade (Seção 6.4).

5. **As soluções são quase sempre transparentes.**
   Elas podem ser incolores ou coloridas, mas geralmente podemos ver através delas. Soluções sólidas são exceções.

6. **Soluções podem ser separadas em componentes puros.**
   Métodos comuns de separação incluem destilação e cromatografia, que podem ser vistos na parte deste livro que trata do laboratório. A separação de uma solução em seus componentes é uma transformação física, e não química.

6.4 Quais são os fatores que afetam a solubilidade?

A **solubilidade** de um sólido em um líquido é a quantidade máxima do sólido que se dissolverá em uma dada quantidade de determinado solvente, a certa temperatura. Suponha que queremos preparar uma solução de sal de cozinha (NaCl) em água. Pegamos um pouco de água, adicionamos alguns gramas de sal e mexemos. A princípio, vemos as partículas de sal suspensas na água. Logo, porém, todo o sal se dissolve. Isso pode ser repetido indefinidamente? A resposta é não – há um limite. A solubilidade do sal de cozinha é de 36,2 g por 100 g de água a 30 °C. Se adicionarmos mais sal do que essa quantidade, o excesso de sólido não vai se dissolver, mas vai permanecer suspenso enquanto mexermos e irá para o fundo quando pararmos de mexer.

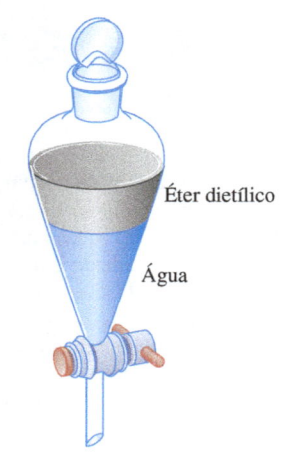

FIGURA 6.1 Éter dietílico e água formam duas camadas. Um funil de separação permite retirar a camada inferior.

Usamos a palavra "miscível" para indicar um líquido que se dissolve em outro líquido.

Solução supersaturada Solução que contém mais do que a quantidade de equilíbrio do soluto a uma dada temperatura e pressão.

Compostos polares dissolvem em compostos polares porque a extremidade positiva do dipolo de uma molécula atrai a extremidade negativa do dipolo da outra molécula.

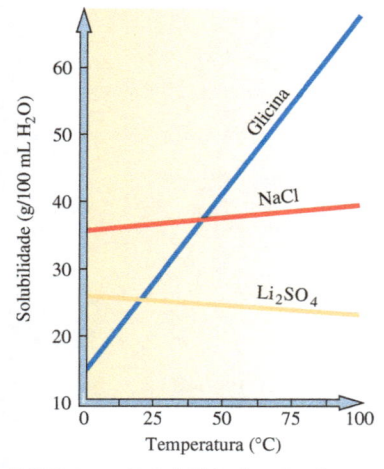

FIGURA 6.2 Solubilidades de alguns sólidos em água em função da temperatura. A solubilidade da glicina aumenta rapidamente, a do NaCl aumenta muito pouco, e a do Li_2SO_4 diminui com o aumento da temperatura.

A solubilidade é uma constante física, assim como o ponto de fusão ou o ponto de ebulição. Cada sólido tem uma solubilidade diferente em cada líquido. Alguns têm solubilidade muito baixa em determinado solvente, e geralmente chamamos esses sólidos de *insolúveis*. Outros têm solubilidade bem mais alta e são denominados *solúveis*. Mesmo para sólidos solúveis, há sempre um limite de solubilidade (ver na Seção 4.6 algumas generalizações úteis sobre solubilidade). O mesmo acontece com gases dissolvidos em líquidos. Diferentes gases apresentam diferentes solubilidades em um solvente (ver "Conexões químicas 6A"). Alguns líquidos são praticamente insolúveis em outros líquidos (gasolina em água), ao passo que outros são solúveis até certo limite. Por exemplo, 100 g de água dissolvem cerca de 6 g de éter dietílico (outro líquido). Se adicionarmos mais éter do que essa quantidade, veremos duas camadas (Figura 6.1).

Alguns líquidos, no entanto, são completamente solúveis em outros líquidos, não importando a quantidade presente. Um exemplo é o etanol, C_2H_6O, e água, que formam uma solução, independentemente das quantidades misturadas. Dizemos que água e etanol são **miscíveis** em todas as proporções.

Quando um solvente contém todo o soluto que ele pode manter em uma determinada temperatura, a solução é dita **saturada**. Qualquer solução que contenha uma quantidade menor do soluto é **insaturada**. Se adicionarmos mais soluto a uma solução saturada, a uma temperatura constante, aparentemente nenhum sólido adicional vai se dissolver, pois a solução já contém todo o soluto que pode conter. Na verdade, nessa situação ocorre um equilíbrio semelhante àquele abordado na Seção 5.8B. Algumas partículas do soluto adicional se dissolvem, mas igual quantidade sai da solução. Assim, mesmo não alterando a concentração do soluto dissolvido, as próprias partículas do soluto constantemente entram na solução e saem dela.

Uma solução **supersaturada** contém mais soluto no solvente do que normalmente pode conter em dada temperatura sob condições de equilíbrio. Uma solução supersaturada não é estável; quando de algum modo perturbada, seja por vibração quando é sacudida ou por agitação, o excesso de soluto precipita – assim a solução retorna ao equilíbrio e torna-se apenas saturada.

Se determinado soluto dissolve ou não em um solvente, isso vai depender de vários fatores, conforme veremos a seguir.

A. Natureza do solvente e do soluto

Quanto mais semelhantes os compostos, mais provável é que um deles seja solúvel no outro. Aqui a regra é: "semelhante dissolve semelhante". Essa não é uma regra absoluta, mas se aplica a grande número de casos.

Quando dizemos "semelhante", na maior parte das vezes queremos dizer similar em termos de polaridade. Em outras palavras, compostos polares dissolvem em solventes polares, e compostos apolares, em solventes apolares. Por exemplo, os líquidos benzeno (C_6H_6) e tetracloreto de carbono (CCl_4) são compostos apolares. Eles se dissolvem um no outro, e outros materiais apolares, tais como a gasolina, se dissolvem neles. Ao contrário, compostos iônicos como o cloreto de sódio (NaCl) e compostos polares como o açúcar de cozinha ($C_{12}H_{22}O_{11}$) são insolúveis nesses solventes.

O solvente polar mais importante é a água. Já vimos que a maioria dos compostos iônicos é solúvel em água, assim como os compostos covalentes pequenos que podem formar ligações de hidrogênio com as moléculas de água. Na Seção 6.6, tratamos da água como solvente.

B. Temperatura

Para a maioria dos sólidos e líquidos que se dissolvem em líquidos, a regra geral é que a solubilidade aumenta com a elevação da temperatura. Às vezes é grande o aumento na solubilidade, enquanto em outras ocasiões é apenas moderado. Para algumas substâncias, a solubilidade até diminui com a elevação da temperatura (Figura 6.2).

Por exemplo, a solubilidade da glicina, H_2N-CH_2-COOH, um sólido cristalino branco e componente polar de proteínas, é de 52,8 g em 100 g de água a 80 °C, mas é somente 33,2 g a 30 °C. Se prepararmos uma solução saturada de glicina em 100 g de água a 80 °C, ela conterá 52,8 g de glicina. Se permitirmos que a solução esfrie até 30 °C, quando a solubilidade será de 33,2 g, poderemos esperar que o excesso de glicina, 19,6 g, precipite da solução na forma de cristais. Isso geralmente acontece, mas em muitas ocasiões, não. Este último caso é um exemplo de **solução supersaturada**. Mesmo que a solução contenha mais glicina que a água pode normalmente manter a 30 °C, o excesso de glicina permanece na solução porque as moléculas precisam de um gérmen – uma superfície sobre a qual possam dar início à cristalização. Se não houver tal superfície, nenhum precipitado se formará.

Soluções supersaturadas não são, porém, indefinidamente estáveis. Se agitarmos ou mexermos, poderemos ver o excesso de sólido precipitar imediatamente (Figura 6.3). Outra maneira de cristalizar o excesso de soluto é adicionar um cristal do soluto, processo conhecido como **germinação**. O cristal-gérmen fornece a superfície sobre a qual convergem as moléculas do soluto.

Para os gases, a solubilidade em líquidos quase sempre diminui com o aumento da temperatura. O efeito da temperatura na solubilidade dos gases em água pode ter importantes consequências para os peixes, por exemplo. O oxigênio é apenas ligeiramente solúvel em água, e os peixes precisam do oxigênio para viver. Quando a temperatura de certa massa de água aumenta, talvez por causa da atividade de uma usina nuclear, a solubilidade do oxigênio diminui e pode tornar-se tão baixa que os peixes morrem. Essa situação é chamada poluição térmica.

FIGURA 6.3 Quando uma solução aquosa supersaturada de acetato de sódio ($CH_3COO^-Na^+$) é perturbada, o excesso de sal cristaliza rapidamente.

C. Pressão

A pressão tem pouco efeito sobre a solubilidade de líquidos ou sólidos. Para gases, no entanto, aplica-se a **lei de Henry**: quanto maior a pressão, maior a solubilidade de certo gás em um líquido. Esse conceito é a base da medicina hiperbárica discutida em "Conexões químicas 5C". Quando a pressão aumenta, mais O_2 se dissolve no plasma sanguíneo e chega aos tecidos a pressões mais altas que o normal (de 2 a 3 atm).

A lei de Henry também explica por que uma garrafa de cerveja ou de outra bebida carbonatada forma espuma quando aberta. A garrafa é vedada a uma pressão maior que 1 atm. Quando aberta a 1 atm, a solubilidade do CO_2 no líquido diminui. O excesso de CO_2 é liberado, formando bolhas, e o gás empurra para fora parte do líquido.

Lei de Henry A solubilidade de um gás em determinado líquido é diretamente proporcional à pressão.

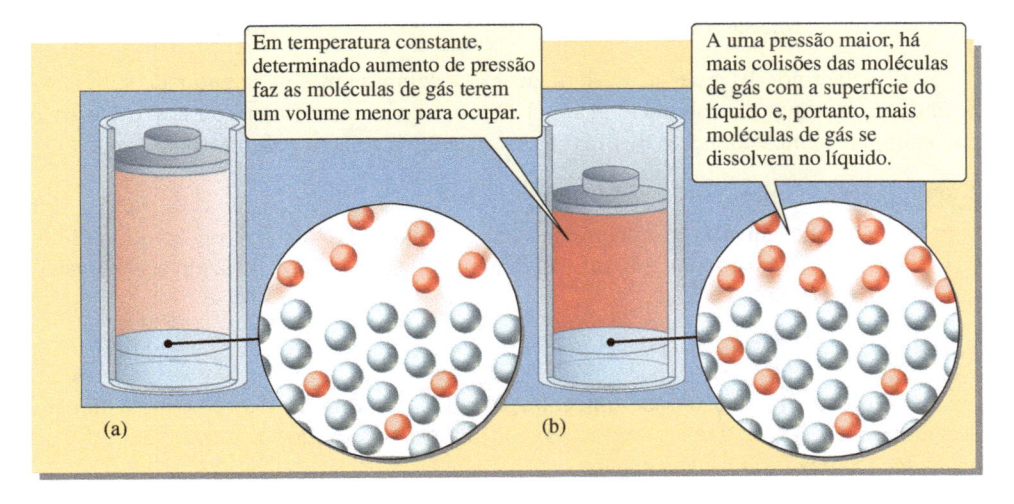

FIGURA 6.4 Lei de Henry. (a) Amostra de gás em um líquido sob pressão, em recipiente fechado. (b) A pressão é aumentada em temperatura constante, e assim mais gás se dissolve.

6.5 Quais são as unidades mais comuns para concentração?

Podemos expressar a quantidade de um soluto dissolvido em uma dada quantidade de solvente – isto é, a **concentração** da solução – de várias maneiras. Algumas unidades de concentração são mais apropriadas para certos propósitos do que outras. Às vezes, termos qualitativos são suficientes. Por exemplo, podemos dizer que uma solução é diluída ou concentrada. Esses termos nos dão pouca informação específica sobre a concentração, mas sabemos que uma solução concentrada contém mais soluto que determinada solução diluída.

Conexões químicas 6B

Bends

Mergulhadores em mar profundo encontram altas pressões (ver Problema 5.113). Para que possam respirar apropriadamente nessas condições, o oxigênio deve ser fornecido sob pressão. Houve uma época em que esse objetivo era alcançado com ar comprimido. À medida que a pressão se eleva, a solubilidade dos gases no sangue também aumenta. Isso é verdade especialmente para o nitrogênio, que constitui quase 80% do ar.

Quando os mergulhadores sobem para a superfície e a pressão de seus corpos diminui, a solubilidade do nitrogênio no sangue também diminui. Em consequência, o nitrogênio previamente dissolvido no sangue e nos tecidos começa a formar pequenas bolhas, especialmente nas veias. A formação de bolhas de gás (chamadas *bends*) pode prejudicar a circulação do sangue. Se essa condição se desenvolver sem controle, uma embolia pulmonar resultante pode ser fatal.

Se a subida do mergulhador for gradual, a expiração regular e a difusão através da pele removerão os gases dissolvidos. Mergulhadores usam câmaras de descompressão, onde a pressão alta é aos poucos reduzida para níveis normais.

Se, após um mergulho, ocorre a doença da descompressão, o paciente é colocado em uma câmara hiperbárica (ver "Conexões químicas 5C"), onde respira oxigênio puro a uma pressão de 2,8 atm. Na forma de tratamento padrão, a pressão é reduzida a 1 atm por um período de 6 horas.

O nitrogênio também tem um efeito narcótico sobre os mergulhadores, quando eles respiram ar comprimido a profundidades maiores que 40 m. Esse efeito, chamado "rapture of the deep", é semelhante à intoxicação alcoólica.

Por causa do problema causado pelo nitrogênio, o tanque dos mergulhadores é carregado com uma mistura de hélio e oxigênio em vez de ar. A solubilidade do hélio no sangue é menos afetada pela pressão que a solubilidade do nitrogênio.

A descompressão súbita e as *bends* resultantes são importantes não apenas em mergulhos no mar profundo, mas também em voos de grande altitude, especialmente voos orbitais.

Lei de Henry. Quanto maior for a pressão parcial do CO_2 sobre o refrigerante na garrafa, maior será a concentração do CO_2 dissolvido. Quando a garrafa é aberta, cai a pressão parcial do CO_2 e saem bolhas de CO_2 da solução.

Concentração percentual (% w/v) Número de gramas do soluto em 100 mL de solução.

---

[1] Neste texto será usada a notação w/v (w do inglês *weight*) para este tipo de percentagem de concentração, em vez de m/v (m de massa), para diferenciar da expressão da densidade de uma substância ou de uma solução, que também são representadas pela razão m/v, sendo que, obviamente, m e v se referem à massa e volume particulares em cada caso. Note que as unidades de massa e volume utilizadas para o cálculo desta porcentagem (w/v) devem ser sempre em gramas e mililitros ou nas respectivas unidades múltiplas de que são equivalentes, por exemplo, quilogramas e litros. Veja o texto na lateral da página. (NRT)

Na maior parte das vezes, porém, precisamos de concentrações quantitativas. Por exemplo, uma enfermeira deve saber com precisão a quantidade de glicose a ser dada a um paciente. Existem muitos métodos para expressar concentração, mas neste capítulo veremos apenas os três mais importantes: concentração percentual, molaridade e partes por milhão (ppm).

A. Concentração percentual

Os químicos representam a **concentração percentual** de três maneiras. A mais comum é massa de soluto por volume de solução (w/v):

$$\text{Massa/volume (w/v)\%} = \frac{\text{massa do soluto}}{\text{volume da solução}} \times 100\%$$

Se dissolvermos 10 g de sacarose (açúcar de cozinha) em uma quantidade suficiente de água, de modo que o volume total seja 100 mL, a concentração será 10% w/v. Observe que aqui precisamos conhecer o volume total da solução, não o volume do solvente.[1]

Exemplo 6.1 Concentração percentual

O rótulo de uma garrafa de vinagre mostra que ela contém 5,0% de ácido acético, CH_3COOH. A garrafa contém 240 mL de vinagre. Quantos gramas de ácido acético estão presentes na garrafa?

Estratégia

Temos o volume da solução e sua concentração em massa/volume. Para calcular o número de gramas de CH_3COOH presente nessa solução, usamos o fator de conversão 5,0 g de ácido acético em 100 mL de solução.

Solução

$$\cancel{\text{solução de 240 mL}} \times \frac{5,0 \text{ g } CH_3COOH}{\cancel{\text{solução de 100 mL}}} = 12 \text{ g } CH_3COOH$$

Problema 6.1

Como preparar 250 mL de uma solução de KBr 4,4% w/v em água? Suponha que tenha disponível um balão volumétrico de 250 mL.

Uma segunda maneira de representar concentração percentual é massa do soluto por massa da solução (m/m):[2]

$$\text{Massa/massa (m/m)\%} = \frac{\text{massa do soluto}}{\text{massa da solução}} \times 100\%$$

[2] A porcentagem de concentração (m/m%) é muito importante e conhecida como porcentagem em massa ou porcentagem em peso, apesar de esta última não ser um termo correto. (NRT)

Exemplo 6.2 Porcentagem massa/volume

Se 6,0 g de NaCl forem dissolvidos em água suficiente para preparar 300 mL de solução, qual será a porcentagem w/v de NaCl?

Estratégia

Para calcular a porcentagem w/v, dividimos a massa do soluto pelo volume da solução e multiplicamos por 100%:

Solução

$$\frac{6{,}0\ g\ \text{Na Cl}}{\text{solução de 300 mL}} \times 100\% = 2{,}0\%\ \text{w/v}$$

Problema 6.2

Se 6,7 g de iodeto de lítio, LiI, forem dissolvidos em água suficiente para preparar 400 mL de solução, qual será a porcentagem w/v de LiI?

Cálculos de porcentagem m/m são basicamente iguais aos cálculos de porcentagem w/v, exceto que usamos a massa da solução em vez do volume. O balão volumétrico não é usado para essas soluções. (Por que não?)

Finalmente, podemos representar concentração percentual como porcentagem do volume do soluto por volume da solução:

$$\text{Volume/volume (v/v)\%} = \frac{\text{volume do soluto}}{\text{volume da solução}} \times 100\%$$

A unidade porcentagem v/v é usada somente para soluções de líquidos em líquidos – principalmente bebidas alcoólicas. Por exemplo, 40% v/v de etanol em água significa que foram adicionados 40 mL de etanol a uma quantidade suficiente de água para preparar 100 mL de solução. Essa solução poderia também ser chamada de teor alcoólico 80, em que o teor alcoólico de uma bebida alcoólica é duas vezes a concentração percentual v/v.

Uma solução 40% v/v de etanol em água tem um teor alcoólico 80. O teor alcoólico é duas vezes a concentração percentual (v/v%) do etanol em água.

B. Molaridade

Para muitos fins, é mais fácil expressar concentração com os métodos de porcentagem de massa ou volume já discutidos. Quando, porém, queremos focalizar o número de moléculas presente, precisamos de outra unidade de concentração. Por exemplo, uma solução 5% de glicose em água não contém o mesmo número de moléculas do soluto que uma solução 5% de etanol em água. É por isso que os químicos geralmente usam a molaridade. **Molaridade (M)** é definida como o número de mols do soluto dissolvido em 1 L da solução. As unidades da molaridade são mols por litro.

$$\text{Molaridade }(M)\% = \frac{\text{mols de soluto }(n)}{\text{volume de solução (L)}}$$

Assim, no mesmo volume de solução, uma solução 0,2 M de glicose, $C_6H_{12}O_6$, em água contém o mesmo número de moléculas de soluto que uma solução 0,2 M de etanol, C_2H_6O, em água. De fato, essa relação é verdadeira para iguais volumes de qualquer solução, contanto que as molaridades sejam as mesmas.

Podemos preparar uma solução de dada concentração w/v, exceto que usamos mols em vez de gramas em nossos cálculos. Podemos sempre descobrir quantos mols do soluto estão presentes em qualquer volume de uma solução de molaridade conhecida, usando a seguinte relação:

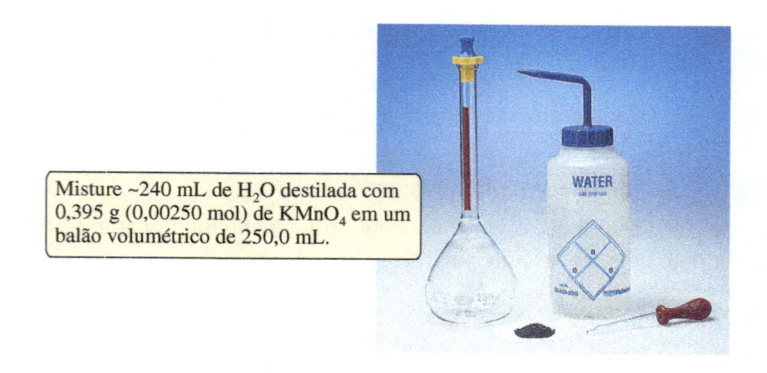

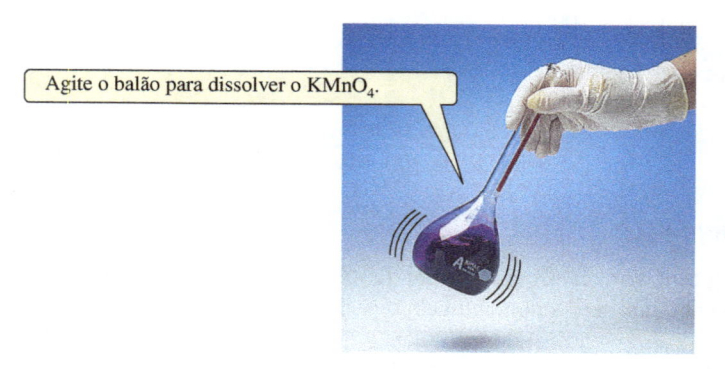

Misture ~240 mL de H₂O destilada com 0,395 g (0,00250 mol) de KMnO₄ em um balão volumétrico de 250,0 mL.

Agite o balão para dissolver o KMnO₄.

Depois que o sólido se dissolver, adicione água suficiente para encher o balão até a marca, que indica um volume de 250,0 mL.

Agite o balão novamente para misturar por completo seu conteúdo. O balão agora contém 250,0 mL de uma solução 0,0100 M de KMnO₄.

FIGURA 6.5 Preparação de uma solução a partir de um soluto sólido. Solução aquosa 0,0100 M de KMnO₄.

$$\text{Molaridade} \times \text{volume em litros} = \text{número de mols}$$

$$\frac{\text{mols}}{\text{litros}} \times \text{litros} = \text{mols}$$

A solução é então preparada conforme mostra a Figura 6.5.

Exemplo 6.3 Molaridade

Como preparamos 2,0 L de uma solução aquosa 0,15 M de hidróxido de sódio, NaOH?

Estratégia

Temos NaOH sólido e queremos 2,0 L de uma solução 0,15 M. Primeiro, calculamos quantos mols de NaOH estão presentes em 2,0 L dessa solução, depois convertemos número de mols em gramas.

Solução

1ª etapa: Determine o número de mols de NaOH em 2,0 L dessa solução. Para esse cálculo, usamos molaridade como fator de conversão:

$$\frac{0,15 \text{ mol NaOH}}{1,0 \text{ L}} \times 2,0 \text{ L} = 0,30 \text{ mol NaOH}$$

2ª etapa: Para converter 0,30 mol de NaOH em gramas de NaOH, usamos a massa molar de NaOH (40,0 g/mol) como fator de conversão:

$$0,30 \text{ mol NaOH} \times \frac{40,0 \text{ g NaOH}}{1 \text{ mol NaOH}} = 12 \text{ g NaOH}$$

3ª etapa: Para preparar essa solução, colocamos 12 g de NaOH em um balão volumétrico de 2 L, adicionamos um pouco de água, agitamos até que o sólido se dissolva e depois enchemos o balão com água até a marca de 2 L.

Problema 6.3

Como preparar 2,0 L de uma solução aquosa 1,06 M de KCl?

Exemplo 6.4 Molaridade

Se dissolvermos 18,0 g de Li_2O (massa molar = 29,9 g/mol) em água suficiente para preparar 500 mL de solução, qual será a molaridade da solução?

Estratégia

Temos 18,0 g de Li_2O em 500 mL de água e queremos a molaridade da solução. Primeiro calculamos o número de mols do Li_2O em 18,0 g de Li_2O e depois convertemos de mols por 500 mL para mols por litro.

Solução

Para calcular o número de mols de Li_2O num litro de solução, usamos dois fatores de conversão: massa molar de Li_2O = 29,9 g e 1.000 mL = 1 L.

$$\frac{18,0 \text{ g Li}_2\text{O}}{500 \text{ mL}} \times \frac{1 \text{ mol Li}_2\text{O}}{29,9 \text{ g Li}_2\text{O}} \times \frac{1.000 \text{ mL}}{1 \text{ L}} = 1,20 \text{ } M$$

Problema 6.4

Se dissolvermos 0,440 g de KSCN em água suficiente para preparar 340 mL de solução, qual será a molaridade da solução resultante?

Exemplo 6.5 Molaridade

A concentração de cloreto de sódio no soro sanguíneo é de aproximadamente 0,14 M. Que volume de soro sanguíneo contém 2,0 g de NaCl?

Estratégia

Temos a concentração em mols por litro e devemos calcular o volume de sangue que contém 2,0 g de NaCl. Para descobrir o volume de sangue, usamos dois fatores de conversão: a massa molar de NaCl é 58,4 g, e a concentração de NaCl no sangue é 0,14 M.

Solução

$$2,0 \text{ g NaCl} \times \frac{1 \text{ mol NaCl}}{58,4 \text{ g NaCl}} \times \frac{1 \text{ L}}{0,14 \text{ mol NaCl}} = 0,24 \text{ L} = 2,4 \times 10^2 \text{ mL}$$

Observe que a resposta em mL deve ser expressa em não mais que dois algarismos significativos porque a massa de NaCl (2,0 g) é dada em apenas dois algarismos significativos. Escrever a resposta como 240 mL seria expressá-la até quatro algarismos significativos. Resolvemos o problema dos algarismos significativos expressando a resposta em notação científica.

Problema 6.5

Se uma solução de glicose 0,300 M está disponível para infusão intravenosa, quantos mililitros dessa solução são necessários para liberar 10,0 g de glicose?

Exemplo 6.6 Molaridade

Quantos gramas de HCl estão presentes em 225 mL de HCl 6,00 M?

Estratégia

Temos 225 mL de HCl 6,00 M e devemos calcular quantos gramas de HCl estão presentes. Usamos dois fatores de conversão: a massa molar de HCl = 36,5 g e 1.000 mL = 1 L.

Solução

$$225 \text{ mL} \times \frac{1 \text{ L}}{1.000 \text{ mL}} \times \frac{6,00 \text{ mol HCl}}{1 \text{ L}} \times \frac{36,5 \text{ g HCl}}{1 \text{ mol HCl}} = 49,3 \text{ g HCl}$$

Problema 6.6

Um certo vinho contém $NaHSO_3$ (bissulfito de sódio) 0,010 M como conservante. Quantos gramas de bissulfito de sódio devem ser adicionados a um tonel de 100 galões para atingir essa concentração? Considere que não haverá nenhuma mudança de volume com a adição do bissulfito de sódio.

C. Diluição

Frequentemente preparamos uma solução diluindo soluções concentradas, em vez de pesarmos solutos puros (Figura 6.6). Como adicionamos apenas o solvente durante a diluição, o número de mols do soluto permanece inalterado. Antes da diluição, a equação que se aplica é

$$M_1 V_1 = \text{mols}$$

Após a diluição, houve mudança no volume e na molaridade, e temos

$$M_2 V_2 = \text{mols}$$

Como o número de mols do soluto é o mesmo antes e após a diluição, podemos dizer que

$$M_1 V_1 = M_2 V_2$$

> Podemos usar esta equação prática (cujas unidades são mols = mols) em problemas de diluição.

Exemplo 6.7 Diluição

Suponha que tenhamos um frasco com ácido acético concentrado (6,0 M). Como preparar 200 mL de uma solução 3,5 M de ácido acético?

Estratégia

Temos $M_1 = 6,0\ M$ e devemos calcular V_1. Também temos $M_2 = 3,5\ M$ e $V_2 = 200$ mL, isto é, $V_2 = 0,200$ L.

Solução

$$M_1 V_1 = M_2 V_2$$

$$\frac{6,0 \text{ mols}}{1,0 \text{ L}} \times V_1 = \frac{3,5 \text{ mols}}{1,0 \text{ L}} \times 0,200 \text{ L}$$

Resolvendo essa equação para V_1, temos:

$$V_1 = \frac{3,5 \text{ mols} \times 0,200 \text{ L}}{6,0 \text{ mols}} = 0,12 \text{ L}$$

Para preparar essa solução, colocamos 0,12 L ou 120 mL de ácido acético concentrado em um balão volumétrico de 200 mL, adicionamos um pouco de água, mexemos e depois preenchemos com água até a marca.

Problema 6.7

Temos uma solução 12,0 M de HCl e queremos preparar 300 mL de uma solução 0,600 M. Como deveremos prepará-la?

Uma equação semelhante pode ser usada para problemas de diluição envolvendo concentrações percentuais:

$$\%_1 V_1 = \%_2 V_2$$

Exemplo 6.8 | Diluição

Suponha que tenhamos uma solução de 50% w/v de NaOH. Como preparar 500 mL de uma solução de NaOH 0,50% w/v?

Estratégia

Temos NaOH 50% w/v e devemos preparar 500 mL (V_2) de uma solução V_1 0,50%. Usamos a relação:

$$\text{Porcentagem}_1 \times V_1 = \text{Porcentagem}_2 \times V_2$$

Solução

$$(50\%) \times V_1 = (0,50\%) \times 500 \text{ mL}$$

$$V_1 = \frac{0,50\% \times 500 \text{ mL}}{50\%} = 5,0 \text{ mL}$$

Para preparar essa solução, adicionamos 5,0 mL da solução 50% w/v (solução concentrada) a um balão volumétrico de 500 mL; depois adicionamos um pouco de água e misturamos, enchendo em seguida com água até a marca. Observe que essa é uma diluição em um fator 100.

Problema 6.8

Uma solução concentrada de KOH 15% w/v está disponível. Como preparar 20,0 mL de uma solução 0,10% w/v de KOH?

Uma solução 0,100 M de $K_2Cr_2O_7$ é adicionada a um balão volumétrico de 100,0 mL até atingir a marca.

O produto é transferido para um balão volumétrico de 1,000 L.

Com um pouco de água, o que restou da solução no primeiro balão é transferido para o balão maior.

O balão de 1,000 L é então preenchido com água destilada até a marca e agitado vigorosamente. A concentração da solução recém-diluída é 0,0100 M.

FIGURA 6.6 Preparação de uma solução por diluição. Aqui 100 mL de dicromato de potássio, $K_2Cr_2O_7$, 0,100 M são diluídos a 1,000 L. O resultado é a diluição por um fator 10.

D. Partes por milhão

Às vezes precisamos lidar com soluções muito diluídas – por exemplo, 0,0001%. Nesses casos, é mais conveniente usar a unidade **partes por milhão (ppm)** para expressar a concentração. Por exemplo, se a água potável estiver poluída com íons chumbo em uma extensão de 1 ppm, isso significa que há 1 mg de íons chumbo em 1 kg de (1 L) de água. Quando apresentamos a concentração em ppm, as unidades devem ser as mesmas para o

$$\text{ppm} = \frac{\text{g soluto}}{\text{g solução}} \times 10^6$$

$$\text{ppb} = \frac{\text{g soluto}}{\text{g solução}} \times 10^9$$

soluto e o solvente – por exemplo, mg de soluto por 10^6 mg de solução. Algumas soluções são tão diluídas que usamos **partes por bilhão (ppb)** para expressar suas concentrações.

Exemplo 6.9 Partes por milhão (ppm)

Certifique-se de que 1 mg de chumbo em 1 kg de água potável seja equivalente a 1 ppm de chumbo.

Estratégia

As unidades que temos são miligramas e quilogramas. Para reportar em ppm, devemos convertê-las em uma unidade comum, digamos, gramas. Para esse cálculo, usamos dois fatores de conversão: 1.000 mg = 1 g e 1 kg de solução = 1.000 g de solução.

Solução

1ª etapa: Primeiro calculamos a massa (em gramas) de chumbo:

$$1 \text{ mg chumbo} \times \frac{1 \text{ g chumbo}}{1.000 \text{ mg chumbo}} = 1 \times 10^{-3} \text{ g chumbo}$$

2ª etapa: em seguida, calculamos a massa (em gramas) da solução:

$$1 \text{ kg solução} \times \frac{1.000 \text{ g solução}}{1 \text{ kg solução}} = 1 \times 10^3 \text{ g solução}$$

3ª etapa: Finalmente usamos esses valores para calcular a concentração do chumbo em ppm:

$$\text{ppm} = \frac{1 \times 10^{-3} \text{ g chumbo}}{1 \times 10^3 \text{ g solução}} \times 10^6 = 1 \text{ ppm}$$

Problema 6.9

O hidrogenossulfato de sódio, $NaHSO_4$, que se dissolve em água liberando o íon H^+, é usado para ajustar o pH da água em piscinas. Suponha que adicionemos 560 g de $NaHSO_4$ a uma piscina que contém $4{,}5 \times 10^5$ L de água a 25 °C. Qual será a concentração do íon Na^+ em ppm?

Métodos modernos de análise nos permitem detectar concentrações muito pequenas. Algumas substâncias são nocivas mesmo em concentrações medidas em ppb. Uma delas é a dioxina, uma impureza do herbicida 2,4,5-T, usado pelos Estados Unidos como desfolhante no Vietnã.

6.6 Por que a água é um solvente tão bom?

A água cobre aproximadamente 75% da superfície da Terra na forma de oceanos, camadas polares, glaciares, lagos e rios. O vapor d'água está sempre presente na atmosfera. A vida evoluiu na água, e sem esta a vida como a conhecemos não poderia existir. O corpo humano é aproximadamente 60% água. Essa água é encontrada no interior das células do corpo (intracelular) e fora delas (extracelular). A maior parte das reações químicas importantes nos tecidos vivos ocorre em solução aquosa; a água serve como solvente para transportar reagentes e produtos de um lugar para outro do corpo. A água é também ela própria um reagente ou produto em muitas reações bioquímicas. As propriedades que tornam a água um solvente tão bom são sua polaridade e sua capacidade de estabelecer ligações de hidrogênio (Seção 5.7C).

A. Como a água dissolve compostos iônicos?

Vimos na Seção 3.5 que compostos iônicos no estado sólido são formados por um arranjo regular de íons em um retículo cristalino. A coesão do cristal deve-se às ligações iônicas, que são atrações eletrostáticas entre íons positivos e negativos. A água, é claro, é uma molécula polar. Quando um composto sólido iônico é adicionado à água, as moléculas de água circundam os íons na superfície do cristal. Os íons negativos (ânions) atraem os polos positivos das moléculas de água, e os positivos (cátions) atraem os polos negativos das moléculas de água (Figura 6.7). Cada íon atrai múltiplas moléculas de água. Quando a força de atração combinada em relação às moléculas de água é maior que a força de atração das ligações iônicas que mantêm os íons no cristal, os íons serão completamente deslocados. Moléculas de água agora circundam o íon removido do cristal (Figura 6.8). Esses íons recebem o nome de **hidratados**. Um termo mais geral, que abrange todos os solventes, é **solvatado**. A camada de solvatação – isto é, a capa circundante de moléculas do solvente – age como uma almofada. Impede que um ânion solvatado entre em colisão com um cátion solvatado, mantendo assim em solução os íons solvatados.

Nem todos os sólidos iônicos são solúveis em água. Algumas regras para prever solubilidades foram apresentadas na Seção 4.6.

O ponto na fórmula $CaSO_4 \cdot 2H_2O$ indica que H_2O está presente no cristal, mas não covalentemente ligado aos íons Ca^{2+} ou SO_4^{2-}.

B. Sólidos hidratados

A atração entre íons e moléculas de água é tão forte em alguns casos que as moléculas de água são parte integrante da estrutura cristalina dos sólidos. As moléculas de água de um cristal são chamadas **água de hidratação**. As substâncias que contêm água em seus cristais são elas próprias chamadas **hidratadas**.[3] Por exemplo, a gipsita e o gesso são hidratados de sulfato de cálcio: gipsita é sulfato de cálcio di-hidratado, $CaSO_4 \cdot 2H_2O$, e gesso é sulfato de cálcio mono-hidratado, $(CaSO_4)_2 \cdot H_2O$. Alguns hidratados se prendem com tenacidade a suas moléculas de água. Para removê-las, os cristais devem ser aquecidos por algum tempo a altas temperaturas. O cristal sem sua água de hidratação é chamado **anidro**. Em muitos casos, cristais anidros atraem água com tanta força que absorvem o vapor d'água do ar. Ou seja, alguns cristais anidros tornam-se hidratados pela exposição ao ar. Esses cristais são chamados **higroscópicos**.

Cristais hidratados geralmente são diferentes das formas anidras. Por exemplo, o sulfato de cobre penta-hidratado, $CuSO_4 \cdot 5H_2O$, é azul, mas a forma anidra, $CuSO_4$, é branca (Figura 6.9).

[3] Os compostos hidratados tanto inorgânicos como orgânicos também são chamados hidratos. (NRT)

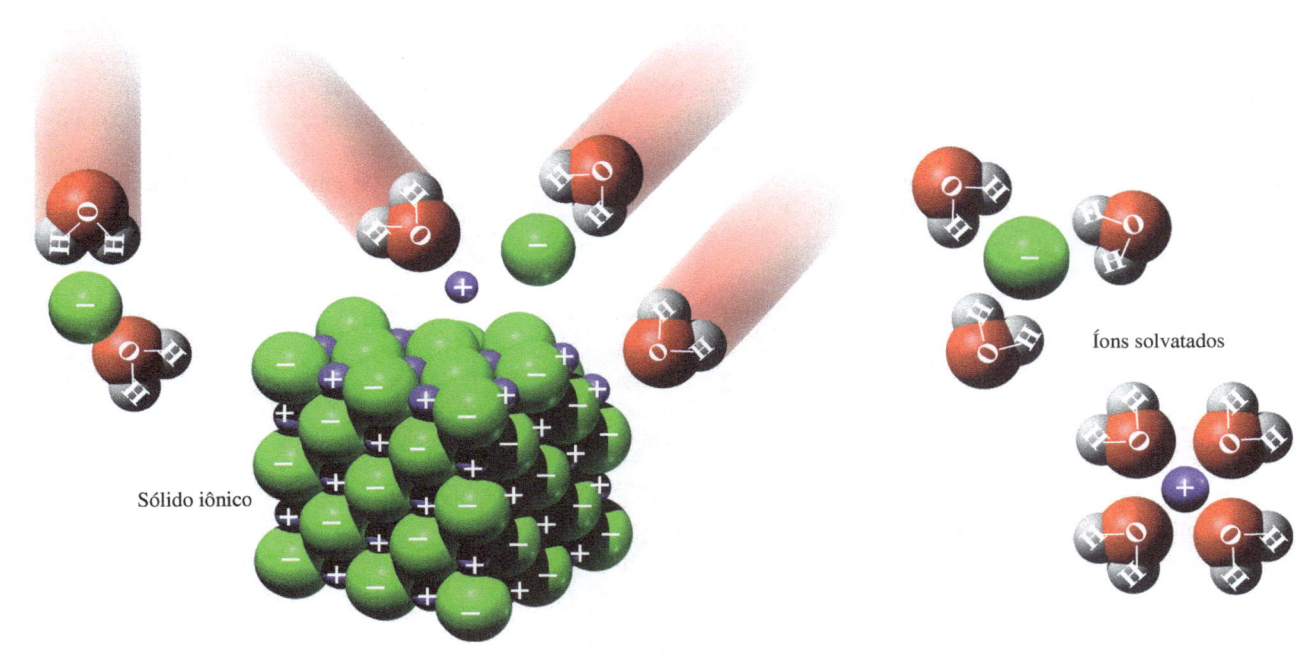

FIGURA 6.7 Quando a água dissolve um composto iônico, as moléculas de água removem ânions e cátions da superfície do sólido, além de circundarem os íons.

FIGURA 6.8 Ânions e cátions solvatados pela água.

Substância higroscópica
Substância capaz de absorver vapor d'água do ar.

Se quisermos que um composto higroscópico permaneça anidro, devemos colocá-lo em um recipiente vedado e sem vapor d'água.

A diferença entre cristais hidratados e anidros às vezes tem efeito no organismo. Por exemplo, o composto urato de sódio existe na forma anidra como cristais esféricos, mas na forma mono-hidratada aparece como cristais com formato de agulha (Figura 6.10). A deposição de urato de sódio mono-hidratado nas juntas (especialmente no dedo grande do pé) causa gota.

C. Eletrólitos

Íons em água migram de um lugar para outro, mantendo a carga durante a migração. Consequentemente, soluções de íons conduzem eletricidade, e o fazem porque íons em solução migram independentemente uns dos outros. Como mostra a Figura 6.11, os cátions migram para o eletrodo negativo, o **cátodo**, e os ânions migram para o eletrodo positivo, o **ânodo**. O movimento dos íons forma uma corrente elétrica. A migração dos íons completa o circuito iniciado pela bateria e pode fazer uma lâmpada elétrica acender (ver também "Conexões químicas 4B").

Uma substância como o cloreto de potássio, que conduz corrente elétrica quando dissolvida em água ou quando em estado de fusão, é chamada **eletrólito**. Íons K^+ hidratados transportam cargas positivas, e íons Cl^- hidratados transportam cargas negativas; como resultado, a lâmpada da Figura 6.11 acenderá se esses íons estiverem presentes. Uma substância que não conduz eletricidade é chamada **não eletrólito**. A água destilada, por exemplo, é um não eletrólito. A lâmpada que aparece na Figura 6.11 não acenderá se houver apenas água destilada no béquer. No entanto, com água de torneira no béquer, a lâmpada apresenta um brilho fraco. A água de torneira contém íons suficientes para conduzir eletricidade, mas sua concentração é tão baixa que a solução conduzirá pouca eletricidade.

Como podemos ver, a condutância elétrica depende da concentração dos íons. Quanto maior for a concentração, maior será a condutância elétrica da solução. No entanto, existem diferenças nos eletrólitos. Se pegarmos NaCl aquoso 0,1 M e compararmos com ácido acético (CH_3COOH) 0,1 M, veremos que a solução de NaCl acende a lâmpada com mais brilho, mas com o ácido acético o brilho é fraco. Poderíamos esperar que as duas soluções se comportassem de modo semelhante, já que ambas têm a mesma concentração, 0,1 M, e cada composto fornece dois íons, um cátion e um ânion (Na^+ e Cl^-, H^+ e CH_3COO^-). A razão de se comportarem diferentemente é que, enquanto o NaCl se dissocia completamente em dois íons (cada um deles hidratado e com movimento independente), no caso do CH_3COOH somente algumas moléculas se dissociam em íons. A maioria das moléculas de ácido acético não se dissocia, e moléculas não dissociadas não conduzem eletricidade. Compostos que se dissociam completamente são chamados **eletrólitos fortes**, e aqueles que se dissociam apenas parcialmente em íons são chamados **eletrólitos fracos**.

Eletrólitos são componentes importantes do corpo porque ajudam a manter o equilíbrio ácido-base e o equilíbrio da água. Os cátions mais importantes nos tecidos do corpo humano são: Na^+, K^+, Ca^{2+} e Mg^{2+}. Os ânions mais importantes no corpo são: HCO_3^-, Cl^-, HPO_4^{2-} e $H_2PO_4^-$.

FIGURA 6.9 Quando o sulfato de cobre (II) hidratado, $CuSO_4 \cdot 5H_2O$, de cor azul, é aquecido e o composto libera sua água de hidratação, ele muda para o sulfato de cobre (II) anidro, $CuSO_4$, de cor branca.

FIGURA 6.10 (a) Os cristais de urato de sódio mono-hidratado, em forma de agulha, que causam a gota. (b) A dor da gota mostrada por um cartunista.

D. Como a água dissolve compostos covalentes?

A água é um bom solvente não só para compostos iônicos, mas também para muitos compostos covalentes. Em alguns casos, os compostos covalentes se dissolvem porque reagem com a água. Um exemplo de composto covalente que se dissolve em água é o HCl. O HCl é um gás (de odor penetrante e sufocante) que ataca as membranas mucosas dos olhos, do nariz e da garganta. Quando dissolvidas em água, as moléculas de HCl reagem com a água, liberando íons:

$$HCl(g) + H_2O(\ell) \longrightarrow Cl^-(aq) + H_3O^+(aq)$$
Cloreto de hidrogênio — Íon hidrônio

Outro exemplo é o gás trióxido de enxofre, que reage com a água da seguinte maneira:

$$SO_3(g) + 2H_2O(\ell) \longrightarrow H_3O^+(aq) + HSO_4^-(aq)$$
Trióxido de enxofre — Íon hidrônio

Como o HCl e o SO_3 são completamente convertidos em íons em solução aquosa diluída, essas soluções são soluções iônicas e se comportam como outros eletrólitos (conduzem corrente). No entanto, HCl e SO_3 são eles mesmos compostos covalentes, diferentemente de sais como NaCl.

A maioria dos compostos covalentes que se dissolvem na água de fato não reage com ela. Eles se dissolvem porque as moléculas de água circundam a molécula covalente e a solvatam. Por exemplo, quando o metanol, CH_3OH, se dissolve na água, suas moléculas são solvatadas pelas moléculas de água (Figura 6.12).

Há um modo simples de prever quais são os compostos covalentes que se dissolvem em água e quais não. Compostos covalentes se dissolverão em água se puderem formar pontes de hidrogênio com a água, e contanto que as moléculas do soluto sejam razoavelmente pequenas. A ligação de hidrogênio será possível entre duas moléculas se uma delas contiver um átomo de O ou N (um aceptor de ligação de hidrogênio), e a outra, uma ligação O—H ou N—H (um doador de ligação de hidrogênio). Toda molécula de água contém um átomo de O e ligações O—H. Portanto, a água pode formar ligações de hidrogênio com qualquer molécula que também contenha um átomo de O ou N ou uma ligação O—H ou N—H. Se essas moléculas forem suficientemente pequenas, elas serão solúveis em água. Quão pequenas? Em geral, não devem ter mais que três átomos de C para cada átomo de O ou N.

Por exemplo, o ácido acético, CH_3COOH, é solúvel em água, mas o ácido benzoico, C_6H_5COOH, não é. Igualmente, o etanol, C_2H_6O, é solúvel em água, mas o éter dipropílico, $C_6H_{14}O$, não é. O açúcar de cozinha, $C_{12}H_{22}O_{11}$ (Seção 20.4A), é bastante solúvel em água. Embora cada molécula de sacarose contenha um grande número (12) de átomos de carbono, tem tantos átomos de oxigênio (11) que forma muitas ligações de hidrogênio com moléculas de água; assim, uma molécula de sacarose em solução aquosa está muito bem solvatada.

Como generalização, as moléculas covalentes que não contêm átomos de O ou N são quase sempre insolúveis em água. Por exemplo, o metanol, CH_3OH, é infinitamente solúvel em água, mas o clorometano, CH_3Cl, não é. A exceção a essa generalização é o caso raro em que o composto covalente reage com a água – por exemplo, HCl.

E. A água do corpo

A água é importante no corpo não só porque dissolve substâncias iônicas, bem como alguns compostos covalentes, mas também porque hidrata todas as moléculas polares do organismo. Assim, a água serve como veículo para transportar a maioria dos compostos orgânicos, nutrientes e combustíveis usados pelo corpo, além de excreções. Sangue e urina são dois exemplos de fluidos corporais aquosos.

Além disso, a hidratação de macromoléculas como proteínas, ácidos nucleicos e polissacarídeos permite os movimentos apropriados no interior dessas moléculas, o que é necessário para funções como a atividade enzimática (ver Capítulo 23).

FIGURA 6.11 Condutância por um eletrólito. Quando um eletrólito, como o KCl, é dissolvido em água e libera íons em movimento, sua migração forma um circuito elétrico e a lâmpada acende. Os íons de cada unidade de KCl se dissociaram em K^+ e Cl^-. Os íons Cl^- se movimentam na direção do eletrodo positivo e os íons K^+ se dirigem para o eletrodo negativo, transportando assim carga elétrica através da solução.

O H^+ não existe em solução aquosa; ele se combina com uma molécula de água e forma o íon hidrônio, H_3O^+.

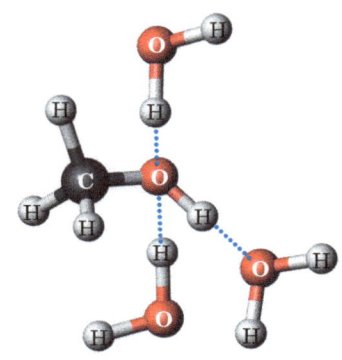

FIGURA 6.12 Solvatação pela água de um composto covalente polar. As linhas pontilhadas representam as ligações de hidrogênio.

Conexões químicas 6C

Compostos hidratados e poluição do ar: a deterioração de prédios e monumentos

Muitos edifícios e monumentos em áreas urbanas do mundo todo estão se deteriorando, arruinados pela poluição do ar. O principal culpado nesse processo é a chuva ácida, produto final da poluição do ar. As pedras mais utilizadas em edifícios e monumentos são o calcário e o mármore, ambos carbonato de cálcio em sua maior parte. Na ausência de ar poluído, essas pedras podem durar milhares de anos. Assim, muitas estátuas e edifícios de tempos antigos (Babilônia, Egito, Grécia e outros) sobreviveram até recentemente com poucas alterações. De fato, permanecem intactos em muitas áreas rurais.

Nas áreas urbanas, porém, o ar é poluído com SO_2 e SO_3, que se originam principalmente da combustão do carvão e de produtos derivados do petróleo que contêm pequenas quantidades de compostos de enxofre como impurezas (ver "Conexões Químicas 6A"). Eles reagem com o carbonato de cálcio na superfície das pedras, formando sulfato de cálcio. Quando o sulfato de cálcio interage com a água da chuva, forma a gipsita di-hidratada.

$$SO_{3(g)} + H_2O_{(g)} \longrightarrow H_2SO_4(\ell)$$
Trióxido de enxofre — Ácido sulfúrico

$$CaCO_{3(s)} + H_2SO_4(\ell) \longrightarrow CaSO_{4(s)} + H_2O_{(g)} + CO_{2(g)}$$
Carbonato de cálcio (mármore, calcário) — Sulfato de cálcio

$$CaSO_{4(s)} + 2H_2O_{(g)} \longrightarrow CaSO_{4(s)} \cdot 2H_2O_{(s)}$$
Sulfato de cálcio — Cálcio di-hidratado (gipsita)

O problema é que a gipsita tem um volume maior que o mármore ou o calcário original, e sua presença faz a superfície da pedra se expandir. Essa atividade, por sua vez, resulta em descamação. Finalmente, estátuas como aquelas do Parthenon (em Atenas, Grécia) ficam sem nariz e depois sem o rosto.

TABELA 6.2 Tipos de sistemas coloidais

Tipo	Exemplo
Gás em gás	Nenhum
Gás em líquido	Creme batido
Gás em sólido	Marshmallows
Líquido em gás	Nuvens, nevoeiro
Líquido em líquido	Leite, maionese
Líquido em sólido	Queijo, manteiga
Sólido em gás	Fumaça
Sólido em líquido	Gelatina
Sólido em sólido	Tinta seca

Efeito Tyndall Vista de um ângulo reto, luz que atravessa e sofre espalhamento em um coloide.

6.7 O que são coloides?

Até agora tratamos apenas de soluções. O diâmetro máximo das partículas de soluto em uma solução verdadeira é de aproximadamente 1 nm. Se o diâmetro das partículas de soluto exceder esse tamanho, então não teremos mais uma solução verdadeira – teremos um **coloide**. Em um coloide (também chamado dispersão ou sistema coloidal), o diâmetro das partículas de soluto varia de 1 a 1.000 nm. O termo *coloide* adquiriu um novo nome recentemente. Na Seção 5.9, encontramos o termo *nanotubo*. A parte "nano" refere-se às dimensões na faixa do nanômetro (1 nm = 10^{-9} m), que é a faixa de tamanho dos coloides. Assim, quando encontramos termos como "nanopartícula" ou "nanociência", eles são equivalentes a "partícula coloidal" ou "ciência coloidal", embora aqueles se refiram principalmente a partículas com forma geométrica bem definida (como os tubos), enquanto estes são mais genéricos.

Em geral, partículas coloidais possuem área superficial bem grande, o que explica as duas características básicas dos sistemas coloidais:

1. Espalham a luz e, portanto, parecem turvos, opacos ou leitosos.
2. Embora as partículas coloidais sejam grandes, elas formam dispersões estáveis – não formam fases separadas que se excluem. Como acontece com as soluções verdadeiras, os coloides podem existir em várias fases: gasosa, líquida ou sólida (Tabela 6.2).

Todos os coloides exibem o seguinte efeito característico: quando incidimos luz através de um coloide e olhamos para o sistema de um ângulo de 90°, vemos o trajeto da luz, mas não as partículas coloidais (elas são muito pequenas). Em vez disso, vemos lampejos da luz espalhada pelas partículas do coloide (Figura 6.13).

O **efeito Tyndall** deve-se ao espalhamento da luz por partículas coloidais. Fumaça, soro e nevoeiro, para citar alguns exemplos, todos apresentam o efeito Tyndall. Estamos familiarizados com os raios de sol que podem ser vistos quando a luz dele atravessa o ar empoeirado. Este, também, é um exemplo de efeito Tyndall. Mais uma vez, não vemos as partículas do ar empoeirado, apenas a luz espalhada por elas.

Sistemas coloidais são estáveis. A maionese, por exemplo, permanece emulsificada e não se separa em óleo e água. Quando, porém, o tamanho das partículas coloidais é maior que 1.000 nm, o sistema é instável e se separa em fases. Tais sistemas são chamados **suspensões**.

Por exemplo, se pegarmos um punhado de terra e dispersarmos em água, obteremos uma suspensão barrenta. As partículas de terra possuem entre 10^3 e 10^9 mm de diâmetro. Essa mistura espalha a luz e, portanto, sua aparência é turva. Não é, porém, um sistema estável. Se deixado em repouso, as partículas de terra logo precipitam, e a água acima do sedimento torna-se transparente. Assim, terra em água é uma suspensão, e não um sistema coloidal.

A Tabela 6.3 resume as propriedades de soluções, coloides e suspensões.

O que torna uma dispersão coloidal estável? Para responder a essa pergunta, primeiro devemos perceber que as partículas coloidais estão em constante movimento. Olhe para as partículas de pó dançando em um raio de luz que entra na sala. Na verdade, você não vê as partículas de pó; elas são muito pequenas. O que você vê são lampejos de luz espalhada. Esse movimento das partículas de pó dispersas no ar é aleatório e caótico. O movimento de qualquer partícula coloidal suspensa em um solvente chama-se **movimento browniano** (Figura 6.14).

As constantes colisões com as moléculas do solvente fazem as partículas coloidais seguirem em movimento browniano aleatório. (No caso das partículas de pó, o solvente é o ar.) Esse movimento contínuo cria condições favoráveis para colisões entre partículas. Quando essas partículas colidem entre si, ficam juntas, combinam-se para formar partículas maiores e, finalmente, saem da solução. Isso é o que acontece em uma suspensão.

Então por que as partículas coloidais permanecem em solução, apesar de todas as colisões do movimento browniano? Duas razões explicam esse fenômeno:

1. A maioria das partículas carrega uma grande camada de solvatação. Se o solvente for a água, como no caso das moléculas de proteína no sangue, as partículas coloidais estarão circundadas por um grande número de moléculas de água, que se movimentam com as partículas coloidais e as amortecem. Quando duas partículas coloidais colidem, como resultado do movimento browniano, na verdade elas não se tocam; em vez disso, suas camadas de solvente é que colidem. Consequentemente, as partículas não se juntam e precipitam, elas permanecem em solução.

2. A grande área superficial das partículas coloidais adquire carga da solução. Todos os coloides de uma determinada solução adquirem o mesmo tipo de carga – por exemplo, uma carga negativa. Esse desenvolvimento deixa uma carga negativa efetiva no solvente. Quando uma partícula coloidal carregada encontra outra partícula coloidal carregada, as duas se repelem por causa de suas cargas semelhantes.

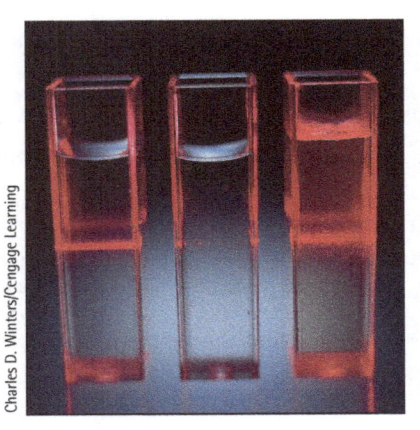

FIGURA 6.13 Efeito Tyndall. Um estreito feixe de luz de um laser atravessa uma mistura coloidal (esquerda), depois uma solução de NaCl e, finalmente, uma mistura coloidal de gelatina e água (direita). A figura ilustra a capacidade de as partículas de coloide espalharem a luz.

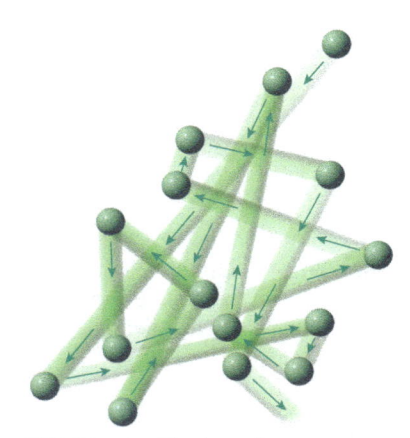

FIGURA 6.14 Movimento browniano.

Emulsão Sistema, como a gordura no leite, que consiste em um líquido com ou sem um agente emulsificante em um líquido imiscível, geralmente gotículas maiores que coloides.

TABELA 6.3 Propriedades de três tipos de mistura

Propriedade	Soluções	Coloides	Suspensões
Tamanho da partícula (nm)	0,1 – 1,0	1 – 1.000	>1.000
Filtrável com papel comum	Não	Não	Sim
Homogênea	Sim	Limítrofe	Não
Precipita em repouso	Não	Não	Sim
Comportamento perante a luz	Transparente	Efeito Tyndall	Translúcido ou opaco

Assim, os efeitos combinados da camada de solvatação e da carga da superfície mantêm as partículas coloidais em uma dispersão estável. Aproveitando esses efeitos, os químicos podem aumentar ou diminuir a estabilidade de um sistema coloidal. Se quisermos nos livrar de uma dispersão coloidal, podemos remover a camada de solvatação, a carga da superfície ou ambas. Por exemplo, proteínas no sangue formam uma dispersão coloidal. Se quisermos isolar uma proteína do sangue, podemos precipitá-la. Essa tarefa pode ser feita de duas maneiras: removendo a camada de hidratação ou removendo as cargas da superfície. Se adicionarmos um solvente como o etanol ou a acetona, ambos com grande afinidade pela água, esta será removida da camada de solvatação da proteína e, quando moléculas de proteína desprotegidas colidirem, elas se juntarão e formarão sedimento. Igual-

Nanotubos, nanofios e nanoporos em revestimentos compósitos apresentam propriedades eletrônicas e ópticas incomuns por causa de suas enormes áreas superficiais. Por exemplo, partículas de óxido de titânio menores que 20 nm são usadas para revestir superfícies de plásticos, vidro e outros materiais. Esses revestimentos finos têm propriedades autolimpantes, antiembaçante, anti-incrustação e esterilizantes.

Conexões químicas 6D

Emulsões e agentes emulsificantes

Óleo e água não se misturam. Mesmo quando agitamos vigorosamente e as gotículas de óleo ficam dispersas na água, as duas fases logo se separam quando paramos de agitar. Existem, porém, vários sistemas coloidais estáveis formados por óleo e água, conhecidos como **emulsões**. Por exemplo, as gotículas de óleo no leite estão dispersas em uma solução aquosa. Isso é possível porque o leite contém um coloide protetor – a proteína do leite chamada caseína. As moléculas de caseína circundam as gotículas de óleo e, como são polares e têm carga, protegem e estabilizam o óleo. A caseína é, assim, um agente emulsificante.

Outro agente emulsificante é a gema do ovo. Esse ingrediente, na maionese, envolve as gotículas de óleo e impede que elas se separem.

---

mente, adicionando à solução um eletrólito como o NaCl, podemos remover as cargas da superfície das proteínas (por um mecanismo muito complicado para ser discutido aqui). Sem suas cargas protetoras, duas moléculas de proteína não mais irão se repelir. Em vez disso, quando elas colidem, ficam juntas e precipitam da solução.

6.8 O que é uma propriedade coligativa?

Propriedade coligativa
Propriedade da solução que depende somente do número de partículas do soluto e não da identidade química do soluto.

Propriedade coligativa é qualquer propriedade de uma solução que depende somente do número de partículas de soluto dissolvidas no solvente, e não da natureza dessas partículas. Existem várias propriedades coligativas, entre elas o abaixamento do ponto de congelamento, a elevação do ponto de fusão e a pressão osmótica. Esta última é de suprema importância em sistemas biológicos.

A. Abaixamento do ponto de congelamento

Abaixamento do ponto de congelamento Diminuição no ponto de congelamento de certo líquido causada pela adição de um soluto.

Um mol de qualquer partícula, seja molécula ou íon, dissolvido em 1.000 g de água abaixa o ponto de congelamento da água em 1,86 °C. A natureza do soluto não importa, apenas o número de partículas.

$$\Delta T = \frac{-1,86 \,°C}{mol} \times mol \text{ de partículas}$$

Esse princípio é utilizado de diversas maneiras práticas. No inverno, usamos sais (cloreto de sódio e cloreto de cálcio) para derreter a neve e o gelo em nossas ruas. Os sais se dissolvem na neve e no gelo derretidos, o que abaixa o ponto de congelamento da água. Outra aplicação é o uso de anticongelante em radiadores de automóvel. Como a água se expande ao se congelar (ver "Conexões químicas 5E"), o gelo formado no sistema de refrigeração do carro, quando a temperatura externa cai abaixo de 0 °C, pode rachar o bloco do motor. A adição de anticongelante evita esse problema, pois faz a água congelar a uma temperatura bem mais baixa. O anticongelante automotivo mais comum é o etilenoglicol, $C_2H_6O_2$.

Observe que, quando se prepara uma solução para esse fim, não usamos molaridade. Isto é, não precisamos medir o volume total da solução.

Exemplo 6.10 Abaixamento do ponto de congelamento

Se adicionarmos 275 g de etilenoglicol, $C_2H_6O_2$, um composto molecular não dissociante, por 1.000 g de água no radiador de um carro, qual será o ponto de congelamento dessa solução?

Estratégia

Temos 275 g de etilenoglicol (massa molar 62,1 g) por 1.000 g de água e devemos calcular o ponto de congelamento da solução. Primeiro calculamos os mols de etilenoglicol presente na solução e depois o abaixamento do ponto de congelamento causado pelo número de mols.

Adicionar sal faz baixar o ponto de congelamento do gelo.

Solução

$$\Delta T = 275 \text{ g } C_2H_6O_2 \times \frac{1 \text{ mol } C_2H_6O_2}{62,1 \text{ g } C_2H_6O_2} \times \frac{1,86 \,°C}{1 \text{ mol } C_2H_6O_2} = 8,26 \,°C$$

O ponto de congelamento da água será baixado de 0 °C para −8,26 °C, e o radiador não rachará se a temperatura externa permanecer acima de −8,26 °C.

Problema 6.10

Se adicionarmos 215 g de metanol, CH_3OH, a 1.000 g de água, qual será o ponto de congelamento da solução?

Se um soluto for iônico, então cada mol do soluto se dissociará em mais de um mol de partículas. Por exemplo, se dissolvermos um mol (58,5 g) de NaCl em 1.000 g de água, a solução conterá dois mols de partículas de soluto: um mol de Na^+ e um mol de Cl^-. O ponto de congelamento da água será baixado em duas vezes 1,86 °C, ou seja, 3,72 °C por mol de NaCl.

Exemplo 6.11 Abaixamento do ponto de congelamento

Qual será o ponto de congelamento da solução resultante se dissolvermos um mol de sulfato de potássio, K_2SO_4, em 1.000 g de água?

Estratégia e solução

Um mol de K_2SO_4 se dissocia para produzir três mols de íons: dois mols de K^+ e um mol de SO_4^{2-}. O ponto de congelamento será baixado em 3 × 1,86 °C = 5,58 °C, e a solução congelará em −5,58 °C.

Problema 6.11

Qual destas soluções aquosas teria o ponto de congelamento mais baixo?
(a) NaCl 6,2 M   (b) $Al(NO_3)_3$ 2,1 M   (c) K_2SO_3 4,3 M

B. Elevação do ponto de ebulição

O ponto de ebulição de uma substância é a temperatura em que a pressão de vapor da substância é igual à pressão atmosférica. Uma solução contendo um soluto não volátil tem uma pressão de vapor mais baixa que a do solvente puro e deve estar em uma temperatura mais alta antes que sua pressão de vapor se iguale à pressão atmosférica e ela entre em ebulição. Assim, o ponto de ebulição de uma solução contendo um soluto não volátil é mais alto que o do solvente puro.

Um mol de qualquer molécula ou íon dissolvido em 1.000 g de água eleva o ponto de ebulição da água em 0,52 °C. A natureza do soluto não importa, apenas o número de partículas.

Exemplo 6.12 Elevação do ponto de ebulição

Calcular o ponto de ebulição de uma solução de 275 g de etilenoglicol ($C_2H_6O_2$) em 1.000 mL de água.

Estratégia

Para calcular a elevação do ponto de ebulição, devemos determinar o número de mols de etilenoglicol dissolvido em 1.000 mL de água. Usamos o fator de conversão 1,00 mol de etilenoglicol = 62,1 g de etilenoglicol.

Solução

1ª etapa: Calcular o número de mols de etilenoglicol (Egly) na solução.

$$275 \text{ g Egly} \times \frac{1 \text{ mol Egly}}{62,1 \text{ g Egly}} = 4,23 \text{ mols Egly}$$

2ª etapa: A elevação do ponto de ebulição é de 2,20 °C:

$$0,52 \times 4,23 = 2,20 \text{ °C}$$

O ponto de ebulição é elevado em 2,20 °C. Portanto, a solução entra em ebulição a 102,2 °C.

O etilenoglicol, ponto de ebulição 199 °C, é um álcool não volátil muito utilizado em radiadores de automóvel. Uma solução aquosa de etilenoglicol eleva o ponto de ebulição da mistura refrigerante e impede o superaquecimento do motor no verão. Ele baixa o ponto de congelamento da mistura refrigerante e impede o congelamento no inverno.

Pressão osmótica Quantidade de pressão externa que deve ser aplicada à solução mais concentrada para impedir a passagem de moléculas do solvente através de uma membrana semipermeável.

A membrana semipermeável é uma fatia delgada de algum material, como o celofane, com orifícios bem pequenos que permitem apenas a passagem das moléculas do solvente. As partículas solvatadas de soluto são muito maiores que as partículas do solvente e não conseguem atravessar a membrana.

Alguns íons são pequenos, mas mesmo assim não atravessam a membrana porque estão solvatados por uma camada de moléculas de água (ver Figura 6.8).

Osmose É a passagem de moléculas do solvente de certa solução menos concentrada, através de uma membrana semipermeável, para uma solução mais concentrada.

Problema 6.12

Calcular o ponto de ebulição de uma solução de 310 g de etanol, CH_3CH_2OH, em 1.000 mL de água.

C. Pressão osmótica

Para entender a pressão osmótica, consideremos o aparato experimental mostrado na Figura 6.15. Suspensa no béquer, há uma bolsa contendo uma solução 5% de açúcar em água. A bolsa é feita de uma **membrana semipermeável** com minúsculos poros, invisíveis a olho nu, mas de tamanho suficiente para permitir a passagem de moléculas do solvente (água), mas não das moléculas maiores de açúcar solvatado.

Quando a bolsa é submersa em água pura (Figura 6.15a), a água flui para dentro da bolsa por osmose e eleva o nível do líquido no tubo preso à bolsa (Figura 6.15b). Embora as moléculas de açúcar sejam grandes demais para atravessar a membrana, as moléculas de água passam facilmente em ambas as direções. Esse processo, no entanto, não pode continuar indefinidamente porque a gravidade impede que a diferença de níveis torne-se muito grande. Finalmente, chega-se a um equilíbrio dinâmico. A altura do líquido no tubo permanece inalterada (Figura 6.15b), sendo uma medida da pressão osmótica.

Os níveis do líquido no tubo de vidro e no béquer podem voltar a ser iguais se aplicarmos uma pressão externa através do tubo de vidro. A quantidade de pressão externa necessária para equalizar os níveis é chamada **pressão osmótica**.

Embora essa discussão presuma que um dos compartimentos contém solvente puro e o outro uma solução, o mesmo princípio se aplica se ambos os compartimentos contiverem soluções, contanto que suas concentrações sejam diferentes. A solução de maior concentração sempre tem uma pressão osmótica mais alta que a de menor concentração, o que significa que o fluxo de moléculas do solvente ocorre da solução mais diluída para a solução mais concentrada. É claro que o número de partículas é a consideração mais importante. Devemos lembrar que, em soluções iônicas, cada mol do soluto gera mais de um mol de partículas. Por conveniência nos cálculos, definimos um novo termo, **osmoralidade**, que é a molaridade (M) da solução multiplicada pelo número de partículas (i) produzido pelas unidades-fórmula do soluto.

$$\text{Osmolaridade} = M \times i$$

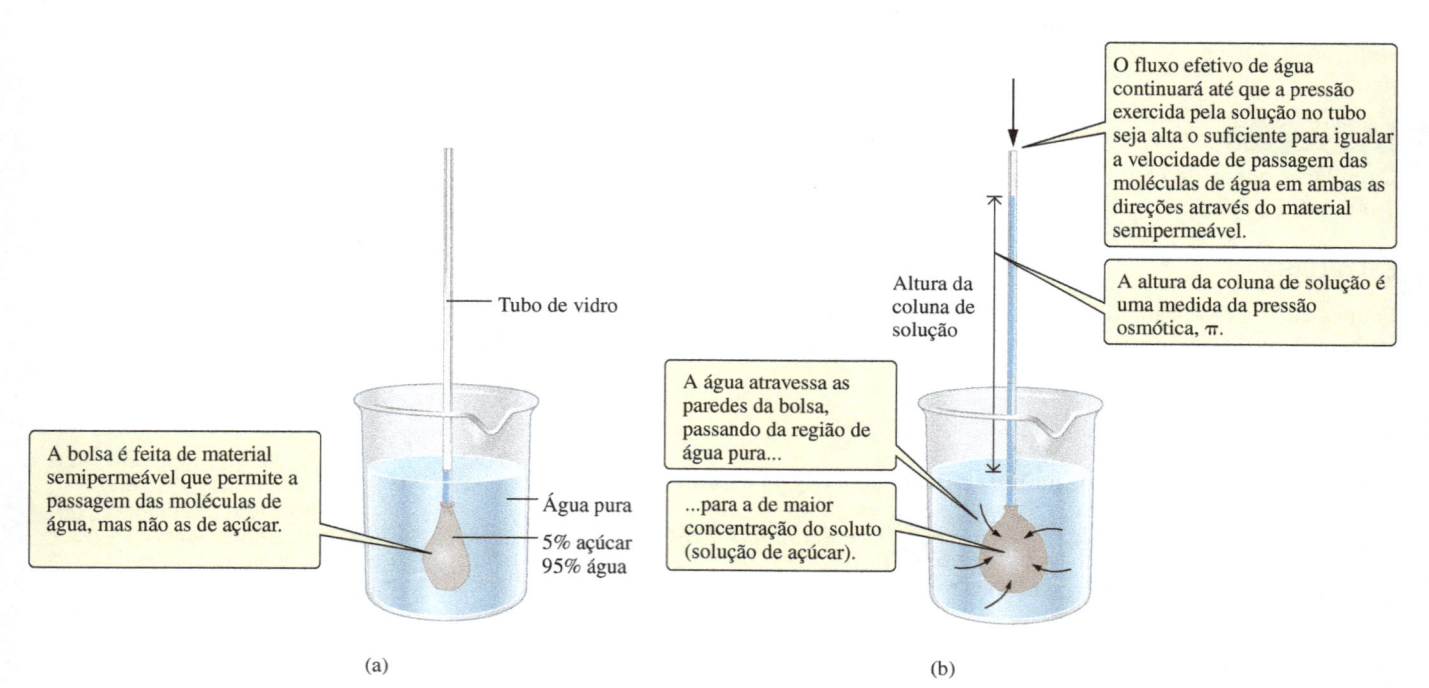

FIGURA 6.15 Demonstração da pressão osmótica.

Exemplo 6.13 | Osmolaridade

Uma solução aquosa de NaCl 0,89% w/v é considerada uma solução fisiológica salina ou isotônica porque tem a mesma concentração de sais que o sangue humano normal. Embora o sangue contenha vários sais, a solução salina tem apenas NaCl. Qual é a osmolaridade dessa solução?

Estratégia

Temos uma solução 0,89% – isto é, uma solução que contém 0,89 g de NaCl por 100 mL de solução. Como a osmolaridade baseia-se em gramas de soluto por 1.000 mililitros de solução, calculamos que essa solução contém 8,9 g de NaCl por 1.000 mL de solução. Dada essa concentração, podemos então calcular a molaridade da solução.

Solução

$$\frac{0,89 \text{ g NaCl}}{100 \text{ mL}} \times \frac{1.000 \text{ mL}}{1 \text{ L}} \times \frac{1 \text{ mol NaCl}}{58,4 \text{ g NaCl}} = \frac{0,15 \text{ mol NaCl}}{1 \text{ L}} = 0,15 \, M$$

Cada unidade-fórmula de NaCl se dissocia em duas partículas, a saber, Na^+ e Cl^-. Portanto, a osmolaridade é duas vezes a molaridade.
Osmolaridade = $0,15 \times 2 = 0,30$ osmol

Problema 6.13

Qual é a osmolaridade de uma solução de Na_3PO_4 3,3% w/v?

Uma solução de glicose 5,5% também é isotônica e usada em alimentação intravenosa.

FIGURA 6.16 Osmose e vegetais.

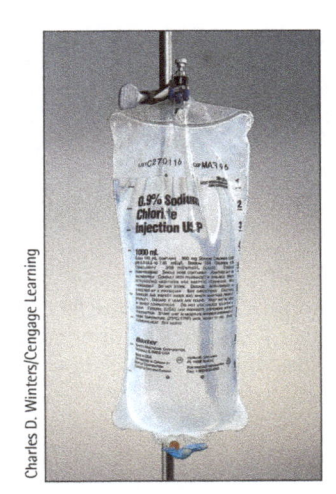

Como foi observado anteriormente, a pressão osmótica é uma propriedade coligativa. A pressão osmótica gerada por determinada solução através de uma membrana semipermeável – a diferença entre as alturas das duas colunas na Figura 6.15b – depende da osmolaridade da solução. Se a osmolaridade aumentar em um fator 2, a pressão osmótica também se elevará em um fator 2. A pressão osmótica é muito importante em organismos biológicos porque as membranas da célula são semipermeáveis. Por exemplo, as células vermelhas do sangue estão suspensas em um meio chamado plasma, que deve ter a mesma osmolaridade das células vermelhas. Duas soluções de mesma osmolaridade são chamadas **isotônicas**, assim o plasma é dito isotônico com as células vermelhas do sangue. Consequentemente, nenhuma pressão osmótica é gerada através da membrana da célula.

O ressecamento da célula por osmose ocorre quando vegetais ou carnes são curados em salmoura (uma solução aquosa concentrada de NaCl). Quando um pepino fresco é embebido em salmoura, a água flui das células do pepino para a salmoura, deixando o pepino ressecado (Figura 6.16 – *direita*). Com os temperos apropriados adicionados à salmoura, o pepino torna-se um saboroso picles. Um pepino embebido em água pura é afetado muito pouco, conforme mostra a Figura 6.16 (*esquerda*).

O que aconteceria se deixássemos células vermelhas do sangue suspensas em água destilada, e não em plasma? Dentro das células vermelhas, a osmolaridade é aproximadamente a mesma que em uma solução fisiológica salina – 0,30 osmol. A água destilada tem osmolaridade zero. Consequentemente, a água flui para dentro das células vermelhas do sangue. O volume das células aumenta, e elas intumescem, como mostra a Figura 6.18c. A membrana não resiste à pressão osmótica, e as células vermelhas finalmente estouram, vertendo seu conteúdo na água. Chamamos esse processo de hemólise.

Soluções em que a osmolaridade (e, portanto, a pressão osmótica) é mais baixa que a das células em suspensão são chamadas soluções hipotônicas. Obviamente, é muito importante que utilizemos sempre soluções isotônicas, e nunca soluções hipotônicas, na alimentação intravenosa e nas transfusões de sangue. As soluções hipotônicas simplesmente matariam as células vermelhas por hemólise.

Igualmente importante, não deveríamos usar **soluções hipertônicas**. Uma solução hipertônica tem osmolaridade maior (e pressão osmótica maior) que as células vermelhas do sangue. Se colocarmos células vermelhas em uma solução hipertônica – por exemplo, solução de glicose 0,5 osmol –, a água fluirá das células para a solução de glicose através da membrana celular semipermeável. Esse processo, denominado **crenação**, resseca as células, como mostra a Figura 6.18b.

Solução salina isotônica.

Conexões químicas 6E

Osmose reversa e dessalinização

Na osmose, o solvente flui espontaneamente do compartimento da solução diluída para o compartimento da solução concentrada. Na osmose reversa, acontece o oposto. Quando aplicamos pressões maiores que a pressão osmótica à solução mais concentrada, o solvente flui para a solução mais diluída por um processo que chamamos osmose reversa (Figura 6.17).

A osmose reversa é usada para fazer água potável a partir de água do mar ou de água salobra. Em grandes instalações no Golfo Pérsico, por exemplo, mais de 100 atm de pressão são aplicadas à água do mar contendo 35.000 ppm de sal. A água que atravessa a membrana semipermeável sob essa pressão contém apenas 400 ppm de sal – bem dentro dos limites estabelecidos pela Organização Mundial de Saúde para a água potável.

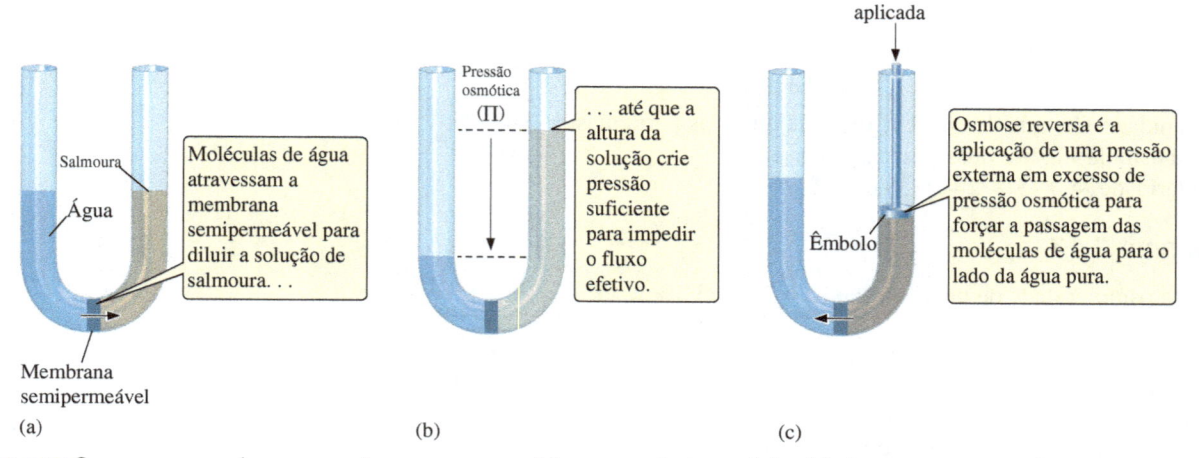

FIGURA 6.17 Osmoses normal e reversa. A osmose normal é representada em (a) e (b). A osmose reversa é representada em (c).

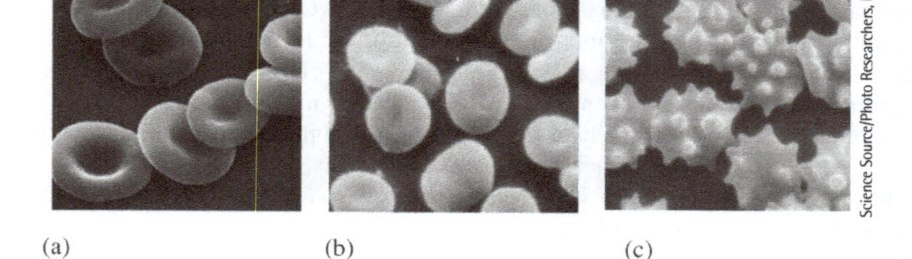

FIGURA 6.18 Células vermelhas do sangue em soluções de diferentes osmolaridades ou *tonicidades*.

Como já foi dito, NaCl 0,89 w/v% (solução fisiológica salina) é isotônico com células vermelhas do sangue, sendo utilizado em injeções intravenosas.

Exemplo 6.14 Toxicidade

Uma solução de KCl 0,50% w/v é (a) hipertônica, (b) hipotônica ou (c) isotônica se comparada às células vermelhas do sangue?

Estratégia

Calcular a osmolaridade da solução, que é sua molaridade multiplicada pelo número de partículas produzido pelas unidades-fórmula do soluto.

Solução

A solução de KCl 0,50% w/v contém 5,0 g de KCl em 1,0 L de solução:

$$\frac{5,0 \text{ g KCl}}{1,0 \text{ L}} \times \frac{1,0 \text{ mol KCl}}{74,6 \text{ g KCl}} = \frac{0,067 \text{ mol KCl}}{1,0 \text{ L}} = 0,067 \, M \text{ KCl}$$

Como cada unidade-fórmula de KCl produz duas partículas, a osmolaridade é $0{,}067 \times 2 = 0{,}13$ osmol; isso é menor que a osmolaridade das células vermelhas do sangue, que é 0,30 osmol. Portanto, a solução de KCl é hipotônica.

Problema 6.14

Qual destas soluções é isotônica se comparada às células vermelhas do sangue?
(a) Na_2SO_4 0,1 M (b) Na_2SO_4 1,0 M (c) Na_2SO_4 0,2 M

D. Diálise

Uma membrana semipermeável osmótica permite apenas a passagem das moléculas do solvente, e não as do soluto. Se, porém, as aberturas na membrana forem um pouco maiores, então as pequenas moléculas do soluto também poderão passar, mas moléculas grandes, como as partículas macromoleculares e coloidais, não. Esse processo é chamado **diálise**.

Por exemplo, ácidos ribonucleicos são moléculas biológicas importantes que estudaremos no Capítulo 25. Quando os bioquímicos preparam soluções de ácido ribonucleico, precisam remover partículas pequenas, tais como NaCl, da solução para obter uma preparação pura. Para fazê-lo, colocam a solução de ácido nucleico em uma bolsa de diálise (feita de celofane), cujo tamanho dos poros deve permitir a difusão de partículas pequenas e a retenção apenas das moléculas grandes de ácido nucléico. Se a bolsa de diálise estiver suspensa em água destilada fluente, todo o NaCl e as partículas pequenas sairão da bolsa. Depois de um certo tempo, a bolsa conterá somente os ácidos nucleicos puros dissolvidos em água.

Nossos rins funcionam de maneira muito semelhante. Os milhões de néfrons, ou células renais, possuem áreas superficiais grandes onde os capilares dos vasos sanguíneos entram em contato com os néfrons. Os rins funcionam como uma gigantesca máquina de filtragem. As excreções do sangue atravessam, por diálise, membranas semipermeáveis nos glomérulos e adentram tubos coletores que carregam a urina para o ureter. Enquanto isso, moléculas grandes de proteínas e células são retidas no sangue.

Diálise Processo em que uma solução com partículas de diferentes tamanhos é colocada em uma bolsa feita de membrana semipermeável. A bolsa é colocada em um solvente ou solução contendo apenas moléculas menores. A solução na bolsa atinge o equilíbrio com o solvente externo, permitindo a difusão das moléculas pequenas através da membrana, mas retendo as moléculas grandes.

Os glomérulos dos rins são vasos sanguíneos para onde são removidas as excreções do sangue.

Conexões químicas 6F

Hemodiálise

A principal função dos rins é remover os produtos tóxicos do sangue. Quando os rins não funcionam adequadamente, essas excreções se acumulam e podem ameaçar a vida. A hemodiálise é um processo que executa a mesma função de filtração (ver figura).

Na **hemodiálise**, o sangue do paciente circula através de um longo tubo de membrana de celofane suspenso em uma solução isotônica e depois volta para a veia do paciente. A membrana de celofane retém as partículas grandes (por exemplo, proteínas), mas permite a passagem das pequenas, incluindo excreções tóxicas. Assim, a diálise remove as excreções do sangue.

Se o tubo de celofane estivesse suspenso em água destilada, outras moléculas pequenas, como a glicose, e íons, como Na^+ e Cl^-, também seriam removidos do sangue. Isso nós não queremos que aconteça. A solução isotônica usada em hemodiálise consiste em NaCl 0,6%, KCl 0,04%, $NaHCO_3$ 0,2% e glicose 0,72% (todos w/v). Isso evita a perda de glicose e Na^+ do sangue.

Geralmente um paciente utiliza o aparelho de rim artificial de quatro a sete horas. Durante esse tempo, troca-se o banho isotônico a cada duas horas. Rins artificiais permitem que as pessoas com insuficiência renal tenham uma vida normal, embora devam fazer esse tratamento com hemodiálise regularmente.

Diagrama esquemático do dialisador de fibra oca (ou tubo capilar), o rim artificial mais utilizado. Durante a diálise, o sangue atravessa pequenos tubos de membrana semipermeável; os próprios tubos são banhados em solução dialisante.

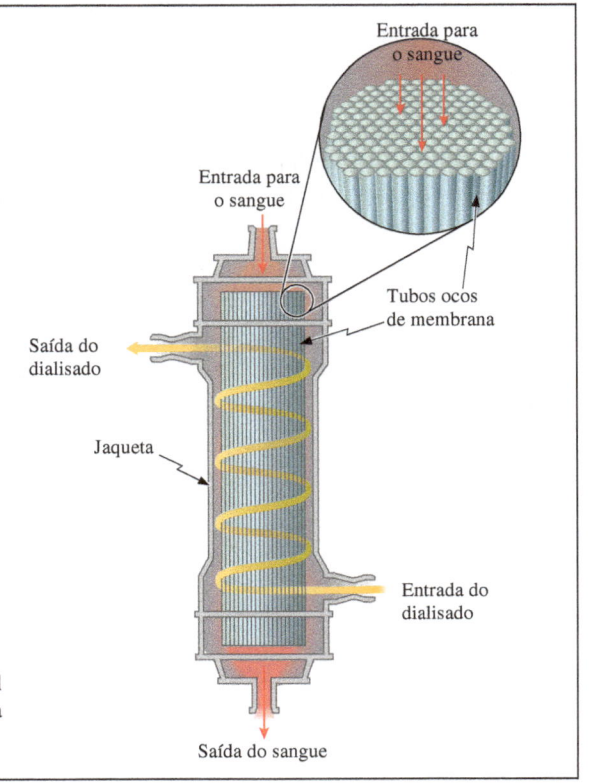

Resumo das questões-chave

Seção 6.1 O que é necessário saber por enquanto?
- Sistemas que contêm mais de um componente são **misturas**.
- **Misturas homogêneas** são uniformes em toda a sua extensão.
- **Misturas heterogêneas** exibem limites bem definidos entre as fases.

Seção 6.2 Quais são os tipos mais comuns de soluções?
- Os tipos mais comuns de soluções são gás em líquido, líquido em líquido, sólido em líquido, gás em gás e sólido em sólido.
- Quando uma solução consiste em um sólido ou gás dissolvido em um líquido, o líquido age como **solvente**, e o sólido ou gás é o **soluto**. Quando um líquido é dissolvido em outro líquido, o líquido presente em maior quantidade é considerado o solvente.

Seção 6.3 Quais são as características que distinguem as soluções?
- A distribuição das partículas de soluto é uniforme em toda a solução.
- Os componentes de uma solução não se separam em repouso.
- Uma solução não pode ser separada em seus componentes por filtração.
- Para qualquer soluto e solvente, é possível preparar soluções de muitas composições diferentes.
- A maioria das soluções é transparente.

Seção 6.4 Quais são os fatores que afetam a solubilidade?
- A **solubilidade** de uma substância é a quantidade máxima da substância que se dissolve em uma dada quantidade do solvente, a certa temperatura.
- "Semelhante dissolve semelhante" significa que moléculas polares são solúveis em solventes polares e moléculas apolares são solúveis em solventes apolares. A solubilidade de sólidos e líquidos em líquidos geralmente aumenta com a elevação da temperatura; a solubilidade de gases em líquidos geralmente diminui com o aumento da temperatura.

Seção 6.5 Quais são as unidades mais comuns para concentração?
- A concentração percentual é dada em massa por unidade de volume da solução (w/v) ou volume por unidade de volume da solução (v/v).
- Porcentagem massa/volume (w/v%) é o peso de soluto por unidade de volume do solvente, multiplicado por 100%.
- Porcentagem volume/volume (v/v%) é o volume de soluto por unidade de volume da solução, multiplicado por 100%.
- **Molaridade (M)** é o número de mols do soluto por litro de solução.

Seção 6.6 Por que a água é um solvente tão bom?
- A água é o mais importante dos solventes, pois dissolve compostos polares e íons através da ligação de hidrogênio e interações dipolo-dipolo. Íons hidratados são circundados por moléculas de água (camada de solvatação) que se movimentam com o íon, amortecendo as colisões com outros íons. Soluções aquosas de íons e sais fundidos são **eletrólitos** e conduzem eletricidade.

Seção 6.7 O que são coloides?
- Coloides apresentam um movimento aleatório e caótico chamado **movimento browniano**. São misturas estáveis, apesar do tamanho relativamente grande das partículas coloidais (de 1 a 1.000 nm). A estabilidade resulta da camada de solvatação que as protege de colisões diretas e da carga elétrica na superfície de outras partículas coloidais.

Seção 6.8 O que é uma propriedade coligativa?
- **Propriedade coligativa** é uma propriedade da solução que depende somente do número de partículas do soluto presente.
- **Abaixamento do ponto de congelamento, elevação do ponto de fusão** e **pressão osmótica** são exemplos de propriedades coligativas.
- A pressão osmótica opera através de uma membrana osmótica semipermeável que permite somente a passagem de moléculas do solvente, mas filtra todas as partículas maiores. Nos cálculos de pressão osmótica, a concentração é medida em **osmolaridade**, que é a molaridade da solução multiplicada pelo número de partículas produzido pela dissociação do soluto.
- As células vermelhas do sangue em **solução hipotônica** intumescem e estouram, um processo chamado **hemólise**.
- As células vermelhas, quando em uma **solução hipertônica**, encolhem, um processo chamado **crenação**. Algumas membranas semipermeáveis permitem a passagem de pequenas partículas do soluto com as moléculas do solvente.
- Na **diálise**, essas membranas são usadas para separar partículas maiores de partículas menores.

Problemas

Seção 6.2 Quais são os tipos mais comuns de soluções?

6.15 Indique se a afirmação é verdadeira ou falsa.
(a) Soluto é a substância dissolvida em um solvente para formar uma solução.
(b) Solvente é o meio em que um soluto é dissolvido para formar uma solução.
(c) Algumas soluções podem ser separadas em seus componentes por filtração.
(d) A chuva ácida é uma solução.

6.16 Indique se a afirmação é verdadeira ou falsa.
(a) Solubilidade é uma propriedade física como o ponto de fusão e o ponto de ebulição.
(b) Todas as soluções são transparentes – isto é, é possível ver através delas.
(c) A maioria das soluções pode ser separada em seus componentes por métodos físicos como a destilação e a cromatografia.

6.17 O vinagre é uma solução homogênea aquosa que contém ácido acético 6%. Qual é o solvente?

6.18 Suponha que você prepare uma solução dissolvendo glicose em água. Qual é o solvente e qual é o soluto?

6.19 Para cada um dos seguintes casos, indique se os solutos e solventes são gases, líquidos ou sólidos.
(a) Bronze (ver "Conexões químicas 2E")
(b) Xícara de café
(c) Escapamento de automóvel
(d) Champanhe

6.20 Dê um exemplo conhecido de solução de cada um destes tipos:
(a) Líquido em líquido
(b) Sólido em líquido
(c) Gás em líquido
(d) Gás em gás

6.21 As misturas de gases são soluções verdadeiras ou misturas heterogêneas? Explique.

Seção 6.4 Quais são os fatores que afetam a solubilidade?

6.22 Indique se a afirmação é verdadeira ou falsa.
(a) A água é um bom solvente para compostos iônicos porque a água é um líquido polar.
(b) Pequenos compostos covalentes se dissolverão em água se puderem formar ligações de hidrogênio com as moléculas de água.
(c) A solubilidade de compostos iônicos em água geralmente aumenta à medida que a temperatura se eleva.
(d) A solubilidade de gases em líquidos geralmente aumenta à medida que a temperatura se eleva.
(e) A pressão tem um pequeno efeito na solubilidade de líquidos em líquidos.
(f) A pressão tem um grande efeito na solubilidade de gases em líquidos.
(g) Em geral, quanto maior a pressão de um gás sobre a água, maior a solubilidade do gás na água.
(h) O oxigênio, O_2, é insolúvel em água.

6.23 Dissolvemos 0,32 g de ácido aspártico em 115,0 mL de água e obtivemos uma solução transparente. Após ficar em repouso por dois dias em temperatura ambiente, notamos um pó branco no fundo do béquer. O que pode ter acontecido?

6.24 A solubilidade de um composto é 2,5 g em 100 mL de solução aquosa a 25 °C. Se colocarmos 1,12 g do composto em um balão volumétrico de 50 mL, a 25 °C, e adicionarmos água suficiente para preenchê-lo até a marca, que tipo de solução obteremos: saturada ou insaturada? Explique.

6.25 A um funil de separação com duas camadas – o éter dietílico, apolar, e a água, polar – é adicionada uma pequena quantidade de sólido. Depois de agitar o funil de separação, em qual camada encontraremos cada um dos seguintes sólidos?
(a) NaCl (b) Cânfora ($C_{10}H_{16}O$) (c) KOH

6.26 Com base na polaridade e na ligação de hidrogênio, qual destes solutos seria o mais solúvel em benzeno, C_6H_6?
(a) CH_3OH (b) H_2O
(c) $CH_3CH_2CH_2CH_3$ (d) H_2SO_4

6.27 Suponha que você encontre uma mancha em uma pintura a óleo e queira removê-la sem danificar a pintura. A mancha não é solúvel em água. Conhecendo a polaridade dos seguintes solventes, qual deles você tentaria primeiro e por quê?
(a) Benzeno, C_6H_6
(b) Álcool isopropílico, C_3H_7OH
(c) Hexano, C_6H_{14}

6.28 Quais destes pares de líquidos provavelmente são miscíveis?
(a) H_2O e CH_3OH (b) H_2O e C_6H_6
(c) C_6H_{14} e CCl_4 (d) CCl_4 e CH_3OH

6.29 A solubilidade do ácido aspártico em água é 0,500 g em 100 mL, a 25 °C. Se dissolvermos 0,251 g de ácido aspártico em 50,0 mL de água, a 50 °C, e deixarmos a solução esfriar até 25 °C, sem mexer, agitar ou perturbar de qualquer forma a solução, essa solução resultante será saturada, insaturada ou supersaturada? Explique.

6.30 Perto de uma central elétrica, água morna é despejada num rio. Às vezes, na área, são observados alguns peixes mortos. Por que os peixes morrem na água morna?

6.31 Se deixarmos uma garrafa de cerveja em repouso por várias horas, depois de aberta, a cerveja fica "choca" (ela perde CO_2). Explique.

6.32 Você esperaria que a solubilidade do gás amônia em água, a 2 atm de pressão, fosse
(a) maior que, (b) igual a, ou
(c) menor que a 0,5 atm de pressão?

Seção 6.5 Quais são as unidades mais comuns para concentração?

6.33 Verifique se as seguintes afirmações.
(a) Uma parte por milhão corresponde a um minuto em dois anos ou a um centavo em $10.000.

(b) Uma parte por bilhão corresponde a um minuto em 2.000 anos ou a um único centavo em $ 10 milhões.

6.34 Descreva como preparar as seguintes soluções:
(a) 500,0 mL de uma solução de H_2S 5,32% w/w em água
(b) 342,0 mL de uma solução de benzeno 0,443% w/w em tolueno
(c) 12,5 mL de uma solução de sulfóxido de dimetila 34,2% w/w em acetona

6.35 Descreva como preparar as seguintes soluções:
(a) 280 mL de uma solução de etanol, C_2H_6O, 27% v/v em água
(b) 435 mL de uma solução de acetato de etila, $C_4H_8O_2$, 1,8% v/v em água
(c) 1,65 L de uma solução de benzeno, C_6H_6, 8,00% em clorofórmio, $CHCl_3$

6.36 Descreva como preparar as seguintes soluções:
(a) 250 mL de uma solução de NaCl 3,6% w/v em água
(b) 625 mL de uma solução de glicina, $C_2H_5NO_2$, 4,9% w/v em água
(c) 43,5 mL de uma solução de Na_2SO_4 13,7% w/v em água
(d) 518 mL de uma solução de acetona, C_3H_6O, 2,1% w/v em água

6.37 Calcule a porcentagem w/v de cada um destes solutos:
(a) 623 mg de caseína em 15,0 mL de leite
(b) 74 mg de vitamina C em 250 mL de suco de laranja
(c) 3,25 g de sacarose em 186 mL de café

6.38 Descreva como preparar 250 mL de NaOH 0,10 M a partir de NaOH sólido e água.

6.39 Supondo que os balões volumétricos apropriados estejam disponíveis, descreva como você prepararia estas soluções:
(a) 175 mL de uma solução de NH_4Br 1,14 M em água
(b) 1,35 mL de uma solução de NaI 0,825 M em água
(c) 330 mL de uma solução de etanol, C_2H_6O, 0,16 M em água

6.40 Qual é a molaridade de cada solução?
(a) 47 g de KCl dissolvidos em água suficiente para produzir 375 mL de solução
(b) 82,6 g de sacarose, $C_{12}H_{22}O_{11}$, dissolvidos em água suficiente para produzir 725 mL de solução
(c) 9,3 g de sulfato de amônio, $(NH_4)_2SO_4$, dissolvidos em água suficiente para produzir 2,35 L de solução

6.41 Uma gota de lágrima com volume de 0,5 mL contém 5,0 mg de NaCl. Qual é a molaridade do NaCl na gota de lágrima?

6.42 A concentração de ácido gástrico, HCl, é aproximadamente 0,10 M. Que volume de ácido gástrico contém 0,25 mg de HCl?

6.43 O rótulo de uma garrafa de sidra espumante informa que ela contém 22,0 g de glicose ($C_6H_{12}O_6$), 190 mg de K^+ e 4,00 mg de Na^+ por dose de 240 mL de sidra. Calcule as molaridades desses ingredientes na sidra espumante.

6.44 Se 3,18 g de $BaCl_2$ são dissolvidos em solvente suficiente para preparar uma solução de 500,0 mL, qual é a molaridade dessa solução?

6.45 O rótulo em um pote de geleia informa que ela contém 13 g de sacarose, $C_{12}H_{22}O_{11}$, para cada colher (15 mL) de geleia. Qual é a molaridade da sacarose na geleia?

6.46 Uma certa pasta de dente contém 0,17 g de NaF em 75 mL de pasta. Qual é a porcentagem w/v e a molaridade do NaF nessa pasta de dente?

6.47 Um estudante tem um frasco rotulado como solução de albumina 0,750%. O frasco contém exatamente 5,00 mL. Quanta água o estudante deve adicionar para fazer a concentração de albumina chegar a 0,125%?

6.48 Quantos gramas de soluto estão presentes em cada uma das seguintes soluções aquosas?
(a) 575 mL de uma solução de ácido nítrico, HNO_3, 2,00 M
(b) 1,65 L de uma solução de alanina, $C_3H_7NO_2$, 0,286 M
(c) 320 mL de uma solução de sulfato de cálcio, $CaSO_4$, 0,0081 M

6.49 Um estudante tem uma solução-estoque de H_2O_2 (peróxido de hidrogênio) 30% w/v. Descreva como ele prepararia 250 mL de uma solução de H_2O_2 0,25% w/v.

6.50 Para preparar 5,0 L de um ponche que contenha etanol 10% v/v, quanto de suco de fruta e etanol a 95% v/v deve ser misturado?

6.51 Um comprimido de 325 mg contém os seguintes ingredientes. Qual é a concentração de cada ingrediente em ppm?
(a) 12,5 mg de Captopril, um medicamento para pressão alta
(b) 22 mg de Mg^{2+}
(c) 0,27 mg de Ca^{2+}

6.52 Uma fatia de pão enriquecido, pesando 80 g, contém 70 µg de ácido fólico. Qual é a concentração do ácido fólico em ppm e ppb?

6.53 A dioxina é considerada um veneno em concentrações acima de 2 ppb. Se um lago de 1×10^7 L foi contaminado por 0,1 g de dioxina, a concentração atingiu um nível perigoso?

6.54 Um reservatório de água residuária industrial contém 3,60 ppb de cádmio, Cd^{2+}. Quantos mg de Cd^{2+} poderiam ser recuperados de uma tonelada (1.016 kg) dessa água?

6.55 De acordo com o rótulo de um pedaço de queijo, uma porção de 28 g fornece os seguintes valores diários: 2% de Fe, 6% de Ca e 6% de vitamina A. As necessidades diárias recomendadas para cada um desses nutrientes são: 15 mg Fe, 1.200 mg Ca e 0,800 mg vitamina A. Calcule as concentrações de cada um desses nutrientes no queijo em ppm.

Seção 6.6 Por que a água é um solvente tão bom?

6.56 Indique se a afirmação é verdadeira ou falsa.
(a) As propriedades que fazem da água um bom solvente são sua polaridade e sua capacidade para a ligação de hidrogênio.
(b) Quando compostos iônicos se dissolvem em água, seus íons são solvatados por moléculas de água.

(c) A expressão "água de hidratação" refere-se ao número de moléculas de água que circundam um íon em solução aquosa.
(d) O termo "anidro" significa "sem água".
(e) Eletrólito é uma substância que se dissolve em água produzindo uma solução que conduz eletricidade.
(f) Em uma solução que conduz eletricidade, os cátions migram na direção do cátodo, e os ânions, na direção do ânodo.
(g) Íons devem estar presentes em uma solução para que ela possa conduzir eletricidade.
(h) A água destilada é um não eletrólito.
(i) Eletrólito forte é uma substância que, em solução aquosa, se dissocia completamente em íons.
(j) Todos os compostos que se dissolvem em água são eletrólitos.

6.57 Considerando as polaridades, as eletronegatividades e os conceitos similares aprendidos no Capítulo 3, classifique cada uma das seguintes substâncias em eletrólito forte, eletrólito fraco ou não eletrólito.
(a) KCl   (b) C_2H_6O (etanol)   (c) NaOH
(d) HF   (e) $C_6H_{12}O_6$ (glicose)

6.58 Qual das seguintes substâncias produziria a luz mais intensa no aparato de condutância da Figura 6.11?
(a) KCl 0,1 M (b) $(NH_4)_3PO_4$ 0,1 M
(c) Sacarose 0,5 M

6.59 O etanol é bastante solúvel em água. Descreva como a água dissolve o etanol.

6.60 Preveja qual destes compostos covalentes é solúvel em água.
(a) C_2H_6 (b) CH_3OH (c) HF
(d) NH_3 (e) CCl_4

Seção 6.7 O que são coloides?

6.61 Indique se a afirmação é verdadeira ou falsa.
(a) Coloide é um estado da matéria intermediário entre a solução e a suspensão, em que as partículas são suficientemente grandes para espalhar a luz, mas pequenas demais para sair da solução.
(b) Soluções coloidais têm aparência turva porque as partículas coloidais são suficientemente grandes para espalhar a luz visível.

6.62 Um tipo de pneu de automóvel é feito de borracha sintética, em que as partículas de carbono, cujo tamanho varia entre 200 e 500 nm, encontram-se aleatoriamente dispersas. Como o negro de carbono absorve luz, não vemos nenhuma turbidez (isto é, um efeito Tyndall). O pneu é considerado um sistema coloidal? Em caso positivo, de que tipo? Explique.

6.63 Com base nas Tabelas 6.1 e 6.2, classifique os seguintes sistemas em misturas homogêneas, heterogêneas ou coloidais.
(a) Solução fisiológica salina   (b) Suco de laranja
(c) Nuvem   (d) Areia molhada
(e) Espuma de sabão   (f) Leite

6.64 A Tabela 6.2 não mostra nenhum exemplo de sistema coloidal gás em gás. Considerando a definição de coloide, explique por quê.

6.65 Uma solução de proteína é transparente em temperatura ambiente. Quando é esfriada a 10 °C, torna-se turva. O que causa essa mudança de aparência?

6.66 Por que os nanotubos têm propriedades ópticas e elétricas singulares?

Seção 6.8 O que é uma propriedade coligativa?

6.67 Calcule os pontos de congelamento das soluções preparadas com a dissolução de 1,00 mol de cada um dos seguintes solutos iônicos em 1.000 g de H_2O.
(a) NaCl   (b) $MgCl_2$
(c) $(NH_4)_2CO_3$ (d) $Al(HCO_3)_3$

6.68 Se adicionarmos 175 g de etilenoglicol, $C_2H_6O_2$, por 1.000 g de água a um radiador de automóvel, qual será o ponto de congelamento da solução?

6.69 O metanol, CH_3OH, é usado como anticongelante. Quantos gramas de metanol seriam necessários por 1.000 g de água para uma solução aquosa permanecer líquida a −20 °C?

6.70 No inverno, após uma tempestade de neve, espalhou-se sal para derreter o gelo nas estradas. Quantos gramas de sal por 1.000 g de gelo são necessários para torná-lo líquido a −5 °C?

6.71 Uma solução de ácido acético (CH_3COOH) 4 M baixa o ponto de congelamento em −8 °C; uma solução de KF 4 M produz um abaixamento de −15 °C no ponto de congelamento. O que explica essa diferença?

Osmose

6.72 Em um aparato que usa uma membrana semipermeável, uma solução 0,005 M de glicose (uma molécula pequena) gerou uma pressão osmótica de 10 mm Hg. Que tipo de mudança de pressão osmótica você esperaria se, em vez de uma membrana semipermeável, fosse usada uma membrana de diálise?

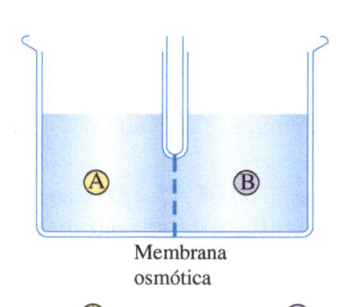

	A	B
(a)	Glicose 1%	Glicose 5%
(b)	Glicose 0,1 M	Glicose 0,5 M
(c)	NaCl 1 M	Glicose 1 M
(d)	NaCl 1 M	K_2SO_4 1 M
(e)	NaCl 3%	KCl 3%
(f)	NaBr 1 M	KCl 1 M

6.73 Em cada caso, diga qual o lado que sobe (se algum deles subir) e por quê.

6.74 Uma membrana semipermeável osmótica que permite somente a passagem de água separa dois compartimentos, A e B. O compartimento A contém NaCl 0,9%, e o compartimento B contém glicerol, $C_3H_8O_3$, 3%.
(a) Em qual compartimento o nível de solução subirá?
(b) Qual dos compartimentos (se algum) tem a pressão osmótica maior?

6.75 Calcule a osmolaridade de cada uma das seguintes soluções.
(a) Na_2CO_3 0,39 M (b) $Al(NO_3)_3$ 0,62 M
(c) LiBr 4,2 M (d) K_3PO_4 0,009 M

6.76 Dois compartimentos estão separados por uma membrana osmótica semipermeável através da qual apenas moléculas de água podem passar. O compartimento A contém uma solução de KCl 0,3 M, e o compartimento B contém uma solução de Na_3PO_4 0,2 M. Preveja de qual compartimento a água fluirá para o outro compartimento.

6.77 Uma solução de NaCl 0,9% é isotônica com o plasma sanguíneo. Qual destas soluções crenaria células vermelhas do sangue?
(a) NaCl 0,3% (b) Glicose 0,9 M (MM 180)
(c) Glicose 0,9%

Conexões químicas

6.78 (Conexões químicas 6A) Óxidos de nitrogênio (NO, NO_2, N_2O_3) são também responsáveis pela chuva ácida. Quais os ácidos que podem ser formados a partir desses óxidos de nitrogênio?

6.79 (Conexões químicas 6A) O que torna a água normal da chuva ligeiramente ácida?

6.80 (Conexões químicas 6B) Por que mergulhadores de mar profundo usam uma mistura de hélio-oxigênio no tanque em vez de ar?

6.81 (Conexões químicas 6B) O que é narcose por nitrogênio?

6.82 (Conexões químicas 6C) Qual é a fórmula química para o principal componente do calcário e do mármore?

6.83 (Conexões químicas 6C) Escreva equações balanceadas (duas etapas) para a conversão de mármore em gipsita di-hidratada.

6.84 (Conexões químicas 6D) Qual é o coloide protetor no leite?

6.85 (Conexões químicas 6E) Que pressão mínima na água do mar forçará seu fluxo da solução concentrada para a solução diluída?

6.86 (Conexões químicas 6E) A pressão osmótica gerada por uma solução, através de uma membrana semipermeável, é diretamente proporcional à sua osmolaridade. Considerando os dados de "Conexões químicas 6E" na purificação da água do mar, calcule a pressão necessária para purificar água salobra, contendo 5.000 ppm de sal, por osmose reversa.

6.87 (Conexões químicas 6F) Ocorreu um erro de preparação na solução isotônica utilizada em hemodiálise. Em vez de $NaHCO_3$ 0,2%, foi adicionado $KHCO_3$ 0,2%. Esse erro alterou a tonicidade rotulada na solução? Em caso positivo, a solução resultante é hipotônica ou hipertônica? Tal erro criaria um desequilíbrio eletrolítico no sangue do paciente? Explique.

6.88 (Conexões químicas 6F) O aparelho de rim artificial utiliza uma solução 0,6% w/v de NaCl, 0,04% w/v de KCl, 0,2% w/v de $NaHCO_3$ e 0,72% w/v de glicose. Mostre que essa é uma solução isotônica.

Problemas adicionais

6.89 Quando um pepino é colocado em uma solução salina para fazer picles, ele encolhe. Quando uma ameixa é colocada na mesma solução salina, ela intumesce. Explique o que acontece em cada caso.

6.90 Uma solução de As_2O_3 tem uma molaridade de 2×10^{-5} M. Qual é a concentração em ppm? (Suponha que a densidade da solução seja 1,00 g/mL.)

6.91 Duas garrafas de água são carbonatadas com gás CO_2, a uma pressão de 2 atm, e depois tampadas. Uma das garrafas é armazenada em temperatura ambiente, e a outra está armazenada no refrigerador. Quando a garrafa armazenada em temperatura ambiente é aberta, grandes bolhas escapam com um terço da água. A garrafa armazenada no refrigerador é aberta, mas sem ocorrência de espuma ou bolhas. Explique.

6.92 Quantos gramas de etilenoglicol devem ser adicionados a 1.000 g de água para criar uma mistura refrigerante para radiador de automóvel que não congele a −15 ºC?

6.93 Tanto o metanol, CH_3OH, quanto o etilenoglicol, $C_2H_6O_2$, são utilizados como anticongelante. Qual deles é mais eficiente, isto é, qual produz o ponto de congelamento mais baixo se massas iguais de cada um forem adicionadas à mesma massa de água?

6.94 Sabemos que uma solução salina (NaCl) 0,89% é isotônica com o sangue. Em uma emergência na vida real, você fica sem solução fisiológica salina e tem apenas KCl como sal, e água destilada. Seria aceitável preparar uma solução aquosa de KCl 0,89% e usá-la para infusão intravenosa? Explique.

6.95 O dióxido de carbono e o dióxido de enxofre são solúveis em água porque reagem com a água. Escreva possíveis equações para essas reações.

6.96 Um rótulo de reagente mostra que ele contém 0,05 ppm de chumbo como contaminante. Quantos gramas de chumbo estão presentes em 5,0 g do reagente?

6.97 Uma solução de ácido nítrico concentrado contém HNO_3 35%. Como preparar 300 mL de solução 4,5%?

6.98 Qual destas soluções terá pressão osmótica maior:
(a) Uma solução de NaCl 0,9% w/v?
(b) Uma solução de 25% w/v de um determinado dextrano de massa molecular 15.000?

6.99 Regulamentações do governo permitem uma concentração de 6 ppb de um certo poluente. Quantos gramas de poluente são permitidos em uma tonelada (1.016 kg) de água?

6.100 A osmolaridade média da água do mar é 1,18. Quanta água pura teria de ser adicionada a 1,0 mL de água do mar para ela chegar à osmolaridade do sangue (0,30 osmol)?

6.101 Uma piscina com 20.000 L de água é clorada até uma concentração final de Cl_2 0,00500 M. Qual é a concentração de Cl_2 em ppm? Quantos quilogramas de Cl_2 foram adicionados à piscina para chegar a essa concentração?

Antecipando

6.102 O fluido sinovial que existe nas juntas é uma solução coloidal de ácido hialurônico (Seção 20.6A) em água. Para isolar o ácido hialurônico do fluido sinovial, um bioquímico adiciona etanol, C_2H_6O, para que a solução chegue a 65% de etanol. O ácido hialurônico precipita em repouso. O que torna a solução de ácido hialurônico instável e a faz precipitar?

Velocidades de reação e equilíbrio químico

7

Uma vela de aniversário cintilante. Em sua composição há magnésio metálico em pó que quando queima ao ar produz a luz intensa que se observa nas faíscas.

7.1 Como se medem velocidades de reação?

Questões-chave

7.1 Como se medem velocidades de reação?

7.2 Por que algumas colisões moleculares resultam em reações e outras não?

7.3 Qual é a relação entre energia de ativação e velocidade de reação?

7.4 Como se pode mudar a velocidade da reação química?

7.5 O que significa dizer que a reação alcançou o equilíbrio?

7.6 O que é constante de equilíbrio e o que ela significa?

Como... Interpretar o valor da constante de equilíbrio, K?

7.7 O que é o princípio de Le Chatelier?

Neste capítulo, veremos dois tópicos intimamente relacionados: velocidades de reação e equilíbrio químico. Sabendo se uma reação ocorre rápida ou lentamente, podemos ter informações importantes sobre o processo em questão. Caso o processo tenha implicações na saúde, a informação poderá ser crucial. Mais cedo ou mais tarde, muitas reações vão parecer que chegaram ao fim, mas isso significa simplesmente que duas reações, que são o inverso uma da outra, estão prosseguindo na mesma velocidade. Quando isso ocorre, dizemos que a reação está em equilíbrio. O estudo do equilíbrio químico nos dá informações sobre como controlar as reações, incluindo aquelas que desempenham um papel fundamental nos processos vitais.

Algumas reações químicas ocorrem rapidamente, e outras são muito lentas. Por exemplo, glicose e gás oxigênio reagem entre si formando água e dióxido de carbono:

$$C_6H_{12}O_6(s) + 6O_2(g) \longrightarrow 6CO_2(g) + 6H_2O(\ell)$$
Glicose

Essa reação, porém, é extremamente lenta. Uma amostra de glicose exposta a O_2 no ar não exibe nenhuma mudança mesmo depois de muitos anos.

Considere o que acontece quando você ingere um ou dois comprimidos de aspirina por causa de uma leve dor de cabeça. Com frequência, a dor desaparece em aproximadamente meia hora. Assim, a aspirina deve ter reagido com alguns compostos do organismo nesse intervalo de tempo.

Durante vários anos, algumas moléculas de glicose e O_2 reagirão, mas não o suficiente para que isso seja detectado no período de um laboratório.

Muitas reações ocorrem até mais rápido. Por exemplo, se adicionamos uma solução de nitrato de prata a uma solução de cloreto de sódio (NaCl), forma-se quase que instantaneamente um precipitado de cloreto de prata (AgCl).

Equação iônica simplificada: $Ag^+(aq) + Cl^-(aq) \longrightarrow AgCl\ (s)$

Esta é uma equação iônica simplificada, portanto não mostra os íons espectadores.

A precipitação de AgCl é praticamente completa em bem menos de 1 s.

O estudo das velocidades de reação é chamado **cinética química**. A **velocidade de uma reação** é a mudança na concentração de um reagente (ou produto) por unidade de tempo. Cada reação tem sua própria velocidade, que deve ser medida em laboratório.

Cinética química É o estudo das velocidades das reações químicas.

Considere a seguinte reação ocorrida no solvente acetona:

$$CH_3{-}Cl\ +\ I^- \xrightarrow{\text{Acetona}} CH_3{-}I\ +\ Cl^-$$
$$\text{Clorometano} \qquad\qquad\qquad \text{Iodometano}$$

Esta é uma equação iônica simplificada, portanto não mostra os íons espectadores.

Para determinar a velocidade da reação, podemos medir a concentração do produto, o iodometano, na acetona em intervalos de tempo – digamos, a cada 10 min. Por exemplo, a concentração poderia aumentar de 0 para 0,12 mol/L em um período de 30 min. A velocidade da reação é a mudança na concentração do iodometano dividida pelo intervalo de tempo:

$$\frac{(0{,}12\ \text{mol CH}_3\text{I/L})\ -\ (0\ \text{mol CH}_3\text{I/L})}{30\ \text{min}} = \frac{0{,}0040\ \text{mol CH}_3\text{I/L}}{\text{min}}$$

A velocidade também poderá ser determinada com relação à diminuição na concentração de CH_3Cl ou I^-, caso seja mais conveniente.

Essa unidade é lida como "0,0040 mol por litro por minuto". Durante cada minuto da reação, uma média de 0,0040 mol de clorometano é convertida em iodometano para cada litro de solução.

A velocidade de uma reação não é constante em um longo intervalo de tempo. Na maioria das reações, no começo a mudança de concentração é diretamente proporcional ao tempo. Esse período é mostrado como a parte linear do gráfico na Figura 7.1. A velocidade calculada durante esse período, chamada **velocidade inicial**, é constante ao longo desse intervalo de tempo. Depois, à medida que o reagente é consumido, a velocidade de reação diminui. A Figura 7.1 mostra uma velocidade determinada em um momento posterior, bem como a velocidade inicial. A velocidade determinada posteriormente é menor que a velocidade inicial.

FIGURA 7.1 Mudança na concentração de B no sistema A → B em relação ao tempo. A velocidade (a mudança na concentração de B por unidade de tempo) é maior no começo da reação, diminuindo gradualmente até chegar a zero, no final da reação.

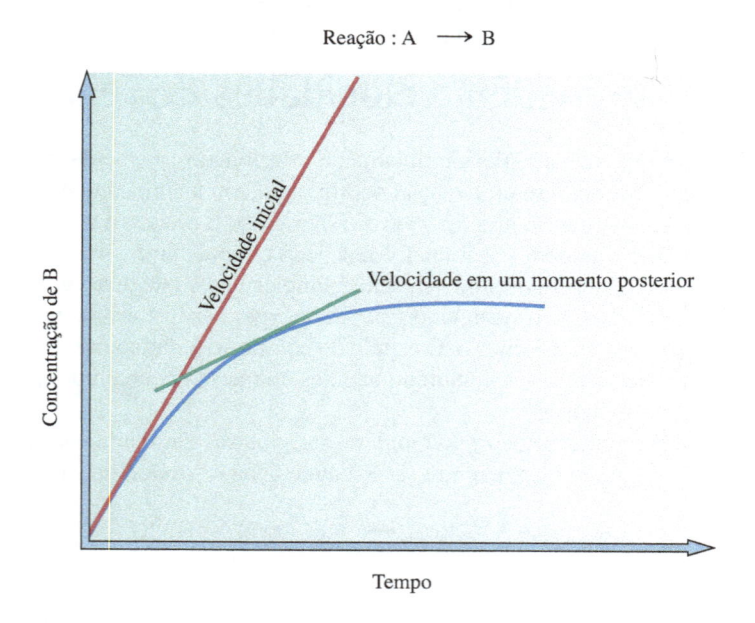

Exemplo 7.1 Velocidade de reação

Não estranhe o uso do sinal negativo na velocidade de reação. Isso significa que o reagente está sendo consumido.

Outra maneira de determinar a velocidade da reação de clorometano com o íon iodeto é medir o desaparecimento do I^- da solução. Suponha que a concentração de I^- seja de 0,24 mol I^-/L no começo da reação. Depois de 20 min, a concentração caiu para 0,16 mol I^-/L. Essa diferença é igual a uma mudança de concentração de 0,08 mol I^-/L. Qual é a velocidade da reação?

Estratégia

Usamos a definição de velocidade como a mudança na concentração por subtração. O intervalo de tempo é dado.

Solução

A velocidade da reação é:

$$\frac{(0{,}16 \text{ mol } I^-/L) - (0{,}24 \text{ mol } I^-/L)}{20 \text{ min}} = \frac{-0{,}0040 \text{ mol } I^-/L}{\text{min}}$$

Como a estequiometria dos componentes é de 1:1 nessa reação, obtemos a mesma resposta numérica para a velocidade quer monitoremos um reagente ou um produto. Observe, porém, que, quando medimos a concentração de um reagente que desaparece com o tempo, a velocidade da reação é um número negativo.

Problema 7.1

Na reação

$$2HgO(s) \longrightarrow 2Hg(\ell) + O_2(g)$$

medimos a evolução do gás oxigênio para determinar a velocidade da reação. No começo (0 min), está presente 0,020 L de O_2. Depois de 15 min, o volume de gás O_2 é de 0,35 L. Qual é a velocidade da reação?

As velocidades das reações químicas – tanto as que conduzimos no laboratório como aquelas que ocorrem em nosso organismo – são muito importantes. Uma reação que segue mais lenta que nossas necessidades pode ser inútil, enquanto outra que segue muito rápido pode ser perigosa. O ideal seria saber o que causa essa enorme variedade nas velocidades de reação. É o que veremos nas três seções seguintes.

7.2 Por que algumas colisões moleculares resultam em reações e outras não?

Para que duas moléculas ou íons possam reagir entre si, primeiro devem colidir. Como vimos no Capítulo 5, as moléculas em gases e líquidos estão em constante movimento e frequentemente colidem entre si. Se quisermos que ocorra uma reação entre dois compostos A e B, devemos permitir que se misturem, se forem gases, ou se dissolvam em um solvente, se forem líquidos. Em ambos os casos, o movimento constante das moléculas vai resultar em frequentes colisões entre as moléculas de A e B. De fato, podemos calcular quantas dessas colisões vão ocorrer em um dado intervalo de tempo. Tais cálculos indicam a ocorrência de tantas colisões entre A e B que a maior parte das reações deverá terminar em menos de um segundo. Como as reações efetivas geralmente seguem bem mais lentamente, devemos concluir que a maioria das colisões não resulta em uma reação. Tipicamente, quando uma molécula de A colide com uma molécula de B, as duas simplesmente ricocheteiam uma na outra sem reagir. De vez em quando, porém, moléculas de A e de B colidem e reagem, formando um novo composto. A colisão que resulta em uma reação é chamada **colisão efetiva**.

Por que algumas colisões são efetivas e outras não? Há três principais razões:

1. Na maioria dos casos, para ocorrer uma reação entre A e B, uma ou mais ligações covalentes devem ser rompidas em A ou B, ou em ambas, e para isso acontecer é necessária energia. A energia vem da colisão entre A e B. Se a energia da colisão for suficientemente alta, as ligações se romperão e ocorrerá uma reação. Se a energia de colisão for muito baixa, as moléculas vão ricochetear sem reagir. A energia mínima necessária para ocorrer uma reação é chamada **energia de ativação**.

    A energia de qualquer colisão depende das velocidades relativas (isto é, das energias cinéticas relativas) dos objetos em colisão e do ângulo de aproximação. Danos muito maiores ocorrem em uma colisão frontal entre dois carros a 60 km/h do que numa colisão em que um carro a 30 km/h atinge de raspão outro que vai a 15 km/h. A mesma consideração se aplica às moléculas, como mostra a Figura 7.2.

Colisão efetiva Colisão entre duas moléculas ou íons que resulta em uma reação química.

Energia de ativação Energia mínima necessária para que ocorra uma reação química.

FIGURA 7.2 A energia das colisões moleculares varia. (a) Duas moléculas que se deslocam rapidamente e colidem de frente possuem mais energia que (b) duas moléculas lentas que colidem em um ângulo.

FIGURA 7.3 As moléculas devem ser orientadas apropriadamente para que a reação ocorra. (a) Moléculas de HCl e H_2O são orientadas de modo que o H de HCl colida com o O de H_2O e a reação ocorra. (b) Não ocorre nenhuma reação porque Cl, e não H, colide com o O de H_2O. As setas coloridas mostram o trajeto das moléculas.

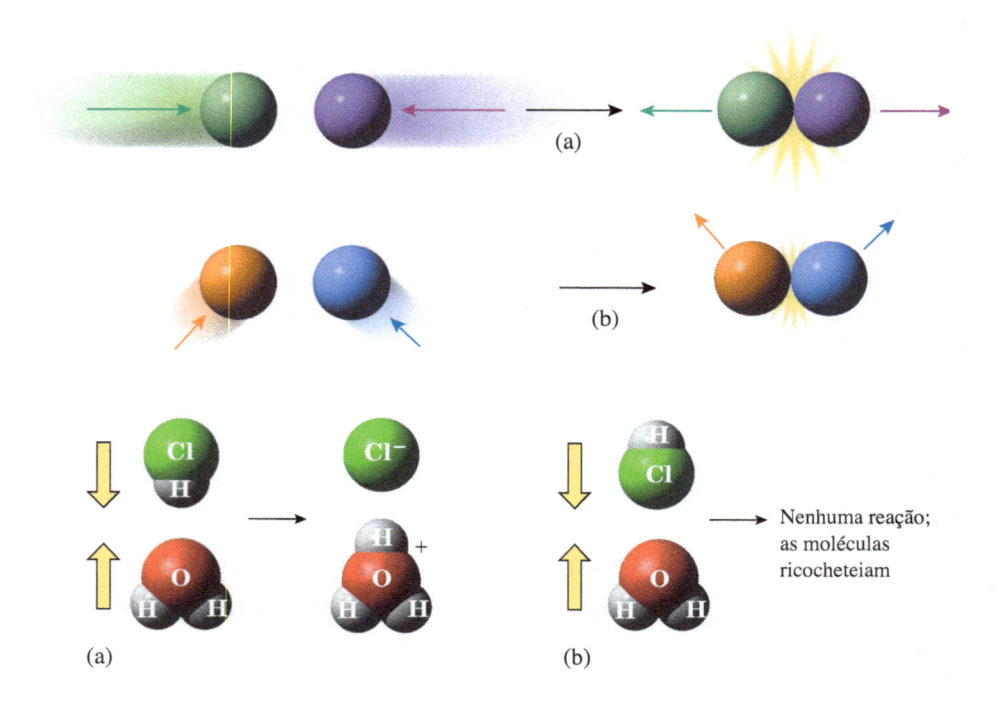

2. Mesmo que duas moléculas colidam com uma energia maior que a energia de ativação, pode não ocorrer uma reação se as moléculas não estiverem orientadas apropriadamente quando colidirem. Considere, por exemplo, a reação entre H_2O e HCl:

$$H_2O(\ell) + HCl(g) \longrightarrow H_3O^+(aq) + Cl^-(aq)$$

Para essa reação ocorrer, as moléculas devem colidir de tal forma que o H do HCl atinja o O da água, como mostra a Figura 7.3(a). Uma colisão em que o Cl atinge o O, como mostra a Figura 7.3(b), não pode resultar em uma reação, mesmo que haja energia suficiente.

3. A frequência das colisões é outro fator importante. Se mais colisões ocorrerem, as chances são que mais dessas colisões terão energia suficiente e orientação apropriada das moléculas para que ocorra uma reação.

Voltando ao exemplo dado no começo deste capítulo, agora podemos ver por que a reação entre glicose e O_2 é tão lenta. As moléculas de O_2 estão constantemente colidindo com as moléculas de glicose, mas a porcentagem de colisões efetivas é extremamente pequena em temperatura ambiente.

7.3 Qual é a relação entre energia de ativação e velocidade de reação?

A Figura 7.4 mostra um típico diagrama de energia para uma reação exotérmica. Os produtos têm energia mais baixa que os reagentes, portanto podemos esperar que a reação ocorra rapidamente. A curva, no entanto, nos mostra que os reagentes não podem ser convertidos nos produtos sem a necessária energia de ativação. A energia de ativação é como uma montanha. Se estamos em uma região montanhosa, percebemos que o único meio de ir de um ponto a outro é subindo a montanha. O mesmo acontece com a reação química. Mesmo que os produtos tenham uma energia mais baixa que a dos reagentes, aqueles não podem se formar a não ser que os reagentes "subam a montanha" – ou seja, ganhem a necessária energia de ativação.

Vejamos essa questão com mais detalhes. Em uma reação típica, ligações existentes são rompidas e novas ligações se formam. Por exemplo, quando H_2 reage com N_2 formando NH_3, seis ligações covalentes (contando a ligação tripla como três ligações) devem romper-se, e seis novas ligações covalentes devem se formar.

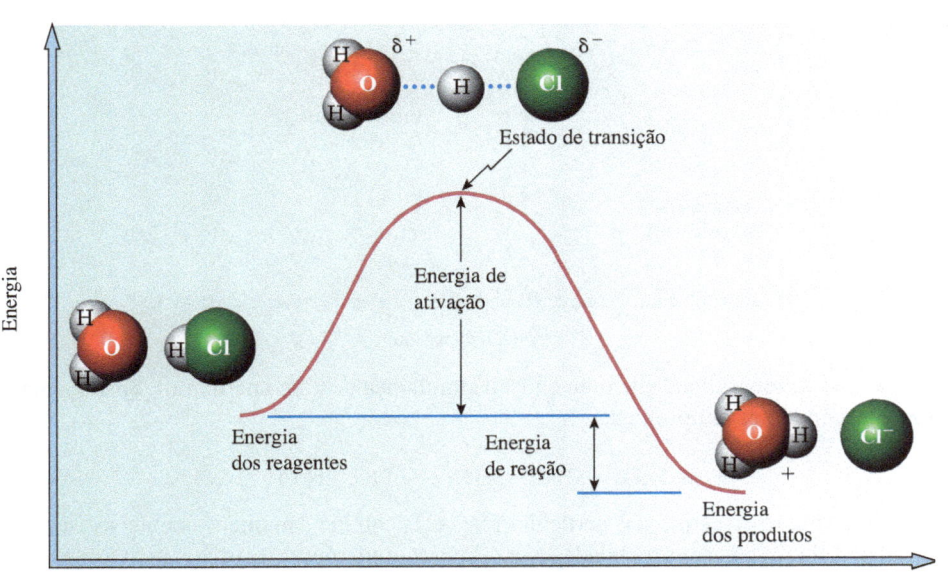

$$3\text{H}-\text{H} + \text{N}\equiv\text{N} \longrightarrow 2\text{H}-\text{N}\begin{smallmatrix}\text{H}\\ \\ \text{H}\end{smallmatrix}$$

Amônia

FIGURA 7.4 Diagrama de energia para reação exotérmica.
$\text{H}_2\text{O}(\ell) + \text{HCl}(g) \longrightarrow \text{H}_3\text{O}^+ (aq) + \text{Cl}^- (aq)$
A energia dos reagentes é maior que a energia dos produtos. O diagrama mostra as posições de todos os átomos antes, depois e no momento do estado de transição.

Para romper uma ligação, é preciso fornecer energia, mas a formação de uma ligação libera energia. Em uma reação "descendente" do tipo mostrado na Figura 7.4, a quantidade de energia liberada na criação de novas ligações é maior que aquela necessária para romper as ligações originais. Em outras palavras, a reação é exotérmica. No entanto, ela pode ter uma energia de ativação substancial, ou barreira energética, porque, em muitos casos, pelo menos uma ligação deve se romper antes que uma nova ligação possa se formar. Assim, deve-se fornecer energia ao sistema antes de se obter de volta. Isso é análogo à seguinte situação: alguém lhe oferece sociedade em um negócio do qual, por um investimento de $ 10.000,00, você vai poder obter um rendimento de $ 40.000,00 por ano, depois de um ano. Em longo prazo, você se daria muito bem. Primeiro, porém, você precisa investir os $ 10.000,00 iniciais (a energia de ativação) para começar o negócio.

Observe que usamos uma analogia para falar de energia, comparando as mudanças de energia com quantias em dinheiro. Analogias podem ser úteis até certo ponto, mas, às vezes, não são suficientes. Isso é verdade especialmente quando precisamos de informação exata. É muito importante ser preciso na terminologia quando falamos de mudanças de energia, especialmente tendo em vista que os cientistas desenvolveram várias maneiras de descrever transformações de energia sob diferentes condições. Uma das mais úteis e mais utilizadas é a "energia livre", que se refere a mudanças de energia que realmente ocorrem. Fique de olho nessa expressão. Vamos encontrá-la muitas vezes nos próximos capítulos.

Toda reação tem um diagrama de energia diferente. Às vezes, a energia dos produtos é mais alta que a dos reagentes (Figura 7.5), isto é, a reação é "ascendente". Para quase todas as reações, porém, há uma energia de "ascensão" – a energia de ativação. A energia de ativação está inversamente relacionada à velocidade da reação. Quanto mais baixa for a energia de ativação, mais rápida será a reação; quanto mais alta for a energia de ativação, mais lenta será a reação.

O ponto mais alto no diagrama de energia é chamado **estado de transição**. Quando as moléculas reagentes alcançam esse ponto, uma ou mais ligações originais são parcialmente rompidas, e uma ou mais novas ligações podem estar em processo de formação. O estado de transição para a reação do íon iodeto com clorometano ocorre quando um íon iodeto colide com uma molécula de clorometano de tal modo que o íon iodeto atinge o átomo de carbono (Figura 7.6).

A velocidade de uma reação é proporcional à probabilidade de colisões efetivas. Em determinada reação de uma única etapa, a probabilidade de que duas partículas possam colidir

Reações "ascendentes" são endotérmicas.

FIGURA 7.5 Diagrama de energia para uma reação endotérmica. A energia dos produtos é maior que a dos reagentes.

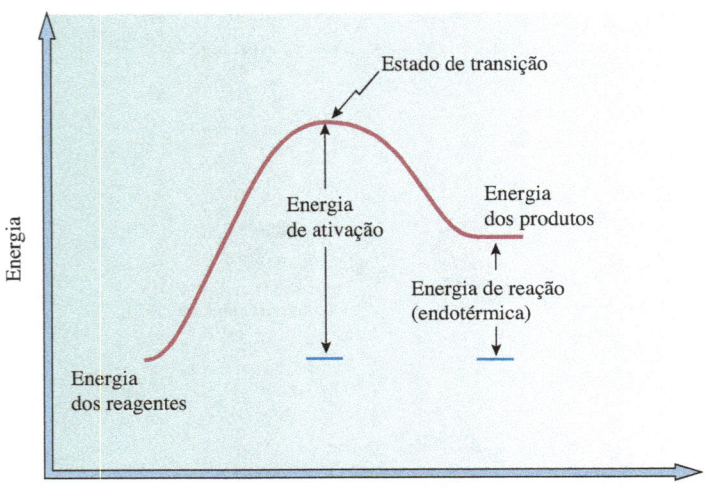

é maior que a probabilidade de uma colisão simultânea de cinco partículas. Se consideramos a reação iônica simplificada

$$H_2O_2 + 3I^- + 2H^+ \longrightarrow I_3^- + 2H_2O$$

é altamente improvável que seis partículas reagentes colidam simultaneamente; assim, essa reação deveria ser lenta. Na realidade, essa reação é muito rápida. Esse fato indica que a reação não ocorre em uma única etapa, mas em várias delas. Em cada uma dessas etapas, a probabilidade é alta para colisões entre duas partículas. Mesmo uma reação simples como

$$H_2(g) + Br_2(g) \longrightarrow 2HBr(g)$$

ocorre em três etapas:

1ª etapa: $Br_2 \xrightarrow{\text{lenta}} 2Br\cdot$

2ª etapa: $Br\cdot + H_2 \xrightarrow{\text{rápida}} HBr + H\cdot$

3ª etapa: $H\cdot + Br_2 \xrightarrow{\text{rápida}} HBr + Br\cdot$

O ponto (·) indica o elétron não emparelhado no átomo. A velocidade total da reação será controlada pela etapa mais lenta, assim como o carro em menor velocidade controla o fluxo do tráfego em uma rua. Na reação anterior, a 1ª etapa é a mais lenta, pois possui a energia de ativação mais alta.

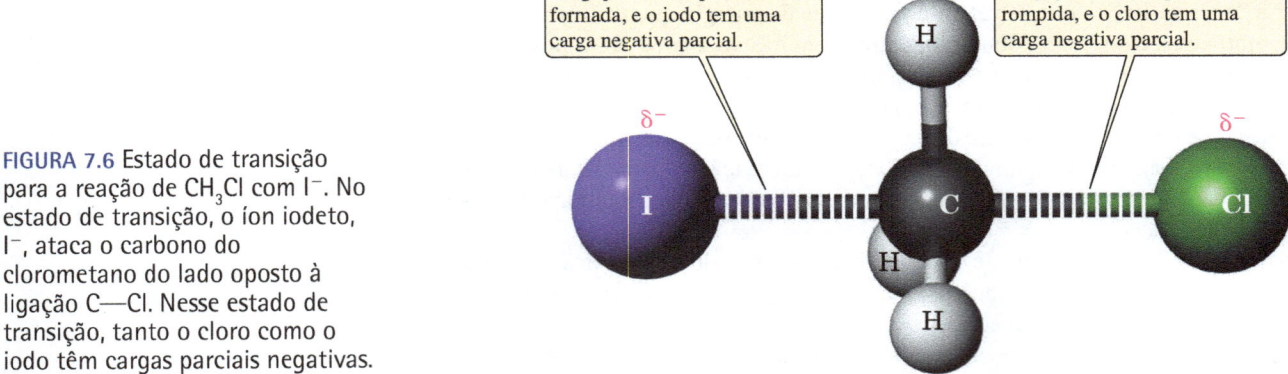

FIGURA 7.6 Estado de transição para a reação de CH_3Cl com I^-. No estado de transição, o íon iodeto, I^-, ataca o carbono do clorometano do lado oposto à ligação C—Cl. Nesse estado de transição, tanto o cloro como o iodo têm cargas parciais negativas.

7.4 Como se pode mudar a velocidade da reação química?

Na Seção 7.2, vimos que as reações ocorrem como resultado de colisões entre moléculas que se deslocam rapidamente e que possuem uma certa energia mínima (a energia de ativação). Nesta seção, examinaremos alguns fatores que afetam as energias de ativação e as velocidades de reação.

A. Natureza dos reagentes

Em geral, reações que ocorrem entre íons em solução aquosa (Seção 4.6) são extremamente rápidas e ocorrem quase instantaneamente. As energias de ativação para essas reações são muito baixas porque geralmente nenhuma ligação covalente deve ser rompida. Como previsto, reações entre moléculas covalentes, em solução aquosa ou não, ocorrem muito mais lentamente. Muitas dessas reações precisam de 15 min a 24 horas, ou até mais, para que a maioria dos reagentes seja convertida em produtos. Algumas reações levam bem mais tempo, é claro, mas raramente são úteis.

B. Concentração

Considere a seguinte reação:

$$A + B \longrightarrow C + D$$

Na maioria dos casos, a velocidade da reação aumenta quando aumentamos a concentração de um dos reagentes ou de ambos (Figura 7.7) Para muitas reações – mas não para todas –, existe uma relação direta entre concentração e velocidade de reação, isto é, quando a concentração de um reagente é dobrada, a velocidade da reação também dobra. Esse resultado é bastante compreensível com base na teoria das colisões. Se dobrarmos a concentração de A, haverá o dobro de moléculas de A no mesmo volume, portanto as moléculas de B nesse volume agora colidem com o dobro de moléculas de A por segundo. Considerando que a velocidade da reação depende do número de colisões efetivas por segundo, a velocidade dobra.

Para reações na fase gasosa, um aumento na pressão geralmente aumenta a velocidade.

No caso em que um dos reagentes é sólido, a velocidade é afetada pela área superficial do sólido. Por essa razão, uma substância na forma de pó reage mais rápido que a mesma substância em pedaços grandes.

FIGURA 7.7 Reação de palha de aço com oxigênio. (a) Quando aquecida em presença do ar, a palha de aço incandesce, mas não queima rapidamente, porque a concentração de O_2 no ar é de apenas 20%. (b) Quando a palha de aço incandescente é colocada em 100% de O_2, ela queima vigorosamente.

Podemos expressar matematicamente a relação entre velocidade e concentração. Por exemplo, para a reação

$$2H_2O_2(\ell) \longrightarrow 2H_2O(\ell) + O_2(g)$$

a velocidade determinada foi de $-0{,}01$ mol H_2O_2/L/min, em temperatura constante, quando a concentração de H_2O_2 era de 1 mol/L. Em outras palavras, a cada minuto foi con-

Os colchetes [ ] representam a concentração da espécie química cuja fórmula está entre colchetes.

Constante de velocidade
Constante de proporcionalidade, k, entre a concentração molar dos reagentes e a velocidade da reação; velocidade = k [composto].

sumido 0,01 mol/L de peróxido de hidrogênio. Os pesquisadores também descobriram que toda vez que se dobrava a concentração de H_2O_2, a velocidade também dobrava. Assim, a velocidade é diretamente proporcional à concentração de H_2O_2. Podemos escrever essa relação como

$$\text{Velocidade} = k[H_2O_2]$$

em que k é uma constante chamada **constante de velocidade**. As constantes de velocidade geralmente são calculadas a partir das **velocidades iniciais da reação** (Figura 7.1).

Exemplo 7.2 Constantes de velocidade

Calcule a constante de velocidade, k, para a reação

$$2H_2O_2(\ell) \longrightarrow 2H_2O(\ell) + O_2(g)$$

usando a velocidade e a concentração inicial mencionadas anteriormente:

$$\frac{-0{,}01 \text{ mol } H_2O_2}{L \cdot \min} \qquad [H_2O_2] = \frac{1 \text{ mol}}{L}$$

Estratégia e solução

Começamos com a equação da velocidade, resolvemos para k e depois inserimos os valores experimentais apropriados.

$$\text{Velocidade} = k[H_2O_2]$$

$$k = \frac{\text{Velocidade}}{[H_2O_2]}$$

$$= \frac{-0{,}01 \text{ mol } H_2O_2}{L \cdot \min} \times \frac{L}{1 \text{ mol } H_2O_2}$$

$$= \frac{-0{,}01}{\min}$$

Observe que todas as unidades de concentração se cancelam, e que a constante de velocidade possui unidades que indicam algum evento em um dado tempo, o que faz sentido. A resposta também é um número razoável.

Problema 7.2

Calcule a velocidade para a reação do Exemplo 7.2, quando a concentração inicial de H_2O_2 for 0,36 mol/L.

C. Temperatura

Em quase todos os casos, as velocidades de reação aumentam com a elevação da temperatura. Uma regra prática para muitas reações é que, toda vez que a temperatura sobe em 10 °C, a velocidade da reação dobra. Essa regra está longe de ser exata, mas em muitos casos não está longe de ser verdadeira. Como se pode ver, esse efeito pode ser bem grande. Se, por exemplo, conduzirmos uma reação a 90 °C e não em temperatura ambiente (20 °C), a reação seguirá cerca de 128 vezes mais rápido. São sete incrementos de 10 °C entre 20 °C e 90 °C, e $2^7 = 128$. Dito de outra forma, se são necessárias 20 h para converter 100 g do reagente A no produto C, a 20 °C, então esse processo levaria apenas 10 min a 90 °C. A temperatura, portanto, é uma poderosa ferramenta que nos permite aumentar as velocidades de reações que são inconvenientemente lentas. Também permite que diminuamos as velocidades de reações inconvenientemente rápidas. Por exemplo, podemos optar por conduzir reações a baixas temperaturas porque há risco de explosões, ou as reações de outra forma estariam fora de controle em temperatura ambiente.

O que permite que as velocidades de reação aumentem com o aumento da temperatura? Mais uma vez, apelaremos para a teoria das colisões. Aqui a temperatura tem dois efeitos:

1. Na Seção 5.6, vimos que a temperatura está relacionada à energia cinética média das moléculas. Quando a temperatura aumenta, as moléculas se movimentam mais rápido, o que significa que colidem com mais frequência. Colisões mais frequentes significam

Conexões químicas 7A

Por que a febre alta é perigosa?

Conforme "Conexões químicas 1B", uma temperatura corporal contínua de 41,7 °C é invariavelmente fatal. Agora podemos verificar por que a febre alta é perigosa. A temperatura normal do corpo é de 37 °C, e todas as diversas reações no corpo – incluindo respiração, digestão e a síntese de vários compostos – ocorrem a essa temperatura. Se um aumento de 10 °C faz a velocidade da maioria das reações quase dobrar, então um aumento de 1 °C que seja as torna bem mais rápidas que o normal.

A febre é um mecanismo de defesa, e um pequeno aumento na temperatura permite que o corpo extermine mais rapidamente os germes com a mobilização do mecanismo imunológico de defesa. Esse aumento, porém, deve ser pequeno: um acréscimo de 1 °C eleva a temperatura para 38 °C; um aumento de 3 °C eleva para 40 °C. Uma temperatura maior que 40 °C aumenta as velocidades das reações para um valor perigoso.

Pode-se facilmente detectar o aumento nas velocidades de reação quando um paciente apresenta febre alta. A pulsação aumenta e a respiração torna-se mais rápida à medida que o corpo tenta suprir quantidades cada vez maiores de oxigênio para as reações aceleradas. Um corredor de maratona, por exemplo, pode ficar superaquecido em um dia quente e úmido. Depois de algum tempo, a transpiração não consegue mais esfriar o corpo com eficácia, e o corredor poderá sofrer uma hipertermia ou um ataque cardíaco, o que, se não tratado adequadamente, poderá causar danos cerebrais.

---

velocidades de reação mais altas. Esse fator, no entanto, é bem menos importante que o segundo fator.

2. Na Seção 7.2, mencionamos que uma reação entre duas moléculas ocorre somente se houver colisões efetivas – colisões com energia igual ou maior à energia de ativação. Quando a temperatura aumenta, não somente é maior a velocidade média (energia cinética) das moléculas, mas a distribuição das velocidades também é diferente. O número de moléculas muito rápidas aumenta bem mais que o número daquelas com velocidade média (Figura 7.8). Consequentemente, há um acréscimo no número de colisões efetivas. Não apenas ocorrem mais colisões, mas a porcentagem de colisões com energia maior que a energia de ativação também aumenta. Esse fator é o principal responsável pelo aumento abrupto nas velocidades de reação com aumento da temperatura.

Neste cadinho, o íon cloreto, Cl^-, age como catalisador para a decomposição do NH_4NO_3.

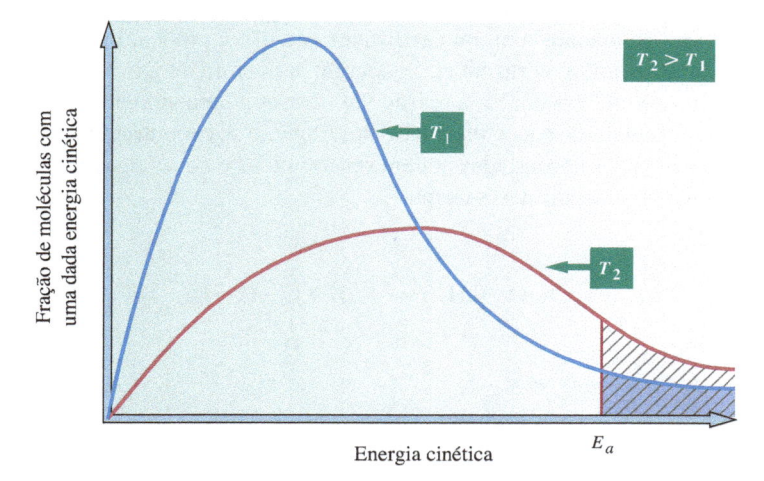

FIGURA 7.8 Distribuição das energias cinéticas (velocidades moleculares) a duas temperaturas. A energia cinética no eixo x, designada E_a, indica a energia (velocidade molecular) necessária para vencer a barreira da energia de ativação. As áreas sombreadas representam a fração de moléculas com energias cinéticas (velocidades moleculares) maiores que a energia de ativação.

D. Presença de um catalisador

Qualquer substância que aumenta a velocidade de uma reação, sem ela própria ser consumida, é chamada **catalisador**. Muitos catalisadores são conhecidos – alguns que aumentam a velocidade de apenas uma única reação e outros que afetam várias reações. Embora tenhamos visto que podemos acelerar reações aumentando a temperatura, em alguns casos elas continuarão muito lentas, mesmo nas temperaturas mais altas que se possa de modo conveniente

Catalisador Substância que aumenta a velocidade de certa reação química fornecendo uma rota alternativa de menor energia de ativação.

Catalisador heterogêneo
Catalisador em fase distinta da fase dos reagentes – por exemplo, o sólido platina, Pt(s), na reação entre $CH_2O(g)$ e $H_2(g)$.

Catalisador homogêneo
Catalisador na mesma fase dos reagentes – por exemplo, enzimas em tecidos do corpo.

alcançar. Em outros casos, não é viável aumentar a temperatura – talvez porque outras reações indesejadas possam também ser aceleradas. Nesses casos, um catalisador, se pudermos encontrar o mais adequado para uma dada reação, poderá mostrar-se valioso. Muitos processos industriais apelam para catalisadores (ver "Conexões químicas 7E"), e praticamente todas as reações que ocorrem em seres vivos são catalisadas por enzimas (Capítulo 22).

Catalisadores fazem com que a reação tome rumo diferente, um caminho com energia de ativação mais baixa. Sem o catalisador, os reagentes teriam de atingir o estado energético mais alto, como demonstra a Figura 7.9. O catalisador proporciona um estado energético mais baixo. Como vimos, uma energia de ativação mais baixa significa uma velocidade de reação mais alta.

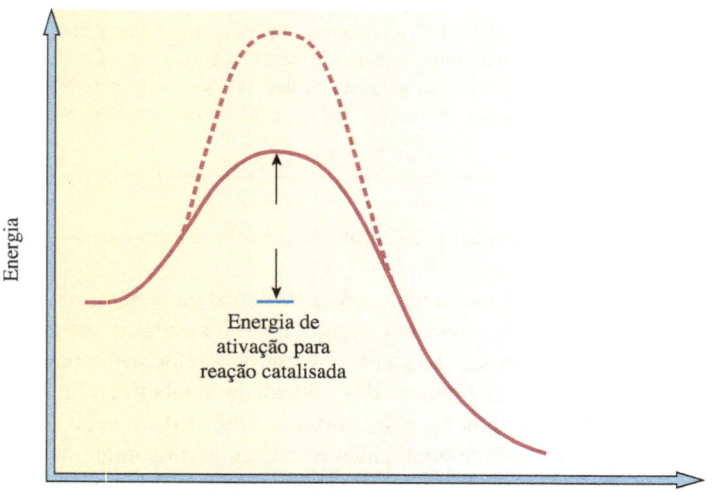

FIGURA 7.9 Diagrama de energia para uma reação catalisada. A linha pontilhada mostra a curva de energia para o processo não catalisado. O catalisador proporciona um caminho alternativo com energia de ativação mais baixa.

Cada catalisador tem sua própria modalidade de proporcionar um caminho alternativo. Muitos catalisadores fornecem uma superfície na qual os reagentes possam se encontrar. Por exemplo, a reação entre formaldeído (HCHO) e hidrogênio (H_2) formando metanol (CH_3OH) segue tão lentamente sem um catalisador que não é prática, mesmo se aumentarmos a temperatura a um nível razoável. Se, porém, a mistura de gases for agitada com platina metálica finamente granulada, a reação vai ocorrer a uma velocidade conveniente (Seção 12.6D). O formaldeído e as moléculas de hidrogênio se encontram na superfície da platina, em que as ligações apropriadas podem ser rompidas e novas ligações se formam. A reação pode então prosseguir desta forma:

Geralmente, escrevemos o catalisador acima ou abaixo da seta.

$$H_2C=O + H_2 \xrightarrow{Pt} H_3C-O-H$$

Formaldeído   Metanol

Conexões químicas 7B

Baixando a temperatura do corpo

Assim como acontece quando há um aumento significativo da temperatura corporal, uma diminuição substancial da temperatura do corpo abaixo de 37 °C pode ser prejudicial, pois as velocidades de reação tornam-se atipicamente baixas. Às vezes é possível tirar vantagem desse efeito. Em algumas cirurgias do coração, por exemplo, é necessário parar o fluxo de oxigênio para o cérebro por um tempo considerável. A 37 °C, o cérebro não pode sobreviver sem oxigênio por mais que 5 minutos sem sofrer danos permanentes. Quando, porém, a temperatura do corpo do paciente é deliberadamente baixada em torno de 28 °C a 30 °C, o fluxo de oxigênio pode ser interrompido por um tempo considerável sem causar danos, pois as velocidades de reação diminuem. A 25,6 °C, o consumo de oxigênio pelo corpo diminui em 50%.

7.5 O que significa dizer que a reação alcançou o equilíbrio?

Muitas reações são irreversíveis. Quando um pedaço de papel é totalmente queimado, os produtos são CO_2 e H_2O. Qualquer pessoa que pegue CO_2 e H_2O puros e tentar fazê-los reagir para produzir papel e oxigênio não terá êxito.

É claro que uma árvore transforma CO_2 e H_2O em madeira e oxigênio, e nós, em instalações sofisticadas, criamos papel a partir da madeira. Essas atividades, no entanto, não são o mesmo que combinar diretamente CO_2, H_2O e energia em um único processo para obter papel e oxigênio. Portanto, podemos certamente considerar a queima de papel uma reação irreversível.

Outras reações são reversíveis. Uma **reação reversível** pode ser orientada em ambas as direções. Por exemplo, se misturarmos monóxido de carbono com água, na fase gasosa, em alta temperatura, serão produzidos dióxido de carbono e hidrogênio:

$$CO(g) + H_2O(g) \longrightarrow CO_2(g) + H_2(g)$$

Se desejarmos, também podemos fazer essa reação ocorrer de outra maneira, isto é, podemos misturar dióxido de carbono e hidrogênio para obter monóxido de carbono e vapor d'água:

$$CO_2(g) + H_2(g) \longrightarrow CO(g) + H_2O(g)$$

Vejamos o que acontece quando conduzimos uma reação reversível. Vamos adicionar um pouco de monóxido de carbono ao vapor d'água na fase gasosa. Os dois compostos começam a reagir a uma certa velocidade (reação direta):

$$CO(g) + H_2O(g) \longrightarrow CO_2(g) + H_2(g)$$

À medida que a reação prossegue, as concentrações de CO e H_2O diminuem gradualmente porque ambos os reagentes estão sendo consumidos. A velocidade da reação, por sua vez, diminui gradualmente porque depende das concentrações dos reagentes (Seção 7.4B).

Mas o que está acontecendo na outra direção? Antes de adicionarmos o monóxido de carbono, nenhum dióxido de carbono ou hidrogênio estava presente. Logo que a reação direta começou, produziu pequenas quantidades dessas substâncias, e agora temos um pouco de CO_2 e H_2. Esses dois compostos, é claro, começarão a reagir entre si (reação inversa):

$$CO_2(g) + H_2(g) \longrightarrow CO(g) + H_2O(g)$$

A princípio, a reação inversa é muito lenta. À medida que as concentrações de H_2 e CO_2 (produzidas pela reação direta) aumentam gradualmente, a velocidade da reação inversa também aumenta gradualmente.

Conexões químicas 7C

Medicamentos de liberação controlada

Geralmente é desejável que determinado remédio tenha uma ação lenta e mantenha essa ação uniformemente no corpo por 24 horas. Sabemos que um sólido na forma de pó reage mais rápido que a mesma massa na forma de comprimido, porque o pó possui uma área superficial maior onde a reação pode ocorrer. Para diminuir a velocidade da reação e ter uma liberação uniforme do fármaco nos tecidos, as empresas farmacêuticas revestem partículas de alguns de seus fármacos. Esse revestimento impede o fármaco de reagir por algum tempo. Quanto mais espesso o revestimento, mais tempo leva para o fármaco reagir. Um fármaco com partículas menores possui área superficial maior que outro com partículas maiores; assim, fármacos empacotados em partículas menores vão reagir mais rapidamente. Combinando o tamanho apropriado de partícula com a quantidade adequada de revestimento, o fármaco poderá ser produzido de modo a liberar seu efeito durante um período de 24 horas. Assim, o paciente vai precisar tomar apenas um comprimido diário.

O revestimento também pode evitar problemas relacionados à irritação estomacal. Por exemplo, a aspirina pode causar ulceração ou sangramento no estômago em algumas pessoas. Comprimidos de aspirina com revestimento entérico (do grego *enteron*, que significa afetar os intestinos) possuem uma cobertura polimérica resistente a ácidos. Esse fármaco não se dissolve até chegar aos intestinos, em que não causará nenhum mal.

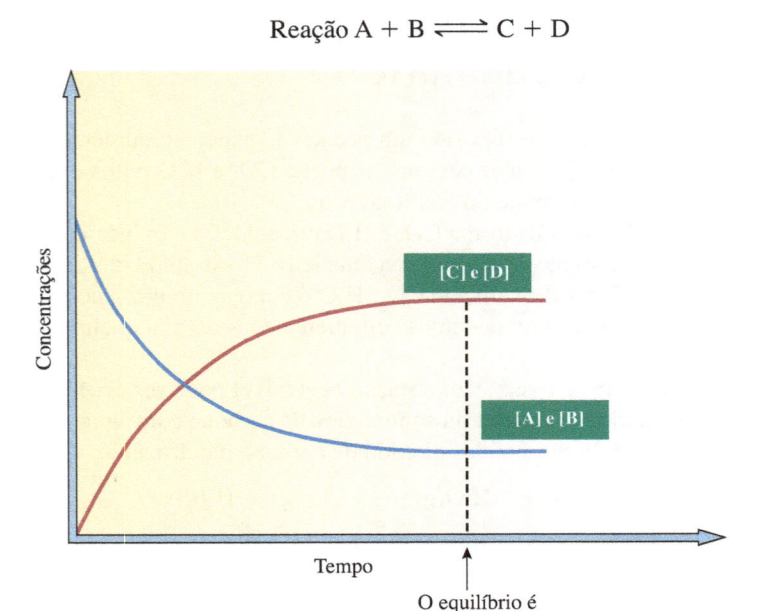

FIGURA 7.10 Mudança na concentração dos reagentes (A e B) e produtos (C e D) à medida que um sistema se aproxima do equilíbrio. Somente A e B estão presentes no começo da reação.

Equilíbrio dinâmico Estado em que a velocidade da reação direta é igual à velocidade da reação inversa.

Usamos uma seta dupla para indicar que uma reação é reversível.

Outra maneira de ver essa situação é dizer que a concentração do monóxido de carbono (e dos outros três compostos) não se altera no equilíbrio, pois o CO está sendo consumido na mesma velocidade de sua formação.

Reação A + B $\rightleftharpoons$ C + D

Temos, então, uma situação em que a velocidade da reação direta diminui aos poucos, enquanto a velocidade da reação inversa (que começou em zero) aumenta gradualmente. Por fim, as duas velocidades tornam-se iguais. Nesse ponto, o processo está em **equilíbrio dinâmico** (ou apenas **equilíbrio**).

$$CO_2(g) + H_2(g) \underset{\text{inversa}}{\overset{\text{direta}}{\rightleftharpoons}} CO(g) + H_2O(g)$$

O que acontece no recipiente onde ocorre a reação, uma vez atingido o equilíbrio? Se medirmos as concentrações das substâncias no recipiente, constataremos que não há mudança na concentração após o equilíbrio ser atingido (Figura 7.10). Seja qual for a concentração de todas as substâncias no equilíbrio, não vai haver alteração a não ser que algo aconteça e perturbe o equilíbrio (ver Seção 7.7). Isso não significa que todas as concentrações devem ser iguais – todas podem, de fato, ser diferentes, e geralmente são –, mas significa que, sejam quais forem, não mais se alteram uma vez atingido o equilíbrio, não importa o tempo que esperemos.

Considerando que as concentrações de todos os reagentes e produtos não mais se alteram, podemos dizer que nada está acontecendo? Não, sabemos que ambas as reações estão ocorrendo; todas as moléculas reagem constantemente – o CO e o H_2O transformam-se em CO_2 e H_2, e o CO_2 e o H_2 transformam-se em CO e H_2O. Como, porém, as velocidades das reações direta e inversa são iguais, nenhuma das concentrações se altera.

No exemplo que acabamos de ver, chegou-se ao equilíbrio com a adição de monóxido de carbono ao vapor d'água. Uma alternativa seria adicionar dióxido de carbono ao hidrogênio. Em ambos os casos, obtemos uma mistura no equilíbrio com os mesmos quatro compostos (Figura 7.11).

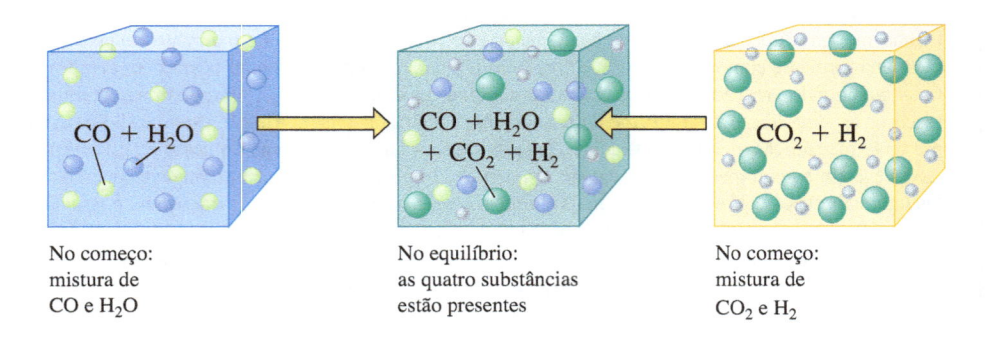

FIGURA 7.11 O equilíbrio pode ser atingido de qualquer uma das direções.

No começo: mistura de CO e H_2O

No equilíbrio: as quatro substâncias estão presentes

No começo: mistura de CO_2 e H_2

Não é necessário começar com quantidades iguais. Poderíamos, por exemplo, dispor de 10 mols de monóxido de carbono e 0,2 mol de vapor d'água. Ainda assim chegaríamos a uma mistura no equilíbrio com os quatro compostos.

7.6 O que é constante de equilíbrio e o que ela significa?

Os equilíbrios químicos podem ser tratados com uma simples expressão matemática. Primeiro, escreveremos a seguinte reação como uma equação geral para todas as reações reversíveis:

$$aA + bB \rightleftharpoons cC + dD$$

Nessa equação, as letras maiúsculas representam substâncias – CO_2, H_2O, CO e H_2, por exemplo –, e as letras minúsculas são os coeficientes da equação balanceada. A seta dupla mostra que a reação é reversível. Em geral, qualquer número de substâncias pode estar presente em ambos os lados.

No laboratório, estudamos reações de equilíbrio como aquelas apresentadas no parágrafo anterior em condições cuidadosamente controladas. Os seres vivos estão longe dessas condições de laboratório. O conceito de equilíbrio, no entanto, pode ser útil nos processos que ocorrem em organismos vivos como os seres humanos. A importância do cálcio na conservação da integridade dos ossos é um exemplo.

Os ossos são, basicamente, fosfato de cálcio, $Ca_3(PO_4)_2$. Esse composto é altamente insolúvel em água, o que dá ao tecido ósseo sua estabilidade. Altamente insolúvel não significa totalmente insolúvel ou, dizendo de outra maneira, solubilidade zero. O fosfato de cálcio sólido, em água, atinge o equilíbrio com íons cálcio e íons fosfato dissolvidos em fluido intracelular, em sua maior parte água.

$$Ca_3(PO_4)_2(s) \rightleftharpoons 3\ Ca^{2+}(aq) + 2\ PO_4^{3-}(aq)$$

No tecido ósseo, o fosfato de cálcio está em contato com cálcio dissolvido e íons fosfato em fluido intracelular. O cálcio na dieta aumenta a concentração do íon cálcio no fluido intracelular, favorecendo a reação inversa e, finalmente, aumentando a densidade dos ossos.

Uma vez atingido o equilíbrio, a seguinte reação é válida, em que K é uma constante chamada **constante de equilíbrio**:

$$K = \frac{[C]^c[D]^d}{[A]^a[B]^b} \quad \textbf{Expressão do equilíbrio}$$

Examinemos a expressão do equilíbrio. Conforme a equação, quando multiplicamos as concentrações de equilíbrio das substâncias do lado direito da equação química, e dividimos esse produto pelas concentrações de equilíbrio das substâncias do lado esquerdo (após elevar cada número à potência apropriada), obtemos a constante de equilíbrio, um número que não varia. Vejamos vários exemplos de como montar expressões de equilíbrio.

Constante de equilíbrio A razão entre as concentrações do produto e as concentrações do reagente (com expoentes que dependem dos coeficientes da equação balanceada).

Exemplo 7.3 Expressões de equilíbrio

Escreva a expressão de equilíbrio para a reação

$$CO(g) + H_2O(g) \rightleftharpoons CO_2(g) + H_2(g)$$

Estratégia e solução

$$K = \frac{[CO_2][H_2]}{[CO][H_2O]}$$

De acordo com essa expressão, no equilíbrio a concentração do dióxido de carbono, multiplicada pela concentração do hidrogênio e dividida pela concentração da água e do monóxido de carbono, é uma constante, K. Observe que não há nenhum expoente dessa equação porque todos os coeficientes da equação química são 1, e, por convenção, o expoente 1 não é escrito. Matematicamente, seria igualmente correto escrever os compostos do lado esquerdo em cima, mas o costume universal é escrevê-los, como aparecem aqui, com os produtos em cima e os reagentes embaixo.

Entende-se que a concentração de uma espécie entre colchetes é sempre expressa em mols por litro.

Problema 7.3

Escreva a expressão de equilíbrio para a reação

$$SO_3(g) + H_2O(\ell) \rightleftharpoons H_2SO_4(aq)$$

Essa reação ocorre na atmosfera quando gotículas de água reagem com óxidos de enxofre formados na combustão de combustíveis que contêm enxofre. O ácido sulfúrico resultante é um componente da chuva ácida.

Exemplo 7.4 Expressões de equilíbrio

Escreva a expressão de equilíbrio para a reação

$$O_2(g) + 4ClO_2(g) \rightleftharpoons 2Cl_2O_5(g)$$

Estratégia e solução

$$K = \frac{[Cl_2O_5]^2}{[O_2][ClO_2]^4}$$

Nesse caso, a equação química tem outros coeficientes além da unidade, portanto a expressão de equilíbrio contém expoentes.

Problema 7.4

Escreva a expressão de equilíbrio para a reação

$$2NH_3(g) \rightleftharpoons N_2(g) + 3H_2(g)$$

Agora vejamos como K é calculado.

Exemplo 7.5 Constantes de equilíbrio

Um pouco de H_2 é adicionado a I_2, a 427 °C, e a seguinte reação atinge o equilíbrio:

$$H_2(g) + I_2(g) \rightleftharpoons 2HI(g)$$

Quando o equilíbrio é atingido, as concentrações são $[I_2] = 0{,}42$ mol/L, $[H_2] = 0{,}025$ mol/L, e $[HI] = 0{,}76$ mol/L. Calcule K a 427 °C.

Estratégia

Escrever a expressão para a constante de equilíbrio e depois substituir os valores para as concentrações.
A expressão de equilíbrio é

$$K = \frac{[HI]^2}{[I_2][H_2]}$$

Solução

Substituindo as concentrações, temos:

$$K = \frac{[0{,}76\,M]^2}{[0{,}42\,M][0{,}025\,M]} = 55$$

As constantes de equilíbrio geralmente são escritas sem unidades. É prática corrente entre os químicos.

Problema 7.5

Qual é a constante de equilíbrio para a seguinte reação? As concentrações de equilíbrio são dadas sob a fórmula de cada componente.

$$PCl_3 + Cl_2 \rightleftharpoons PCl_5$$
$$1{,}66\,M \quad 1{,}66\,M \quad\quad 1{,}66\,M$$

O Exemplo 7.5 nos mostra que a constante de equilíbrio da reação entre I_2 e H_2, formando HI, é 55. O que significa esse valor? Em temperatura constante, as constantes de equilíbrio permanecem as mesmas, não importando as concentrações que temos. Isto é, a

427 °C, se começarmos adicionando, digamos, 5 mols de H_2 a 5 mols de I_2, as reações direta e inversa ocorrerão, e o equilíbrio finalmente será atingido. Nesse ponto, o valor de K será igual a 55. Se começarmos a 427 °C, com diferentes números de mols de H_2 e I_2, talvez 7 mols de H_2 e 2 mols de I_2, uma vez atingido o equilíbrio, o valor de $[HI]^2/[I_2][H_2]$ novamente será 55. Não importam as concentrações iniciais das três substâncias. A 427 °C, contanto que as três estejam presentes e o equilíbrio tenha sido atingido, suas concentrações vão se ajustar de modo que o valor da constante de equilíbrio seja igual a 55.

A constante de equilíbrio é diferente para cada reação. Em algumas reações, K é grande; em outras, K, pequena. Uma reação com K grande prossegue até o fim (à direita). Por exemplo, K é para a seguinte reação é aproximadamente 100.000.000 ou 10^8, a 25 °C:

$$N_2(g) + 3H_2(g) \rightleftharpoons 2NH_3(g)$$

O símbolo [⇌] significa que o equilíbrio está mais para a direita

Esse valor de 10^8 para K significa que, no equilíbrio, $[NH_3]$ deve ser muito grande, e $[N_2]$ e $[H_2]$, muito pequenos, de modo que $[NH_3]^2/[N_2][H_2]^3 = 10^8$. Assim, se adicionarmos N_2 a H_2, podemos estar certos de que, quando o equilíbrio é atingido, em uma delas ocorreu reação praticamente completa.

Por sua vez, uma reação como a seguinte, com um K muito pequeno, cerca de 10^{-8}, a 25 °C, dificilmente segue adiante:

$$AgCl(s) \rightleftharpoons Ag^+(aq) + Cl^-(aq)$$

Os efeitos do equilíbrio tornam-se mais óbvios em reações com valores de K entre 10^3 e 10^{-3}. Nesses casos, a reação segue até certo ponto, e concentrações significativas de todas as substâncias estão presentes no equilíbrio. Um exemplo é a reação entre monóxido de carbono e água estudada na Seção 7.5, para a qual K é igual a 10 a 600 °C.

Em soluções diluídas, costuma-se omitir a concentração do solvente da expressão de equilíbrio. Considere a reação entre amônia e água:

$$NH_3(aq) + H_2O(\ell) \rightleftharpoons NH_4^+(aq) + OH^-(aq)$$

Se a concentração da amônia for pequena, e consequentemente as concentrações do íon amônio e do íon hidróxido forem pequenas, a concentração das moléculas de água vai permanecer praticamente a mesma. Como a concentração molar da água é efetivamente constante, não a incluímos na expressão de equilíbrio:

$$K = \frac{[NH_4^+][OH^-]}{[NH_3]}$$

Como...

Interpretar o valor da constante de equilíbrio, K?

Posição de equilíbrio

A primeira questão sobre o valor de uma constante de equilíbrio é se o número é maior ou menor que 1. Se o número for maior que 1, isso significa que a razão entre as concentrações do produto e as concentrações do reagente favorece os produtos. Em outras palavras, *o equilíbrio se desloca para a direita*. Se o número for menor que 1, isso significa que a razão entre as concentrações do produto e as concentrações do reagente favorece os reagentes. Em outras palavras, *o equilíbrio se desloca para a esquerda*.

Valor numérico de K

A próxima questão focaliza o valor numérico da constante de equilíbrio. Como vimos na Seção 1.3, geralmente escrevemos números com expoentes: com expoentes positivos para números muito grandes, e expoentes negativos para números muito pequenos. O sinal e o valor numérico do expoente para uma dada constante de equilíbrio transmitem informação quanto ao deslocamento do equilíbrio: se é muito para a direita (reação é completa), muito para a esquerda (forma-se pouco produto), ou em algum ponto intermediário com quantidades significativas de reagentes e produtos presentes quando a reação atinge o equilíbrio.

Valores de K muito grandes (acima de 10^3)

A conversão de gás NO em NO_2 na presença de oxigênio atmosférico é uma reação de importância ambiental. Ambos os gases são poluentes e desempenham um grande papel na formação de *smog* e chuva ácida.

$$2\,NO(g) + O_2(g) \rightleftharpoons 2\,NO_2(g)$$

A constante de equilíbrio para essa reação é $4{,}2 \times 10^{12}$ em temperatura ambiente. Se começarmos com NO $10{,}0\,M$, veremos que somente $2{,}2 \times 10^{-6}\,M$ estará no equilíbrio, e que a concentração de NO_2 é $10{,}0\,M$, dentro do erro experimental. Resta apenas uma quantidade desprezível de NO, e dizemos que a reação foi completa.

Valores intermediários de K (menos que 10^3, porém mais que 10^{-3})

É preciso muito cuidado para transportar gás cloro, especialmente com respeito à prevenção de incêndio. O cloro pode reagir com monóxido de carbono (também produzido em incêndios) e produzir fosgênio ($COCl_2$), um dos gases venenosos usados na Primeira Guerra Mundial.

$$CO(g) + Cl_2(g) \rightleftharpoons COCl_2(g)$$
$$0{,}50\,M \quad 1{,}10\,M \qquad 0{,}10\,M$$

A constante de equilíbrio para essa reação é $0{,}20$ ($2{,}0 \times 10^{-1}$) a 600 °C. As concentrações de equilíbrio são dadas abaixo da fórmula de cada componente. São semelhantes em termos de ordem de magnitude, mas a concentração mais baixa do fosgênio é coerente com a constante de equilíbrio menor que 1.

Valores muito pequenos (menos que 10^{-3})

Sulfato de bário é um composto de baixa solubilidade muito utilizado para proteger o trato intestinal em preparações para raios X. O sólido está em equilíbrio com íons dissolvidos de bário e sulfato.

$$BaSO_4(s) \rightleftharpoons Ba^{2+}(aq) + SO_4^{2-}(aq)$$

A constante de equilíbrio para essa reação é $1{,}10 \times 10^{-10}$ em temperatura ambiente. As concentrações dos íons bário e sulfato são, ambas, $1{,}05 \times 10^{-5}\,M$. Esse número baixo implica que pouco sólido foi dissolvido.

Exemplo 7.6 Cálculos da constante de equilíbrio

Calcule a constante de equilíbrio para a reação anterior (a) com (b) e sem a inclusão de água na expressão de equilíbrio. As concentrações de equilíbrio são: $[NH_3] = 0{,}0100\,M$; $[NH_4^+] = 0{,}000400\,M$; $[OH^-] = 0{,}000400\,M$.

Estratégia

Monte a expressão da constante de equilíbrio com e sem a concentração da água, e depois compare as duas.

Solução

(a) Como a molaridade baseia-se em 1 L, primeiro calculamos a concentração da água em água, isto é, quantos mols de água estão presentes em 1 L de água.

$$[H_2O] = \frac{1.000\,g\,H_2O}{1\,L\,H_2O} \times \frac{1\,mol\,H_2O}{18{,}02\,g\,H_2O} = \frac{55{,}49\,mols\,H_2O}{1\,L\,H_2O}$$

Usamos então esse valor e a concentração da outra espécie para calcular a constante de equilíbrio para essa reação.

(b)
$$K = \frac{[0{,}000400\,M][0{,}000400\,M]}{[0{,}0100\,M][55{,}49\,M]} = 2{,}88 \times 10^{-7}$$

$$K = \frac{[0{,}000400\,M][0{,}000400\,M]}{[0{,}0100\,M]} = 1{,}60 \times 10^{-5}$$

A inclusão da concentração do solvente, a água, dá à constante de equilíbrio duas magnitudes a menos que sem ela. A constante de equilíbrio sem a inclusão do solvente é a constante aceita.

Problema 7.6

O acetato de etila é um solvente comum em muitos produtos industriais, do esmalte e removedor para as unhas ao cimento líquido para plásticos. É preparado reagindo ácido acético com etanol na presença de um catalisador ácido, HCl. Observe que essa síntese começa com ácido acético e etanol puro. A água é um dos produtos e, portanto, sua concentração deve ser incluída na constante de equilíbrio. Escreva a expressão de equilíbrio para a reação.

$$CH_3COOH(\ell) + C_2H_5OH(\ell) \underset{}{\overset{HCl}{\rightleftharpoons}} CH_3COOC_2H_5(\ell) + H_2O(\ell)$$
Ácido acético   Etanol   Acetato de etila

O HCl é um catalisador. Faz a reação chegar mais rápido ao equilíbrio, mas não afeta a posição de equilíbrio.

A constante de equilíbrio para uma dada reação permanece igual, não importa o que aconteça com as concentrações, mas o mesmo não ocorre para mudanças de temperatura. O valor de K varia com a variação da temperatura.

Como já foi apontado anteriormente nesta seção, a expressão de equilíbrio é válida somente após o equilíbrio ter sido atingido. Antes desse ponto, não há equilíbrio e, portanto, a expressão de equilíbrio não é válida. Mas quanto tempo leva para a reação atingir o equilíbrio? Não há resposta fácil para essa pergunta. Algumas reações, se os reagentes estiverem bem misturados, vão atingir o equilíbrio em menos de um segundo; outras não o atingirão nem depois de milhões de anos.

Não há nenhuma relação entre a velocidade de uma reação (quanto tempo ela leva para atingir o equilíbrio) e o valor de K. É possível ter um valor alto para K e velocidade lenta, como na reação entre glicose e O_2 formando CO_2 e H_2O, que leva muitos anos para atingir o equilíbrio (Seção 7.1), ou um valor pequeno para K e velocidade alta. Em outras reações, os valores da velocidade e de K são ambos grandes ou ambos pequenos.

7.7 O que é o princípio de Le Chatelier?

Quando uma reação atinge o equilíbrio, as reações direta e inversa ocorrem na mesma velocidade, e a concentração de equilíbrio da mistura em reação não varia, contanto que não se altere o sistema. Mas o que acontece se houver alteração? Em 1888, Henri Le Chatelier (1850-1936) formulou o chamado **princípio de Le Chatelier**: se uma perturbação externa for aplicada a um sistema em equilíbrio, o sistema reagirá de tal modo a aliviar parcialmente essa perturbação. Vejamos cinco tipos de fatores que podem perturbar um equilíbrio químico: adição de um reagente ou produto, remoção de um reagente ou produto, mudança da temperatura.

Princípio de Le Chatelier De acordo com esse princípio, quando se aplica uma perturbação a um sistema em equilíbrio químico, a posição de equilíbrio se desloca na direção em que alivia a perturbação aplicada.

A. Adição de um componente à reação

Suponha que a reação entre ácido acético e etanol tenha atingido o equilíbrio:

$$CH_3COOH + C_2H_5OH \underset{}{\overset{HCl}{\rightleftharpoons}} CH_3COOC_2H_5 + H_2O$$
Ácido acético   Etanol   Acetato de etila

Isso significa que o frasco onde ocorre a reação contém todas as quatro substâncias (mais o catalisador) e que suas concentrações não mais variam.

Agora perturbaremos o sistema adicionando um pouco de ácido acético.

Adicionando CH_3COOH → CH_3COH + $HOCH_2CH_3$ $\underset{}{\overset{HCl}{\rightleftharpoons}}$ $CH_3COCH_2CH_3$ + H_2O
Ácido acético   Etanol   Acetato de etila

O equilíbrio é deslocado para a formação de mais produto →

O resultado é que a concentração do ácido acético subitamente diminui, o que faz aumentar a velocidade da reação direta. Consequentemente, as concentrações dos produtos (acetato de etila e água) começam a aumentar. Ao mesmo tempo, as concentrações dos reagentes diminuem. Ora, um aumento nas concentrações dos produtos faz a velocidade da reação inversa aumentar, mas a velocidade da reação direta está diminuindo; assim, finalmente, as duas velocidades serão iguais novamente e um novo equilíbrio será estabelecido.

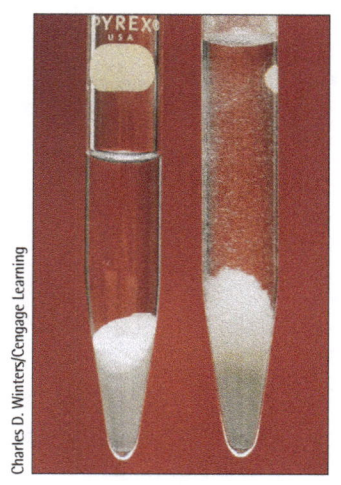

O tubo à esquerda contém uma solução saturada de acetato de prata (íons Ag^+ e íons CH_3COO^-) em equilíbrio com acetato de prata sólido. Quando mais íons prata são adicionados na forma de solução de nitrato de prata, o equilíbrio se desloca para a direita, produzindo mais acetato de prata, como pode ser visto no tubo à direita.
$Ag^+(aq) + CH_3COO^-(aq) \rightleftharpoons$
                     $CH_3COOAg(s)$

Quando essa reação acontece, as concentrações vão ser, mais uma vez, constantes, mas não iguais ao que eram antes da adição de ácido acético. Agora as concentrações de acetato de etila e água são mais altas, e a concentração de etanol, mais baixa. A concentração de ácido acético é mais alta porque adicionamos um pouco desse reagente, mas é menor do que era imediatamente após a adição.

Ao adicionar mais de um determinado componente a certo sistema em equilíbrio, esse acréscimo constitui uma perturbação. O sistema alivia essa perturbação aumentando as concentrações dos componentes que estão do outro lado da equação de equilíbrio. Dizemos que o equilíbrio se desloca na direção oposta. A adição de ácido acético, no lado esquerdo da equação, faz aumentar a velocidade da reação direta e desloca a reação para a direita: mais acetato de etila e água se formam, e parte do ácido acético e do etanol é consumida. O mesmo irá acontecer se adicionarmos etanol.

Se, no entanto, adicionarmos água ou acetato de etila, a velocidade da reação inversa vai aumentar, e a reação se deslocará para a esquerda:

$$CH_3COOH + C_2H_5OH \xrightleftharpoons[]{HCl} CH_3COOC_2H_5 + H_2O$$

Ácido acético — Etanol — Acetato de etila — Adicionando acetato de etila

O equilíbrio se desloca para a formação de reagentes

Podemos resumir dizendo que a adição de qualquer componente faz o equilíbrio deslocar-se para o lado oposto.

Exemplo 7.7 Princípio de Le Chatelier — efeito da concentração

Quando o tetróxido de dinitrogênio, um gás incolor, encontra-se em um recipiente fechado, logo aparece uma cor castanha indicando a formação de dióxido de nitrogênio (ver Figura 7.12 mais adiante neste capítulo). A intensidade da coloração castanha indica a quantidade de dióxido de nitrogênio formada. A reação de equilíbrio é:

$$N_2O_4(g) \rightleftharpoons 2NO_2(g)$$

Tetróxido de dinitrogênio (incolor) — Dióxido de nitrogênio (castanho)

Quando mais N_2O_4 é adicionado à mistura em equilíbrio, mais escura torna-se a coloração castanha. Explique o que aconteceu.

Estratégia e solução

A cor mais escura indica que mais dióxido de nitrogênio é formado. Isso acontece porque a adição do reagente desloca o equilíbrio para a direita, formando mais produto.

Problema 7.7

O que acontece à seguinte reação de equilíbrio quando Br_2 é adicionado à mistura em equilíbrio?

$$2NOBr(g) \rightleftharpoons 2NO(g) + Br_2(g)$$

B. Remoção de um componente da reação

Nem sempre é tão fácil remover um componente da reação quanto adicionar, mas geralmente há meios de fazê-lo. A remoção de um componente, ou mesmo a diminuição de sua concentração, faz baixar a velocidade da reação correspondente e altera a posição de equilíbrio. Se removermos um reagente, a reação vai se deslocar para a esquerda, na direção do lado de onde o reagente foi removido. Se removermos um produto, a reação vai se deslocar para a direita, para o lado do qual o produto foi removido.

No caso do equilíbrio ácido acético-etanol, o acetato de etila tem o ponto de ebulição mais baixo entre os quatro componentes e pode ser removido por destilação. O equilíbrio então se desloca para esse lado, de modo que mais acetato de etila é produzido para compensar a remoção. As concentrações de ácido acético e etanol diminuem, e a concentração da água aumenta. O efeito de remover um componente é, pois, o oposto ao de adicionar. A remoção de um componente desloca o equilíbrio para o lado do qual o componente foi removido.

$$\underset{\text{Ácido acético}}{CH_3COOH} + \underset{\text{Etanol}}{C_2H_5OH} \underset{}{\overset{HCl}{\rightleftharpoons}} H_2O + \underset{\text{Acetato de etila}}{CH_3COOC_2H_5} \quad \text{Removendo o acetato de etila}$$

O equilíbrio se desloca para a formação de mais produto →

Não importa o que acontece a cada concentração, o valor da constante de equilíbrio permanece inalterado.

Exemplo 7.8 Princípio de Le Chatelier — remoção de um componente da reação

A bela pedra que conhecemos como mármore é, em sua maior parte, carbonato de cálcio. Quando a chuva ácida, que contém ácido sulfúrico, ataca o mármore, a seguinte reação de equilíbrio pode ser escrita:

$$\underset{\text{Carbonato de cálcio}}{CaCO_3(s)} + \underset{\text{Ácido sulfúrico}}{H_2SO_4(aq)} \rightleftharpoons \underset{\text{Sulfato de cálcio}}{CaSO_4(s)} + \underset{\text{Dióxido de carbono}}{CO_2(g)} + H_2O(\ell)$$

Como o fato de o dióxido de carbono ser um gás influencia o equilíbrio?

Estratégia e solução

O CO_2 gasoso se difunde e deixa o sítio da reação, o que significa que esse produto é removido da mistura em equilíbrio. O equilíbrio se desloca para a direita, de modo que a estátua continua a sofrer erosão.

Problema 7.8

Considere a seguinte reação de equilíbrio para a decomposição de uma solução aquosa de peróxido de hidrogênio:

$$\underset{\text{Peróxido de hidrogênio}}{2H_2O_2(aq)} \rightleftharpoons 2H_2O(\ell) + O_2(g)$$

O oxigênio tem uma solubilidade limitada na água (ver a tabela em "Conexões químicas 6A"). O que acontece ao equilíbrio depois que a solução torna-se saturada com oxigênio?

C. Mudança de temperatura

O efeito de determinada mudança de temperatura em uma reação que atingiu o equilíbrio depende de a reação ser exotérmica (libera calor) ou endotérmica (consome calor). Primeiro vejamos uma reação exotérmica:

$$2H_2(g) + O_2(g) \rightleftharpoons 2H_2O(\ell) + 137.000 \text{ cal por mol } H_2O$$

Se considerarmos o calor um produto dessa reação, então poderemos aplicar o princípio de Le Chatelier e usar o mesmo tipo de raciocínio que utilizamos anteriormente. Um aumento na temperatura significa que estamos adicionando calor. Como o calor é um produto, sua adição desloca o equilíbrio para o lado oposto. Podemos então dizer que, se essa reação exotérmica estiver no equilíbrio e aumentarmos a temperatura, a reação vai se deslocar para a esquerda — as concentrações de H_2 e O_2 vão aumentar, e a de H_2O diminuir. Isso é válido para todas as reações exotérmicas.

- Um aumento na temperatura desloca a reação exotérmica no sentido dos reagentes (para a esquerda).
- Uma diminuição na temperatura desloca a reação exotérmica no sentido dos produtos (para a direita).

Conexões químicas 7D

Os óculos de sol e o princípio de Le Chatelier

O calor não é a única fonte de energia que afeta os equilíbrios. Os enunciados aqui formulados em relação às reações endotérmicas e exotérmicas podem ser generalizados para reações que envolvem outras formas de energia. Uma ilustração prática dessa generalização é o uso de óculos de sol com *dégradé* ajustável. O composto cloreto de prata, AgCl, é incorporado aos óculos. Esse composto, quando exposto à luz do sol, produz prata metálica, Ag, e cloro, Cl_2:

$$Luz + 2Ag^+ + 2Cl^- \rightleftharpoons 2\,Ag(s) + Cl_2$$

Quanto mais prata metálica é produzida, mais escuros se tornam os óculos. À noite, ou quando o usuário encontra-se em recinto fechado, a reação é invertida de acordo com o princípio de Le Chatelier. Nesse caso, a adição de energia na forma de luz solar desloca o equilíbrio para a direita; sua remoção desloca o equilíbrio para a esquerda.

Para uma reação endotérmica, é claro, o oposto é verdadeiro.

- Um aumento na temperatura desloca a reação endotérmica no sentido dos produtos (para a direita).
- Uma diminuição na temperatura desloca a reação endotérmica no sentido dos reagentes (para a esquerda).

Vimos na Seção 7.4 que uma mudança de temperatura não só altera a posição de equilíbrio, mas também o valor de K, a constante de equilíbrio.

Exemplo 7.9 — Princípio de Le Chatelier – efeito da temperatura

A conversão de dióxido de nitrogênio em tetróxido de nitrogênio é uma reação exotérmica.

$$2NO_2(g) \rightleftharpoons N_2O_4(g) + 13.700\text{ cal}$$

Dióxido de nitrogênio (castanho) — Tetróxido de dinitrogênio (incolor)

Na Figura 7.12, vemos que a cor castanha é mais escura a 50 °C que a 0 °C. Explique.

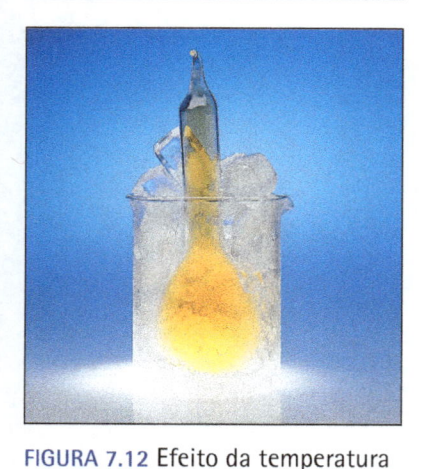

Estratégia e solução

Para ir de 0 °C a 50 °C, é preciso adicionar calor. Mas o calor é um produto dessa reação de equilíbrio, como aparece na questão. A adição de calor, portanto, desloca o equilíbrio para a esquerda. Esse deslocamento produz mais $NO_2(g)$, resultando em uma coloração castanha mais escura.

Problema 7.9

Considere a seguinte reação de equilíbrio:

$$A \rightleftharpoons B$$

O aumento da temperatura resulta em aumento na concentração de equilíbrio de B. A conversão de A em B é uma reação exotérmica ou endotérmica? Explique.

D. Mudança de pressão

Uma mudança de pressão influencia o equilíbrio somente se um ou mais dos componentes da mistura em reação forem gases. Considere a seguinte reação de equilíbrio:

$$N_2O_4(g) \rightleftharpoons 2NO_2(g)$$

Tetróxido de dinitrogênio (incolor) — Dióxido de nitrogênio (castanho)

Nesse equilíbrio, temos um mol do gás como reagente e dois mols do gás como produto. De acordo com o princípio de Le Chatelier, um aumento da pressão desloca o equilíbrio

FIGURA 7.12 Efeito da temperatura no sistema N_2O_4—NO_2 no equilíbrio (acima). A 50 °C, a forte coloração castanha indica a predominância de NO_2 (abaixo). A 0 °C, predomina o N_2O_4, que é incolor.

Conexões químicas 7E

O processo de Haber

Tanto os humanos como os animais precisam de proteínas e compostos de nitrogênio para viver. Em última análise, o nitrogênio desses compostos vem das plantas que comemos. Embora a atmosfera contenha bastante N_2, a natureza o converte em compostos utilizáveis pelos organismos biológicos apenas de uma maneira: certas bactérias têm a capacidade de "fixar" o nitrogênio atmosférico – isto é, convertê-lo em amônia. A maioria dessas bactérias vive nas raízes de certas plantas como trevo, alfafa, ervilha e feijão. No entanto, a quantidade de nitrogênio fixada por essas bactérias a cada ano é bem menor que a necessária para alimentar todos os humanos e animais do mundo.

Hoje o mundo só pode sustentar sua população usando fertilizantes feitos por fixação artificial, principalmente o **processo de Haber**, que converte N_2 em NH_3.

$$N_2(g) + 3H_2(g) \rightleftharpoons 2NH_3(g) + 22 \text{ kcal}$$

Os primeiros pesquisadores que trataram do problema da fixação do nitrogênio foram atormentados por um conflito entre equilíbrio e velocidade. Como a síntese da amônia é uma reação exotérmica, um aumento na temperatura desloca o equilíbrio para a esquerda, portanto os melhores resultados (o maior rendimento possível) devem ser obtidos a baixas temperaturas. Entretanto, a baixas temperaturas, a velocidade é muito lenta para produzir qualquer quantidade significativa de NH_3. Em 1908, Fritz Haber (1868-1934) resolveu esse problema quando descobriu um catalisador que permite que a reação ocorra a uma velocidade conveniente a 500 °C.

A amônia produzida pelo processo de Haber é convertida em fertilizantes, que são usados em todo o mundo. Sem esses fertilizantes, a produção de alimentos diminuiria de tal forma que o resultado seria a fome generalizada.

---

na direção em que diminuirão os mols na fase gasosa, diminuindo assim a pressão interna. Na reação anterior, o equilíbrio vai se deslocar para a esquerda.

- Um aumento na pressão desloca a reação na direção do lado com menos mols de gás.
- Uma diminuição na pressão desloca a reação na direção do lado com mais mols de gás.

Exemplo 7.10 Princípio de Le Chatelier – efeito da pressão do gás

Na produção da amônia, tanto os reagentes como os produtos são gases:

$$N_2(g) + 3H_2(g) \rightleftharpoons 2NH_3(g)$$

Que tipo de mudança de pressão aumentaria o rendimento da amônia?

Estratégia e solução

São quatro mols de gases do lado esquerdo e dois mols do lado direito. Para aumentar o rendimento da amônia, devemos deslocar o equilíbrio para a direita. Um aumento na pressão desloca o equilíbrio na direção do lado com menos mols – isto é, para a direita. Assim, um aumento na pressão aumentará o rendimento da amônia.

Problema 7.10

O que acontece à seguinte reação de equilíbrio quando se aumenta a pressão?

$$O_2(g) + 4ClO_2(g) \rightleftharpoons 2Cl_2O_5(g)$$

E. Os efeitos de um catalisador

Como vimos na Seção 7.4D, um catalisador aumenta a velocidade de uma reação sem que ele próprio seja alterado. Para uma reação reversível, os catalisadores sempre aumentam as velocidades das reações direta e inversa na mesma extensão. Portanto, a adição de um catalisador não tem efeito na posição de equilíbrio. No entanto, adicionar determinado catalisador a um sistema que ainda não está em equilíbrio faz o sistema atingir o equilíbrio mais rapidamente que sem o catalisador.

Resumo das questões-chave

Seção 7.1 Como se medem velocidades de reação?

- A **velocidade de uma reação** é a mudança na concentração de um reagente ou de um produto por unidade de tempo. Algumas reações são rápidas, e outras, lentas.

Seção 7.2 Por que algumas colisões moleculares resultam em reações e outras não?

- A velocidade de uma reação depende do número de **colisões efetivas** – isto é, colisões que levam a uma reação.
- A energia necessária para uma reação ocorrer é a energia de ativação. Colisões efetivas têm (1) mais do que a **energia de ativação** necessária para a reação prosseguir e (2) a orientação apropriada no espaço das partículas em colisão.

Seção 7.3 Qual é a relação entre energia de ativação e velocidade de reação?

- Quanto mais baixa for a energia de ativação, mais rápida será a reação.
- Um diagrama de energia mostra o progresso de uma reação.
- A posição no alto da curva de um diagrama de energia é chamada **estado de transição**.

Seção 7.4 Como podemos mudar a velocidade da reação química?

- As velocidades de reação geralmente aumentam com o aumento da concentração e da temperatura; também dependem da natureza dos reagentes.
- As velocidades de algumas reações podem ser aumentadas com a adição de um **catalisador**, substância que proporciona um caminho alternativo com menor energia de ativação.

- Uma constante de velocidade é a relação entre a velocidade da reação e as concentrações dos reagentes a uma temperatura constante.

Seção 7.5 O que significa dizer que a reação alcançou o equilíbrio?

- Muitas reações são reversíveis e finalmente atingem o equilíbrio.
- No **equilíbrio**, as reações direta e inversa ocorrem em velocidades iguais, e as concentrações não se alteram.

Seção 7.6 O que é constante de equilíbrio e como aplicá-las?

- Todo equilíbrio tem uma **expressão de equilíbrio** e uma **constante de equilíbrio**, K, que não varia quando as concentrações mudam, mas varia quando muda a temperatura.
- Não há nenhuma relação necessária entre o valor da constante de equilíbrio, K, e a velocidade em que o equilíbrio é atingido.

Seção 7.7 O que é o princípio de Le Chatelier?

- **O princípio de Le Chatelier** nos diz o que acontece quando submetemos um sistema em equilíbrio a uma perturbação.
- A adição de um componente faz o equilíbrio deslocar-se para o lado oposto.
- A remoção de um componente faz o equilíbrio deslocar-se para o lado de onde o componente é removido.
- O aumento na temperatura leva um equilíbrio exotérmico para o lado dos reagentes; o aumento da temperatura leva um equilíbrio endotérmico para o lado dos produtos.
- A adição de um catalisador não interfere na posição de equilíbrio.

Problemas

Seção 7.1 Como se medem velocidades de reação?

7.11 Considere a seguinte reação:

$$CH_3-Cl + I^- \longrightarrow CH_3-I + Cl^-$$
$$\text{Clorometano} \qquad \text{Iodometano}$$

Suponha que comecemos a reação com uma concentração inicial 0,260 M de iodometano. Essa concentração aumenta 0,840 M em um intervalo de 1 hora e 20 minutos. Qual é a velocidade da reação?

Seção 7.2 Por que algumas colisões moleculares resultam em reações e outras não?

7.12 Dois tipos de moléculas gasosas reagem a determinada temperatura. Os gases são borbulhados no recipiente de reação a partir de dois tubos. Na montagem A, os dois tubos estão alinhados em paralelo; na montagem B, estão a 90° um do outro; e na montagem C, estão alinhados em lados opostos. Qual das montagens renderia colisões mais efetivas?

7.13 Por que as reações entre íons em solução aquosa geralmente são mais rápidas que reações entre moléculas covalentes?

Seção 7.3 Qual é a relação entre energia de ativação e velocidade de reação?

7.14 Qual é a probabilidade de que a seguinte reação ocorra em uma única etapa? Explique.

$$O_2(g) + 4ClO_2(g) \rightleftharpoons 2Cl_2O_5(g)$$

7.15 Uma certa reação é exotérmica em 9 kcal/mol e tem uma energia de ativação de 14 kcal/mol. Desenhe um diagrama de energia para essa reação e qualifique o estado de transição.

Seção 7.4 Como se pode mudar a velocidade da reação química?

7.16 Um litro de leite, se deixado em temperatura ambiente, estraga rapidamente, mas pode ser conservado por vários dias no refrigerador. Explique.

7.17 Se certa reação leva 16 horas para ser concluída, a 10 °C, a que temperatura deveremos conduzi-la se quisermos que se complete em 1 hora?

7.18 Na maioria dos casos, quando conduzimos uma reação misturando uma quantidade fixa da substância A com uma quantidade fixa da substância B, a velocidade da reação começa em um máximo e depois diminui com o tempo. Explique.

7.19 Se você estivesse conduzindo uma reação e quisesse acelerá-la, quais seriam as três coisas que poderia tentar para atingir seu objetivo?

7.20 Que fatores determinam se uma reação a uma dada temperatura será rápida ou lenta?

7.21 Explique como um catalisador aumenta a velocidade de uma reação.

7.22 Se você adicionar um pedaço de mármore, $CaCO_3$, a uma solução 6 M de HCl, em temperatura ambiente, verá algumas bolhas se formarem em torno do mármore à medida que o gás sobe lentamente. Se adicionar mais um pedaço de mármore à mesma solução, na mesma temperatura, verá uma vigorosa formação gasosa, de modo que a solução vai parecer estar em ebulição. Explique.

Seção 7.5 O que significa dizer que a reação alcançou o equilíbrio?

7.23 Queimar um pedaço de papel é uma reação irreversível. Dê alguns outros exemplos de reações irreversíveis.

7.24 Suponha que a seguinte reação esteja no equilíbrio:

$$PCl_3 + Cl_2 \rightleftharpoons PCl_5$$

(a) As concentrações de equilíbrio de PCl_3, Cl_2 e PCl_5 são necessariamente iguais? Explique.
(b) A concentração de equilíbrio do PCl_3 é necessariamente igual à do Cl_2? Explique.

Seção 7.6 O que é constante de equilíbrio e o que ela significa?

7.25 Escreva as expressões de equilíbrio para estas reações:
(a) $2H_2O_2 \rightleftharpoons 2H_2O + O_2$
(b) $2N_2O_5 \rightleftharpoons 2N_2O_4 + O_2$
(c) $6H_2O_5 + 6CO_2 \rightleftharpoons C_6H_{12}O_6 + 6O_2$

7.26 Escreva as equações químicas correspondentes às seguintes expressões de equilíbrio.

(a) $K = \dfrac{[H_2CO_3]}{[CO_2][H_2O]}$

(b) $K = \dfrac{[P_4][O_2]^5}{[P_4O_{10}]}$

(c) $K = \dfrac{[F_2]^3[PH_3]}{[HF]^3[PF_3]}$

7.27 Considere a seguinte reação de equilíbrio. Sob cada espécie aparece sua concentração de equilíbrio. Calcule a constante de equilíbrio para a reação.

$$CO(g) + H_2O(g) \rightleftharpoons CO_2(g) + H_2(g)$$
0,933 M 0,720 M 0,133 M 3,37 M

7.28 Quando a seguinte reação atingiu o equilíbrio a 325 K, constatou-se que a constante de equilíbrio era 172. Ao se tirar uma amostra da mistura em equilíbrio, aquela continha NO_2 0,0714 M. Qual era a concentração de equilíbrio de N_2O_4?

$$2NO_2(g) \rightleftharpoons N_2O_4(g)$$

7.29 A seguinte reação atingiu o equilíbrio a 25 °C. Sob cada componente aparece sua concentração de equilíbrio. Calcule a constante de equilíbrio, K, para essa reação.

$$2NOCl(g) \rightleftharpoons 2NO(g) + Cl_2(g)$$
0,6 M 1,4 M 0,34 M

7.30 Escreva a expressão de equilíbrio para esta reação:

$$HNO_3(aq) + H_2O(\ell) \rightleftharpoons H_3O^+(aq) + NO_3^-(aq)$$

7.31 Seguem algumas constantes de equilíbrio para várias reações. Qual delas favorece a formação de produtos e qual favorece a formação de reagentes?
(a) $4{,}5 \times 10^{-8}$
(b) 32
(c) 4,5
(d) $3{,}0 \times 10^{-7}$
(e) 0,0032

7.32 Uma determinada reação tem uma constante de equilíbrio de 1,13 sob certas condições, e uma constante de equilíbrio de 1,72 em condições diferentes. Quais seriam as condições mais vantajosas em um processo industrial cujo objetivo fosse obter a quantidade máxima de produtos? Explique.

7.33 Se uma reação for muito exotérmica – isto é, se os produtos tiverem energia bem mais baixa que a dos reagentes –, podemos ter certeza de que ela ocorrerá rapidamente?

7.34 Se uma reação for muito endotérmica – isto é, se os produtos tiverem muito mais energia que os reagentes –, podemos ter certeza de que ela vai ocorrer com extrema lentidão, ou não ocorrerá?

7.35 Determinada reação tem uma constante de velocidade alta, mas uma constante de equilíbrio pequena. O que isso significa em termos de produção industrial?

Seção 7.7 O que é o princípio de Le Chatelier?

7.36 Complete a seguinte tabela mostrando os efeitos da mudança nas condições de reação sobre o equilíbrio e o valor da constante de equilíbrio, K.

Mudança de condição	Como o sistema reagente varia para atingir um novo equilíbrio	O valor de K aumenta ou diminui?
Adição de um reagente	Desloca-se para a formação do produto	Nem um nem outro
Remoção de um reagente		
Adição de um produto		
Remoção de um produto		
Aumento da pressão		

7.37 Suponha que a seguinte reação exotérmica esteja no equilíbrio:

$$H_2(g) + I_2(g) \rightleftharpoons 2HI(g)$$

Indique se a posição de equilíbrio vai se deslocar para a direita ou para a esquerda se for
(a) Removido um pouco de HI.
(b) Adicionado um pouco de I_2.
(c) Removido um pouco de I_2.
(d) Aumentada a temperatura.
(e) Adicionado um catalisador.

7.38 A seguinte reação é endotérmica:

$$3O_2(g) \rightleftharpoons 2O_3(g)$$

Se a reação estiver no equilíbrio, indique se o equilíbrio vai se deslocar para a direita ou para a esquerda se for
(a) Removido um pouco de O_3.
(b) Removido um pouco de O_2.
(c) Adicionado um pouco de O_3.
(d) Diminuída a temperatura.
(e) Adicionado um catalisador.
(f) Aumentada a pressão.

7.39 A seguinte reação é exotérmica: depois de atingir o equilíbrio, adicionamos algumas gotas de Br_2.

$$2NO(g) + Br_2(g) \rightleftharpoons 2NOBr(g)$$

(a) O que acontecerá ao equilíbrio?
(b) O que acontecerá à constante de equilíbrio?

7.40 Há alguma mudança de condição que altera a constante de equilíbrio, K, de uma dada reação?

7.41 A constante de equilíbrio a 1.127 °C para a seguinte reação endotérmica é 571:

$$2H_2S(g) \rightleftharpoons 2H_2(g) + S_2(g)$$

Se a mistura estiver no equilíbrio, o que acontecerá a K caso seja:
(a) Adicionado um pouco de H_2S?
(b) Adicionado um pouco de H_2?
(c) Baixada a temperatura a 1.000 °C?

Conexões químicas

7.42 (Conexões químicas 7A) Em uma infecção bacteriana, a temperatura do corpo pode chegar a 38 °C. As defesas do corpo matam as bactérias diretamente com o calor ou por outro mecanismo? Se for este o caso, qual será o mecanismo?

7.43 (Conexões químicas 7A e 7B) Por que a febre alta é perigosa? Por que uma temperatura baixa é perigosa para o corpo?

7.44 (Conexões químicas 7B) Por que às vezes os cirurgiões baixam a temperatura do corpo durante cirurgias no coração?

7.45 (Conexões químicas 7C) Um analgésico – por exemplo, Tylenol – pode ser adquirido sob duas formas, cada uma com a mesma quantidade do fármaco. Uma das formas é um comprido sólido devidamente revestido, e a outra é uma cápsula que contém pequenas partículas e o mesmo revestimento. Qual dos medicamentos age mais rápido? Explique.

7.46 (Conexões químicas 7D) Que reações ocorrem quando a luz do sol atinge o composto cloreto de prata?

7.47 (Conexões químicas 7D) Você tem uma prescrição para fazer óculos de sol: 3,5 g AgCl/kg de vidro. Chega um novo pedido para fazer óculos de sol que serão usados em desertos como o Saara. Como você mudaria a prescrição?

7.48 (Conexões químicas 7E) Se o equilíbrio para o processo de Haber é desfavorável em altas temperaturas, por que as indústrias usam altas temperaturas?

Problemas adicionais

7.49 Na reação entre H_2 e Cl_2 para formar HCl, uma elevação de 10 °C na temperatura dobra a velocidade da reação. Se a velocidade da reação a 15 °C é 2,8 mols de HCl por litro por segundo, quais são as velocidades a −5 °C e 45 °C?

7.50 Desenhe um diagrama de energia para uma reação exotérmica com rendimento de 75 kcal/mol. A energia de ativação é 30 kcal/mol.

7.51 Desenhe um diagrama semelhante ao da Figura 7.4. Desenhe uma segunda linha para o perfil energético que comece e termine no mesmo nível da primeira, mas com um pico menor que o da primeira linha. Chame-as de 1 e 2. O que pode ter ocorrido para alterar o perfil energético de uma reação de 1 para 2?

7.52 Para a reação

$$2NOBr(g) \rightleftharpoons 2NO(g) + Br_2(g)$$

a velocidade foi de −2,3 mol NOBr/L/h, quando a concentração era 6,2 mol NOBr/L. Qual é a constante de velocidade da reação?

7.53 A constante de equilíbrio para a seguinte reação é 25:

$$2NOBr(g) \rightleftharpoons 2NO(g) + Br_2(g)$$

Com uma medida efetuada na mistura em equilíbrio, constatou-se que as concentrações de NO e Br_2 eram, ambas, 0,80 M. Qual é a concentração de NOBr no equilíbrio?

7.54 Na seguinte reação, a concentração de N_2O_4 em mol/L foi medida ao final de cada tempo mostrado. Qual é a velocidade inicial da reação?

$$N_2O_4(g) \rightleftharpoons 2NO_2(g)$$

Tempo (s)	[N₂O₄]
0	0,200
10	0,180
20	0,162
30	0,146

7.55 Como se pode aumentar a velocidade de uma reação gasosa sem adicionar mais reagentes ou um catalisador, e sem mudar a temperatura?

7.56 Em uma reação endotérmica, a energia de ativação é 10,0 kcal/mol. A energia de ativação da reação inversa também é 10,0 kcal/mol? Ou seria mais, ou menos? Explique com a ajuda de um diagrama.

7.57 Escreva a reação a que se aplica a seguinte expressão de equilíbrio:

$$K = \frac{[NO_2]^4[H_2O]^6}{[NH_3]^4[O_2]^7}$$

7.58 Observou-se que a velocidade da seguinte reação, a 300 K, é de 0,22 M NO₂/min. Qual seria a velocidade aproximada a 320 K?

$$N_2O_4(g) \rightleftharpoons 2NO_2(g)$$

7.59 Suponha que duas reações diferentes estejam ocorrendo na mesma temperatura. Na reação A, duas moléculas esféricas diferentes colidem gerando um produto. Na reação B, as moléculas em colisão têm o formato de um bastão. Cada reação tem o mesmo número de colisões por segundo e a mesma energia de ativação. Qual das reações segue mais rápido?

7.60 É possível que uma reação endotérmica tenha energia de ativação zero?

7.61 Na seguinte reação, a velocidade de surgimento de I₂ é medida nos tempos indicados. Qual é a velocidade inicial da reação?

$$2HI(g) \rightleftharpoons H_2(g) + I_2(g)$$

Tempo (s)	[I₂]
0	0
10	0,30
20	0,57
30	0,81

7.62 Uma reação ocorre em três etapas com as seguintes constantes de velocidade:

$$A \xrightarrow[\text{1ª Etapa}]{k_1 = 0,3\ M} B \xrightarrow[\text{2ª Etapa}]{k_2 = 0,05\ M} C \xrightarrow[\text{3ª Etapa}]{k_3 = 4,5\ M} D$$

(a) Qual é a etapa determinante da velocidade?
(b) Qual das etapas tem a energia de ativação mais baixa?

Antecipando

7.63 Como veremos no Capítulo 18, a reação de um ácido carboxílico com um álcool, na presença de um catalisador ácido, para formar um éster e água é uma reação de equilíbrio. Um exemplo é a reação de ácido acético com etanol, na presença de HCl, para formar acetato de etila e água.

$$\underset{\text{Ácido acético}}{CH_3\overset{O}{\overset{\|}{C}}OH} + \underset{\text{Etanol}}{HOCH_2CH_3} \xrightleftharpoons{HCl}$$

$$\underset{\text{Acetato de etila}}{CH_3\overset{O}{\overset{\|}{C}}OCH_2CH_3} + H_2O$$

Inicial	1,00 mol	1,00 mol	0 mol	0 mol
No equilíbrio	0,33 mol	—	—	—

(a) Considerando a estequiometria dessa reação a partir da equação balanceada, preencha as três concentrações de equilíbrio restantes.
(b) Calcule a constante de equilíbrio, K, para essa reação.

7.64 Como veremos no Capítulo 20, há duas formas de glicose, alfa (α) e beta (β), que estão em equilíbrio em solução aquosa. A constante de equilíbrio para a reação é de 1,5 a 30 °C.

$$\alpha\text{-D-glicose(aq)} \rightleftharpoons \beta\text{-D-glicose(aq)} \quad K = 1,5$$

(a) Se você começar com uma solução de α-D-glicose 1,0 M em água, qual será a concentração quando o equilíbrio for atingido?
(b) Calcule a porcentagem de α-glicose e de β-glicose presente no equilíbrio, em solução aquosa, a 30 °C.

7.65 Considere a reação A ⟶ B, cuja velocidade deve ser determinada. Suponha que você não tenha nenhum método conveniente para determinar a quantidade de B formada. Mas você tem um método para determinar a quantidade de A restante à medida que a reação prossegue. Faz alguma diferença determinar a velocidade em termos do desaparecimento de A e não do surgimento de B? Por que ou por que não?

7.66 Você pode escolher dois métodos para determinar a velocidade de uma reação. No primeiro, é preciso extrair parte da mistura em reação para medir a quantidade de produto formada. No segundo, pode-se fazer um monitoramento contínuo da quantidade de produto formada. Qual é o método preferível e por quê?

7.67 Você quer medir as velocidades de reação de algumas reações muito rápidas. Que tipo de dificuldades técnicas você esperaria?

7.68 Você faz cinco medidas da velocidade de uma reação e, para cada medida, é determinada a constante de velocidade. Os valores de quatro das constantes de velocidade são próximos entre si (dentro do erro experimental). O outro é bem diferente. É provável que esse resultado represente uma velocidade diferente ou um erro de cálculo? Por quê?

Juntando as partes

7.69 O carbono puro existe em diversas formas, duas das quais são o diamante e a grafite. A conversão de diamante em grafite é ligeiramente exotérmica. Por que os joalheiros dizem que "os diamantes são para sempre?"

7.70 Você decidiu mudar a temperatura em que conduz uma certa reação, com a esperança de obter mais produto e mais rápido. Mas, na verdade, acaba obtendo menos do produto desejado, embora chegue ao estado de equilíbrio mais rapidamente. O que aconteceu?

Desafios

7.71 Você tem um béquer com cloreto de prata sólido (AgCl) e uma solução saturada de íons Ag^+ e Cl^- em equilíbrio com o sólido.

$$AgCl(s) \rightleftharpoons Ag^+(aq) + Cl^-(aq)$$

Após adicionar várias gotas de uma solução de cloreto de sódio, o que vai acontecer à concentração dos íons prata?

7.72 O que vai acontecer à reação que produz amônia se houver água na mistura em reação?

$$N_2(g) + 3H_2(g) \rightleftharpoons 2NH_3(g)$$

Dica: A amônia é muito solúvel em água.

Ácidos e bases

Alguns alimentos e produtos domésticos são bastante ácidos, enquanto outros são básicos. Com base em sua experiência, você pode dizer quais pertencem a que categorias?

8.1 O que são ácidos e bases?

No dia a dia, encontramos os ácidos e as bases com muita frequência. Laranja, limão e vinagre são exemplos de alimentos ácidos, e o ácido sulfúrico está presente na bateria de nossos automóveis. Quanto às bases, tomamos comprimidos de antiácidos quando sentimos azia e usamos amônia como agente de limpeza em nossos lares. O que essas substâncias têm em comum? Por que ácidos e bases costumam ser tratados conjuntamente?

Em 1884, um jovem químico chamado Svante Arrhenius (1859-1927) respondeu à primeira pergunta, propondo o que então era uma nova definição de ácidos e bases. De acordo com a definição de Arrhenius, **ácido** é uma substância que produz íons H_3O^+ em solução aquosa, e **base** é uma substância que produz íons OH^- em solução aquosa.

Essa definição é um pouco diferente daquela originalmente apresentada por Arrhenius, segundo a qual um ácido produzia íons H^+. Hoje sabemos que íons H^+ não podem existir em água. Um íon H^+ é um simples próton, e uma carga +1 é muito concentrada para existir em uma partícula tão pequena (Seção 3.2). Portanto, o íon H^+ em água imediatamente se combina com uma molécula de H_2O para produzir o **íon hidrônio**, H_3O^+.

$$H^+(aq) + H_2O(\ell) \longrightarrow H_3O^+(aq)$$
$$\text{Íon hidrônio}$$

Questões-chave

8.1 O que são ácidos e bases?

8.2 Como se define a força de ácidos e bases?

8.3 O que são pares conjugados ácido-base?

Como... Denominar ácidos comuns

8.4 Como determinar a posição de equilíbrio em uma reação ácido-base?

8.5 Que informações podem ser obtidas das constantes de ionização ácida?

8.6 Quais são as propriedades de ácidos e bases?

8.7 Quais são as propriedades ácidas e básicas da água pura?

Como... Usar logs e antilogs

8.8 O que são pH e pOH?

8.9 Como se usa a titulação para calcular a concentração?

8.10 O que são tampões?

8.11 Como se calcula o pH de um tampão?

8.12 O que são TRIS, HEPES e esses tampões com nomes estranhos?

Íon hidrônio Íon H_3O^+.

Afora essa modificação, as definições de Arrhenius para ácido e base ainda são válidas e úteis atualmente, contanto que se refiram a soluções aquosas. Embora saibamos que soluções ácidas aquosas não contêm íons H^+, geralmente usamos os termos "H^+" e "próton" quando, na verdade, queremos dizer "H_3O^+". Os três termos costumam ser usados indiferentemente.

Quando um ácido se dissolve em água, reage com ela produzindo H_3O^+. Por exemplo, o cloreto de hidrogênio, HCl, em seu estado puro é um gás venenoso. Quando o HCl se dissolve em água, reage com uma molécula de água e forma os íons hidrônio e cloreto:

$$H_2O(\ell) + HCl(aq) \longrightarrow H_3O^+(aq) + Cl^-(aq)$$

Assim, um frasco rotulado como "HCl" não é, na verdade, HCl, mas uma solução aquosa de íons H_3O^+ e Cl^- em água.

Podemos indicar a transferência do próton de um ácido para uma base usando uma seta curvada. Primeiro, escrevemos a estrutura de Lewis (Seção 2.6F) de cada reagente e produto. Depois, usamos as setas curvadas para mostrar a mudança de posição dos pares de elétrons durante a reação. A ponta da seta curvada indica a nova posição do par eletrônico.

Nessa equação, a seta curvada à esquerda mostra que um par de elétrons não emparelhados no oxigênio forma uma nova ligação covalente com o hidrogênio. A seta curvada à direita mostra que o par de elétrons da ligação H—Cl é cedido inteiramente ao cloro para formar um íon cloreto. Assim, na reação de HCl com H_2O, um próton é transferido do HCl para H_2O e, no processo, forma-se uma ligação O—H e uma ligação H—Cl é rompida.

Com as bases, a situação é um pouco diferente. Muitas bases são hidróxidos metálicos, tais como KOH, NaOH, $Mg(OH)_2$ e $Ca(OH)_2$. Quando esses sólidos iônicos se dissolvem em água, seus íons simplesmente se separam, e cada íon é solvatado por moléculas de água (Seção 6.6A). Por exemplo:

$$NaOH(s) \xrightarrow{H_2O} Na^+(aq) + OH^-(aq)$$

Outras bases não são hidróxidos e produzem íons OH^- em água, reagindo com as moléculas de água. O exemplo mais importante desse tipo de base é a amônia, NH_3, um gás venenoso. Quando a amônia se dissolve em água, ocorre uma reação que produz íons amônio e hidróxido.

$$NH_3(aq) + H_2O(\ell) \rightleftharpoons NH_4^+(aq) + OH^-(aq)$$

Como veremos na Seção 8.2, a amônia é uma base fraca, e a posição de equilíbrio para essa reação com a água encontra-se bem mais para a esquerda. Em uma solução 1,0 M de NH_3 em água, por exemplo, somente umas 4 moléculas de NH_3, de cada 1.000, reagem com a água e formam NH_4^+ e OH^-. Assim, quando a amônia é dissolvida na água, basicamente o que existe são moléculas de NH_3. No entanto, alguns íons OH^- são produzidos e, portanto, NH_3 é uma base.

Frascos de NH_3 em água às vezes são rotulados como "hidróxido de amônio" ou "NH_4OH", mas isso dá a falsa impressão do que realmente está no frasco. A maioria das moléculas de NH_3 não reagiu com a água, portanto o frasco contém, em sua maior parte, NH_3 e H_2O, e só um pouco de NH_4^+ e OH^-.

Indicamos como a reação de amônia com água ocorre usando setas curvadas para mostrar a transferência de um próton de uma molécula de água para uma molécula de amônia. Aqui a seta curvada à esquerda mostra que o par de elétrons não emparelhados do nitrogênio forma uma nova ligação covalente com um hidrogênio de uma molécula de água. Ao mesmo tempo que é formada uma nova ligação N—H, uma ligação O—H da água é rompida, e o par de elétrons que forma a ligação H—O passa inteiramente para o oxigênio, formando OH^-.

Assim, a amônia produz um íon OH⁻ tirando H⁺ de uma molécula de água e liberando o OH⁻.

8.2 Como se define a força de ácidos e bases?

Nem todos os ácidos são igualmente fortes. De acordo com a definição de Arrhenius, **ácido forte** é aquele que reage completamente ou quase completamente com a água, formando íons H_3O^+. A Tabela 8.1 fornece os nomes e as fórmulas moleculares de seis dos ácidos fortes mais comuns. São ácidos fortes porque, quando se dissolvem em água, dissociam-se completamente, formando íons H_3O^+.

Os **ácidos fracos** produzem uma concentração bem menor de íons H_3O^+. O ácido acético, por exemplo, é um ácido fraco. Ele existe na água basicamente como moléculas de ácido acético; apenas algumas moléculas de ácido acético (4 em cada 1.000) são convertidas em íons acetato.

$$CH_3COOH(aq) + H_2O(\ell) \rightleftharpoons CH_3COO^-(aq) + H_3O^+(aq)$$
$$\text{Ácido acético} \qquad\qquad\qquad \text{Íon acetato}$$

Ácido forte Ácido que se ioniza completamente em solução aquosa.

Ácido fraco Ácido apenas parcialmente ionizado em solução aquosa.

Base forte Base que se ioniza completamente em solução aquosa.

Existem quatro **bases fortes** bastante conhecidas (Tabela 8.1), todas hidróxidos de metais. São bases fortes porque, quando dissolvidas em água, ionizam-se completamente, formando íons OH⁻. Uma outra base, $Mg(OH)_2$, dissocia-se quase completamente uma vez dissolvida, mas é também bastante insolúvel em água. Como vimos na Seção 8.1, a amônia é uma base fraca porque o equilíbrio para essa reação com a água encontra-se bem mais deslocado para a esquerda.

TABELA 8.1 Ácidos e bases fortes

Fórmula do ácido	Nome	Fórmula da base	Nome
HCl	Ácido clorídrico	LiOH	Hidróxido de lítio
HBr	Ácido bromídrico	NaOH	Hidróxido de sódio
HI	Ácido iodídrico	KOH	Hidróxido de potássio
HNO_3	Ácido nítrico	$Ba(OH)_2$	Hidróxido de bário
H_2SO_4	Ácido sulfúrico		
$HClO_4$	Ácido perclórico		

É importante entender que a força de um ácido ou de uma base não está relacionada à sua concentração. O HCl é um ácido forte, quer esteja concentrado ou diluído, porque se dissocia completamente na água em íons cloreto e hidrônio. O ácido acético é um ácido fraco, quer esteja concentrado ou diluído, porque o equilíbrio para sua reação com água encontra-se bastante deslocado para a esquerda. Quando o ácido acético se dissolve em água, a maior parte dele está presente como moléculas de CH_3COOH não dissociadas.

Base fraca Base apenas parcialmente ionizada em solução aquosa.

$$HCl(aq) + H_2O(\ell) \longrightarrow Cl^-(aq) + H_3O^+(aq)$$
$$CH_3COOH(aq) + H_2O(\ell) \rightleftharpoons CH_3COO^-(aq) + H_3O^+(aq)$$
$$\text{Ácido acético} \qquad\qquad\qquad \text{Íon acetato}$$

Na Seção 6.6C, vimos que os eletrólitos (substâncias que produzem íons em solução aquosa) podem ser fortes ou fracos. Os ácidos e as bases fortes da Tabela 8.1 são eletrólitos fortes. Quase todos os outros ácidos e bases são eletrólitos fracos.

Conexões químicas 8A

Alguns ácidos e bases importantes

ÁCIDOS FORTES O ácido sulfúrico, H_2SO_4, é usado em muitos processos industriais, tais como a produção de fertilizantes, tinturas e pigmentos, e raiom. De fato, o ácido sulfúrico é uma das substâncias químicas mais produzidas nos Estados Unidos.

O ácido clorídrico, HCl, é um ácido importante nos laboratórios de química. O HCl puro é um gás, e o HCl dos laboratórios, uma solução aquosa. O HCl também é o ácido do suco gástrico do estômago, no qual é secretado a cerca de 5% w/v.

O ácido nítrico, HNO_3, é um forte agente oxidante. Uma simples gota sobre a pele faz surgir uma mancha amarela, pois o ácido reage com as proteínas da pele. O surgimento de uma coloração amarela, no contato com o ácido nítrico, há muito tem sido um teste para proteínas.

ÁCIDOS FRACOS O ácido acético, CH_3COOH, está presente no vinagre (cerca de 5%). O ácido acético puro é chamado ácido acético glacial por causa de seu ponto de fusão em 17 °C, o que significa que congela em um dia moderadamente frio.

O ácido bórico, H_3BO_3, é um sólido. Soluções de ácido bórico em água já foram usadas como antissépticos, especialmente para os olhos. O ácido bórico é tóxico quando ingerido.

O ácido fosfórico, H_3PO_4, é um dos ácidos fracos mais fortes. Os íons que ele produz – $H_2PO_4^-$, HPO_4^{2-} e PO_4^{3-} – são importantes em bioquímica (ver também Seção 27.3).

BASES FORTES O hidróxido de sódio, NaOH, também chamado barrela, é a mais importante das bases fortes. É um sólido cujas soluções aquosas são usadas em muitos processos industriais, incluindo a fabricação de vidro e sabão. O hidróxido de potássio, KOH, também um sólido, é utilizado, em muitas situações, com a mesma função do NaOH.

BASES FRACAS A amônia, NH_3, a base fraca mais importante, é um gás cujo uso industrial é bastante amplo. Uma de suas principais utilizações é em fertilizantes. Uma solução a 5% é vendida em supermercados como agente de limpeza, e soluções mais fracas são usadas como "espíritos da amônia" para despertar pessoas que desmaiaram.

O hidróxido de magnésio, $Mg(OH)_2$, é um sólido insolúvel em água. Uma suspensão de $Mg(OH)_2$ 8% em água é chamada leite de magnésia e usada como laxante. O $Mg(OH)_2$ também é usado para tratar água residuária em indústrias que processam metais e como retardantes de chama em plásticos.

8.3 O que são pares conjugados ácido-base?

Par conjugado ácido-base Par de moléculas ou íons relacionados entre si pelo ganho ou pela perda de um próton.

Base conjugada Na teoria de Brønsted-Lowry, substância formada quando um ácido doa um próton a outra molécula ou íon.

Ácido conjugado Na teoria de Brønsted-Lowry, substância formada quando uma base aceita um próton.

As definições de Arrhenius de ácido e base são muito úteis em soluções aquosas. Mas e se a água não estiver envolvida? Em 1923, o químico dinamarquês Johannes Brønsted e o químico inglês Thomas Lowry, independentemente, propuseram as seguintes definições: **ácido** é um doador de próton, **base**, um aceptor de próton, e **reação ácido-base**, uma reação de transferência de próton. Além disso, de acordo com as definições de Brønsted-Lowry, qualquer par de moléculas ou íons que possa ser interconvertido por transferência de próton é chamado **par conjugado ácido-base**. Quando um ácido transfere um próton para uma base, o ácido é convertido em sua **base conjugada**. Quando uma base aceita um próton, ela é convertida em seu **ácido conjugado**.

Podemos ilustrar essas relações examinando a reação entre ácido acético e amônia:

$$\underset{\substack{\text{Ácido acético} \\ \text{(Ácido)}}}{CH_3COOH} + \underset{\substack{\text{Amônia} \\ \text{(Base)}}}{NH_3} \rightleftharpoons \underset{\substack{\text{Íon acetato} \\ \text{(Base conjugada} \\ \text{de ácido} \\ \text{acético)}}}{CH_3COO^-} + \underset{\substack{\text{Íon amônio} \\ \text{(Ácido} \\ \text{conjugado} \\ \text{de amônia)}}}{NH_4^+}$$

Par conjugado ácido-base: CH_3COOH / CH_3COO^-
Par conjugado ácido-base: NH_3 / NH_4^+

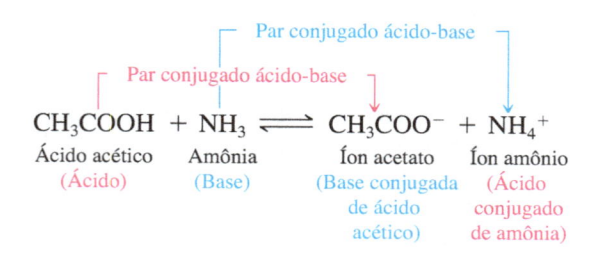

Podemos usar setas curvadas para mostrar como essa reação ocorre. A seta curvada à direita indica que o par de elétrons não compartilhado do nitrogênio torna-se compartilhado para formar uma nova ligação H—N. Ao mesmo tempo que se forma a ligação H—N, a ligação O—H é rompida e o par de elétrons da ligação O—H se desloca totalmente para o oxigênio, formando —O⁻ do íon acetato. O resultado desses deslocamentos de dois pares de elétrons é a transferência de um próton da molécula de ácido acético para a molécula de amônia:

$$CH_3-\underset{:\overset{..}{O}:}{\overset{\|}{C}}-\overset{..}{\underset{..}{O}}-H + :\underset{H}{\overset{H}{N}}-H \rightleftharpoons CH_3-\underset{:\overset{..}{O}:}{\overset{\|}{C}}-\overset{..}{\underset{..}{O}}:^- + H-\underset{H}{\overset{H}{\overset{+}{N}}}-H$$

Ácido acético   Amônia   Íon acetato   Íon amônio
(Doador de próton) (Aceptor de próton)

A Tabela 8.2 apresenta exemplos de ácidos mais conhecidos e suas bases conjugadas. Enquanto você estuda os exemplos de pares conjugados ácido-base na Tabela 8.2, observe os seguintes pontos:

1. Um ácido pode ter carga positiva, neutra ou negativa. Exemplos desses tipos de carga são H_3O^+, H_2CO_3 e $H_2PO_4^-$, respectivamente.
2. Uma base pode ter carga negativa ou neutra. Exemplos desses tipos de carga são PO_4^{3-} e NH_3, respectivamente.
3. Os ácidos são classificados como monopróticos, dipróticos e tripróticos, o que dependerá do número de prótons que pode doar. Exemplos de **ácidos monopróticos** incluem HCl, HNO_3 e CH_3COOH. Exemplos de **ácidos dipróticos** incluem H_2SO_4 e H_2CO_3. Um exemplo de **ácido triprótico** é o H_3PO_4.

Ácido monoprótico Ácido que pode doar apenas um próton.
Ácido diprótico Ácido que pode doar dois prótons.
Ácido triprótico Ácido que pode doar três prótons.

TABELA 8.2 Alguns ácidos e suas bases conjugadas

	Ácido	Nome	Base conjugada	Nome	
Ácidos fortes ↑	HI	Ácido iodídrico	I^-	Íon iodeto	Ácidos fracos
	HCl	Ácido clorídrico	Cl^-	Íon cloreto	
	H_2SO_4	Ácido sulfúrico	HSO_4^-	Íon hidrogenossulfato	
	HNO_3	Ácido nítrico	NO_3^-	Íon nitrato	
	H_3O^+	Íon hidrônio	H_2O	Água	
	HSO_4^-	Íon hidrogenossulfato	SO_4^{2-}	Íon sulfato	
	H_3PO_4	Ácido fosfórico	$H_2PO_4^-$	Íon di-hidrogenossulfato	
	CH_3COOH	Ácido acético	CH_3COO^-	Íon acetato	
	H_2CO_3	Ácido carbônico	HCO_3^-	Íon bicarbonato	
	H_2S	Sulfeto de hidrogênio	HS^-	Íon hidrogenossulfeto	
	$H_2PO_4^-$	Íon di-hidrogenofosfato	HPO_4^{2-}	Íon di-hidrogenofosfato	
	NH_4^+	Íon amônio	NH_3	Amônia	
	HCN	Ácido cianídrico	CN^-	Íon cianeto	
Bases fracas	C_6H_5OH	Fenol	$C_6H_5O^-$	Íon fenóxido	Bases fortes
	HCO_3^-	Íon bicarbonato	CO_3^{2-}	Íon carbonato	
	HPO_4^{2-}	Íon hidrogenofosfato	PO_4^{3-}	Íon fosfato	
	H_2O	Água	OH^-	Íon hidróxido	
	C_2H_5OH	Etanol	$C_2H_5O^-$	Íon etóxido	

O ácido carbônico, por exemplo, perde um próton e torna-se o íon bicarbonato, e depois um segundo próton torna-se o íon carbonato.

$$H_2CO_3 + H_2O \rightleftharpoons HCO_3^- + H_3O^+$$
Ácido carbônico   Íon bicarbonato

$$HCO_3^- + H_2O \rightleftharpoons CO_3^{2-} + H_3O^+$$
Íon bicarbonato   Íon carbonato

Anfiprótico Substância que pode agir tanto como ácido quanto como base.

4. Várias moléculas e íons aparecem nas duas colunas, dos ácidos e das bases conjugadas, isto é, podem funcionar como ácido ou base. O íon bicarbonato, HCO_3^-, por exemplo, pode doar um próton e tornar-se CO_3^{2-} (caso em que é um ácido) ou aceitar um próton e tornar-se H_2CO_3 (caso em que é uma base). Uma substância que pode agir tanto como ácido quanto como base é chamada **anfiprótica**. A substância anfiprótica mais importante da Tabela 8.2 é a água, que pode aceitar um próton e tornar-se H_3O^+ ou perder um próton e tornar-se OH^-.

5. Uma substância não pode ser um ácido de Brønsted-Lowry a não ser que contenha um átomo de hidrogênio, mas nem todos os átomos de hidrogênio podem ser doados. Por exemplo, o ácido acético, CH_3COOH, tem quatro hidrogênios, mas é monoprótico; ele doa apenas um deles. Igualmente, o fenol, C_6H_5OH, doa apenas um de seus seis hidrogênios:

$$C_6H_5OH + H_2O \rightleftharpoons C_6H_5O^- + H_3O^+$$
$$\text{Fenol} \qquad\qquad \text{Íon fenóxido}$$

Isso ocorre porque, para ser ácido, um hidrogênio deve estar ligado a um átomo fortemente eletronegativo, como o oxigênio ou um halogênio.

6. Há uma relação inversa entre a força de um ácido e a força de sua base conjugada: quanto mais forte o ácido, mais fraca sua base conjugada. O HI, por exemplo, é o ácido mais forte da Tabela 8.2, e o I^-, sua base conjugada, é a base mais fraca. Como outro exemplo, o CH_3COOH (ácido acético) é um ácido mais forte que o H_2CO_3 (ácido carbônico); inversamente, o CH_3COO^- (íon acetato) é uma base mais fraca que o HCO_3^- (íon bicarbonato).

Exemplo 8.1 Ácidos dipróticos

Mostre como o íon anfiprótico sulfato de hidrogênio, HSO_4^-, pode reagir tanto como ácido quanto como base.

Estratégia

Para uma molécula agir tanto como ácido quanto como base, ela deve ser capaz de doar e aceitar o íon hidrogênio. Portanto, escrevemos duas equações, uma doando hidrogênio e a outra aceitando.

Solução

O sulfato de hidrogênio reage como ácido na seguinte equação:

$$HSO_4^- + H_2O \rightleftharpoons H_3O^+ + SO_4^{2-}$$

Ele pode reagir como base nesta equação:

$$HSO_4^- + H_3O^+ \rightleftharpoons H_2O + H_2SO_4$$

Problema 8.1

Desenhe as reações de ácido e base para o íon anfiprótico, HPO_4^{2-}.

Como...

Denominar ácidos comuns

Os nomes dos ácidos comuns são derivados do nome do ânion que eles produzem quando se dissociam. Há três terminações comuns para esses íons: *-eto*, *-ato* e *-ito*.

Ácidos que se dissociam em íons com sufixo *-eto* são denominados Ácido_____ ídrico			
Cl^-	Íon clor*eto*	HCl	ácido clor*ídrico*
F^-	Íon fluor*eto*	HF	ácido fluor*ídrico*
CN^-	Íon cian*eto*	HCN	ácido cian*ídrico*

| Ácidos que se dissociam em íons com o sufixo -*ato* são denominados |
Ácido_____ ico			
SO_4^{2-}	Íon sulf*ato*	H_2SO_4	Ácido sulfúr*ico*
PO_4^{3-}	Íon fosf*ato*	H_3PO_4	Ácido fosfór*ico*
NO_3^-	Íon nitr*ato*	HNO_3	Ácido nítr*ico*

| Ácidos que se dissociam em íon com o sufixo -*ito* são denominados |
Ácido_____ oso			
SO_3^{2-}	Íon sulf*ito*	H_2SO_3	Ácido sulfur*oso*
NO_2^-	Íon nitr*ito*	HNO_2	Ácido nitr*oso*

8.4 Como determinar a posição de equilíbrio em uma reação ácido-base?

Sabemos que o HCl reage com H_2O de acordo com o seguinte equilíbrio:

$$HCl + H_2O \rightleftharpoons Cl^- + H_3O^+$$

Também sabemos que o HCl é um ácido forte, o que significa que a posição desse equilíbrio é bastante deslocada para a direita. De fato, esse equilíbrio encontra-se tão deslocado para a direita que, de cada 10.000 moléculas de HCl dissolvidas em água, apenas uma não reage com moléculas de água, formando Cl^- e H_3O^+.

Por essa razão, geralmente escrevemos a reação ácida de HCl com uma seta unidirecional:

$$HCl + H_2O \longrightarrow Cl^- + H_3O^+$$

Como também já vimos, o ácido acético reage com H_2O de acordo com o seguinte equilíbrio:

$$\underset{\text{Ácido acético}}{CH_3COOH} + H_2O \rightleftharpoons \underset{\text{Íon acetato}}{CH_3COO^-} + H_3O^+$$

O ácido acético é um ácido fraco. Somente algumas poucas moléculas de ácido acético reagem com a água formando íons acetato e íons hidrônio, e as espécies majoritárias presentes no equilíbrio em solução aquosa são CH_3COOH e H_2O. A posição desse equilíbrio, portanto, encontra-se bastante deslocado para a esquerda.

Nessas duas reações de ácido-base, a água é a base. Mas e se tivermos outra base que não seja a água como aceptora de próton? Como podemos determinar quais são as espécies majoritárias presentes no equilíbrio? Isto é, como podemos determinar se a posição de equilíbrio encontra-se deslocada para a esquerda ou para a direita?

Como exemplo, examinemos a reação ácido-base entre o ácido acético e a amônia, formando os íons acetato e amônio. Conforme indicado pelo ponto de interrogação sobre a seta de equilíbrio, queremos determinar se a posição desse equilíbrio encontra-se deslocado para a esquerda ou para a direita.

$$\underset{\substack{\text{Ácido acético} \\ \text{(Ácido)}}}{CH_3COOH} + \underset{\substack{\text{Amônia} \\ \text{(Base)}}}{NH_3} \overset{?}{\rightleftharpoons} \underset{\substack{\text{Íon acetato} \\ \text{(Base conjugada} \\ \text{de } CH_3COOH)}}{CH_3COO^-} + \underset{\substack{\text{Íon amônio} \\ \text{(Ácido conjugado} \\ \text{de } NH_3)}}{NH_4^+}$$

Nesse equilíbrio, são dois os ácidos presentes: ácido acético e íon amônio. Há também duas bases presentes: amônia e íon acetato. Uma maneira de analisar esse equilíbrio é considerá-lo uma competição das duas bases, amônia e o íon acetato, por um próton. Qual é a base mais forte? A informação necessária para responder a essa pergunta é encontrada na Tabela 8.2. Primeiro, determinamos qual dos ácidos conjugados é o mais forte e depois usamos essa informação e mais o fato de que quanto mais forte o ácido, mais fraca a sua base conjugada. Na Tabela 8.2, podemos ver que CH_3COOH é o ácido mais forte, o que significa que CH_3COO^- é a base mais fraca. Inversamente, NH_4^+ é o ácido mais fraco, o que significa que NH_3 é a base mais forte. Podemos agora rotular as forças relativas de cada ácido e base neste equilíbrio:

$$CH_3COOH + NH_3 \rightleftharpoons CH_3COO^- + NH_4^+$$

Ácido acético (Ácido mais forte)   Amônia (Base mais forte)   Íon acetato (Base mais fraca)   Íon amônio (Ácido mais fraco)

Em uma reação ácido-base, a posição de equilíbrio sempre favorece a reação do ácido mais forte e da base mais forte, formando o ácido mais fraco e a base mais fraca. Assim, no equilíbrio, as espécies majoritárias presentes são o ácido mais fraco e a base mais fraca. Na reação entre ácido acético e amônia, portanto, o equilíbrio se desloca para a direita e as espécies majoritárias presentes são o íon acetato e o íon amônio:

$$CH_3COOH + NH_3 \rightleftharpoons CH_3COO^- + NH_4^+$$

Ácido acético (Ácido mais forte)   Amônia (Base mais forte)   Íon acetato (Base mais fraca)   Íon amônio (Ácido mais fraco)

Em suma, usamos as quatro etapas apresentadas a seguir para determinar a posição de um equilíbrio ácido-base:

1. Identifique os dois ácidos no equilíbrio: um está do lado esquerdo do equilíbrio, e o outro, do lado direito.
2. Com base na informação da Tabela 8.2, determine qual dos ácidos é o mais forte e qual é o mais fraco.
3. Identifique a base mais forte e a base mais fraca. Lembre-se de que o ácido mais forte produz a base conjugada mais fraca, e o ácido mais fraco produz a base conjugada mais forte.
4. O ácido mais forte e a base mais forte reagem produzindo o ácido mais fraco e a base mais fraca. A posição de equilíbrio, portanto, encontra-se do lado do ácido mais fraco e da base mais fraca.

Exemplo 8.2 Pares ácido-base

Para cada equilíbrio ácido-base, indique o ácido mais forte, a base mais forte, o ácido mais fraco e a base mais fraca. Depois preveja se a posição de equilíbrio se desloca para a direita ou para a esquerda.

(a) $H_2CO_3 + OH^- \rightleftharpoons HCO_3^- + H_2O$

(b) $HPO_4^{2-} + NH_3 \rightleftharpoons PO_4^{3-} + NH_4^+$

Estratégia

Use a Tabela 8.2 para distinguir o ácido mais forte do ácido mais fraco e a base mais forte da base mais fraca. Feito isso, determine em que direção se desloca o equilíbrio. Este sempre se encontra na direção dos componentes mais fortes que se deslocam na direção dos componentes mais fracos.

Solução

As setas conectam os pares conjugados ácido-base, com as setas vermelhas indicando o ácido mais forte. A posição de equilíbrio em (a) desloca-se para a direita. Em (b), desloca-se para a esquerda.

$$H_2CO_3 + OH^- \rightleftharpoons HCO_3^- + H_2O$$

Ácido mais forte   Base mais forte   Base mais fraca   Ácido mais fraco

$$\text{HPO}_4^{2-} + \text{NH}_3 \rightleftharpoons \text{PO}_4^{3-} + \text{NH}_4^+$$

Ácido mais fraco   Base mais fraca   Base mais forte   Ácido mais forte

Problema 8.2

Para cada equilíbrio ácido-base, indique o ácido mais forte, a base mais forte, o ácido mais fraco e a base mais fraca. Depois preveja se a posição se desloca para a direita ou para a esquerda.

(a) $\text{H}_3\text{O}^+ + \text{I}^- \rightleftharpoons \text{H}_2\text{O} + \text{HI}$

(b) $\text{CH}_3\text{COO}^- + \text{H}_2\text{S} \rightleftharpoons \text{CH}_3\text{COOH} + \text{HS}^-$

8.5 Que informações podem ser obtidas das constantes de ionização ácida?

Na Seção 8.2, aprendemos que os ácidos variam na extensão em que produzem H_3O^+ quando adicionados à água. Como as ionizações de ácidos fracos em água estão todas em equilíbrio, podemos usar as constantes de equilíbrio (Seção 7.6) para nos informar quantitativamente a força de cada ácido fraco. A reação que ocorre quando um ácido fraco, HA, é adicionado à água é

$$\text{HA} + \text{H}_2\text{O} \rightleftharpoons \text{A}^- + \text{H}_3\text{O}^+$$

A expressão da constante de equilíbrio para essa ionização é

$$K = \frac{[\text{A}^-][\text{H}_3\text{O}^+]}{[\text{HA}][\text{H}_2\text{O}]}$$

Observe que essa expressão contém a concentração da água. Como a água é o solvente e sua concentração varia muito pouco quando adicionamos HA, podemos tratar a concentração da água, $[\text{H}_2\text{O}]$, como uma constante igual a 1.000 g/L ou, aproximadamente, 55,49 mol/L. Podemos, então, combinar essas duas constantes (K e $[\text{H}_2\text{O}]$) para definir uma nova constante chamada **constante de ionização ácida**, K_a.

$$K_a = K[\text{H}_2\text{O}] = \frac{[\text{A}^-][\text{H}_3\text{O}^+]}{[\text{HA}]}$$

O valor da constante de ionização ácida para o ácido acético, por exemplo, é $1,8 \times 10^{-5}$. Como as constantes de ionização ácida para ácidos fracos são números com expoentes negativos, geralmente usamos um truque algébrico para torná-los números mais fáceis de usar. Assim, utilizamos o logaritmo negativo do número. A força do ácido é, portanto, expressa como $-\log K_a$, que chamamos pK_a. O "p" de qualquer coisa é simplesmente o logaritmo negativo dessa coisa. O pK_a do ácido acético é 4,75. A Tabela 8.3 fornece nomes, fórmulas moleculares e valores de K_a e pK_a para alguns ácidos fracos. Nos itens da tabela, observe a relação inversa entre os valores de K_a e pK_a. Quanto mais fraco o ácido, menor seu K_a, porém maior seu pK_a.

Uma das razões para a importância de K_a é que ele nos informa imediatamente a força do ácido. Por exemplo, a Tabela 8.3 mostra que, embora sejam ácidos fracos, ácido acético, ácido fórmico e fenol não têm a mesma força. O ácido fórmico, com um K_a de $1,8 \times 10^{-4}$, é mais forte que o ácido acético, enquanto o fenol, com K_a de $1,3 \times 10^{-10}$, é muito mais fraco que o ácido acético. O ácido fosfórico é o mais forte dos ácidos fracos. Podemos dizer que um ácido é classificado como fraco pelo fato de lhe atribuirmos um pK_a, e o pK_a é um número positivo. Se tentássemos utilizar o logaritmo negativo do K_a para um ácido forte, teríamos um número negativo.

Constante de ionização ácida (K_a) Constante de equilíbrio para a ionização de um ácido, em solução aquosa, em H_3O^+ e sua base conjugada; também chamada constante de dissociação de um ácido.

O pK_a é $-\log K_a$.

TABELA 8.3 Valores de K_a e pK_a para alguns ácidos fracos

Fórmula	Nome	K_a	pK_a
H_3PO_4	Ácido fosfórico	$7,5 \times 10^{-3}$	2,12
HCOOH	Ácido fórmico	$1,8 \times 10^{-4}$	3,75
$CH_3CH(OH)COOH$	Ácido láctico	$1,4 \times 10^{-4}$	3,86
CH_3COOH	Ácido acético	$1,8 \times 10^{-5}$	4,75
H_2CO_3	Ácido carbônico	$4,3 \times 10^{-7}$	6,37
$H_2PO_4^-$	Íon di-hidrogenofosfato	$6,2 \times 10^{-8}$	7,21
H_3BO_3	Ácido bórico	$7,3 \times 10^{-10}$	9,14
NH_4^+	Íon amônio	$5,6 \times 10^{-10}$	9,25
HCN	Ácido cianídrico	$4,9 \times 10^{-10}$	9,31
C_6H_5OH	Fenol	$1,3 \times 10^{-10}$	9,89
HCO_3^-	Íon bicarbonato	$5,6 \times 10^{-11}$	10,25
HPO_4^{2-}	Íon hidrogenofosfato	$2,2 \times 10^{-13}$	12,66

Aumenta a força do ácido →

Exemplo 8.3 pK_as

O K_a para o ácido benzoico é $6,5 \times 10^{-5}$. Qual é o pK_a desse ácido?

Estratégia

O pK_a é $-\log K_a$. Assim, use sua calculadora para encontrar o log de K_a e depois utilize o valor negativo.

Solução

Calcule o logaritmo de $6,5 \times 10^{-5}$ em sua calculadora científica. A resposta é $-4,19$. Como o pK_a é igual ao $-\log K_a$, você deve multiplicar esse valor por -1 para obter o pK_a. O pK_a do ácido benzoico é 4,19.

Problema 8.3

O K_a para o ácido cianídrico, HCN, é $4,9 \times 10^{-10}$. Qual é o seu pK_a?

Exemplo 8.4 Força do ácido

Qual é o ácido mais forte:
(a) Ácido benzoico, $K_a = 6,5 \times 10^{-5}$, ou ácido cianídrico, $K_a = 4,9 \times 10^{-10}$?
(b) Ácido bórico, p$K_a = 9,14$, ou ácido carbônico, p$K_a = 6,37$?

Estratégia

A força relativa do ácido é determinada comparando os valores de K_a ou os valores de pK_a. Se usarmos os valores de K_a, o ácido mais forte terá K_a maior. Se usarmos os valores de pK_a, o ácido mais forte terá pK_a menor.

Solução

(a) O ácido benzoico é o ácido mais forte; seu valor de K_a é maior.
(b) O ácido carbônico é o ácido mais forte; seu pK_a é menor.

Problema 8.4

Qual é o ácido mais forte:
(a) Ácido carbônico, p$K_a = 6,37$, ou ácido ascórbico (vitamina C), p$K_a = 4,1$?
(b) Aspirina, p$K_a = 3,49$, ou ácido acético, p$K_a = 4,75$?

Todas essas frutas e sucos de fruta contêm ácidos orgânicos.

8.6 Quais são as propriedades de ácidos e bases?

Os químicos atuais não provam as substâncias com que trabalham, mas 200 anos atrás era costume fazê-lo. Por isso é que sabemos que os ácidos são azedos, e as bases, amargas. O gosto azedo do limão, vinagre e de muitos outros alimentos, por exemplo, deve-se aos ácidos que eles contêm.

A. Neutralização

A reação mais importante de ácidos e bases é que eles reagem entre si em um processo chamado neutralização. Esse nome é apropriado porque, quando um ácido forte corrosivo, como o ácido clorídrico, reage com uma base forte corrosiva, como o hidróxido de sódio, o produto (uma solução de sal de cozinha em água) não apresenta propriedades nem ácidas nem básicas. Essa solução é chamada neutra. A Seção 8.9 trata detalhadamente das reações de neutralização.

B. Reação com metais

Ácidos fortes reagem com certos metais (chamados metais ativos), produzindo gás hidrogênio, H_2, e um sal. O ácido clorídrico, por exemplo, reage com magnésio metálico, produzindo o sal cloreto de magnésio e gás hidrogênio (Figura 8.1)

$$Mg(s) + 2HCl(aq) \longrightarrow MgCl_2(aq) + H_2(g)$$
Magnésio — Ácido clorídrico — Cloreto de magnésio — Hidrogênio

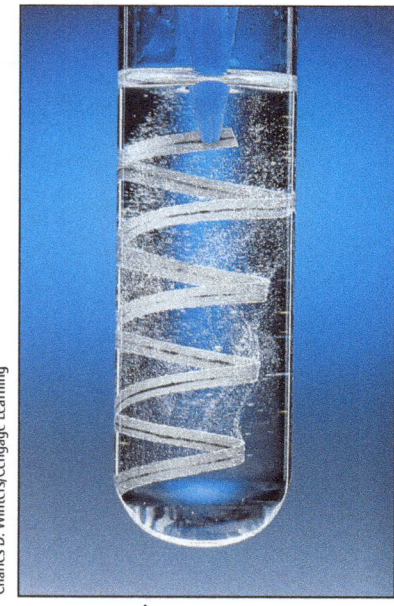

FIGURA 8.1 Ácidos reagem com metais. Uma fita de magnésio reage com HCl aquoso, produzindo gás H_2 e $MgCl_2$ aquoso.

A reação de um ácido com um metal ativo produzindo um sal e gás hidrogênio é uma reação redox (Seção 4.7). O metal é oxidado a íon metálico e o H^+ é reduzido a H_2.

C. Reação com hidróxidos metálicos

Ácidos reagem com hidróxidos metálicos, produzindo um sal e água.

$$HCl(aq) + KOH(aq) \longrightarrow H_2O(\ell) + KCl(aq)$$
Ácido clorídrico — Hidróxido de potássio — Água — Cloreto de potássio

Tanto o ácido quanto o hidróxido metálicos são ionizados em solução aquosa. Além do mais, o sal formado é um composto iônico presente em solução aquosa como ânions e cátions. Portanto, a equação real para a reação de HCl e KOH poderia ser escrita mostrando todos os íons presentes (Seção 4.6):

$$H_3O^+ + Cl^- + K^+ + OH^- \longrightarrow 2H_2O + Cl^- + K^+$$

Geralmente simplificamos essa equação omitindo os íons espectadores (Seção 4.6), o que nos dá a seguinte equação para a reação iônica simplificada de qualquer ácido forte e base forte produzindo um sal e água:

$$H_3O^+ + OH^- \longrightarrow 2H_2O$$

D. Reação com óxidos metálicos

Ácidos fortes reagem com óxidos metálicos produzindo água e um sal, como mostra a seguinte equação iônica simplificada:

$$2H_3O^+(aq) + CaO(s) \longrightarrow 3H_2O(\ell) + Ca^{2+}(aq)$$
Óxido de cálcio

E. Reação com carbonatos e bicarbonatos

Quando um ácido forte é adicionado a um carbonato como o carbonato de sódio, bolhas de gás dióxido de carbono são rapidamente liberadas. A reação total é a soma de duas reações. Na primeira reação, o íon carbonato reage com H_3O^+ formando ácido carbônico. Quase imediatamente, na segunda reação, o ácido carbônico se decompõe em dióxido de carbono e água. As seguintes equações mostram as reações separadamente e depois a reação total:

$$2H_3O^+(aq) + CO_3^{2-}(aq) \longrightarrow H_2CO_3(aq) + 2H_2O(\ell)$$
$$\underline{H_2CO_3(aq) \longrightarrow CO_2(g) + H_2O(\ell)}$$
$$2H_3O^+(aq) + CO_3^{2-}(aq) \longrightarrow CO_2(g) + 3H_2O(\ell)$$

Ácidos fortes reagem com bicarbonatos, como o bicarbonato de potássio, produzindo dióxido de carbono e água:

$$H_3O^+(aq) + HCO_3^-(aq) \longrightarrow H_2CO_3(aq) + H_2O(\ell)$$
$$\underline{H_2CO_3(aq) \longrightarrow CO_2(g) + H_2O(\ell)}$$
$$H_3O^+(aq) + HCO_3^-(aq) \longrightarrow CO_2(g) + 2H_2O(\ell)$$

Generalizando, qualquer ácido mais forte que o ácido carbônico vai reagir com carbonato ou bicarbonato formando gás CO_2.

A produção de CO_2 é responsável pelo crescimento das massas de pão e bolo. O método mais antigo para gerar CO_2 com esse propósito envolvia a adição de levedura, que catalisa a fermentação de carboidratos, produzindo dióxido de carbono e etanol (Capítulo 28):

$$\underset{\text{Glicose}}{C_6H_{12}O_6} \xrightarrow{\text{Levedura}} 2CO_2 + \underset{\text{Etanol}}{2C_2H_5OH}$$

A produção de CO_2 por fermentação, entretanto, é lenta. Às vezes, é desejável que sua produção seja mais rápida, quando então os padeiros usam a reação de $NaHCO_3$ (**bicarbonato de sódio**) e um ácido fraco. Mas qual ácido é fraco? O vinagre (uma solução 5% de ácido acético) serviria, mas apresenta uma desvantagem potencial – ele empresta um certo sabor aos alimentos. Como ácido fraco que confere pouco ou nenhum sabor aos alimentos, os padeiros usam di-hidrogenofosfato de sódio, NaH_2PO_4, ou di-hidrogenofosfato de potássio, KH_2PO_4. Nenhum dos dois sais reage quando estão secos, mas, quando misturados à água, em massa de pão ou de bolo, reagem rapidamente, produzindo CO_2. A produção de CO_2 é ainda mais rápida em um forno!

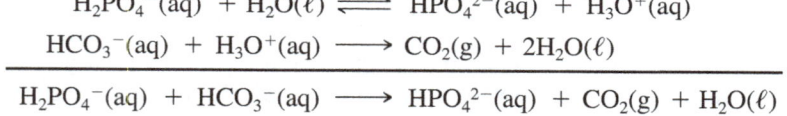

$$H_2PO_4^-(aq) + H_2O(\ell) \rightleftharpoons HPO_4^{2-}(aq) + H_3O^+(aq)$$
$$\underline{HCO_3^-(aq) + H_3O^+(aq) \longrightarrow CO_2(g) + 2H_2O(\ell)}$$
$$H_2PO_4^-(aq) + HCO_3^-(aq) \longrightarrow HPO_4^{2-}(aq) + CO_2(g) + H_2O(\ell)$$

O fermento em pó contém um ácido fraco que pode ser o di-hidrogenofosfato de sódio ou de potássio e bicarbonato de sódio ou de potássio. Quando misturados à água, reagem produzindo as bolhas de CO_2 vistas na imagem.

F. Reação com amônia e aminas

Qualquer ácido mais forte que NH_4^+ (Tabela 8.2) é forte o suficiente para reagir com NH_3 e formar um sal. Na seguinte reação, o sal formado é o cloreto de amônio, NH_4Cl, que é mostrado tal como seria ionizado em solução aquosa:

$$HCl(aq) + NH_3(aq) \longrightarrow NH_4^+(aq) + Cl^-(aq)$$

No Capítulo 16, conheceremos uma família de compostos chamada aminas, semelhantes à amônia, exceto que um ou mais dos três átomos de hidrogênio da amônia são substituídos por grupos carbônicos. Uma amina típica é a metilamina, CH_3NH_2. A força básica da maioria das aminas é semelhante à da amônia, o que significa que as aminas também reagem com ácidos formando sais. O sal formado na reação de metilamina com HCl é o cloreto de metilamônio, mostrado a seguir tal como seria ionizado em solução aquosa:

> **Conexões químicas 8B**
>
> ### Antiácidos
>
> O suco gástrico normalmente é bastante ácido por causa de seu conteúdo de HCl. Alguma vez, muito provavelmente, você sentiu azia causada por excesso de acidez estomacal. Para aliviar o desconforto, talvez tenha tomado um antiácido que, como o próprio nome diz, é uma substância que neutraliza ácidos – em outras palavras, uma base.
>
> "Antiácido" é um termo médico não usado por químicos. Entretanto, é encontrado nos rótulos de muitos medicamentos disponíveis em drogarias e supermercados. Quase todos usam bases como $CaCO_3$, $Mg(OH)_2$, $Al(OH)_3$ e $NaHCO_3$ para diminuir a acidez do estômago.
>
> Em drogarias e supermercados, também se encontram remédios, isentos de prescrição médica, chamados "inibidores de ácido". Entre as marcas comercializadas, Zantac, Tagamet, Pepcid e Axid são algumas delas. Em vez de neutralizar a acidez, esses compostos reduzem a secreção de ácido gástrico no estômago. Em dosagens maiores (vendidas apenas com receita médica), alguns desses fármacos são usados no tratamento de úlceras estomacais.

$$HCl(aq) + \underset{\text{Metilamina}}{CH_3NH_2(aq)} \longrightarrow \underset{\text{Íon metilamônio}}{CH_3NH_3^+(aq)} + Cl^-(aq)$$

A reação de amônia e aminas com ácidos, formando sais, é muito importante na química do organismo, como veremos em capítulos posteriores.

8.7 Quais são as propriedades ácidas e básicas da água pura?

Vimos que um ácido produz íons H_3O^+ em água e que uma base produz íons OH^-. Suponha que temos água absolutamente pura, sem nenhum ácido ou base adicionados. Causa surpresa, porém, que até mesmo a água pura contém uma quantidade bem pequena de íons H_3O^+ e OH^-. Eles se formam pela transferência de próton de uma molécula de água (a doadora de próton) para outra (a aceptora de próton).

$$\underset{\text{Ácido}}{H_2O} + \underset{\text{Base}}{H_2O} \rightleftharpoons \underset{\substack{\text{Base conjugada} \\ \text{de } H_2O}}{OH^-} + \underset{\substack{\text{Ácido} \\ \text{conjugado de } H_2O}}{H_3O^+}$$

Qual é a extensão dessa reação? De acordo com a Tabela 8.2, nesse equilíbrio, H_3O^+ é o ácido mais forte, e OH^-, a base mais forte. Portanto, conforme indicado pelas setas, o equilíbrio para essa reação está bastante deslocado para a esquerda. Logo veremos exatamente quanto, mas primeiro vamos escrever a expressão de equilíbrio:

$$K = \frac{[H_3O^+][OH^-]}{[H_2O]^2}$$

Como o grau de autoionização da água é tão pequeno, podemos tratar a concentração da água, $[H_2]$, como uma constante igual a 1.000 g/L, ou aproximadamente 55,49 mol/L, como fizemos na Seção 8.5 calculando o K_a para um ácido fraco. Podemos então combinar essas constantes (K e $[H_2O]^2$) para definir uma nova constante chamada **produto iônico da água**, K_w. Em água pura, em temperatura ambiente, o valor de K_w é $1,0 \times 10^{-14}$.

$$K_w = K[H_2O]^2 = [H_3O^+][OH^-]$$

$$K_w = 1,0 \times 10^{-14}$$

K_w é o produto iônico da água, também chamado constante de dissociação da água, e é igual a $1,0 \times 10^{-14}$.

Em água pura, H_3O^+ e OH^- formam-se em quantidades iguais (ver a equação balanceada para a autoionização da água), portanto suas concentrações devem ser iguais. Isto é, em água pura,

$$\left.\begin{array}{l}[H_3O^+] = 1,0 \times 10^{-7} \text{ mol/L} \\ [OH^-] = 1,0 \times 10^{-7} \text{ mol/L}\end{array}\right\} \text{Em água pura}$$

Essas concentrações são muito pequenas, insuficientes para que a água pura seja um condutor de eletricidade. A água pura não é um eletrólito (Seção 6.6C).

A equação para a ionização da água é importante porque se aplica não só à água pura, mas também a qualquer solução aquosa. O produto de [H_3O^+] e [OH^-] em qualquer solução aquosa é igual a $1,0 \times 10^{-14}$. Se, por exemplo, adicionarmos 0,010 mol de HCl a 1 L de água pura, ele reagirá completamente produzindo íons H_3O^+ e íons Cl^-. A concentração de H_3O^+ será 0,010 M ou $1,0 \times 10^{-2}$ M. Isso significa que [OH^-] deve ser $1,0 \times 10^{-14} / 1,0 \times 10^{-2} = 1,0 \times 10^{-12}$ M.

Exemplo 8.5 Equação da água

A [OH^-] de uma solução aquosa é $1,0 \times 10^{-4}$ M. Qual é sua [H_3O^+]?

Estratégia

Para determinar a concentração do íon hidrogênio, quando se conhece a concentração do íon hidróxido, simplesmente se divide [OH^-] por 10^{-14}.

Solução

Substituímos na equação:
$$[H_3O^+][OH^-] = 1,0 \times 10^{-14}$$
$$[H_3O^+] = \frac{1,0 \times 10^{-14}}{1,0 \times 10^{-4}} = 1,0 \times 10^{-10} M$$

Problema 8.5

A [OH^-] de uma solução aquosa é $1,0 \times 10^{-12}$ M. Qual é sua [H_3O^+]?

Soluções aquosas podem ter [H_3O^+] muito alta, mas então [OH^-] deve ser muito baixa e vice-versa. Qualquer solução com [H_3O^+] maior que $1,0 \times 10^{-7}$ M é ácida. Nessas soluções, necessariamente [OH^-] deve ser menor que $1,0 \times 10^{-7}$ M. Quanto maior for [H_3O^+], mais ácida será a solução. Igualmente, qualquer solução com [OH^-] maior que $1,0 \times 10^{-7}$ M é básica. A água pura, onde [H_3O^+] e [OH^-] são iguais (ambas são $1,0 \times 10^{-7}$ M), é neutra – isto é, nem ácida nem básica.

Como...

Usar logs e antilogs

Ao lidarmos com ácidos, bases e tampões, geralmente temos de usar logaritmos comuns ou de base 10 (logs). Para a maioria das pessoas, logaritmo é apenas uma tecla que elas apertam na calculadora. Aqui, sucintamente, vamos descrever como usar logs e antilogs.

1. O que é logaritmo e como é calculado?
Um logaritmo comum é a potência à qual 10 é elevado para obter outro número. Por exemplo, log de 100 é 2, pois é preciso elevar 10 à segunda potência para se chegar a 100.

$$\log 100 = 2 \text{ pois, } 10^2 = 100$$

Outros exemplos são

$$\log 1.000 = 3 \text{ pois, } 10^3 = 1.000$$
$$\log 10 = 1 \text{ pois, } 10^1 = 10$$
$$\log 1 = 0 \text{ pois, } 10^0 = 1$$
$$\log 0,1 = -1 \text{ pois, } 10^{-1} = 0,1$$

O logaritmo comum de um número que não seja uma potência simples geralmente é obtido pressionando a tecla do número na calculadora e depois a tecla log. Por exemplo:

$$\log 52 = 1,72$$
$$\log 4,5 = 0,653$$
$$\log 0,25 = -0,602$$

Agora, experimente você. Digite 100 e pressione a tecla log. O resultado foi 2? Então você acertou. Experimente mais uma vez com 52. Digite 52 e pressione log. O resultado foi 1,72 (arredondado até duas casas decimais)? Em algumas calculadoras, talvez você tenha de pressionar primeiro a tecla log e depois o número. Tente dos dois modos para verificar como funciona sua calculadora.

2. O que são antilogaritmos (antilogs)?
Um antilog é o inverso de um log. Também é chamado logaritmo inverso. Ao elevar 10 a uma potência qualquer, você terá um antilog. Por exemplo:

$$\text{antilog } 5 = 100.000$$

porque calcular o antilog de 5 significa elevar 10 à potência de 5 ou

$$10^5 = 100.000$$

Experimente agora na sua calculadora. Qual é o antilog de 3? Digite 3 na calculadora. Pressione INV (inverso) ou 2nd (segunda função) e depois pressione log. A resposta deverá ser 1.000. Sua calculadora pode ser diferente, mas as teclas de função INV ou 2nd são as mais comuns.

3. Qual é a diferença entre antilog e −log?
Há uma diferença enorme e muito importante. Antilog 3 significa que elevamos 10 à potência de 3 e obtemos 1.000. Por sua vez, −log 3 significa que o log de 3, ou seja, 0,477, é tornado negativo. Assim, −log 3 = −0,48. Por exemplo:

$$\text{antilog } 2 = 100$$
$$-\log 2 = -0,30$$

Na Seção 8.8, utilizaremos logs negativos para calcular pH. O pH é igual a −log [H$^+$]. Assim, se sabemos que [H$^+$] é 0,01 M, para calcular o pH digitamos 0,01 na calculadora e pressionamos a tecla log. A resposta será −2. O negativo desse valor será o pH 2.

No último exemplo, que resposta teríamos se fosse o antilog em vez do log negativo? Teríamos o valor inicial: 0,01. Por quê? Porque tudo que calculamos foi antilog log 0,01. Se calculamos o antilog do log, não fazemos absolutamente nada.

8.8 O que são pH e pOH?

Como as concentrações do íon hidrônio, para a maioria das soluções, são números com expoentes negativos, é mais conveniente expressá-las como pH, em que

$$pH = -\log [H_3O^+]$$

é semelhante ao modo como expressamos os valores de pK_a na Seção 8.5.

Na Seção 8.7, vimos que uma solução será ácida se [H$_3$O$^+$] for maior que $1,0 \times 10^{-7}$ M, e que será básica se [H$_3$O$^+$] for menor que $1,0 \times 10^{-7}$ M. Podemos agora formular as definições de soluções ácidas e básicas em termos de pH.

> Uma solução será ácida se o pH for menor que 7,0.
> Uma solução será básica se o pH for maior que 7,0.
> Uma solução será neutra se o pH for igual a 7,0.

Exemplo 8.6 Calculando o pH

(a) A [H$_3$O$^+$] de um certo detergente líquido é $1,4 \times 10^{-9}$ M. Qual é o pH? A solução é ácida, básica ou neutra?
(b) O pH do café puro é 5,3. Qual é sua [H$_3$O$^+$]? A solução é ácida, básica ou neutra?

Estratégia

Para determinar o pH, quando se tem a concentração dos íons hidrogênio, simplesmente considere o log negativo. Se for menor que 7, a solução será ácida. Se for maior que 7, será básica.

Se for dado o pH, é possível determinar imediatamente se a solução é ácida, básica ou neutra, dependendo se for maior, menor ou igual a 7, respectivamente. Para converter o pH em [H$_3$O$^+$], calcule o log inverso de −pH.

Solução

(a) Com a ajuda de uma calculadora, calcule o log de $1,4 \times 10^{-9}$. A resposta é $-8,85$. Multiplique esse valor por -1 para obter o pH de 8,85. A solução é básica.

(b) Digite 5,3 na calculadora e depois pressione a tecla $+/-$ para trocar o sinal para menos e obter $-5,3$. Depois calcule o antilog desse número. A [H$_3$O$^+$] do café puro é 5×10^{-6}. Essa solução é ácida.

Problema 8.6

(a) A [H$_3$O$^+$] de uma solução ácida é $3,5 \times 10^{-3}\,M$. Qual é o seu pH?

(b) O pH do suco de tomate é 4,1. Qual é a [H$_3$O$^+$]? Essa solução é ácida, básica ou neutra?

Assim como o pH é uma maneira conveniente de expressar a concentração de H$_3$O$^+$, o pOH é um modo conveniente de expressar a concentração de OH$^-$.

$$\text{pOH} = -\log[\text{OH}^-]$$

Como vimos na seção anterior, em soluções aquosas, o produto iônico da água, K_w, é 1×10^{-14}, o que é igual ao produto da concentração de H$^+$ e OH$^-$:

$$K_w = 1 \times 10^{-14}[\text{H}^+][\text{OH}^-]$$

Calculando o logaritmo de ambos os lados, e o fato de que $-\log(1 \times 10^{-14}) = 14$, podemos reescrever essa equação da seguinte maneira:

$$14 = \text{pOH} + \text{pOH}$$

Assim, uma vez conhecido o pH da solução, podemos facilmente calcular o pOH.

Exemplo 8.7 Calculando o pOH

A [OH$^-$] de uma solução fortemente básica é $1,0 \times 10^{-2}$. Qual é o pOH e o pH dessa solução?

Estratégia

Quando é dada [OH$^-$], determina-se o pOH calculando o logaritmo negativo. Para calcular o pH, subtrai-se o pOH de 14.

Solução

O pOH é $-\log 1,0 \times 10^{-2}$ ou 2, e o pH é $14 - 2 = 12$.

Problema 8.7

A [OH$^-$] de uma solução é $1,0 \times 10^{-4}\,M$. Qual é o pOH e o pH dessa solução?

Todos os fluidos do corpo humano são aquosos; isto é, o único solvente presente é a água. Consequentemente, todos os fluidos do corpo têm um valor de pH. Alguns se apresentam em uma faixa estreita de pH, outros, em uma faixa mais ampla. O pH do sangue, por exemplo, deve estar entre 7,35 e 7,45 (ligeiramente básico). Se exceder esses limites, o resultado poderá ser uma doença ou mesmo a morte (ver "Conexões químicas 8C"). Entretanto, o pH da urina pode variar de 5,5 a 7,5. A Tabela 8.4 apresenta os valores de pH de alguns materiais conhecidos.

É importante lembrar que, sendo a escala de pH logarítmica, o aumento (ou a diminuição) de uma unidade de pH significa uma diminuição (ou aumento) de dez vezes em [H$_3$O$^+$]. Por exemplo, um pH 3 não parece ser muito diferente de um pH 4. O primeiro, contudo, significa uma [H$_3$O$^+$] de $10^{-3}\,M$, enquanto o segundo significa uma [H$_3$O$^+$] de $10^{-4}\,M$. A [H$_3$O$^+$] da solução de pH 3 é dez vezes a [H$_3$O$^+$] da solução de pH 4.

Há duas maneiras de medir o pH de uma solução aquosa. Uma delas é usar o papel de pH, um papel comum embebido em uma mistura de indicadores de pH. O **indicador** de pH é uma substância que muda de cor em um certo pH. Quando pingamos uma solução nesse papel, este apresenta uma certa cor. Para determinar o pH, comparamos a cor do papel com as cores de uma escala que acompanha o papel.

TABELA 8.4 Valores de pH para alguns materiais conhecidos

Material	pH	Material	pH
Ácido de bateria	0,5	Saliva	6,5-7,5
Suco gástrico	1,0-3,0	Água pura	7,0
Suco de limão	2,2-2,4	Sangue	7,35-7,45
Vinagre	2,4-3,4	Bile	6,8-7,0
Suco de tomate	4,0-4,4	Fluido pancreático	7,8-8,0
Bebidas carbonatadas	4,0-5,0	Água do mar	8,0-9,0
Café puro	5,0-5,1	Sopa	8,0-10,0
Urina	5,5-7,5	Leite de magnésia	10,5
Chuva (não poluída)	6,2	Amônia doméstica	11,7
Leite	6,3-6,6	Barrela (1,0 M NaOH)	14,0

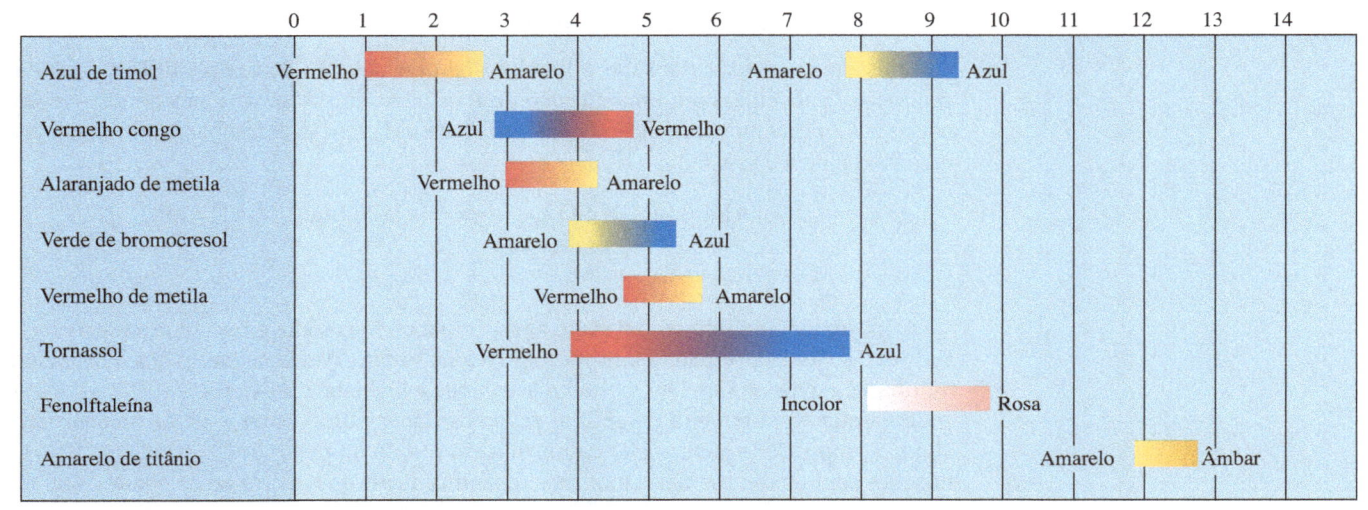

FIGURA 8.2 Alguns indicadores ácido-base. Observe que alguns indicadores têm duas mudanças de cor.

Um exemplo de indicador ácido-base é o composto alaranjado de metila. Quando uma gota desse composto é adicionada a uma solução aquosa com pH de 3,2 ou mais baixo, esse indicador fica vermelho e toda a solução torna-se vermelha. Quando adicionado a uma solução aquosa com pH 4,4 ou mais alto, esse indicador fica amarelo. Esses limites específicos de cor aplicam-se somente ao alaranjado de metila. Outros indicadores apresentam outros limites e cores (Figura 8.2). A forma química (estrutura molecular) dos indicadores é que determina sua cor. A cor observada em pH mais baixo deve-se à forma ácida do indicador, enquanto a cor obtida em pH mais alto está associada à sua base conjugada.

A segunda maneira de determinar o pH é mais acurada e mais precisa. Nesse método, usamos um pHmetro (Figura 8.3). Mergulhamos o eletrodo do pHmetro na solução cujo pH deve ser medido e depois lemos o pH em um mostrador. Os pHmetros mais utilizados leem o pH até o centésimo mais próximo de uma unidade. É preciso lembrar que a acurácia de um pHmetro, como a de qualquer instrumento, depende de uma calibração correta.

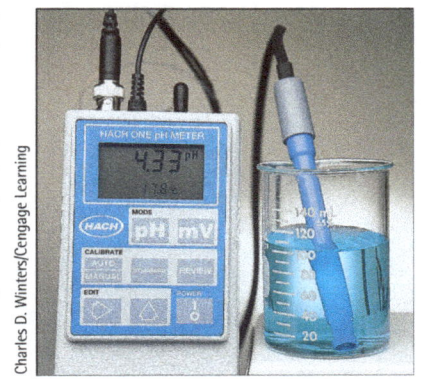

FIGURA 8.3 Um pHmetro pode medir com rapidez e acurácia o pH de uma solução aquosa.

8.9 Como se usa a titulação para calcular a concentração?

Laboratórios clínicos, acadêmicos ou industriais precisam determinar a concentração exata de certa substância em solução, como a concentração de ácido acético em uma dada amostra de vinagre, ou as concentrações de ferro, cálcio e magnésio em uma amostra de água "dura". Determinações de concentrações de solução podem ser feitas com o uso de uma técnica analítica chamada **titulação**.

Titulação Procedimento analítico em que reagimos um volume conhecido de uma solução de concentração conhecida com um volume conhecido de uma solução de concentração desconhecida.

Em uma titulação, reagimos um volume conhecido de certa solução de concentração conhecida com um volume conhecido de uma solução de concentração desconhecida. Esta pode conter um ácido (como o ácido gástrico), uma base (como a amônia), um íon (como o Fe^{2+}) ou qualquer outra substância cuja concentração devemos determinar. Se conhecemos os volumes da titulação e a razão molar em que os solutos reagem, podemos então calcular a concentração da segunda solução.

As titulações devem atender a várias exigências:

1. Devemos conhecer a equação da reação de modo a determinar a proporção estequiométrica dos reagentes que usaremos em nossos cálculos.
2. A reação deve ser rápida e completa.
3. Quando os reagentes se combinam completamente, deverá haver uma mudança bem visível em alguma propriedade mensurável da mistura em reação. Chamamos o ponto em que os reagentes se combinam completamente de **ponto de equivalência** da titulação.
4. Devemos ter medidas acuradas da quantidade de cada reagente.

Ponto de equivalência Ponto em que há uma quantidade igual de ácido e de base em uma reação de neutralização.

Apliquemos essas exigências à titulação de uma solução de ácido sulfúrico, de concentração conhecida, com uma solução de hidróxido de sódio, de concentração desconhecida. Conhecemos a equação balanceada para essa reação ácido-base, portanto a primeira exigência é satisfeita.

$$2NaOH(aq) + H_2SO_4(aq) \longrightarrow Na_2SO_4(aq) + 2H_2O(\ell)$$
(Concentração não conhecida)   (Concentração conhecida)

O hidróxido de sódio se ioniza em água formando íons sódio e íons hidróxido; o ácido sulfúrico se ioniza formando íons hidrônio e íons sulfato. A reação entre íons hidróxido e hidrônio é rápida e completa, portanto a segunda exigência é satisfeita.

Para atender à terceira exigência, devemos poder observar uma nítida mudança em alguma propriedade mensurável da mistura em reação no ponto de equivalência. Para titulações ácido-base, usamos a mudança repentina de pH que ocorre nesse ponto. Suponha que tenhamos adicionado o hidróxido de sódio lentamente. À medida que é adicionado, ele reage com os íons hidrônio formando água. Enquanto houver íons hidrônio em excesso, a solução é ácida. Quando o número de íons hidróxido adicionado se igualar exatamente ao número original de íons hidrônio, a solução torna-se neutra. Em seguida, logo que forem adicionados quaisquer íons hidróxidos a mais, a solução torna-se básica. Podemos observar essa súbita mudança de pH em um pHmetro.

Outra maneira de observar a mudança de pH no ponto de equivalência é usar um indicador ácido-base (Seção 8.8). Esse tipo de indicador muda de cor quando a solução muda de pH. A fenolftaleína, por exemplo, é incolor em solução ácida e rosa em solução básica. Se esse indicador é adicionado à solução original de ácido sulfúrico, a solução permanece incolor enquanto houver excesso de íons hidrônio. Depois que uma quantidade suficiente de hidróxido de sódio é adicionada para reagir com todos os íons hidrônio, com a próxima gota de base vai haver excesso de íons hidróxido, e a solução torna-se rosa (Figura 8.4). Assim, temos uma clara indicação do ponto de equivalência. O ponto em que um indicador muda de cor é chamado **ponto final** (ou ponto de viragem) da titulação. É mais conveniente que o **ponto final** e o ponto de equivalência sejam os mesmos, mas há muitos indicadores de pH cujos pontos finais não estão em pH 7.

Para atender à quarta exigência (o volume de cada solução usada deve ser conhecido), usamos vidraria volumétrica, como balões volumétricos, buretas e pipetas.

Dados para uma típica titulação ácido-base são apresentados no Exemplo 8.8. Observe que o experimento é conduzido três vezes, um procedimento padrão para garantir a precisão na titulação.

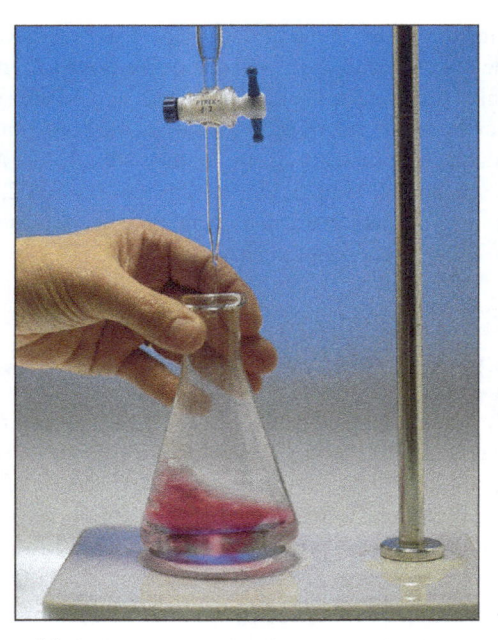

FIGURA 8.4 Titulação ácido-base. (a) O erlenmeyer contém um ácido de concentração conhecida. (b) Com a bureta, adiciona-se uma base até neutralizar o ácido. (c) Chega-se ao ponto final quando a cor do indicador muda de incolor para rosa.

Exemplo 8.8 — Titulações

A seguir, apresentamos dados para a titulação de H_2SO_4 0,108 M com uma solução de NaOH de concentração desconhecida. Qual é a concentração da solução de NaOH?

	Volume de H_2SO_4 0,108 M	Volume de NaOH
Titulação I	25,0 mL	33,48 mL
Titulação II	25,0 mL	33,46 mL
Titulação III	25,0 mL	33,50 mL

Estratégia

Use o volume do ácido e sua concentração para calcular quantos mols de íons hidrogênio estão disponíveis para serem titulados. No ponto de equivalência, os mols de base utilizados serão iguais aos mols de H^+ disponíveis. Divida os mols de H^+ pelo volume de base usado em litros para calcular a concentração da base.

Solução

Conhecemos a estequiometria da equação balanceada dessa reação ácido-base: dois mols de NaOH reagem com um mol de H_2SO_4. A partir das três titulações, calculamos que o volume médio de NaOH necessário para a reação completa é 33,48 mL. Como as unidades da molaridade são mols/litro, devemos converter os volumes dos reagentes de mililitros em litros. Podemos então usar o método rótulo fator (Seção 1.5) para calcular a molaridade da solução de NaOH. O que queremos calcular é o número de mols de NaOH por litro de NaOH.

$$\frac{\text{mol NaOH}}{\text{L NaOH}} = \frac{0{,}108 \text{ mol } H_2SO_4}{1 \text{ L } H_2SO_4} \times \frac{0{,}0250 \text{ L } H_2SO_4}{0{,}03348 \text{ L NaOH}} \times \frac{2 \text{ mol NaOH}}{1 \text{ mol } H_2SO_4}$$

$$= \frac{0{,}161 \text{ mol NaOH}}{\text{L NaOH}} = 0{,}161 \; M$$

Problema 8.8

Calcule a concentração de uma solução de ácido acético usando os seguintes dados. Três amostras de 25,0 mL de ácido acético foram tituladas, em fenolftaleína, até o ponto final com NaOH 0,121 M. Os volumes de NaOH foram 19,96 mL, 19,73 mL e 19,79 mL.

É importante entender que a titulação não é um método para determinar a acidez (ou basicidade) de uma solução. Se é isso que queremos fazer, devemos medir o pH da amostra, que é a única medida para acidez ou basicidade de uma solução. A titulação é um método para determinar a concentração total de ácido ou de base em uma solução, que não é a mesma coisa que a acidez. Por exemplo, uma solução 0,1 M de HCl em água tem um pH 1, mas uma solução 0,1 M de ácido acético tem um pH 2,9. Essas duas soluções têm a mesma concentração de ácido e cada uma neutraliza o mesmo volume de solução de NaOH, mas elas têm acidez muito diferentes.

8.10 O que são tampões?

Tampão Solução que resiste à mudança de pH quando quantidades limitadas de um ácido ou de uma base são adicionadas; uma solução aquosa que contém um ácido fraco e sua base conjugada.

Conforme observamos anteriormente, o corpo deve manter o pH do sangue entre 7,35 e 7,45. No entanto, é comum ingerirmos alimentos ácidos como laranja, limão, chucrute e tomate e, ao fazê-lo, adicionamos quantidades consideráveis de H_3O^+ ao sangue. Apesar desses acréscimos de substâncias ácidas ou básicas, o corpo consegue manter constante o pH do sangue. O corpo realiza essa proeza usando tampões. **Tampão** é uma solução cujo pH varia muito pouco quando pequenas quantidades de íons H_3O^+ e OH^- são adicionadas a ela. Em certo sentido, um tampão de pH é um "absorvedor de impacto" para ácidos e bases.

Os tampões mais comuns consistem em quantidades molares aproximadamente iguais de ácido fraco e um sal desse ácido fraco. Em outras palavras, consistem em quantidades aproximadamente iguais de um ácido fraco e sua base conjugada. Por exemplo, se dissolvermos 1,0 mol de ácido acético (um ácido fraco) e 1,0 mol de sua base conjugada (na forma de CH_3COONa, acetato de sódio) em 1,0 L de água, teremos uma boa solução-tampão. O equilíbrio presente nessa solução-tampão é:

$$\underset{\substack{\text{Ácido acético}\\\text{(Um ácido fraco)}}}{CH_3COOH} + H_2O \rightleftharpoons \underset{\substack{\text{Íon acetato}\\\text{(Base conjugada de}\\\text{um ácido fraco)}}}{CH_3COO^-} + H_3O^+$$

(Adicionado como CH_3COOH) ... (Adicionado como $CH_3COO^-Na^+$)

A. Como funcionam os tampões?

Um tampão resiste à mudança de pH quando se adicionam pequenas quantidades de ácido ou base. Vejamos como exemplo um tampão de ácido acético-acetato de sódio. Se um ácido forte como o HCl for adicionado a essa solução-tampão, os íon H_3O^+ vão reagir com os íons CH_3COO^- e serão removidos da solução.

$$\underset{\substack{\text{Íon acetato}\\\text{(Base conjugada de}\\\text{um ácido fraco)}}}{CH_3COO^-} + H_3O^+ \longrightarrow \underset{\substack{\text{Ácido acético}\\\text{(Um ácido fraco)}}}{CH_3COOH} + H_2O$$

Há um ligeiro aumento na concentração de CH_3COOH, bem como uma ligeira diminuição na concentração de CH_3COO^-, mas não há mudança sensível de pH. Dizemos que essa solução está tamponada porque resiste a variações no pH com a adição de pequenas quantidades de um ácido forte.

Se for adicionado NaOH ou outra base forte à solução-tampão, os íons OH^- adicionados vão reagir com as moléculas de CH_3COOH e serão removidos da solução:

$$\underset{\substack{\text{Ácido acético}\\\text{(Um ácido fraco)}}}{CH_3COOH} + OH^- \longrightarrow \underset{\substack{\text{Íon acetato}\\\text{(Base conjugada de}\\\text{um ácido fraco)}}}{CH_3COO^-} + H_2O$$

Aqui há uma ligeira diminuição na concentração de CH_3COOH, bem como um ligeiro aumento na concentração de CH_3COO^-, mas, novamente, não há uma mudança sensível de pH.

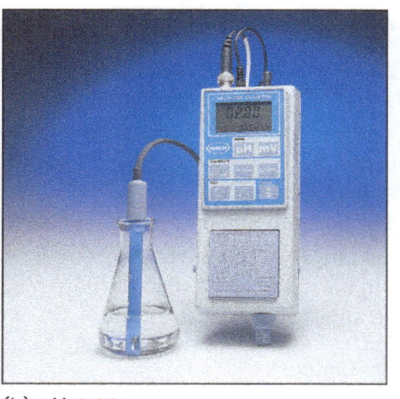

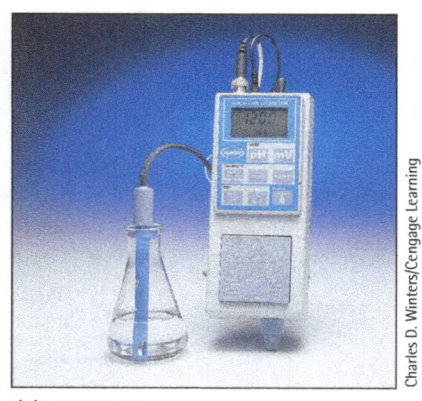

(a) pH 7,00 (b) pH 2,00 (c) pH 12,00

FIGURA 8.5 Adição de HCl e NaOH à água pura. (a) O pH da água pura é 7,0. (b) A adição de 0,01 mol de HCl a 1 L de água pura faz o pH baixar para 2. (c) A adição de 0,010 mol de NaOH a 1 L de água pura faz o pH subir para 12.

Em se tratando de soluções-tampões, o importante é saber que, quando a base conjugada do ácido fraco remove H_3O^+, ela é convertida no ácido fraco não dissociado. Como há uma quantidade substancial de ácido fraco já presente, não há uma mudança sensível em sua concentração; e como os íons H_3O^+ são removidos da solução, não há uma mudança sensível de pH. Pelas mesmas razões, quando o ácido fraco remove íons OH^- da solução, ele é convertido em sua base conjugada. Já que os íons OH^- são removidos da solução, não há variação apreciável de pH.

O efeito de um tampão pode ser bem vigoroso. A adição de HCl diluído ou NaOH à água pura, por exemplo, provoca uma notável mudança de pH (Figura 8.5).

Quando HCl ou NaOH é adicionado a um tampão de fosfato, os resultados são bem diferentes. Suponha que temos uma solução-tampão de fosfato de pH 7,21, com 0,10 mol de NaH_2PO_4 (um ácido fraco) e 0,10 mol de Na_2HPO_4 (sua base conjugada) dissolvidos em água suficiente para completar 1,00 L de solução. Se adicionarmos 0,010 mol de HCl a 1,0 L dessa solução, o pH vai aumentar somente até 7,12. Se adicionarmos 0,01 mol de NaOH, o pH vai aumentar somente até 7,30.

Tampão de fosfato (pH 7,21) + 0,010 mol HCl   pH 7,21 ⟶ 7,12
Tampão de fosfato (pH 7,21) + 0,010 mol NaOH   pH 7,21 ⟶ 7,30

Se a mesma quantidade de ácido ou base tivesse sido adicionada a 1 litro de água pura, os valores resultantes de pH teriam sido 2 e 12, respectivamente.

A Figura 8.6 mostra o efeito da adição de ácido a uma solução-tampão.

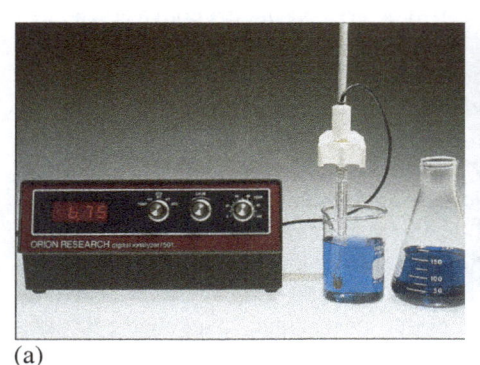

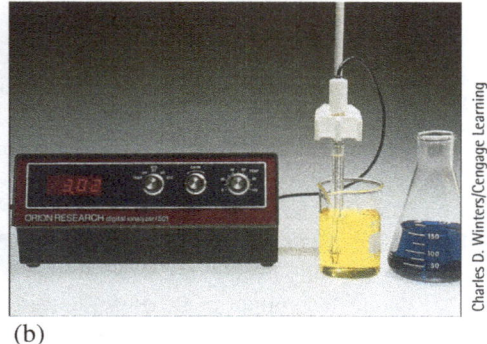

(a) (b)

FIGURA 8.6 Soluções-tampões. A solução do Erlenmeyer à direita, tanto em (a) como em (b), é um tampão de pH 7,40, o mesmo pH do sangue humano. A solução-tampão também contém verde de bromocresol, um indicador ácido-base que é azul em pH 7,40 (ver Figura 8.2). (a) O béquer contém um pouco do tampão de pH 7,40 e o indicador verde de bromocresol, ao qual foi adicionado 5 mL de HCl 0,1 M. após a adição do HCl, o pH da solução-tampão cai apenas 0,65 unidade para 6,75. (b) O béquer contém água pura e o indicador verde de bromocresol, ao qual foi adicionado 5 mL de HCl 0,10 M. Após a adição de HCl, o pH da solução não tamponada cai para 3,02.

B. pH do tampão

No exemplo anterior, o pH do tampão que contém quantidades molares iguais de $H_2PO_4^-$ e HPO_4^{2-} é 7,21. Na Tabela 8.3, podemos ver que 7,21 é o pK_a do ácido $H_2PO_4^-$. Isso não é uma coincidência. Se prepararmos uma solução-tampão misturando concentrações equimolares de qualquer ácido fraco e sua base conjugada, o pH da solução será igual ao pK_a do ácido fraco.

Esse fato nos permite preparar soluções-tampões para manter quase que qualquer pH. Por exemplo, se quisermos manter um pH de 9,14, poderemos fazer uma solução-tampão a partir do ácido bórico, H_3BO_3, e do di-hidrogenoborato de sódio, NaH_2BO_3, o sal de sódio de sua base conjugada (ver Tabela 8.3).

Exemplo 8.9 Tampões

Qual é o pH de uma solução-tampão que contém as seguintes quantidades equimolares?
(a) H_3PO_4 e NaH_2PO_4 (b) H_2CO_3 e $NaHCO_3$

Estratégia

Quando há quantidades equimolares de um ácido fraco e sua base conjugada em uma solução-tampão, o pH é sempre igual ao pK_a do ácido fraco. Veja o pK_a do ácido fraco na Tabela 8.3.

Solução

Como estamos adicionando quantidades equimolares de um ácido fraco à sua base conjugada, o pH é igual ao pK_a do ácido fraco, que podemos ver na Tabela 8.3:
(a) pH = 2,12   (b) pH = 6,37

Problema 8.9

Qual é o pH de uma solução-tampão que contém as seguintes quantidades equimolares?
(a) NH_4Cl e NH_3 (b) CH_3COOH e CH_3COONa

C. Capacidade tamponante

Capacidade tamponante
A extensão em que uma solução-tampão pode impedir uma mudança significativa no pH de determinada solução quando se adiciona um ácido forte ou uma base forte.

A **capacidade tamponante** é a quantidade de íons hidrônio ou hidróxido que um tampão pode absorver sem uma mudança significativa em seu pH. Já dissemos que um tampão de pH é um "absorvedor de impacto" para ácidos e bases. Perguntamos agora o que faz uma solução ser um absorvedor de impacto melhor que outra. A natureza da capacidade tamponante de um tampão de pH depende tanto do pH relativo ao seu pK_a como da concentração.

pH:	Quanto mais próximo o pH do tampão estiver do pK_a do ácido fraco, mais simétrica será a capacidade do tampão, o que significa que este poderá resistir a variações no pH com a adição de ácidos ou bases.
Concentração:	Quanto maior a concentração do ácido fraco e sua base conjugada, maior a capacidade do tampão.

Um tampão eficaz tem um pH igual ao pK_a do ácido fraco ± 1. Para o ácido acético, por exemplo, o pK_a é 4,75. Portanto, uma solução de ácido acético e acetato de sódio funciona como um tampão eficaz na faixa de pH de aproximadamente 3,75-5,75. Quando o pH da solução-tampão for igual ao pK_a do ácido conjugado, a solução terá igual capacidade com respeito às adições de ácido ou de base. Se o pH do tampão estiver abaixo do pK_a, a capacidade tamponante do ácido será maior que a capacidade tamponante da base.

A capacidade tamponante também depende da concentração. Quanto maior a concentração do ácido fraco e sua base conjugada, maior a capacidade tamponante. Poderíamos preparar uma solução-tampão dissolvendo 1,0 mol de CH_3COONa e de CH_3COOH em 1 L de H_2O ou então usar somente 0,10 mol de cada. Ambas as soluções têm o mesmo pH de 4,75. Entretanto, o primeiro tem uma capacidade tamponante dez vezes maior que o segundo. Se adicionarmos 0,2 mol de HCl à primeira solução, ela vai se comportar da maneira que esperamos – o pH diminuirá para 4,57. Mas se adicionarmos 0,2 mol de HCl à segunda solução, o pH vai diminuir para 1,0, pois o tampão foi sobrecarregado. Isto é, a quantidade de H₃O⁺ adicionado excedeu a capacidade tamponante. O primeiro 0,10 mol de HCl neutraliza por completo praticamente todo o CH₃COO⁻ presente. Depois disso, a solução contém apenas CH₃COOH e deixa de ser um tampão; assim, o segundo 0,10 mol de HCl baixa o pH para 1,0.

D. Tampões sanguíneos

O pH médio do sangue humano é 7,4. Qualquer variação maior que 0,10 unidade de pH, seja para mais seja para menos, pode provocar doença. Se o pH cair abaixo de 6,8 ou subir acima de 7,8, poderá causar a morte. Para manter o pH do sangue próximo de 7,4, o corpo utiliza três sistemas de tamponagem: carbonato, fosfato e proteínas (veremos as proteínas no Capítulo 22).

O mais importante desses sistemas é o tampão de carbonato. O ácido fraco desse tampão é o ácido carbônico, H_2CO_3; a base conjugada é o íon bicarbonato, HCO_3^-. O pK_a do H_2CO_3 é 6,37 (ver Tabela 8.3). Como o pH de uma mistura de ácido fraco e seu sal é igual ao pK_a do ácido fraco, um tampão com iguais concentrações de H_2CO_3 e HCO_3^- tem pH de 6,37.

O sangue, porém, tem um pH de 7,4. O tampão de carbonato poderá manter esse pH somente se [H_2CO_3] e [HCO_3^-] não forem iguais. De fato, a proporção necessária de [HCO_3^-]/[H_2CO_3] é em torno de 10:1. As concentrações normais dessas espécies no sangue são por volta de 0,025 M para o HCO_3^- e 0,0025 M para o H_2CO_3. Esse tampão funciona porque qualquer H_3O^+ adicionado é neutralizado pelo HCO_3^- e qualquer OH^- adicionado é neutralizado pelo H_2CO_3.

O fato de que a proporção [HCO_3^-]/[H_2CO_3] é de 10:1 significa que esse sistema é um tampão melhor para ácidos, que baixam a proporção e assim melhoram a eficiência do tampão, do que para bases, que elevam a proporção e diminuem a capacidade tamponante. Isso está em concordância com o real funcionamento do corpo, pois, em condições normais, entram no corpo quantidades maiores de substâncias ácidas. A proporção de 10:1 é facilmente conservada sob condições normais, visto que o corpo pode, rapidamente, aumentar ou diminuir a quantidade de CO_2 que entra no sangue.

O segundo sistema mais importante de tamponagem é um tampão de fosfato formado pelos íons hidrogenofosfato, HPO_4^{2-}, e di-hidrogenofosfato, $H_2PO_4^-$. Nesse caso, é necessária uma proporção [HPO_4^{2-}]/[$H_2PO_4^-$] de 1,6:1 para manter um pH de 7,4. Essa proporção está bem dentro dos limites de uma boa ação tamponante.

8.11 Como se calcula o pH de um tampão?

Suponha que queiramos preparar uma solução-tampão de fosfato de pH 7,00. O ácido fraco com pK_a mais próximo ao pH desejado é o $H_2PO_4^-$; ele tem um pK_a de 7,21. Se usarmos concentrações iguais de NaH_2PO_4 e Na_2HPO_4, teremos um tampão de pH 7,21. Queremos um tampão de fosfato que seja ligeiramente mais ácido que 7,21, portanto parece razoável utilizar mais do ácido fraco, $H_2PO_4^-$, e menos de sua base conjugada, HPO_4^{2-}. Mas em que proporções devemos utilizar esses dois ácidos? Felizmente, podemos calcular essas proporções usando a equação de **Henderson-Hasselbach**.

A equação de Henderson-Hasselbach é uma relação matemática entre o pH, o pK_a de um ácido fraco e as concentrações do ácido fraco e sua base conjugada. A equação é derivada da seguinte maneira. Suponha que estejamos lidando com um ácido fraco, HA, e sua base conjugada, A⁻.

$$HA + H_2O \rightleftharpoons A^- + H_3O^+$$

$$K_a = \frac{[A^-][H_3O^+]}{[HA]}$$

Calculando o logaritmo dessas equações, temos:

$$\log K_a = \log [H_3O^+] + \log \frac{[A^-]}{[HA]}$$

O rearranjo dos termos nos dá uma nova expressão, em que $-\log K_a$ é, por definição, pK_a, e $-\log [H_3O^+]$ é, por definição, pH. Com essas substituições, chega-se à equação de Henderson-Hasselbach.

$$-\log [H_3O^+] = -\log K_a + \log \frac{[A^-]}{[HA]}$$

$$pH = pK_a + \log \frac{[A^-]}{[HA]} \quad \text{Equação de Henderson-Hasselbach}$$

A equação de Henderson-Hasselbach nos dá um método conveniente de calcular o pH de um tampão quando as concentrações do ácido fraco e de sua base conjugada não são iguais.

Exemplo 8.10 Cálculo do pH do tampão

Qual é o pH de uma solução-tampão que contém 1,0 mol/L de di-hidrogenofosfato de sódio, NaH_2PO_4, e 0,50 mol/L de hidrogenofosfato de sódio, Na_2HPO_4?

Estratégia

Use a equação de Henderson-Hasselbach para determinar o pH. Você deve conhecer o número de mols tanto do ácido conjugado como da base conjugada, ou as concentrações do ácido conjugado ou da base conjugada. Divida a base conjugada pelo ácido conjugado, calcule o log dessa razão e adicione-o ao pK_a do ácido conjugado.

Solução

No problema, o ácido fraco é o $H_2PO_4^-$, e sua ionização produz HPO_4^{2-}. O pK_a desse ácido é 7,21 (ver Tabela 8.3). As concentrações aparecem abaixo do ácido fraco e de sua base conjugada.

$$\underset{1,0 \text{ mol/L}}{H_2PO_4^-} + H_2O \rightleftharpoons \underset{0,50 \text{ mol/L}}{HPO_4^{2-}} + H_3O^+ \quad pK_a = 7,21$$

Substituindo esses valores na equação de Henderson-Hasselbach, temos um pH de 6,91.

$$pH = 7,21 + \log \frac{0,50}{1,0}$$

$$= 7,21 - 0,30 = 6,91$$

Problema 8.10

Qual é o pH de uma solução-tampão de ácido bórico que contém 0,25 mol/L de ácido bórico, H_3BO_3, e 0,50 mol/L de sua base conjugada? Ver Tabela 8.3 para o pK_a do ácido bórico.

Voltando ao problema proposto no começo desta seção, como calculamos as proporções de NaH_2PO_4 e Na_2HPO_4 necessárias para formar um tampão de fosfato de pH 7,00? Sabemos que o pK_a do $H_2PO_4^-$ é 7,21 e que o tampão que queremos preparar tem pH 7,00. Podemos substituir esses dois valores na equação de Henderson-Hasselbach da seguinte maneira:

$$7,00 = 7,21 + \log \frac{[HPO_4^{2-}]}{[H_2PO_4^-]}$$

Rearranjando e resolvendo, temos:

$$\log \frac{[HPO_4^{2-}]}{[H_2PO_4^-]} = 7,00 - 7,21 = -0,21$$

$$\frac{[HPO_4^{2-}]}{[H_2PO_4^-]} = 10^{-0,21} = \frac{0,62}{1,0}$$

Assim, para preparar um tampão de fosfato de pH 7,00, usamos 0,62 mol de Na_2HPO_4 e 1,0 mol de NaH_2PO_4. Podemos ainda usar quaisquer outras quantidades desses dois sais, contanto que a proporção em mols seja de 0,62:1,0.

8.12 O que são TRIS, HEPES e esses tampões com nomes estranhos?

Os tampões originais usados no laboratório foram preparados a partir de ácidos fracos e bases, tais como ácidos acético, fosfórico e cítrico. Finalmente, descobriu-se que muitos desses tampões tinham limitações. Por exemplo, frequentemente o pH variava muito se a solução fosse diluída ou se a temperatura mudasse. Era comum permearem células em solução, alterando assim a química do interior da célula. Para superar essas deficiências, um cientista chamado N. E. Good desenvolveu uma série de tampões que consistem em zwitteríons, moléculas com cargas positivas e negativas. Zwitteríons não permeiam de imediato as membranas celulares. Tampões de zwitteríons também são mais resistentes à concentração e a mudanças de temperatura.

A maioria dos tampões sintéticos utilizados atualmente têm fórmulas complicadas, tais como a do ácido 3-[N-morfolinol]propanossulfônico, que abreviamos para MOPS. Na Tabela 8.5, vemos alguns exemplos.

É importante lembrar que você não precisa conhecer a estrutura desses tampões de nome esquisito para usá-los corretamente. O que se deve considerar é o pK_a do tampão e a concentração que você quer. A equação de Henderson-Hasselbach funciona adequadamente, quer você conheça ou não a estrutura do composto em questão.

Exemplo 8.11 Cálculo do pH do tampão

Qual é o pH de uma solução se você mistura 100 mL de HEPES 0,2 M na forma ácida com 200 mL de HEPES 0,2 M na forma básica?

Estratégia

Para usar a equação de Henderson-Hasselbach, você precisa das proporções entre a base conjugada e o ácido fraco do tampão. Já que as soluções de HEPES têm concentrações iguais, a proporção dos volumes lhe dará a proporção dos mols utilizados. Divida o volume da base conjugada pelo volume do ácido fraco. Calcule o log da proporção e adicione-o ao pK_a do HEPES.

Solução

Primeiro, devemos encontrar o pK_a, que é 7,55, de acordo com a Tabela 8.5. Depois, devemos calcular a proporção entre base conjugada e ácido. A fórmula prevê a concentração, mas, nessa situação, a proporção das concentrações será igual à proporção em mols, que será igual à proporção dos volumes, porque ambas as soluções tiveram a mesma concentração inicial de 0,2 M. Assim, podemos ver que a proporção de base para ácido é de 2:1, pois adicionamos duas vezes o volume da base.

$$pH = pK_a + \log([A^-]/[HA]) = 7,55 + \log(2) = 7,85$$

Observe que não foi necessário conhecer a estrutura do HEPES para resolver este exemplo.

Problema 8.11

Qual é o pH de determinada solução que é uma mistura de 0,2 mol de ácido TRIS e 0,05 mol de base TRIS em 500 mL de água?

Conexões químicas 8C

Acidose respiratória e metabólica

O pH do sangue normalmente está entre 7,35 e 7,45. Se estiver abaixo desse nível, a condição será denominada **acidose**, que leva à depressão do sistema nervoso. Uma acidose moderada pode provocar tontura, desorientação ou desmaio; em casos mais graves, coma. Se a acidose persistir durante certo período ou se o pH se afastar muito da faixa 7,35-7,45, o resultado poderá ser a morte.

A acidose tem várias causas. Um tipo de acidose, a respiratória, resulta da dificuldade de respirar (hipoventilação). Uma obstrução na traqueia ou doenças, como pneumonia, enfisema, asma ou insuficiência cardíaca congestiva, podem diminuir a quantidade de oxigênio que chega aos tecidos e a quantidade de CO_2 que deixa o corpo através dos pulmões. Pode-se até produzir acidose moderada quando se prende a respiração. Se você já experimentou ver quanto tempo consegue nadar debaixo d'água sem subir à superfície, terá notado uma forte sensação de queimação em todos os músculos quando finalmente emergiu para respirar. O pH do sangue diminui porque o CO_2, incapaz de sair suficientemente rápido, permanece no sangue, no qual baixa a proporção de $[HCO_3^-]/[H_2CO_3]$. A respiração acelerada, como resultado do esforço físico, está mais relacionada à expulsão do CO_2 que à captação de oxigênio.

A acidose causada por outros fatores é chamada **acidose metabólica**. Fome (ou jejum) e exercícios pesados são as duas causas dessa condição. Quando o corpo não recebe alimento suficiente, ele queima sua própria gordura, e os produtos dessa reação são compostos ácidos que entram no sangue. Esse problema às vezes ocorre com pessoas em dietas exóticas. Exercícios pesados fazem os músculos produzir quantidades excessivas de ácido láctico, deixando-os cansados e doloridos. A diminuição do pH do sangue provocada pelo ácido láctico é também a causa de respiração acelerada, tontura e náusea que os atletas sentem no final de uma corrida. Além disso, a acidose metabólica é causada por várias irregularidades metabólicas. Por exemplo, o diabetes melito produz compostos ácidos chamados corpos cetônicos (Seção 28.6).

Esses dois tipos de acidose podem estar relacionados. Quando as células são privadas de oxigênio, ocorre a acidose respiratória. Essas células são incapazes de produzir a energia de que necessitam por meio das vias aeróbicas (*utilizam oxigênio*), sobre as quais aprenderemos nos Capítulos 27 e 28. Para sobreviver, as células devem usar a via anaeróbica (*sem oxigênio*), denominada glicólise. Essa via tem o ácido láctico como produto final, resultando na acidose metabólica. O ácido láctico serve para o corpo ganhar tempo e manter as células vivas e funcionando um pouco mais. Finalmente, a falta de oxigênio, chamada débito de oxigênio, deve ser compensada, e o ácido láctico, eliminado. Em casos extremos, o débito de oxigênio é muito grande, e o indivíduo pode morrer. Esse foi o caso de um famoso ciclista, Tom Simpson, que morreu nas encostas do Monte Ventoux durante o Tour de France de 1967. Sob a influência de anfetaminas, ele pedalou com tanto vigor que provocou um débito fatal de oxigênio.

TABELA 8.5 Formas ácida e básica de alguns tampões bioquímicos úteis

Forma ácida		Forma básica	pK_a
TRIS—H$^+$ (forma protonada) $(HOCH_2)_3CNH_3^+$	N—*tris* [hidroximetil]aminometano] (TRIS) ⇌	TRIS* (amina livre) $(HOCH_2)_3CNH_2$	8,3
$^-$TES—H$^+$ (forma zwitteriônica) $(HOCH_2)_3\overset{+}{C}NH_2CH_2CH_2SO_3^-$	N—*tris* [hidroximetil]metil-2-aminoetano sulfonato (TES) ⇌	$^-$TES (forma aniônica) $(HOCH_2)_3CNHCH_2CH_2SO_3^-$	7,55
$^-$HEPES—H$^+$ (forma zwitteriônica) HOCH$_2$CH$_2$N$^+$⬡NCH$_2$CH$_2$SO$_3^-$ H	N—2—hidroxietilpiperazina-N'-2-etano sulfonato (HEPES) ⇌	$^-$HEPES (forma aniônica) HOCH$_2$CH$_2$N⬡NCH$_2$CH$_2$SO$_3^-$	7,55
$^-$MOPS—H$^+$ (forma zwitteriônica) O⬡$^+$NCH$_2$CH$_2$CH$_2$SO$_3^-$ H	3—[N—morfolino]propano-ácido sulfônico (MOPS) ⇌	$^-$MOPS (forma aniônica) O⬡NCH$_2$CH$_2$CH$_2$SO$_3^-$	7,2
$^{2-}$PIPES—H$^+$ (diânion protonado) $^-$O$_3$SCH$_2$CH$_2$N⬡$^+$NCH$_2$CH$_2$SO$_3^-$ H	Piperazina—N,N'-*bis* [ácido 2-etanossulfônico] (PIPES) ⇌	$^{2-}$PIPES (diânion) $^-$O$_3$SCH$_2$CH$_2$N⬡NCH$_2$CH$_2$SO$_3^-$	6,8

*Note que o TRIS não é um zwitteríon.

Conexões químicas 8D

Alcalose e o truque do corredor

A redução do pH não é a única anormalidade que pode ocorrer no sangue. O pH também pode ser elevado, uma condição conhecida como **alcalose** (pH sanguíneo maior que 7,45), que leva à superestimulação do sistema nervoso, cãibras musculares, tontura e convulsões. Surge com a respiração acelerada ou forte, chamada hiperventilação, causada por febre, infecção, ação de certas drogas, ou mesmo por histeria. Nesse caso, a perda excessiva de CO_2 eleva tanto a proporção de $[HCO_3^-]/[H_2CO_3]$ como o pH.

Atletas que competem em corridas de curta distância, que duram cerca de um minuto para acabar, aprendem a usar a hiperventilação em seu proveito. Ao hiperventilar, pouco antes de iniciarem a corrida, eles forçam a saída de mais CO_2 dos pulmões. Isso provoca a dissociação de mais H_2CO_3 em CO_2 e H_2O para substituir o CO_2 perdido. Por sua vez, a perda da forma HA do tampão sanguíneo de bicarbonato eleva o pH do sangue. Um atleta, ao começar determinado evento com um pH sanguíneo ligeiramente mais alto, pode absorver mais ácido láctico antes de o pH do sangue baixar até o ponto em que o desempenho é prejudicado. É claro que o *timing* dessa hiperventilação deve ser perfeito. Se o atleta elevar artificialmente o pH do sangue e a seguir a corrida não começar rapidamente, vão ocorrer os mesmos efeitos de tontura.

Resumo das questões-chave

Seção 8.1 O que são ácidos e bases?

- Pelas **definições de Arrhenius**, ácidos são substâncias que produzem íons H_3O^+ em solução aquosa.
- Bases são substâncias que produzem íons OH^- em solução aquosa.

Seção 8.2 Como se define a força de ácidos e bases?

- Um ácido forte reage completamente ou quase completamente com a água formando íons H_3O^+.
- Uma base forte reage completamente ou quase completamente com a água formando íons OH^-.

Seção 8.3 O que são pares conjugados ácido-base?

- As **definições de Brønsted-Lowry** expandem as definições de ácido e base para além da água.
- Ácido é um doador de próton, e base, aceptor de próton.
- Todo ácido tem uma **base conjugada**, e toda base conjugada, um **ácido conjugado**. Quanto mais forte o ácido, mais fraca sua base conjugada. Inversamente, quanto mais forte a base, mais fraco seu ácido conjugado.
- Uma **substância anfiprótica**, como a água, pode reagir tanto com ácidos como com bases.

Seção 8.4 Como determinar a posição de equilíbrio em uma reação ácido-base?

- Em uma reação ácido-base, a posição de equilíbrio favorece a reação do ácido mais forte e da base mais forte para formar o ácido mais fraco e a base mais fraca.

Seção 8.5 Que informações podem ser obtidas das constantes de ionização ácida?

- A força de um ácido fraco é expressa por sua **constante de ionização**, K_a.
- Quanto maior o valor de K_a, mais forte o ácido. $pK_a = -\log[K_a]$.

Seção 8.6 Quais são as propriedades de ácidos e bases?

- Ácidos reagem com metais, hidróxidos metálicos e óxidos metálicos produzindo **sais**, que são compostos iônicos formados de cátions da base e ânions do ácido.
- Ácidos também reagem com carbonatos, bicarbonatos, amônia e aminas formando sais.

Seção 8.7 Quais são as propriedades ácidas e básicas da água pura?

- Em água pura, uma pequena porcentagem de moléculas sofre autoionização:
$$H_2O + H_2O \rightleftharpoons H_3O^+ + OH^-$$
- Como resultado, a água pura tem uma concentração de $10^{-7}\ M$ para H_3O^+ e $10^{-7}\ M$ para OH^-.
- O **produto iônico da água**, K_w, é igual a $1,0 \times 10^{-14}$. $pK_a = 14$.

Seção 8.8 O que são pH e pOH?

- As concentrações do íon hidrônio geralmente são expressas em unidades de **pH**, sendo $pH = -\log[H_3O^+]$.
- $pOH = -\log[OH^-]$.
- Soluções com pH menor que 7 são ácidas; aquelas com pH maior que 7 são básicas. Uma **solução neutra** tem pH 7.
- O pH de uma solução aquosa é medido com um indicador ácido-base ou com um pHmetro.

Seção 8.9 Como se usa a titulação para calcular a concentração?

- Podemos medir a concentração de soluções aquosas de ácidos e bases usando a titulação. Em uma titulação ácido-base, uma base de concentração conhecida é adicionada a um ácido de concentração desconhecida (ou vice-versa), até alcançar um ponto de equivalência, em que o ácido e a base titulados são completamente neutralizados.

Seção 8.10 O que são tampões?

- O pH de um **tampão** não sofre grandes alterações quando lhe são adicionados íons hidrônio ou hidróxido.
- Soluções-tampões consistem em concentrações aproximadamente iguais de um ácido fraco e sua base conjugada.
- A **capacidade tamponante** depende tanto do pH relativo ao pK_a como da concentração. As soluções-tampões mais eficazes têm pH igual ao pK_a do ácido fraco. Quanto maior a concentração do ácido fraco e sua base conjugada, maior a capacidade tamponante.
- Os tampões mais importantes para o sangue são o bicarbonato e o fosfato.

Seção 8.11 Como calculamos o pH de um tampão?

- A equação de **Henderson-Hasselbach** é uma relação matemática entre pH, o pK_a de um ácido fraco e as concentrações do ácido fraco e sua base conjugada:

$$pH = pK_a + \log \frac{[A^-]}{[HA]}$$

Seção 8.12 O que são TRIS, HEPES e esses tampões com nomes estranhos?

- Há muitos tampões modernos, e seus nomes geralmente são abreviados.
- Esses tampões têm qualidades úteis para os cientistas, tais como: não atravessam membranas e resistem à mudança de pH mesmo com diluição ou variação de temperatura.
- Você não precisa entender a estrutura desses tampões para usá-los. O importante é saber a massa molecular e o pK_a do ácido fraco do tampão.

Problemas

Seção 8.1 O que são ácidos e bases?

8.12 Defina (a) ácido de Arrhenius e (b) base de Arrhenius.

8.13 Escreva uma equação para a reação que ocorre quando um ácido é adicionado à água. Para ácidos dipróticos ou tripróticos, considere apenas a primeira ionização.
(a) HNO_3 (b) HBr (c) H_2SO_3
(d) H_2SO_4 (e) HCO_3^- (f) NH_4^+

8.14 Escreva uma equação para a reação que ocorre quando cada uma destas bases é adicionada à água.
(a) $LiOH$ (b) $(CH_3)_2NH$

Seção 8.2 Como se define a força de ácidos e bases?

8.15 Indique qual destes ácidos é forte e qual é fraco.
(a) Ácido acético (b) HCl
(c) H_3PO_4 (d) H_2SO_4
(e) HCN (f) H_2CO_3

8.16 Indique qual destas bases é forte e qual é fraca.
(a) $NaOH$ (b) Acetato de sódio
(c) KOH (d) Amônia
(e) Água

8.17 Indique se afirmação é verdadeira ou falsa.
(a) Se um ácido tem um pK_a de 2,1, ele é um ácido forte.
(b) O pH do HCl 0,1 M é igual ao pH do ácido acético 0,1 M.
(c) O HCl e HNO_3 são ambos ácidos fortes.
(d) A concentração de $[H^+]$ é sempre mais alta em uma solução de ácido forte que em solução de ácido fraco.
(e) Se dois ácidos monopróticos têm a mesma concentração, a concentração do íon hidrogênio será mais alta no ácido forte.
(f) Se dois ácidos fortes têm a mesma concentração, a concentração do íon hidrogênio será mais alta em um ácido poliprótico que em um ácido monoprótico.
(g) A amônia é uma base forte.
(h) O ácido carbônico é um ácido forte.

Seção 8.3 O que são pares conjugados ácido-base?

8.18 Quais desses ácidos são monopróticos, quais são dipróticos e quais são tripróticos? Quais são anfipróticos?
(a) $H_2PO_4^-$ (b) HBO_3^{2-} (c) $HClO_4$ (d) C_2H_5OH
(e) HSO_3^- (f) HS^- (g) H_2CO_3

8.19 Defina (a) ácido de Brønsted-Lowry e (b) base de Brønsted-Lowry.

8.20 Escreva a fórmula para a base conjugada de cada ácido.
(a) H_2SO_4 (b) H_3BO_3 (c) HI
(d) H_3O^+ (e) NH_4^+ (f) HPO_4^{2-}

8.21 Escreva a fórmula para a base conjugada de cada ácido.
(a) $H_2PO_4^-$ (b) H_2S
(c) HCO_3^- (d) CH_3CH_2OH
(e) H_2O

8.22 Escreva a fórmula para o ácido conjugado de cada base.
(a) OH^- (b) HS^- (c) NH_3
(d) $C_6H_5O^-$ (e) CO_3^{2-} (f) HCO_3^-

8.23 Escreva a fórmula para o ácido conjugado de cada base.
(a) H_2O (b) HPO_4^{2-} (c) CH_3NH_2
(d) PO_4^{3-} (e) NH_3

Seção 8.4 Como determinar a posição de equilíbrio em uma reação ácido-base?

8.24 Para cada equilíbrio, indique o ácido mais forte, a base mais forte, o ácido mais fraco e a base mais fraca. Em quais reações a posição de equilíbrio está deslocada para a direita? Em quais desloca-se para a esquerda?
(a) $H_3PO_4 + OH^- \rightleftharpoons H_3PO_4^- + H_2O$
(b) $H_2O + Cl^- \rightleftharpoons HCl + OH^-$
(c) $HCO_3^- + OH^- \rightleftharpoons CO_3^{2-} + H_2O$

8.25 Para cada equilíbrio, indique o ácido mais forte, a base mais forte, o ácido mais fraco e a base mais fraca. Em quais reações a posição de equilíbrio está deslocada para a direita? Em quais desloca-se para a esquerda?
(a) $C_6H_5OH + C_2H_5O^- \rightleftharpoons C_6H_5O^- + C_2H_5OH$

(b) $HCO_3^- + H_2O \rightleftharpoons H_2CO_3 + OH^-$
(c) $CH_3COOH + H_2PO_4^- \rightleftharpoons CH_3COO^- + H_3PO_4$

8.26 O dióxido de carbono será liberado na forma gasosa quando o bicarbonato de sódio for adicionado a uma solução aquosa de cada um desses compostos? Explique.
(a) Ácido sulfúrico
(b) Etanol, C_2H_5OH
(c) Cloreto de amônio, NH_4Cl

Seção 8.5 Que informações podem ser obtidas das constantes de ionização ácida?

8.27 Qual destes itens apresenta o maior valor numérico?
(a) O pK_a de um ácido forte ou o pK_a de um ácido fraco?
(b) O K_a de um ácido forte ou o K_a de um ácido fraco?

8.28 Em cada par, selecione o ácido mais forte.
(a) Ácido pirúvico ($pK_a = 2,49$) ou ácido láctico ($pK_a = 3,08$)
(b) Ácido cítrico ($pK_a = 3,08$) ou ácido fosfórico ($pK_a = 2,10$)
(c) Ácido benzoico ($K_a = 6,5 \times 10^{-5}$) ou ácido láctico ($K_a = 8,4 \times 10^{-4}$)
(d) Ácido carbônico ($K_a = 4,3 \times 10^{-7}$) ou ácido bórico ($K_a = 7,3 \times 10^{-10}$)

8.29 Qual das soluções será mais ácida, ou seja, qual terá o pH mais baixo?
(a) CH_3COOH, $0,10\ M$, ou HCl, $0,10\ M$?
(b) CH_3COOH, $0,10\ M$, ou H_3PO_4, $0,10\ M$?
(c) H_2CO_3, $0,010\ M$, ou $NaHCO_3$, $0,010\ M$?
(d) NaH_2PO_4, $0,10\ M$, ou Na_2HPO_4, $0,10\ M$?
(e) Aspirina, ($pK_a = 3,47$), $0,10\ M$, ou ácido acético, $0,10\ M$?

8.30 Qual das soluções será mais ácida, ou seja, qual terá o pH mais baixo?
(a) C_6H_5OH (fenol), $0,10\ M$, ou C_2H_5OH (etanol), $0,10\ M$?
(b) NH_3, $0,10\ M$, ou NH_4Cl, $0,10\ M$?
(c) $NaCl$, $0,10\ M$, ou NH_4Cl, $0,10\ M$?
(d) $CH_3CH(OH)COOH$ (ácido láctico), $0,10\ M$, ou CH_3COOH, $0,10\ M$?
(e) Ácido ascórbico, $0,10\ M$ (vitamina C, $pK_a = 4,1$), ou ácido acético, $0,10\ M$?

Seção 8.6 Quais são as propriedades de ácidos e bases?

8.31 Escreva uma equação para a reação de HCl com cada um destes compostos. Quais são reações ácido-base? Quais são reações redox?
(a) Na_2CO_3 (b) Mg (c) $NaOH$ (d) Fe_2O_3
(e) NH_3 (f) CH_3NH_2 (g) $NaHCO_3$

8.32 Quando uma solução de hidróxido de sódio é adicionada a uma solução de carbonato de amônio, e é aquecida, o gás amônia, NH_3, é liberado. Escreva uma equação iônica simplificada para essa reação. Tanto o NaOH quanto o $(NH_4)_2CO_3$ existem como íons dissociados em solução aquosa.

Seção 8.7 Quais são as propriedades ácidas e básicas da água pura?

8.33 Dados os seguintes valores de $[H_3O^+]$, calcule o valor correspondente de $[OH^-]$ para cada solução.
(a) $10^{-11}\ M$ (b) $10^{-4}\ M$ (c) $10^{-7}\ M$ (d) $10\ M$

8.34 Dados os seguintes valores de $[OH^-]$, calcule o valor correspondente de $[H_3O^+]$ para cada solução.
(a) $10^{-10}\ M$ (b) $10^{-2}\ M$ (c) $10^{-7}\ M$ (d) $10\ M$

Seção 8.8 O que são pH e pOH?

8.35 Qual é o pH de cada solução, dados os seguintes valores de $[H_3O^+]$? Quais soluções são ácidas, quais são básicas e quais são neutras?
(a) $10^{-8}\ M$ (b) $10^{-10}\ M$ (c) $10^{-2}\ M$
(d) $10^0\ M$ (e) $10^{-7}\ M$

8.36 Qual é o pH e o pOH de cada solução, dados os seguintes valores de $[OH^-]$? Quais soluções são ácidas, quais são básicas e quais são neutras?
(a) $10^{-3}\ M$ (b) $10^{-1}\ M$ (c) $10^{-5}\ M$ (d) $10^{-7}\ M$

8.37 Qual é o pH de cada solução, dados os seguintes valores de $[H_3O^+]$? Quais soluções são ácidas, quais são básicas e quais são neutras?
(a) $3,0 \times 10^{-9}\ M$ (b) $6,0 \times 10^{-2}\ M$
(c) $8,0 \times 10^{-12}\ M$ (d) $5,0 \times 10^{-7}\ M$

8.38 O que é mais ácido: uma cerveja com $[H_3O^+] = 3,16 \times 10^{-5}$ ou um vinho com $[H_3O^+] = 5,01 \times 10^{-4}$?

8.39 Qual é a $[OH^-]$ e o pOH de cada solução?
(a) KOH, $0,10\ M$, pH = 13,0.
(b) Na_2CO_3, $0,10\ M$, pH = 11,6.
(c) Na_3PO_4, $0,10\ M$, pH = 12,0.
(d) $NaHCO_3$, $0,10\ M$, pH = 8,4.

Seção 8.9 Como se usa a titulação para calcular a concentração?

8.40 Qual é o objetivo de uma titulação ácido-base?

8.41 Qual é a molaridade de uma solução de 12,7 g de HCl dissolvidos em água suficiente para fazer 1,00 L de solução?

8.42 Qual é a molaridade de uma solução de 3,4 g de $Ba(OH)_2$ dissolvidos em água suficiente para fazer 450 mL de solução? Suponha que o $Ba(OH)_2$ se ionize completamente em água, formando íons Ba^{2+} e OH^-. Qual é o pH da solução?

8.43 Descreva como se prepara cada uma das seguintes soluções (em cada caso suponha que você tem bases sólidas).
(a) 400,0 mL de NaOH 0,75 M.
(b) 1,0 L de $Ba(OH)_2$ 0,071 M.
(c) 500,0 mL de KOH 0,1 M.
(d) 2,0 L de acetato de sódio 0,3 M.

8.44 Se 25,0 mL de uma solução aquosa de H_2SO_4 requerem 19,7 mL de NaOH 0,72 M para atingir o ponto final, qual é a molaridade da solução de H_2SO_4?

8.45 Uma amostra de 27,0 mL de NaOH 0,310 M é titulada com H_2SO_4 0,740 M. Quantos mililitros da solução de H_2SO_4 são necessários para atingir o ponto final?

8.46 Uma solução 0,300 M de H_2SO_4 foi usada para titular 10,00 mL de NaOH; foram necessários 15,00 mL de ácido para neutralizar a solução básica. Qual era a molaridade da base?

8.47 Uma solução de NaOH foi titulada com HCl 0,150 M, sendo necessários 22,0 mL de ácido para atingir o ponto final da titulação. Quantos mols da base havia na solução?

8.48 A concentração usual de íons HCO_3^- no plasma sanguíneo é de aproximadamente 24 milimols por litro (mmol/L). Como preparar 1,00 L de uma solução contendo essa concentração de íons HCO_3^-?

8.49 O que é o ponto final de uma titulação?

8.50 Por que uma titulação não indica a acidez ou a basicidade de uma solução?

Seção 8.10 O que são tampões?

8.51 Escreva equações para mostrar o que acontece quando, a uma solução-tampão contendo quantidades equimolares de CH_3COOH e CH_3COO^-, adicionamos
(a) H_3O^+ (b) OH^-

8.52 Escreva equações para mostrar o que acontece quando, a uma solução-tampão contendo quantidades equimolares de HPO_4^{2-} e $H_2PO_4^-$, adicionamos
(a) H_3O^+ (b) OH^-

8.53 Geralmente, referimo-nos a um tampão com quantidades molares aproximadamente iguais de um ácido fraco e sua base conjugada – por exemplo, CH_3COOH e CH_3COO^-. Também é possível ter um tampão com quantidades molares aproximadamente iguais às de uma base fraca e seu ácido conjugado? Explique.

8.54 O que é capacidade tamponante?

8.55 Como se pode mudar o pH de um tampão? Como se pode mudar a capacidade de um tampão?

8.56 Qual é a ligação entre a ação tamponante e o princípio de Le Chatelier?

8.57 Apresente dois exemplos de uma situação em que seria desejável que um tampão tivesse quantidades desiguais do ácido conjugado e da base conjugada.

8.58 Como a capacidade tamponante é afetada pela proporção entre a base conjugada e o ácido conjugado?

8.59 Podem 100 mL de um tampão de fosfato 0,1 M, em pH 7,2, agir como um tampão eficaz contra 20 mL de NaOH 1 M?

Seção 8.11 Como se calcula o pH de um tampão?

8.60 Qual é o pH de uma solução-tampão com 0,10 mol de ácido fórmico, HCOOH, e 0,10 mol de formiato de sódio, HCOONa, dissolvidos em 1 L de água?

8.61 O pH de uma solução de 1,0 mol de ácido propanoico e 1,0 mol de propanoato de sódio dissolvidos em 1,0 L de água é 4,85.
(a) Qual seria o pH se usássemos 0,10 mol de cada composto (em 1 L de água) em vez de 1,0 mol?
(b) Quanto à capacidade tamponante, qual seria a diferença entre as duas soluções?

8.62 Mostre que, quando a concentração do ácido fraco, [HA], em um tampão ácido-base é igual à da base conjugada do ácido fraco, [A^-], o pH da solução-tampão é igual ao pK_a do ácido fraco.

8.63 Mostre que o pH de um tampão é 1 unidade maior que seu pK_a quando a proporção de A^- para HA é de 10 para 1.

8.64 Calcule o pH de uma solução aquosa contendo o seguinte:
(a) Ácido láctico 0,80 M e íon lactato 0,40 M.
(b) NH_3 0,30 M e NH_4^+ 1,50 M.

8.65 O pH do HCl 0,10 M é 1,0. Quando 0,10 mol de acetato de sódio, CH_3COONa, é adicionado a essa solução, seu pH muda para 2,9. Explique a mudança de pH e por que mudou para esse valor.

8.66 Se você tiver 100 mL de um tampão 0,1 M de NaH_2PO_4 e Na_2HPO_4, em pH 6,8, e adicionar 10 mL de HCl 1 M, você ainda terá um tampão útil? Por que ou por que não?

Seção 8.12 O que são TRIS, HEPES e esses tampões com nomes estranhos?

8.67 Escreva uma equação mostrando a reação de TRIS na forma ácida com hidróxido de sódio (não escreva a fórmula química de TRIS).

8.68 Qual é o pH de uma solução 0,1 M em TRIS na forma ácida e 0,05 M em TRIS na forma básica?

8.69 Explique por que você não precisa conhecer a fórmula química de um composto-tampão para usá-lo.

8.70 Se você tiver um tampão HEPES em pH 4,75, ele será um tampão útil? Por que ou por que não?

8.71 Quais dos compostos que aparecem na Tabela 8.5 seriam mais eficazes para fazer um tampão em pH 8,15? Por quê?

8.72 Quais dos compostos que aparecem na Tabela 8.5 seriam mais eficazes para fazer um tampão em pH 7,0?

Conexões químicas

8.73 (Conexões químicas 8A) Qual é a base fraca utilizada como retardante de chama em plásticos?

8.74 (Conexões químicas 8B) Dê o nome das bases mais comuns utilizadas em antiácidos vendidos sem prescrição médica.

8.75 (Conexões químicas 8C) O que causa (a) acidose respiratória e (b) acidose metabólica?

8.76 (Conexões químicas 8D) Explique como funciona o truque do corredor. Por que um atleta elevaria o pH do sangue?

8.77 (Conexões químicas 8D) Uma outra forma do truque do corredor é beber bicarbonato de sódio antes da corrida. Qual seria o propósito dessa atitude? Apresente as equações pertinentes.

Problemas adicionais

8.78 O 4-metilfenol, $CH_3C_6H_4OH$ ($pK_a = 10,26$), é apenas ligeiramente solúvel em água, mas seu sal de sódio, $CH_3C_6H_4O^-Na^+$, é bastante solúvel em água. Em qual das seguintes soluções o 4-metilfenol se dissolverá mais rápido que em água pura?
(a) NaOH aquoso (b) $NaHCO_3$ aquoso
(c) NH_3 aquoso

8.79 O ácido benzoico, C_6H_5COOH ($pK_a = 4,19$), é apenas ligeiramente solúvel em água, mas seu sal de sódio, $C_6H_5COO^-Na^+$, é bastante solúvel em água. Em qual das seguintes soluções o ácido benzoico se dissolverá mais rapidamente que em água pura?
(a) NaOH aquoso (b) $NaHCO_3$ aquoso
(c) Na_2CO_3 aquoso

8.80 Suponha que você tenha uma solução diluída de HCl (0,10 M) e uma solução concentrada de ácido acético (5,0 M). Qual das soluções é mais ácida? Explique.

8.81 Qual das duas soluções do Problema 8.80 precisaria de uma quantidade maior de NaOH para atingir o ponto final com fenolftaleína, supondo que você tivesse volumes iguais das duas? Explique.

8.82 Se a [OH$^-$] de uma solução é 1×10^{-14},
(a) qual é o pH da solução?
(b) qual é a [H$_3$O$^+$]?

8.83 Qual é a molaridade de uma solução de 0,583 g do ácido diprótico ácido oxálico, H$_2$C$_2$O$_4$, em água suficiente para preparar 1,75 L de solução?

8.84 O pK_a dos seguintes ácidos orgânicos são: ácido butanoico, 4,82; ácido barbitúrico, 5,00; e ácido láctico, 3,85.
(a) Qual é o K_a de cada ácido?
(b) Qual dos três é o ácido mais forte e qual é o mais fraco?
(c) Que informação seria necessária para prever qual dos três ácidos precisaria de mais NaOH para atingir o ponto final com fenolftaleína?

8.85 O valor de pK_a do ácido barbitúrico é 5,0. Se a concentração dos íons H$_3$O$^+$ e barbiturato é 0,0030 M cada um, qual é a concentração do ácido barbitúrico não dissociado?

8.86 Se a água pura se autoioniza formando íons H$_3$O$^+$ e OH$^-$, por que a água pura não conduz corrente elétrica?

8.87 Uma solução aquosa pode ter um pH zero? Explique sua resposta usando HCl aquoso como exemplo.

8.88 Se um ácido, HA, se dissolve em água tal que o K_a seja 1.000, qual é o pK_a desse ácido? Essa situação é possível?

8.89 Uma escala de valores de K_b para bases poderia ser criada de modo semelhante à escala de K_a para ácidos. No entanto, isso geralmente é considerado desnecessário. Explique.

8.90 Uma solução 1,0 M de CH$_3$COOH e uma solução 1,0 M de HCl têm o mesmo pH? Explique.

8.91 Uma solução 1,0 M de CH$_3$COOH e uma solução 1,0 M de HCl exigem a mesma quantidade de NaOH 1,0 M para atingirem o ponto final em uma titulação? Explique.

8.92 Suponha que você deseje preparar um tampão cujo pH é 8,21. Você tem disponível 1 L de NaH$_2$PO$_4$ 0,100 M e Na$_2$HPO$_4$ sólido. Quantos gramas de Na$_2$HPO$_4$ sólido devem ser adicionados à solução estoque para atingir esse objetivo? (Suponha que o volume permaneça em 1 L.)

8.93 No passado, o ácido bórico era usado para lavar olhos inflamados. Qual é a proporção H$_3$BO$_3$/H$_2$BO$_3^-$ em uma solução-tampão de borato de pH 8,40?

8.94 Suponha que você queira fazer uma solução-tampão de CH$_3$COOH/CH$_3$COO$^-$ com pH 5,60. A concentração de ácido acético deve ser 0,10 M. Qual deveria ser a concentração do íon acetato?

8.95 Para uma reação ácido-base, uma das maneiras de determinar a posição de equilíbrio é dizer que, no par de setas de equilíbrio, a seta maior aponta para o ácido com maior valor de pK_a. Por exemplo:

$$CH_3COOH + HCO_3^- \rightleftharpoons CH_3COO^- + H_2CO_3$$
pK_a = 4,75   pK_a = 6,37

Explique por que essa regra funciona.

8.96 Quando uma solução de 4,00 g de um ácido monoprótico desconhecido, dissolvida em 1,00 L de água, é titulada com NaOH 0,600 M, são necessários 38,7 mL da solução de NaOH para neutralizar o ácido. Qual era a molaridade da solução ácida? Qual é a massa molecular do ácido desconhecido?

8.97 Escreva equações que mostrem o que acontece quando, a uma solução-tampão contendo quantidades iguais de HCOOH e HCOO$^-$, adicionamos
(a) H$_3$O$^+$ (b) OH$^-$

8.98 Se adicionarmos 0,10 mol de NH$_3$ a 0,50 mol de HCl dissolvidos em água suficiente para preparar 1,0 L de solução, o que acontece com o NH$_3$? Restará algum? Explique.

8.99 Suponha que você tenha uma solução aquosa de 0,50 mol de NaH$_2$PO$_4$ em 1 L de água. Essa solução não é um tampão, mas suponha que você queira transformá-la em um tampão. Quantos mols de Na$_2$HPO$_4$ você deve adicionar a essa solução aquosa para torná-la
(a) um tampão de pH 7,21?
(b) um tampão de pH 6,21?
(c) um tampão de pH 8,21?

8.100 O pH de uma solução de ácido acético 0,10 M é 2,93. Quando 0,10 mol de acetato de sódio, CH$_3$COONa, é adicionado a essa solução, seu pH muda para 4,74. Explique o porquê das mudanças de pH e por que muda para esse valor específico.

8.101 Suponha que você tenha um tampão de fosfato (H$_2$PO$_4^-$/HPO$_4^{2-}$) de pH 7,21. Se adicionar mais NaH$_2$PO$_4$ sólido, o pH do tampão aumentará, diminuirá ou permanecerá inalterado? Explique.

8.102 Suponha que você tenha um tampão de bicarbonato contendo ácido carbônico, H$_2$CO$_3$, e bicarbonato de sódio, NaHCO$_3$, e que o pH do tampão seja 6,37. Se adicionar mais NaHCO$_3$ sólido a essa solução tampão, o pH aumentará, diminuirá ou permanecerá inalterado? Explique.

8.103 Um aluno apanha um frasco de TRIS da prateleira, no qual está escrito "(TRIS (forma básica), pK_a = 8,3". O aluno diz a você que, ao adicionar 0,1 mol desse composto a 100 mL de água, o pH será 8,3. O aluno está certo? Explique.

Antecipando

8.104 A não ser que esteja sob pressão, o ácido carbônico em solução aquosa se decompõe em dióxido de carbono e água, e o dióxido de carbono é liberado como bolhas de gás. Escreva uma equação para a conversão de ácido carbônico em dióxido de carbono e água.

8.105 A seguir, apresentamos faixas de pH para vários materiais biológicos humanos. Do pH no ponto médio de cada faixa, calcule a [H$_3$O$^+$] correspondente. Quais materiais são ácidos, quais são básicos e quais são neutros?
(a) Leite, pH 6,6-7,6.
(b) Compostos gástricos, pH 1,0-3,0.

(c) Fluido espinhal, pH 7,3-7,5.
(d) Saliva, pH 6,5-7,5.
(e) Urina, pH 4,8-8,4.
(f) Plasma sanguíneo, pH 7,35-7,45.
(g) Fezes, pH 4,6-8,4.
(h) Bile, pH 6,8-7,0.

8.106 Qual é a proporção de $HPO_4^{2-}/H_2PO_4^-$ em um tampão de fosfato de pH 7,40 (o pH médio do plasma sanguíneo humano)?

8.107 Qual é a proporção de $HPO_4^{2-}/H_2PO_4^-$ em um tampão de fosfato de pH 7,9 (o pH do suco pancreático humano)?

Química nuclear

A energia do Sol é resultado da fusão nuclear.

Questões-chave

9.1 Como foi a descoberta da radioatividade?

9.2 O que é radioatividade?

9.3 O que acontece quando um núcleo emite radioatividade?

Como... Balancear uma equação nuclear

9.4 O que é a meia-vida do núcleo?

9.5 Como se detecta e mede a radiação nuclear?

9.6 Como a dosimetria da radiação está relacionada à saúde humana?

9.7 O que é medicina nuclear?

9.8 O que é fusão nuclear?

9.9 O que é fissão nuclear e como está relacionada à energia atômica?

9.1 Como foi a descoberta da radioatividade?

Às vezes, um cientista faz uma descoberta que altera o futuro do mundo de modo significativo. Em 1896, um físico francês, Henri Becquerel (1852-1908), fez uma dessas descobertas. Naquela época, Becquerel estava envolvido em um estudo sobre materiais fosforescentes. Nesses experimentos, ele expunha certos sais, entre os quais sais de urânio, à luz do sol durante várias horas, quando então eles fosforeciam. Depois, ele colocava os sais que brilhavam em uma placa fotográfica embrulhada em papel opaco. Becquerel observou que, ao colocar uma moeda ou um pedaço de metal entre os sais fosforescentes e a placa coberta, ele podia criar imagens da moeda ou do pedaço de metal. Concluiu então que, além de emitir luz visível, os materiais fosforescentes deviam estar emitindo algo semelhante aos raios X que William Röntgen havia descoberto no ano anterior. Ainda mais surpreendente para Becquerel foi que seus sais de urânio continuavam a emitir esse mesmo tipo de radiação penetrante por um longo tempo depois de cessada a fosforescência. O que ele tinha descoberto era um tipo de radiação que Marie Curie chamaria de radioatividade. Por essa descoberta, Becquerel dividiu, em 1903, o Prêmio Nobel de Física com Pierre e Marie Curie.

Neste capítulo, estudaremos os principais tipos de radioatividade, sua origem no núcleo, as utilizações da radioatividade na saúde e nas ciências biológicas, e seu uso como fonte de força e energia.

9.2 O que é radioatividade?

Os primeiros experimentos identificaram três tipos de radiação, que receberam os nomes de raios alfa (α), beta (β) e gama (γ), de acordo com as três primeiras letras do alfabeto grego. Cada tipo de radiação comporta-se de maneira diferente quando passa entre placas eletricamente carregadas. Quando um material radioativo é colocado em um recipiente de chumbo com uma pequena abertura, a radiação emitida passa pela abertura e depois entre as placas carregadas (Figura 9.1). A radiação β (raios β) é defletida na direção da placa positiva, indicando que consiste em partículas de carga negativa. A radiação α (raios α) é defletida na direção da placa negativa, indicando que consiste em partículas de carga positiva e o terceiro tipo de radiação, os raios γ, passa entre as placas sem deflexão, indicando que não possui carga.

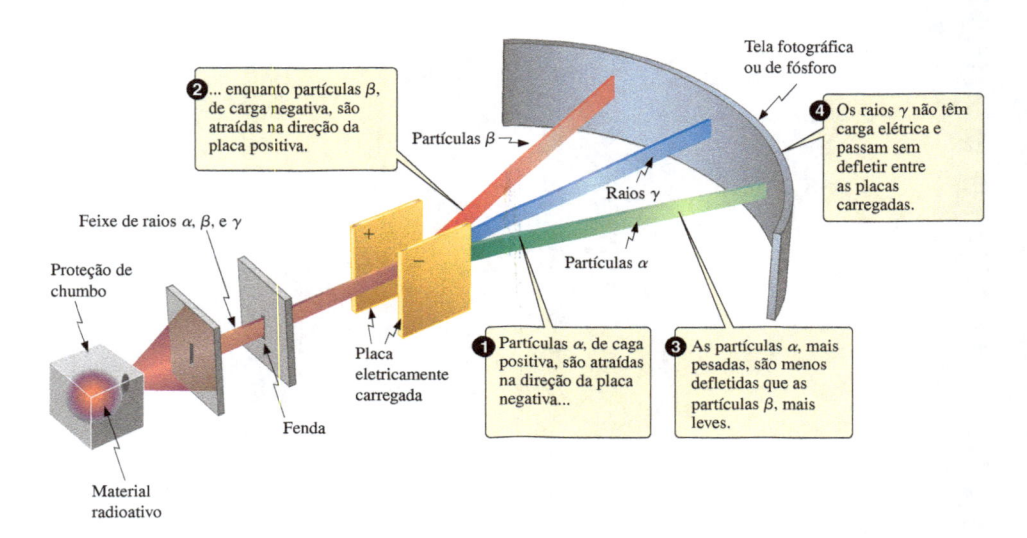

FIGURA 9.1 Eletricidade e radioatividade. Partículas (α), de carga positiva, são atraídas para a placa negativa, e partículas (β), de carga negativa, são atraídas para a placa positiva. Os raios (γ) não têm carga e não são defletidos quando passam entre as placas carregadas. Observe que as partículas beta são mais defletidas que as partículas alfa.

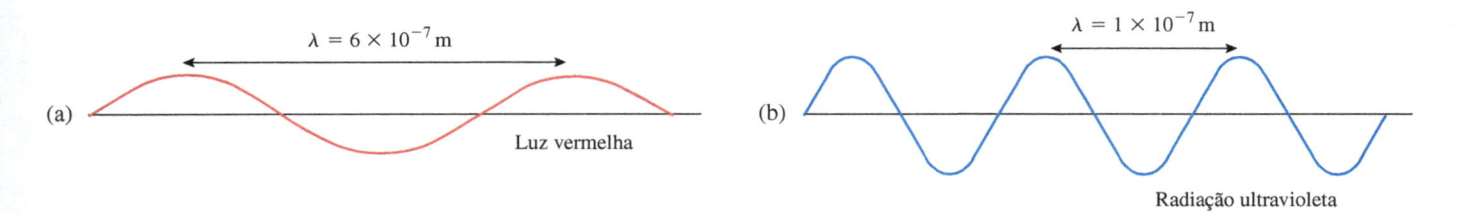

FIGURA 9.2 Duas ondas eletromagnéticas de diferentes comprimentos.

A única radiação conhecida que possui frequência (e energia) ainda mais alta que os raios gama são os raios cósmicos.

A sigla UV significa ultravioleta, e IR, infravermelho.

Partículas alfa são o núcleo de hélio. Cada uma contém dois prótons e dois nêutron, e seu número atômico é 2, e a carga, +2.
Partículas beta são elétrons. Cada uma tem carga -1.
Raios gama são uma radiação eletromagnética de alta energia. Não possuem massa nem carga.

Os raios gama são apenas uma forma de radiação eletromagnética. Há muitas outras, incluindo a luz visível, as ondas de rádio e os raios cósmicos. Todas consistem em ondas (Figura 9.2).

A única diferença entre uma forma de radiação eletromagnética e outra é o **comprimento de onda** (λ, letra grega lambda), que é a distância de uma crista de onda à próxima. A **frequência** (ν, letra grega nu) de uma radiação é o número de cristas que passam por determinado ponto em um segundo. Matematicamente, o comprimento de onda e a frequência estão relacionados pela seguinte equação, em que c é a velocidade da luz ($3{,}0 \times 10^8$ m/s):

$$\lambda = \frac{c}{\nu}$$

Como se pode ver dessa relação, quanto menor a frequência (ν), maior o comprimento de onda (λ); ou inversamente, quanto maior a frequência, menor o comprimento de onda.

Também existe uma relação entre a frequência (ν) da radiação eletromagnética e sua energia: quanto maior a frequência, maior a energia. A radiação eletromagnética é constituída por pacotes de energia denominados **fótons**.[1]

A Figura 9.3 mostra os comprimentos de onda de vários tipos de radiação do espectro eletromagnético. Os raios gama são uma radiação eletromagnética de frequência muito alta (e energia alta). Os humanos não podem vê-los porque nossos olhos não são sensíveis a ondas dessa frequência, mas há instrumentos (Seção 9.5) que podem detectá-los. Outro tipo de radiação, os raios X, podem ter energias mais altas que a luz visível, porém mais baixas que de alguns raios gama.

---

[1] Albert Einstein, utilizando a teoria da quantização de energia de Max Planck, propôs que a luz, ou seja, a radiação eletromagnética, poderia ser descrita não só como uma onda mas também como uma partícula. Einstein assumiu que a luz é formada de "partículas sem massa", que ele denominou fótons, sendo que cada fóton apresenta uma energia definida. O termo "pacote de energia" nada mais é do que a energia de determinado fóton. A energia de um fóton pode ser calculada pela equação de Planck, $E = h\nu$, onde E é a energia, h é a constante de Planck e ν é a frequência da radiação eletromagnética. Exemplificando, luz vermelha de comprimento de onda 600 nm apresenta frequência (ν) 5×10^{14} s^{-1}, e radiação eletromagnética na região dos raios X de comprimento de onda 3 nm tem frequência (ν) 1×10^{17} s^{-1}. Uma vez que a energia dos fótons é diretamente proporcional à frequência, os raios X apresentam "pacotes de energia" consideravelmente maiores que os da luz vermelha. Einstein recebeu o prêmio Nobel em Física de 1921, pela interpretação do efeito fotoelétrico baseada no conceito dos fótons, também chamados de quantas de luz. O sucesso da utilização da teoria de Planck na explicação do efeito fotoelétrico por Einstein foi um dos fatores que permitiu a aceitação da teoria da quantização de energia. A teoria dos "quantas" viabilizou o modelo atômico de Bohr (que foi estudado no Tópico 2.6) e possibilitou posteriormente o desenvolvimento da mecânica quântica. (NRT)

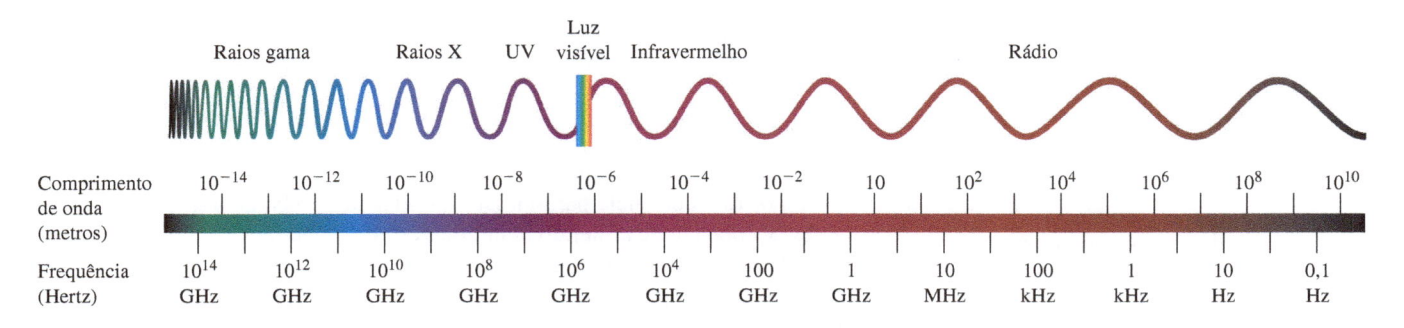

FIGURA 9.3 O espectro eletromagnético.

TABELA 9.1 Partículas e raios frequentemente encontrados em radiação

Partícula ou raio	Nome comum da radiação	Símbolo	Carga	Unidades de massa atômica	Poder de penetração[a]	Intervalo de energia[b]
Próton	Feixe de prótons	$^{1}_{1}H$	+1	1	1-3 cm	60 MeV
Elétron	Partícula beta	$^{0}_{-1}e$ ou β^{-}	−1	0,00055 $\left(\frac{1}{1835}\right)$	0-4 mm	1-3 MeV
Nêutron	Feixe de nêutrons	$^{1}_{0}n$	0	1	—	—
Pósitron	—	$^{0}_{+1}e$ ou β^{+}	+1	0,00055	—	—
Núcleo de hélio	Partícula alfa	$^{4}_{2}He$ ou α	+2	4	0,02-0,04 mm	3-9 MeV
Radiação eletromagnética	Raio gama		0	0	1-20 cm	0,1-10 MeV
	Raio X		0	0	0,01-1 cm	0,1-10 MeV

[a] Distância em que metade da radiação foi interrompida.
[b] MeV = $1{,}602 \times 10^{-13}$ J = $3{,}829 \times 10^{-14}$ cal.

> O elétron-volt (eV) é uma unidade de energia, não pertencente ao SI, usado frequentemente na química nuclear.
> 1 eV = 1,602 × 10⁻¹⁹ J
>   = 3,829 × 10⁻¹⁴ cal

Materiais que emitem radiação (alfa, beta ou gama) são chamados **radioativos**. A radioatividade vem do núcleo atômico e não da nuvem eletrônica que circunda o núcleo. A Tabela 9.1 resume as propriedades das partículas e dos raios que saem dos núcleos radioativos, e mais as propriedades de algumas outras partículas e raios. Observe que os raios X não são considerados uma forma de radioatividade, pois não saem do núcleo, sendo gerados de outro modo.

Dissemos que os humanos não podem ver raios gama. Também não podemos ver as partículas alfa ou beta. Da mesma maneira, não podemos ouvi-las, cheirá-las ou senti-las. Elas são indetectáveis aos nossos sentidos. Não podemos detectar a radioatividade, a não ser por instrumentos, como veremos na Seção 9.5.

9.3 O que acontece quando um núcleo emite radioatividade?

Conforme mencionado na Seção 2.4D, diferentes núcleos consistem em diferentes números de prótons e nêutrons. É comum indicar esses números com subscritos e sobrescritos colocados à esquerda do símbolo atômico. O número atômico (número de prótons no núcleo) de um elemento é mostrado como um subscrito, e o número de massa (número de prótons e nêutrons no núcleo), como um sobrescrito. A seguir, como exemplo, apresentamos símbolos e nomes dos três isótopos conhecidos do hidrogênio.

$${}^{1}_{1}H \quad \text{hidrogênio-1} \quad \text{hidrogênio (não radioativo)}$$
$${}^{2}_{1}H \quad \text{hidrogênio-2} \quad \text{deutério (não radioativo)}$$
$${}^{3}_{1}H \quad \text{hidrogênio-3} \quad \text{trítio (radioativo)}$$

A. Núcleos radioativos e estáveis

Alguns isótopos são radioativos, enquanto outros são estáveis. Os cientistas identificaram mais de 300 isótopos de ocorrência natural. Desses, 264 são estáveis, o que significa que os núcleos desses isótopos nunca liberam nenhuma radioatividade. Até onde sabemos, duram para sempre. Os restantes são **isótopos radioativos**, que liberam radioatividade. Além disso, os cientistas produziram mais de 1.000 isótopos artificiais em laboratório. Todos os isótopos artificiais são radioativos.

> **Isótopo radioativo (radioisótopo)** Isótopo de um elemento que emite radiação.
>
> Há indícios de que o papel dos nêutrons é fornecer energia de ligação para superar a repulsão entre os prótons.
>
> **Reação nuclear** Reação que altera o núcleo de um elemento (geralmente, transformando-o no núcleo de outro elemento).

Os isótopos em que o número de prótons e de nêutrons está em equilíbrio são estáveis. Nos elementos mais leves, esse equilíbrio ocorre quando o número de prótons e nêutrons é aproximadamente igual. Por exemplo, ${}^{12}_{6}C$ é um núcleo estável (seis prótons e seis nêutrons), assim como ${}^{16}_{8}O$ (oito prótons e oito nêutrons), ${}^{20}_{10}Ne$ (dez prótons e dez nêutrons) e ${}^{32}_{16}S$ (16 prótons e 16 nêutrons). Entre os elementos mais pesados, a estabilidade requer mais nêutrons que prótons. O chumbo-206, um dos isótopos mais estáveis de chumbo, contém 82 prótons e 124 nêutrons.

Se houver um grande desequilíbrio na proporção de próton para nêutron, seja no sentido de poucos nêutrons ou de muitos nêutrons, o núcleo vai sofrer uma **reação nuclear** para tornar a proporção mais favorável e o núcleo mais estável.

B. Emissão beta

Se um núcleo tiver mais nêutrons do que precisa para atingir a estabilidade, poderá estabilizar-se convertendo um nêutron em um próton e um elétron.

$${}^{1}_{0}n \longrightarrow {}^{1}_{1}H + {}^{0}_{-1}e$$
$$\text{Nêutron} \quad \text{Próton} \quad \text{Elétron}$$

O próton permanece no núcleo e o elétron é emitido. O elétron emitido é chamado **partícula beta**, e o processo é chamado **emissão beta**. O fósforo-32, por exemplo, é um emissor beta:

$${}^{32}_{15}P \longrightarrow {}^{32}_{16}S + {}^{0}_{-1}e$$

Um núcleo de fósforo-32 tem 15 prótons e 17 nêutrons. Após a emissão de um elétron, o núcleo restante tem 16 prótons e 16 nêutrons; seu número atômico aumenta em 1 unidade, mas o número de massa é o mesmo. O novo núcleo, portanto, é o enxofre-32. Assim, quando o fósforo-32 instável (15 prótons e 17 nêutrons) é convertido em enxofre-32 (16 prótons e 16 nêutrons), chega-se à estabilidade nuclear.

A transformação de um elemento em outro é chamada **transmutação**. Acontece naturalmente toda vez que um elemento libera uma partícula beta. Sempre que um núcleo emite uma partícula beta, ele é transformado em outro núcleo com o mesmo número de massa, mas de número atômico com uma unidade a mais.

Como...
Balancear uma equação nuclear

Quando escrevemos equações nucleares, consideramos apenas o núcleo e desprezamos os elétrons circundantes. Há duas regras simples para balancear equações nucleares:
1. A soma dos números de massa (sobrescritos) em ambos os lados da equação deve ser igual.
2. A soma dos números atômicos (subscritos) em ambos os lados da equação deve ser igual. Para determinar números atômicos em uma equação nuclear, consideramos que um elétron emitido do núcleo tem número atômico -1.

Vejamos como aplicar essas regras no decaimento do fósforo-32, um emissor beta.

$$^{32}_{15}P \longrightarrow {}^{32}_{16}S + {}^{0}_{-1}e$$

1. Balanceamento do número de massa: o número de massa total em cada lado da equação é 32.
2. Balanceamento do número atômico: o número atômico à esquerda é 15. A soma dos números atômicos à direita é $16 - 1 = 15$.

Assim, vimos que, na equação de decaimento do fósforo-32, os números de massa estão balanceados (32 e 32), os números atômicos estão balanceados (15 e 15) e, portanto, a equação nuclear está balanceada.

Exemplo 9.1 Emissão beta

O carbono-14, $^{14}_{6}C$, é um emissor beta. Escreva uma equação para essa reação nuclear e identifique o produto formado.

$$^{14}_{6}C \longrightarrow \text{?} + {}^{0}_{-1}e$$

Estratégia

No decaimento beta, um nêutron é convertido em um próton e um elétron. O próton permanece no núcleo e o elétron é emitido como uma partícula beta.

Solução

O núcleo de $^{14}_{6}C$ tem seis prótons e oito nêutrons. Após o decaimento beta, o núcleo passa a ter sete prótons e sete nêutrons:

$$^{14}_{6}C \longrightarrow {}^{14}_{7}\text{?} + {}^{0}_{-1}e$$

A soma dos números de massa em cada lado da equação é 14, e a soma dos números atômicos em cada lado é 6. Agora consultamos a tabela periódica para determinar qual é o elemento de número atômico 7, e vemos que é o nitrogênio. O produto dessa reação nuclear, portanto, é o nitrogênio-14, e agora podemos escrever uma equação completa.

$$^{14}_{6}C \longrightarrow {}^{14}_{7}N + {}^{0}_{-1}e$$

Problema 9.1

O iodo-139 é um emissor beta. Escreva uma equação para essa reação nuclear e identifique o produto formado.

C. Emissão alfa

Para elementos pesados, a perda de partículas alfa (α) é um processo de estabilização especialmente importante. Por exemplo:

$$^{238}_{92}U \longrightarrow {}^{234}_{90}Th + {}^{4}_{2}He$$

$$^{210}_{84}Po \longrightarrow {}^{206}_{82}Pb + {}^{4}_{2}He + \gamma$$

Observe que o decaimento radioativo do polônio-210 emite tanto partículas α quanto raios gama.

Uma regra geral para a emissão alfa é a seguinte: o novo núcleo sempre tem um número de massa quatro unidades menor e um número atômico duas unidades menor que o original.

Exemplo 9.2 Emissão alfa

O polônio-218 é um emissor alfa. Escreva uma equação para essa reação nuclear e identifique o produto formado.

Estratégia

Uma partícula alfa tem massa de 4 u e carga +2, de modo que, após a emissão alfa, o núcleo restante terá massa atômica quatro unidades menor e número atômico com duas unidades a menos.

Solução

O número atômico do polônio é 84, de modo que a equação parcial será:

$$^{218}_{84}Po \longrightarrow ? + {}^{4}_{2}He$$

O número de massa do novo isótopo é 218 − 4 = 214. O número atômico do novo isótopo é 84 − 2 = 82. Agora podemos escrever

$$^{218}_{84}Po \longrightarrow {}^{214}_{82}? + {}^{4}_{2}He$$

Na tabela periódica, vemos que o elemento químico de número atômico 82 é o chumbo, Pb. Portanto, o produto é ${}^{214}_{82}Pb$, e agora podemos escrever a equação completa:

$$^{218}_{84}Po \longrightarrow {}^{214}_{82}Pb + {}^{4}_{2}He$$

Problema 9.2

O tório-223 é um emissor alfa. Escreva uma equação para essa reação nuclear e identifique o produto formado.

D. Emissão de pósitron

O pósitron é uma partícula com a mesma massa do elétron, mas carga +1 e não −1. Seu símbolo é β^+ ou ${}^{0}_{+1}e$. A emissão de pósitron é muito mais rara que as emissões alfa ou beta. Como o pósitron não tem massa significativa, o núcleo é transmutado em outro núcleo de mesmo número de massa, mas de número atômico com uma unidade a menos. O carbono-11, por exemplo, é um emissor de pósitron:

$$^{11}_{6}C \longrightarrow {}^{11}_{5}B + {}^{0}_{+1}e$$

Nessa equação nuclear balanceada, os números de massa à esquerda e à direita são 11. O número atômico à esquerda é 6, e o da direita também é 6 (5 + 1 = 6).

Exemplo 9.3 Emissão de pósitron

O nitrogênio-13 é um emissor de pósitron. Escreva uma equação para essa reação nuclear e identifique o produto.

Estratégia

Um pósitron tem massa 0 u e carga +1.

Solução

Começamos escrevendo a seguinte equação parcial:

$$^{13}_{7}N \longrightarrow ? + ^{0}_{+1}e$$

Como o pósitron não tem massa significativa, o número de massa do novo isótopo ainda é 13. A soma dos números atômicos em cada lado deve ser 7, o que significa que o número atômico do novo isótopo deve ser 6. Na tabela periódica, vemos que o elemento de número atômico 6 é o carbono. Portanto, o novo isótopo formado nessa reação nuclear é o carbono-13 e a equação nuclear balanceada é

$$^{13}_{7}N \longrightarrow ^{13}_{6}C + ^{0}_{+1}e$$

Problema 9.3

O arsênio-74 é um emissor de pósitron usado na localização de tumores no cérebro. Escreva uma equação para essa reação nuclear e identifique o produto.

E. Emissão gama

Embora raros, alguns núcleos são emissores gama puros:

$$^{11}_{5}B^* \longrightarrow ^{11}_{5}B + \gamma$$

A emissão gama geralmente é acompanhada de emissões α e β.

Nessa equação, $^{11}_{5}B^*$ simboliza um núcleo de boro em um estado de alta energia (excitado). Nesse caso, não ocorre nenhuma transmutação. O elemento ainda é o boro, mas seu núcleo está em um estado de energia mais baixo (mais estável) após a emissão de excesso de energia na forma de raios gama. Quando todo o excesso de energia foi emitido, o núcleo retorna ao seu estado mais estável, de menor energia.

Tanto a emissão alfa como a beta podem ser "puras" ou misturadas com raios gama.

F. Captura de elétron

Na captura de elétron (CE), um elétron extranuclear é capturado pelo núcleo e ali reage com um próton, formando um nêutron. Assim, a CE reduz o número atômico do elemento, mas o número de massa continua sendo o mesmo. O berílio-7, por exemplo, decai por captura de elétron, formando o lítio-7.

$$^{7}_{4}Be + ^{0}_{-1}e \longrightarrow ^{7}_{3}Li$$

Exemplo 9.4 Captura de elétron

O crômio-51, que é usado para imagear o tamanho e a forma do baço, decai por captura de elétron e emissão gama. Escreva uma equação para esse decaimento nuclear e identifique o produto.

$$^{51}_{24}Cr + ^{0}_{-1}e \longrightarrow ? + \gamma$$

Estratégia e solução

Como a captura de elétron resulta na conversão de um próton em um nêutron e porque não há alteração no número de massa na emissão gama, o novo núcleo terá número de massa 51. O novo núcleo, porém, terá apenas 23 prótons, um a menos que o crômio-51. Vemos, na tabela periódica, que o elemento de número atômico 23 é o vanádio e, portanto, o novo elemento formado é o vanádio-51. Podemos agora escrever a equação completa para esse decaimento nuclear.

$$^{51}_{24}Cr + ^{0}_{-1}e \longrightarrow ^{51}_{23}V + \gamma$$

Problema 9.4

O tálio-201, um radioisótopo usado para avaliar a função cardíaca em testes de estresse, decai por captura de elétron e emissão gama. Escreva uma equação para esse decaimento nuclear e identifique o produto.

9.4 O que é a meia-vida do núcleo?

Suponha que tenhamos 40 g de um isótopo radioativo – digamos, $^{90}_{38}Sr$. Os núcleos do estrôncio-90 são instáveis e decaem por emissão beta em ítrio-39:

$$^{90}_{38}Sr \longrightarrow {}^{90}_{39}Y + {}^{0}_{-1}\beta$$

Quando um núcleo libera radiação, diz-se que ele decai.

Uma amostra de 40 gramas de estrôncio-90 contém cerca de $2,7 \times 10^{23}$ átomos. Sabemos que esses núcleos decaem, mas em que velocidade? Todos os núcleos decaem ao mesmo tempo ou decaem com o tempo? A resposta é que eles decaem um por vez, em uma velocidade fixa. Para o estrôncio-90, a velocidade de decaimento é tal que metade da nossa amostra original (em torno de $1,35 \times 10^{23}$ átomos) terá decaído em 28,1 anos. O tempo necessário para que metade de qualquer amostra de material radioativo decaia é chamado **meia-vida**, $t_{1/2}$.

Não importa o tamanho da amostra, se pequena ou grande. Por exemplo, no caso dos 40 g de nosso estrôncio-90, ao fim de 28,1 anos restarão 20 g (o resto será convertido em ítrio-90). Serão necessários então outros 28,1 anos para que metade do que restou decaia, de modo que, após 56,2 anos, teremos 10 g de estrôncio-90. Se esperarmos um terceiro período de 28,1 anos, então restarão 5 g. Se tivéssemos começado com 100 g, então restariam 50 g após o primeiro período de 28,1 anos.

A Figura 9.4 mostra a curva de decaimento radioativo do iodo-131. Examinando esse gráfico, vemos que, ao fim de 8 dias, metade do original desapareceu. Assim, a meia-vida do iodo-131 é de 8 dias. Seria necessário um total de 16 dias, ou duas meias-vidas, para que três quartos da amostra original decaíssem.

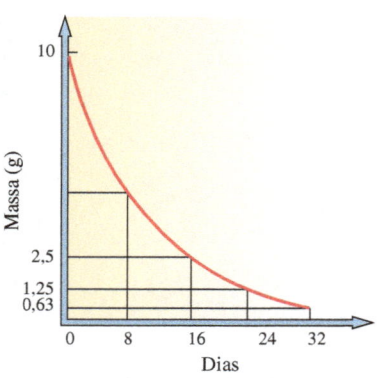

FIGURA 9.4 Curva de decaimento do iodo-131.

Exemplo 9.5 Meia-vida nuclear

Se forem administrados 10,0 mg de $^{131}_{53}I$ a um paciente, quanto restará no corpo passados 32 dias?

Estratégia e solução

Sabemos pela Figura 9.4 que o $t_{1/2}$ do iodo-131 é de oito dias. O período de 32 dias corresponde a quatro meias-vidas. Se começarmos com 10,0 mg, após uma meia-vida restarão 5,00 mg, 2,50 mg após duas meias-vidas; 1,25 mg após três meias-vidas e 0,625 mg após quatro meias-vidas.

$$10,0 \text{ mg} \times \overbrace{\frac{1}{2} \times \frac{1}{2} \times \frac{1}{2} \times \frac{1}{2}}^{32 \text{ dias (4 meias-vidas)}} = 0,625 \text{ mg}$$

Problema 9.5

O bário-122 tem uma meia-vida de 2 minutos. Suponha que você obtenha uma amostra que pese 10,0 g, e que leve 10 minutos para montar um experimento em que o bário-122 será usado. Quantos gramas de bário-122 restarão no momento em que você começar o experimento?

Teoricamente, seria necessário um tempo infinito para que toda a amostra radioativa decaísse. Na verdade, a maior parte da radioatividade decai após cinco meias-vidas, quando, então, restarão apenas 3,1% do radioisótopo original.

$$\overbrace{\frac{1}{2} \times \frac{1}{2} \times \frac{1}{2} \times \frac{1}{2} \times \frac{1}{2}}^{5 \text{ meias-vidas}} \times 100 = 3,1\%$$

Após cinco meias-vidas, vão permanecer aproximadamente 3,1% da atividade.

Conexões químicas 9A

Datação radioativa

O carbono-14, cuja meia-vida é de 5.730 anos, pode ser usado para datar objetos arqueológicos de até 60.000 anos. Essa técnica de datação baseia-se no princípio de que a proporção entre carbono-12/carbono-14 em um organismo – seja vegetal ou animal – permanece constante durante o tempo de vida do organismo. Quando o organismo morre, o nível de carbono-12 permanece constante (o carbono-12 não é radioativo), mas o carbono-14 presente decai por emissão beta em nitrogênio-14.

$$^{14}_{6}\text{C} \longrightarrow ^{14}_{7}\text{N} + ^{0}_{-1}\text{e}$$

Com base nesse fato, um cientista pode calcular a mudança na proporção carbono-12/carbono-14 para determinar a data de um artefato.

Por exemplo, no carvão feito de uma árvore recém-morta, o carbono-14 dá uma contagem radioativa de 13,70 desintegrações/min por grama de carbono. Em um pedaço de carvão encontrado em uma caverna na França, próximo de algumas pinturas rupestres antigas da era Cro-Magnon, a contagem de carbono-14 foi de 1,71 desintegração/min para cada grama de carbono. Com essa informação, as pinturas podem ser datadas. Após uma meia-vida, o número de desintegrações/minuto por grama é de 6,85. Após duas meias-vidas, é de 3,42, e após três meias-vidas, 1,71. Portanto, três meias-vidas se passaram desde que as pinturas foram criadas. Considerando que o carbono-14 tem uma meia-vida de 5.730 anos, as pinturas têm aproximadamente 3 × 5.730 = 17.190 anos.

Muitas pessoas já acreditaram que o famoso Sudário de Turim, um pedaço de linho com a imagem da cabeça de um homem, fosse o pano original que embalou o corpo de Jesus Cristo após sua morte. A datação radioativa, no entanto, mostrou, com 95% de certeza, que as plantas de que o linho foi obtido existiram entre 1.260 e 1.380 d.C., o que prova que o tecido não pode ter sido o sudário de Cristo. Observe que não foi preciso destruir o sudário para executar os testes. De fato, cientistas em diferentes laboratórios usaram apenas alguns centímetros quadrados da borda do tecido.

Amostras de rocha podem ser datadas a partir de seu conteúdo de chumbo-206 e urânio-238. Presume-se que o chumbo-206 venha do decaimento do urânio-238, que tem uma meia-vida de 4,5 bilhões de anos. Uma das rochas mais antigas encontradas na Terra é um afloramento de granito na Groenlândia, datado de $3,7 \times 10^9$ anos. Com base na datação de meteoritos, a idade estimada do sistema solar é de $4,6 \times 10^9$ anos.

TABELA 9.2 Meias-vidas de alguns núcleos radioativos

Nome	Símbolo	Meia-vida	Radiação
Hidrogênio-3 (trítio)	$^{3}_{1}\text{H}$	12,26 anos	Beta
Carbono-14	$^{14}_{6}\text{C}$	5.730 anos	Beta
Fósforo-28	$^{28}_{15}\text{P}$	0,28 segundo	Pósitrons
Fósforo-32	$^{32}_{15}\text{P}$	14,3 dias	Beta
Potássio-40	$^{40}_{19}\text{K}$	$1,28 \times 10^9$ anos	Beta + gama
Escândio-42	$^{42}_{21}\text{Sc}$	0,68 segundo	Pósitrons
Cobalto-60	$^{60}_{27}\text{Co}$	5,2 anos	Gama
Estrôncio-90	$^{98}_{38}\text{Sr}$	28,1 anos	Beta
Tecnécio-99m	$^{99m}_{43}\text{Tc}$	6,0 horas	Gama
Índio-116	$^{116}_{49}\text{In}$	14 segundos	Beta
Iodo-131	$^{131}_{53}\text{I}$	8 dias	Beta + gama
Mercúrio-197	$^{197}_{80}\text{Hg}$	65 horas	Gama
Polônio-210	$^{210}_{84}\text{Po}$	138 dias	Alfa
Radônio-205	$^{205}_{86}\text{Rn}$	2,8 minutos	Alfa
Radônio-222	$^{222}_{86}\text{Rn}$	3,8 dias	Alfa
Urânio-238	$^{238}_{92}\text{U}$	4×10^9 anos	Alfa

A meia-vida de um isótopo independe da temperatura e da pressão – e, de fato, de todas as condições físicas e químicas –, e é uma propriedade apenas do isótopo específico. Não depende de nenhum outro tipo de átomo que circunda o núcleo (isto é, o tipo de molécula de que o átomo faz parte). Não conhecemos nenhum método para acelerar o decaimento radioativo ou desacelerá-lo.

A Tabela 9.2 fornece algumas meias-vidas. Mesmo essa breve amostragem indica que há enormes diferenças entre as meias-vidas. Alguns isótopos, como o tecnécio-99m, decaem e desaparecem em um dia; outros, como o urânio-238, permanecem radioativos por bilhões de anos. Isótopos de vida muito curta, especialmente os elementos pesados artificiais (Seção 9.9) com números atômicos maiores que 100, possuem meias-vidas da ordem de segundos.

A utilidade ou perigo inerente dos isótopos radioativos está relacionada à suas meias-vidas. Avaliando os efeitos de longo prazo sobre a saúde causados pela bomba atômica ou por acidentes em usinas nucleares, como os de Three Mile Island, na Pensilvânia, em 1979, e Chernobyl (na antiga União Soviética), em 1986 (ver "Conexões químicas 9E"), podemos ver que os isótopos radioativos com meias-vidas longas, tais como $^{85}_{36}$Kr ($t_{1/2}$ = 10 anos) ou $^{60}_{27}$Co ($t_{1/2}$ = 5,2 anos), são mais importantes que os de vida curta. Quando um isótopo radioativo é usado em imageamento clínico ou em terapia, isótopos de vida curta são mais úteis porque desaparecem mais rápido do organismo – por exemplo, $^{99m}_{43}$Tc, $^{32}_{15}$P, $^{131}_{53}$I e $^{197}_{80}$Hg.

9.5 Como se detecta e mede a radiação nuclear?

Como já foi observado, a radioatividade não é detectável pelos nossos sentidos. Não podemos vê-la, ouvi-la, senti-la ou cheirá-la. Como, então, sabemos que está lá? As radiações alfa, beta, gama, a emissão de prótons e os raios X, todos têm uma propriedade que podemos usar para detectá-los: quando essas formas de radiação interagem com a matéria, elas retiram elétrons da nuvem eletrônica que circunda o núcleo atômico, criando assim íons de carga positiva a partir de átomos neutros. Por essa razão, chamamos esses raios de **radiação ionizante**.

A radiação ionizante é caracterizada por duas medidas físicas: (1) sua **intensidade** (fluxo de energia), que é o número de partículas ou fótons que emergem por unidade de tempo, e (2) a **energia** de cada partícula ou fóton emitidos.

A. Intensidade

Para medir a intensidade, aproveitamos a propriedade ionizante da radiação. Instrumentos como o **contador Geiger-Müller** (Figura 9.5) e o **contador proporcional** contêm um gás que pode ser o hélio ou o argônio. Quando um núcleo radioativo emite partículas alfa ou beta ou raios gama, essa radiação ioniza o gás, e o instrumento registra esse fato indicando que uma corrente elétrica passou entre dois eletrodos. Assim, o instrumento conta partícula por partícula.

Outros dispositivos de medida, como os **contadores de cintilação**, têm um material chamado fósforo que emite uma unidade de luz para cada partícula alfa ou beta ou raio gama que incide sobre ele. Mais uma vez, as partículas são contadas uma por uma. A medida quantitativa da intensidade da radiação pode ser expressa em contagens/minuto ou contagens/segundo.

Uma unidade muito utilizada para intensidade de radiação é o **curie** (Ci), em homenagem a Marie Curie, cujo trabalho de uma vida inteira com materiais radioativos foi de grande utilidade para a compreensão dos fenômenos nucleares. Um curie é definido como $3,7 \times 10^{10}$ desintegrações por segundo (dps). Essa é uma radiação de intensidade muito alta, quantidade que uma pessoa obteria de uma exposição a 1,0 g de $^{286}_{88}$Ra puro. Essa intensidade é muito alta para uso clínico comum, e as unidades usadas nas ciências da saúde são pequenas frações dela. Outra unidade de atividade (intensidade) de radiação, embora bem menor, é o **becquerel** (Bq), que é a unidade do SI. Um becquerel é uma desintegração por segundo (dps).

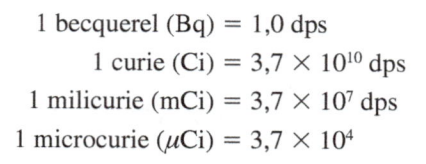

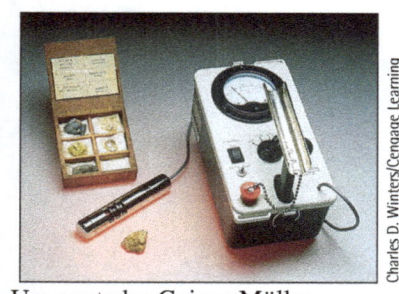

$$1 \text{ becquerel (Bq)} = 1,0 \text{ dps}$$
$$1 \text{ curie (Ci)} = 3,7 \times 10^{10} \text{ dps}$$
$$1 \text{ milicurie (mCi)} = 3,7 \times 10^{7} \text{ dps}$$
$$1 \text{ microcurie } (\mu\text{Ci}) = 3,7 \times 10^{4}$$

Um contador Geiger-Müller.

O tubo de imagem, em uma televisão, funciona com base em um princípio semelhante.

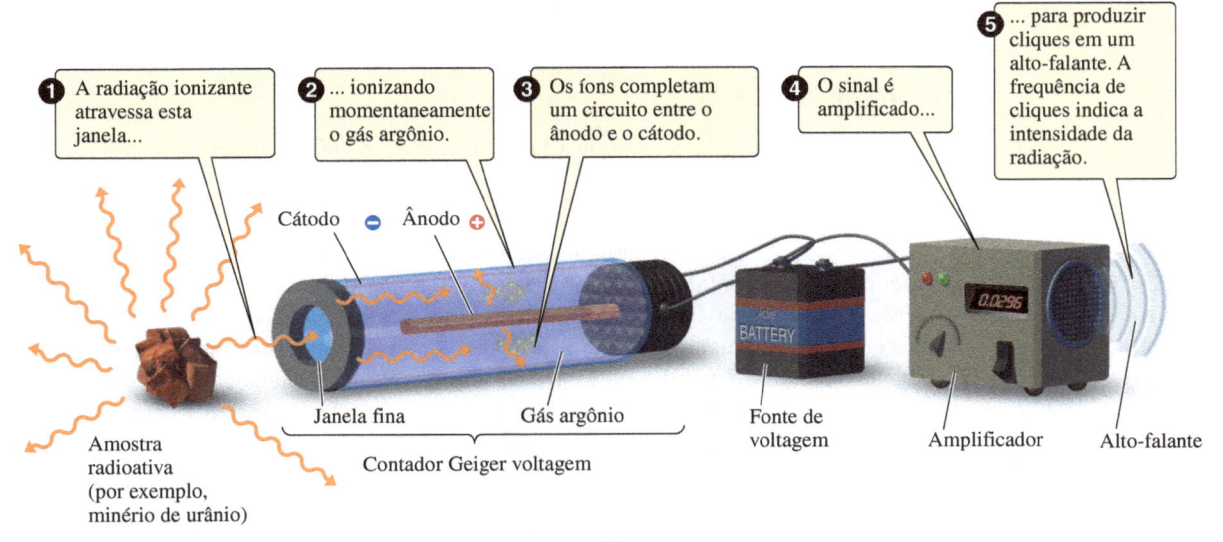

FIGURA 9.5 Desenho esquemático de um contador Geiger-Müller.

Exemplo 9.6 — Intensidade da radiação nuclear

Um isótopo radioativo com intensidade (atividade) de 100 mCi por frasco é entregue a um hospital. O frasco contém 10 mL do líquido. A instrução é administrar 2,5 mCi por via intravenosa. Quantos mL do líquido devem ser administrados?

Estratégia e solução

A intensidade (atividade) de uma amostra é diretamente proporcional à quantidade presente, portanto

$$2{,}5 \text{ mCi} \times \frac{10 \text{ mL}}{100 \text{ mCi}} = 0{,}25 \text{ mL}$$

Problema 9.6

Um isótopo radioativo em um frasco de 9,0 mL tem uma intensidade de 300 mCi. Um paciente deve tomar 50 mCi por via intravenosa. Qual é a quantidade do líquido a ser usado para a injeção?

A intensidade de qualquer radiação diminui com o quadrado da distância. Se, por exemplo, dobrar a distância de uma fonte de radiação, então a intensidade da radiação recebida diminuirá em um fator de quatro.

$$\frac{I_1}{I_2} = \frac{d_2^2}{d_1^2}$$

Exemplo 9.7 — Intensidade da radiação nuclear

Se a intensidade de uma radiação for 28 mCi, a uma distância de 1,0 m, qual será a intensidade a uma distância de 2,0 m?

Estratégia

Como já foi observado, a intensidade de qualquer radiação diminui com o quadrado da distância.

Solução

Da equação anterior, temos:

$$\frac{28 \text{ mCi}}{I_2} = \frac{2{,}0^2}{1{,}0^2}$$

$$I_2 = \frac{28 \text{ mCi}}{4{,}0} = 7{,}0 \text{ mCi}$$

Assim, se a distância de uma fonte radioativa aumentar em um fator de dois, a intensidade da radiação nessa distância diminuirá em um fator de quatro.

Problema 9.7

Se a intensidade de uma radiação a 1 cm da fonte é 300 mCi, qual será a intensidade a 3,0 m?

B. Energia

As energias de diferentes partículas ou fótons variam. Como mostra a Tabela 9.1, cada partícula possui certa faixa de energia. Por exemplo, as partículas beta ocupam uma faixa de energia que vai de 1 a 3 MeV (megaelétron-volts). Essa faixa pode sobrepor-se à faixa de energia de algum outro tipo de radiação – por exemplo, os raios gama. O poder penetrante de uma radiação depende tanto de sua energia como da massa de suas partículas. Partículas alfa são as que têm mais massa e de carga mais alta e, portanto, as menos penetrantes. Podem ser detidas por várias folhas de papel comum, por roupas normais e pela pele. As partículas beta têm menos massa e carga menor que as partículas alfa e, consequentemente, seu poder de penetração é maior. Podem penetrar vários milímetros de osso ou tecido. A radiação gama, que não tem massa nem carga, é a mais penetrante dos três tipos de radiação. Raios gama podem atravessar o corpo completamente. São necessários vários centímetros de chumbo ou concreto para deter os raios gama (Figura 9.6).

FIGURA 9.6 Penetração de emissões radioativas. Partículas alfa, de carga +2 e massa 4 u, têm uma forte interação com a matéria, mas são as menos penetrantes. Várias folhas de papel juntas podem detê-las. Partículas beta, de massa e carga menor que as partículas alfa, interagem menos com a matéria. Penetram facilmente no papel, mas são detidas por placas de chumbo de 0,5 cm. Raios gama, sem massa nem carga, têm o maior poder de penetração. São necessários 10 cm de chumbo para detê-los.

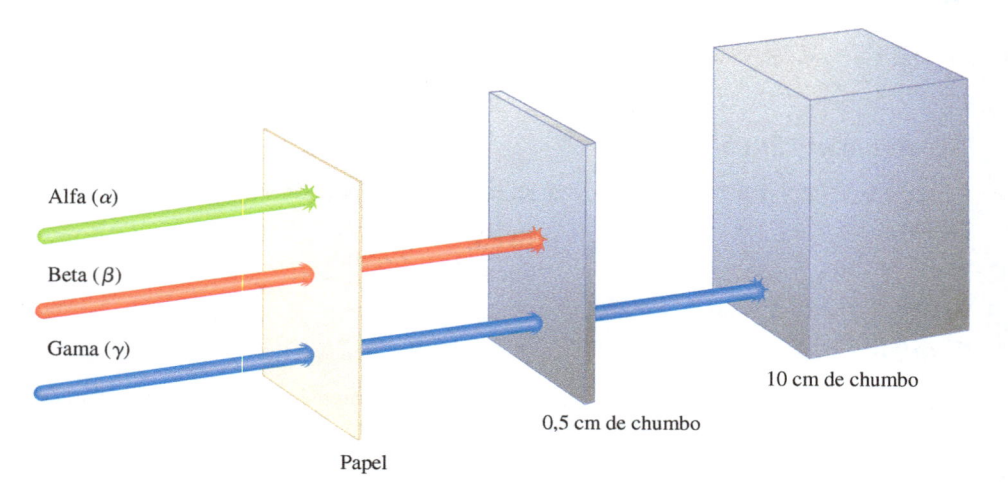

Uma maneira fácil de se proteger contra a radiação ionizante é usar aventais de chumbo, cobrindo os órgãos sensíveis. Essa prática é seguida rotineiramente quando se fazem diagnósticos por raios X. Outra forma de minimizar os danos causados pela radiação ionizante é se afastar da fonte.

9.6 Como a dosimetria da radiação está relacionada à saúde humana?

A expressão atividade de uma radiação é a mesma coisa que intensidade de uma radiação.

Quando se estuda o efeito da radiação no corpo, nem a energia da radiação (em kcal/mol) nem sua intensidade (em Ci) por si só ou em combinação são particularmente importantes. Em vez disso, a questão fundamental é quais são os tipos de efeito que tal radiação produz no corpo. Três diferentes unidades são utilizadas para descrever os efeitos da radiação no corpo: roentgens, rads e rems.

Roentgens (R) Roentgens medem a energia liberada por uma fonte de radiação e são, portanto, uma medida de exposição a determinada forma de radiação. Um roentgen é a quantidade de radiação que produz $2,58 \times 10^{-4}$ coulomb por quilograma (coulomb é uma unidade de carga elétrica).

Rads O rad, que significa *dose de radiação absorvida* (*radiation absorbed dose*), é uma medida da radiação absorvida de uma fonte de radiação. A unidade SI é o gray (Gy), em que 1 Gy = 100 rad. Roentgens (energia liberada) não levam em conta o efeito da radiação no tecido e o fato de que diferentes tecidos absorvem quantidades distintas de radiação liberada. A radiação danifica os tecidos do corpo, causando ionização, e, para que a ionização ocorra, o tecido deve absorver a energia liberada. A relação entre a dose liberada em roentgens e a dose absorvida em rads pode ser ilustrada da seguinte forma: a exposição a 1 roentgen produz 0,97 rad de radiação absorvida na água, 0,96 rad no músculo e 0,93 rad no osso. Essa relação também é válida para fótons de alta energia. Para fótons de energia mais baixa, como os raios X "moles", cada roentgen produz 3 rads de dose absorvida em ossos. Esse princípio está por trás dos diagnósticos por raios X. Aqui a radiação atravessa os tecidos moles e incide sobre uma placa fotográfica, mas os ossos a absorvem e projetam uma sombra sobre a placa.

Rems O rem, que significa equivalente em roentgen para o homem (*roentgen equivalent for man*), é uma medida do efeito da radiação quando uma pessoa absorve 1 roentgen. Outras unidades são o **milirem** (mrem; 1 mrem = 1×10^{-3} rem) e o **sievert** (Sv; 1 Sv = 100 rem). O sievert é a unidade do SI. A razão para o rem é que danos aos tecidos causados por 1 rad de energia absorvida dependem do tipo de radiação. Um rad de raios alfa, por exemplo, causa dez vezes mais danos que 1 rad de raios X ou raios gama. A Tabela 9.3 resume as várias unidades de radiação e o que cada uma delas mede.

Embora as partículas alfa causem mais danos que os raios X ou os raios gama, elas têm um poder de penetração muito pequeno (Tabela 9.1) e não podem atravessar a pele. Consequentemente, não são nocivas aos humanos nem aos animais, contanto que não entrem no corpo. Se entrarem, poderão ser bastante nocivas. Entrarão, por exemplo, se a pessoa engolir ou inalar uma pequena partícula de uma substância que emite partículas alfa. As partículas beta são menos nocivas aos tecidos que as partículas alfa, mas sua penetração é maior e, portanto, geralmente mais danosa. Os raios gama, que podem penetrar completamente na pele, são de longe a forma mais perigosa e nociva de radiação. É preciso lembrar que as partículas alfa, uma vez no interior do corpo, como a radiação alfa do radônio-222, causam grandes danos. Assim, para efeitos de comparação e para calcular a exposição a todos os tipos de fontes, a dose equivalente é uma importante medida. Se um órgão receber radiação de diferentes fontes, o efeito total pode ser resumido em rem (ou mrem ou Sv). Por exemplo, 10 mrem de partículas alfa e 15 mrem de radiação gama dão um total de 25 mrem de dose equivalente absorvida. A Tabela 9.4 mostra a quantidade de exposição à radiação que a pessoa média obtém anualmente de fontes tanto naturais como artificiais.

A radiação de fundo de ocorrência natural varia com a localização geológica. Por exemplo, em algumas minas de fosfato, foi detectada uma radiação dez vezes maior que a média. Pessoas que trabalham em medicina nuclear estão, é claro, expostas a quantidades maiores. Para assegurar que essas exposições não atinjam um nível muito alto, elas usam dosímetros de radiação. Uma única radiação de 25 rem, no corpo inteiro, pode ser observada em contagens reduzidas de células sanguíneas, e 100 rem causam os sintomas típicos de doença por radiação, que incluem náusea, vômito, diminuição na contagem das células brancas e perda de cabelo. Uma dose de 400 rem causa morte em um período de um mês em 50% das pessoas expostas, e 600 rem são quase invariavelmente letais em pouco tempo. Note-se que são necessários 50.000 rem para matar bactérias e 10^6 rem para inativar vírus.

TABELA 9.3 Dosimetria de radiação

Unidade	O que a unidade mede	Unidade SI	Outras unidades
Roentgen	Quantidade de radiação liberada de uma fonte de radiação	Roentgen (R)	
Rad	A razão entre a radiação absorvida por um tecido e aquela liberada para o tecido	Gray (Gy)	1 rad = 0,01 Gy
Rem	A razão entre o dano causado no tecido por um rad de radiação e o tipo de radiação	Sievert (Sv)	1 rem = 0,01 Sv

Raios cósmicos Partículas de alta energia, principalmente prótons, vindas do espaço exterior e que atingem a Terra.

TABELA 9.4 Exposição média à radiação por fontes comuns

Fonte	Dose (mrem/ano)
Radiação de ocorrência natural	
Raios cósmicos	27
Radiação terrestre (rochas, edifícios)	28
No interior do corpo humano (K-40 e Ra-226 nos ossos)	39
Radônio no ar	200
Total	294
Radiação artificial	
Raios X clínicos[a]	39
Medicina nuclear	14
Produtos para o consumidor	10
Usinas nucleares	0,5
Todas as outras	1,5
Total	65
Total final	359[b]

[a] Procedimentos clínicos individuais podem expor certas partes do corpo a níveis muito altos. Por exemplo, um raio X de tórax libera 27 mrem, e uma série de diagnósticos GI, 1.970 mrem.
[b] O padrão federal de segurança para exposição ocupacional permissível é em torno de 5.000 mrem/ano. Sugeriu-se que esse nível fosse baixado para 4.000 mrem/ano, ou ainda menos, para reduzir o risco de câncer resultante de baixos níveis de radiação.
Fonte: National Council on Radiation Protection and Measurements, NCRP Report n. 93 (1993).

Felizmente, a maioria de nós nunca se expõe a uma única dose de mais que alguns poucos rem e, portanto, nunca sofre de nenhuma doença causada por radiação. Isso não significa, porém, que doses pequenas sejam totalmente inofensivas. Danos podem surgir de duas maneiras:

1. Pequenas doses de radioatividade durante anos podem causar câncer, especialmente câncer no sangue, como a leucemia. Exposições frequentes à luz do Sol também apresentam risco de danos aos tecidos. A maior parte da radiação UV de alta energia do Sol é absorvida pela camada protetora de ozônio na estratosfera. No bronzeamento, porém, a frequente superexposição à radiação UV pode causar câncer de pele (ver "Conexões químicas 18D"). Ninguém sabe quantos casos de câncer resultaram dessa prática, pois as doses são tão pequenas e continuam por tantos anos que não podem ser medidas com precisão. E, como também existem tantas outras causas para o câncer, é difícil, ou mesmo impossível, saber se determinado caso foi causado por radiação.

2. Se alguma forma de radiação atingir um óvulo ou um espermatozoide, poderá causar alteração nos genes (ver "Conexões químicas 25E"). Essas mudanças são conhecidas como mutações. Se um óvulo ou espermatozoide afetado fecundar, crescer e tornar-se um indivíduo, este poderá ter características mutantes, que geralmente são nocivas e letais.

Como a radiação tem um potencial tão maligno, seria bom se pudéssemos evitá-la totalmente. Mas podemos? A Tabela 9.4 mostra que isso é impossível. A radiação de ocorrência natural, chamada **radiação de fundo**, está presente em toda parte na Terra. Como mostra a Tabela 9.4, essa radiação de fundo supera em muito o nível médio de radiação de fontes artificiais (na maior parte, raios X usados em diagnósticos). Se eliminássemos todas as formas de radiação artificial, incluindo as de uso clínico, ainda assim estaríamos expostos à radiação de fundo.

Conexões químicas 9B

O problema do radônio doméstico

A maior parte de nossa exposição à radiação ionizante vem de fontes naturais (Tabela 9.4), o gás radônio sendo a principal causa. O radônio tem mais de 20 isótopos, todos radioativos. O mais importante é o radônio-222, um emissor alfa. O radônio-222 é um produto natural do decaimento do urânio-238, que se distribui amplamente na crosta terrestre.

Entre os elementos radioativos, o radônio é particularmente perigoso para a saúde porque é um gás em temperaturas e pressões normais. Consequentemente, pode penetrar em nossos pulmões com o ar que respiramos e alojar-se na mucosa que reveste os pulmões. O radônio-222 tem uma meia-vida de 3,8 dias. Ele decai naturalmente e produz, entre outros isótopos, dois emissores alfa nocivos: polônio-218 e polônio-214. Esses isótopos do polônio são sólidos e não saem dos pulmões com a expiração. No longo prazo, podem causar câncer de pulmão.

A Agência de Proteção Ambiental dos Estados Unidos estabeleceu um padrão de 4 pCi/L (1 picocurie, pCi, é 10^{-12} Ci) como nível seguro de exposição. Um levantamento feito em lares constituídos por uma única família, nos Estados Unidos, mostrou que 7% excediam esse nível. A maior parte do radônio se infiltra nas habitações através de rachaduras nos alicerces de cimento e em torno dos canos, acumulando-se então nos porões. A solução é ventilar porões e casas o suficiente para reduzir os níveis de radiação. Em um caso notório, um conjunto de casas em Grand Junction, no Colorado, foi construído com tijolos feitos de resíduos de urânio. Obviamente, os níveis de radiação nessas construções eram inaceitavelmente altos. Como não podiam ser controlados, as construções tiveram que ser destruídas. Atualmente, quando já se tem consciência da radiação, cada vez mais os compradores pedem um certificado de níveis de radiação de radônio antes de comprar sua casa.

9.7 O que é medicina nuclear?

Quando pensamos em química nuclear, talvez primeiro nos venha à mente usinas nucleares, bombas atômicas e armas de destruição de massa. Por mais que isso seja verdade, também é verdade que a química nuclear e o uso dos elementos radioativos tornaram-se ferramentas valiosas em todas as áreas da ciência. E em nenhuma outra área isso é mais importante que na medicina nuclear, ou seja, no uso de isótopos radioativos como ferramentas para diagnóstico e tratamento de doenças. Para descrever todo o alcance da utilização medicinal da química nuclear, precisaríamos de muito mais espaço do que dispomos neste livro. O que fizemos, no entanto, foi escolher vários exemplos de cada utilização para ilustrar o alcance das aplicações da química nuclear nas ciências da saúde.

A. Imageamento clínico

O imageamento clínico é o aspecto mais utilizado da medicina nuclear. Seu objetivo é criar uma imagem de um tecido-alvo. Para criar uma imagem útil, são necessárias três coisas:

- Um elemento radioativo administrado na forma pura ou em um composto que se torna concentrado no tecido a ser imageado.
- Um método para detectar radiação da fonte radioativa e registrar sua intensidade e localização.
- Um computador para processar os dados sobre a intensidade e localização e transformá-los em uma imagem útil.

Do ponto de vista químico e metabólico, um isótopo radioativo no corpo comporta-se exatamente da mesma maneira que os isótopos não radioativos do mesmo elemento. Na forma mais simples de imageamento, um isótopo radioativo é injetado por via intravenosa e um técnico usa um detector para monitorar a distribuição da radiação no corpo do paciente. A Tabela 9.5 apresenta alguns dos radioisótopos mais importantes utilizados em imageamento e diagnóstico.

O uso do iodo-131, um emissor beta e gama ($t_{1/2}$ = 8,04 dias), para formar imagens e diagnosticar disfunções nas glândulas tiroides, é um bom exemplo. As glândulas tiroides do pescoço produzem um hormônio, a tiroxina, que controla a velocidade total do metabolismo (uso do alimento) no corpo. Uma molécula de tiroxina contém quatro átomos de iodo. Quando o iodo-131 radioativo é injetado na corrente sanguínea, as glândulas tiroides o captam e o incorporam à tiroxina (ver "Conexões químicas 13C"). Uma tiroide normal absorve cerca de 12% do iodo administrado em um período de algumas horas. Uma tiroide hipera-

Conexões químicas 9C

Como a radiação danifica os tecidos: radicais livres

Conforme foi mencionado anteriormente, a radiação danifica os tecidos causando ionização. Isto é, a radiação retira elétrons das moléculas que compõem os tecidos (geralmente um elétron por molécula), formando assim íons instáveis. Por exemplo, a interação da radiação de alta energia com a água forma H_2O^+, um cátion instável. A carga positiva desse cátion significa que um dos elétrons normalmente presentes na molécula de água, seja de ligação covalente ou de um par não compartilhado, está faltando nesse cátion; ele foi retirado.

$$[H-\ddot{\underset{..}{O}}-H]^+$$

O elétron não emparelhado está no oxigênio

uma vez formado, o cátion H_2O^+ é instável e se decompõe em H^+ e um radical hidroxila:

$$\text{Energia} + H_2O \longrightarrow H_2O^+ + e^-$$

$$H_2O^+ \longrightarrow H^+ + \cdot OH$$

Radical hidroxila

Enquanto o átomo de oxigênio no íon hidróxido tem um octeto completo – ele é circundado por três pares de elétrons não compartilhados e um par compartilhado –, o oxigênio no íon hidróxido é circundado somente por sete elétrons de valência – dois pares não compartilhados, um par compartilhado e um elétron desemparelhado. Compostos com elétrons desemparelhados são chamados **radicais livres** ou simplesmente **radicais**.

$$^-\!\!:\!\ddot{O}H \qquad \cdot\ddot{O}H$$

Íon hidróxido   Radical hidroxila

Um elétron não emparelhado

O fato de o átomo de oxigênio do radical ·OH ter um octeto incompleto torna esse radical extremamente reativo. Ele interage rapidamente com outras moléculas causando reações químicas que danificam os tecidos. Essas reações terão consequências graves se ocorrerem no interior do núcleo da célula e danificarem material genético. Além disso, afetam células de divisão rápida mais do que o fazem com células estacionárias. Assim, o dano é maior em células embrionárias, células da medula óssea, intestinos e células linfáticas. Sintomas de doença por radiação incluem náusea, vômito, diminuição na contagem das células brancas e perda de cabelo.

---

tiva (hipertiroidismo) absorve e localiza mais rápido o iodo-131 nas glândulas, enquanto uma tiroide hipoativa (hipotiroidismo) faz o mesmo mais lentamente. Ao realizar a contagem da radiação gama emitida do pescoço, pode-se determinar a velocidade de captação do iodo-131 nas glândulas tiroides e diagnosticar hipertiroidismo ou hipotiroidismo.

A maior parte dos escaneamentos de órgão baseia-se na captação preferencial de alguns isótopos radioativos por determinado órgão (Figura 9.7).

TABELA 9.5 Alguns isótopos radioativos úteis em imageamento clínico

	Isótopo	Modo de decaimento	Meia-vida	Uso em imageamento clínico
$^{11}_{6}C$	Carbono-11	β^+, γ	20,3 m	Escaneamento do cérebro para acompanhar o metabolismo da glicose
$^{18}_{9}F$	Flúor-18	β^+, γ	109 m	Escaneamento do cérebro para acompanhar o metabolismo da glicose
$^{32}_{15}P$	Fósforo-32	β	14,3 d	Detecta tumores nos olhos
$^{51}_{24}Cr$	Crômio-51	CE, γ	27,7 d	Diagnóstico de albinismo, imageamento do baço e do trato gastrointestinal
$^{59}_{26}Fe$	Ferro-59	β, γ	44,5 d	Função da medula óssea; diagnóstico de anemias
$^{67}_{31}Ga$	Gálio-67	CE, γ	78,3 h	Escaneamento de todo o corpo para tumores
$^{75}_{34}Se$	Selênio-75	CE, γ	118 d	Escaneamento do pâncreas
$^{81m}_{36}Kr$	Criptônio-81m	γ	13,3 s	Escaneamento da ventilação dos pulmões
$^{81}_{38}Sr$	Estrôncio-81	β	22,2 m	Escaneamento para doenças nos ossos, incluindo câncer
$^{99m}_{43}Tc$	Tecnécio-99m	γ	6,01 h	Escaneamento do cérebro, fígado, rins e ossos; diagnóstico de danos no músculo cardíaco
$^{131}_{53}I$	Iodo-131	β, γ	8,04 d	Diagnóstico de disfunção na tiroide
$^{197}_{80}Hg$	Mercúrio-197	CE, γ	64,1 h	Escaneamento dos rins
$^{201}_{81}Tl$	Tálio-201	CE, γ	3,05 d	Escaneamento do coração e teste de resistência física

Outra forma importante de imageamento clínico é a tomografia de emissão de pósitron (*positron emission tomography* – PET). Esse método baseia-se no fato de que certos isótopos (tais como o carbono-11 e o flúor-18) emitem pósitrons (Seção 9.3D). O flúor-18 decai por emissão de pósitron a oxigênio-18:

$$^{18}_{9}F \longrightarrow \ ^{18}_{8}O + \ ^{+1}_{0}e$$

Pósitrons têm vida muito curta. Quando um pósitron e um elétron colidem, eles se aniquilam, resultando na emissão de dois raios gama.

$$\underset{\text{Pósitron}}{^{0}_{+1}e} + \underset{\text{Elétron}}{^{0}_{-1}e} \longrightarrow 2\gamma$$

Como os elétrons estão presentes em todos os átomos, há sempre muitos deles por perto, portanto os pósitrons gerados no corpo não podem viver por muito tempo.

Uma das moléculas de marcação favoritas para acompanhar a captação e o metabolismo da glicose, $C_6H_{12}O_6$, é o 18-fluorodeoxiglicose (FDG), uma molécula de glicose em que um de seus seis átomos de oxigênio é substituído pelo flúor-18. Quando o FDG é administrado por via intravenosa, a glicose marcada logo entra na corrente sanguínea e dali segue para o cérebro. Detectores de raios gama podem captar os sinais que vêm das áreas onde se acumula a glicose marcada. Assim, pode-se ver quais são as áreas do cérebro envolvidas quando processamos, por exemplo, a informação visual (Figura 9.8). Escaneamentos PET de todo o corpo podem ser usados para diagnosticar câncer de pulmão, colorretal, na cabeça, pescoço e esôfago, bem como os primeiros estágios de epilepsia e outras doenças que envolvem o metabolismo anormal da glicose, como a esquizofrenia.

Como os tumores apresentam altas taxas metabólicas, os escaneamentos PET com o uso de FDG tornaram-se o diagnóstico de escolha para sua detecção e localização. O FDG/PET também tem sido aplicado no diagnóstico de melanomas e linfomas malignos, entre outras condições.

Outra importante utilização dos isótopos radioativos é saber o que acontece a um material ingerido. Os alimentos e fármacos ingeridos ou de outra forma assimilados pelo organismo são transformados, decompostos e excretados. Para entender a farmacologia de uma droga, é importante saber como e em que parte do corpo esses processos ocorrem. Por exemplo, um fármaco pode ser eficaz no tratamento de certas infecções bacterianas. Antes de começar os testes clínicos para o fármaco, o fabricante deve provar que o fármaco não é nocivo para os humanos. Em um caso típico, o fármaco primeiro é testado em animais. Ele é sintetizado e alguns isótopos radioativos, como o hidrogênio-3, carbono-14 ou fósforo-32, são incorporados à sua estrutura. O fármaco é administrado a animais de teste, e, depois de algum tempo, os animais são sacrificados. O destino do fármaco é, então, determinado isolando-se do corpo quaisquer compostos radioativos formados.

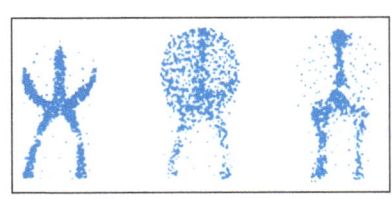

FIGURA 9.7 Comparação de padrões de escaneamento dinâmico para cérebros normais e patológicos. Os estudos foram executados com injeção de tecnécio-99m nos vasos sanguíneos.

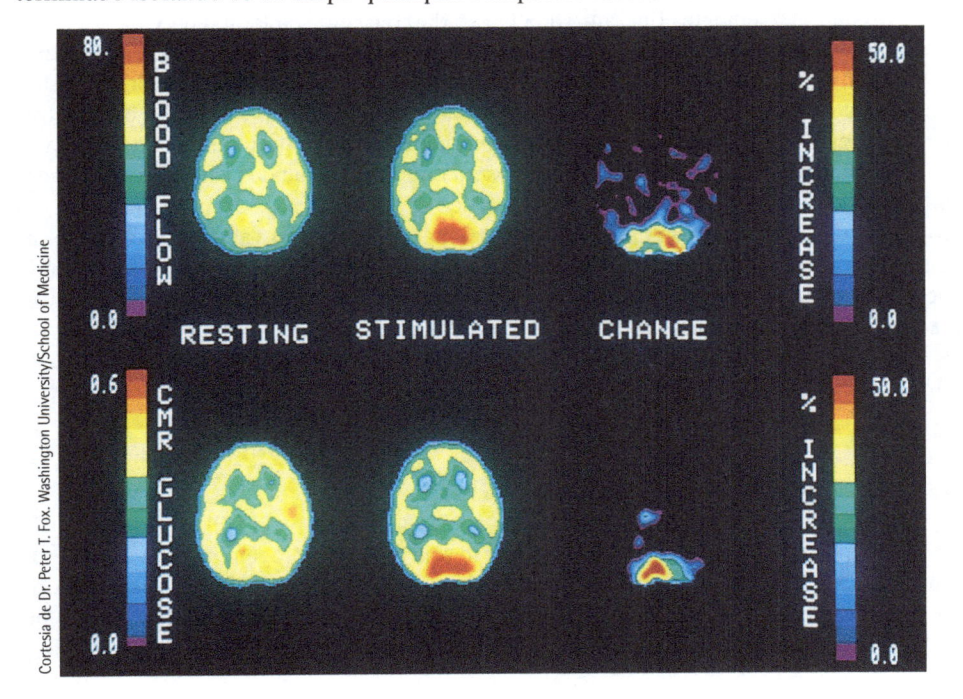

FIGURA 9.8 Escaneamentos do cérebro por tomografia de emissão de pósitron. Os escaneamentos superiores mostram que o 18-fluorodeoxiglicose pode cruzar a barreira hematocefálica. Os escaneamentos inferiores mostram que a estimulação visual aumenta o fluxo sanguíneo e a concentração de glicose em certas áreas do cérebro. Essas áreas aparecem em vermelho.

Um experimento farmacológico típico estudou os efeitos da tetraciclina. Esse poderoso antibiótico tende a se acumular nos ossos e não pode ser administrado a gestantes porque é transferido para os ossos do feto. A tetraciclina foi marcada com o radioisótopo trítio (hidrogênio-3) e sua captação em ossos de ratos foi monitorada na presença e na ausência de um fármaco à base de sulfa. Com o auxílio de um contador de cintilações, os pesquisadores mediram a intensidade da radiação dos ossos da mãe e do feto. Constataram que o fármaco à base de sulfa ajudou a minimizar o acúmulo da tetraciclina nos ossos do feto.

O destino metabólico, no organismo, de substâncias químicas essenciais também pode ser rastreado com marcadores radioativos. Igualmente, o uso de isótopos radioativos tem esclarecido vários processos patológicos e funções do organismo.

B. Terapia por radiação

A principal utilização de isótopos radioativos em terapia é a destruição seletiva de células e tecidos patológicos. Lembremos que a radiação, seja ela de raios gama, raios X ou outras fontes, é nociva às células. A radiação ionizante causa danos às células, especialmente àquelas que se dividem de modo rápido. Esses danos podem ser suficientemente graves a ponto de destruir células doentes ou alterar seus genes, de modo que a multiplicação das células seja desacelerada.

Em aplicações terapêuticas, as células cancerosas são os principais alvos da radiação ionizante. A radiação é utilizada quando o câncer é bem localizado e também pode ser empregada quando as células cancerosas se espalham e se encontram em estado metastático. Além disso, é usada com fins preventivos, principalmente para eliminar possíveis células cancerosas restantes após uma cirurgia. A ideia, obviamente, é matar células cancerosas, mas não as normais. Assim, radiação como raios X de alta energia ou raios gama de uma fonte de cobalto-60 é focalizada em uma pequena parte do corpo na qual se suspeita da existência de células cancerosas. Além dos raios X e dos raios gama de cobalto-60, outra radiação ionizante é utilizada para tratar tumores inoperáveis. Feixes de próton de cíclotrons, por exemplo, têm sido utilizados para tratar melanoma ocular e tumores da base do crânio e da espinha.

Apesar dessa técnica direcionada, a radiação inevitavelmente mata células saudáveis junto com as cancerosas. Como a radiação é mais eficaz contra células que se dividem rapidamente do que contra as células normais, e como ela é dirigida a um ponto específico, os danos aos tecidos saudáveis são minimizados.

Outra maneira de limitar os danos da radiação na terapia é usar isótopos radioativos específicos. No caso do câncer de tiroide, são administradas grandes doses de iodo-131, que é captado pelas glândulas. O isótopo, que possui alta radioatividade, mata todas as células da glândula (cancerosas e normais), mas não causa danos apreciáveis a outros órgãos.

Outro radioisótopo, o iodo-125, é usado no tratamento de câncer de próstata. Sementes de iodo-125, um emissor gama, são implantadas na área cancerosa da próstata imageada por ultrassom. As sementes liberam 160 Gy (16.000 rad) em seu tempo de vida.

Uma nova forma de tratamento de câncer de próstata, com grande potencial, baseia-se no actínio-225, um emissor alfa. Como vimos na Seção 9.6, as partículas alfa causam mais danos aos tecidos que qualquer outra forma de radiação, mas seu poder de penetração é pequeno. Pesquisadores desenvolveram uma maneira muito inteligente de liberar o actínio-225 na região de câncer na próstata sem danificar os tecidos saudáveis. O câncer tem uma alta concentração do antígeno específico da próstata (*prostate-specific antigen* – PSA) em sua superfície. Um anticorpo monoclonal (Seção 30.4) vai direto ao PSA e interage com ele. Um único átomo de actínio-225 ligado a esse anticorpo monoclonal pode liberar a radiação desejada, destruindo assim o câncer. O actínio-225 é especialmente eficaz porque tem uma meia-vida de dez dias e decai a três nuclídeos, eles próprios emissores alfa. Em ensaios clínicos, uma única injeção de anticorpo com intensidade na faixa de kBq (nanocuries) proporcionou a regressão do tumor, e sem toxicidade.

9.8 O que é fusão nuclear?

Estima-se que 98% de toda a matéria no universo seja feita de hidrogênio e hélio. De acordo com a teoria do *Big Bang*, nosso universo começou com uma explosão em que a matéria foi formada a partir da energia e que, no começo, só existia o elemento mais leve, o hidrogênio. Mais tarde, à medida que o universo se expandia, nuvens de hidrogênio colap-

---

Ocorre estado metastático quando as células cancerosas se desprendem de seu(s) sítio(s) de origem e começam a se dirigir a outras partes do corpo.

savam sob a ação de forças gravitacionais, formando as estrelas. No âmago dessas estrelas, núcleos de hidrogênio se fundiam para formar hélio.

A fusão de dois núcleos de hidrogênio em um núcleo de hélio libera uma grande quantidade de energia na forma de fótons, em grande parte pela seguinte reação:

$$^{2}_{1}\text{H} + ^{3}_{1}\text{H} \longrightarrow ^{4}_{2}\text{He} + ^{1}_{0}\text{n} + 5{,}3 \times 10^{8} \text{ kcal/mol He}$$

Hidrogênio-2 (Deutério)   Hidrogênio-3 (Trítio)

Esse processo, conhecido como **fusão**, refere-se a como o Sol gera sua energia. A fusão descontrolada é utilizada na "bomba de hidrogênio". Se algum dia pudermos obter uma versão controlada dessa reação de fusão (o que é improvável acontecer no curto prazo), seremos capazes de resolver nossos problemas de energia.

Como acabamos de ver, a fusão de núcleos de deutério e trítio em um núcleo de hélio libera uma quantidade muito grande de energia. Qual é a fonte dessa energia? Quando comparamos a massa dos reagentes e produtos, vemos que há uma perda de 5,0301 − 5,0113 = 0,0189 g para cada mol de hélio formado:

$$^{2}_{1}\text{H} + ^{3}_{1}\text{H} \longrightarrow ^{4}_{2}\text{He} + ^{1}_{0}\text{n}$$

2,01410 g   3,0161 g   4,0026 g   1,0087 g

5,0302 g   5,0113 g

Fusão nuclear A união de núcleos atômicos para formar um novo núcleo, mais pesado que cada um dos núcleos de partida.

Quando os núcleos de deutério e trítio são convertidos em hélio e um nêutron, a massa que sobra tem de ir para algum lugar. Para onde ela vai? A resposta é que a massa que falta é convertida em energia. Sabemos, da equação desenvolvida por Albert Einstein (1879-1955), quanta energia podemos obter da conversão de qualquer quantidade de massa:

$$E = mc^2$$

Essa equação diz que a massa (m), em quilogramas, perdida multiplicada pelo quadrado da velocidade da luz (c^2, em que $c = 3{,}0 \times 10^8$ m/s), em metros quadrados por segundo quadrado (m^2/s^2), é igual à quantidade de energia criada (E), em joules. Por exemplo, 1 g de matéria completamente convertida em energia produziria $8{,}8 \times 10^{13}$ J, energia suficiente para ferver 34.000.000 L de água inicialmente a 20 °C. Isso equivale à quantidade de água em uma piscina olímpica. Como se pode ver, obtemos uma tremenda quantidade de energia de muito pouca massa.

As reações que ocorrem no Sol são essencialmente as mesmas que ocorrem nas bombas de hidrogênio.

Todos os **elementos transuranianos** (elementos cujos números atômicos são maiores que 92) são artificiais e foram preparados por um processo de fusão em que os núcleos pesados são bombardeados com núcleos leves. Muitos, como o próprio nome indica, foram preparados pela primeira vez no Lawrence Laboratory da Universidade da Califórnia, em Berkeley, por Glenn Seaborg (1912-1999; Prêmio Nobel de Química de 1951) e seus colegas:

$$^{244}_{96}\text{Cm} + ^{4}_{2}\text{He} \longrightarrow ^{245}_{97}\text{Bk} + ^{1}_{1}\text{H} + 2\,^{1}_{0}\text{n}$$

$$^{238}_{92}\text{U} + ^{12}_{6}\text{C} \longrightarrow ^{246}_{98}\text{Cf} + 4\,^{1}_{0}\text{n}$$

$$^{252}_{98}\text{Cf} + ^{10}_{5}\text{B} \longrightarrow ^{257}_{103}\text{Lr} + 5\,^{1}_{0}\text{n}$$

Esses elementos transuranianos são instáveis, e a maior parte deles tem meias-vidas muito curtas. Por exemplo, a meia-vida do laurêncio-257 é de 0,65 segundo. Muitos dos novos elementos superpesados foram obtidos bombardeando-se isótopos de chumbo com cálcio-48 ou níquel-64. Até agora, foi relatada a criação dos elementos 110, 111 e 112-116, mesmo que sua detecção fosse baseada na observação do decaimento de um único átomo.

Pioneiro no desenvolvimento de radioisótopos para uso medicinal, Glenn Seaborg foi o primeiro a produzir iodo-131, usado subsequentemente para tratar a condição anormal da tiroide de sua mãe. Como resultado de outras pesquisas de Seaborg, tornou-se possível prever com precisão as propriedades de muitos dos até então não descobertos elementos transuranianos. Em um extraordinário período de apenas 21 anos (1940-1961), Seaborg e seus colegas sintetizaram dez novos elementos transuranianos (do plutônio ao laurêncio).

Ele recebeu o Prêmio Nobel em 1951 por ter criado novos elementos. Na década de 1990, Seaborg foi homenageado com o nome do elemento 106.

9.9 O que é fissão nuclear e como está relacionada à energia atômica?

Na década de 1930, Enrico Fermi (1901-1954) e seus colegas em Roma, e também Otto Hahn (1879-1968), Lise Meitner (1878-1968) e Fritz Strassman (1902-1980), na Alemanha, tentaram produzir novos elementos transuranianos bombardeando o urânio-235 com nêutrons. Para sua surpresa, descobriram que, em vez de fusão, obtiveram a **fissão nuclear** (fragmentação de grandes núcleos em peças menores):

$$^{235}_{92}U + ^{1}_{0}n \longrightarrow ^{141}_{56}Ba + ^{92}_{36}Kr + 3 \, ^{1}_{0}n + \gamma \text{ energia}$$

Nessa reação, um núcleo de urânio-235 absorve um nêutron, torna-se o urânio-236 e depois se fragmenta em dois núcleos menores. O produto mais importante desse decaimento nuclear é a energia, produzida porque os produtos têm menos massa que os materiais de partida. Essa forma de energia, chamada **energia atômica**, tem sido usada tanto para a guerra (na bomba atômica) como para a paz.

Com o urânio-235, cada fissão produz três nêutrons, que, por sua vez, podem gerar mais fissões colidindo com outros núcleos de urânio-235. Se ao menos um desses nêutrons produzir uma nova fissão, o processo vai se tornar uma **reação em cadeia** que vai se autopropagar (Figura 9.9) e continuará em velocidade constante. Se todos os três nêutrons produzirem nova fissão, a velocidade da reação aumentará de forma constante e finalmente culminará em uma explosão nuclear. Em usinas nucleares, a velocidade de reação é controlada pela inserção de varetas de boro para absorver nêutrons e assim refrear a velocidade de fissão.

Em usinas que geram energia nuclear, a energia produzida pela fissão é enviada a trocadores de calor e usada para gerar vapor, que movimenta uma turbina para produzir eletricidade (Figura 9.10). Atualmente, essas usinas fornecem mais de 15% da energia elétrica nos Estados Unidos. A oposição às usinas nucleares baseia-se em considerações de segurança e nos problemas não resolvidos de descarte de resíduos. Embora, de modo geral, as usinas nucleares apresentem bons registros de segurança, acidentes como os de Chernobyl (ver "Conexões químicas 9D") e Three Mile Island causaram preocupações.

Central Nuclear Sequoyah, Chattanooga, Tennessee.

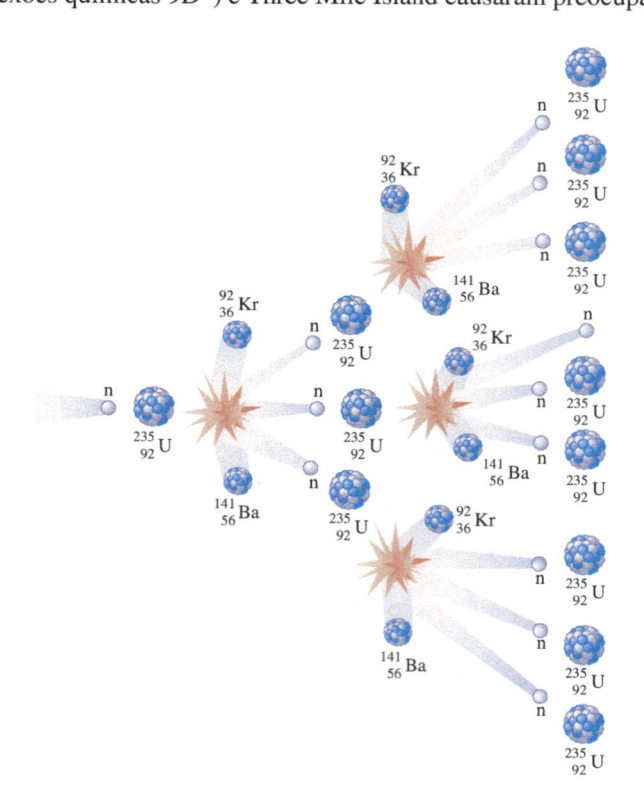

FIGURA 9.9 Uma reação em cadeia começa quando um nêutron colide com um núcleo de urânio-235.

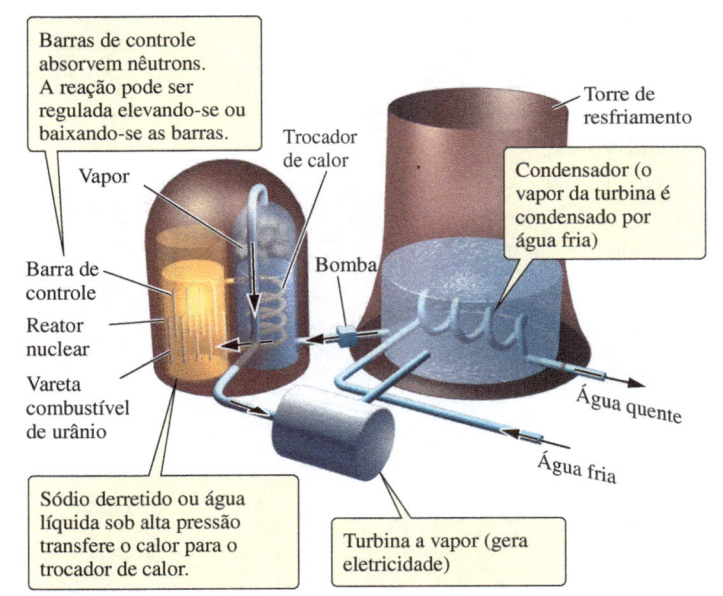

FIGURA 9.10 Diagrama esquemático de uma usina nuclear de geração de energia.

O descarte de resíduos é um problema de longo prazo. Os produtos de fissão em reatores nucleares são eles próprios altamente radioativos e com meias-vidas longas. O combustível gasto contém esses produtos de fissão de alto nível como resíduos nucleares, como o urano e o plutônio, que podem ser recuperados e reutilizados como combustível de óxido misto (MOX). O reprocessamento é caro: embora feito rotineiramente na Europa e na Rússia, não é praticado em usinas nucleares nos Estados Unidos por razões econômicas. Essa situação, porém, pode mudar porque foram desenvolvidos processos mais limpos de extração, que utilizam dióxido de carbono supercrítico (ver "Conexões químicas 5F"), eliminando assim a necessidade de descarte do solvente.

Os Estados Unidos possuem cerca de 50.000 toneladas métricas de combustível gasto, armazenado sob a água e em barris secos, em usinas. O Departamento de Energia armazena, em três grandes sítios, resíduos nucleares adicionais de programas para armamentos nucleares, reatores para pesquisa e outras fontes. Depois de 40 anos, o nível de radioatividade que os resíduos apresentavam imediatamente após sua remoção do reator é reduzido mil vezes. Esse resíduo nuclear provavelmente será enterrado no subsolo. Recentemente, o governo federal dos Estados Unidos deu sua aprovação final a um plano para armazenar resíduo nuclear em Yucca Mountain, Nevada.

As preocupações ambientais, no entanto, persistem. Não se pode garantir que o lugar vai permanecer seco durante séculos. A umidade poderá corroer os cilindros de aço e mesmo os cilindros internos de vidro/cerâmica que circundam o resíduo nuclear. Alguns temem que materiais vazados desses tanques de armazenagem possam escapar se o carbono-14 for oxidado a dióxido de carbono radioativo ou, o que é menos provável, que outros nuclídeos radioativos possam contaminar águas subterrâneas que se encontram bem abaixo das rochas desérticas de Yucca Mountain.

Para manter esses problemas em perspectiva, é preciso lembrar que a maioria dos outros métodos de gerar grandes quantidades de energia elétrica tem seus próprios problemas ambientais. A queima de carvão ou de petróleo, por exemplo, contribui para o acúmulo de CO_2 na atmosfera e gera chuva ácida (ver "Conexões químicas 6A").

Conexões químicas 9D

A precipitação radioativa em acidentes nucleares

Em 26 de abril de 1986, ocorreu um acidente no reator nuclear da cidade de Chernobyl, na antiga União Soviética. Foi uma clara advertência sobre os perigos que envolvem o setor e do alcance da contaminação que esses acidentes podem produzir. Na Suécia, a mais de 800 quilômetros de distância do local do acidente, a nuvem radioativa aumentou a radiação de fundo entre 4 e 15 vezes o nível normal. A nuvem radioativa atingiu a Inglaterra, cerca de 2.100 quilômetros de distância, uma semana depois. Ali elevou-se a radiação natural de fundo em 15%. A radioatividade do iodo-131 foi medida em 400 Bq/L no leite e 200 Bq/kg em vegetais folhosos. Mesmo a 6.400 quilômetros dali, em Spokane, Washington, constatou-se uma atividade de 242 Bq/L do iodo-131 em água da chuva, e atividades menores – 1,03 Bq/L de rutênio-103 e 0,66 Bq/L de césio-137 – também foram registradas. Esses níveis não são nocivos.

Mais próximo da fonte do acidente nuclear, na vizinha Polônia, pílulas de iodeto de potássio foram dadas às crianças. Tomou-se essa medida para impedir que o iodo-131 radioativo (que poderia vir de alimento contaminado) se concentrasse na glândula tireoide, o que poderia resultar em câncer. Em decorrência dos ataques terroristas de 11 de setembro de 2001, Massachusetts tornou-se o primeiro Estado a autorizar o armazenamento de pílulas de KI em caso de atividade terrorista de cunho nuclear.

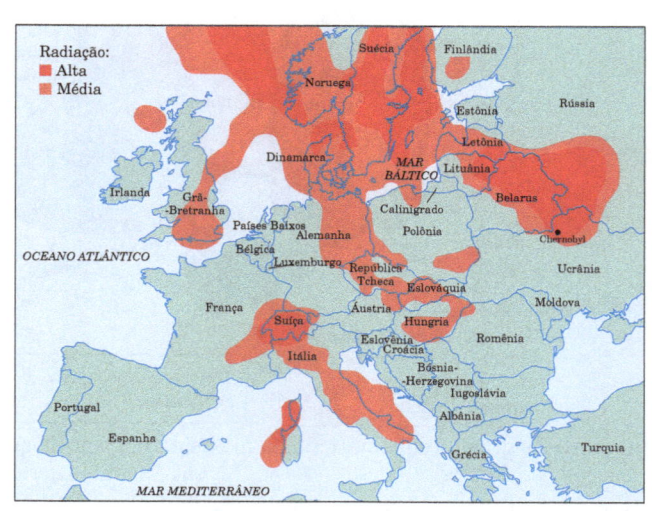

Mapa mostrando as áreas mais afetadas pelo acidente de Chernobyl.

Resumo das questões-chave

Seção 9.1 Como foi a descoberta da radioatividade?
- Henri Becquerel descobriu a radioatividade em 1896.

Seção 9.2 O que é radioatividade?
- Os quatro principais tipos de radioatividade são as **partículas alfa** (núcleos de hélio), **partículas beta** (elétrons), **raios gama** (fótons de alta energia) e **pósitrons** (elétrons de carga positiva).

Seção 9.3 O que acontece quando um núcleo emite radioatividade?
- Quando um núcleo emite uma **partícula beta**, o novo elemento tem o mesmo número de massa, mas seu número atômico tem uma unidade a mais.
- Quando um núcleo emite uma **partícula alfa**, o novo elemento tem número atômico com duas unidades a menos e número de massa com quatro unidades a mais.
- Quando um núcleo emite um **pósitron** (elétron positivo), o novo elemento tem o mesmo número de massa, mas número atômico com uma unidade a menos.
- Na **emissão gama**, não ocorre nenhuma transmutação; somente a energia do núcleo diminui.
- Na **captura de elétron**, o novo elemento tem o mesmo número de massa, mas número atômico com uma unidade a menos.

Seção 9.4 O que é a meia-vida do núcleo?
- Cada isótopo radioativo decai em uma velocidade fixa descrita por sua **meia-vida**, que é o tempo necessário para o decaimento de metade da amostra.

Seção 9.5 Como se detecta e mede a radiação nuclear?
- A radiação é detectada e contada por dispositivos como os **contadores Geiger-Müller**.
- A principal unidade de intensidade de radiação é o **curie (Ci)**, que é igual a $3,7 \times 10^{10}$ desintegrações por segundo. Outras unidades muitos usadas são o milicurie (mCi), o microcurie (μCi) e o becquerel (Bq).

Seção 9.6 Como a dosimetria da radiação está relacionada à saúde humana?
- Para fins medicinais e para medir o dano potencial da radiação, a dose absorvida é medida em **rads**. Diferentes partículas causam diferentes danos aos tecidos do corpo; o **rem** é uma medida dos danos relativos causados pelo tipo de radiação.

Seção 9.7 O que é medicina nuclear?
- Medicina nuclear é o uso de radionúcleos para diagnóstico por imageamento e terapia.

Seção 9.8 O que é fusão nuclear?

- **Fusão nuclear** é a combinação (união) de dois núcleos mais leves para formar um núcleo mais pesado. O hélio é sintetizado no interior das estrelas por fusão dos núcleos de hidrogênio. A energia liberada nesse processo é a energia do Sol.

Seção 9.9 O que é fissão nuclear e como está relacionada à energia atômica?

- **Fissão nuclear** é a divisão de um núcleo mais pesado em dois ou mais núcleos menores. A fissão nuclear libera grandes quantidades de energia, que podem ser controladas (reatores nucleares) ou descontroladas (armas nucleares).

Resumo das reações principais

1. **Emissão beta (β) (Seção 9.3B)** Quando um núcleo decai por emissão beta, o novo elemento tem o mesmo número de massa, mas número atômico com uma unidade a mais.

$$^{32}_{15}P \longrightarrow\, ^{32}_{16}S + \,^{0}_{-1}e$$

2. **Emissão alfa (α) (Seção 9.3C)** Quando um núcleo decai por emissão alfa, o novo núcleo tem massa com quatro unidades a menos e número atômico com duas unidades a menos.

$$^{238}_{92}U \longrightarrow\, ^{234}_{90}Th + \,^{4}_{2}He$$

3. **Emissão de pósitron (β^+) (Seção 9.3D)** Quando um núcleo decai por emissão de pósitron, o novo elemento tem o mesmo número de massa, mas número atômico com uma unidade a menos.

$$^{11}_{6}C \longrightarrow\, ^{11}_{5}B + \,^{0}_{+1}e$$

4. **Emissão gama (γ) (Seção 9.3E)** Quando um núcleo emite radiação gama, não há mudança nem no número de massa nem no número atômico do núcleo.

$$^{11}_{5}B^* \longrightarrow\, ^{11}_{5}B + \gamma$$

5. **Captura de elétron (Seção 9.3F)** Quando um núcleo decai por captura de elétron, o núcleo resultante tem o mesmo número de massa, mas número atômico com uma unidade a menos.

$$^{7}_{4}Be + \,^{0}_{-1}e \longrightarrow\, ^{7}_{3}Li$$

6. **Fusão nuclear (Seção 9.8)** Na fusão nuclear, dois ou mais núcleos reagem para formar um núcleo maior. No processo, há uma ligeira diminuição na massa; a soma das massas dos produtos da fusão é menor que a soma das massas dos núcleos de partida. A massa perdida aparece como energia.

$$^{2}_{1}H + \,^{3}_{1}H \longrightarrow\, ^{4}_{2}He + \,^{1}_{0}n + 5{,}3 \times 10^8 \text{ kcal/mol He}$$

7. **Fissão nuclear (Seção 9.9)** Na fissão nuclear, um núcleo captura um nêutron para formar um núcleo com número de massa aumentado em uma unidade. O novo núcleo então se divide em dois núcleos menores.

$$^{235}_{92}U + \,^{1}_{0}n \longrightarrow\, ^{141}_{56}Ba + \,^{92}_{36}Kr + 3\,^{1}_{0}n + \gamma + \text{energia}$$

Problemas

Seção 9.2 O que é radioatividade?

9.9 Qual é a diferença entre uma partícula alfa e um próton?

9.10 Micro-ondas são uma forma de radiação eletromagnética usada para o aquecimento rápido de alimentos. Qual é a frequência de uma micro-onda de comprimento de onda 5,8 cm?

9.11 Em cada caso, indique a frequência e o comprimento de onda em centímetros ou nanômetros e identifique o tipo de radiação.
(a) $7{,}5 \times 10^{14}$/s
(b) $1{,}0 \times 10^{10}$/s
(c) $1{,}1 \times 10^{15}$/s
(d) $1{,}5 \times 10^{18}$/s

9.12 A luz vermelha tem um comprimento de onda de 650 nm. Qual é a sua frequência?

9.13 Qual destas radiações tem o maior comprimento de onda (a) infravermelho, (b) ultravioleta ou (c) raios X? Qual delas tem energia mais alta?

9.14 Escreva o símbolo para um núcleo com os seguintes componentes:
(a) 9 prótons e 10 nêutrons
(b) 15 prótons e 17 nêutrons
(c) 37 prótons e 50 nêutrons

9.15 Em cada par, indique qual é o isótopo com maior probabilidade de ser radioativo:
(a) Nitrogênio-14 e nitrogênio-13
(b) Fósforo-31 e fósforo-33
(c) Lítio-7 e lítio-9
(d) Cálcio-39 e cálcio-40

9.16 Qual destes isótopos de boro é o mais estável: boro-8, boro-10 ou boro-12?

9.17 Qual destes isótopos de oxigênio é o mais estável: oxigênio-14, oxigênio-16 ou oxigênio-18?

Seção 9.3 O que acontece quando um núcleo emite radioatividade?

9.18 Indique se a afirmação é verdadeira ou falsa.

(a) A maioria (mais de 50%) dos mais de 300 isótopos de ocorrência natural é estável.
(b) O número de isótopos artificiais criados em laboratório é maior que o número de isótopos estáveis de ocorrência natural.
(c) Todos os isótopos artificiais criados em laboratório são radioativos.
(d) As expressões "partícula beta", "emissão beta" e "raio beta" referem-se todas ao mesmo tipo de radiação.
(e) Quando balanceamos uma equação nuclear, a soma dos números de massa e a soma dos números atômicos em cada lado da equação devem ser as mesmas.
(f) O símbolo da partícula beta é $_{-1}^{0}\beta$.
(g) Quando um núcleo emite uma partícula beta, o novo núcleo terá o mesmo número de massa, mas número atômico com uma unidade a mais.
(h) Quando o ferro-59 ($_{26}^{59}Fe$) emite uma partícula beta, ele é convertido em cobalto-59 ($_{27}^{59}Co$).
(i) Quando um núcleo emite uma partícula beta, primeiro ele captura um elétron de fora do núcleo e depois o expele.
(j) Para fins de determinação de números atômicos em uma equação nuclear, supõe-se que o elétron tem número de massa zero e número atômico -1.
(k) O símbolo da partícula alfa é $_{2}^{4}He$.
(l) Quando um núcleo emite uma partícula alfa, o novo núcleo terá número atômico com duas unidades a mais e número de massa com quatro unidades a mais.
(m) Quando o urânio-238 ($_{92}^{238}U$) sofre emissão alfa, o novo núcleo será o tório-234 ($_{90}^{234}Th$).
(n) O símbolo do pósitron é $_{+1}^{0}\beta$.
(o) O pósitron é também chamado elétron positivo.
(p) Quando um núcleo emite um pósitron, o novo núcleo terá o mesmo número de massa, mas número atômico com uma unidade a menos.
(q) Quando o carbono-11 ($_{6}^{11}C$) emite um pósitron, o núcleo formado será o boro-11 ($_{5}^{11}B$).
(r) Tanto a emissão alfa como a emissão de pósitron resultam na formação de um novo núcleo de número atômico mais baixo.
(s) O símbolo da radiação gama é γ.
(t) Quando um núcleo emite radiação gama, o novo núcleo formado terá o mesmo número de massa e o mesmo número atômico.
(u) Quando um núcleo captura um elétron extranuclear, o novo núcleo formado terá o mesmo número atômico, mas número de massa com uma unidade a menos.
(v) Quando o gálio-67 ($_{31}^{67}Ga$) sofre captura de elétron, o novo núcleo formado será o germânio-67 ($_{32}^{67}Ge$).

9.19 O samário-151 é um emissor beta. Escreva uma equação para essa reação nuclear e identifique o núcleo resultante.

9.20 Os seguintes núcleos transformam-se em novos núcleos emitindo partículas beta. Escreva uma equação para cada reação nuclear e identifique o núcleo resultante.
(a) $_{63}^{159}Eu$ (b) $_{56}^{141}Ba$ (c) $_{95}^{242}Am$

9.21 O crômio-51 é usado para diagnosticar a patologia do baço. O núcleo desse isótopo captura um elétron de acordo com a seguinte equação. Qual é o produto da transmutação?
$$_{24}^{51}Cr + _{-1}^{0}e \longrightarrow ?$$

9.22 Os seguintes núcleos decaem por emissão de partículas alfa. Escreva uma equação para cada reação nuclear e identifique os núcleos resultantes.
(a) $_{83}^{210}Bi$ (b) $_{94}^{238}Pu$ (c) $_{72}^{174}Hf$

9.23 O cúrio-248 foi bombardeado, produzindo antimônio-116 e césio-160. Qual foi o núcleo de bombardeio?

9.24 O fósforo-29 é um emissor de pósitron. Escreva uma equação para essa reação nuclear e identifique o núcleo resultante.

9.25 Para cada um dos seguintes casos, escreva uma equação nuclear balanceada e identifique a radiação emitida.
(a) Berílio-10 muda para boro-10.
(b) Európio-151 muda para európio-151.
(c) Tálio-195 muda para mercúrio-195.
(d) Plutônio-239 muda para urânio-235.

9.26 Nas primeiras três etapas do decaimento do urânio-238, aparecem as seguintes espécies isotópicas: urânio-238 decai a tório, que depois decai a protactínio-234, que depois decai a urânio-234. Que tipo de emissão ocorre em cada etapa?

9.27 Que tipo de emissão *não* resulta em transmutação?

9.28 Complete as seguintes reações nucleares.
(a) $_{8}^{16}O + _{8}^{16}O \longrightarrow ? + _{2}^{4}He$
(b) $_{92}^{235}U + _{0}^{1}n \longrightarrow _{38}^{90}Sr + ? + 3\,_{0}^{1}n$
(c) $_{6}^{13}C + _{2}^{4}He \longrightarrow _{8}^{16}O + ?$
(d) $_{83}^{210}Bi \longrightarrow ? + _{-1}^{0}e$
(e) $_{6}^{12}C + _{1}^{1}H \longrightarrow ? + \gamma$

9.29 O amerício-240 é feito pelo bombardeamento do plutônio-239 com partículas α. Além do amerício-240, também são formados um próton e dois nêutrons. Escreva uma equação balanceada para essa reação nuclear.

Seção 9.4 O que é a meia-vida do núcleo?

9.30 Indique se a afirmação é verdadeira ou falsa.
(a) Meia-vida é o tempo necessário para que metade de uma amostra radioativa decaia.
(b) O conceito de meia-vida refere-se a núcleos que sofrem emissão alfa, beta e de pósitron; não se aplica a núcleos que sofrem emissão gama.
(c) Ao fim de duas meias-vidas, metade da amostra radioativa original permanece; ao fim de três meias-vidas, permanece um terço da amostra original.
(d) Se a meia-vida de determinada amostra radioativa for de 12 minutos, 36 minutos vão representar três meias-vidas.
(e) Ao fim de três meias-vidas, vão restar somente 12,5% de uma amostra radioativa original.

9.31 O iodo-125 emite raios gama e tem uma meia-vida de 60 dias. Se uma pastilha de 20 mg de iodo-125 for implantada na próstata, quanto de iodo-125 permanecerá ali depois de um ano?

9.32 O polônio-218, um produto de decaimento do radônio-222 (ver "Conexões químicas 9B"), tem uma meia-

-vida de 3 minutos. Que porcentagem de polônio-218 restará nos pulmões 9 minutos após a inalação?

9.33 Uma rocha contendo 1 mg de plutônio-239 por kg de rocha é encontrada em um glaciar. A meia-vida do plutônio-239 é de 25.000 anos. Se a rocha foi depositada 100.000 atrás durante uma era glacial, quanto de plutônio-239, por quilograma de rocha, havia na rocha naquele tempo?

9.34 O elemento rádio é extremamente radioativo. Se você convertesse um pedaço de rádio metálico em cloreto de rádio (a massa do rádio permanecendo igual), ele se tornaria menos radioativo?

9.35 De que maneiras podemos aumentar a velocidade do decaimento radioativo? E diminuir?

9.36 Suponha que 50,0 mg de potássio-45, um emissor beta, foram isolados na forma pura. Depois de uma hora, restaram somente 3,1 mg do material radioativo. Qual é a meia-vida do potássio-45?

9.37 Um paciente recebe 200 mCi de iodo-131, cuja meia-vida é de oito dias.
(a) Se 12% dessa quantidade for captada pela tiroide depois de duas horas, qual será a atividade da tiroide após duas horas, em milicuries e em contagens por minuto?
(b) Depois de 24 dias, quanta atividade restará na tiroide?

Seção 9.5 Como se detecta e mede a radiação nuclear?

9.38 Indique se a afirmação é verdadeira ou falsa.
(a) A radiação ionizante refere-se a qualquer radiação que interage com átomos ou moléculas neutros para criar íons positivos.
(b) A radiação ionizante cria íons positivos ao atingir um núcleo e dele remover um ou mais elétrons.
(c) A radiação ionizante cria íons positivos removendo um ou mais elétrons extranucleares de um átomo ou de uma molécula neutros.
(d) O curie (Ci) e o becquerel (Bq) são ambas unidades com as quais registramos a intensidade da radiação.
(e) As unidades de um curie (Ci) são desintegrações por segundo (dps).
(f) Um microcurie (μCi) é uma unidade menor que um curie (Ci).
(g) A intensidade da radiação está inversamente relacionada ao quadrado da distância da fonte de radiação; por exemplo, a intensidade a três metros da fonte é 1/9 da intensidade na própria fonte.
(h) Partículas alfa são as de maior massa e maior carga e, portanto, trata-se do tipo mais penetrante de radiação nuclear.
(i) Partículas beta têm massa e carga menores que as das partículas alfa e, portanto, são mais penetrantes que estas.
(j) Raios gama, sem massa e sem carga, são o tipo menos penetrante de radiação nuclear.
(k) Após uma meia-vida, a massa restante de uma amostra radioativa é aproximadamente 50% da massa original.

9.39 Em um laboratório que contém radioisótopos que emitem todos os tipos de radiação, que emissão seria a mais perigosa?

9.40 O que os contadores Geiger-Müller medem: (a) a intensidade ou (b) a energia da radiação?

9.41 Sabe-se que radioatividade está sendo emitida com intensidade de 175 mCi a uma distância de 1,0 m da fonte. A que distância, em metros, da fonte, você deverá ficar se não quiser se submeter a não mais que 0,20 mCi?

Seção 9.6 Como a dosimetria da radiação está relacionada à saúde humana?

9.43 Um curie (Ci) mede a intensidade da radiação ou sua energia?

9.44 Qual é a propriedade medida em cada termo?
(a) Rad   (b) Rem   (c) Roentgen
(d) Curie   (e) Gray   (f) Becquerel
(g) Sievert

9.45 Um isótopo radioativo com atividade (intensidade) de 80,0 mCi por frasco é entregue a um hospital. O frasco contém 7,00 cm³ do líquido. A instrução é administrar 7,2 mCi por via intravenosa. Quantos centímetros cúbicos do líquido devem ser usados para uma injeção?

9.46 Por que a exposição de uma das mãos aos raios alfa não causa danos graves a uma pessoa, enquanto a entrada de um emissor alfa nos pulmões na forma de aerosol produz danos graves à sua saúde?

9.47 Certo radioisótopo apresenta uma intensidade de 10^6 Bq a 1 cm de distância da fonte. Qual seria a intensidade a 20 cm? Dê a resposta tanto em Bq como em μCi.

9.48 Supondo a mesma quantidade de radiação efetiva, em rads, de três fontes, qual seria a mais nociva aos tecidos: partículas alfa, partículas beta ou raios gama?

9.49 Em um acidente envolvendo exposição radioativa, o sujeito A recebe 3,0 Sv, enquanto o sujeito B recebe uma exposição de 0,50 mrem. Quem foi atingido com mais gravidade?

Seção 9.7 O que é medicina nuclear?

9.50 Indique se afirmação é verdadeira ou falsa.
(a) Dos radioisótopos listados na Tabela 9.5, a maioria decai por emissão beta.
(b) Isótopos que decaem por emissão alfa raramente, ou nunca, são usados em imageamento nuclear porque emissores alfa são raros.
(c) Os emissores gama são muito utilizados no imageamento clínico porque a radiação gama é penetrante e, portanto, pode facilmente ser medida por detectores de radiação fora do corpo.
(d) Quando o selênio-75 ($^{75}_{34}Se$) decai por captura de elétron e emissão gama, o novo núcleo formado é o arsênio-75 ($^{75}_{34}As$).
(e) Quando o iodo-131 ($^{131}_{53}I$) decai por emissão beta e gama, o novo núcleo formado é o xenônio-131 ($^{131}_{54}Xe$).
(f) Na tomografia de emissão de pósitron (escaneamento PET), o detector conta o número de pósitrons emitidos por um material marcado e pelo local no corpo no qual o material marcado se acumula.
(g) O uso do 18-fluorodeoxiglicose (FDG) em escaneamentos PET do cérebro depende do fato de que o FDG se comporta no corpo como a glicose.

(h) Um dos objetivos da terapia por radiação é destruir células e tecidos patológicos, sem ao mesmo tempo danificar células e tecidos normais.

(i) No feixe de radiação externo, a radiação de uma fonte externa é direcionada a um tecido, seja na superfície do corpo, seja em seu interior.

(j) No feixe de radiação interno, um material radioativo é implantado em um tecido-alvo para destruir células no tecido-alvo sem causar danos apreciáveis aos tecidos normais circundantes.

9.51 Em 1986, houve um acidente no reator nuclear de Chernobyl que expeliu núcleos radioativos, então levados pelo vento ao longo de centenas de quilômetros. Hoje, entre as crianças sobreviventes do evento, o dano mais comum é o câncer de tiroide. Quais são os núcleos radioativos responsáveis por esse tipo de câncer?

9.52 O cobalto-60, com meia-vida de 5,26 anos, é usado na terapia do câncer. A energia de radiação do cobalto-62 é ainda mais alta (meia-vida = 14 minutos). Por que o cobalto-62 não é também utilizado na terapia do câncer?

9.53 Combine o isótopo radioativo com seu uso apropriado:

_____ (a) Cobalto-60   1. Escaneamento do coração em exercício
_____ (b) Tálio-201   2. Mede o conteúdo de água no corpo
_____ (c) Trítio-3   3. Escaneamento dos rins
_____ (d) Mercúrio-197   4. Terapia do câncer

Seção 9.8 O que é fusão nuclear?

9.54 Indique se a afirmação é verdadeira ou falsa.
(a) Na fusão nuclear, dois núcleos se combinam para formar um novo núcleo.
(b) A energia do Sol é derivada da fusão de dois hidrogênios-1 ($_{1}^{1}H$) para formar um núcleo de hélio-4 ($_{2}^{4}He$).
(c) A energia do Sol ocorre porque, uma vez que dois núcleos de hidrogênio se fundem, as duas cargas positivas não mais se repelem.
(d) A fusão dos núcleos de hidrogênio no Sol resulta em uma pequena diminuição na massa, que aparece como uma quantidade equivalente de energia.
(e) A famosa equação $E = mc^2$, de Einstein, refere-se à energia liberada quando duas partículas de mesma massa colidem à velocidade da luz.
(f) A fusão nuclear ocorre somente no Sol.
(g) A fusão nuclear pode ser executada em laboratório.

9.55 Quais são os produtos da fusão dos núcleos de hidrogênio-2 e hidrogênio-3?

9.56 Supondo que um próton e dois nêutrons serão produzidos em uma reação de fusão com bombardeamento alfa, que núcleo-alvo você usaria para obter o berquélio-249?

9.57 O elemento 109 foi preparado pela primeira vez em 1982. Um único átomo desse elemento ($_{109}^{266}Mt$), com número de massa 266, foi produzido bombardeando-se um núcleo de bismuto-209 com um núcleo de ferro-58. Que outros produtos, se houver algum, devem ter sido formados além do $_{109}^{266}Mt$?

9.58 Um novo elemento foi formado quando se bombardeou o chumbo-208 com criptônio-86. Foi possível detectar quatro nêutrons como produto da fusão. Identifique o novo elemento.

9.59 O boro-10 é usado como barra de controle em reatores nucleares. Esse núcleo absorve um nêutron e depois emite uma partícula alfa. Escreva uma equação para cada reação nuclear e identifique cada núcleo do produto.

Conexões químicas

9.61 (Conexões químicas 9A) Por que é verdade supor que a razão entre carbono-14 e carbono-12 em uma planta viva é constante durante toda sua vida?

9.62 (Conexões químicas 9A) Em uma recente escavação arqueológica na região amazônica do Brasil, pinturas com carvão foram encontradas em uma caverna. O conteúdo de carvão-14 foi um quarto do que é encontrado no carvão preparado a partir de árvores coletadas naquele ano. Quanto tempo atrás a caverna foi ocupada?

9.63 (Conexões químicas 9A) A datação de carbono-14 do Sudário de Turim indicou que a planta utilizada para fabricar o sudário existiu por volta de 1350 d.C. A quantas meias-vidas corresponde esse intervalo de tempo?

9.64 (Conexões químicas 9A) A meia-vida do carbono-14 é de 5.730 anos. O invólucro de uma múmia egípcia forneceu 7,5 contagens por minuto por grama de carbono. Um pedaço de linho comprado nos dias de hoje daria uma atividade de 15 contagens por minuto por grama de carbono. Qual é a idade da múmia?

9.65 (Conexões químicas 9B) Como o radônio-222 produz o polônio-218?

9.66 (Conexões químicas 9D) Em um acidente nuclear, um dos núcleos radioativos que diz respeito às pessoas é o iodo-131. O iodo é facilmente vaporizado, pode ser transportado pelo vento e causar precipitação radioativa a centenas – até milhares – de quilômetros de distância. Por que o iodo-131 é particularmente nocivo?

Problemas adicionais

9.67 O fósforo-32 ($t_{1/2} = 14,3$ h) é usado em imageamento clínico e no diagnóstico de tumores nos olhos. Suponha que um paciente receba 0,010 mg desse isótopo. Prepare um gráfico mostrando a massa em miligramas que permanece no corpo do paciente após uma semana. (Considere que nada é excretado.)

9.68 Durante o bombardeamento do argônio-40 com prótons, um nêutron é emitido para cada próton absorvido. Qual é o novo elemento formado?

9.69 O neônio-19 e o sódio-20 são emissores de pósitron. Que produtos resultam em cada caso?

9.70 A meia-vida do nitrogênio-16 é de 7 segundos. Quanto tempo leva para que 100 mg de nitrogênio-16 sejam reduzidos a 6,25 mg?

9.71 O curie e o becquerel medem propriedades iguais ou diferentes da radiação?

9.72 O selênio-75 tem meia-vida de 120,4 dias, portanto levaria 602 dias (cinco meias-vidas) para chegar a 3% da quantidade original. No entanto, esse isótopo é usado para escaneamento do pâncreas, sem perigo de que a radioatividade cause danos indevidos ao paciente. Sugira uma possível explicação.

9.73 Utilize a Tabela 9.4 para determinar a porcentagem de radiação anual que recebemos das seguintes fontes:
(a) Fontes de ocorrência natural
(b) Fontes de diagnóstico clínico
(c) Usinas nucleares

9.74 O $^{225}_{89}$Ac é um emissor alfa. Em seu processo de decaimento, ele produz mais três emissores alfa em sucessão. Identifique cada um dos produtos de decaimento.

9.75 Qual radiação causará mais ionização: raios X ou radar?

9.76 Você possui um relógio de pulso antigo que ainda tem tinta à base de rádio em seu mostrador. A medida da radioatividade do relógio mostra uma contagem de raios beta de 0,50 contagens/s. Se 1,0 microcurie de radiação desse tipo produz 1.000 mrem/ano, quanto de radiação, em mrem, você espera do relógio se usá-lo durante um ano?

9.77 O amerício-241, que é usado em alguns detectores de fumaça, tem meia-vida de 432 anos e é um emissor alfa. Qual é o produto de decaimento do amerício-241, e qual é a porcentagem aproximada do amerício-241 original que ainda restará depois de 1.000 anos?

9.78 Em raras ocasiões, um núcleo captura uma partícula beta, em vez de emiti-la. O berquélio-246 é um desses núcleos. Qual é o produto dessa transmutação nuclear?

9.79 Um paciente recebeu 1 sievert de radiação em um acidente nuclear. Ele corre perigo de morte?

9.80 Qual é o estado fundamental de um núcleo?

9.81 Explique o seguinte:
(a) É impossível ter uma amostra completamente pura de qualquer isótopo radioativo.
(b) A emissão beta de um isótopo radioativo cria um novo isótopo de número atômico com uma unidade a mais que o isótopo radioativo.

9.82 O ítrio-90, que emite partículas beta, é usado em radioterapia. Qual é o produto de decaimento do ítrio-90?

9.83 As meias-vidas de alguns isótopos do oxigênio são:
Oxigênio-14 = 71 s   Oxigênio-15 = 124 s
Oxigênio-19 = 29 s   Oxigênio-20 = 14 s
O oxigênio-16 é o isótopo estável, não radioativo. As meias-vidas indicam alguma coisa sobre a estabilidade dos outros isótopos do oxigênio?

9.84 O $^{225}_{89}$Ac é eficaz na terapia do câncer de próstata quando administrado em níveis de kBq. Se um anticorpo marcado com $^{225}_{89}$Ac tiver uma intensidade de 2 milhões de Bq/mg, e se uma solução contiver 5 mg/L de anticorpo marcado, quantos mililitros da solução deverão ser usados em uma injeção para administrar 1 kBq de intensidade?

9.85 Quando o $^{208}_{82}$Pb é bombardeado com $^{64}_{28}$Ni, são produzidos seis nêutrons. Identifique o novo elemento.

9.86 O amerício-241, o isótopo usado em detectores de fumaça, tem meia-vida de 432 anos, tempo suficientemente longo para que seja manipulado em grandes quantidades. Esse isótopo é preparado em laboratório bombardeando-se plutônio-239 com partículas α. Nessa reação, o plutônio-239 absorve dois nêutrons e depois decai por emissão de uma partícula β. Escreva uma equação para essa reação nuclear e identifique o isótopo formado como intermediário entre o plutônio-239 e o amerício-241.

9.87 O boro-10, um eficaz absorvedor de nêutrons, é usado em barras de controle de reatores de fissão de urânio-235 (ver Figura 9.10) para absorver nêutrons e, portanto, controlar a velocidade de reação. O boro-10 absorve um nêutron e depois emite uma partícula α. Escreva uma equação balanceada para essa reação nuclear e identifique o núcleo formado como intermediário entre o boro-10 e o produto nuclear final.

9.88 O trítio, $^3_1$H, é um emissor beta muito utilizado como marcador radioativo na pesquisa química e bioquímica. O trítio é preparado pelo bombardeamento do lítio-6 com nêutrons. Complete a seguinte equação nuclear:
$$^6_3\text{Li} + ^1_0\text{n} \longrightarrow ^3_1\text{H} + ?$$

APÊNDICE I

Notação exponencial

O sistema de **notação exponencial** baseia-se em potências de 10 (ver tabela). Por exemplo, se multiplicarmos $10 \times 10 \times 10 = 1.000$, isso será expresso como 10^3. Nessa expressão, o 3 é chamado de **expoente** ou **potência** e indica quantas vezes multiplicamos 10 por ele mesmo e quanto zeros se seguem ao 1.

Existem também potências negativas de 10. Por exemplo, 10^{-3} significa 1 dividido por 10^3:

$$10^{-3} = \frac{1}{10^3} = \frac{1}{1.000} = 0,001$$

Números são frequentemente expressos assim: $6,4 \times 10^3$. Em um número desse tipo, 6,4 é o **coeficiente**, e 3, o expoente ou a potência de 10. Esse número significa exatamente o que ele expressa:

$$6,4 \times 10^3 = 6,4 \times 1.000 = 6.400$$

Do mesmo modo, podemos ter coeficientes com expoentes negativos:

$$2,7 \times 10^{-5} = 2,7 \times \frac{1}{10^5} = 2,7 \times 0,00001 = 0,000027$$

Para representar um número maior que 10 na notação exponencial, procedemos da seguinte maneira: colocamos a vírgula decimal logo depois do primeiro dígito (da esquerda para a direita) e então contamos quantos dígitos existem após a vírgula. O expoente (neste caso positivo) é igual ao número de dígitos encontrados após a vírgula. Na representação de um número na notação exponencial são excluídos os zeros finais, a não ser que seja necessário mantê-los devido à representação dos respectivos algarismos significativos.

Exemplo

$37\,500 = 3,75 \times 10^4$ — 4 porque existem quatro dígitos após o primeiro dígito do número (Coeficiente)

$628 = 6,28 \times 10^2$ — Dois dígitos após o primeiro dígito do número (expoente 2); Coeficiente

$859.600.000.000 = 8,596 \times 10^{11}$ — Onze dígitos após o primeiro dígito do número (expoente 11); Coeficiente

Não precisamos colocar a vírgula decimal após o primeiro dígito, mas, ao fazê-lo, obtemos um coeficiente entre 1 e 10, e esse é o costume.

Utilizando a notação exponencial, podemos dizer que há $2,95 \times 10^{22}$ átomos de cobre em uma moeda de cobre. Para números grandes, o expoente é sempre *positivo*.

Para números pequenos (menores que 1), deslocamos a vírgula decimal para a direita, para depois do primeiro dígito diferente de zero, e usamos um *expoente negativo*.

A notação exponencial também é chamada de notação científica.

Por exemplo, 10^6 significa 1 seguido de seis zeros, ou 1.000.000, e 10^2 significa 100.

AP. 1.1 Exemplos de notação exponencial

10.000	$= 10^4$
1.000	$= 10^3$
100	$= 10^2$
10	$= 10^1$
1	$= 10^0$
0,1	$= 10^{-1}$
0,01	$= 10^{-2}$
0,001	$= 10^{-3}$

Exemplo

$$0{,}00346 = 3{,}46 \times 10^{-3}$$
↑↑↑
Três dígitos até o primeiro número diferente de zero

$$0{,}000004213 = 4{,}213 \times 10^{-6}$$
↑↑↑↑↑↑
Seis dígitos até o primeiro número diferente de zero

Em notação exponencial, um átomo de cobre pesa $1{,}04 \times 10^{-22}$ g.

Para converter notação exponencial em números por extenso, fazemos a mesma coisa no sentido inverso.

Exemplo

Escrever por extenso: (a) $8{,}16 \times 10^7$ (b) $3{,}44 \times 10^{-4}$

Solução

(a) $8{,}16 \times 10^7 = 81.600.000$
Sete casas para a direita
(adicionar os zeros correspondentes)

(b) $3{,}44 \times 10^{-4} = 0{,}000344$
Quatro casas para a esquerda

Quando os cientistas somam, subtraem, multiplicam e dividem, são sempre cuidadosos em expressar suas respostas com o número apropriado de dígitos, o que chamamos de algarismos significativos. Esse método é descrito no Apêndice II.

A. Somando e subtraindo números na notação exponencial

Podemos somar ou subtrair números expressos em notação exponencial *somente se eles tiverem o mesmo expoente*. Tudo que fazemos é adicionar ou subtrair os coeficientes e deixar o expoente como está.

Exemplo

Somar $3{,}6 \times 10^{-3}$ e $9{,}1 \times 10^{-3}$.

Solução

$$\begin{array}{r} 3{,}6 \times 10^{-3} \\ + \ 9{,}1 \times 10^{-3} \\ \hline 12{,}7 \times 10^{-3} \end{array}$$

A resposta também poderia ser escrita em outras formas igualmente válidas:

$$12{,}7 \times 10^{-3} = 0{,}0127 = 1{,}27 \times 10^{-2}$$

Quando for necessário somar ou subtrair dois números com diferentes expoentes, primeiro devemos mudá-los de modo que os expoentes sejam os mesmos.

Exemplo

Somar $1{,}95 \times 10^{-2}$ e $2{,}8 \times 10^{-3}$.

Solução

Para somar esses dois números, transformamos os dois expoentes em -2. Assim, $2{,}8 \times 10^{-3} = 0{,}28 \times 10^{-2}$. Agora podemos somar:

$$\begin{array}{r} 1{,}95 \times 10^{-2} \\ + \ 0{,}28 \times 10^{-2} \\ \hline 2{,}33 \times 10^{-2} \end{array}$$

Uma calculadora com notação exponencial muda o expoente automaticamente.

B. Multiplicando e dividindo números na notação exponencial

Para multiplicar números em notação exponencial, primeiro multiplicamos os coeficientes da maneira usual e depois algebricamente *somamos* os expoentes.

Exemplo

Multiplicar $7,40 \times 10^5$ por $3,12 \times 10^9$.

Solução

$$7,40 \times 3,12 = 23,1$$

Somar todos os expoentes:

$$10^5 \times 10^9 = 10^{5+9} = 10^{14}$$

Resposta:

$$23,1 \times 10^{14} = 2,31 \times 10^{15}$$

Exemplo

Multiplicar $4,6 \times 10^{-7}$ por $9,2 \times 10^4$.

Solução

$$4,6 \times 9,2 = 42$$

Somar todos os expoentes:

$$10^{-7} \times 10^4 = 10^{-7+4} = 10^{-3}$$

Resposta:

$$42 \times 10^{-3} = 4,2 \times 10^{-2}$$

Para dividir números expressos em notação exponencial, primeiro dividimos os coeficientes e depois algebricamente *subtraímos* os expoentes.

Exemplo

Dividir: $\dfrac{6,4 \times 10^8}{2,57 \times 10^{10}}$

Solução

$$6,4 \div 2,57 = 2,5$$

Subtrair expoentes:

$$10^8 \div 10^{10} = 10^{8-10} = 10^{-2}$$

Resposta:

$$2,5 \times 10^{-2}$$

Exemplo

Dividir: $\dfrac{1,62 \times 10^{-4}}{7,94 \times 10^7}$

Solução

$$1,62 \div 7,94 = 0,204$$

Subtrair expoentes:

$$10^{-4} \div 10^7 = 10^{-4-7} = 10^{-11}$$

Resposta:

$$0,204 \times 10^{-11} = 2,04 \times 10^{-12}$$

Calculadoras científicas fazem esses cálculos automaticamente. Só é preciso digitar o primeiro número, pressionar +, −, × ou ÷, digitar o segundo número e pressionar =. (O método para digitar os números pode variar; leia as instruções que acompanham a calculadora.) Muitas calculadoras científicas também possuem uma tecla que automaticamente converte um número como 0,00047 em notação científica ($4,7 \times 10^{-4}$) e vice-versa. Para problemas relativos à notação exponencial, ver Capítulo 1, Problemas 1.17 a 1.24.

APÊNDICE II

Algarismos significativos

Se você medir o volume de um líquido em um cilindro graduado, poderá constatar que é 36 mL, até o mililitro mais próximo, mas não poderá saber se é 36,2 ou 35,6 ou 36,0 mL, porque esse instrumento de medida não fornece o último dígito com certeza. Uma bureta fornece mais dígitos. Se você usá-la, será capaz de dizer, por exemplo, que o volume é 36,3 mL e não 36,4 mL. Mas, mesmo com uma bureta, você não poderá saber se o volume é 36,32 ou 36,33 mL. Para tanto, precisará de um instrumento que lhe forneça mais dígitos. Esse exemplo mostra que *nenhum número medido pode ser conhecido com exatidão*. Não importa a qualidade do instrumento de medida, sempre haverá um limite para o número de dígitos que podem ser medidos com certeza.

Definimos o número de **algarismos significativos** como o número de dígitos de um número medido cuja incerteza está somente no último dígito.

Qual é o significado dessa definição? Suponha que você esteja pesando um pequeno objeto em uma balança de laboratório cuja resolução é de 0,1 g e constate que o objeto pesa 16 g. Como a resolução da balança é de 0,1 g, você pode estar certo de que o objeto não pesa 16,1 g ou 15,9 g. Nesse caso, você deve registrar o peso como 16,0 g. Para um cientista, há uma diferença entre 16 g e 16,0 g. Escrever 16 g significa que você não sabe qual é o dígito depois do 6. Escrever 16,0 significa que você sabe: é o 0. Mas não sabe qual o dígito que vem depois do 0. Existem várias regras para o uso dos algarismos significativos no registro de números medidos.

A. Determinando o número de algarismos significativos

Na Seção 1.3, vimos como calcular o número de algarismos significativos de um número. Resumimos aqui as orientações:

1. Dígitos diferentes de zero sempre são significativos.
2. Zeros no começo de um número nunca são significativos.
3. Zeros entre dígitos diferentes de zero são sempre significativos
4. Zeros no final de um número que contém uma vírgula decimal sempre são significativos.
5. Zeros no final de um número que não contém vírgula decimal podem ou não ser significativos.

Neste livro consideraremos que nos números terminados em zero todos os algarismos são significativos. Por exemplo, 1.000 mL têm quatro algarismos significativos, e 20 m, têm dois algarismos significativos.

B. Multiplicando e dividindo

A regra em multiplicação e divisão é que a resposta final deve ter o mesmo número de algarismos significativos que o número com *menos* algarismos significativos.

Exemplo

Fazer as seguintes multiplicações e divisões:
(a) $3,6 \times 4,27$
(b) $0,004 \times 217,38$
(c) $\dfrac{42,1}{3,695}$
(d) $\dfrac{0,30652 \times 138}{2,1}$

Solução

(a) 15 (3,6 tem dois algarismos significativos)
(b) 0,9 (0,004 tem um algarismo significativo)
(c) 11,4 (42,1 tem três algarismos significativos)
(d) $2,0 \times 10^1$ (2,1 tem dois algarismos significativos)

C. Somando e subtraindo

Na adição e na subtração, a regra é completamente diferente. O número de algarismos significativos em cada número não importa. A resposta é dada com o *mesmo número de casas decimais* do termo com menos casas decimais.

Exemplo

Somar ou subtrair:

(a)   320,0|84
       80,4|7
      200,2|3
       20,0|
      ─────
      620,8|

(b)   61|4532
      13|7
      22|
       0|003
      ────
      97|

(c)   14,26|
      −1,05|041
      ─────
      13,21|

Solução

Em cada caso, somamos ou subtraímos normalmente, mas depois arredondamos de modo que os únicos dígitos que aparecerão na resposta serão aqueles das colunas em que todos os dígitos são significativos.

D. Arredondando

Quando temos muitos algarismos significativos em nossa resposta, é preciso arredondar. Neste livro, usamos a seguinte regra: se *o primeiro dígito eliminado* for 5, 6, 7, 8 ou 9, aumentamos *o último dígito* em uma unidade; de outro modo, fica como está.

Exemplo

Fazer o arredondamento em cada caso considerando a eliminação dos dois últimos dígitos:
(a) 33,679   (b) 2,4715   (c) 1,1145   (d) 0,001309   (e) 3,52

Solução

(a)   33,679   = 33,7
(b)   2,4715 = 2,47
(c)   1,1145 = 1,11
(d)   0,001309 = 0,0013
(e)   3,52   = 4

E. Números contados ou definidos

Todas as regras precedentes aplicam-se a números *medidos* e **não** a quaisquer números que sejam *contados* ou *definidos*. Números contados e definidos são conhecidos com exatidão. Por exemplo, um triângulo é definido como tendo 3 lados, e não 3,1 ou 2,9. Aqui tratamos o número 3 como se tivesse um número infinito de zeros depois da vírgula decimal.

Exemplo

Multiplicar 53,692 (um número medido) × 6 (um número contado).

Solução

$$322,15$$

Como 6 é um número contado, nós o conhecemos com exatidão, e 53,692 é o número com menos algarismos significativos; o que estamos fazendo é somar 53,692 seis vezes.

Para problemas sobre algarismos significativos, ver Capítulo 1, Problemas 1.25 a 1.30.

Respostas

Capítulo 1 Matéria, energia e medidas

1.1 multiplicação (a) $4,69 \times 10^5$ (b) $2,8 \times 10^{-15}$; divisão (a) $2,00 \times 10^{18}$ (b) $1,37 \times 10^5$

1.2 (a) 147 °F (b) 8,3 °C

1.3 109 kg

1.4 13,8 km

1.5 743 mi/h

1.6 78,5 g

1.7 2,43 g/mL

1.8 1,016 g/mL

1.9 $4,8 \times 10^3$ cal = 48 kcal

1.10 46 °C

1.11 0,0430 cal/g · deg

1.13 (a) Matéria é qualquer coisa que tem massa e ocupa espaço. (b) Química é a ciência que estuda a matéria.

1.15 A alegação do Dr. X de que o extrato curava o diabetes seria classificada como (c) uma hipótese. Nenhuma evidência foi apresentada para provar ou refutar a alegação.

1.17 (a) $3,51 \times 10^{-1}$ (b) $6,021 \times 10^2$ (c) $1,28 \times 10^{-4}$ (d) $6,28122 \times 10^5$

1.19 (a) $6,65 \times 10^{17}$ (b) $1,2 \times 10^1$ (c) $3,9 \times 10^{-16}$ (d) $3,5 \times 10^{-23}$

1.21 (a) $1,3 \times 10^5$ (b) $9,40 \times 10^4$ (c) $5,139 \times 10^{-3}$

1.23 $4,45 \times 10^6$

1.25 (a) 2 (b) 5 (c) 5 (d) 5 (e) ambíguo, melhor escrever como $3,21 \times 10^4$ (três algarismos significativos) ou 32.100, (cinco algarismos significativos) (f) 3 (g) 2

1.27 (a) 92 (b) 7,3 (c) 0,68 (d) 0,0032 (e) 5,9

1.29 (a) 1,53 (b) 2,2 (c) 0,00048

1.31 330 min = 5,6 h

1.33 (a) 20 mm (b) 1 polegada (c) 1 milha

1.35 O peso mudaria um pouco. A massa é independente da localização, mas o peso é uma força exercida por um corpo influenciado pela gravidade. A influência da gravidade da Terra diminui à medida que aumenta a distância do nível do mar.

1.37 (a) 77 °F, 298 K (b) 104 °F, 313 K (c) 482 °F, 523 K (d) −459 °F, 0 K

1.39 (a) 0,0964 L (b) 27,5 cm (c) $4,57 \times 10^4$ g (d) 4,75 m (e) 21,64 mL (f) $3,29 \times 10^3$ cc (g) 44 mL (h) 0,711 kg (i) 63,7 cc (j) $7,3 \times 10^4$ mg (k) $8,34 \times 10^4$ mm (l) 0,361 g

1.41 50 mi/h

1.43 sólidos e líquidos

1.45 Não, a fusão é uma transformação física.

1.47 fundo: manganês; superfície: acetato de sódio; meio: cloreto de cálcio

1.49 1,023 g/mL

1.51 água

1.53 A temperatura da água deve ser elevada a 4 °C. Durante essa mudança de temperatura, a densidade dos cristais diminui, enquanto a densidade da água aumenta. Isso levará os cristais menos densos para a superfície da água, agora mais densa.

1.55 O movimento das rodas do carro gera energia cinética, que é armazenada em sua bateria como energia potencial.

1.57 0,34 cal/g · °C

1.59 334 mg

1.61 O corpo treme. Diminuir mais ainda a temperatura resulta em inconsciência e depois morte.

1.63 O metanol, porque seu calor específico mais alto permite que retenha calor por mais tempo.

1.65 0,732

1.67 cinética: (b), (d), (e); potencial: (a), (c)

1.69 o carro europeu

1.71 energia cinética

1.73 A maior é 41 g. A menor é $4,1310 \times 10^{-8}$ kg.

1.75 10,9 h

1.77 A água pesada. Quando se converte o calor específico dado em J/g · °C em cal/g · °C, constata-se que o calor específico da água pesada é 1,008 cal/g · °C, que é um pouco maior que o da água comum.

1.79 (a) 1,57 g/mL (b) 1,25 g/mL

1.81 dois

1.83 60 J elevaria a temperatura em 4,5 °C; assim, a temperatura final seria 24,5 °C.

1.85 O número (b), 4,38, tem três algarismos significativos. O número (a), 0,00000001, tem apenas um algarismo significativo. Os zeros indicam meramente a posição da vírgula decimal.

1.87 Para fazer esse cálculo, você precisa de um fator de conversão de quilômetros em milha. Segundo a Tabela 1.3, 1 milha = 1,609 km.

$$95 \; \cancel{\text{km}} = \frac{1 \text{ milha}}{1,609 \; \cancel{\text{km}}} \sim 59 \text{ km}$$

Se você usar o outro fator de conversão possível

$$95 \text{ km} \times \frac{1,609 \text{ km}}{\text{mi}} \sim \frac{153 \text{ km}^2}{\text{mi}}$$

Tanto os números quanto as unidades estão incorretos.

1.89 Na fotossíntese, a energia radiante da luz do sol é convertida em energia química nos açúcares produzidos.

1.91 A conversão de 30 °C na escala Celsius na escala Fahrenheit dá 86 °F. É mais provável que você esteja usando camiseta e bermuda.

1.93 Células que foram expostas a vários ciclos de congelamento e descongelamento sofrerão uma pequena expansão. Esse processo tende a romper as células, disponibilizando seu conteúdo para fracionamento e estudos posteriores.

1.95 Usamos o calor específico da água e a informação de que 1 litro de água pesa 1.000 gramas.

Quantidade de calor = SH × m × (T$_2$ − T$_1$)

Quantidade de calor =

$$= \frac{1,00 \text{ cal}}{\text{g}°\text{C}} \times 2,000 \text{ L} \times \frac{1.000 \text{ gramas}}{\text{L}} \times 4,85 °\text{C}$$

Quantidade de calor = 9,70 × 10³ calorias

1.97 A determinação da quantidade da substância e da sua eficácia pode ser feita concomitantemente. Separamos os componentes do material original e, no processo, determinamos sua quantidade. Um dos métodos é pesar quantidades de material recuperado. Testamos então a substância para ver se o composto isoladamente produz os resultados previstos.

1.99 4,85 × 10³ calorias

Capítulo 2 Átomos

2.1 (a) NaClO$_3$ (b) AlF$_3$

2.2 (a) O número de massa é 31. (b) O número de massa é 222.

2.3 (a) O elemento é o fósforo (P); seu símbolo é $^{31}_{15}$P. (b) O elemento é o radônio (Rn); seu símbolo é $^{222}_{86}$Rn.

2.4 (a) O número atômico do mercúrio (Hg) é 80; do chumbo (Pb) é 82.
(b) Um átomo de Hg tem 80 prótons; um átomo de Pb tem 82 prótons.
(c) O número de massa desse isótopo do Hg é 200; o número de massa desse isótopo de Pb é 202.
(d) Os símbolos desses isótopos são $^{200}_{80}$Hg e $^{202}_{82}$Pb.

2.5 O número atômico do iodo (I) é 53. O número de nêutrons em cada isótopo é 72 para o iodo-125 e 78 para o iodo-131. Os símbolos para esses dois isótopos são $^{125}_{53}$I e $^{131}_{53}$I, respectivamente.

2.6 O lítio-7 é o isótopo mais abundante.

2.7 O elemento é o alumínio (Al). Sua estrutura de Lewis é

Ȧl:

2.9 (a) F (b) V (c) V (d) V (e) F (f) V (g) V (h) V (i) F (j) F (k) V (l) F

2.11 (a) Oxigênio (b) Chumbo (c) Cálcio (d) Sódio (e) Carbono (f) Titânio (g) Enxofre (h) Ferro (i) Hidrogênio (j) Potássio (k) Prata (l) Ouro

2.13 (a) Amerício (b) Berquélio (c) Califórnio (d) Dúbnio (e) Európio (f) Frâncio (g) Gálio (h) Germânio (i) Háfnio (j) Hássio (k) Hólmio (l) Lutécio (m) Magnésio (n) Polônio (o) Rênio (p) Rutênio (q) Escândio (r) Estrôncio (s) Itérbio, Ítrio, Érbio (t) Túlio

2.15 (a) K$_2$O (b) Na$_3$PO$_4$ (c) LiNO$_3$

2.17 (a) Segundo a lei da conservação das massas, a matéria não pode ser nem criada nem destruída. De acordo com a teoria de Dalton, a matéria é feita de átomos indestrutíveis, e uma reação química apenas muda as ligações entre os átomos, mas não os destrói.
(b) Segundo a lei da composição constante, qualquer composto é sempre feito de elementos na mesma proporção de massa. A teoria de Dalton explica que isso ocorre porque as moléculas consistem em grupos de átomos fortemente ligados, cada um com sua massa própria. Portanto, cada elemento num composto sempre constitui uma proporção fixa da massa total.

2.19 Não. O CO e CO$_2$ são compostos diferentes, e cada um obedece à lei da composição constante para esse determinado composto.

2.21 (a) F (b) V (c) V (d) F (e) V (f) V (g) V (h) V (i) F (j) F (k) V (l) F (m) V (n) F (o) V (p) V (q) V (r) F (s) V (t) F

2.23 A afirmação é verdadeira no sentido de que o número de prótons (o número atômico) determina a identidade do elemento.

2.25 (a) O elemento com 22 prótons é o titânio (Ti).
(b) O elemento com 76 prótons é o ósmio (Os).
(c) O elemento com 34 prótons é o selênio (Se).
(d) O elemento com 94 prótons é o plutônio (Pu).

2.27 Cada um ainda seria o mesmo elemento, pois o número de prótons não mudou.
(a) O elemento tem 21 prótons e é o escândio (Sc).
(b) O elemento tem 22 prótons e é o titânio (Ti).
(c) O elemento tem 47 prótons e é a prata (Ag).
(d) O elemento tem 18 prótons e é o argônio (Ar).

2.29 O número atômico do radônio (Rn) é 86, portanto cada isótopo tem 86 prótons. O número de nêutrons é o número de massa − o número atômico.
(a) O radônio-210 tem 210 − 86 = 124 nêutrons.
(b) O radônio-218 tem 218 − 86 = 132 nêutrons.
(c) O radônio-222 tem 222 − 86 = 136 nêutrons.

2.31 Estanho-120, Estanho-121 e Estanho-124

2.33 (a) Íon é um átomo que ganhou ou perdeu um ou mais elétrons.
(b) Isótopos são átomos com o mesmo número de prótons em seu núcleo, mas com diferente número de nêutrons.

2.35 Arredondado para três algarismos significativos, o valor calculado é 12,0 u. O valor dado na tabela periódica é 12,011 u.

$$\frac{98,90}{100} \times 12,000 \text{ u} + \frac{1,10}{100} \times 13,000 \text{ u} = 12,011 \text{ u}$$

2.37 O carbono-11 tem 6 prótons, 6 elétrons e 5 nêutrons.

2.39 O número atômico do amerício-241 (Am) é 95. Esse isótopo tem 95 prótons, 95 elétrons e 241 − 95 = 146 nêutrons.

241. (a) V (b) F (c) F (d) F (e) F (f) V (g) V (h) V (i) V

243. (a) Os grupos 2A, 3B, 4B, 5B, 6B, 7B, 8B, 1B e 2B contêm apenas metais. Observe que o grupo 1A contém um não metal, o hidrogênio.
(b) Nenhum grupo contém apenas metaloides.
(c) Somente os grupos 7A e 8A contêm apenas não metais.

2.45 Elementos do mesmo grupo na tabela periódica devem apresentar propriedades semelhantes.
As, N e P l e F Ne e He Mg, Ca e Ba H e Li

2.47 (a) Alumínio > silício (b) Arsênio > fósforo (c) Gálio > germânio (d) Gálio > alumínio

2.49 (a) V (b) V (c) V (d) F (e) V (f) F (g) V (h) V (i) F (j) V (k) V (l) V (m) V (n) V (o) F (p) F (q) V (r) V (s) V (t) F

2.51 O número do grupo indica o número de elétrons na camada de valência de um elemento do grupo.

2.53 (a) Li(3): $1s^2 2s^1$ (b) Ne(10): $1s^2 2s^2 2p^6$
(c) Be(4): $1s^2 2s^2$ (d) C(6): $1s^2 2s^2 2p^2$
(e) Mg(12): $1s^2 2s^2 2p^6 3s^2$

2.55 (a) He(2): $1s^2$ (b) Na(11): $1s^2 2s^2 2p^6 3s^1$
(c) Cl(17): $1s^2 2s^2 2p^6 3s^2 3p^5$ (d) P(15): $1s^2 2s^2 2p^6 3s^2 3p^3$
(e) H(1): $1s^1$

2.57 Em (a), (b) e (c), as configurações eletrônicas da camada exterior são as mesmas. A única diferença é o número da camada de valência sendo preenchida.

2.59 O elemento poderia ser qualquer um do grupo 2A, pois todos têm dois elétrons de valência. Também poderia ser o hélio (no grupo 8A).

2.61 (a) V (b) V (c) V (d) F
(e) F (f) V (g) F (h) V

2.63 (a) V (b) V (c) V (d) V (e) F (f) V

2.65 (a) Fato: o raio atômico de um ânion é sempre maior que o do átomo original. Para os ânions, a carga nuclear não muda, mas um elétron a mais introduz novas repulsões e a nuvem eletrônica se expande por causa do aumento das repulsões elétron-elétron.
(b) Fato: o raio atômico de um cátion é sempre menor que o do átomo original. Quando um elétron é removido de um átomo, a carga nuclear permanece a mesma, mas menos elétrons estão se repelindo. Consequentemente, o núcleo positivo atrai os elétrons restantes com mais força, causando maior contração dos elétrons na direção do núcleo.

2.67 A seguir, apresentam-se as configurações eletrônicas do estado fundamental para cada O, O^+ e N, N^+.

Um destes elétrons é perdido

O $1s^2\, 2s^2\, 2p_x^2\, 2p_y^1\, 2p_z^1 \longrightarrow O^+\, 1s^2\, 2s^2\, 2p_x^1\, 2p_y^1\, 2p_z^1 + e^-$

Este elétron é perdido

N $1s^2\, 2s^2\, 2p_x^1\, 2p_y^1\, 2p_z^1 \longrightarrow O^+\, 1s^2\, 2s^2\, 2p_x^1\, 2p_y^1 \quad + e^-$

O elétron removido de O é um dos elétrons emparelhados do orbital $2p_x$ duplamente ocupado, enquanto o elétron removido de N é do orbital $2p_z$, ocupado por apenas um elétron. Há uma certa repulsão entre os dois elétrons emparelhados no caso do oxigênio, o que significa ser mais fácil remover um elétron de O do que do orbital $2p_z$ do nitrogênio com apenas um elétron.

2.69 Enxofre e ferro são componentes essenciais das proteínas, e o cálcio é um importante componente dos ossos e dentes.

2.71 Como a proporção $^2H/^1H$ em Marte é cinco vezes maior que na Terra, a massa atômica do hidrogênio em Marte seria maior que na Terra.

2.73 O bronze é uma liga de cobre e estanho.

2.75 (a) $1s$ (b) $2s, 2p$ (c) $3s, 3p, 3d$ (d) $4s, 4p, 4d, 4f$

2.77 (a) Fato: o raio atômico diminui ao longo de um período na tabela periódica. Embora o número quântico principal do orbital mais exterior permaneça o mesmo, à medida que os elétrons são adicionados sucessivamente, a carga nuclear também aumenta pela adição de um próton. O resultante aumento da atração entre os núcleos e elétrons é um pouco maior que a crescente repulsão entre os elétrons, o que faz diminuir o raio atômico.
(b) Fato: é necessário fornecer energia para remover um elétron de um átomo. A energia é necessária para superar a força de atração entre o núcleo de carga positiva e o elétron de carga negativa.

2.79 (a) Os elementos do grupo 3A têm três elétrons na camada de valência. Se n indicar o nível principal de energia, então os elementos de grupo 3A terão a configuração eletrônica ns^2, np^1 na última camada.
(b) O grupo 7A, dos halogênios, tem a seguinte configuração eletrônica na última camada: ns^2, np^5.
(c) Os elementos do grupo 5A têm a seguinte configuração eletrônica na última camada: ns^2, np^3.

2.81 (a) O carbono-12 tem 6 prótons e 6 nêutrons. Os nêutrons contribuem com 50% da massa.
(b) O cálcio-40 tem 20 prótons e 20 nêutrons. Os nêutrons contribuem com 50% da massa.
(c) O ferro-55 tem 26 prótons e 29 nêutrons. Os nêutrons contribuem com 53% da massa.
(d) O bromo-79 tem 35 prótons e 44 nêutrons. Os nêutrons contribuem com 56% da massa.
(e) A platina-195 tem 78 prótons e 117 nêutrons. Os nêutrons contribuem com 60% da massa.
(f) O urânio-238 tem 92 prótons e 146 nêutrons. Os nêutrons contribuem com 61% da massa.

2.83 (a) P (b) K (c) Na (d) N (e) Br
(f) Ag (g) Ca (h) C (i) Sn (j) Zn

2.85 (a) O silício é do grupo 4A. Tem 4 elétrons na última camada.
(b) O bromo é do grupo 7A. Tem sete elétrons na última camada.
(c) O fósforo é do grupo 5A. Tem cinco elétrons na última camada.
(d) O potássio é do grupo 1A. Tem um elétron na última camada.
(e) O hélio é do grupo 8A. Tem dois elétrons na última camada.
(f) O cálcio é do grupo 2A. Tem dois elétrons na última camada.
(g) O criptônio é do grupo 8A. Tem oito elétrons na última camada.
(h) O chumbo é do grupo 4A. Tem quatro elétrons na última camada.
(i) O selênio é do grupo 6A. Tem seis elétrons na última camada.
(j) O oxigênio é do grupo 6A. Tem seis elétrons na última camada.

2.87 (a) O elétron tem carga -1, o próton tem carga $+1$ e o nêutron não tem carga.
(b) A massa do elétron é 0,0005 u; o próton e o nêutron têm, cada um, massa de 1 u.

2.89 O número atômico desse elemento é 54, portanto é o xenônio (Xe). Esse isótopo tem 54 prótons, 54 elétrons e $131 - 54 = 77$ nêutrons.

2.91 Sua energia de ionização será menor que a do astato (At) e maior que a do rádio (Ra).

2.93 De acordo com a resposta do Problema 2.81, a proporção entre nêutron e próton num elemento geralmente aumenta à medida que aumenta o número atômico. Podemos fazer as seguintes generalizações.

De acordo com a resposta do Problema 2.81, a proporção entre nêutron e próton num elemento geralmente aumenta à medida que aumenta o número atômico.

Para elementos leves (do H ao Ca), os isótopos estáveis geralmente possuem números iguais de prótons e nêutrons.

A partir do cálcio (Ca), a proporção nêutron/próton torna-se cada vez maior que 1.

Capítulo 3 Ligações químicas

3.1 Ao perder dois elétrons, o Mg adquire um octeto completo. Ao ganhar dois elétrons, o enxofre adquire um octeto completo.
(a) Mg (12 elétrons): $1s^22s^22p^63s^2 \longrightarrow$ Mg^{2+} (10 elétrons): $1s^22s^22p^6$
(b) S (16 elétrons): $1s^22s^22p^63s^23p^4 \longrightarrow$ S^{2-} (18 elétrons): $1s^22s^22p^63s^23p^6$

3.2 Cada par de elementos está na mesma coluna (grupo) da tabela periódica, e a eletronegatividade aumenta de baixo para cima numa coluna. Portanto
(a) Li > K (b) N > P (c) C > Si

3.3 (a) KCl (b) CaF$_2$ (c) Fe$_2$O$_3$

3.4 (a) Óxido de magnésio (b) Iodeto de bário
(c) Cloreto de potássio

3.5 (a) MgCl$_2$ (b) Al$_2$O$_3$ (c) LiI

3.6 (a) óxido de ferro (II), óxido ferroso
(b) óxido de ferro (III), óxido férrico

3.7 (a) hidrogenofosfato de potássio
(b) sulfato de alumínio
(c) carbonato de ferro (II), carbonato ferroso

3.8 (a) S—H (2,5 – 2,1 = 0,4); covalente apolar
(b) P—H (2,1 – 2,1 = 0); covalente apolar
(c) C—F (4,0 – 2,5 = 1,5); covalente polar
(d) C—Cl (3,0 – 2,5 = 0,5); covalente polar

3.9 (a) $\overset{\delta+}{C}-\overset{\delta-}{N}$ (b) $\overset{\delta+}{N}-\overset{\delta-}{O}$ (c) $\overset{\delta+}{C}-\overset{\delta-}{Cl}$

3.10
(a) H—C—C—H (etano, 4 ligações simples)
(b) H—C—Cl: (clorometano)
(c) H—C≡N:

3.11
(a) etano — 4 ligações simples
(b) eteno — 2 ligações simples e 1 ligação dupla
(c) aleno — 2 ligações duplas
(d) H—C≡C—H — 1 ligação simples e 1 ligação tripla

3.12 (a) Dióxido de nitrogênio (b) Tribrometo de fósforo
(c) Dicloreto de enxofre (d) Trifluoreto de bário

3.13
(a) H—C(—Ö:⁻)—Ö:⁻ com C⁺
(b) H—C(—Ö:⁻)=Ö
(c) CH$_3$—C(—Ö:⁻)=Ö⁺—CH$_3$

3.14 (a) Um par válido de estruturas contribuintes.
(b) Um par não válido. A estrutura contribuinte à direita tem 10 elétrons na camada de valência do carbono e, portanto, viola a regra do octeto. A camada de valência do carbono consiste em um orbital s e três orbitais p, que podem comportar um máximo de oito elétrons de valência, daí a regra do octeto.

3.15 As três estruturas tridimensionais apresentadas a seguir mostram todos os pares de elétrons não compartilhados.
(a) CH$_3$OH, 109,5°
(b) CH$_2$Cl$_2$, 109,5°
(c) HCOOH, 109,5° e 120°

3.16 (a) O H$_2$S não contém ligações polares e é uma molécula apolar.
(a) H—S̈—H Apolar

(b) O HCN contém uma ligação C—N polar e é uma molécula polar.
(b) H—C≡N Apolar

(c) O C$_2$H$_6$ não contém ligações polares e não é uma molécula polar.
(c) C$_2$H$_6$ Apolar

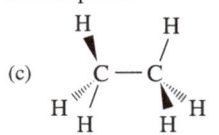

3.17 (a) F (b) V (c) F (d) V (e) V
(f) F (g) V (h) F (i) F

3.19 (a) O átomo de lítio tem a configuração eletrônica $1s^22s^1$. Quando o Li perde seu único elétron 2s, forma Li$^+$, cuja configuração eletrônica é $1s^2$. Essa configuração é a mesma do hélio, o gás nobre mais próximo do Li em número atômico.
Li: $1s^22s^1 \longrightarrow$ Li$^+$: $1s^2 + e^-$

(b) O átomo de oxigênio tem configuração eletrônica $1s^2 2s^2 p^4$. Quando o O ganha dois elétrons, forma O^{2-}, cuja configuração eletrônica é $1s^2 2s^2 2p^6$. Essa configuração é a mesma do neônio, o gás nobre mais próximo do oxigênio em número atômico.
O: $1s^2 2s^2 2p^4 + 2\ e^- \longrightarrow O^{2-}: 1s^2 2s^2 2p^6$ (octeto completo)

3.21 (a) Mg^{2+} (b) F^- (c) Al^{3+} (d) S^{2-} (e) K^+ (f) Br^-

3.23 Os íons estáveis são: (a) I^- (c) Na^+ e (d) S^{2-}.

3.25 Como são intermediários em eletronegatividade, carbono e silício relutam em aceitar elétrons de um metal ou perder elétrons para um halogênio, formando ligações iônicas. Em vez disso, carbono e silício compartilham elétrons em ligações covalentes apolares e covalentes polares.

3.27 (a) V (b) V (c) F (d) V (e) F (f) V (g) F (h) V (i) V (j) F (k) F (l) F (m) V (n) V

3.29 (a) V (b) V (c) V (d) V (e) F (f) V (g) V (h) V (i) F (j) F (k) V (l) F (m) V (n) V (o) F

3.31 A eletronegatividade geralmente aumenta da esquerda para a direita ao longo de uma fileira na tabela periódica porque o número de cargas positivas no núcleo de cada elemento sucessivamente aumenta da esquerda para a direita. A carga nuclear crescente exerce uma atração cada vez maior na valência dos elétrons.

3.33 Os elétrons se deslocam na direção do átomo mais eletronegativo. (a) Cl (b) O (c) O (d) Cl (e) desprezível (f) desprezível (g) O

3.35 (a) C—Cl, covalente polar (b) C—Li, covalente polar (c) C—N, covalente polar

3.37 (a) V (b) F (c) V (d) V (e) V (f) F (g) F (h) F (i) F

3.39 (a) NaBr (b) Na_2O (c) $AlCl_3$ (d) $BaCl_2$ (e) MgO

3.41 O cloreto de sódio no estado sólido forma um retículo onde o íon Na^+ é circundado por seis íons Cl^-, e cada íon Cl^- é circundado por seis íons Na^+.

3.43 (a) $Fe(OH)_3$ (b) $BaCl_2$ (c) $Ca_3(PO_4)_2$ (d) $NaMnO_4$

3.45 (a) A fórmula $(NH_4)_2PO_4$ está errada. A fórmula correta é $(NH_4)_3PO_4$.
(b) A fórmula Ba_2CO_3 está errada. A fórmula correta é $BaCO_3$.
(c) A fórmula Al_2S_3 está correta.
(d) A fórmula MgS está correta.

3.47 (a) V (b) F (c) V (d) F (e) F (f) F (g) V (h) F (i) V (j) F (k) F

3.49 A fórmula do nitrito de potássio é KNO_2.

3.51 (a) Na^+, Br^- (b) Fe^{2+}, SO_3^{2-} (c) Mg^{2+}, PO_4^{3-} (d) K^+, $H_2PO_4^-$ (e) Na^+, HCO_3^- (f) Ba^{2+}, NO_3^-

3.53 (a) KBr (b) CaO (c) HgO (d) $Cu_3(PO_4)_2$ (e) Li_2SO_4 (f) Fe_2S_3

3.55 (a) F (b) F (c) F (d) V (e) V (f) V (g) V (h) F (i) V (j) V (k) F (l) V (m) F (n) V

3.57 (a) Ocorre ligação simples quando um par de elétrons é compartilhado entre dois átomos.
(b) Ocorre ligação dupla quando dois pares de elétrons são compartilhados entre dois átomos.
(c) Ocorre ligação tripla quando três pares de elétrons são compartilhados entre dois átomos.

3.59 (a) $H-\underset{\underset{H}{|}}{\overset{\overset{H}{|}}{C}}-H$ (b) $H-C\equiv C-H$

(c) $\underset{H}{\overset{H}{>}}C=C\underset{H}{\overset{H}{<}}$ (d) $:\ddot{F}-\ddot{B}-\ddot{F}:$ with $:\ddot{F}:$ below

(e) $\underset{H}{\overset{H}{>}}C=\ddot{O}:$ (f) $:\ddot{Cl}:\ddot{Cl}:$ above $:\ddot{Cl}-C-C-\ddot{Cl}:$ with $:\ddot{Cl}::\ddot{Cl}:$ below

3.61 O número total de elétrons de valência para cada composto é:
(a) NH_3 tem 8 (b) C_3H_6 tem 18 (c) $C_2H_4O_2$ tem 24 (d) C_2H_6O tem 20 (e) CCl_4 tem 32 (f) HNO_2 tem 18 (g) CCl_2F_2 tem 32 (h) O_2 tem 12

3.63 (a) O átomo de bromo tem sete elétrons na camada de valência.
(b) A molécula de bromo tem dois átomos de bromo ligados por uma ligação covalente simples.
(c) O íon brometo é um átomo de bromo que ganhou um elétron em sua camada de valência; ele tem um octeto completo e carga -1.
(a) $:\ddot{Br}\cdot$ (b) $:\ddot{Br}-\ddot{Br}:$ (c) $:\ddot{Br}:^-$

3.65 A configuração eletrônica do hidrogênio é $1s^1$. A camada de valência do hidrogênio tem somente um orbital s, que pode conter apenas dois elétrons.

3.67 O nitrogênio tem cinco elétrons de valência. Ao compartilhar mais três elétrons com outros átomos ou outro átomo, ele poderá atingir, em sua última camada, a configuração eletrônica do gás neônio, o gás nobre mais próximo em número atômico. Os três pares de elétrons compartilhados podem estar na forma de três ligações simples, uma ligação dupla e uma simples, ou uma ligação tripla. Com essas combinações, há um par de elétrons não compartilhado no nitrogênio.

3.69 O oxigênio tem seis elétrons de valência. Ao compartilhar elétrons com outro átomo ou outros átomos, o oxigênio poderá atingir, em sua última camada, a configuração eletrônica do neônio, o gás nobre mais próximo em número atômico. Os dois pares de elétrons compartilhados podem estar na forma de uma ligação dupla ou duas ligações simples. Em qualquer uma dessas configurações, são dois os pares de elétrons não compartilhados no oxigênio.

3.71 O O^{6+} tem carga muito concentrada para um íon pequeno. Além disso, seria necessária uma quantidade excessiva de energia para remover todos os seis elétrons.

3.73 (a) O BF_3 não obedece à regra do octeto porque, nesse composto, o boro tem apenas seis elétrons na camada de valência.

(b) O CF_2 não obedece à regra do octeto porque, nesse composto, o carbono tem apenas 6 elétrons na camada de valência.

(c) O BeF_2 não obedece à regra do octeto porque, nesse composto, o berílio tem apenas 4 elétrons na camada de valência.

(d) O C_2H_4, etileno, obedece à regra do octeto. Nesse composto, cada carbono tem uma ligação dupla com o outro carbono e ligações simples com dois átomos de hidrogênio, o que dá a cada carbono um octeto completo.

(e) O CH_3 não obedece à regra do octeto. Nesse composto, o carbono tem uma ligação simples com três hidrogênios, o que dá ao carbono apenas sete elétrons na camada de valência.

(f) O N_2 obedece à regra do octeto. Cada nitrogênio tem uma ligação tripla e um par de elétrons não compartilhado e, portanto, oito elétrons na camada de valência.

(g) O NO não obedece à regra do octeto. Esse composto tem 11 elétrons de valência, e qualquer estrutura de Lewis desenhada para ele mostra o oxigênio ou o nitrogênio com apenas 7 elétrons na camada de valência.

3.75 (a) Dióxido de enxofre (b) Trióxido de enxofre (c) Tricloreto de fósforo (d) Dissulfeto de carbono

3.77 (a) A estrutura de Lewis para o ozônio deve mostrar 18 elétrons de valência.

(b, c) Observe que cada estrutura contribuinte tem uma carga positiva e uma carga negativa.

(d) O átomo de oxigênio central é circundado por três regiões de densidade eletrônica. Portanto, prevê-se um ângulo de ligação O—O—O de 120°.

(e) Essa estrutura contribuinte não é aceitável porque coloca 10 elétrons na camada de valência do átomo de oxigênio central. O oxigênio é um elemento do segundo período, e os orbitais disponíveis para ligação covalente são o orbital simples $2s$ e três orbitais $2p$. Esses orbitais podem comportar apenas oito elétrons (regra do octeto).

3.79 (a) V (b) F (c) V (d) F (e) V (f) V (g) F (h) V (i) V (j) V (k) F (l) V (m) V

3.81 (a) H_2O tem 8 elétrons de valência, e H_2O_2, 14 elétrons de valência.

(b) H—Ö—H   H—Ö—Ö—H
   Água   Peróxido de hidrogênio

(c) Cada oxigênio, em cada molécula, é circundado por quatro regiões de densidade eletrônica. Portanto, prevê-se que todos os ângulos de ligação sejam de 109,5°.

3.83 Formato de cada molécula e ângulos de ligação aproximados em torno do átomo central:

(a) CH_4 Tetraédrico (109,5°)
(b) PH_3 Piramidal (109,5°)
(c) CF_2H_2 Tetraédrico (109,5°)
(d) SO_2 Angular (120°)
(e) SO_3 Trigonal planar (120°)
(f) CCl_3F Tetraédrica (109,5°)
(g) NH_3 Piramidal (109,5°)
(h) PCl_3 Piramidal (109,5°)

3.85 (a) V (b) V (c) F (d) V (e) V (f) V (g) V (h) V

3.87 (a) Estrutura de BF_3 com B central ligado a três F.

(b) Os ângulos da ligação F—B—F são de 20°.

(c) O BF_3 tem três ligações polares, mas, por causa de sua geometria, ele é uma molécula apolar.

3.89 Não, os dipolos moleculares são resultantes da soma da direção e magnitude de ligações polares individuais.

3.91 Cada uma das ligações polares C—Cl em CCl_4 age em direções iguais mas opostas, cancelando o efeito uma da outra no dipolo molecular.

3.93 O iodeto de sódio, NaI, é usado como fonte de iodo no sal de cozinha.

3.95 O permanganato de potássio, $KMnO_4$, é usado como antisséptico externo.

3.97 O óxido nítrico, NO, é rapidamente oxidado pelo oxigênio do ar a dióxido de nitrogênio, que então se dissolve na água da chuva, formando ácido nítrico, HNO_3.

3.99 Os compostos são (a) silano, SiH_4, (b) fosfina, PH_3 e (c) sulfeto de hidrogênio, H_2S.

3.101 A previsão é de uma forma como esta, juntando as bases de duas pirâmides de base quadrada. Esse formato é chamado de octaedro porque tem oito faces.

(SF_6 com ângulos 90°)

3.103 O fluoreto de sódio, NaF, e o fluoreto estanhoso, SnF_2, são usados como fontes de fluoreto em pastas de dentes fluoretadas e géis dentais.

3.105 O iodeto de sódio, NaI, é usado como fonte de iodeto no sal de cozinha.

3.107 Hidróxido de magnésio, $Mg(OH)_2$, e hidróxido de alumínio, $Al(OH)_3$.

3.109 (a) fosfato de cálcio (b) hidróxido de magnésio
(c) cloreto de potássio, iodeto de potássio
(d) óxido de ferro
(e) fosfato de cálcio (f) sulfato de zinco
(g) sulfato de manganês (h) dióxido de titânio
(i) dióxido de silício (j) sulfato cúprico
(k) borato de cálcio (l) molibdato de sódio
(m) cloreto de crômio (n) iodeto de potássio
(o) selenato de sódio (p) sulfato de vanadila
(q) sulfato de níquel (r) sulfato estânico

3.111 (a) Cd (II) (b) Cr (III) (c) Ti (IV)
(d) Mn (II) (e) Co (III) (f) Fe (III)

3.113 (a) Segue a estrutura de Lewis para o cloreto de vinila.

$$\begin{array}{c} H \\ \diagdown \\ C=C \\ \diagup \\ H \end{array} \begin{array}{c} \ddot{\ddot{Cl}}:^{\delta-} \\ \\ H^{\delta+} \end{array}$$

(b) A previsão para todos os ângulos é de 120°.
(c) O cloreto de vinila tem uma ligação polar C—Cl, é uma molécula polar e tem um dipolo.

3.115 (a) Incorreto. O carbono à esquerda tem cinco ligações.
(b) Incorreto. O carbono do meio tem apenas três ligações.
(c) Incorreto. O segundo carbono à direita tem apenas três ligações, e o oxigênio à direita tem apenas uma ligação.
(d) Incorreto. O flúor tem duas ligações.
(e) Correto.
(f) Incorreto. O segundo carbono à esquerda tem cinco ligações.

3.117 $LiAlH_4$ ou $Li^+ AlH_4^-$.

Capítulo 4 Reações químicas

4.1 (a) ibuprofeno, $C_{13}H_{18}O_2$ = 206,1 u
(b) $Ba_3(PO_4)_2 = 601$ u

4.2 1.500 g de H_2O são 83,3 mols de H_2O.

4.3 2,84 mols de Na_2S são 222 g de Na_2S.

4.4 Em 2,5 mols de glicose, há 15 mols de átomos de C, 30 mols de átomos de H e 15 mols de átomos de O.

4.5 0,062 g de $CuNO_3$ contém $4,9 \times 10^{-4}$ mol de Cu^+.

4.6 235 g de H_2O contém $7,86 \times 10^{24}$ moléculas de H_2O.

4.7 A equação balanceada é

$$6CO_2(g) + 6H_2O(\ell) \xrightarrow{\text{fotossíntese}} C_6H_{12}O_6(aq) + 6O_2(g)$$

4.8 A equação balanceada é
$$2C_6H_{14}(g) + 19O_2(g) \longrightarrow 12CO_2(g) + 14H_2O(g)$$

4.9 A equação balanceada é
$$3K_2C_2O_4(aq) + Ca_3(AsO_4)_2(s) \longrightarrow 2K_3AsO_4(aq) + 3CaC_2O_4(s)$$

4.10 (a) A equação balanceada é

$$2Al_2O_3(s) \xrightarrow{\text{eletrólise}} 4Al(s) + 3O_2(g)$$

(b) São necessários 51 g de alumina para preparar 27 g de alumínio.

4.11 Considerando a equação balanceada, vemos que a proporção molar de CO necessária para produzir CH_3COOH é 1:1. Portanto, são necessários 16,6 mols de CO para produzir 16,6 mols de CH_3COOH.

4.12 Considerando a equação balanceada, vemos que a proporção molar de etileno para etanol é 1:1. Portanto, 7,24 mols de etileno produzem 7,24 mols de etanol, que são 334 g de etanol.

4.13 (a) H_2 (1,1 mol) está em excesso, e C (0,50 mol) é o reagente limitante.
(b) São produzidos 8,0 g de CH_4.

4.14 O rendimento percentual é de 80,87%.

4.15 A equação iônica simplificada é:
$Cu^{2+}(aq) + S^{2-}(aq) \longrightarrow CuS(s)$

4.16 (a) O Ni^{2+} ganhou dois elétrons, portanto foi reduzido. O Cr perdeu dois elétrons, portanto foi oxidado. O Ni^{2+} é o agente oxidante, e Cr, o agente redutor.
(b) O CH_2O ganhou hidrogênios, portanto foi reduzido. O H_2 ganhou oxigênios ao ser convertido em CH_3OH e, portanto, foi oxidado. O CH_2O é o agente oxidante, e H_2, o agente redutor.

4.17 (a) F (b) F (c) V (d) V (e) V

4.19 (a) sacarose, $C_{12}H_{22}O_{11}$ 342,3 u
(b) glicina, $C_2H_5NO_2$ 75,07 u
(c) DDT, $C_{14}H_9Cl_5$ 354,5 u

4.21 (a) 32 g de CH_4 = 2,0 mols de CH_4
(b) 345,6 g de NO = 11,52 mols de NO
(c) 184,4 g de ClO_2 = 2,734 mols de ClO_2
(d) 720 g de glicerina = 7,82 mols de glicerina

4.23 (a) 18,1 mol de CH_2O = 18,1 mols de átomos de O
(b) 0,41 mol de $CHBr_3$ = 1,2 mol de átomos de Br
(c) $3,5 \times 10^3$ mols de $Al_2(SO_4)_3$ = $4,2 \times 10^4$ mols de átomos de O
(d) 87 g de HgO = 0,40 mol de átomos de Hg

4.25 (a) 25,0 g de TNT (MM = 227 g/mol) contêm $1,99 \times 10^{23}$ átomos de N
(b) 40 g de etanol (MM = 46 g/mol) = $1,0 \times 10^{24}$ mol átomos de C
(c) 500 mg de aspirina (MM 180,2 g/mol) = $6,68 \times 10^{21}$ átomos de O
(d) 2,40 g de NaH_2PO_4 (MM 120 g/mol) = $1,20 \times 10^{22}$ átomos de Na

4.27 (a) 100, moléculas de CH_2O (MM 30 g/mol) = $4,98 \times 10^{-21}$ gramas de CH_2O.
(b) 3.000 moléculas de CH_2O (MM 30 g/mol) = $1,495 \times 10^{-19}$ g de CH_2O.
(c) $5,0 \times 10^6$ moléculas de CH_2O = $2,5 \times 10^{16}$ gramas de moléculas de CH_2O.
(d) $2,0 \times 10^{24}$ moléculas de CH_2O = 100 g de CH_2O.

4.29 3,9 mg de colesterol (MM 386,7 g/mol) = $6,1 \times 10^{18}$ moléculas de colesterol.

4.31 10 g de cobre (63,6 g/mol) = 0,157 mol de átomos de Cu.
10 g de crômio (52,0 g/mol) = 0,192 mol de átomos de Cr.
Uma amostra de 10 g de Cu contém 0,192 − 0,157 = 0,035 mais mols de Cr.
0,035 mol de Cr = $2,11 \times 10^{22}$ átomos.

4.33 A seguir, apresentam-se as equações balanceadas.
(a) $HI + NaOH \longrightarrow NaI + H_2O$
(b) $Ba(NO_3)_2 + H_2S \longrightarrow BaS + 2HNO_3$
(c) $CH_4 + 2O_2 \longrightarrow CO_2 + 2H_2O$
(d) $2C_4H_{10} + 13O_2 \longrightarrow 8CO_2 + 10H_2O$
(e) $2Fe + 3CO_2 \longrightarrow Fe_2O_3 + 3CO$

4.35 $CO_2(g) + Ca(OH)_2(aq) \longrightarrow CaCO_3(s) + H_2O(\ell)$

4.37 $2Mg(s) + O_2(g) \longrightarrow 2MgO(s)$

4.39 $2C(s) + O_2(g) \longrightarrow 2CO(g)$

4.41 $2AsH_3(g) \xrightarrow{calor} 2As(s) + 3H_2(g)$

4.43 $2NaCl(aq) + 2H_2O(\ell) \xrightarrow{eletrólise} Cl_2(g) + 2NaOH(aq) + H_2(g)$

4.45 (a) 1 mol de O_2 requer 0,67 mol de N_2.
(b) 0,67 mol de N_2O_3 é produzido a partir de 1 mol de O_2.
(c) Para produzir 8 mols de N_2O_3, são necessários 12 mol de O_2.

4.47 1,50 mol de $CHCl_3$ requer 319 g de Cl_2.

4.49 (a) $2NaClO_2(aq) + Cl_2(g) \longrightarrow 2ClO_2(g) + 2NaCl(aq)$
(b) 5,5 kg de $NaClO_2$ produzirão 4,10 kg de ClO_2.

4.51 Para produzir 5,1 g de glicose, são necessários 7,5 g de CO_2.

4.53 Para reagir completamente com 0,58 g de Fe_2O_3, precisamos de 0,13 g de C.

4.55 51,1 g de ácido salicílico.

4.57 O rendimento teórico de 5,6 g de etano é de 12 g de cloroetano. O rendimento percentual é 68%.

4.59 (a) V (b) F (c) V (d) V (e) V (f) V (g) F (h) F (i) V (j) F (k) V (l) F

4.61 As seguintes reações químicas são equações iônicas simplificadas.
(a) $Ag^+(aq) + Br^-(aq) \longrightarrow AgBr(s)$
(b) $Cd^{2+}(aq) + S^{2-}(aq) \longrightarrow CdS(s)$
(c) $2Sc^{3+}(aq) + 3SO_4^{2-}(aq) \longrightarrow Sc_2(SO_4)_3(s)$
(d) $Sn^{2+}(aq) + 2Fe^{2+}(aq) \longrightarrow Sn(s) + 2Fe^{3+}(aq)$
(e) $2K(s) + 2H_2O(\ell) \longrightarrow 2K^+(aq) + 2OH^-(aq) + H_2(g)$

4.63 (a) Precipitará o $Ca_3(PO_4)_2$.
$3Ca^{2+}(aq) + 2PO_4^{3-}(aq) \longrightarrow Ca_3(PO_4)_2(s)$
(b) Não se formará nenhum precipitado (os cloretos e sulfatos do grupo 1 são solúveis).
(c) Precipitará o $BaCO_3$.
$Ba^{2+}(aq) + CO_3^{2-}(aq) \longrightarrow BaCO_3(s)$
(d) Precipitará o $Fe(OH)_2$.
$Fe^{2+}(aq) + 2OH^-(aq) \longrightarrow Fe(OH)_2(s)$
(e) Precipitará o $Ba(OH)_2$.
$Ba^{2+}(aq) + 2OH^-(aq) \longrightarrow Ba(OH)_2(s)$
(f) Precipitará o Sb_2S_3.
$2Sb^{2+}(aq) + 3S^{2-}(aq) \longrightarrow Sb_2S_3(s)$
(g) Precipitará o $PbSO_4$.
$Pb^{2+} + SO_4^{2-} \longrightarrow PbSO_4(s)$

4.65 A equação iônica simplificada é
$SO_3^{2-}(aq) + 2H^+(aq) \longrightarrow SO_2(g) + H_2O(\ell)$

4.67 (a) KCl (solúvel: todos os cloretos do grupo 1 são solúveis).
(b) NaOH (solúvel: todos os sais de sódio são solúveis).
(c) $BaSO_4$ (insolúvel: a maioria dos sulfatos é insolúvel).
(d) Na_2SO_4 (solúvel: todos os sais de sódio são solúveis).
(e) Na_2CO_3 (solúvel: todos os sais de sódio são solúveis).
(f) $Fe(OH)_2$ (insolúvel: a maioria dos hidróxidos é insolúvel).

4.69 (a) V (b) V (c) V (d) V (e) V (f) F (g) F (h) V (i) V (j) V (k) V (l) V (m) V (n) V

4.71 (a) Não, uma espécie ganha elétrons e outra deve perder elétrons. Elétrons não são destruídos, mas transferidos de uma espécie química para outra.

4.73 (a) C_7H_{12} é oxidado (os carbonos ganham oxigênios ao passarem para CO_2) e o O_2 é reduzido.
(b) O O_2 é o agente oxidante, e o C_7H_{12}, o agente redutor.

4.75 (a) V (b) F (c) V (d) V (e) V (f) V

4.77 (a) endotérmica (22,0 kcal aparecem como reagente).
(b) exotérmica (124 kcal aparecem como produto).
(c) exotérmica (94,0 kcal aparecem como produto).
(d) endotérmica (9,80 kcal aparecem como reagente).
(e) exotérmica (531 kcal aparecem como produto).

4.79 $1,6 \times 10^2$ kcal de calor é desenvolvido na queima de 0,37 mol de acetona.

4.81 O etanol tem um calor de combustão por grama (7,09 kcal/g) maior que o da glicose (3,72 kcal/g).

4.83 156,0 kcal produzirão 88,68 g de Fe metálico.

4.85 A hidroxiapatita é composta de íons cálcio, íons fosfato e íons hidróxido.

4.87 O C_2H_4O é oxidado, e H_2O_2, reduzido. H_2O_2 é o agente oxidante, e C_2H_4O, o agente redutor.

4.89 Cu^+ é oxidado. A espécie oxidada durante o curso da reação libera um elétron e é o agente redutor. Portanto, Cu^+ é o agente redutor.

4.91 Mais de 90% da energia necessária para aquecer, resfriar e iluminar nossas construções, para fazer funcionar automóveis, caminhões, aviões, lojas e maquinários em fazendas e fábricas, vem da combustão de carvão, petróleo e gás natural.

4.93 488 mg de aspirina (MM 180,2 g/mol) é igual a $2,71 \times 10^{-3}$ mol de aspirina.

4.95 O N_2 é o reagente limitante, e o H_2 está em excesso.

4.97 4×10^{10} moléculas de hemoglobina estão presentes numa célula vermelha do sangue.

4.99 29,7 kg de N_2 = 1.061 mols de N_2 e 3,31 kg de H_2 = 1.655 mols de H_2.
(a) Vemos, na equação química balanceada, que os dois gases reagem na proporção $3H_2/N_2$. A reação completa de 1.061 mols de N_2 requer 3.183 mols de H_2, mas a quantidade de H_2 presente é menor que isso. Portanto, H_2 é o reagente limitante.
(b) Abaixo da equação balanceada, aparecem os mols de cada espécie antes da reação, os mols que reagem e os mols presentes após a reação completa.

	N_2 +	$3H_2$ $\longrightarrow$	$2NH_3$
Antes da reação	1.061	1.655	0
Reagindo	551	1.655	0
Após a reação	510	0	1.102

551 mols de N_2 = 14,3 kg de N_2 permanecem após a reação.
(c) 1.102 mols de NH_3 = 18,7 kg de NH_3 formados.

4.101 (a) A seguir, apresentam-se as equações balanceadas para cada oxidação.
$C_{16}H_{32}O_2(s) + 23O_2(g) \longrightarrow$
$16CO_2 + 16H_2O(\ell) + 238,5$ kcal/mol

$C_6H_{12}O_6(s) + 6O_2(g) \longrightarrow$
$\phantom{C_6H_{12}O_6(s) + 6} 6CO_2 + 6H_2O(\ell) + 670$ kcal/mol
(b) O calor de combustão do ácido palmítico é de 9,302 kcal/grama.
O calor de combustão da glicose é de 3,72 kcal/grama.
(c) O ácido palmítico tem o maior calor de combustão por mol.
(d) O ácido palmítico também tem o maior calor de combustão por grama.

Capítulo 5 Gases, líquidos e sólidos

- **5.1** 0,41 atm
- **5.2** 16,4 atm
- **5.3** 0,053 atm
- **5.4** 4,84 atm
- **5.5** 0,422 mol Ne
- **5.6** 9,91 g He
- **5.7** 0,107 atm de vapor de H_2O
- **5.8** (a) Sim, pode haver ligação de hidrogênio entre água e metanol porque, em cada molécula, um átomo de hidrogênio está ligado a um átomo de oxigênio eletronegativo. O hidrogênio de O—H pode formar uma ligação de hidrogênio com um par isolado do oxigênio de outra molécula.
(b) Não há nenhuma polaridade numa ligação C—H e, portanto, ela não pode participar de uma ligação de hidrogênio.
- **5.9** O calor de vaporização da água é 540 cal/g. São suficientes 45,0 kcal para vaporizar 83,3 g de H_2O.
- **5.10** O calor necessário para aquecer 1,0 g de ferro até a fusão = $2,3 \times 10^2$ cal.
Calor (até a fusão) = 166 cal
Calor para fundir = 63,7 cal
- **5.11** Segundo o diagrama de fase da água (Figura 5.20), o vapor primeiro condensará em água líquida e depois congelará, formando gelo.
- **5.13** À medida que diminui o volume de um gás, há um aumento da concentração das moléculas de gás por unidade de volume e também do número de moléculas de gás que colidem com as paredes do recipiente. Como a pressão do gás resulta das colisões das moléculas de gás com as paredes do recipiente, à medida que o volume diminui, a pressão aumenta.
- **5.15** O volume de um gás pode ser diminuído (1) aumentando a pressão sob o gás ou (2) baixando a temperatura (resfriamento) do gás. (3) O volume do gás pode ser diminuído com a remoção de parte do gás.
- **5.17** 7,37 L
- **5.19** 2,0 atm de gás CO_2
- **5.21** 615 K
- **5.23** 6,2 L de gás SO_2 com aquecimento
- **5.25** A pressão que se lê no manômetro é a diferença entre o gás no bulbo e a pressão atmosférica: 833 mm Hg – 760 mm Hg = 73 mm Hg.
- **5.27** 2,6 atm de halotano

- **5.29**

V_1	T_1	P_1	V_2	T_2	P_2
6,35 L	10 °C	0,75 atm	**4,6 L**	0 °C	1,0 atm
75,6 L	0 °C	1,0 atm	**88 L**	35 °C	735 torr
1,06 L	75 °C	0,55 atm	3,2 L	0 °C	**0,14 atm**

- **5.31** O volume do balão será de 3×10^6 L.
- **5.33** A nova temperatura é de 300 K.
- **5.35** 1,87 atm
- **5.37** (a) Estão presentes 2,33 mols de gás.
(b) Não. A única informação necessária sobre o gás é que se trata de um gás ideal.
- **5.39** Aplicando a lei dos gases ideais $PV = nRT$ e n(mols) = massa/MM, a seguinte equação pode ser derivada e resolvida para a massa molecular do gás.

$$MM = \frac{(\text{massa})RT}{PV}$$

$$\frac{(8,00 \text{ g})(0,0821 \text{ L} \cdot \text{atm} \cdot \text{mol}^{-1} \cdot \text{K}^{-1})(273 \text{ K})}{(2,00 \text{ atm})(22,4 \text{ L})} = 4,00 \text{ g/mol}$$

- **5.41** Em temperatura constante, a densidade do gás aumenta à medida que aumenta a pressão.
- **5.43** (a) 24,7 mols de O_2 são necessários para preencher a câmara.
(b) 790 g de O_2 são necessários para preencher a câmara.
- **5.45** 5,5 L de ar contêm 1,16 L de O_2, que, nessas condições, é 0,050 mol de O_2.
0,050 mol de O_2 contém $15,0 \times 10^{22}$ moléculas de O_2.
- **5.47** (a) A massa de 1 mol de ar é 28,95 gramas.
(b) A densidade do ar é 1,29 g/L.
- **5.49** A densidade de cada gás é
(a) SO_2 = 2,86 g/L (b) CH_4 = 0,714 g/L
(c) H_2 = 0,0892 g/L (d) He = 0,179 g/L
(e) CO_2 = 1,96 g/L
Comparação dos gases: SO_2 e CO_2 são mais densos que o ar; He, H_2 e CH_4 são menos densos que o ar.
- **5.51** A densidade do octano é 0,7025 g/mL.
A massa de 1,00 mL de octano é 0,07025 g.
Usando a equação dos gases ideais, calcula-se que essa massa do octano ocupa 0,197 L.
- **5.53** A densidade seria a mesma. A densidade de uma substância não depende de sua quantidade.
- **5.55** (a) V (b) F (c) V (d) F
$P_T = P_{N_2} + P_{O_2} + P_{CO_2} + P_{H_2O}$
$P_{N_2} = (0,740)(1,0 \text{ atm}) = 0,740$ atm (562,4 mm Hg)
$P_{O_2} = (0,194)(1,0 \text{ atm}) = 0,194$ atm (147,5 mm Hg)
$P_{H_2O} = (0,062)(1,0 \text{ atm}) = 0,062$ atm (47,1 mm Hg)
$P_{CO_2} = (0,004)(1,0 \text{ atm}) = 0,004$ atm (3,0 mm Hg)
$P_T = 1,00$ atm (760,0 mm Hg)
- **5.59** (a) V (b) F (c) V (d) F (e) V (f) V (g) V (h) F (i) V (j) V
- **5.61** (a) F (b) F (c) V (d) V (e) F (f) V (g) V (h) V (i) F (j) F (k) F (l) F (m) V (n) V (o) F

5.63 Os gases se comportam de modo mais próximo do ideal sob baixa pressão e alta temperatura para minimizar as interações intermoleculares não ideais. Portanto, (c) é que melhor se ajusta a essas condições.

5.65 (a) CCl_4 é apolar; forças de dispersão de London.
(b) CO é polar; interações dipolo-dipolo.
A molécula mais polar (CO) terá a tensão superficial mais alta.

5.67 Sim. As forças de dispersão de London variam de 0,001 a 0,2 kcal/mol, enquanto o limite inferior das forças de atração dipolo-dipolo pode chegar a 0,1 kcal/mol.

5.69 (a) V (b) F (c) F (d) V (e) F (f) V (g) V
(h) V (i) V (j) V (k) F (l) F (m) V (n) F
(o) V (p) F

5.71 (a) V (b) V (c) V (d) F (e) V (f) F (g) V
(h) F (i) F (j) F (k) V

5.73 (a) V (b) V (c) F (d) V (e) V (f) F (g) F
(h) F (i) F (j) V (k) V

5.75 É necessário 1,53 kcal para vaporizar 1 mol de CF_2Cl_2.

5.77 As pressões de vapor são aproximadamente:
(a) 90 mm Hg
(b) 120 mm Hg
(c) 490 mm Hg

5.79 (a) HI > HBr > HCl. O tamanho crescente dessa série aumenta as forças de dispersão de London.
(b) H_2O_2 > HCl > O_2. Para que ocorra a ebulição, o O_2 tem apenas as forças intermoleculares de dispersão de London (que são fracas) para superar, enquanto o HCl é uma molécula polar, com atrações dipolo-dipolo mais fortes para superar. O H_2O_2 tem as forças intermoleculares mais fortes (ligação de hidrogênio) para superar.

5.81 A diferença entre aquecer a água de 0 °C a 37 °C e aquecer gelo de 0 °C a 37 °C é o calor de fusão.
A energia necessária para aquecer 100 g de gelo de 0 °C a 37 °C é de 11.700 cal.
A energia necessária para aquecer 100 g de água de 0 °C a 37 °C é de 3.700 cal.

5.83 O nome da mudança de fase é sublimação, que é a conversão de um sólido em um gás, sem passar pela fase líquida.

5.85 1,00 mL de Freon-11 é 1,08 × 10^{-2} mol de Freon-11. A vaporização desse volume de Freon-11 da pele removerá 6,96 × 10^{-2} kcal.

5.87 Quando a temperatura de uma substância aumenta, há um aumento do movimento das moléculas e, portanto, da entropia. Assim, um gás a 100 °C tem entropia menor que um gás a 200 °C.

5.89 Quando o diafragma de uma pessoa abaixa, o volume da cavidade torácica aumenta, baixando assim a pressão nos pulmões em relação à pressão atmosférica. O ar à pressão atmosférica é puxado para os pulmões, dando início à respiração.

5.91 O primeiro som de batimento que se ouve é o da pressão sistólica, que ocorre quando a pressão do esfigmomanômetro é igual à pressão sanguínea, e o ventrículo contrai empurrando o sangue para o braço.

5.93 Quando a água congelar, ela expandirá (a água é uma das poucas substâncias que expandem ao congelarem) e quebrará a garrafa no momento em que a expansão exceder o volume da garrafa.

5.95 Comprimir um líquido ou um sólido é difícil porque suas moléculas ou átomos já estão bem próximos entre si e há muito pouco espaço vazio entre eles.

5.97 34 psi = 2,3 atm

5.99 O aerossol já pode conter gases sob pressão. A lei de Gay-Lussac prevê que a pressão dentro da lata aumentará à medida que ela for aquecida, e o potencial de ruptura explosiva da lata pode causar ferimentos.

5.101 112 mL

5.103 A água, que forma fortes ligações de hidrogênio intermoleculares, tem o maior ponto de ebulição. O ponto de ebulição de cada um destes três compostos é:
(a) pentano, C_5H_{12} (36 °C)
(b) clorofórmio, $CHCl_3$ (61 °C)
(c) água, H_2O (100 °C)

5.105 (a) À medida que o gás é comprimido sob pressão, as moléculas são forçadas a se aproximar ainda mais, e as forças intermoleculares puxam as moléculas, juntando-as e formando um líquido.
(b) 9,1 kg de propano
(c) 2,1 × 10^2 mols de propano
(d) 4,6 × 10^3 L de propano

5.107 A densidade do gás é de 3,00 g/L.
Aplicando a lei dos gases ideais, temos

$$MM = \frac{(\text{massa})RT}{PV}$$

e depois calculamos que a massa molecular do gás é 91,9 g/mol.

5.109 313 K (40 °C)

5.111 A temperatura de um líquido diminui durante a evaporação porque, à medida que as moléculas com energia cinética mais alta saem do líquido e entram na fase gasosa, a energia cinética média das moléculas que permanecem no líquido diminui. A temperatura do líquido é diretamente proporcional à energia cinética média das moléculas na fase líquida e, à medida que a energia cinética média diminui, a temperatura também diminui.

5.113 (a) A pressão no corpo a 30 metros é de 3,0 atm.
(b) A 1 atm, P_{N_2} = 593 mm Hg (0,780 atm), compondo assim 78,0% da mistura gasosa, que não se altera a uma profundidade de 30 metros. Nessa profundidade, a pressão total nos pulmões, que é igualada pela pressão do ar fornecido pelo tanque Scuba, é de 3,0 atm, e a pressão parcial do N_2 é de 2,34 atm.
(c) A 2 atm, P_{O_2} = 158 mm Hg (0,208 atm), compondo assim 20,8% da mistura gasosa a 2 atm, que não se altera a uma profundidade de 30 metros. Nessa profundidade, a pressão total nos pulmões, que é igualada pela pressão do ar fornecido pelo tanque Scuba, é de 3,0 atm. Assim, a 30 metros, a pressão parcial do O_2 = 0,63 atm.
(d) Quando um mergulhador sobe de uma profundidade de 30 m, a pressão externa nos pulmões diminui e, portanto, o volume dos gases nos pulmões também diminui. Se o mergulhador não exalar durante uma subida rápida, seus pulmões poderão superinflar por

causa da expansão dos gases nos pulmões, causando ferimentos.

Capítulo 6 Soluções e coloides

6.1 Para 11 g de KBr, adicionar uma quantidade de água suficiente para dissolver o KBr. Após a dissolução, adicionar água até a marca de 250 mL, tampar e misturar.

6.2 1,7% w/v

6.3 Primeiro calcular o número de mols e a massa do KCl necessários, que são 2,12 mols e 158 g. Para preparar a solução, colocar 158 g de KCl em um balão volumétrico de 2 L, adicionar água até dissolver o sólido e depois completar o volume do balão com água até atingir a marca.

6.4 Como as unidades da molaridade são mols de soluto/L de solução, gramas de KSCN devem ser convertidos em mols de KSCN, e mL de solução, em L de solução. Feitas essas conversões, a concentração da solução será 0,0133 M.

6.5 Primeiro converter gramas de glicose em mols de glicose, depois converter mols de glicose em mL de solução. 10,0 g de glicose são 0,0556 mol de glicose. Essa massa de glicose está contida em 185 mL da solução dada.

6.6 Primeiro converter 100 galões em litros de solução. $3,9 \times 10^2$ g de $NaHSO_3$ devem ser adicionados ao tonel de 100 galões.

6.7 Adicionar 15,0 mL de solução 12,0 M de HCl a um balão volumétrico de 300 mL, adicionar água, mexer até misturar completamente e depois completar o volume do balão com água até a marca.

6.8 Adicionar 0,13 mL da solução de KOH 15% a um balão volumétrico de 20 mL, adicionar água, mexer até dissolver completamente e depois completar com água até a marca.

6.9 A concentração de Na^+ é de 0,24 ppm de Na^+.

6.10 215 g de CH_3OH (massa molecular 32,0 g/mol) são 6,72 mols de CH_3OH.
T = (1,86 °C/mol) (6,72 mol) = 12,5 °C. O ponto de congelamento é baixado em 12,5 °C. O novo ponto de congelamento é −12,5 °C.

6.11 Compare o número de mols dos íons ou moléculas em cada solução. A solução com mais íons ou moléculas em solução terá o ponto de congelamento mais baixo.

Solução	Partículas em solução
(a) 6,2 M NaCl	$2 \times 6,2\ M = 12,4\ M$ íons
(b) 2,1 M $Al(NO_3)_3$	$4 \times 2,1\ M = 8,4\ M$ íons
(c) 4,3 M K_2SO_3	$3 \times 4,3\ M = 12,9\ M$ íons

A solução (c) tem a concentração mais alta de partículas de soluto (íons), portanto terá o ponto de congelamento mais baixo.

6.12 O ponto de ebulição é elevado em 3,50 °C. O novo ponto de ebulição é 103,5 °C.

6.13 A molaridade da solução preparada pela dissolução de 3,3 g de Na_3PO_4 em 100 mL de água é 0,20 M de Na_3PO_4. Cada unidade-fórmula de Na_3PO_4 dissolvida em água produz 3 íons Na^+ e 1 íon PO_4^{3-}, para um total de 4 partículas. A osmolaridade da solução é (0,20 M) (4 íons) = 0,80 osmol.

6.14 A osmolaridade das células vermelhas do sangue é 0,30 osmol.

Solução	Mol partículas/L
(a) 0,1 M Na_2SO_4	$3 \times 0,1\ M = 0,30$ osmol
(b) 1,0 M Na_2SO_4	$3 \times 1,0\ M = 3,0$ osmol
(c) 0,2 M Na_2SO_4	$3 \times 0,2\ M = 0,6$ osmol

A solução (a) tem a mesma osmolaridade das células vermelhas do sangue e, portanto, é isotônica com essas células.

6.15 (a) V (b) V (c) V (d) V

6.17 O solvente é a água.

6.19 (a) Tanto o estanho quanto o cobre são sólidos.
(b) Soluto sólido (cafeína, flavorizantes) e solvente líquido (água).
(c) Tanto o CO_2 quanto H_2O (vapor) são gases.
(d) Solutos gás (CO_2) e líquido (etanol) em solvente líquido (água).

6.21 Misturas de gases são soluções verdadeiras porque se misturam em todas as proporções, as moléculas se distribuem uniformemente, e os gases componentes não se separam quando deixados em repouso.

6.23 A solução preparada de ácido aspártico era insaturada. Passados dois dias, parte do solvente (água) evaporou e a solução tornou-se saturada. Quando a água continuou evaporando, a água restante não pôde comportar todo o soluto dissolvido, portanto o excesso de ácido aspártico precipitou na forma de um sólido branco.

6.25 (a) NaCl é um sólido iônico e será dissolvido na camada aquosa.
(b) A cânfora é um composto molecular apolar e será dissolvida na camada de dietil-éter apolar.
(c) KOH é um sólido iônico e será dissolvido na camada aquosa.

6.27 O álcool isopropílico seria uma boa primeira escolha. O óleo da tinta é apolar. Tanto o benzeno quanto o hexano são solventes apolares e podem dissolver a tinta a óleo, destruindo assim a pintura.

6.29 A solubilidade do ácido aspártico em água a 25 °C é de 0,250 g em 50,0 mL de água. A solução resfriada de 0,251 g de ácido aspártico em 50,0 mL de água ficará supersaturada com 0,001 g de ácido aspártico.

6.31 Segundo a lei de Henry, a solubilidade de um gás em um líquido é diretamente proporcional à pressão. Uma garrafa fechada de uma bebida carbonatada está sob pressão. Depois de aberta a garrafa, a pressão é liberada e o dióxido de carbono torna-se menos solúvel e escapa, deixando o conteúdo "choco".

6.33 (a) $\dfrac{1\ \text{min}}{1,0 \times 10^6\ \text{min}} \times 10^6 = 1$ ppm

$\dfrac{1\ \text{p}}{1,05 \times 10^6\ \text{p}} \times 10^6 = 1$ ppm

(b) $\dfrac{1\ \text{min}}{1,05 \times 10^9\ \text{min}} \times 10^9 = 1$ ppb

$\dfrac{1\ \text{p}}{1,05 \times 10^9\ \text{p}} \times 10^9 = 1$ ppm

6.35 (a) Dissolver 76 mL de etanol em 204 mL de água (para dar 280 mL de solução).
(b) Dissolver 8,0 mL de acetato de etila em 427 mL de água (para dar 435 mL de solução).
(c) Dissolver 0,13 L de benzeno em 1,52 L de clorofórmio (para dar 1,65 L de solução).

6.37 (a) 4,15% w/v de caseína.
(b) 0,30% w/v de vitamina C.
(c) 1,75% w/v de sacarose.

6.39 (a) Adicionar 19,5 g de NH_4Br num balão volumétrico de 175 mL, adicionar um pouco de água, mexer até dissolver completamente e depois completar o volume do balão até a marca.
(b) Adicionar 167 g de NaI num balão volumétrico de 1,35 L, adicionar um pouco de água, mexer até dissolver completamente e depois completar o volume do balão com água até a marca.
(c) Adicionar 2,4 g de etanol num balão volumétrico de 330 mL, adicionar um pouco de água, mexer até dissolver completamente e depois completar o volume do balão até a marca.

6.41 NaCl 0,2 M

6.43 Glicose 0,509 M
K^+ 0,0202 M

6.45 Sacarose 2,5 M

6.47 O volume total da diluição é 30,0 mL. Comece com 5,00 mL da solução-estoque e adicione 25,0 mL de água para atingir um volume final de 30,0 mL. Observe que essa é uma diluição por um fator 6.

6.49 Adicionar 2,1 mL de H_2O_2 30% num balão volumétrico de 250 mL, adicionar um pouco de água e mexer até misturar completamente e depois completar o volume do balão até a marca.

6.51 (a) $3,85 \times 10^4$ ppm de Captopril
(b) $6,8 \times 10^4$ ppm de Mg^{2+}
(c) $8,3 \times 10^2$ ppm Ca^{2+}

6.53 Considere a densidade da água do lago como sendo 1,00 g/mL. A concentração da dioxina é de 0,01 ppb. Não, o nível de dioxina no lago não atingiu um valor perigoso.

6.55 (a) 10 ppm de Fe ou 1×10^1 ppm
(b) 3×10^3 ppm de Ca
(c) 2 ppm de vitamina A

6.57 (a) KCl Composto iônico muito solúvel em água: eletrólito forte.
(b) Etanol Composto covalente: não eletrólito.
(c) NaOH Composto iônico muito solúvel em água: eletrólito forte.
(d) HF Ácido fraco apenas parcialmente dissociado em água: eletrólito fraco.
(e) Glicose Composto covalente muito solúvel em água: não eletrólito.

6.59 A água dissolve o etanol e forma ligações de hidrogênio com ele. O grupo O—H do etanol é tanto aceptor da ligação de hidrogênio quanto doador.

6.61 (a) V (b) V

6.63 (a) homogêneo (b) heterogêneo (c) coloidal
(d) heterogêneo (e) coloidal (f) coloidal

6.65 À medida que a temperatura da solução diminuía, as moléculas de proteína devem ter se agregado e formado uma mistura coloidal. A aparência turva é resultado do efeito Tyndall.

6.67 (a) 1,0 mol de NaCl, ponto de congelamento $-3,72$ °C.
(b) 1,0 mol de $MgCl_2$, ponto de congelamento $-5,58$ °C.
(c) 1 mol de $(NH_4)_2CO_3$, ponto de congelamento $-5,58$ °C.
(d) 1 mol de $Al(HCO_3)_3$, ponto de congelamento $-7,44$ °C.

6.69 O metanol se dissolve em água, mas não se dissocia; é um não eletrólito. Seriam necessários 344 g de CH_3OH em 1.000 g de água para baixar o ponto de congelamento para -20 °C.

6.71 O ácido acético, um ácido fraco, se dissocia muito pouco em água. O KF é um eletrólito forte que se dissocia completamente em água e quase dobra o efeito sobre o abaixamento do ponto de congelamento, se comparado ao ácido acético.

6.73 Em todos os casos, sobe o lado de maior osmolaridade.
(a) B (b) B (c) A (d) B (e) nenhum dos dois
(f) nenhum dos dois

6.75 (a) Na_2CO_3 0,39 M = 0,39 $M \times$ 3 partículas/unidade-fórmula = 1,2 osmol
(b) $Al(NO_3)_3$ 0,62 M = 0,62 $\times$ 4 partículas/unidade-fórmula = 2,5 osmol
(c) LiBr 4,2 M = 4,2 $\times$ 2 partículas/unidade-fórmula = 8,4 osmol
(d) K_3PO_4 0,009 M = 0,009 $M \times$ 4 partículas/unidade-fórmula = 0,04 osmol

6.77 Células em soluções hipertônicas sofrem crenação (encolhimento).
(a) NaCl 0,3% = 0,3 osmol NaCl
(b) Glicose 0,9 M = 0,9 osmol glicose
(c) Glicose 0,9% = 0,05 osmol glicose
A concentração da solução (b) é maior que a da solução isotônica, portanto irá crenar as células vermelhas do sangue.

6.79 O dióxido de carbono (CO_2) se dissolve na água da chuva, formando uma solução diluída de ácido carbônico (H_2CO_3), um ácido fraco.

6.81 Narcose por nitrogênio é a intoxicação causada em mergulhadores pelo aumento da solubilidade do nitrogênio no sangue como resultado de altas pressões.

6.83
$$CaCO_3(s) + H_2SO_4(aq) \longrightarrow CaSO_4(s) + CO_2(g) + H_2O(\ell)$$
$$CaSO_4 + 2H_2O \longrightarrow CaSO_4 \cdot 2H_2O$$
Gipsita di-hidratada

6.85 A pressão mínima necessária para a osmose reversa na dessalinização da água do mar excede 100 atm (a pressão osmótica da água do mar).

6.87 Sim, a mudança alterou a tonicidade. Uma solução 0,2% de $NaHCO_3$ é 0,05 osmol. Uma solução 0,2% $KHCO_3$ é 0,04 osmol. Essa diferença surge por causa da diferença de peso na fórmula de $NaHCO_3$ (84 g/mol) comparado à do $KHCO_3$ (100,1 g/mol). O erro em substituir

NaHCO₃ por KHCO₃ resulta em uma solução hipotônica e num desequilíbrio eletrolítico, com a redução do número de íons (osmolaridade) da solução.

6.89 Quando um pepino é colocado numa solução salina, a osmolaridade desta é maior que a da água dentro do pepino, portanto a água se desloca do pepino para a solução salina. Quando uma ameixa seca (ameixa parcialmente desidratada) é colocada na mesma solução, ela se expande porque a osmolaridade na ameixa seca é maior que a da solução salina, portanto a água se desloca da solução salina para dentro da ameixa seca.

6.91 A solubilidade de um gás é diretamente proporcional à pressão (lei de Henry) e inversamente proporcional à temperatura. O dióxido de carbono dissolvido formou uma solução saturada em água quando engarrafado a 2 atm de pressão. Quando as garrafas são abertas à pressão atmosférica, o gás torna-se menos solúvel na água. O dióxido de carbono em excesso escapa através de bolhas e da espuma. Na outra garrafa, a solução de dióxido de carbono em água está insaturada a uma temperatura mais baixa e não perde dióxido de carbono.

6.93 O metanol é mais eficiente para baixar o ponto de congelamento da água. Uma massa qualquer de metanol (32 g/mol) contém um maior número de mols que a mesma massa de etilenoglicol (62 g/mol).

6.95 $CO_2(g) + H_2O(\ell) \longrightarrow H_2CO_3(aq)$
Ácido carbônico

$SO_2(g) + H_2O(\ell) \longrightarrow H_2SO_3(aq)$
Ácido sulfuroso

6.97 Adicionar 39 mL de HNO₃ 35% num balão volumétrico de 300 mL, adicionar água, mexer até misturar completamente e depois completar o volume do balão até a marca.

6.99 6×10^{-3} g de poluente.

6.101 Suponha que a densidade da água da piscina seja 1,00 g/mL.
A concentração do Cl₂ na piscina é de 355 ppm.
Devem ser adicionados 7,09 kg de Cl₂ para atingir essa concentração.

Capítulo 7 Velocidade de reação e equilíbrio químico

7.1 A velocidade de formação do O₂ é de 50,022 L O₂/min.

7.2 Velocidade = 4×10^{-2} mol H₂O₂/L · min para o desaparecimento do H₂O₂

7.3 $K = \dfrac{[H_2SO_4]}{[SO_3][H_2O]}$

7.4 $K = \dfrac{[N_2][H_2]^3}{[NH_3]^2}$

7.5 $K = 0{,}602\ M^{-1}$

7.6 $K = \dfrac{[CH_3COOCH_2CH_3][H_2O]}{[CH_3COOH][HOCH_2CH_3]}$

7.7 O princípio de Le Chatelier prevê que a adição de Br₂ (produto) irá deslocar o equilíbrio para a esquerda – isto é, na direção da formação de mais NOBr(g).

7.8 Por exceder sua solubilidade em água, o oxigênio forma bolhas e sai da solução, deslocando o equilíbrio para a direita.

7.9 Se o equilíbrio se deslocar para a direita com a adição de calor, então o calor deve ter sido um reagente, e a reação é endotérmica.

7.10 O equilíbrio numa reação em que há aumento de pressão favorece o lado com menos mols de gás. Portanto, esse equilíbrio se desloca para a direita.

7.11 Velocidade de formação de $CH_3I = 57{,}3 \times 10^{-3}\ M$ CH₃I/min

7.13 Reações envolvendo íons em solução aquosa são mais rápidas porque não requerem quebra de ligação e apresentam baixas energias de ativação. Além disso, a força de atração entre íons positivos e negativos fornece energia para conduzir a reação. Reações entre compostos covalentes requerem a quebra de ligações covalentes e apresentam energias de ativação maiores e, portanto, velocidades de reação menores.

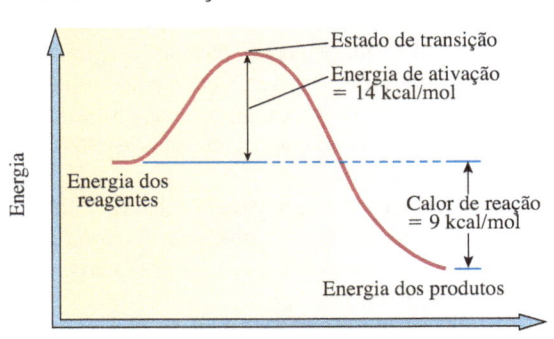

7.15

7.17 Segundo uma regra geral para o efeito da temperatura na velocidade da reação, para cada aumento de 10 °C, a velocidade da reação dobra. Nesse caso, para uma temperatura de reação de 50 °C, a previsão é completar a reação em 1 h.

7.19 Você pode (a) aumentar a temperatura, (b) aumentar a concentração dos reagentes ou (c) adicionar um catalisador.

7.21 O catalisador aumenta a velocidade da reação, fornecendo um caminho alternativo para a reação, com energia de ativação menor.

7.23 Outros exemplos de reações irreversíveis incluem a digestão de um pedaço de doce, enferrujamento do ferro, explosão de TNT e reação de Na ou K metálico com água.

7.25 (a) $K = [H_2O]^2[O_2]/[H_2O_2]^2$
(b) $K = [N_2O_4]^2[O_2]/[N_2O_5]^2$
(c) $K = [C_6H_{12}O_6][O_2]^6/[H_2O]^6[CO_2]^6$

7.27 $K = 0{,}667$

7.29 $K = 0{,}099\ M$

7.31 Produtos são favorecidos em (b) e (c). Reagentes são favorecidos em (a), (d) e (e).

7.33 Não. A velocidade da reação é independente da diferença de energia entre produtos e reagentes – isto é, é independente do calor de reação.

7.35 A reação atinge o equilíbrio rapidamente, mas a posição de equilíbrio favorece os reagentes. Não seria um bom processo industrial, a não ser que os produtos sejam constantemente removidos para deslocar o equilíbrio para a direita.

7.37 (a) direita   (b) direita   (c) esquerda   (d) esquerda   (e) nenhum deslocamento

7.39 (a) A adição de Br₂ (um reagente) deslocará o equilíbrio para a direita.

(b) A constante de equilíbrio permanecerá a mesma.
7.41 (a) nenhuma mudança   (b) nenhuma mudança
(c) menor
7.43 À medida que aumentam as temperaturas, aumentam as velocidades da maioria dos processos químicos. Temperaturas corporais altas são perigosas porque os processos metabólicos (incluindo digestão, respiração e biossíntese de compostos essenciais) ocorrem numa velocidade maior do que seria seguro para o organismo. À medida que as temperaturas diminuem, o mesmo ocorre com as velocidades da maioria das reações químicas. Quando a temperatura do corpo cai abaixo do normal, as reações químicas vitais terão velocidades mais lentas do que seria seguro para o organismo.
7.45 A cápsula com pequenas partículas agirá mais rápido que o comprimido sólido. O tamanho reduzido das partículas aumenta a área superficial do fármaco, permitindo que ele reaja e apresente seus efeitos terapêuticos mais rapidamente.
7.47 Supondo que haja um excesso de AgCl da prescrição anterior, não é preciso mudá-la. As condições no deserto não acrescentam nada que possa afetar o processo de revestimento.
7.49 A $-5\,°C$, a velocidade é de 0,70 mol por litro por segundo. A 45 °C, a velocidade é de 22 mols por litro por segundo.
7.51

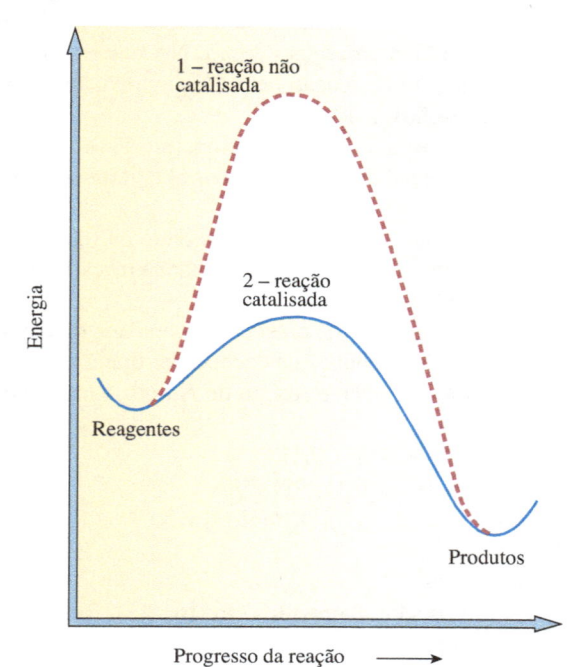

O perfil 2 representa a adição de um catalisador.
7.53 $0{,}14\,M$
7.55 A velocidade de uma reação gasosa poderia ser aumentada com a diminuição do volume do recipiente. Isso aumentaria o número de colisões entre as moléculas.
7.57 $4\,NH_3 + 7\,O_2 \longrightarrow 4\,NO_2 + 6\,H_2O$
7.59 A reação com moléculas esféricas prosseguirá mais rapidamente, já que, no caso das moléculas em forma de bastão, algumas colisões serão ineficazes porque as moléculas não irão interagir com as orientações apropriadas.

7.61 Velocidade inicial $= 0{,}030$ mol de I_2 por litro por segundo
7.63 (a)

$$CH_3COH + HOCH_2CH_3$$
Inicial   1,00 mol   1,00 mol
Em equilíbrio   0,33 mol   **0,33 mol**

$$\rightleftharpoons CH_3COCH_2CH_3 + H_2O$$
0 mol   0 mol
0,67 mol   **0,67 mol**

(b) $K = 4{,}1$
7.65 Monitorar o desaparecimento de um reagente é um possível método para determinar a velocidade de uma reação. Funcionará do mesmo jeito que monitorar a formação do produto, porque a estequiometria da reação relaciona entre si as concentrações de produtos e reagentes.
7.67 Algumas reações são tão rápidas que terminam antes que você possa ligar um cronômetro. Para acompanhar as velocidades de reações muito rápidas, são necessários instrumentos eletrônicos especializados e sofisticados.
7.69 A velocidade de conversão de diamante em grafite é tão lenta que não ocorre em nenhuma extensão de tempo mensurável.
7.71 Quando você adiciona cloreto de sódio, a presença de mais íons cloreto aumenta a concentração de um dos produtos da reação. O equilíbrio se desloca para a esquerda, aumentando a quantidade do cloreto de prata sólido.

Capítulo 8 Ácidos e bases

8.1 Reação ácida: $HPO_4^{2-} + H_3O \rightleftharpoons PO_4^{3-} + H_2O^+$; Reação básica: $HPO_4^{2-} + H_2O \rightleftharpoons H_2PO_4^- + OH^-$
8.2 (a) Para a esquerda:

$H_3O^+ + I^- \rightleftharpoons H_2O + HI$
Ácido   Base   Base   Ácido
mais fraco mais fraca   mais forte   mais forte

(b) Para a direita:

$CH_3COO^- + H_2S \rightleftharpoons CH_3COOH + HS^-$
Base   Ácido   Ácido   Base
mais fraca mais fraco   mais forte   mais forte

8.3 O pK_a é 9,31.
8.4 (a) ácido ascórbico (b) aspirina
8.5 $1{,}0 \times 10^{-2}$
8.6 (a) 2,46 (b) $7{,}9 \times 10^{-5}$, ácido
8.7 pOH = 4, pH = 10
8.8 $0{,}0960\,M$
8.9 (a) 9,25   (b) 4,74
8.10 9,44
8.11 7,7
8.13 (a) $HNO_3(aq) + H_2O(\ell) \longrightarrow NO_3^-(aq) + H_3O^+(aq)$
(b) $HBr(aq) + H_2O(\ell) \longrightarrow Br^-(aq) + H_3O^+(aq)$
(c) $H_2SO_3(aq) + H_2O(\ell) \longrightarrow HSO_3^-(aq) + H_3O^+(aq)$

(d) $H_2SO_4(aq) + H_2O(\ell) \longrightarrow HSO_4^-(aq) + H_3O^+(aq)$
(e) $HCO_3^-(aq) + H_2O(\ell) \longrightarrow CO_3^{2-}(aq) + H_3O^+(aq)$
(f) $NH_4^+(aq) + H_2O(\ell) \longrightarrow NH_3(aq) + H_3O^+(aq)$

8.15 (a) fraco (b) forte (c) fraco (d) forte (e) fraco (f) fraco

8.17 (a) falso (b) falso (c) verdadeiro (d) falso (f) verdadeiro (g) falso (h) falso

8.19 (a) Ácido de Brønsted-Lowry é um doador de prótons.
(b) Base de Brønsted-Lowry é um aceptor de prótons.

8.21 (a) HPO_4^{2-} (b) HS^- (c) CO_3^{2-} (d) $CH_3CH_2O^-$ (e) OH^-

8.23 (a) H_3O^+ (b) $H_2PO_4^-$ (c) $CH_3NH_3^+$ (d) HPO_4^{2-} (e) NH_4^+

8.25 O equilíbrio favorece o lado com a combinação ácido mais fraco-base mais fraca. Os equilíbrios (b) e (c) estão deslocados para a esquerda; o equilíbrio (a) está deslocado para a direita.

(a) $\underset{\text{Ácido mais forte}}{C_6H_5OH} + \underset{\text{Base mais forte}}{C_2H_5O^-} \rightleftharpoons \underset{\text{Base mais fraca}}{C_6H_5O^-} + \underset{\text{Ácido mais fraco}}{C_2H_5OH}$

(b) $\underset{\text{Base mais fraca}}{HCO_3^-} + \underset{\text{Ácido mais fraco}}{H_2O} \rightleftharpoons \underset{\text{Ácido mais forte}}{H_2CO_3} + \underset{\text{Base mais forte}}{OH^-}$

(c) $\underset{\text{Ácido mais fraco}}{CH_3COOH} + \underset{\text{Base mais fraca}}{H_2PO_4^-} \rightleftharpoons \underset{\text{Base mais forte}}{CH_3COO^-} + \underset{\text{Ácido mais forte}}{H_3PO_4}$

8.27 (a) O pK_a de um ácido fraco.
(b) O K_a de um ácido forte.

8.29 (a) HCl 0,10 M (b) H_3PO_4 0,10 M (c) H_2CO_3 0,010 M (d) NaH_2PO_4 0,10 M (e) aspirina 0,10 M

8.31 Somente (b) é uma reação redox. As outras são reações ácido-base.
(a) $Na_2CO_3 + 2HCl \longrightarrow 2NaCl + CO_2 + H_2O$
(b) $Mg + 2HCl \longrightarrow MgCl_2 + H_2$
(c) $NaOH + HCl \longrightarrow NaCl + H_2O$
(d) $Fe_2O_3 + 6HCl \longrightarrow 2FeCl_3 + 3H_2O$
(e) $NH_3 + HCl \longrightarrow NH_4Cl$
(f) $CH_3NH_2 + HCl \longrightarrow CH_3NH_3Cl$
(g) $NaHCO_3 + HCl \longrightarrow NaCl + H_2O + CO_2$

8.33 (a) $10^{-3}\,M$ (b) $10^{-10}\,M$ (c) $10^{-7}\,M$ (d) $10^{-15}\,M$

8.35 (a) pH = 8 (básico) (b) pH = 10 (básico) (c) pH = 2 (ácido) (d) pH = 0 (ácido) (e) pH = 7 (neutro)

8.37 (a) pH = 8,5 (básico) (b) pH = 1,2 (ácido) (c) pH = 11,1 (básico) (d) pH = 6,3 (ácido)

8.39 (a) pOH = 1,0, $[OH^-]$ = 0,10 M
(b) pOH = 2,4, $[OH^-]$ = 4,0 × $10^{-3}\,M$
(c) pOH = 2,0, $[OH^-]$ = 1,0 × $10^{-2}\,M$
(d) pOH = 5,6, $[OH^-]$ = 2,5 × $10^{-6}\,M$

8.41 0,348 M

8.43 (a) 12 g de NaOH diluídos em 400 mL de solução:
$400\,\text{mL sol}\left(\dfrac{1\,\text{L sol}}{1.000\,\text{mL sol}}\right)\left(\dfrac{0,75\,\text{mol NaOH}}{1\,\text{L sol}}\right)$
$\times \left(\dfrac{40,0\,\text{g NaOH}}{1\,\text{mol NaOH}}\right) = 12\,\text{g NaOH}$

(b) 12 g de $Ba(OH)_2$ diluídos em 1,0 L de solução:
$\left(\dfrac{0,071\,\text{mol Ba(OH)}_2}{1\,\text{L sol}}\right)\left(\dfrac{171,4\,\text{Ba(OH)}_2}{1\,\text{mol Ba(OH)}_2}\right) = 12\,\text{g Ba(OH)}_2$

(c) 2,81 g de KOH diluídos em 500 mL.
(d) 49,22 g de acetato de sódio diluídos em 2 litros.

8.45 5,66 mL

8.47 3,30 × 10^{-3} mol

8.49 O ponto em que se observa a mudança durante uma titulação. Geralmente, é tão próximo do ponto de equivalência que a diferença entre os dois torna-se insignificante.

8.51 (a) $H_3O^+ + CH_3COO^- \rightleftharpoons CH_3COOH + H_2O$
(remoção de H_3O^+)
(b) $HO^- + CH_3COOH \rightleftharpoons CH_3COO^- + H_2O$
(remoção de OH^-)

8.53 Sim, o ácido conjugado torna-se o ácido fraco, e a base fraca, a base conjugada.

8.55 O pH de um tampão pode ser mudado alterando a proporção ácido fraco/base conjugada, de acordo com a equação de Henderson-Hasselbach. A capacidade tamponante pode ser alterada sem alteração no pH, aumentando ou diminuindo a quantidade da mistura ácido fraco/base conjugada, ao mesmo tempo que se mantém constante a proporção.

8.57 Isso ocorreria em dois casos. Um deles é muito comum: você está usando um tampão como o TRIS, com pK_a de 8,3, mas não quer que a solução tenha um pH de 8,3. Se quisesse um pH de 8,0, por exemplo, precisaria de quantidades desiguais do ácido e base conjugados, com mais ácido conjugado. Outro caso poderia ser uma situação em que você conduz uma reação que irá gerar H^+, mas quer que o pH seja estável. Nessa situação, poderá começar com um tampão inicialmente estabelecido para ter mais base conjugada, de modo que pudesse absorver mais H^+ do que será produzido.

8.59 Não. 100 mL de fosfato 0,1 M com pH 7,2 têm um total de 0,01 mols de ácido fraco e base conjugada, com quantidades equimolares de cada um. 20 mL de NaOH 1 M têm 0,02 mol de base, portanto há mais base no total do que tampão para neutralizá-la. Esse tampão seria ineficaz.

8.61 (a) Segundo a equação de Henderson-Hasselbach, não será observada nenhuma mudança de pH enquanto a proporção ácido fraco/base conjugada permanecer a mesma.
(b) A capacidade tamponante aumenta à medida que aumentam as concentrações de ácido fraco/base conjugada, portanto quantidades de 1,0 mol de cada diluído em 1 L teriam maior capacidade tamponante que 0,1 mol de cada diluído em 1 L.

8.63 Da equação de Henderson-Hasselbach,
pH = pK_a + log(A^-/HA)
A^-/HA = 10, log(A^-/HA) = 1, pois 10^1 = 10
pH = pK_a + 1

8.65 Quando 0,10 mol de acetato de sódio é adicionado a 0,10 M de HCl, o acetato de sódio neutraliza completamente o HCl a ácido acético e cloreto de sódio. O pH da solução é determinado pela ionização incompleta do ácido acético.

$$K_a = \frac{[CH_3COO^-][H_3O^+]}{[CH_3COOH]} \quad [H_3O^+] = [CH_3COO^-] = x$$

$$\sqrt{x^2} = \sqrt{K_a[CH_3COOH]} = \sqrt{(1,8 \times 10^{-5})(0,10)}$$

$$x = [H_3O^+] = 1,34 \times 10^{-3} \, M$$

$$pH = -\log[H_3O^+] = 2,9$$

8.67 TRIS-H$^+$ + NaOH ⟶ TRIS + H$_2$O + Na$^+$

8.69 O único parâmetro que você precisa conhecer sobre um tampão é seu pK_a. A escolha de um tampão envolve a identificação da forma ácida que tenha um pK_a com uma unidade de diferença do pH desejado.

8.71 A escolha de um tampão envolve a identificação da forma ácida que tenha um pK_a com uma unidade de diferença do pH desejado (um pH de 8,15). O tampão TRIS com um pK_a = 8,3 é o que melhor se ajusta a esses critérios.

8.73 Mg(OH)$_2$ é uma base fraca usada em plásticos retardantes de chama.

8.75 (a) A acidose respiratória é causada por hipoventilação, que ocorre por causa de vários tipos de dificuldade de respiração, como obstrução da traqueia, asma ou pneumonia. (b) A acidose metabólica por inanição ou exercícios pesados.

8.77 O bicarbonato de sódio é a forma de base fraca de um dos tampões do sangue. Tende a elevar o pH do sangue, que é o objetivo do truque do corredor, de modo que a pessoa possa absorver mais H$^+$ durante o evento. Quando se coloca NaHCO$_3$ no sistema, a seguinte reação ocorre:
HCO$_3^-$ + H$^+$ ⇌ H$_2$CO$_3$. A perda de H$^+$ significa que o pH do sangue irá subir.

8.79 (a) O ácido benzoico é solúvel em NaOH aquoso.
C$_6$H$_5$COOH + NaOH ⇌ C$_6$H$_5$COO$^-$ + H$_2$O
pK_a = 4,19   pK_a = 15,56
(b) O ácido benzoico é solúvel em NaHCO$_3$ aquoso.
C$_6$H$_5$COOH + NaHCO$_3$ ⇌ CH$_3$C$_6$H$_4$O$^-$ + H$_2$CO$_3$
pK_a = 4,19   pK_a = 6,37
(c) O ácido benzoico é solúvel em Na$_2$CO$_3$ aquoso.
C$_6$H$_5$COOH + CO$_3^{2-}$ ⇌ CH$_3$C$_6$H$_4$O$^-$ + HCO$_3$
pK_a = 4,19   pK_a = 10,25

8.81 A força de um ácido não é importante para a quantidade de NaOH necessária para atingir o ponto final da fenolftaleína. Portanto, o ácido mais concentrado, o ácido acético, precisaria de mais NaOH.

8.83 3,70 × 10^{-3} M

8.85 0,9 M

8.87 Sim, um pH 0 é possível. Uma solução 1,0 M de HCl tem [H$_3$O$^+$] = 1,0 M. pH = −log[H$_3$O$^+$] = −log [1,0 M] = 0.

8.89 Segundo a relação qualitativa entre ácidos e suas bases conjugadas, quanto mais forte for o ácido, mais fraca será sua base conjugada. Isso pode ser quantificado na equação $K_b \times K_a = K_w$ ou $K_b + 1,0 \times 10^{-14}/K_a$, em que K_b é a constante de equilíbrio de dissociação da base para a base conjugada, K_a, a constante de equilíbrio da dissociação do ácido para o ácido, e K_w, a constante de equilíbrio da ionização da água.

8.91 Sim. A força do ácido não é pertinente. Tanto o ácido acético quanto o HCl têm um H$^+$ para doar, portanto quantidades iguais de mols de qualquer um deles exigirão quantidades iguais de mols de NaOH para fazer a titulação até um ponto final.

8.93 Seria necessária uma proporção de 0,182 partes da base conjugada para 1 parte do ácido conjugado.

8.95 Um equilíbrio favorecerá o lado do ácido mais fraco/base mais fraca.

8.97 (a) HCOO$^-$ + H$_3$O$^+$ ⇌ HCOOH + H$_2$O
(b) HCOOH + OH$^-$ ⇌ HCOO$^-$ + H$_2$O

8.99 (a) 0,050 mol   (b) 0,0050 mol   (c) 0,50 mol

8.101 De acordo com a equação de Henderson-Hasselbach,

$$pH = 7,21 + \log \frac{[HPO_4^{2-}]}{[H_2PO_4^-]}$$

À medida que aumenta a concentração de H$_2$PO$_4^-$, o log torna-se negativo, baixando o pH e tornando-se mais ácido.

8.103 Não. Um tampão terá um pH igual a seu pK_a somente se estiverem presentes quantidades equimolares das formas de ácido e base conjugados. Se essa for a forma básica do TRIS, então apenas adicionar qualquer quantidade em água dará um pH bem maior que o valor do pK_a.

8.105 (a) pH = 7,1, [H$_3$O$^+$] = 7,9 × 10^{-8} M, básico
(b) pH = 2,0, [H$_3$O$^+$] = 1,0 × 10^{-2} M, ácido
(c) pH = 7,4, [H$_3$O$^+$] = 4,0 × 10^{-8} M, básico
(d) pH = 7,0, [H$_3$O$^+$] = 1,0 × 10^{-7} M, neutro
(e) pH = 6,6, [H$_3$O$^+$] = 2,5 × 10^{-7} M, ácido
(f) pH = 7,4, [H$_3$O$^+$] = 4,0 × 10^{-8} M, básico
(g) pH = 6,5, [H$_3$O$^+$] = 3,2 × 10^{-7} M, ácido
(h) pH = 6,9, [H$_3$O$^+$] = 1,3 × 10^{-7} M, ácido

8.107 4,9:1, ou 5:1 até um algarismo significativo.

Capítulo 9 Química nuclear

9.1 $^{139}_{53}$I ⟶ $^{139}_{54}$Xe + $^{0}_{-1}$e

9.2 $^{223}_{90}$Th ⟶ $^{4}_{2}$He + $^{219}_{88}$Ra

9.3 $^{74}_{33}$As ⟶ $^{0}_{+1}$e + $^{74}_{32}$Ge

9.4 $^{201}_{81}$Tl + $^{0}_{-1}$e ⟶ $^{201}_{80}$Hg + γ

9.5 O bário-122 decaiu ao longo de cinco meias-vidas, deixando 0,31 g.
10 g ⟶ 5,0 g ⟶ 2,5 g ⟶ 1,25 g ⟶ 0,625 g ⟶ 0,31 g

9.6 A dose é de 1,5 mL.

9.7 A intensidade a 3,0 m é de 3,3 × 10^{-3} mCi.

9.9 O raios alfa são íons He^{2+} ($^{4}_{2}$He), enquanto prótons são íons H$^+$ ($^{1}_{1}$H) com carga positiva.

9.11 (a) 4,0 × 10^{-5} cm, que é a luz visível (azul).
(b) 3,0 cm (radiação de micro-ondas).
(c) 2,7 × 10^{-5} cm (luz ultravioleta).
(d) 2,0 × 10^{-8} cm (raios X).

9.13 (a) O infravermelho tem o maior comprimento de onda.
(b) Raios X têm energia mais alta.

9.14 (a) nitrogênio-13   (b) fósforo-33   (c) lítio-9
(d) cálcio-39

9.17 oxigênio-16

9.19 $^{151}_{62}Sm \longrightarrow ^{0}_{-1}e + ^{151}_{63}Eu$

9.21 $^{51}_{24}Cr + ^{0}_{-1}e \longrightarrow ^{51}_{23}V$

9.23 $^{248}_{96}Cm + ^{28}_{10}X \longrightarrow ^{116}_{51}Sb + ^{160}_{55}Cs$

O núcleo bombardeante foi o do neônio $^{28}_{10}Ne$.

9.25 (a) emissão beta (b) emissão gama (c) emissão de pósitrons (d) emissão alfa

9.27 A emissão gama não resulta em transmutação.

9.29 $^{239}_{94}Pu + ^{4}_{2}He \longrightarrow ^{240}_{95}Am + ^{1}_{1}H + 2^{1}_{0}n$

9.31 O iodo-125 decaiu através de seis meias-vidas aproximadamente, restando 0,31 mg:

20 mg $\longrightarrow$ 10 mg $\longrightarrow$ 5 mg $\longrightarrow$ 2,5 mg $\longrightarrow$ 1,25 mg $\longrightarrow$ 0,625 mg $\longrightarrow$ 0,31 mg

9.33 O plutônio passou por quarto meias-vidas desde que foi sedimentado pelo glaciar. Havia 16 mg de plutônio/kg na época da sedimentação.

16 mg $\longrightarrow$ 8 mg $\longrightarrow$ 4 mg $\longrightarrow$ 2 mg $\longrightarrow$ 1 mg

9.35 A velocidade de decaimento radioativo é independente de todas as condições e é uma propriedade de cada isótopo específico. Não há como aumentar ou diminuir essa velocidade.

9.37 (a) O iodo-131 que permanece após duas horas terá $8,8 \times 10^8$ contagens/s. (b) Após 24 horas, três meias-vidas terão passado: $1/2 \times 1/2 \times 1/2 = 1/8$, ou 12,5% da quantidade original permanecerá. $24,0 \text{ mCi} \times 0,125 = 3,0$ mCi.

9.39 A radiação gama tem o maior poder de penetração, portanto requer proteção com a maior quantidade de blindagem.

9.41 30 m

9.43 O curie (Ci) mede a intensidade da radiação.

9.45 0,63 cc

9.47 A 20 cm, a intensidade seria de 3×10^3 Bq (8×10^{-2} mCi).

9.49 O sujeito A foi exposto a uma dose maior de radiação e sofreu ferimentos mais graves.

9.51 O iodo-131 está concentrado na tiroide e há possibilidade de câncer.

9.53 (a) O cobalto-60 é usado em (4) terapia do câncer. (b) O tálio-201 é usado em (1) escaneamento do coração e testes de resistência. (c) O trítio é usado para (2) medir o conteúdo de água no corpo. (d) O mercúrio-197 é usado para (3) escaneamento dos rins.

9.55 O produto da fusão dos núcleos de hidrogênio-2 e hidrogênio-3 é o hélio-4 mais um nêutron e energia.

9.57 $^{209}_{83}Bi + ^{58}_{26}Fe \longrightarrow ^{1}_{0}n + ^{266}_{109}Mt$

9.59 $^{10}_{5}B + ^{1}_{0}n \longrightarrow ^{11}_{5}B$

$^{11}_{5}B \longrightarrow ^{7}_{3}Li + ^{4}_{2}He$

9.61 Uma proporção constante entre carbono-14 e carbono-12 baseia-se em duas suposições: (1) que o carbono-14 é continuamente gerado na atmosfera superior por produção e decaimento de nitrogênio-15 e (2) que o carbono-14 é incorporado ao dióxido de carbono, CO_2, e a outros compostos de carbono, e depois distribuído no mundo todo como parte do ciclo do carbono. A formação contínua de carbono-14, a transferência do isótopo nos oceanos, na atmosfera e biosfera, e o decaimento da matéria viva mantêm constante seu suprimento.

9.63 2003 – 1350 = 653 anos (se o experimento foi conduzido em 2003). 653 anos/5.730 anos = 0,111 meia-vida.

9.65 O radônio-222 decai por emissão alfa a polônio-218.

$^{222}_{86}Rn \longrightarrow ^{218}_{84}Po + ^{4}_{2}He$

9.67

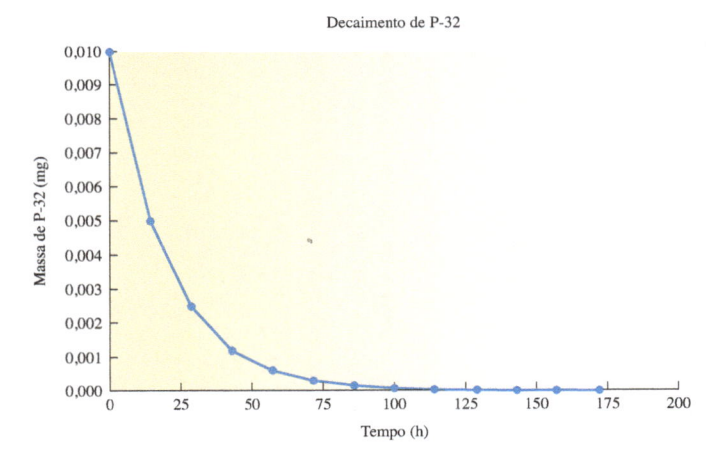

Decaimento de P-32

(gráfico: Massa de P-32 (mg) vs. Tempo (h))

9.69 O neônio-19 decai a flúor-19 e o sódio-20 decai a neônio-20.

$^{19}_{10}Ne \longrightarrow ^{0}_{+1}e + ^{19}_{9}F$

$^{20}_{11}Na \longrightarrow ^{0}_{+1}e + ^{20}_{10}Ne$

9.71 Tanto o curie quanto o becquerel têm unidades de desintegrações/segundo, uma medida de intensidade de radiação.

9.73 (a) Fontes naturais = 82%
(b) Fontes de diagnóstico clínico = 11%
(c) Usinas nucleares = 0,1%

9.75 Raios X causarão mais ionização que ondas de radar. Raios X terão energia mais alta.

9.77 O produto de decaimento é o netúnio-237. 1.000/432 = 2,3 meias-vidas, portanto um pouco menos que 25% do amerício original permanecerá depois de 1.000 anos.

9.79 Um sievert é igual a 100 rem. É o suficiente para causar doenças por radiação, mas não será letal.

9.81 (a) Elementos radioativos estão constantemente decaindo a outros elementos ou isótopos, e esses produtos de decaimento estão misturados à amostra original. (b) A emissão beta resulta do decaimento de um nêutron do núcleo a um próton (aumenta o número atômico) e um elétron (partícula beta).

9.83 O oxigênio-16 é estável porque tem igual número de prótons e nêutrons. Os outros são instáveis porque o número de prótons e nêutrons é desigual. Nesse caso, quanto maior a for diferença no número de prótons e nêutrons, mais rápido decairá o isótopo.

9.85 O novo elemento é o darmstádio-266.

$^{208}_{82}Pb + ^{64}_{28}Ni \longrightarrow ^{266}_{110}Ds + 6^{1}_{0}n$

9.87 O núcleo intermediário é o boro-11.

$^{10}_{5}B + ^{1}_{0}n \longrightarrow ^{11}_{5}B$

$^{11}_{5}B \longrightarrow ^{7}_{3}Li + ^{4}_{2}He$

Glossário

Ácido conjugado (*Seção 8.3*) Na teoria de Brønsted-Lowry, substância formada quando uma base aceita um próton.
Ácido de Brønsted-Lowry (*Seção 8.3*) Um doador de prótons.
Ácido diprótico (*Seção 8.3*) Ácido que pode doar dois prótons.
Ácido forte (*Seção 8.2*) Ácido que se ioniza completamente em solução aquosa.
Ácido fraco (*Seção 8.2*) Ácido apenas parcialmente ionizado em solução aquosa.
Ácido monoprótico (*Seção 8.3*) Ácido que pode doar somente um próton.
Ácido triprótico (*Seção 8.3*) Ácido que pode doar três prótons.
Ácido-base, reação (*Seção 8.3*) Reação de transferência de próton.
Acidose (*Conexões químicas 8C*) Condição em que o pH do sangue está abaixo de 7,35.
Acidose metabólica (*Conexões químicas 8C*) Diminuição do pH do sangue devido a efeitos metabólicos como inanição ou exercícios intensos.
Acidose respiratória (*Conexões químicas 8C*) Diminuição do pH do sangue devido à dificuldade para respirar.
Agente oxidante (*Seção 4.7*) Entidade que aceita elétrons em uma reação de oxirredução.
Agente redutor (*Seção 4.7*) Entidade que doa elétrons em uma reação de oxirredução.
Alcano (*Seção 11.1*) Hidrocarboneto saturado cujos átomos de carbono estão arranjados em cadeia.
Alcalose (*Conexões químicas 8D*) Condição em que o pH do sangue é maior que 7,45.
Algarismos significativos (*Seção 1.3*) Números que são conhecidos com certeza.
Anfiprótico (*Seção 8.3*) Substância que pode agir como ácido ou base.
Anfotérico (*Seção 8.3*) Termo alternativo para anfiprótico.
Ângulo de ligação (*Seção 3.10*) Ângulo entre dois átomos ligados a um átomo central.
Ânion (*Seção 3.2*) Íon com carga elétrica negativa.
Ânodo (*Seção 6.6C*) Eletrodo com carga negativa.
Átomo (*Seção 2.3*) A menor partícula de um elemento que retém suas propriedades químicas.

Base (*Seção 8.1*) Base de Arrhenius é uma substância que se ioniza em solução aquosa, formando íons hidróxido (OH^-).
Base conjugada (*Seção 8.3*) Na teoria de Brønsted-Lowry, uma substância formada quando um ácido doa um próton para outra molécula ou íon.
Base de Brønsted-Lowry (*Seção 8.3*) Um aceptor de prótons.
Base forte (*Seção 8.2*) Base que se ioniza completamente em solução aquosa.
Base fraca (*Seção 8.2*) Base apenas parcialmente ionizada em solução aquosa.
Binário, composto (*Seção 3.6A*) Composto que contém dois elementos.
Calor de combustão (*Seção 4.8*) Calor liberado em uma reação de combustão.
Calor de reação (*Seção 4.8*) Calor liberado ou absorvido em uma reação química.
Calor específico (*Seção 1.9*) Quantidade de calor (calorias) necessária para elevar a temperatura de 1 g de uma substância em 1 °C.
Caloria (*Seção 1.9*) Quantidade de calor necessária para elevar a temperatura de 1 g de água líquida em 1 °C.
Camada de valência (*Seção 2.6F*) A última camada ocupada de um átomo.
Capacidade tamponante (*Seção 8.10*) Extensão em que uma solução tampão pode impedir uma mudança significativa no pH de uma solução com a adição de um ácido ou uma base.
Captura de elétron (*Seção 9.3F*) Reação em que um núcleo captura um elétron extranuclear e depois sofre um decaimento nuclear.
Catalisador (*Seção 7.4D*) Substância que aumenta a velocidade de uma reação química fornecendo uma via alternativa com energia de ativação mais baixa.
Catalisador heterogêneo (*Seção 8.4D*) Catalisador que se encontra numa fase distinta da dos reagentes – por exemplo, a platina sólida, $Pt(s)$, na reação entre $CO(g)$ e $H_2(g)$ produzindo $CH_3OH(l)$.
Catalisador homogêneo (*Seção 8.4D*) Catalisador que se encontra na mesma fase que os reagentes – por exemplo, enzimas nos tecidos do organismo.
Cátion (*Seção 3.2*) Íon com carga elétrica positiva.
Cátodo (*Seção 6.6C*) Eletrodo de carga positiva.
Celsius (°C), escala (*Seção 1.4*) Escala de temperatura baseada no 0º como ponto de congelamento da água e no 100º como ponto de ebulição normal da água.
Chuva ácida (*Conexões químicas 6A*) Chuva com ácidos que não sejam o ácido carbônico nela dissolvida.
Cinética química (*Seção 7.1*) O estudo das velocidades das reações químicas.
Colisão efetiva (*Seção 7.2*) Colisão entre duas moléculas ou dois íons que resulta em uma reação química.
Coloide (*Seção 6.7*) Mistura de duas partes em que partículas suspensas do soluto variam de 1 a 1000 nm.
Combustão (*Seção 4.4*) Queima no ar.
Composto iônico (*Seção 3.5A*) Composto formado pela combinação de íons positivos e negativos.
Comprimento de onda (λ) (*Seção 9.2*) Distância entre a crista de uma onda e a crista da onda seguinte.
Concentração percentual (% w/v) (*Seção 6.5A*) Número de gramas do soluto em 100 mL de solução.
Condensação (*Seção 5.7*) Mudança de uma substância do estado gasoso ou vapor para o estado líquido.

Configuração eletrônica (*Seção 2.6C*) A configuração eletrônica de um átomo é a descrição dos orbitais que seus elétrons ocupam.

Constante de equilíbrio (*Seção 7.6*) Valor calculado a partir da expressão de equilíbrio para uma dada reação e que indica a direção da reação.

Constante de ionização ácida (K_a) (*Seção 8.5*) Constante de equilíbrio para a ionização de um ácido em solução aquosa para H_3O^+ e sua base conjugada. O K_a é também chamado de constante de dissociação.

Constante de velocidade (*Seção 7.4B*) Uma constante de proporcionalidade, k, entre as concentrações molares dos reagentes e a velocidade da reação; velocidade = k [composto].

Constante dos gases ideais (*Seção 5.4*) 0,0821 · L · atm · $mol^{-1} \cdot K^{-1}$.

Contador de cintilações (*Seção 9.5A*) Instrumento que contém um fósforo que emite luz ao ser exposto a radiação ionizante.

Contador Geiger-Müller (*Seção 9.5*) Instrumento para medir a radiação de ionização.

Cristalização (*Seção 5.7*) A formação de um sólido a partir de um líquido.

Curie (Ci) (*Seção 9.5A*) Medida de decaimento radioativo igual a $3,7 \times 10^{10}$ desintegrações por segundo.

Datação radioativa (*Conexões químicas 9A*) Processo em que a idade de uma substância é estabelecida pela análise da abundância isotópica comparada à abundância relativa atual.

Decaimento nuclear (*Seção 9.3B*) Transformação do núcleo radioativo de um elemento no núcleo de outro elemento.

Densidade (*Seção 1.7*) A razão entre massa e volume de uma substância.

Depressão do ponto de congelamento (*Seção 6.8A*) Diminuição no ponto de congelamento de um líquido causada pela adição de um soluto.

Diálise (*Seção 6.8*) Processo em que uma solução contendo partículas de diferentes tamanhos é colocada em uma bolsa feita de membrana semipermeável. A bolsa é colocada num solvente ou solução contendo apenas moléculas pequenas. A solução na bolsa atinge o equilíbrio com o solvente externo, permitindo que pequenas moléculas possam difundir-se através da membrana, retendo, porém, as moléculas grandes.

Dipolo (*Seção 3.7B*) Espécie química em que há uma separação de carga; há um polo positivo em uma parte da espécie e um polo negativo em outra.

Dipolo-dipolo, atração (*Seção 5.7B*) Atração entre a extremidade positiva de um dipolo e a extremidade negativa de outro dipolo, na mesma molécula ou em moléculas diferentes.

Elemento (*Seção 2.4A*) Substância que consiste em átomos idênticos.

Elemento de transição (*Seção 2.5A*) Elementos das colunas B (Grupos 3 a 12 no novo sistema de numeração) da Tabela Periódica.

Elemento do grupo principal (*Seção 2.5A*) Elemento dos grupos A (Grupo 1A, 2A e 3A-8A) da Tabela Periódica.

Elétron (*Seção 2.4*) Partícula subatômica com massa de aproximadamente 1/1837 u e carga -1; é encontrado fora do núcleo.

Elétron de valência (*Seção 2.6F*) Elétron que se encontra na última camada ocupada (valência) de um átomo.

Eletronegatividade (*Seção 3.4B*) Medida da atração de um átomo pelos elétrons que ele compartilha numa ligação química com outro átomo.

Elétrons ligantes (*Seção 3.7C*) Elétrons de valência envolvidos na formação de uma ligação covalente – isto é, elétrons compartilhados.

Elétrons não ligantes (*Seção 3.7C*) Elétrons de valência não envolvidos na formação de ligações covalentes – isto é, elétrons não compartilhados.

Emulsão (*Seção 6.7*) Sistema, como a gordura do leite, que consiste em um líquido com ou sem agente emulsificante, disperso em outro líquido imiscível. Geralmente aparece na forma de gotículas maiores que um coloide.

Energia (*Seção 1.8*) Capacidade de produzir trabalho. A unidade básica no SI é o joule (J).

Energia cinética (*Seção 1.8*) A energia do movimento; energia envolvida na produção de trabalho.

Energia de ativação (*Seção 7.2*) O mínimo de energia necessário para dar início a uma reação química. Qualquer processo em que uma enzima inativa é transformada em enzima ativa.

Energia de ionização (*Seção 2.8B*) Energia necessária para remover o elétron mais instável de um átomo na fase gasosa.

Energia potencial (*Seção 1.8*) Energia que está sendo armazenada; energia disponível para uso posterior.

Equação química (*Seção 4.4*) Representação que usa fórmulas químicas do processo que ocorre quando reagentes são convertidos em produtos.

Equilíbrio (*Seção 5.8B*) Condição em que duas forças físicas opostas são iguais.

Equilíbrio dinâmico (*Seção 7.5*) Estado em que a velocidade da reação direta é igual à velocidade da reação inversa.

Equilíbrio químico (*Seção 7.5*) Estado em que a velocidade da reação direta é igual à velocidade da reação inversa.

Espectro eletromagnético (*Seção 9.2*) A sequência de fenômenos eletromagnéticos por comprimento de onda.

Estado de transição (*Seções 7.3*) Espécie instável formada durante uma reação química; o máximo num diagrama de energia.

Estado fundamental, configuração eletrônica do (*2.6A*) Configuração eletrônica de mais baixa energia para um átomo.

Estequiometria (*Seção 4.5A*) As relações de massa em uma reação química.

Estrutura contribuinte (*Seção 3.9B*) Representações de uma molécula ou de um íon que diferem somente na distribuição dos elétrons de valência.

Estrutura de Lewis (*Seção 3.7B*) Fórmula para uma molécula ou íon que mostra todos os pares de elétrons ligantes como linhas simples, duplas ou triplas, e todos os elétrons não ligantes (não emparelhados) como pares de pontos de Lewis.

Estrutura de pontos de Lewis (*Seção 2.6F*) O símbolo do elemento circundado por um certo número de pontos é igual ao número de elétrons na camada de valência do átomo daquele elemento.

Fato (*Seção 1.2*) Declaração baseada na experiência.

Família na Tabela Periódica (*Seção 2.5*) Os elementos de uma coluna vertical na Tabela Periódica.

Fator de conversão (*Seção 1.5*) Razão entre duas unidades diferentes.

Fissão nuclear (*Seção 9.9*) Processo de divisão de um núcleo em núcleos menores.

Forças de dispersão de London (*Seção 5.7A*) Forças extremamente fracas de atração entre átomos ou moléculas causadas pela atração eletrostática entre dipolos temporariamente induzidos.

Fórmula estrutural (*Seção 3.7C*) Fórmula que mostra como os átomos de uma molécula ou íon estão ligados entre si. É semelhante a uma estrutura de Lewis, exceto que a fórmula estrutural mostra apenas pares ligantes de elétrons.

Fóton (*Seção 9.2*) A menor unidade de radiação eletromagnética.

Frequência (ν) (*Seção 9.2*) Número de cristas de onda que passam por um determinado ponto por unidade de tempo.

Fusão nuclear (*Seção 9.8*) União de núcleos atômicos para formar um núcleo mais pesado que os núcleos de partida.

Gás ideal (*Seção 5.4*) Gás cujas propriedades físicas são descritas com acurácia pela lei dos gases ideais.

Gravidade específica (*Seção 1.7*) Densidade de uma substância comparada à da água como padrão.

Halogênio (*Seção 2.5*) Elemento do Grupo 7A da Tabela Periódica.

Henderson-Hasselbach, equação de (*Seção 8.11*) Relação matemática entre o pH, o pK_a de um ácido fraco, HA, e as concentrações do ácido fraco e sua base conjugada.

Híbrido de ressonância (*Seção 3.9A*) Molécula que é um compósito de duas ou mais estruturas de Lewis.

Hidrocarboneto alifático O Alcano.

Hidrocarboneto Composto que contém somente átomos de carbono e hidrogênio.

Hidrocarboneto saturado Hidrocarboneto que contém apenas ligações simples carbono-carbono.

Hidrônio, íon (*Seção 8.1*) O íon H_3O^+.

Higroscópica, substância (*Seção 6.6B*) Composto capaz de absorver vapor d'água do ar.

Hipotermia (*Conexões químicas 1B*) Condição em que a temperatura corporal é mais baixa que a normal.

Hipótese (*Seção 1.2*) Enunciado, sem prova efetiva, proposto para explicar certos fatos e suas relações.

Indicador ácido-base (*Seção 8.8*) Substância que muda de cor numa determinada faixa de pH.

Íon (*Seção 2.8B*) Átomo com número desigual de prótons e elétrons.

Íon espectador (*Seção 4.6*) Íon que aparece sem alteração em ambos os lados de uma equação química.

Íon poliatômico (*Seção 3.3C*) Íon que contém mais de um átomo.

Isotônicas (*Seção 6.8B*) Soluções com a mesma osmolaridade.

Isótopo radioativo (*Seção 9.3*) Isótopo de um elemento que emite radiação.

Joule (*Seção 1.9*) Unidade SI básica para calor; 1 J é 4,184 cal.

Lei da combinação dos gases (*Seção 5.3C*) A pressão, o volume e a temperatura em kelvins de duas amostras do mesmo gás estão relacionadas pela equação $P_1V_1/T_1 = P_2V_2/T_2$.

Lei da conservação de energia (*Seção 1.8*) Energia que não pode ser criada nem destruída.

Lei de Avogadro (*Seção 5.4*) Volumes iguais de gases à mesma temperatura e pressão contêm o mesmo número de moléculas.

Lei de Boyle (*Seção 5.3A*) O volume de um gás à temperatura constante é inversamente proporcional à pressão aplicada ao gás.

Lei de Charles (*Seção 5.3B*) O volume de um gás a pressão constante é inversamente proporcional à temperatura em kelvins.

Lei de Dalton (*Seção 5.5*) A pressão de uma mistura de gases é igual à soma da pressão parcial de cada gás da mistura.

Lei de Gay-Lussac (*Seção 5.3C*) A pressão de um gás a volume constante é diretamente proporcional a sua temperatura em kelvins.

Lei de Henry (*Seção 6.4C*) A solubilidade de um gás num líquido é diretamente proporcional à pressão do gás acima do líquido.

Lei dos gases ideais (*Seção 5.4*) $PV = nRT$.

Liga (*Seção 6.2*) Mistura homogênea de metais.

Ligação covalente (*Seção 3.4A*) Ligação resultante do compartilhamento de elétrons entre dois átomos.

Ligação covalente apolar (*Seção 3.7B*) Ligação covalente entre dois átomos cuja diferença de eletronegatividade é menor que 0,5.

Ligação covalente polar (*Seção 3.7C*) Ligação covalente entre dois átomos cuja diferença de eletronegatividade está entre 0,5 e 1,9.

Ligação de hidrogênio (*Seção 5.7C*) Força não covalente de atração entre a carga positiva parcial de um átomo de hidrogênio ligado a um átomo de alta eletronegatividade, geralmente oxigênio ou nitrogênio, e a carga negativa parcial de um oxigênio ou nitrogênio vizinho.

Ligação dupla (*Seção 3.7C*) Ligação formada pelo compartilhamento de dois pares de elétrons; é representa por duas linhas paralelas entre os dois átomos ligados.

Ligação iônica (*Seção 3.4A*) Ligação química resultante da atração entre um íon positivo e um íon negativo.

Ligação simples (*Seção 3.7C*) Ligação formada pelo compartilhamento de um par de elétrons; é representada por uma linha única entre dois átomos ligados.

Ligação tripla (*Seção 3.7C*) Ligação formada pelo compartilhamento de três pares de elétrons; é representada por três linhas paralelas entre os dois átomos ligados.

Massa (*Seção 1.4*) Quantidade de matéria num objeto; a unidade básica no SI é o quilograma.

Massa atômica (*Seção 2.4E*) A média ponderada das massas dos isótopos de ocorrência natural corresponde a massa atômica (u).

Massa molar (*Seção 4.3*) A massa de 1 mol de uma substância expressa em gramas.

Massa molecular (MM) (*Seção 4.2*) A soma das massas atômicas de todos os átomos de um composto expressa em unidades de massa atômica (u). A massa molecular pode ser usada tanto para compostos iônicos como moleculares.

Matéria (*Seção 1.1*) Qualquer coisa que tenha massa e ocupe espaço.

Meia-vida de um radioisótopo (*Seção 9.4*) Tempo que metade de uma amostra de material radioativo leva para decair.

Metal (*Seção 2.5*) Elemento que é sólido à temperatura ambiente (com exceção do mercúrio, que é líquido), brilhante, conduz eletricidade, é dúctil, maleável e forma ligas. Em suas reações, os metais tendem a doar elétrons.

Metal alcalino (*Seção 2.5C*) Elemento, com exceção do hidrogênio, do Grupo 1A da Tabela Periódica.

Metaloide (*Seção 2.5B*) Elemento que apresenta algumas das propriedades dos metais e também de não metais. Seis elementos são classificados como metaloides.

Método científico (*Seção 1.2*) Método de adquirir conhecimento testando teorias.

Método de Conversão de Unidades (*Seção 1.5*) Método para fazer conversões em que as unidades são multiplicadas e divididas.

Metro (*Seção 1.4*) Unidade básica de comprimento no SI.

Mol (*Seção 4.3*) A massa molar de uma substância expressa em gramas.

Molaridade (*Seção 6.5*) O número de mols de um soluto dissolvido em 1 L de solução.

Movimento Browniano (*Seção 6.7*) Movimento aleatório de partículas de tamanho coloidal.

Mudança de fase (*Seção 5.10*) Mudança de um estado físico (gás, líquido ou sólido) para outro.

Não metal (*Seção 2.5*) Elemento que não tem as propriedades características de um metal e, em suas reações, tende a aceitar elétrons. Dezoito elementos são classificados como não metais.

Nêutron (*Seção 2.4*) Partícula subatômica com massa de aproximadamente 1 u e carga zero; é encontrada no núcleo.

Nível principal de energia (*Seção 2.6A*) Nível de energia que contém os orbitais de mesmo número (1, 2, 3, 4, e assim por diante).

Número atômico (*Seção 2.4C*) O número de prótons no núcleo de um átomo.

Número de Avogadro (*Seção 4.3*) $6,02 \times 10^{23}$ unidades-fórmula por mol; a quantidade de qualquer substância que contém o mesmo número de unidades-fórmula que o número de átomos em 12 g de carbono-12.

Osmolaridade (*Seção 6.8B*) A molaridade multiplicada pelo número de partículas produzidas na solução em cada unidade-fórmula do soluto.

Osmose (*Seção 6.8*) A passagem, através de uma membrana semipermeável, das moléculas do solvente de uma solução menos concentrada para uma solução mais concentrada.

Oxidação (*Seção 4.7*) A perda de elétrons; o ganho de átomos de oxigênio ou a perda de átomos de hidrogênio.

Par conjugado ácido-base (*Seção 8.3*) Par de moléculas ou íons relacionados entre si pelo ganho ou perda de um próton.

Partícula alfa (α) (*Seção 9.2*) Núcleo de hélio, He^{2+}, $_2^4He$.

Partícula beta (β) (*Seção 9.2*) Um elétron, $_{-1}^0\beta$.

Período da Tabela Periódica (*Seção 2.5*) Fileira horizontal da Tabela Periódica.

Peso (*Seção 1.4*) O resultado de uma massa que sofreu a ação da gravidade.

pH (*Seção 8.8*) Logaritmo negativo da concentração de hidrônio; $pH = -\log[H_3O^+]$.

pOH (*Seção 8.8*) Logaritmo negativo da concentração do íon hidróxido; $pOH = -\log[OH^-]$.

Ponto de ebulição (*Seção 5.8B*) Temperatura em que a pressão de vapor de um líquido é igual à pressão atmosférica.

Ponto de ebulição normal (*Seção 5.8C*) Temperatura em que um líquido entra em ebulição à pressão de 1 atm.

Ponto de equivalência (*Seção 8.9*) Numa titulação ácido-base, o ponto em que há uma quantidade igual de ácido e de base.

Ponto final (*Seção 8.9*) Em uma titulação, ponto em que ocorre uma mudança visível.

Pósitron ($\beta+$) (*Seção 9.3D*) Partícula com a massa de um elétron, mas de carga +1, $_{+1}^0\beta$.

Pressão (*Seção 5.2*) Força por unidade de área exercida contra uma superfície.

Pressão de vapor (*Seção 5.8B*) A pressão de um gás em equilíbrio com sua forma líquida num recipiente fechado.

Pressão osmótica (*Seção 6.8*) Quantidade de pressão externa que deve ser aplicada à solução mais concentrada para deter a passagem de moléculas do solvente através de uma membrana semipermeável.

Pressão parcial (*Seção 5.5*) Pressão que um gás, numa mistura de gases, exerce se estivesse sozinho no recipiente.

Princípio de Le Chatelier (*Seção 7.7*) Quando se aplica uma tensão num sistema em equilíbrio químico, a posição do equilíbrio se desloca na direção que aliviará a tensão aplicada.

Processo de Haber (*Conexões químicas 8E*) Processo industrial em que H_2 e N_2 são convertidos em NH_3.

Produto iônico da água, K_w (*Seção 8.7*) Concentração de H_3O^+ multiplicada pela concentração de OH^-; $[H_3O^+][OH^-] = 1 \times 10^{-14}$.

Propriedade física (*Seção 1.1*) Características de uma substância que não são propriedades químicas; propriedades que não são resultado de uma transformação química.

Propriedade química (*Seção 1.1*) Reação química sofrida por uma substância química.

Química (*Seção 1.1*) Ciência que estuda a matéria.

Rad (*Seção 9.5*) Dose absorvida de radiação. A unidade SI é o Gray (Gy).

Radiação ionizante (*Seção 9.5*) Radiação que faz um ou mais elétrons serem expulsos de um átomo ou de uma molécula, produzindo assim íons positivos.

Radiação nuclear (*Seção 9.3*) Radiação emitida de um núcleo durante o decaimento nuclear. Inclui partículas alfa, partículas beta, raios gama e pósitrons.

Radical (*Conexões químicas 9C*) Átomo ou molécula com um ou mais elétrons não emparelhados.

Radioativa (*Seção 9.2*) Refere-se a uma substância que emite radiação durante o decaimento nuclear.

Radioatividade (*Seção 9.2*) Outro nome para a radiação nuclear. Inclui partículas alfa, partículas beta, raios gama e pósitrons.

Raio gama (γ) (*Seção 9.2*) Uma forma de radiação eletromagnética caracterizada por comprimento de onda muito curto e energia muito alta.

Raio X (*Seção 9.2*) Um tipo de radiação eletromagnética cujo comprimento de onda é mais curto que o da luz ultravioleta, porém mais longo que o dos raios gama.

Raios cósmicos (*Seção 9.6*) Partículas de alta energia, prótons principalmente, vindas do espaço exterior e que bombardeiam a Terra.

Reação endotérmica (*Seção 4.8*) Reação química que absorve calor.

Reação exotérmica (*Seção 4.8*) Reação química que libera calor.

Reação nuclear (*Seção 9.3A*) Reação que transforma o núcleo atômico (geralmente em um núcleo de outro elemento).

Reação nuclear em cadeia (*Seção 9.9*) Reação nuclear que resulta da fusão de um núcleo com outra partícula (geralmente um nêutron) seguida de decaimento do núcleo fusionado em núcleos menores e mais nêutrons. Os nêutrons recém-formados continuam o processo e resultam numa reação em cadeia.

Reação redox (*Seção 4.7*) Uma reação de oxirredução.

Reagente limitante (*Seção 4.5B*) O reagente que é consumido, deixando um excesso de outro reagente ou reagentes sem reagir.

Redução (*Seção 4.7*) O ganho de elétrons; a perda de átomos de oxigênio ou o ganho de átomos de hidrogênio.

Regra do octeto (*Seção 3.2*) Quando sofrem reações químicas, os átomos de elementos dos Grupos 1A-7A tendem a ganhar, perder ou compartilhar elétrons para atingir uma configuração eletrônica com oito elétrons de valência.

Rendimento teórico (*Seção 4.5C*) A massa do produto que devia ser formada numa reação química de acordo com a estequiometria da equação balanceada.

Ressonância (*Seção 3.9*) Teoria em que muitas moléculas e íons são representados como híbridos de duas ou mais estruturas contribuintes de Lewis.

Roentgen (R) (*Seção 9.6*) Quantidade de radiação produzida por íons que têm $2,58 \times 10^{-4}$ coulomb por quilograma.

Seta de duas pontas (*Seção 3.9A*) Símbolo usado para mostrar que as estruturas em ambos os lados são contribuintes de ressonância.

SI (*Seção 1.4*) Sistema Internacional de Unidades.

Sievert (Sv) (*Seção 9.6*) Medida biológica de radiação. 1 sievert é igual a 100 rem.

Sistema métrico (*Seção 1.4*) Sistema em que as medidas de parâmetro estão relacionadas pelas potências de 10.

Sólido amorfo (*Seção 5.9*) Sólido cujos átomos, moléculas ou íons não apresentam um arranjo ordenado.

Solubilidade (*Seção 6.4*) Quantidade máxima de soluto que pode ser dissolvida em um solvente a uma temperatura e pressão específicas.

Solução aquosa (*Seção 4.6*) Solução em que o solvente é a água.

Soluto (*Seção 6.2*) Substância ou substâncias dissolvidas num solvente para produzir uma solução.

Solvente (*Seção 6.2*) Fração de uma solução em que outros componentes são dissolvidos.

Subcamada (*Seção 2.6*) Todos os orbitais de um átomo que têm o mesmo nível de energia principal e a mesma designação de letra (s, p, d ou f).

Sublimação (*Seção 5.10*) Mudança de fase que vai do estado sólido diretamente para o estado de vapor.

Supersaturada, solução (*Seção 6.4*) Solução em que o solvente dissolveu uma quantidade do soluto além da quantidade máxima, a uma temperatura e pressão específicas.

Tampão (*Seção 8.10*) Solução que resiste à mudança de pH quando quantidades limitadas de um ácido ou base lhe são adicionadas; solução aquosa que contém um ácido fraco e sua base conjugada.

Temperatura e pressão padrão (TPP) (*Seção 5.4*) 1 atmosfera de pressão e 0 °C (273K).

Tensão superficial (*Seção 5.8A*) Camada na superfície de um líquido produzida pelas atrações intermoleculares desiguais em sua superfície.

Teoria (*Seção 1.2*) Hipótese que é sustentada pela evidência; hipótese que passou nos testes.

Titulação (*Seção 8.9*) Procedimento analítico em que fazemos reagir um volume conhecido de uma solução de concentração conhecida com um volume conhecido de uma solução de concentração desconhecida.

Tomografia de emissão de pósitron (PET) (*Seção 9.7A*) Detecção de isótopos emissores de pósitron em diferentes tecidos e órgãos; uma técnica de imageamento clínico.

Transformação física (*Seção 1.1*) Transformação da matéria em que ela não perde sua identidade.

Transmutação (*Seção 9.3B*) Transformação de um elemento em outro elemento.

Transuraniano, elemento (*Seção 9.8*) Elemento de número atômico maior que o do urânio; isto é, maior que 92.

Tyndall, efeito (*Seção 6.7*) Luz que atravessa e é espalhada por um coloide visto em ângulo reto.

Unidade de massa atômica (*Seção 2.4B*) $1 \text{ u} = 1,6605 \times 10^{-24}$ g. Por definição, 1 u é 1/12 da massa de um átomo de carbono que contém 6 prótons e 6 nêutrons.

Unidades do Sistema Internacional (SI) (*Seção 1.4*) Sistema de unidades de medida baseado em parte no sistema métrico.

Volume (*Seção 1.4*) O espaço que uma substância ocupa; a unidade básica SI é o metro cúbico (m^3).

VSEPR, modelo (*Seção 3.10*) Modelo da repulsão do par eletrônico de valência.

Zero absoluto (*Seção 1.4*) A temperatura mais baixa possível; o ponto zero da escala de temperatura Kelvin.

Índice remissivo

Números de página em **negrito** referem-se a termos em negrito no texto. Números de página em *itálico* referem-se a figuras. Tabelas são indicadas com um *t* após o número da página. O material que aparece nos quadros é indicado por um *q* após o número da página.

A

Abundância isotópica, 38q
Acaso, definição de, **4**
Acetato
    tampões e íons de, 232, 233
Acetato de prata, 204
Acetileno (C_2H_2)
    formato das moléculas, 84, *84*
Acetona (CH_3CO_2)
    ponto de ebulição, 136
Acidez (pK_a), 221
    água, 225-228
Ácido(s). *Ver também* Acidez (pK_a)
    bases conjugadas de, 217t
    calculando pH de tampões, 235-237
    como doador de próton, 216
    constante de ionização (K_a), 221, 239
    definição, 213-215
    força, 215-218, 220
    monoprótico e diprótico, **217**
    pares conjugados ácido-base, 216-218
    pH, pOH, 227-228
    posição de equilíbrio em reações ácido-base, 219-221
    propriedades, 223-225
    tampões, 232, 235, 237, 239t
    tipos, 217q
    titulação usada para calcular concentrações de, 229-232
    triprótico, **217**
Ácido acético (CH_3COOH), 172, 216q
    ponto de ebulição, 143t
    reação com água, 219
    reação com amônia, 216, 219-220
    reação com etanol, 203-204, 205
    tampões, 232, 233
Ácido-base, reação, **216**
Ácido bórico (H_3BO_3), 216q
Ácido carbônico (H_2CO_3), 159q
Ácido clorídrico (HCl), 216q
    ligação covalente polar, 71, *72*
    reação com a água, 190, 214, 219
    reação com hidróxido de potássio, 223
    reação com íon bicarbonato para formar dióxido de carbono, 112
    reação com magnésio, 223
    reação com metilamina, 225
    solubilidade em água, 172
Ácido conjugado, **216**, 239
Ácido forte, 215t, 217t
Ácido fosfórico (H_3PO_4), 76, 216q
Ácido nítrico (HNO_3), 216q
Ácidos dipróticos, **216**
Acidose humana, respiratória e metabólica, **238**q
Acidose metabólica, **238**q
    acidose respiratória e metabólica, **238**q
Acidose respiratória, **238**q
Ácidos fracos, **215**, 217t
    K_a e pK_a, valores para alguns, 222t
Ácido sulfúrico (H_2SO_4), 77, 159q, 216q
    titulação com hidróxido de sódio, 229
Ácido triprótico, **216**
Actínio-225, 262
Água de hidratação, *169*
Água (H_2O)
    calor específico, 19q
    como solvente, 168-173
    densidade, 15, 143q
    diagrama de fase, 148
    energias envolvidas na mudança de fase de gelo a vapor, 146-150
    estrutura de Lewis e modelo de esferas e bastões, *83*
    fórmulas, *30*
    ligações de hidrogênio juntando moléculas de, 137
    modelos de, *30*
    osmose reversa e produção de água potável, 178q
    polaridade molecular, 87
    ponto de ebulição, 143t
    produto iônico, K_w (constante da água), **225**
    propriedades ácido-base, 225-229
    reação com a amônia, 201
    reação com ácido acético, 219
    reação com ácido clorídrico, 190, 219
    reatividade de íons com a, 112
    solubilidade de um gás na, 159t
    soluções aquosas como solventes. *Ver* Solução aquosa
Alaranjado de metila como indicador de pH, 229
Alcalose, 239q
Algarismos significativos, **5**, **6**, **21**
Alumínio, *3*
Ambientais, problemas
    acidentes nucleares, 254, 266q
    chuva ácida, 78q, 159q, *205*
    lixo nuclear, 265
    poluição do ar. *Ver* Poluição do ar
    poluição térmica, 161
    vazamentos de óleo no oceano, *15*
Amônia (NH_3), 216q
    reação com ácido acético, 216, 219-220
    reação com ácidos, 224-225
Ângulos de ligação, **81**
    prevendo em moléculas covalentes, 81-85
Anidra, substância, **169**
Ânion, **62**, **87**
    nomenclatura de monoatômico, 64
    solvatado, **169**, *169*

Ânodo, **116**q, **170**
Antiácidos, 225q
Antibióticos, 262
Anticorpos, 262
Antilogaritmos (antilogs), 226-227
Antissépticos, 117q
Apolares, ligações covalentes, **71**, 71-72, **88**
Aristóteles (384-322 a.C.), 2
Armas nucleares, testes de, perigo para saúde 40q
Arqueológicos, objetos, datação radioativa de, 253q
Arrhenius, Svante (1859-1927), 214, 239
Aspirina, 187
Astroquímica, abundâncias isotópicas e, 38q
Atmosfera
    poluição. *Ver* Poluição do ar
    pressão do ar, **126**
Atmosfera (atm), 127
Átomo (s), 27-54
    configuração eletrônica, 44-50
    definição, **31**
    energia de ionização, 51-53
    íons. *Ver* Íon (s)
    isótopos, 36
    massa, 37-38
    matéria, 27-31
    número atômico, **34**, 34-35
    número de massa, **34**
    partículas subatômicas, 33t, 34
    periodicidade na configuração eletrônica e propriedades químicas, 50-53
    peso atômico, **36**, 36-37
    postulados teóricos de Dalton, 31-33
    Tabela Periódica dos elementos, 38-43
    tamanho, 37-38, 50-51, 54
Automóvel, comportamento dos líquidos e freios hidráulicos, 138
Avogadro, Amadeo (1776-1856), 99

B

Bactérias
    fixação do nitrogênio, 207q
Balanças, medindo massa usando, 8, *8*
Balões de ar quente, *129*
Barômetro de mercúrio, **127**
Base conjugada, **216**, 239
Base forte, **215**, 217t
Base(s), **214**
Bases fracas, 215t, **216**, 217t
Baterias, **116**q, 117
Becquerel (Bq), **254**
Becquerel, Henri, (1852-1908), 245-246
"Bends", bolhas de nitrogênio no sangue causando, 162q
Benzeno (C_6H_6), 160
Bicarbonato de potássio, 224
Bicarbonato de sódio, **224**
Bicarbonato de sódio, 217
Bicarbonato, íon (HCO_3^-)
    reações com ácidos, 223-224
    reatividade com cloreto de hidrogênio para formar dióxido de carbono, 112

Binário, composto, **69**
Branqueamento como reação de oxidação, **118**
Bromo, *39*
"Buckyballs" (buckminsterfulereno), 144
Butano (C_4H_{10}), 104
    ponto de ebulição, 136

C

Caixa de orbital, diagrama de, 46-47, 46t
Cálcio (Ca^{2+})
    estrôncio-90, 40q
Calor, 17-20, **21**
    específico. *Ver* Calor específico (CE)
    medida, 18
    produzido por reações químicas, 118
    temperatura, 18
Calor de combustão, **119**
Calor de fusão, **146**, **151**
Calor de reação, 118, **118**
Calor de vaporização, **146**, **151**
Calor específico (CE), 18-20, **21**, **146**
    da água, 19q, 146
    para substâncias comuns, 18t
Caloria, **18**, 18
Camada de valência, **48**, **54**
Camadas (átomo), **45**, **54**
    de valência, 48
    distribuição de elétrons, 44t
    distribuição dos orbitais, 44t
Câncer
    radiação como causa, 258
    terapia por radiação, 262
Capacidade tamponante, **234**, 235, **240**
Captura de elétron (C.E.), 251, **267**
Carbonato(s)
    como tampão no sangue, 235
    reações com ácidos, 223-224
    solubilidade, 113t
Carbonato de sódio, reações entre ácidos e, 223
Carbonato, íon (CO_3^{2-}), 78, 79
Carbono (C)
    compostos que contêm.
    diagrama da caixa orbital para o, 46
    formas cristalinas, 144
    tamanho do átomo, 51
Carbono-14, 253q
Catalisador(es)
    diagrama energético, *196*
    efeitos no equilíbrio químico, 208
    heterogêneos e homogêneos, **196**
    velocidades de reação química e presença de, **196**, 197, **208**
Catalisador homogêneo, *196*
Cátion, **62**
    de metais formando dois íons positivos diferentes, 64t
    de metais formando um íon positivo, 64t
    nomenclatura monoatômica, 63-64
    solvatado, **169**, *169*
Cátodo, **116**q, **170**
Celsius, escala, **9**
Células voltaicas, **116**q

Cérebro humano
    imageamento clínico, 261, *261*
Chernobyl, acidente nuclear de, 266*q*
Chumbo, 32, 38
Chuva ácida, 159*q*
Chuva ácida, 78*q*, 159*q*, 205
Cinética química, **188**
Cloreto de amônio, 274
Cloreto de prata (AgCl), *111*
    reação com a luz do sol, 206*q*
Cloreto de sódio (NaCl), *61*, 62, *63*, 67
    estrutura cristalina, 68
    solução, 159
Cloro (Cl_2), 39
    como agente oxidante, 117*q*
    peso atômico, 36
Clorofórmio ($CHCl_3$)
    densidade, 16
    ponto de ebulição, 143*t*
Clorometano (CH_3Cl), 171
    reação com o íon iodeto, *192*
Cobre (II), $Cu(NO_3)_2$, nitrato de, 112
Cobre, redução do zinco pelo, 114
Coeficientes, 103
Colchões d'água e calor específico da água, 19*q*
Colisão efetiva (moléculas), **189**, **208**
Colisão, teoria da. *Ver* Teoria cinético-molecular
Colisões moleculares
    energia, 189
    reações químicas que resultam de, 189-190
    teoria cinético-molecular, 134-135, **151**, 194
Coloides, 172-179
    movimento browniano, 173
    propriedades coligativas, 174-180
    propriedades, 173*t*
    tipos, 172*t*
Combustão, **102**
    calor de, **119**
    como reação redox, 116
    metano, 115
    propano, 102, *102*, 103
Compostos, **25**, 25-28, 30, **54**
    binários, **69**
    covalentes, 73-76
    fórmulas, 30
    iônicos, 67-69
    iônicos binários, **69**, 70
Compressas frias, calor específico da água e, 19*q*
Comprimento de onda (λ), radiação eletromagnética, **247**
Comprimento, medida de, 7
Concentração de soluções, 161-168
    concentração percentual como expressão da, 161-162
    diluição como expressão da, 166-167
    molaridade como expressão da, 162-166
    partes por milhão como expressão da, 168
    pH e pOH como expressões de ácido-base, 227-229
    titulação e cálculo, 229-232
Concentração percentual (% w/v) de soluções, 161-163, **180**
Condensação, **135**

Conexões químicas
    abundâncias isotópicas, 38*q*
    acidentes em usinas nucleares, 254, 266*q*
    acidose metabólica, 238*q*
    acidose respiratória, 238*q*
    ácidos, 216*q*
    alcalose, 239*q*
    antiácidos, 225*q*
    antissépticos, 117*q*
    astroquímica, 38*q*
    bases, 216*q*
    bends (bolhas de gás no sangue), 162*q*
    calor específico da água, 19*q*
    células voltaicas, **116***q*
    chuva ácida, 159 *q*, 205
    compostos iônicos, 71*q*
    danos aos tecidos causados por radiação formando radicais livres, 260*q*
    datação radioativa, 253*q*
    densidade da água, 143*q*
    densidade do gelo, 143*q*
    dessalinização da água, 178*q*
    dióxido de carbono supercrítico, 149*q*
    dosagem farmacológica e massa corporal, 9*q*
    elementos da crosta terrestre, 33*q*
    elementos, 29*q*, 33*q*
    emulsões e agentes emulsificantes, 174*q*
    entropia, 127*q*
    estrôncio-90, 40*q*
    febre, 195*q*
    fertilizantes, 207*q*
    hemodiálise, 179*q*
    hidratos, 171*q*
    hipotermia e hipertermia, 18*q*
    lei de Boyle, 129*q*
    medicamentos de liberação controlada, 197*q*
    medicina hiperbárica, 133*q*
    metais como marcos históricos, 42*q*
    osmose reversa, 178*q*
    óxido nítrico, 78*q*
    poluição do ar, 172*q*
    pressão sanguínea, 140*q*
    princípio de Le Chatelier, 206*q*
    processo de Haber, 207*q*
    química do coral e ossos humanos, 65*q*
    radônio doméstico, 259*q*
    solubilidade do esmalte do dente, 113*q*
    temperatura do corpo, 196*q*
Configuração eletrônica, **45**
    diagramas de caixa de orbitais, 46-47
    estrutura de pontos de Lewis, 48-49
    notações de gás nobre, 47-48
    regra do octeto para elementos dos Grupos 1A-7A, 61-63
    regras, 45-46
    relação com a posição na Tabela Periódica, 49-50
Constante da água (K_w), 225
Constante de equilíbrio (K), 199-203, **208**
Constante de ionização ácida (K_a), **221**, 221-222, 239
Constante de velocidade, **194**

Constante dos gases ideais, **131**
Constante universal dos gases (R), 131
Contadores de cintilação, **254**
Contador proporcional, **254**
   contribuintes
Conversão de nitrogênio pelo processo de Haber, 207q
   como base fraca, 215
   como fertilizante, 82
   formato da molécula, 82, *83*
   polaridade molecular, 87
   reação com água, 201
Conversão de unidades de medida, 10-14
Coral, 65q
Corpo humano
   água, 172
   bebidas energéticas para a conservação dos eletrólitos, *171*
   cálcio e os perigos do estrôncio-90, 40q
   cárie dentária, 113q
   cuidados médicos. *Ver Medicina*
   danos as tecidos causados por radicais livres resultantes de radiação, 260q
   diminuição da temperatura, 196q
   efeitos da radiação nuclear, 254, 256-258
   efeitos do radônio, 259q
   elementos necessários, 29q
   elementos, 33q
   enxertos ósseos, 65q
   febre, 195q
   gota causada por urato de sódio mono-hidratado em juntas, 170, *170*
   hipotermia/hipertermia, 18q
   massa e dosagem de remédios, 9q
   pH de fluidos, 228
   pressão sanguínea, 140q
   respiração e lei de Boyle sobre gases, 129q
   rins, 179q
Coulomb, 256
Covalente binário, composto, **77**, **88**
Covalentes, compostos
   água como solvente, 172
   ângulos de ligação, 81-85
   apolares e polares, 71-72
   estruturas de Lewis, 73-76
   exceções à regra do octeto aplicadas a, 76-77
   formação, 70
   fórmulas-peso para dois, 98t
   pontos de ebulição e fatores que afetam os, 143
Crenação, *180*, **180**
Cristais
   anidros e higroscópicos, 170
   de carbono, 144
   de cloreto de sódio, *68*
   hidratados, 169
Cristalização, 144, **144**, **150**
Cro-Magnon, datação das pinturas da caverna de, 253q
Curie (Ci), **254**
Curie, Marie e Pierre, 246
Curva de aquecimento para mudança de fase, do gelo para vapor d'água, 146, **146**, *147*

D

Dalton, John (1766-1844), 31-33
Datação radioativa de objetos arqueológicos, 253q
Demócrito (460-370 a.C.), 27
Densidade, **15**, 15-16, **21**
   gelo e água, 143q
Depressão do ponto de congelamento, 174-175, **180**
Derretimento de minérios, 159q
Dessalinização da água, 178q
Dessalinização reversa, 178q
Diagrama de fase, 148, 150
   para a água, 148
Diálise, 179
Diastólica, pressão sanguínea, 140q
Diatômicos, elementos, **33**
Dietil éter ($CH_3CH_2OCH_2CH_3$)
   densidade, 15
   em solução com água, *159*
Diluição de soluções concentradas, 166-167
2,2-Dimetilpropano (C_5H_{12}), *144*
Dióxido de carbono, (CO_2), 32
   como produto das reações carbonato-ácido/bicarbonato, 224
   formatos moleculares, 84
   reação do íon bicarbonato com cloreto de hidrogênio para formar, 112
   supercrítico, 149q
   vapor de, 146
Dióxido de enxofre (SO_2), 77, 159q, 172q
Dioxina, 168
Dipolo, **72**, **88**
Dipolo-dipolo, interações, 135t, **136**, 136-137, **150**
Dipropil éter (C_6OH_{14}), 171
Dissociação, **111**
Doenças e condições
   gota, 170, *170*
Dosimetria de radiação, saúde humana e, 256-258, 257t, 258t
Drogas. *Ver também* Fármacos
   antiácidos, 225q
   de liberação controlada, 197q
   dosagem e massa corpórea, 9q

E

Elemento(s), **24**, **54**
   classificação, 39-40
   configurações eletrônicas do estado fundamental dos primeiros, 14, 46t
   de transição, **39**
   de transição interna, **39**
   do grupo principal, **39**, 50, 51
   estrutura de pontos de Lewis para os primeiros, 16, 48t
   monoatômicos, diatômicos e poliatômicos, **32-33**, *33*
   no corpo humano, 33q
   periodicidade nas propriedades dos, 42
   regra do octeto para elétrons de valência dos Grupos 1A-7A, 61-63
   transmutação, **249**
   transuranianos, **263**
   valores de eletronegatividade, 66t

Elementos de transição, **39**
Eletricidade
    eletricidade, *246*
    ondas radioativas, **247**
    soluções iônicas como condutores de, 169-171
Eletrólitos, **170**, 170-171, *171*, **180**
Eletrólitos fortes, **171**
Eletrólitos fracos, **171**
Elétron deslocalizados, 79
Eletronegatividade
    ligações químicas, 66-67, 72*t*, 88
Elétron no estado fundamental, **43**
    configurações para os primeiros 18 elementos, 46*t*
Elétron(s), **34**, **54**
    configuração em átomos, 43-49
    de valência, 48
    distribuição em camadas, 44*t*
    estado fundamental, **44**
    pareamento de spins eletrônicos, *46*
Elétrons de valência, **48**, **54**
    regra do octeto, 61-63
Elétrons ligantes em estruturas de ponto de Lewis, **73**
Elétrons não ligantes nas estruturas de ponto de Lewis, **73**
Emissão alfa, 250, 266
Emissão beta, **249**, **266**
Emissão de pósitron, 250-251, **266**
Emissão gama, 251, **267**
Emulsões, **174**
Energia, 17-18
    cinética, **17**
    colisões moleculares, 189
    conversão, 17
    entropia como medida de dispersão de, 127*q*
    formas, 17-18
    ionização, 51-53
    lei da conservação de, **18**
    níveis em orbitais eletrônicos, 46
    potencial, 17
    velocidade de reações químicas, 189, 192, 196, 197
Energia atômica, **264**, 264-266. *Ver também* Energia nuclear
Energia calorífica, 17
Energia Cinética (EC), **17**, **21**
    conversão de energia potencial em, 17
    temperatura e aumento da, 125, 195
Energia da radiação ionizante, 254, 255-256
Energia de ativação, **189**, **208**
    velocidades de reação química, 190-192
Energia de ionização, **52**, *53*, **54**
    número atômico *versus*, *53*
Energia elétrica, 17
Energia mecânica, 17
Energia nuclear, 17
    acidentes envolvendo, 254, 266*q*
    fissão, **264**, 264-265
    fusão, **262**, 262-263
Energia potencial, **17**, **21**
    conversão em energia cinética, 17
Energia química, 17-18. *Ver também* Energia
Entropia, 127*q*

Enxertos ósseos, 65*q*
Enxofre
    mistura de ferro e, *31*
Equação iônica simplificada, **111**, **120**
Equação nuclear, balanceamento de, 249
Equação química, **102**, **119**
    balanceamento, **102**, 102*q*, 103
    iônica simplificada, 111
Equilíbrio, **139**
    evaporação/condensação, *139*
Equilíbrio dinâmico, **198**
Equilíbrio químico, 197-199, **208**
    constante de equilíbrio, 199-203
    definição, 198
    princípio de Le Chatelier, 203-208
    reações ácido-base, 219-221
    tempo necessário para atingir o, 203
Esfigmomanômetro, 140*q*
Esmalte do dente, solubilidade e deterioração, 113*q*
Espectro eletromagnético, *247*
Estado de transição, **191**, *192*, **208**
Estado gasoso, **126**
Estado líquido, *126*
Estados da matéria, 2, 14-15, 126. *Ver também* Gás(ses); Líquido(s); Sólido(s)
    energias envolvidas em mudanças de fase, 146-150
Estado sólido, 142. *Ver também* Sólido(s)
Estequiometria, **105**, 105-107, **120**
    cálculos de rendimento percentual, 109
    reagentes limitantes, *108*, 108-109
Estrôncio-90, 252
    cálcio, ossos humanos e, 40*q*
Estrutura de ressonância (contribuintes de ressonância), **78**
Estruturas contribuintes, **78**, 88
    representação, 78-81
Etanol (CH_3CH_2OH), 173
    concentração percentual na água, 162
    e água em solução, 159
    reação com ácido acético, 203-204, 205
Etileno (C_2H_4)
    formato da molécula, *83*
Etilenoglicol, 174-175
Evaporação, *139*, *141*
Exercícios
    acidose respiratória e metabólica, 254*q*

F

Fabricius (1537-1619), 3
$FADH_2$
    escala Fahrenheit, **10**
Fármacos. *Ver também* Drogas
    antibióticos, 262
    compostos iônicos, 71*q*
    efeitos da massa corpórea na dosagem, 9*q*
    lítio, para depressão, 63
Fase, **146**, **151**
Fato, definição de, **2**
Fator(es) de conversão, 10-11, **11**
    escolhendo o correto, 11*q*
    massa molar como, 99

relações de massa em reações químicas calculadas usando, 105
sistema métrico e sistema inglês, 8*t*
FDG (18-fluorodesoxiglicose), 261
Fermi, Enrico (1901-1954), 264
Ferro
    mistura de enxofre e, *31*
Ferrugem como reação redox, **116**, 116-117
Fertilizantes
    amônia, 82
    processo de Haber e fixação do nitrogênio atmosférico por bactérias como, 207*q*
Fissão nuclear, **264**, 264-265, **267**, **267**
Flúor, *39*
    eletronegatividade, 66
Fluoreto
    em água potável, 63
Folmaldeído (CH_2O)
    estrutura de Lewis e modelo de esferas e bastões, *74*
    formato das moléculas, *83*
    reação com hidrogênio para produzir metanol, 196
Forças de atração entre moléculas, 150
    estados da matéria, 126
    gases, 135-136
    tipos, 135-138
Forças de dispersão de London, 135*t*, **136**, **150**
Fórmula, 30
    estrutural, *73. Ver também*, Fórmulas estruturais
    previsão para compostos iônicos, 68-69
Fórmulas estruturais, **73**
Fosfato
    como tampão, 235
    solubilidade, 113*t*
Fosfina, 76
Fósforo (P), 48
Fótons, **247**
Frequência (*ν*) na radiação eletromagnética, **247**
Fuller, Buckminster (1895-1983), 144
Fusão nuclear, **262**, 262-263
Fusão nuclear, **262**, 262-263, **267**

G

Galeno (200-130 a.C.), 2
Gás(es), **14**, **23**, *126*
    condensação, 135
    lei de Dalton das pressões parciais, 133-134
    ideal, 131
    lei de Avogadro, lei dos gases ideais e, 131-133
    lei de Boyle, lei de Charles e lei de Gay-Lussac governando o comportamento dos, 127-131
    lei de Henry e solubilidade, 161-162
    mudança de fase de sólido para, 146-150
    mudança depressão e equilíbrio químico, 206-208
    nobres, **43**, 43*t*
    pressão e velocidade de reação, 193
    solubilidade em água, 159*t*
    teoria cinético-molecular e o comportamento dos, 134-135, 194

Gases nobres, **43**
    notações, 47-48, 50*t*
    pontos de fusão e ebulição, 43*t*
    regra do octeto para a configuração eletrônica, 61*t*
Gás ideal, 131, **135**
Gay-Lussac, lei de, 129*t*, **150**
Geiger-Müller, contador, *255*, **266**
Gelo
    densidade da água, 143*q*
    mudança de fase para vapor d'água, 146-150
Gen(es)
    mutações, 258
Germinação, **161**
Glicose ($C_6H_{12}O_6$)
    imageamento clínico de captação e metabolismo da, 261
    velocidade de reação com oxigênio, 188
Good, N. E., 237
Gota, *170*
Grafite, superfície da, *38*
Grama (g), definição de, **8**
Gravidade, 8-9
    específica, **16**, 16-17
Gravidade específica, **16**, 16-17, **21**
Grupo principal, elementos do, **39**
    raios atômicos, 50, *52*

H

Haber, processo de, 207*q*
Hahn, Otto (1879-1968), 264
Halogênios, *39*, **39**
    pontos de fusão e ebulição, 42*t*
Harvey, William (1578-1657), 3
Hélio (He), diagrama de caixa de orbital para o, 46
Hemodiálise, 179*q*
Hemólise, 180, **180**
Henderson-Hasselbach, equação de, **235**, 235-237
Herbicidas, 168
Híbridos de ressonância, **78**, 79
Hidratos, **169**
    poluição do ar causada por, 172*q*
Hidrogênio (H)
    configuração eletrônica, 44
    diagrama de caixa do orbital, 46
    ligações covalentes, 70-71
    reação com formaldeído para formar metanol, 196
Hidrômetro, 16
Hidrônio, íon, 174, **214**
    expresso como pH e pOH, 227-228
Hidróxido de magnésio ($Mg(OH)_2$), 216*q*
Hidróxido de potássio (KOH), 223
Hidróxido de sódio (NaOH) (lixívia), 216*q*
    titulação com ácido sulfúrico (H_2SO_4), 229
Hidróxidos, 113*t*
Higroscópica, substância, **170**
Hiperbárica, câmara, 133*q*
Hipertermia, 18*q*
Hipertônicas, soluções, **178**, **180**
Hiperventilação, 239*q*
Hipotermia, 18*q*

Hipótese, **2**, **22**
Hipotônicas, soluções, 178, **179**
Hipoxia, 133q

I

Imageamento clínico, 259-261
    isótopos radioativos úteis, 261t
    tomografia de emissão de pósitron (PET), *261*
Indicador de pH, **229**, 229t, 229
Indicadores ácido-base, 229 *229*, 229
Instrumentos
    balanças, *8*
    barômetro, **127**
    contador Geiger-Müller, *254*
    hidrômetro e urinômetro, *16*
    manômetro, *127*, **127**
    pHmetro, 229
Intensidade da radiação ionizante, 254-255
Iodo, *39*
Iodo-125, 262
Iodo-131, 260, 262
    curva de decaimento, 252
Iônico binário, composto, **69**, 70, **88**
Iônicos, compostos, **67**
    água como solvente, 168, *169*
    contendo íons poliatômicos, 70
    de metais que formam mais de um íon positivo, 69-70
    de metais que formam um íon positivo, 69
    em fármacos, 71q
    massa molar como fator de conversão para, 100
    pesos-fórmula para dois, 98t
    prevendo fórmulas, 68-69
Ionização da água, 225
Íon(s)
    eletricidade conduzida por soluções de, 170-171
    espectadores, **112**
    forças de atração entre moléculas e, 135t, 135-138
    hidratados, **169**
    nomenclatura de poliatômicos, 64
    prevendo a reatividade em soluções aquosas, 111-114
Isotônicas, soluções, **178**
Isótopos, 36, **55**
    radioativos, 248-250, 261t
Isótopos radioativos, **248**, **250**

J

Joule (J), **18**

K

K_a, constante de ionização ácida, **221**, **239**
    para ácidos fracos, 221t
Kelvin (K), escala de temperatura, **10**, 127q
    leis dos gases, 129

L

Lavoisier, Antoine Laurent (1743-1794), 32
Le Chatelier, Henri (1850-1936), 203
Le Chatelier, princípio de, reações químicas e, **203**, 203-208, **208**
    adição de componente da reação, 203-205
    efeitos do catalisador, 208
    mudança de pressão, 206-208
    mudança de temperatura, 205-206
    óculos de sol e aplicação do, 206q
    remoção de componente da reação, 205
Lei da combinação dos gases, *129*, **150**
Lei da conservação da energia, **18**
Lei da conservação das massas, 32, **53**
Lei da conservação das massas, **32**, **53**, 102
Lei das composições constantes, 32, **53**
Lei das composições constantes, **32**, **53**
Lei das pressões parciais de Dalton, **133**, 133-134, **151**
Lei de Avogadro, **131**, *131*, **150**
Lei de Boyle, 127-128, *129*, 129t, **150**
Lei de Charles, 128, *129*, 129t, **150**
Lei de Henry, **161**, *162*
Lei dos gases ideais, **131**
Levedura, 224
Lewis, estruturas de ponto de, 48-49, **54**, *73*, 88
    algumas moléculas pequenas, 74t
    compostos covalentes, 73-76
    elementos, 1-14, 48t
    metais alcalinos, 50t
Lewis, Gilbert N., (1875-1946), 48, 61
Ligação dupla, **74**
Ligação simples, **70**, 73
Ligação tripla, **74**
Ligações covalentes polares, **71**, 71-72, **88**
Ligações covalentes, 61, 65-66, **66**, 70-77, 81-85, **88**, 135t
    apolar e polar, 71-72
    estruturas de Lewis, 73-76
    exceções à regra do octeto aplicadas às, 76-77
    formação, 70
Ligações de hidrogênio, 70, 135t, **137**, 137, **150**
Ligações iônicas, 61, 65-66, **66**, 67-69, **88**, 135t
    formação, 67
Ligações químicas, 61-95
    ânions e cátions, 61, 63-65
    classificação, 72t
    covalentes, 61, 65-66, 70-77, 81-85
    determinando a polaridade, 86
    eletronegatividade, 66-67, 72t
    iônicas, 61, 65-66, 67-69
    prevendo os ângulos covalentes, 81-85
    regra do octeto e os oito elétrons de valência, 61-63
    ressonância (estruturas contribuintes), 78-81
Ligas, **158**
Líquido(s), **14**, **21**, *126*
    comportamento no nível molecular, 51-54
    densidade da água *versus* gelo, 143q
    ponto de ebulição, 142-144
    pressão de vapor, 139-141
    solidificação, 135
    tensão superficial, 139
Lítio (droga), 63
Lítio (Li), diagrama da caixa de orbital para o, 46
Litro (L), definição de, **7**
Logaritmos (logs), usando antilogs e, 226-227
London, Fritz (1900-1954), 136

Lowry, Thomas, 216, 239
Luz
   como energia, 17
   efeito Tyndall das partículas coloidais, 172-173
   IV (infravermelho), 247
   solar reagindo com o cloreto de prata nos óculos de sol, 206q
   UV (ultravioleta), 247
   visível, 247

M

Magnésio metálico, reação com ácido clorídrico, 223
Massa(s)
   definição, 8
   lei da conservação das, **32**, **55**, 102
   medida, 8-9
Massa atômica, 37-38
Massa corporal, dosagem de fármacos e, 9q
Massa molar, 99, **118**
Massa molecular (MM), 98
   para dois compostos iônicos e covalentes, 98t
Massa por unidade de volume. *Ver* Densidade
Matéria, 1-2
   átomos como componentes básicos, 27-28
   classificação, 28-31. *Ver também* Composto(s); Elemento(s); Mistura(s)
   definição, 1
   energias envolvidas nas mudanças de fase da, 146-150
   estados, 2, 14-15, 126. *Ver também* Gás(es); Líquido(s); Sólido(s)
Medicina nuclear, 259-262
   imageamento clínico, 259-261
   terapia por radiação, 262
Medicina, 1. *Ver também* Drogas; Fármacos
   câmera hiperbárica de oxigênio, 133q
   enxertos ósseos, 65q
Medida, 6-10
   convertendo unidades de, 10-14
   dispersão de energia (entropia), 127q
   pressão, 126-127
   pressão sanguínea, 140q
   radiação nuclear, 254-256
   velocidade de reações químicas, 187-189
Meia-vida $t_{1/2}$, 252-253, **266**
   datação radioativa de objetos arqueológicos, 253q
   de alguns núcleos radioativos, 254t
Meitner, Lise (1878-1968), 264
Membrana osmótica, **176**
Membrana semipermeável, **176**
Mensageiros químicos, **124**
   óxido nítrico, 78q
Metal(is), **39**, 39-40, *41*, **53**
   alcalinos, **42**. *Ver também* Metais alcalinos
   nomenclatura de cátions com base nos, 64t
   nomenclatura de compostos iônicos binários com base nos, 69
   reação com ácidos, 223
   utilização como marcos históricos, 42q
Mentais, transtornos, 63

Metais alcalinos, **42**
   notação de gás nobre e estruturas de ponto de Lewis, 50t
   pontos de fusão e de ebulição, 43t
Metais, hidróxidos de, 223
Metais, reações com óxidos de, 223
Metaloides, **41**, *41*, **53**
Metano
   estrutura, *83*
Metanol (CH_3OH), 171
   reação de formaldeído e hidrogênio para produzir, 196
Meteoritos, 42q, 253q
Metilamina, 281
   reação com ácido clorídrico, 225
Método científico, 2-4, **21**
Método de Conversão de Unidades, 10-12, **21**
   exemplos, 12-14
Metro (m), **7**
Milímetros de mercúrio (mmHg), **126**
Milirem, **257**
Miscíveis, soluções, **159**
Mistura homogênea, 158 *Ver também* Solução(ões)
Mistura(s), 30, *31*, **54**, 173t. *Ver também* Coloides; Soluções; Suspensões
Modelos de balões, prevendo ângulos de ligação com, 82
Mol, 98, **118**
   calculando relações de massa usando, 92-102
   de alguns metais e compostos, *99*
   definição, **98**
Molaridade (M), 163-166, **180**
Molécula(s), 30, **31**. *Ver também* Forças de atração entre moléculas.
   covalentes, prevendo ângulos de ligação em, 81-85
   gases e teoria cinético-molecular
   lateralidade. *Ver* Quiralidade
   líquidas, 135
   polaridade, 86, 91
Moluscos, construção da concha dos, *113*
Monoatômicos, ânions, 64, **87**
Monoatômicos, cátions, 63-64
Monoatômicos, elementos, **32**
Monóxido de carbono, 32
MOPS, tampão, 237, 239t
Movimento browniano, **173**, **180**
   mudança, 191-198
   colisões moleculares, 189-190, 195
   equilíbrio. *Ver* Equilíbrio químico, 188, 194
   medida, 188
   relação entre energia de ativação e velocidade da reação, 190-192
Mudança de fase, **146**, **151**
Nanotubos, 144, 172
Não-eletrólitos, **170**
Não-metais, **41**, *41*, **53**
Neônio (Ne), diagrama de caixa de orbital para o, 47
Neutralização como propriedade de ácidos e bases, 223
Nêutron, **34**, *34*, **55**
   em isótopos, 250
Nitrogênio
   processo de Haber e conversão em amônia, 207q

Níveis principais de energia, **45**, **54**
Nomenclatura.
    ânions monoatômicos, 64
    cátions monoatômicos, 63-64
    compostos iônicos binários, 69
    compostos iônicos que contêm íons poliatômicos, 70
Normal, ponto de ebulição, **142**
Notação exponencial, definição de, **4**, 5, 6, **21**
Núcleo (do átomo), **33**, *34*
    emissão radiativa, 248-251
    meia-vida do decaimento radioativo, 252-254
Número atômico, **34**, 34-35, **54**
    energia de ionização *versus*, 53
Número de Avogadro, **99**
Número de massa, **34**, **54**
Números, notação de, 4-6

O

Óculos de sol, 206*q*
    1*s*, 2*s* e 2*p*, 45
Orbital(is), **44**, **54**
    distribuição em camadas, 44*t*
    formas e orientação espacial
    níveis de energia, 45
    regras que governam os, 45-46
Osmolaridade, **176**, **180**
Osmose, 176, 178*q*
Osmose reversa, 178*q*
Oxidação, 114-118, **119**. *Ver também* Redox, reações
    definição, **114**
Oxidantes, agentes, **114**, *117*
    antissépticos como, 117*q*
Óxido de mercúrio (II), decomposição do, como reação endotérmica
    reação endotérmica, 118
Óxido nítrico (NO)
    como mensageiro químico secundário, 78*q*
    como poluente do ar, 78*q*
Oxigênio (O_2)
    câmaras hiperbáricas por privação de, 133*q*
    diagrama da caixa de orbital para o, 47
    reação química com a palha de aço, *193*
Oxirredução, reação de, **114**. *Ver também* Redox, reações
Ozônio (O_3)
    como agente oxidante, 117*q*

P

Pares ácido-base conjugados, 216-218
Partes por bilhão (ppb), 168
Partes por milhão (ppm), 168
Partículas alfa (α), **247**, 250, **266**
    eletricidade, *246*
    nível de energia, 256, *256*
Partículas beta (β), **246**, **248**
    eletricidade, *246*
    nível de energia, 256, *256*
Partículas de poeira, 172
Partículas subatômicas, 33
Pascal, 127

Pauling, escala, 66*t*
Pauling, Linus, 66
    teoria da ressonância de, 78
Pentacloreto de fósforo, *76*
Pentano (C_5H_{12}), *144*
Percevejo d'água (inseto), *139*
Permanganato de potássio, solução de, 166
Peso atômico, **36**, 36-37, **54**, 98
Peso, definição de, **8**
Pesos moleculares (PM), **98**, 98, **118**
Petróleo
    vazamentos em oceanos, *15*
pH (concentração de íons hidrônio), 227-229, **239**
    indicadores, 228, 229*t*, 229
    sangue humano, 228, 235
    tampões, 234, 235-237
    valores para alguns materiais comuns, 229*t*
PIPES, tampões, 238*t*
Piramidal, forma, **82**
Plasma, 177
pOH (concentrações de OH⁻), 227-228, **239**
Polares, compostos
    em soluções, 160
    solvatação pela água, *172*
Polares, moléculas, 86-88
Poliatômicos, elementos, **33**, *33*
Poliatômicos, íons, **64**, **87**
    compostos iônicos contendo, 70
    nomenclatura, 64*t*
Poluição do ar
    causada por combustão incompleta de combustível, *115*
    causada por hidratos, 171*q*
    chuva ácida, 78*q*, 159*q*, *205*
    óxido nítrico, 78*q*
    radônio, 259*q*
Poluição térmica, 161
Ponto de ebulição, 126, **142**, 141-144
Ponto de ebulição, 126, **151**
    elevação 175
    fatores que afetam, 142-143
    gases nobres, 43*t*
    halogênios, 42*t*
    interações dipolo-dipolo, **136**, 136-137
    metais alcalinos, 43*t*
    normal, **142**
Ponto de Equivalência, **230**
Ponto final da titulação, **230**
Ponto triplo, **148**
Pressão, 126
    de vapor em líquidos, 139-141
    efeito da mudança de, no equilíbrio químico em gases, 206-208
    e temperatura em gases, 129
    e volume em gases, 128, *128*
    lei das pressões parciais de Dalton, 133-134
    solubilidade dos gases, 160
    temperatura padrão, 131-132
Pressão de vapor dos líquidos, 139-141, **140**, **151**
    temperatura e mudança na, 141

Pressão osmótica, **176**, 176-179, **180**
Pressão sanguínea
    medida, 140q
Pressões parciais, lei de Dalton das, 133-134
Produto iônico de K_w (constante da água), **225**, **239**
Pro Osteon, 65q
Propano ($CH_3CH_2CH_3$)
    combustão, 102, *102*
    equação de balanceamento, 103
Propriedades coligativas, 174-180
    depressão do ponto de congelamento, 174-175
    diálise, 179
    pressão osmótica, 176-179
Propriedades físicas, **2**
    coloides, 173*t*, 174-179
    soluções, 158-159, 173*t*
    suspensões, 173*t*
Propriedades periódicas, 50-53
    energia de ionização, 51-53
    tamanho do átomo, 50-51
Propriedades químicas, 2. *Ver também* Reações químicas
    ácidos e bases, 223-225
    água, 225-228
Próton(s), **33**, *34*, **54**
    em isótopos, 250
    propriedades e localização nos átomos, 33*t*
Proust, Joseph (1754-1826), 32
Pulmões humanos, respiração e, 129q

Q

Química
    definição, **1**, **21**
    matéria, 1-2
Química nuclear, 245-271
    datação radioativa, 253q
    detecção e medida de radiação nuclear, 254-256
    emissão de radioatividade pelo núcleo atômico, 248-251
    fissão nuclear e energia atômica, **264**, 264-265
    fusão nuclear, **262**, 262-263
    medicina nuclear, 259-262
    meia-vida nuclear, 252-254
    radioatividade, 245-248
    relação entre dosimetria de radiação e saúde humana, 256-258

R

Radiação de fundo, **258**
Radiação eletromagnética, 247-248
Radiação ionizante, 254-256
    energia, 256
    intensidade, 254-256
Radical (radical livre)
    danos aos tecidos, 260q
Radicais livres, 260q
Radioatividade
    descoberta, 245-246
    eletricidade, 246
    exposição média a partir de fontes comuns, 258*t*
    meia-vida, 252-253
    nuclear, detectando e medindo, 254-257
    partículas e raios encontrados na, 248*t*
    saúde humana, 256-258, 261q
    três tipos, 246-248
Radioativos, materiais, **248**
Radônio, perigo para a saúde em poluição doméstica causada por, 259q
Rads, 256-257*t*, **266**
Raios cósmicos, 247, 258
Raios gama (γ), **247**, 247-248, **267**
Raios X, 247
    reação com alumínio, 2
    os três estados da matéria para o, *14*
Reação nuclear, **249**
Reação nuclear em cadeia, **264**
Reações endotérmicas, **118**, **119**
    diagrama energético, *192*
    equilíbrio químico, 205
Reações exotérmicas, **118**, **119**
    diagrama de energia, *191*
    equilíbrio químico, 205
Reações químicas, **2**, **21**, **98**, 98-124. *Ver também*, Reagentes químicos
    ácido-base, **216**, 219-221
    balanceamento em equações químicas, 102-105
    bromo e alumínio, *3*
    cálculo das relações de massa, 105-109
    calor de, 118
    definição e termos relacionados, 98
    endotérmicas, 118, *192*, 205
    energia de ativação, 189
    exotérmicas, 118, *191*, *191*, 205
    mols e cálculo de relações de massa, 99-102
    oxidativas, redutivas e redox, 114-119
    pesos moleculares e pesos-fórmula, 98
    prevendo a reatividade de íons em soluções aquosas, 111-113
    química nuclear, 267
    reações secundárias, 109
Reações secundárias, 109
Reagente limitante, 108, **120**
Reagentes químicos, **98**
    concentração e velocidade de reação, 194
    natureza, 193
    presença de catalisador e velocidade de reação, **196**, 196
    princípio de Le Chatelier e adição ou remoção de, 203-205
    reagentes limitantes, 108
    temperatura e velocidade de reação, 194-196
Redox, reações, 114-118
    categorias importantes, 116-118
Redução, 114-118, **119**. *Ver também* Redox, reações
    definição, **114**
Redutor, agente, **114**
Regra do octeto, **61**, 62, **87**
    exceções, 76-77
Relação de massa em reações químicas, cálculos de, 105-111
    usando mols, 98-102
Rems, **257**, **266**
Rendimento efetivo da massa do produto em reações químicas, **109**, **119**

Rendimento percentual a massa do produto em reações químicas, **109**, **119**
Rendimento teórico da massa do produto em reações químicas, **109**, 119
Repulsão do par eletrônico da camada de valência (VSEPR) modelo, 81-84, **88**
Respiração como reação de oxidação, **115**, 115-116
Respiração, 129q
Ressonância, 78-81, **88**
    representações aceitáveis de estruturas contribuintes, 80-81
    teoria da, 78-79
Reversíveis, reações químicas, **197**, 197
Rins humanos, hemodiálise de, 179q, **179**
Roentgens (R), 256, 257t
Röntgen, William, 245

S

Sacarose ($C_{12}H_{22}O_{11}$), 162, 171
Sais
    como produto de reações entre ácidos e amônia/aminas, 225, 239
Sangue humano
    acidose, 254q
    alcalose, 239q
    bends causado por bolhas de nitrogênio 162q
    como mistura, 30
    em solução isotônica, *157*
    filtração, 179q
    hemodiálise, 179q
    pH, 228, 235, 239q, 254q
    proteínas como dispersão coloidal, 174
    soro, *165*
    tampões, 235
Saturada, solução, 159
Seaborg, Glenn (1912-1999), 263, *263*
Segundo(s), medida de, **9**
Seta curvada
    desenhando, 79
Setas de ponta dupla, **78**
Sievert, **257**
Silício em chips de microprocessadores, *107*
Sistema inglês de medidas, 7
    fatores de conversão entre o sistema métrico e o, 8t
    medida de temperatura, 9-10
    medida de tempo, 9
Sistema Internacional de Unidades (SI), **7**
Sistema métrico, 6-7, **21**
    fatores de conversão entre o sistema inglês e o, 8t
    medida de calor, 18
    medida de comprimento, 7
    medida de massa, 8-9
    medida de temperatura, 9-10
    medida de tempo, 9
    medida de volume, 8
    prefixos, 8t
    unidades básicas, 7t
Sistólica, pressão sanguínea, 140q

Sódio (Na), *41*
    diagrama de caixa de orbital, 47
    tamanho do átomo, 50
Solidificação, **135**
Sólido(s), **14**, **21**, 126, *126*, **126**
    água de hidratação, 169
    amorfos, **145**
    característica de vários, 144-145
    mudança de fase, para gás, 146-150
    reticulares, **145**
    solubilidade como função da temperatura, *160*
    tipos, 145t
Sólidos amorfos, **145**
Sólidos hidratados, 169
Sólidos reticulares, **145**
Solubilidade, **159**, **180**
    ácido clorídrico, 172
    em função da temperatura, *160*
    trióxido de enxofre, 172
Solução(ões), 157-172, **180**
    água como solvente superior, 168-172
    aquosa. *Ver* Solução aquosa
    características e propriedades, 158
    concentração. *Ver* Concentração de soluções
    fatores que afetam a solubilidade, 159-162
    introdução, 158
    isotônica, hipertônica e hipotônica, 178
    propriedades de coloides, suspensões e, 173t
    tipos mais comuns, 158t
    unidades para expressar a concentração da, 161-168
Solução aquosa
    definição, **111**
    pH, 228
    reatividade de um íon, 111-114
Solução insaturada, **159**
Solução neutra, 227, **239**
Soluto, **158**, **180**
    natureza do solvente e do, 160
Solvatados, ânions e cátions, 169
Solvente(s), **158**, **180**
    água como, 168-172
    natureza do soluto, 160
Strassman, Fritz (1902-1980), 264
Subcamadas, **44**, **53**
Sublimação, **147**, **151**
Substâncias domésticas, *228*
Sudário de Turim, datação do, 253q
Sulfato de potássio, (K_2SO_4), 112
Sulfeto de hidrogênio, 77
Sulfetos, 113t
Sumner, James, 4
Supercrítico, dióxido de carbono (CO_2), 149q
Supersaturada, solução, **159**
    temperatura e, 160
Suspensões, **173**
    propriedades de coloides, soluções e, 173t

T

Tabela Periódica, 4, 38-43, **54**
    classificação dos elementos, *41*
    elementos de transição, **39**
    elementos de transição interna, **39**
    elementos do grupo principal, **39**
    origem, 38
    periodicidade, 41-43, 50-52
    relação entre configuração eletrônica e posição, 49-50
Tamanho do átomo, 50-51
Tampão, **232**, 232-235
    bioquímico sintético, 237, 238*t*
    capacidade tamponante, 234-235
    definição, **232**
    funcionamento, 235
    no sangue humano, 235
    pH, 234-237
Tampões, 232-235, 237, 239*t*. *Ver também* Tampão
    água, 225-228
    calculando pH de tampões, 235-237
    como aceptor de próton, 216
    conjugada, 217*t*
    definição, 213-215
    determinação da força, 215-218
    pares de ácido-base conjugados, 216-218
    pH, pOH, 227-228
    posição de equilíbrio em reações ácido-base, 219-221
    propriedades, 223-225
    tipos importantes, 216*q*
    titulação usada para calcular concentrações, 229-232
Temperatura
    calor, 18
    densidade, 16
    do corpo, 196*q*
    energia cinética, 126, 195
    entropia, 127*q*
    e pressão nos gases, 129
    e pressão padrão, **131**
    equilíbrio químico afetado pela, 205-206
    e volume nos gases, 141
    febre, 195*q*
    medida, 9-10
    solubilidade dos sólidos em função da, 160
    velocidade da reação química afetada pela, 194-196
Temperatura absoluta, entropia da, 127*q*
Temperatura e Pressão Padrão (TPP), **131**
Temperatura, escalas de, 128
Tempo
    equilíbrio nas reações química e, 203
    medida, 9
Tensão superficial dos líquidos, 139, **151**
Teoria cinético-molecular, **134**, 134-135, **151**
    reações químicas e, 189-190, 195
Teoria, definição de, **3**, 21
Terapia por radiação, 262
Terra, elementos da crosta da, 33*q*
TES, tampão, 239*t*
Tetraciclina, efeitos da, 262
Tetracloreto de carbono (CCl_4), 15, 160
Tiroide
    imageamento clínico, 260
Tiroxina, 259
Titulação, cálculo das concentrações da solução usando a, **229**, 229-232, 239
    ácido-base, *231*
Tomografia por emissão de pósitron (PET), 261, *261*
Torricelli, Evangelista (1608-1647), 126
Transformação química, **2**, **21**. *Ver também* Reação química
Transformações físicas, **2**, 21
Transição interna, elementos de, **39**
Transmutação, **249**
Trigonal planar, **84**
Trióxido de enxofre (SO_3), 159*q*, 172*q*
TRIS, tampão, 238, 239*t*
Tyndall, efeito, **172**, 172-173

U

Ultravioleta (UV), luz 247
Unidade de massa atômica (u), **33**
Urano-235, 265
Urato de sódio mono-hidratado em juntas humanas como causa da gota, *170*
Urina
    pH, 228
Urinômetro, *16*
Usina nuclear, acidentes em, 254, 266*q*

V

Vapor, 140
    mudança de fase de gelo para água, 146-150
Vaporização, calor de, **146**, **151**
Vazamentos de óleo, *15*
Velocidade da reação química, 187-211
    energia de ativação, 189, 190-192
Velocidade de reação, 197, **208**. *Ver também* Velocidade da reação química
Volume, 8
    e pressão, para gases, 128, *128*, 129
    e temperatura, para gases, 129
    medida, 8
VSEPR. *Ver* Repulsão do par de elétrons da camada de valência (VSEPR), modelo da

X

X como símbolo dos halogênios, 39

Z

Zenão de Eleia (n. 450 a.C.), 27
Zero absoluto, **10**, 127*q*
Zinco, oxidação do, 114

Grupos funcionais orgânicos importantes

	Grupo funcional	Exemplo	Nome comum (Iupac)
Álcool	—ÖH	CH_3CH_2OH	Etanol (Álcool etílico)
Aldeído	—C(=Ö)—H	CH_3CHO	Etanal (Acetaldeído)
Alcano		CH_3CH_3	Etano
Alceno	\C=C/	$CH_2=CH_2$	Eteno (Etileno)
Alcino	—C≡C—	$HC≡CH$	Etino (Acetileno)
Amida	—C(=Ö)—N—	CH_3CONH_2	Etanoamida (Acetamida)
Amina	—ṄH$_2$	$CH_3CH_2NH_2$	Etanoamina (Etilamina)
Anidrido	—C(=Ö)—Ö—C(=Ö)—	$CH_3COOCCH_3$	Anidrido etanóico (Anidrido acético)
Areno	(anel benzênico)	(benzeno)	Benzeno
Ácido carboxílico	—C(=Ö)—ÖH	CH_3COOH	Ácido etanóico (Ácido acético)
Dissulfeto	—S̈—S̈—	CH_3SSCH_3	Dimetil dissulfeto
Éster	—C(=Ö)—Ö—C—	CH_3COOCH_3	Etanoato de metila (Acetato de metila)
Éter	—Ö—	$CH_3CH_2OCH_2CH_3$	Dietil éter
Haloalcano (Haleto de alquila)	—Ẍ: X = F, Cl, Br, I	CH_3CH_2Cl	Cloroetano (Cloreto de etila)
Cetona	—C(=Ö)—	CH_3COCH_3	Propanona (Acetona)
Fenol	(anel benzênico)—ÖH	(fenol)—OH	Fenol
Sulfeto	—S̈—	CH_3SCH_3	Dimetil sulfeto
Tiol	—S̈H	CH_3CH_2SH	Etanotiol (Etil mercaptana)

Código genético padrão					
Primeira posição (Extremidade 5')	Segunda posição				Terceira posição (Extremidade 3')
	U	C	A	G	
U	UUU Phe	UCU Ser	UAU Tyr	UGU Cys	U
	UUC Phe	UCC Ser	UAC Tyr	UGC Cys	C
	UUA Leu	UCA Ser	UAA Stop	UGA Stop	A
	UUG Leu	UCG Ser	UAG Stop	UGG Trp	G
C	CUU Leu	CCU Pro	CAU His	CGU Arg	U
	CUC Leu	CCC Pro	CAC His	CGC Arg	C
	CUA Leu	CCA Pro	CAA Gln	CGA Arg	A
	CUG Leu	CCG Pro	CAG Gln	CGG Arg	G
A	AUU Ile	ACU Thr	AAU Asn	AGU Ser	U
	AUC Ile	ACC Thr	AAC Asn	AGC Ser	C
	AUA Ile	ACA Thr	AAA Lys	AGA Arg	A
	AUG Met*	ACG Thr	AAG Lys	AGG Arg	G
G	GUU Val	GCU Ala	GAU Asp	GGU Gly	U
	GUC Val	GCC Ala	GAC Asp	GGC Gly	C
	GUA Val	GCA Ala	GAA Glu	GGA Gly	A
	GUG Val	GCG Ala	GAG Glu	GGG Gly	G

*AUG forma parte do sinal de iniciação, bem como a codificação para os resíduos internos da metionina.

Nomes e abreviações dos aminoácidos mais comuns		
Aminoácido	Abreviação de três letras	Abreviação de uma letra
Alanina	Ala	A
Arginina	Arg	R
Asparagina	Asn	N
Ácido aspártico	Asp	D
Cisteína	Cys	C
Glutamina	Gln	Q
Ácido glutâmico	Glu	E
Glicina	Gly	G
Histidina	His	H
Isoleucina	Ile	I
Leucina	Leu	L
Lisina	Lys	K
Metionina	Met	M
Fenilalanina	Phe	F
Prolina	Pro	P
Serina	Ser	S
Treonina	Thr	T
Triptofano	Trp	W
Tirosina	Tyr	Y
Valina	Val	V

Massas atômicas padrão dos elementos 2007 Com base na massa atômica relativa de $^{12}C = 12$, em que ^{12}C é um átomo neutro no seu estado fundamental nuclear e eletrônico.†

Nome	Símbolo	Número atômico	Massa atômica	Nome	Símbolo	Número atômico	Massa atômica
Actínio*	Ac	89	(227)	Magnésio	Mg	12	24,3050(6)
Alumínio	Al	13	26,9815386(8)	Manganês	Mn	25	54,938045(5)
Amerício*	Am	95	(243)	Meitnério	Mt	109	(268)
Antimônio	Sb	51	121,760 (1)	Mendelévio*	Md	101	(258)
Argônio	Ar		39,948 18(1)	Mercúrio	Hg	80	200,59(2)
Arsênio	As	33	74,92160(2)	Molibdênio	Mo	42	95,96(2)
Astato*	At	85	(210)	Neodímio	Nd	60	144,22 (3)
Bário	Ba	56	137,327(7)	Neônio	Ne	10	20,1797 (6)
Berílio	Be	4	9,012182(3)	Netúnio*	Np	93	(237)
Berquélio*	Bk	97	(247)	Nióbio	Nb	41	92,90638 (2)
Bismuto	Bi	83	208,98040 (1)	Níquel	Ni	28	58,6934 (4)
Bório	Bh	107	(264)	Nitrogênio	N	7	14,0067(2)
Boro	B	5	10,811 (7)	Nobélio*	No	102	(259)
Bromo	Br	35	79,904(1)	Ósmio	Os	76	190,23 (3)
Cádmio	Cd	48	112,411(8)	Ouro	Au	79	196,966569(4)
Cálcio	Ca	20	40,078(4)	Oxigênio	O	8	15,9994 (3)
Califórnio*	Cf	98	(251)	Paládio	Pd	46	106,42(1)
Carbono	C	6	12,0107(8)	Platina	Pt	78	195,084 (9)
Cério	Ce	58	140,116(1)	Plutônio*	Pu	94	(244)
Césio	Cs	55	132,9054 519(2)	Polônio*	Po	84	(209)
Chumbo	Pb	82	207,2(1)	Potássio	K	19	39,0983(1)
Cloro	Cl	17	35,453(2)	Praseodímio	Pr	59	140,90765 (2)
Cobalto	Co	27	58,933195	Prata	Ag	47	107,8682(2)
Cobre	Cu	29	63,546 29(3)	Promécio*	Pm	61	(145)
Criptônio	Kr	36	83,798(2)	Protactínio*	Pa	91	231,0358 8 (2)
Cromo	Cr	24	51,9961(6)	Rádio*	Ra	88	(226)
Cúrio*	Cm	96	(247)	Radônio*	Rn	86	(222)
Darmstádio	Ds	110	(271)	Rênio	Re	75	186,207(1)
Disprósio	Dy	66	162,500(1)	Ródio	Rh	45	102,9055 0(2)
Dúbnio	Db	105	(262)	Roentgênio(5)	Rg	111	(272)
Einstênio*	Es	99	(252)	Rubídio	Rb	37	85,4678(3)
Enxofre	S	16	32,065(5)	Rutênio	Ru	44	101,07 (2)
Érbio	Er	68	167,259(3)	Ruterfórdio	Rf	104	(261)
Escândio	Sc	21	44,955912 (6)	Samário	Sm	62	150,36(2)
Estanho	Sn	50	118,710 (7)	Seabórgio	Sg	106	(266)
Estrôncio	Sr	38	87,62 (1)	Selênio	Se	34	78,96(3)
Európio	Eu	63	151,964 (1)	Silício	Si	14	28,0855(3)
Férmio*	Fm	100	(257)	Sódio	Na	11	22,9896928 (2)
Ferro	Fe	26	55,845(2)	Tálio	Tl	81	204,3833(2)
Flúor	F	9	18,9984032(5)	Tântalo	Ta	73	180,9488(2)
Fósforo	P	15	30,973762 (2)	Tecnécio*	Tc	43	(98)
Frâncio*	Fr	87	(223)	Telúrio	Te	52	127,60(3)
Gadolínio	Gd	64	157,25(3)	Térbio	Tb	65	158,9253 5 (2)
Gálio	Ga	31	69,723(1)	Titânio	Ti	22	47,867 (1)
Germânio	Ge	32	72,64(1)	Tório*	Th	90	232,0380 6(2)
Háfnio	Hf	72	178,49(2)	Túlio	Tm	69	168,93421(2)
Hássio	Hs	108	(277)	Tungstênio	W	74	183,84(1)
Hélio	He	2	4,002602(2)	Unúmbio	Uub	112	(285)
Hidrogênio	H	1	1,00794(7)	Ununéxio	Uuh	116	(292)
Hólmio	Ho	67	164,93032(2)	Ununóctio	Uuo	118	(294)
Índio	In	49	114,818(3)	Ununpêntio	Uup	115	(228)
Iodo	I	53	126,90447(3)	Ununquádio	Uuq	114	(289)
Irídio	Ir	77	192,217(3)	Ununtrio	Uut	113	(284)
Itérbio	Yb	70	173,54 (5)	Urânio*	U	92	238,0289 1(3)
Ítrio	Y	39	88,90585(2)	Vanádio	V	23	50,9415(1)
Lantânio	La	57	138,90547(7)	Xenônio	Xe	54	131,293 (6)
Laurêncio*	Lr	103	(262)	Zinco	Zn	30	65,38(2)
Lítio	Li	3	6,941(2)	Zircônio	Zr	40	91,224(2)
Lutécio	Lu	71	174,9668(1)				

† As massas atômicas de muitos elementos podem variar, dependendo da origem e do tratamento da amostra. Isto é especialmente verdadeiro para o Li, materiais comerciais que contém lítio, apresentam massas atômicos Li que variam entre 6,939 e 6,996. As incertezas nos valores de massa atômica são apresentadas entre parênteses após o último algarismo significativo para que são atribuídas.

* Elementos que não apresentam nuclídeo estável, o valor entre parênteses representa a massa atômica do isótopo de meia-vida mais longa. No entanto, três desses elementos (Th, Pa e U) têm uma composição isotópica característica e a massa atômica é tabulada para esses elementos. (http://www. chem.qmw.ac.uk / IUPAC / ATWT /)

Tabela Periódica dos Elementos

Período	1A (1)	2A (2)	3B (3)	4B (4)	5B (5)	6B (6)	7B (7)	8B (8)	8B (9)	8B (10)	1B (11)	2B (12)	3A (13)	4A (14)	5A (15)	6A (16)	7A (17)	8A (18)
1	Hidrogênio 1 **H** 1,0079																	Hélio 2 **He** 4,0026
2	Lítio 3 **Li** 6,941	Berílio 4 **Be** 9,0122											Boro 5 **B** 10,811	Carbono 6 **C** 12,011	Nitrogênio 7 **N** 14,0067	Oxigênio 8 **O** 15,9994	Flúor 9 **F** 18,9984	Neônio 10 **Ne** 20,1797
3	Sódio 11 **Na** 22,9898	Magnésio 12 **Mg** 24,3050											Alumínio 13 **Al** 26,9815	Silício 14 **Si** 28,0855	Fósforo 15 **P** 30,9738	Enxofre 16 **S** 32,066	Cloro 17 **Cl** 35,4527	Argônio 18 **Ar** 39,948
4	Potássio 19 **K** 39,0983	Cálcio 20 **Ca** 40,078	Escândio 21 **Sc** 44,9559	Titânio 22 **Ti** 47,867	Vanádio 23 **V** 50,9415	Cromo 24 **Cr** 51,9961	Manganês 25 **Mn** 54,9380	Ferro 26 **Fe** 55,845	Cobalto 27 **Co** 58,9332	Níquel 28 **Ni** 58,6934	Cobre 29 **Cu** 63,546	Zinco 30 **Zn** 65,38	Gálio 31 **Ga** 69,723	Germânio 32 **Ge** 72,61	Arsênio 33 **As** 74,9216	Selênio 34 **Se** 78,96	Bromo 35 **Br** 79,904	Criptônio 36 **Kr** 83,80
5	Rubídio 37 **Rb** 85,4678	Estrôncio 38 **Sr** 87,62	Ítrio 39 **Y** 88,9059	Zircônio 40 **Zr** 91,224	Nióbio 41 **Nb** 92,9064	Molibdênio 42 **Mo** 95,96	Tecnécio 43 **Tc** (97,907)	Rutênio 44 **Ru** 101,07	Ródio 45 **Rh** 102,9055	Paládio 46 **Pd** 106,42	Prata 47 **Ag** 107,8682	Cádmio 48 **Cd** 112,411	Índio 49 **In** 114,818	Estanho 50 **Sn** 118,710	Antimônio 51 **Sb** 121,760	Telúrio 52 **Te** 127,60	Iodo 53 **I** 126,9045	Xenônio 54 **Xe** 131,29
6	Césio 55 **Cs** 132,9054	Bário 56 **Ba** 137,327	Lantânio 57 **La** 138,9055	Háfnio 72 **Hf** 178,49	Tântalo 73 **Ta** 180,9488	Tungstênio 74 **W** 183,84	Rênio 75 **Re** 186,207	Ósmio 76 **Os** 190,2	Irídio 77 **Ir** 192,22	Platina 78 **Pt** 195,084	Ouro 79 **Au** 196,9666	Mercúrio 80 **Hg** 200,59	Tálio 81 **Tl** 204,3833	Chumbo 82 **Pb** 207,2	Bismuto 83 **Bi** 208,9804	Polônio 84 **Po** (208,98)	Astato 85 **At** (209,99)	Radônio 86 **Rn** (222,02)
7	Frâncio 87 **Fr** (223,02)	Rádio 88 **Ra** (226,0254)	Actínio 89 **Ac** (227,0278)	Rutherfórdio 104 **Rf** (261,11)	Dúbnio 105 **Db** (262,11)	Seabórgio 106 **Sg** (263,12)	Bóhrio 107 **Bh** (262,12)	Hássio 108 **Hs** (265)	Meitnério 109 **Mt** (266)	Darmstádio 110 **Ds** (271)	Roentgênio 111 **Rg** (272)	112 — Descoberto 1996	113 — Descoberto 2004	114 — Descoberto 1999	115 — Descoberto 2004	116 — Descoberto 1999		118 — Descoberto 2006

Lantanídeos:

| Cério 58 **Ce** 140,115 | Praseodímio 59 **Pr** 140,9076 | Neodímio 60 **Nd** 144,24 | Promécio 61 **Pm** (144,91) | Samário 62 **Sm** 150,36 | Európio 63 **Eu** 151,965 | Gadolínio 64 **Gd** 157,25 | Térbio 65 **Tb** 158,9253 | Disprósio 66 **Dy** 162,50 | Hólmio 67 **Ho** 164,9303 | Érbio 68 **Er** 167,26 | Túlio 69 **Tm** 168,9342 | Itérbio 70 **Yb** 173,54 | Lutécio 71 **Lu** 174,9668 |

Actinídeos:

| Tório 90 **Th** 232,0381 | Protactínio 91 **Pa** 231,0388 | Urânio 92 **U** 238,0289 | Netúnio 93 **Np** (237,0482) | Plutônio 94 **Pu** (244,664) | Amerício 95 **Am** (243,061) | Cúrio 96 **Cm** (247,07) | Berquélio 97 **Bk** (247,07) | Califórnio 98 **Cf** (251,08) | Einstênio 99 **Es** (252,08) | Férmio 100 **Fm** (257,10) | Mendelévio 101 **Md** (258,10) | Nobélio 102 **No** (259,10) | Laurêncio 103 **Lr** (262,11) |

Legenda:
- METAIS
- METALOIDES
- NÃO METAIS

Exemplo de célula:
Urânio — 92 — **U** — 238,0289
(Número atômico, Símbolo, Massa atômica)

Nota: As massas atômicas referem-se aos valores Iupac 2007 (até quatro casas decimais). Os números entre parênteses são as massas atômicas ou números de massa do isótopo mais estável de um elemento.